JN218463

P.9 ………3次元から2次元への非線形の次元削減

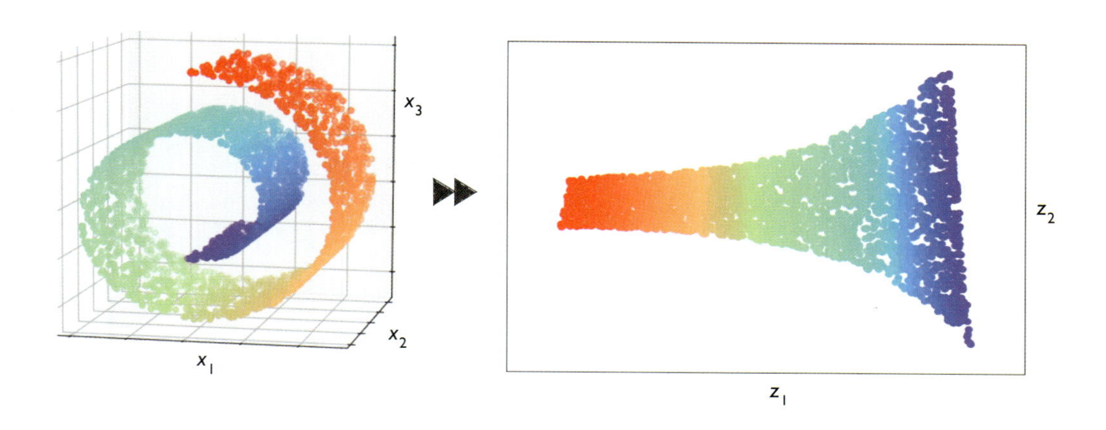

日本語版の図の一部は、原著の図とは縦横比が異なっています。
それらの図は、実際にサンプルを実行して取得したものです。

P.58 ……パーセプトロンモデルによる決定領域

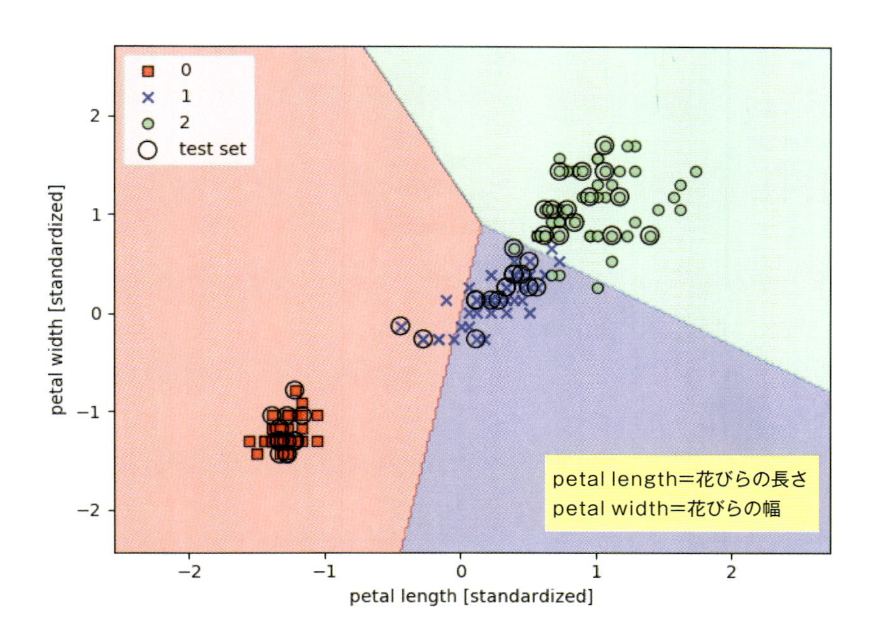

P.70……ロジスティック回帰モデルによる決定領域

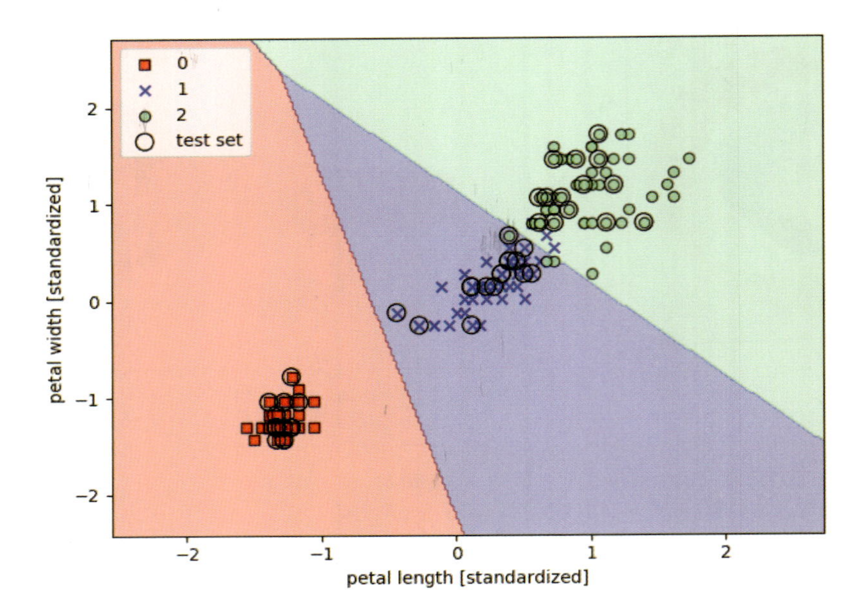

P.80……SVMモデルによる決定領域

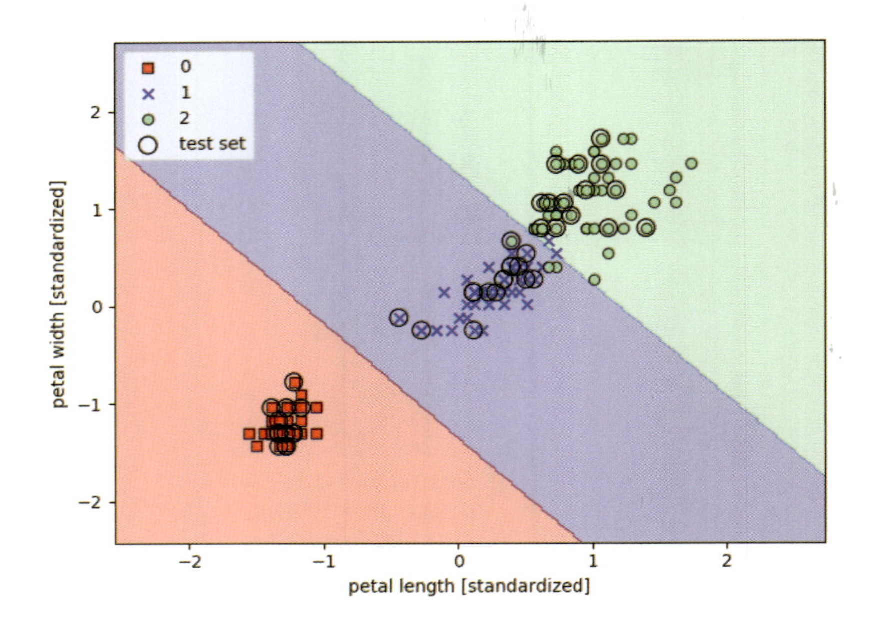

P.83 ……2次元のデータを3次元に変換して線形分離

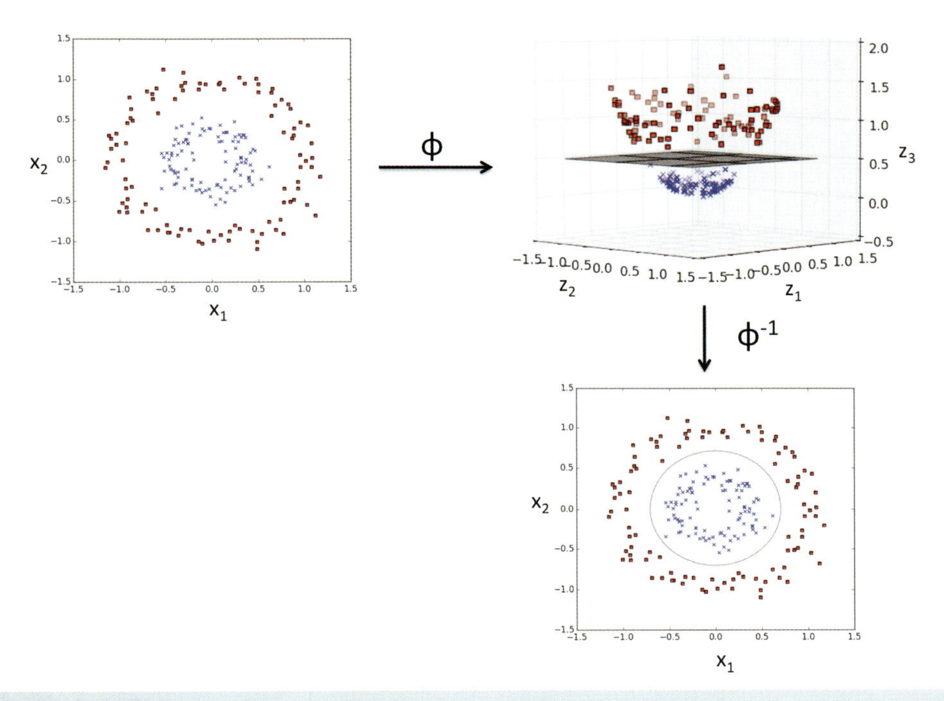

P.86 ……RBFカーネルSVMモデルによる決定領域［γパラメータは0.2］

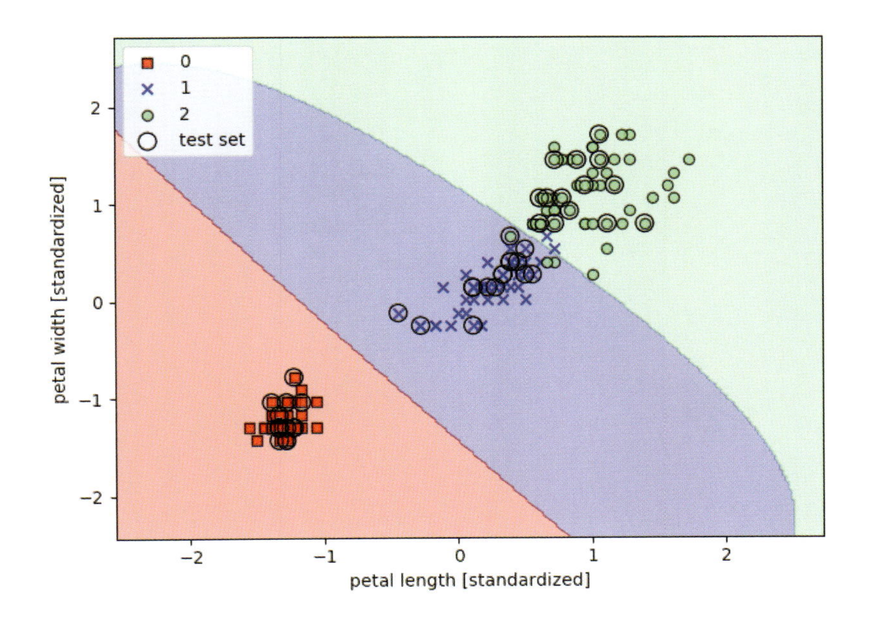

P.87……RBFカーネルSVMモデルによる決定領域［γ パラメータは100］

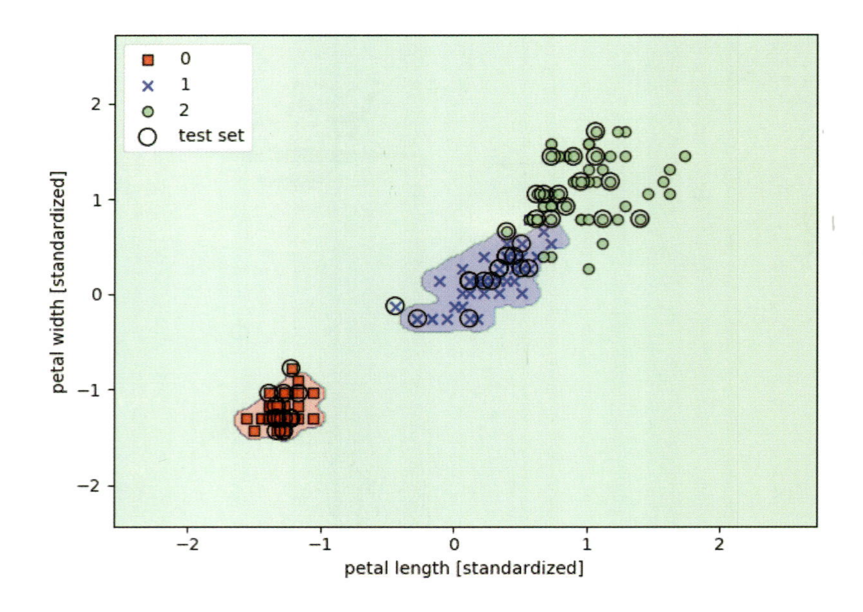

P.95……決定木による決定領域

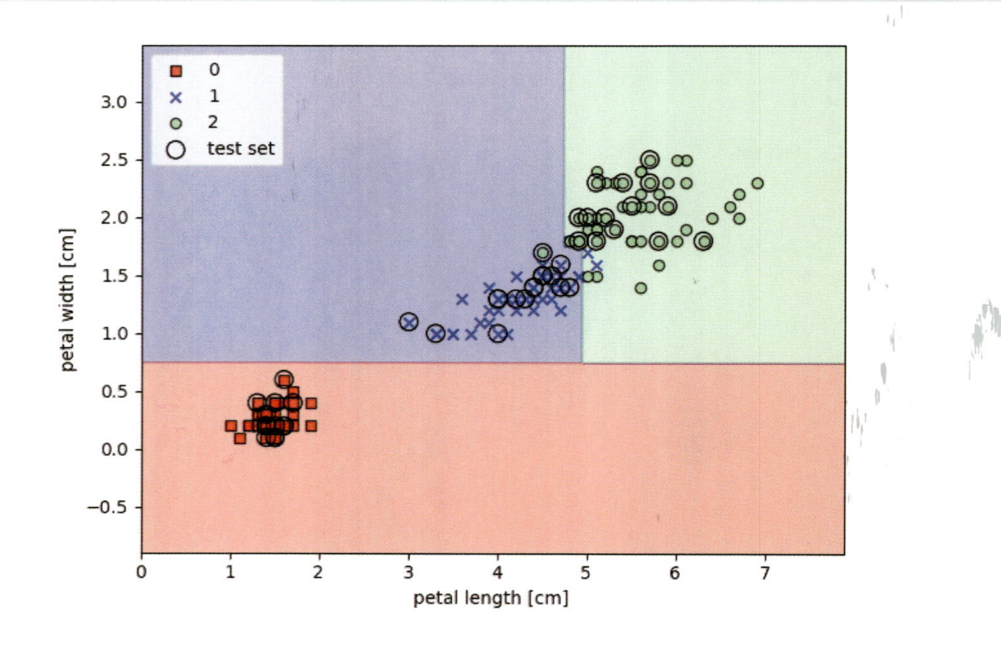

P.96 ……分割条件を示す決定木の画像

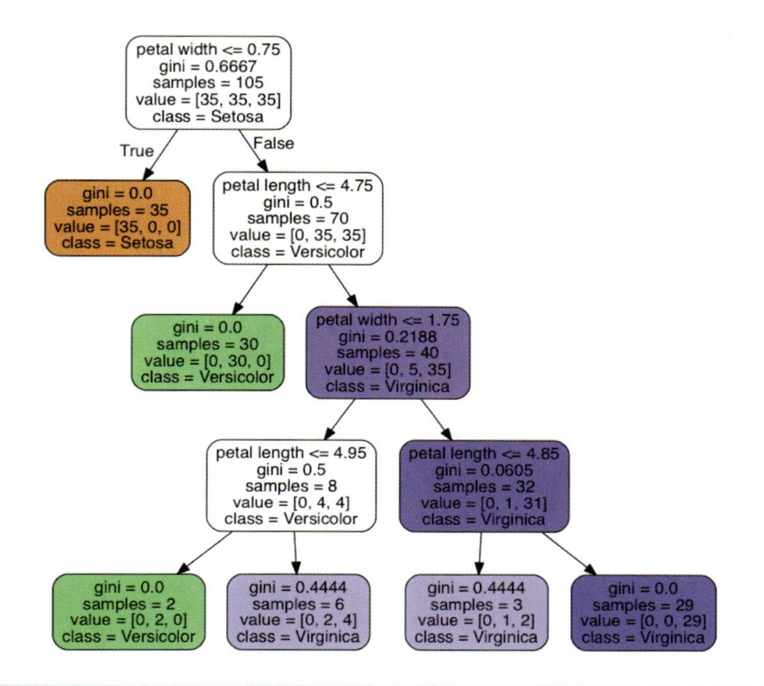

P.99 ……ランダムフォレストによる決定領域

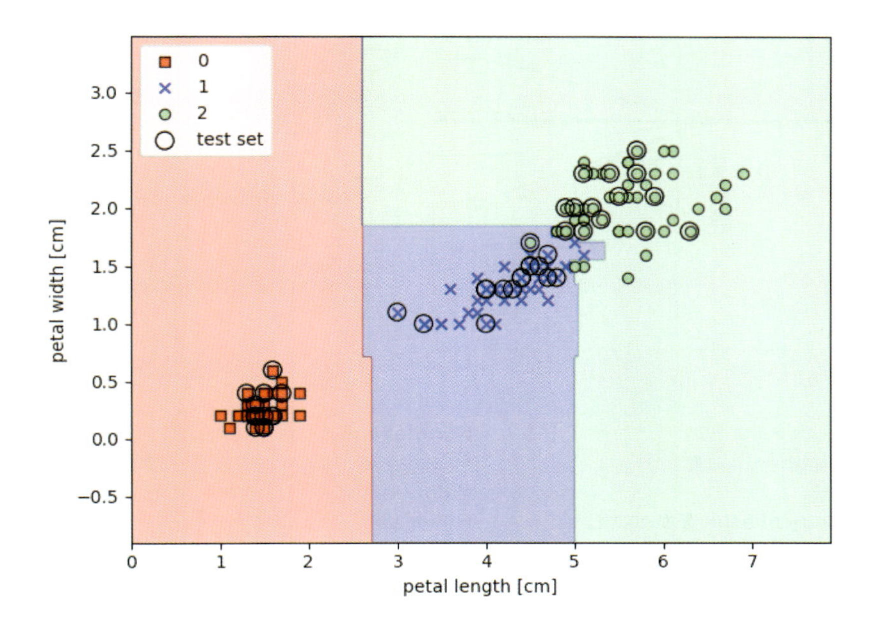

P.102…KNNモデルによる決定領域

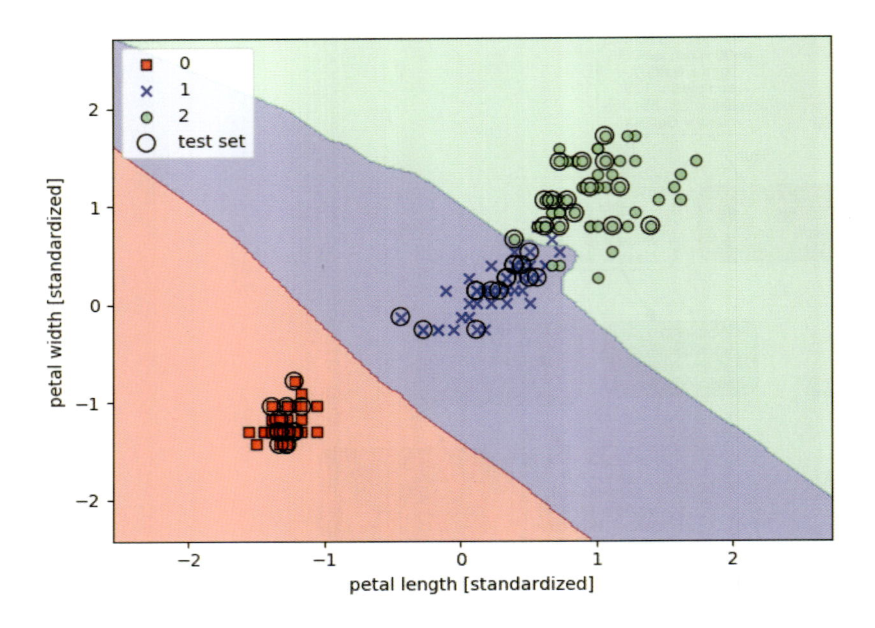

P.127…正則化パラメータの強さと重み係数の関係

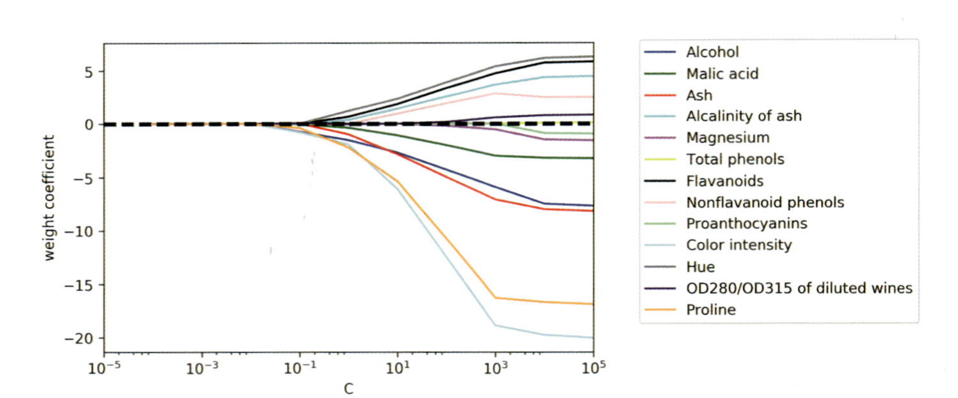

Alcohol＝アルコール	Non-flavanoid phenols＝非フラボノイドフェノール
Malic acid＝リンゴ酸	Proanthocyanins＝プロアントシアニジン
Ash＝灰	Color intensity＝色の強さ
Alcalinity of ash＝灰のアルカリ度	Hue＝色調
Magnesium＝マグネシウム	OD280/OD315 of diluted wines＝希釈ワインのOD280/OD315
Total phenols＝総フェノール	
Flavanoids＝フラボノイド	Proline＝プロリン

P.150 ⋯主成分分析とロジスティック回帰によるトレーニングデータの決定領域

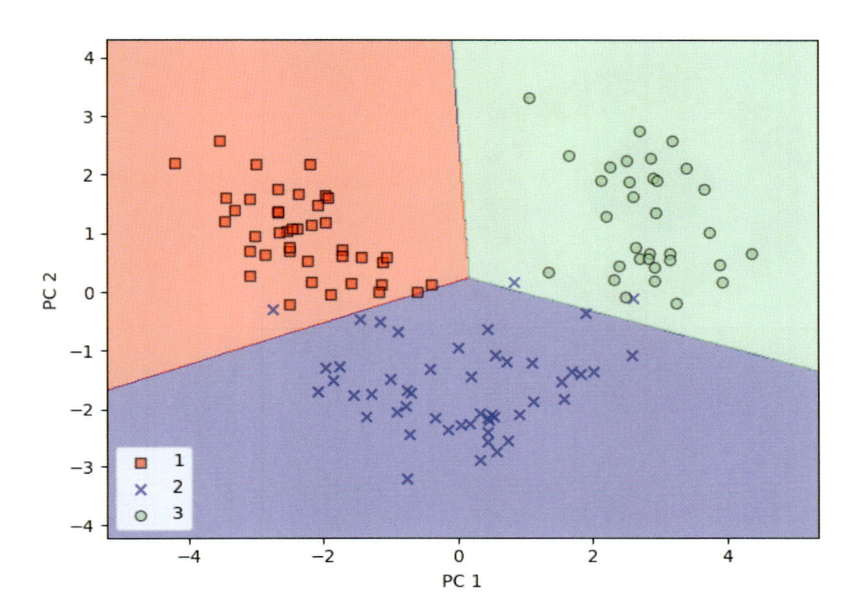

P.151 ⋯主成分分析とロジスティック回帰によるテストデータの決定領域

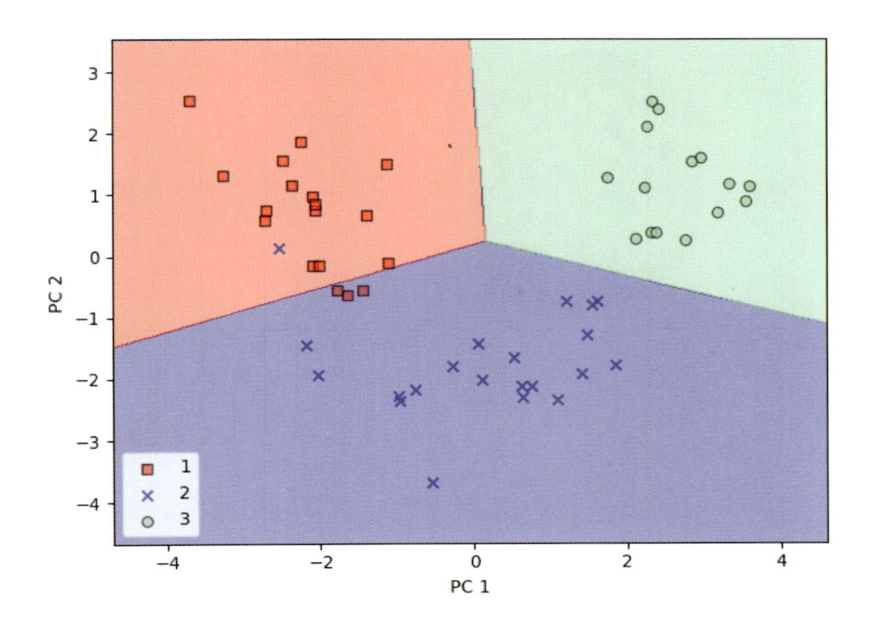

P.174…標準のPCAによるデータの変換

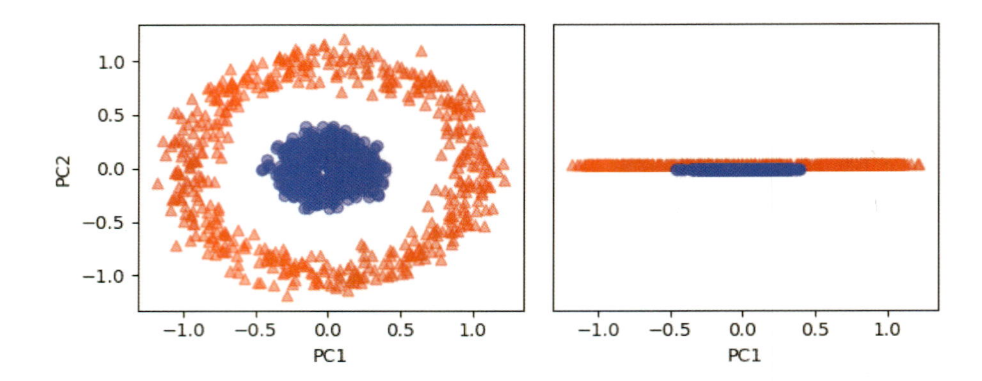

P.175…RBFカーネルPCAによるデータの変換

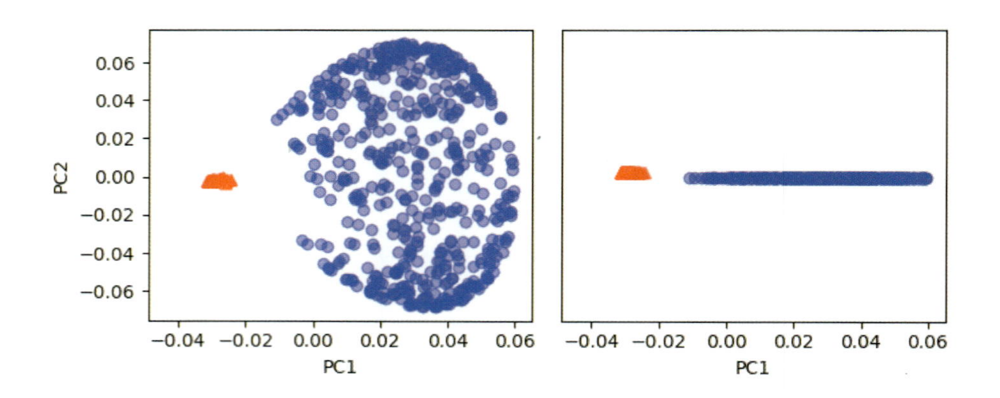

P.194 …トレーニングサンプル数と正解率の学習曲線/検証曲線

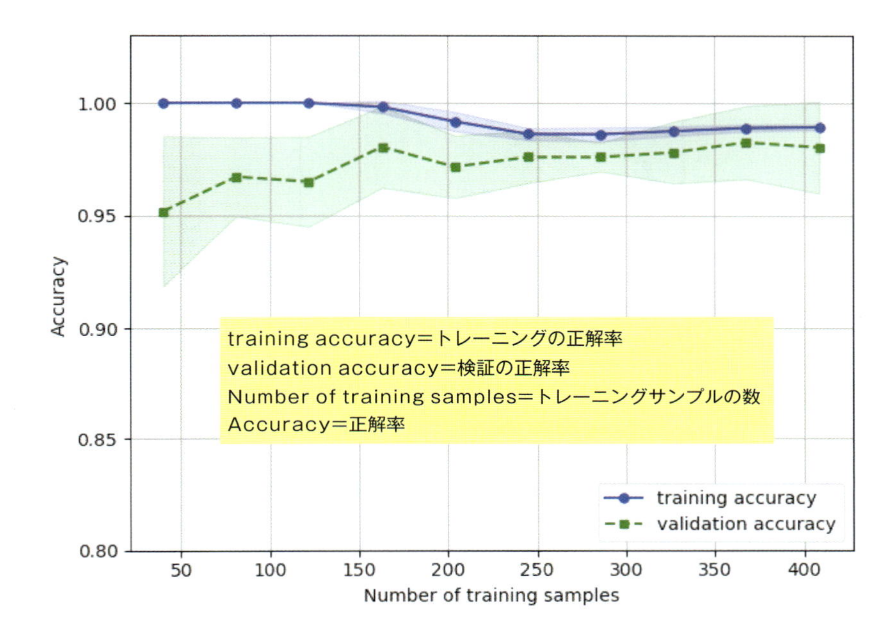

P.196 …パラメータCと正解率の学習曲線/検証曲線

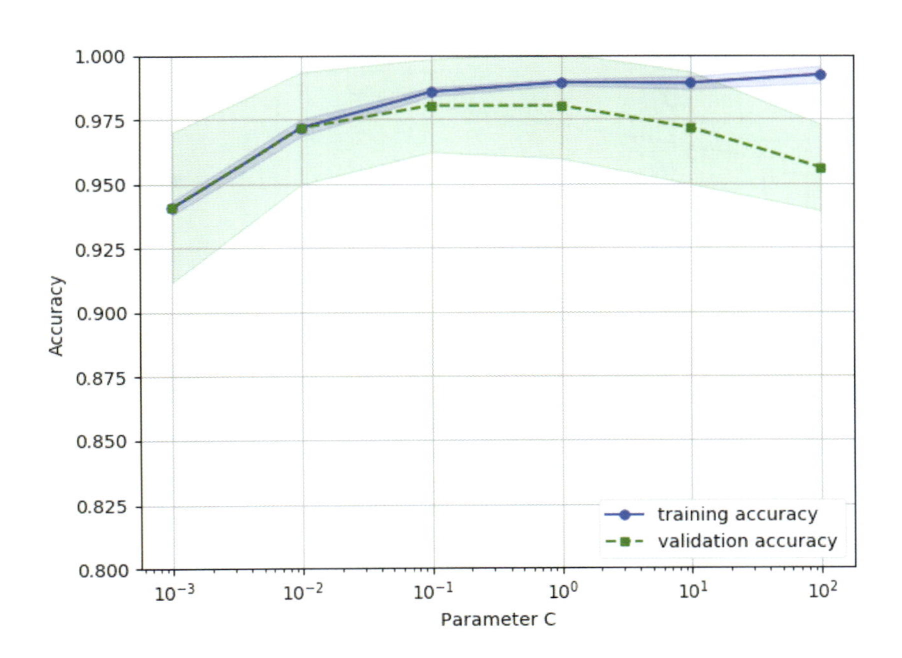

P.206 …偽陽性率（FPR）と真陽性率（TPR）の受信者操作特性（ROC）曲線

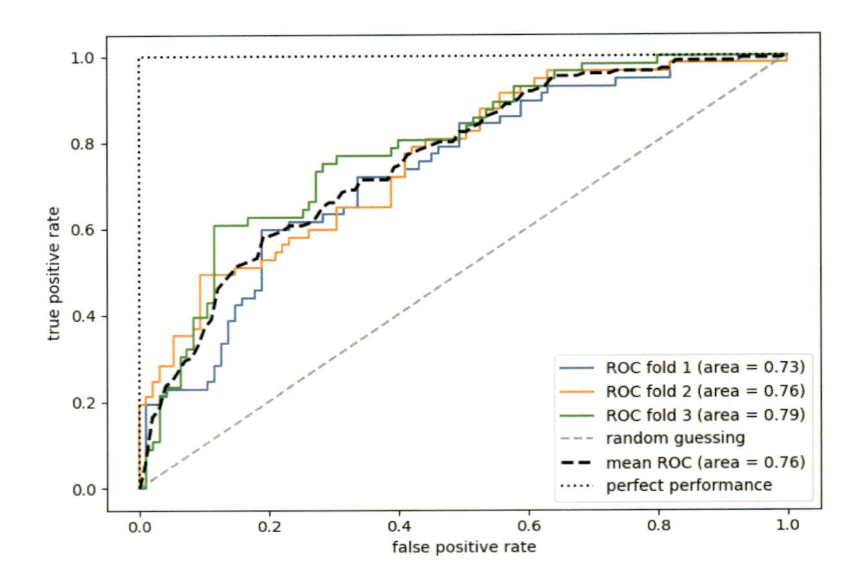

P.228 …アンサンブル分類器を含む4つの分類器を評価するためのROC曲線

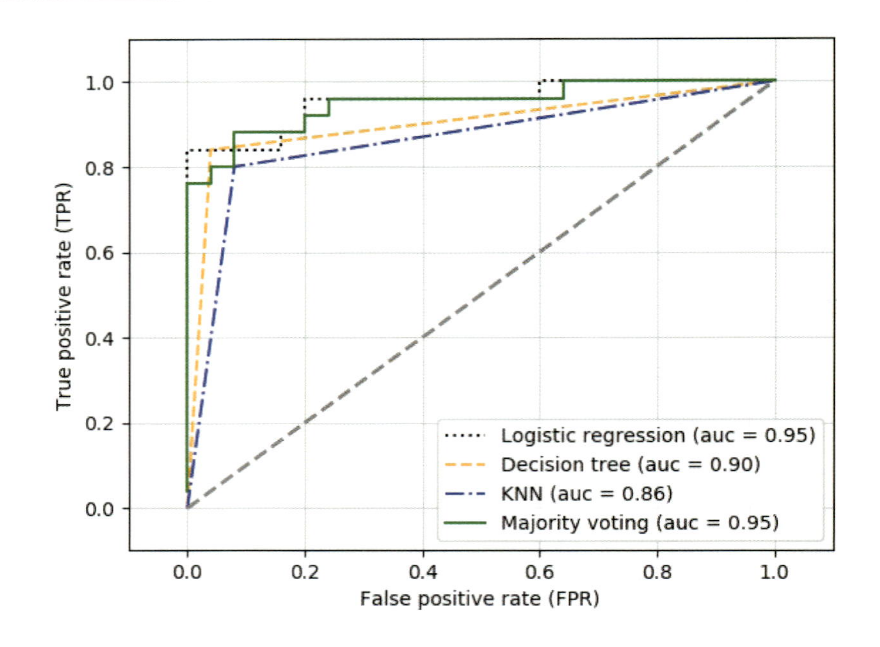

P.237…決定木とバギング分類器による決定領域

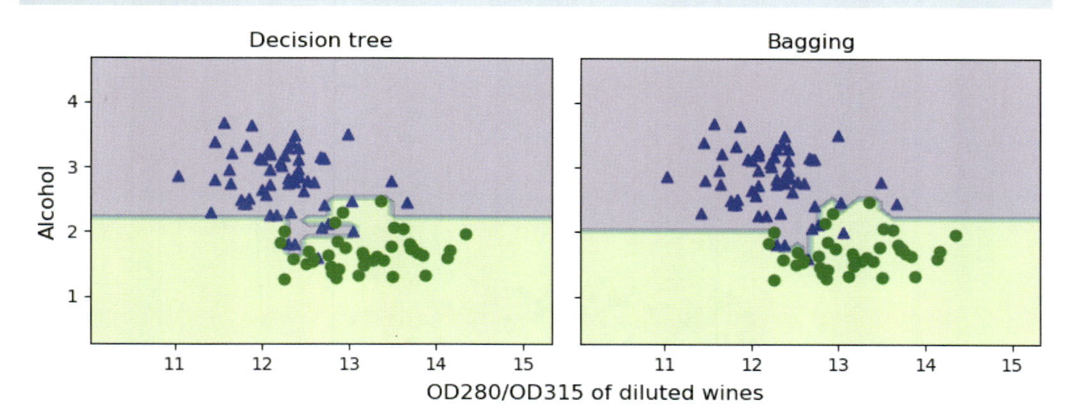

P.239…アダブーストの弱学習器によるトレーニングステップ

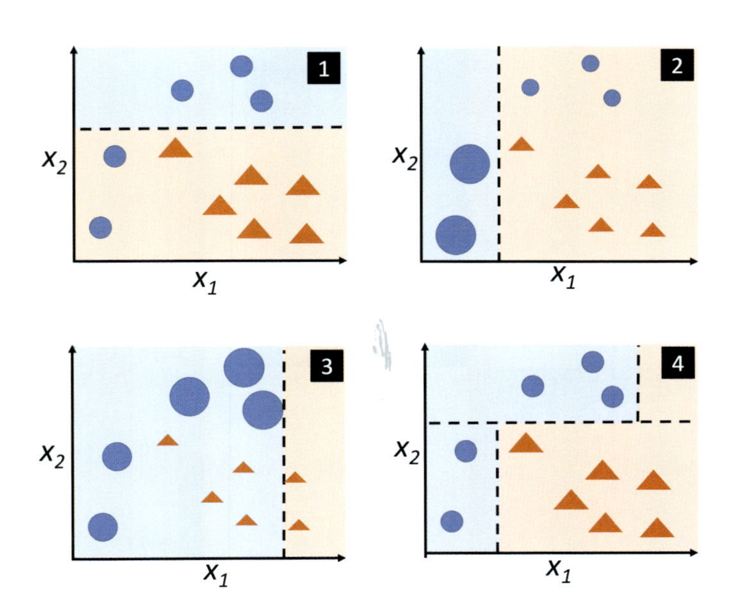

P.299…重回帰モデルでの3次元の散布図

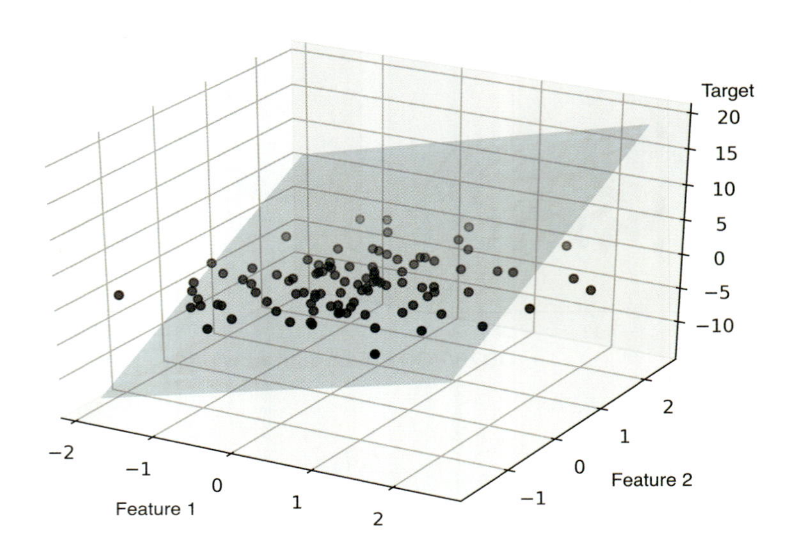

P.305…5つの特徴量の相関行列をヒートマップとしてプロット

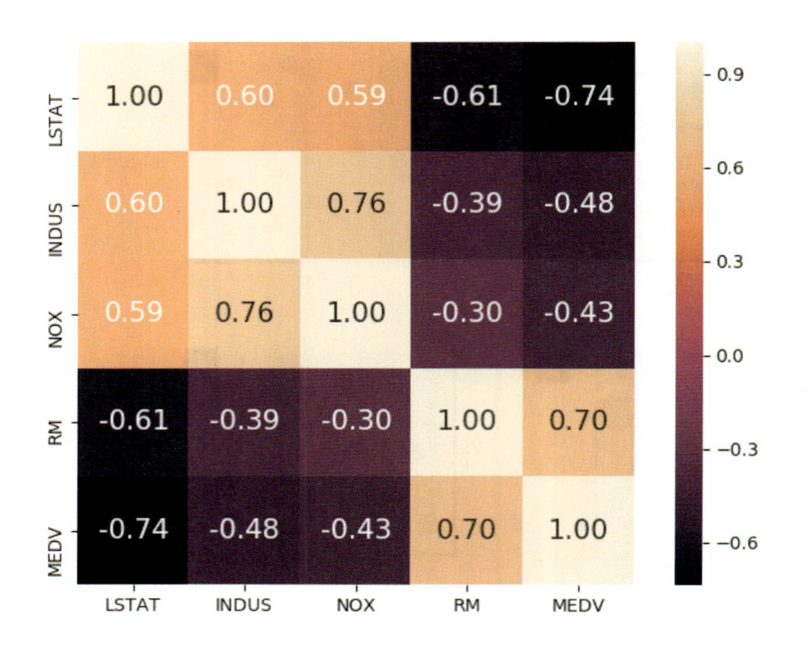

P.314…RANSACによるロバスト回帰で正常値/外れ値をプロット

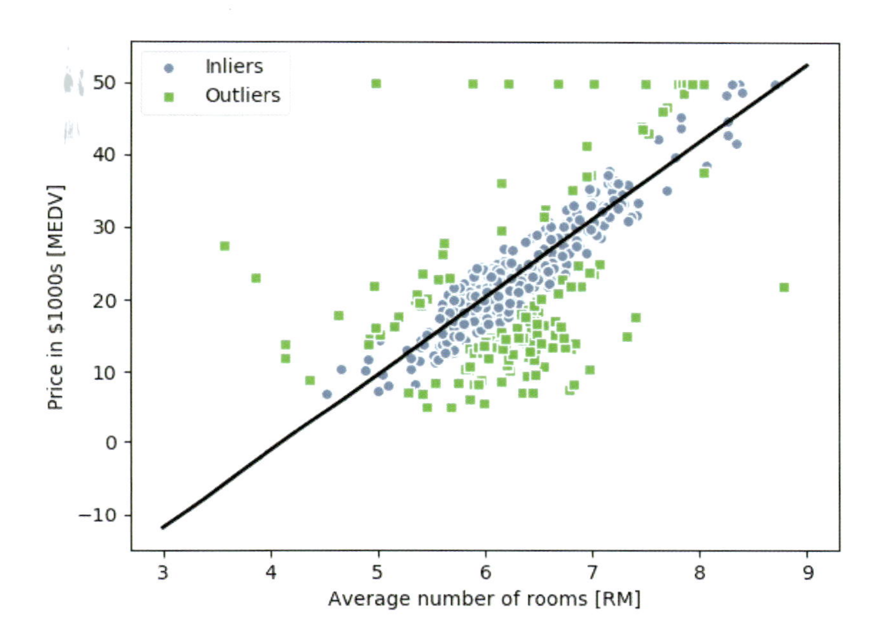

P.328…トレーニングデータとテストデータにおいて残差（実際の値と予測値の差）をプロット

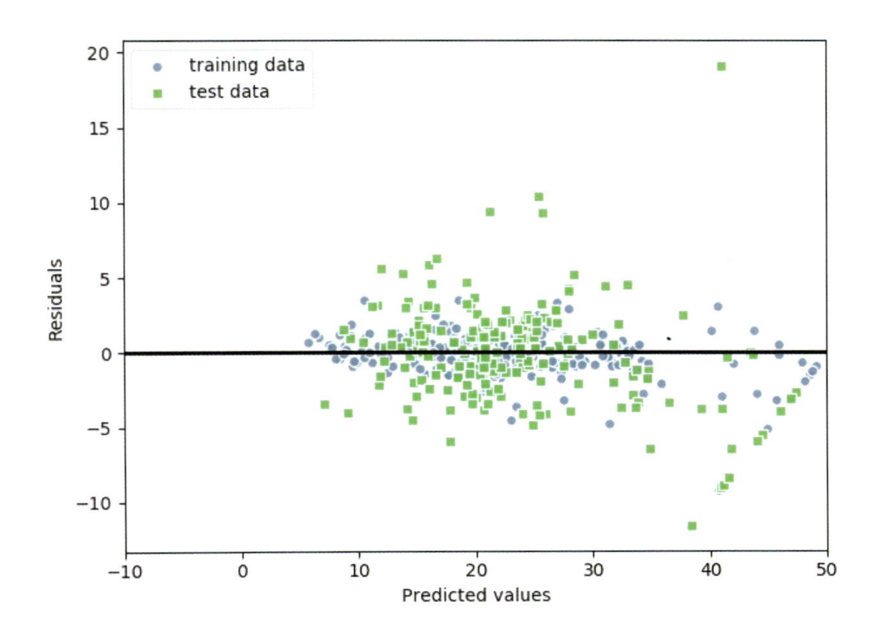

P.336 …k-means法によりクラスタとセントロイドをプロット

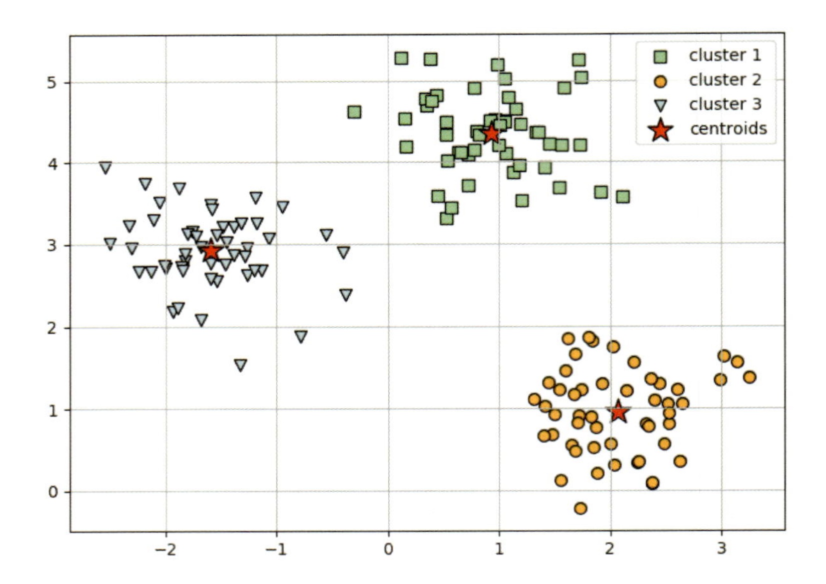

P.344 …クラスタの個数として2を指定したときのk-means法によるプロット

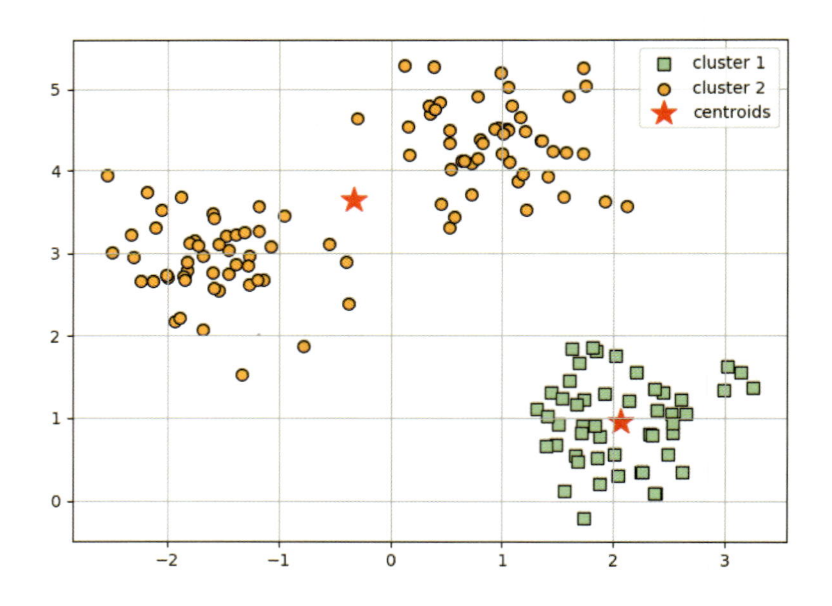

P.351 …凝集型階層的クラスタリングの樹形図

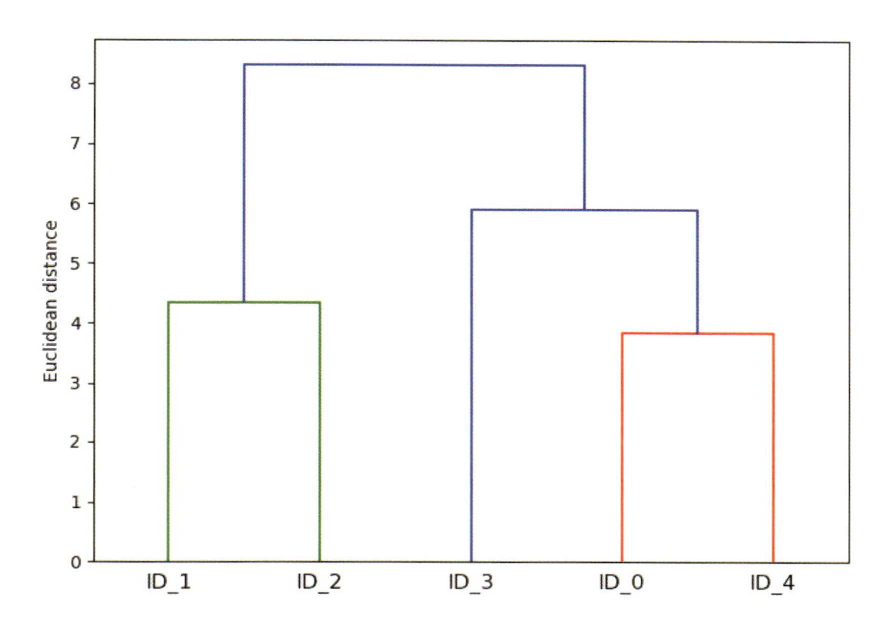

P.353 …階層的クラスタリングの樹形図とヒートマップの組み合わせ

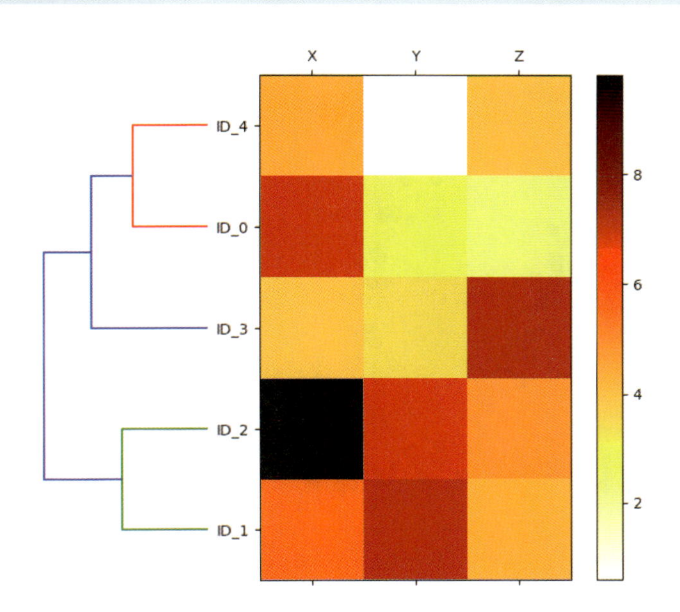

P.357 …k-means法と完全連結法で半月状データセットをクラスタリング

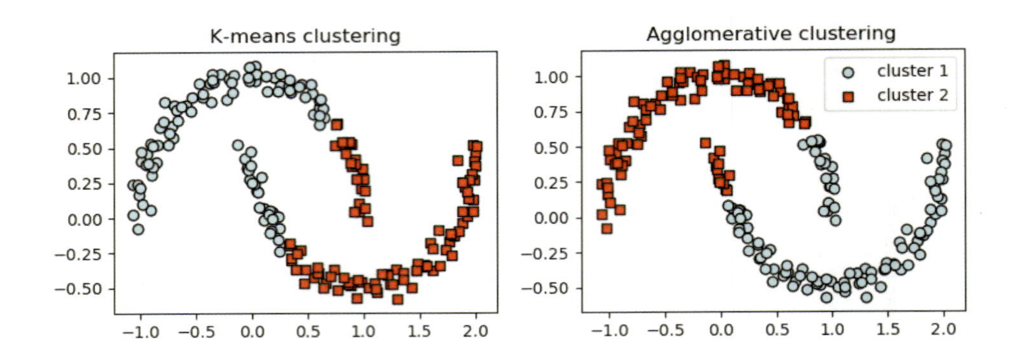

P.358 …DBSCANアルゴリズムで半月状データセットをクラスタリング

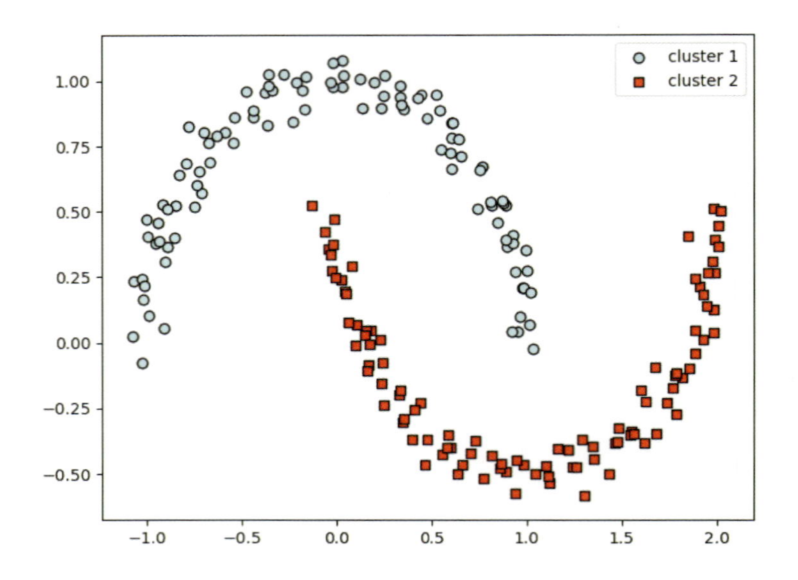

Python Machine Learning, 2nd Edition

impress top gear

［第2版］

達人データサイエンティストによる理論と実践

Python 機械学習プログラミング

Sebastian Raschka／Vahid Mirjalili＝著

株式会社クイープ＝訳

福島 真太朗＝監訳

インプレス

■サンプルコードのサイト

本書のサンプルコードは、以下の原著のGitHubサイトで公開しています。

https://github.com/rasbt/python-machine-learning-book-2nd-edition

■正誤表のWebページ

正誤表を掲載した場合、以下のURLのページに表示されます。

https://book.impress.co.jp/books/1117101099

※本文中に登場する会社名、製品名、サービス名は、各社の登録商標または商標です。

※本書の内容は原著執筆時点のものです。本書で紹介した製品／サービスなどの名前や内容は変更される可能性 があります。

※本書の内容に基づく実施・運用において発生したいかなる損害も、著者、訳者、ならびに株式会社インプレスは一切の責任を負いません。

※本文中では®、TM、©マークは明記しておりません。

謝辞

from Sebastian Raschka

この機会に、科学的な研究やデータサイエンスにとって申し分のない環境を作る手助けをしてくれた、偉大な Python コミュニティとオープンソースパッケージの開発者に感謝したい。また、私が情熱を注いでいた道に進むようにいつも励まし、応援してくれた両親に感謝したい。

scikit-learn の中心的な開発者には特に感謝している。このプロジェクトへのコントリビュータの1人として、すばらしい人々とともに作業を行う機会に恵まれたことを光栄に思っている。彼らは機械学習に精通しているだけでなく、優秀なプログラマでもある。最後に、本書のレビューを進んで引き受けてくれた Elie Kawerk にも感謝したい。Elie は新しい章に関して貴重な意見を述べてくれた。

from Vahid Mirjalili

博士課程の指導教官である Dr. Arun Ross に、彼の研究室で新しい問題に取り組む機会を与えてくれたことに感謝したい。また、Dr. Vishnu Boddeti に、ディープラーニングへの興味を呼び起こし、その基本的な概念をわかりやすく説明してくれたことに感謝したい。

from Jared Huffman

このようなすばらしい本に携わる機会を与えてくれた Packt、いつも励ましてくれる妻、そして夜遅くまでコードのレビューやデバッグしていたときにたいていおとなしく寝ていてくれた娘に感謝したい。

著者紹介

Sebastian Raschka（セバスチャン・ラシュカ）

ベストセラーとなった『Python Machine Learning』の著者。Pythonでの科学的なコンピューティングをリードしているSciPy Conferenceでの機械学習チュートリアルを含め、データサイエンス、機械学習、ディープラーニングの実用化に関するさまざまなセミナーを主催している。

Sebastianの学術研究プロジェクトの中心は主に計算生物学での問題解決だが、データサイエンス、機械学習、Python全般に関して書いたり話したりするのが好きである。機械学習の予備知識がない人でもデータ駆動ソリューションを開発できるようになることを願って、本書を執筆することになった。

Sebastianの最近の業績や貢献には目覚ましいものがあり、2016～2017年度の学部別のOutstanding Graduate Student Award、そしてACM Computing ReviewsのBest of 2016に選ばれている。空いた時間は、オープンソースのプロジェクトや手法に積極的に貢献している。それらの手法はKaggleなどの機械学習のコンテストでも利用されている。

Vahid Mirjalili（ヴァヒド・ミルジャリリ）

分子構造の大規模計算シミュレーションの手法に関する研究で機械工学の博士号を取得している。現在は、ミシガン州立大学コンピュータサイエンス工学科に在籍し、さまざまなコンピュータビジョンプロジェクトで機械学習の応用に関する研究を行っている。

Pythonを第一のプログラミング言語としており、学術研究を通じてPythonでのコーディングに明け暮れてきた。Vahidはミシガン州立大学の工学クラスでPythonプログラミングを教えており、学生たちがPythonのさまざまなデータ構造を理解し、効率的なコードを開発する手助けをしている。

Vahidの幅広い研究的興味の中心にあるのは、ディープラーニングとコンピュータビジョンの応用である。だが、特に関心があるのは、顔の画像といった生体データの情報がユーザーの意思に反して公開されることがないよう、ディープラーニングの手法を活用して生体データのプライバシーを強化することである。さらに、自動運転車に取り組んでいるエンジニアチームにも協力しており、歩行者を検知するために多重スペクトル画像を融合するためのニューラルネットワークモデルを設計している。

レビュー担当者紹介

Jared Huffman

起業家、ゲーマー、作家、機械学習マニア、データベースエキスパートの顔を持つ。この10年間はソフトウェアの開発とデータの解析に打ち込んでいる。それまでは、ネットワークセキュリティ、財務システム、ビジネスインテリジェンスから、Webサービス、開発者ツール、ビジネス戦略まで、さまざまな分野に取り組んできた。最近では、ビッグデータと機械学習に主眼を置いたデータサイエンスチームをMinecraftで立ち上げている。仕事をしていないときは、ゲームをしているか、美しい太平洋沿岸北西部で友人や家族と楽しい時間を過ごしている。

Huai-En, Sun (Ryan Sun)

台湾の国立交通大学で統計学の修士号を取得している。現在、Pegatronで製造ラインを分析するためのデータサイエンティストを務めている。機械学習とディープラーニングを主な研究分野としている。

はじめに

ニュースやソーシャルメディアにさらされる日々を送っているあなたは、機械学習がこの時代において最も心躍るテクノロジの 1 つに数えられることにきっともう気づいている。Google、Facebook、Apple、Amazon、IBM といった大企業が機械学習の研究や応用に多額の投資を行っているのには、正当な理由がある。最近では機械学習が流行語になっているように思えるかもしれないが、これは決して一時的なブームではない。この刺激的な分野は、私たちの日々の暮らしに欠かせないものとなっている。スマートフォンの音声アシスタントに話しかけたり、顧客にぴったりの商品を勧めたり、クレジットカード詐欺を防いだり、メールの受信トレイからスパムを取り除いたり、疾患を発見して診断したりするなど、機械学習が新しい可能性への扉を開いていることは明らかである。

機械学習の実務家になりたい、問題をもっとうまく解決したい、あるいは機械学習の研究者になりたい —— そうした声に応えようとしたのが本書である。ただし、初心者は機械学習の理論に圧倒されてしまうかもしれない。機械学習への取り組みを開始して強力な学習アルゴリズムを実装するにあたって、最近出版されている多くの実用書が助けになるだろう。

機械学習の実践的なサンプルコードを調べて、サンプルアプリケーションを試してみるのは、この分野に飛び込むのにうってつけの方法である。学習した内容を実際に試してみれば、より幅広い概念が明確になるからだ。ただし、大いなる力には大いなる責任が伴うことを忘れてはならない。本書では、Python プログラミング言語と Python ベースの機械学習ライブラリを使って機械学習を実際に体験してみることに加えて、機械学習のアルゴリズムの背後にある数学的な概念を紹介する。それらの概念は、機械学習をうまく利用するために欠かせないものである。したがって、本書は単なる実用書ではない。本書では、機械学習の概念を必要に応じて詳しく説明する。そして、機械学習のアルゴリズムの仕組み、それらのアルゴリズムを使用する方法、そしてさらに重要な、最も一般的な落とし穴を避ける方法を、必要な情報をもらすことなく直観的に説明する。

現在、Google Scholar の検索キーワードとして「machine learning」と入力すると、4,000,000 件もの文献が検索結果として返される。もちろん、過去 60 年間に登場したさまざまなアルゴリズムや応用に関する詳細を何もかも取り上げることはできない。そこで本書では、この分野において最初から有利な位置につけるために不可欠な内容や概念がすべて盛り込まれた刺激的な旅に出発する。知識欲が満たされないと感じているなら、この分野において新たな突破口となる取り組みを追跡するのに役立つ有益な資料はいくらでもある。

機械学習の理論をすでに詳しく学んでいる場合、本書は知識を実践に移す方法を示すものになるだろう。機械学習の手法を使用したことがあり、機械学習が実際にどのような仕組みで動作するのかをもっとよく知りたい場合も、本書が役立つはずだ。機械学習がまったく初めての場合も、心配はいらない —— あなたを夢中にさせるものが増えるだけである。機械学習により、解決したいと思っている問題に対する考え方が変わること、そしてデータの威力を解き放つことによってそうした問題に取り組む方法が示されることを約束する。

機械学習の詳細に踏み込む前に、「なぜ Python なのか」という最も重要な質問に答えることにしよう。答えは単純だ —— 強力でありながら非常に利用しやすいからである。データサイエンスにおいて Python が最も人気の高いプログラミング言語となっているのは、プログラミングの退屈な部分を忘れさせ、アイデアをすぐにコード化し、概念を実際に試してみるための環境を提供してくれるからである。

これまでの道のりを振り返ってみて、本書の著者が科学者、思想家、問題解決者として成長しているとすれば、それは機械学習を学んだおかげであると心から言える。本書では、この知識を読者と分かち合いたいと考えている。知識は学びによって得られる。その鍵となるのは私たちの熱意である。そして本当の意味で技能をマスターするには、練習あるのみである。その先にある道のりは平坦ではないかもしれないし、テーマによっては難しいものがあるかもしれないが、この機会を逃さず、その実り多きゴールに向かって進むことを願っている。本書の著者と一緒に旅をしながら、多くの強力な手法をレパートリーに加えていこう。そうすれば、最も手ごわい問題であってもデータ駆動方式で解決できるようになるだろう。

本書の内容

「第 1 章 『データから学習する能力』をコンピュータに与える」では、さまざまな問題に取り組むための主な機械学習の手法を紹介する。さらに、一般的な機械学習モデルを作成するための基本的な手順を明らかにし、パイプラインを構築する。

「第 2 章　分類問題 ― 単純な機械学習アルゴリズムのトレーニング」では、機械学習の原点に立ち返り、パーセプトロン分類器と ADALINE を紹介する。この章では、パターン分類の基礎を手ほどきし、最適化アルゴリズムと機械学習の相互作用に着目する。

「第 3 章　分類問題 ― 機械学習ライブラリ scikit-learn の活用」では、分類用の基本的な機械学習アルゴリズムを説明し、scikit-learn を使った実践的な例を示す。scikit-learn は最も包括的で最もよく知られているオープンソースの機械学習ライブラリの 1 つである。

「第 4 章　データ前処理 ― よりよいトレーニングセットの構築」では、欠測値など、未処理のデータセットにおける最も一般的な問題への対処法について説明する。また、データセットから最も情報価値の高い特徴量を抽出するためのさまざまな手法を紹介し、機械学習のアルゴリズムへの入力としてさまざまな型の変数を準備する方法を示す。

「第 5 章　次元削減でデータを圧縮する」では、有益な判別情報のほとんどを維持した上で、データセットの特徴量の個数を削減する基本的な手法について説明する。主成分分析による次元削減に対する標準的なアプローチを説明し、教師ありの非線形の変換手法と比較する。

「第 6 章　モデルの評価とハイパーパラメータのチューニングのベストプラクティス」では、予測モデルの性能を評価する方法について説明する。さらに、モデルの性能を測定するためのさまざまな指標と、機械学習のアルゴリズムをチューニングする方法についても説明する。

「第 7 章　アンサンブル学習 — 異なるモデルの組み合わせ」では、複数の学習アルゴリズムを効果的に組み合わせるためのさまざまな概念を紹介する。個々の学習器の弱点を克服するためにアンサンブルを組み立て、より正確で確実な予測値を得る方法について説明する。

「第 8 章　機械学習の適用 1 — 感情分析」では、テキストデータを変換して機械学習のアルゴリズムに適した表現にし、人が書いた文章からその見解を予測するための基本的な手順を示す。

「第 9 章　機械学習の適用 2 — Web アプリケーション」では、前章の予測モデルを引き続き使用して、機械学習のモデルが埋め込まれた Web アプリケーションを開発するための基本的な手順を示す。

「第 10 章　回帰分析 — 連続値をとる目的変数の予測」では、目的変数と応答変数の線形関係をモデル化することで、連続値に基づいて予測を行うための基本的な手法について説明する。さまざまな線形モデルを紹介した後、多項式回帰と決定木ベースのアプローチについても説明する。

「第 11 章　クラスタ分析 — ラベルなしデータの分析」では、教師なし学習に目を向ける。3 つの基本的なクラスタリングアルゴリズムを適用することで、ある程度の類似性を持つオブジェクトをグループ化する。

「第 12 章　多層人工ニューラルネットワークを一から実装」では、第 2 章で説明した勾配に基づく最適化の概念を拡張し、よく知られているバックプロパゲーションアルゴリズムに基づいて強力な多層ニューラルネットワークを構築する。

「第 13 章　ニューラルネットワークのトレーニングを TensorFlow で並列化」は、前章の知識を土台として、ニューラルネットワークのトレーニングをより効率よく行うための実践的なガイドである。この章では、TensorFlow に着目する。TensorFlow は Python ベースのオープンソースライブラリであり、複数のコアを持つ最近の GPU を利用できる。

「第 14 章　TensorFlow のメカニズムと機能」では、TensorFlow をさらに詳しく取り上げ、その中心的な概念である計算グラフとセッションについて説明する。さらに、ニューラルネットワークの計算グラフの保存と可視化なども取り上げる。本章の残りの章では、この計算グラフの保存と可視化が大きな助けとなる。

「第 15 章　画像の分類 — ディープ畳み込みニューラルネットワーク」では、畳み込みニューラルネットワーク（CNN）について説明する。CNN は、コンピュータビジョンや画像認識の分野で新たな標準となっているディープニューラルネットワークのアーキテクチャである。この章では、特徴抽出器としての畳み込み層の間にある主な概念について説明し、CNN アーキテクチャを画像分類タスクに適用してほぼ完ぺきな分類正解率を達成する。

「第16章　系列データのモデル化 — リカレントニューラルネットワーク」では、リカレントニューラルネットワーク（RNN）を紹介する。RNNは、ディープラーニングにおいてよく知られているもう1つのニューラルネットワークアーキテクチャであり、特に系列データや時系列データの処理に適している。この章では、さまざまなRNNをテキストデータに適用する。まず、ウォーミングアップとして感情分析を行った後、まったく新しいテキストを生成する方法を示す。

本書に必要なもの

本書のサンプルコードを実行するには、Python 3.6.0以降がインストールされたmacOS、Linux、またはWindowsマシンが必要である。本書では、SciPy、NumPy、scikit-learn、matplotlib、pandasなど、科学計算に不可欠なPythonライブラリを頻繁に使用する。

Pythonの環境とこれらのコアライブラリのセットアップ方法については、第1章で説明する。続いて、自然言語処理に使用するNLTKライブラリ（第8章）、Flask Webフレームワーク（第9章）、統計データを可視化するseabornライブラリ（第10章）、GPUを使ってニューラルネットワークのトレーニングを効率よく行うTensorFlow（第13章〜第16章）など、それぞれの章で追加のライブラリをインストールして使用する方法を示す。

本書の対象読者

Pythonを使って重要なデータ問題を解く方法が知りたい場合は、本書を手に取ってほしい。ゼロから始める場合も、データサイエンスの知識を補いたい場合も、本書は見逃せない情報源である。

本書の表記

本書では、さまざまな種類の情報を区別するために何通りかの表記を使用している。

本文中のコード、パス名（ディレクトリ、ファイル、ファイル拡張子）、ユーザー入力、コマンドなどは、「`--upgrade`フラグ」のように示される。

コードブロックは次のように示される。

```
>>> from sklearn.neighbors import KNeighborsClassifier
>>> knn = KNeighborsClassifier(n_neighbors=5, p=2, metric='minkowski')
>>> knn.fit(X_train_std, y_train)
>>> plot_decision_regions(X_combined_std, y_combined,
...                       classifier=knn, test_idx=range(105,150))
>>> plt.xlabel('petal length [standardized]')
>>> plt.ylabel('petal width [standardized]')
>>> plt.show()
```

新しい用語と**重要な語句**は太字で示される。メニューやダイアログボックスのように画面上に表示される項目は、「右上の［Dashboard］ボタンをクリックすると、ページの一番上にコントロールパネルが表示される」のように、［］で括って表記される。

警告または重要な注意点を示す。

ヒントやアドバイスを示す。

サンプルコードのダウンロード

本書のサンプルコードは、以下の URL のページからダウンロードできる。

https://github.com/rasbt/python-machine-learning-book-2nd-edition

目次

第2章 分類問題 — 単純な機械学習アルゴリズムのトレーニング

第3章 分類問題 — 機械学習ライブラリscikit-learnの活用

第 14 章 TensorFlow のメカニズムと機能

付録 B　matplotlib による可視化の基礎

付録 C　行列の固有分解の基礎

第1章 「データから学習する能力」をコンピュータに与える

機械学習(machine learning)はコンピュータサイエンスにおいて最も興奮に満ちた分野であると筆者は考えている。というのも、機械学習はデータの意味を理解するアルゴリズムの応用と科学だからだ。私たちは溢れんばかりにデータが生成される時代に生きており、機械学習分野の自己学習アルゴリズムを用いて、データを知識に変えることができる。近年、多くの高機能なオープンソースの機械学習ライブラリが開発されている。そのおかげで、データからパターンを抽出して将来の事象を予測する強力なアルゴリズムの利用方法を学ぶには、おそらく絶好の機会と言えるだろう。

本章では、機械学習の主な概念とその種類について説明する。ここでは、関連する用語を簡単に紹介するとともに、実際の問題の解決に機械学習のテクニックを上手に利用するための準備をする。

本章では、以下の内容を取り上げる。

- 機械学習の一般概念(1.1 節)
- 3 種類の学習と基本用語(1.2 〜 1.6 節)
- 機械学習システムをうまく設計するための構成要素(1.7/1.8 節)
- データ解析と機械学習のための Python のインストールとセットアップ(1.9 節)

1.1 データを知識に変える「知能機械」

この高度に技術が発達した時代において、私たちのまわりには大量の構造化データと非構造化データ※1というリソースが無尽蔵に存在する。20世紀の後半にかけて、機械学習は**人工知能**（artificial intelligence）の一分野として発展した。自己学習のアルゴリズムが開発されたことで、予測を行うための知識をデータから取り出せるようになった。人が大量のデータを分析してルールを導き出し、モデルを構築する作業を行う代わりに、機械学習はデータから知識を引き出すためのより効率的な手段を提供することで、予測モデルの性能を徐々に向上させ、データに基づいて決断を下せるようにする。機械学習はコンピュータサイエンスの研究において重要性を増しているだけではない。私たちの日常生活においてもこれまで以上に大きな役割を果たしている。

- Gmailなどの堅牢なメールスパムフィルタ
- Siriなどの便利な文字／音声認識ソフトウェア
- Googleなどの信頼性の高いWeb検索エンジン
- AlphaGoなどの手ごわい棋士との対戦

これらを利用できるのは機械学習のおかげである。安全で効率のよい自動運転車もまもなく登場することだろう。

1.2 3種類の機械学習

ここでは、**教師あり学習**（supervised learning）、**教師なし学習**（unsupervised learning）、**強化学習**（reinforcement learning）という3種類の機械学習について説明する。これら3種類の機械学習の基本的な違いを確認し、概念的な例を用いて、これらを適用できる実際の問題領域を直観的に見抜けるようにする。

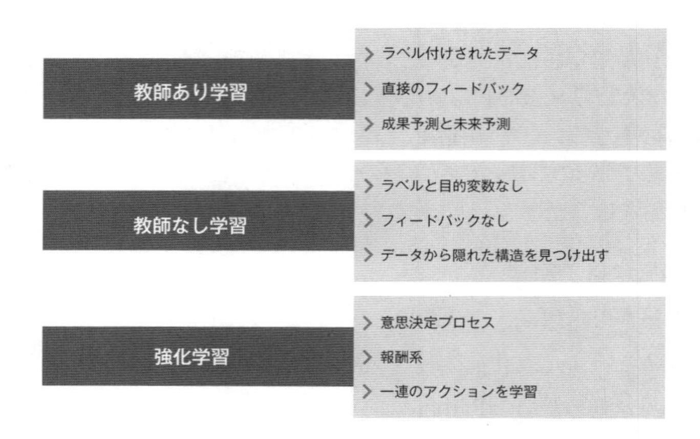

※1 ［監注］構造化データ（structured data）は、明確な定義はされていない模様であるが、データベースのテーブルやExcelの表形式のデータのように、データの形式と意味やその間の関係性などの構造が定義されているデータを指す。非構造化データ（unstructured data）は、構造化データ以外のデータの総称であり、たとえば文章や音声、画像のデータなどが該当する。

1.2.1 「教師あり学習」による未来予測

「教師あり学習」の主な目標は、ラベル付けされた**トレーニングデータ**[※2]（training data）からモデルを学習し、未知のデータや将来のデータを予測できるようにすることである。この場合の「教師あり」は、望ましい出力信号（ラベル）がすでに判明しているサンプル[※3]の集合を指している。

メールスパムフィルタの例について考えてみよう。この場合、コーパス[※4]はラベル付けされたメールであり、スパムメールまたはスパム以外のメールとして正しく分類されている。このコーパスに対して教師あり機械学習のアルゴリズムを適用すれば、「新しいメールがどちらのカテゴリに分類されるのか」を予測するモデルについてトレーニングできる。メールスパムフィルタの例のように、離散値[※5]の**クラスラベル**（class label）を持つ教師あり学習は、**分類**[※6]（classification）とも呼ばれる。教師あり学習には**回帰**（regression）というサブフィールドもあり、その場合、出力信号は連続値になる。

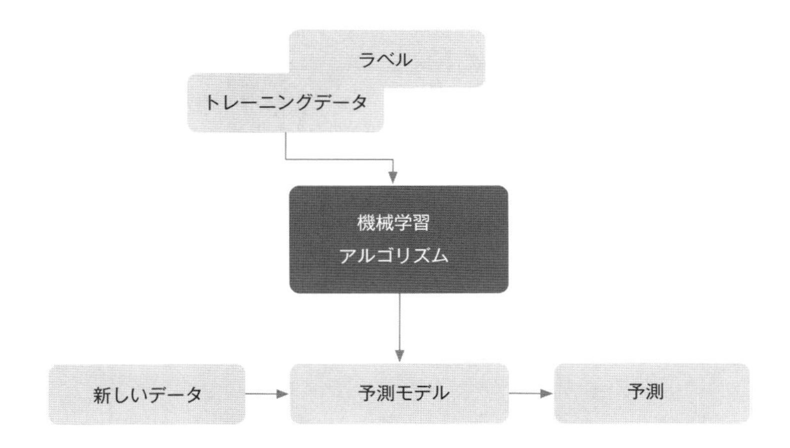

クラスラベルを予測するための分類

「分類」は教師あり学習のサブフィールドの1つである。過去の観測に基づき、新しいインスタンス[※7]を対象として、クラスラベルを予測することが目的となる。そうしたクラスラベルは離散的で順序性のない値であり、インスタンスの**所属関係**（group membership）として解釈できる。メール

※2　［訳注］トレーニングデータ（training data/train data）は、「訓練データ」、「学習データ」と訳されることもある。

※3　［監注］後述のメールスパムフィルタの例では、サンプルは1件のメールを指す。

※4　［監注］実際に使用された文を大量に収集した例文集。

※5　［監注］メールスパムフィルタの例では、メールを「スパムメール」、「スパム以外のメール」という2つの値に分類する。このように、連続的に変化するのではなく飛び飛びの値しかとらない変数を「離散値」と呼ぶことがある。

※6　［監注］分類（classification）は、サンプルをクラスやカテゴリなどの離散値に分類することを明示して、「クラス分類」、「カテゴリ分類」などと訳されることもある。

※7　［監注］原書では、インスタンス（instance）とサンプル（sample）がほぼ同様の意味で用いられている。本章においてもこれらの語が混在していることに注意。また、原書ではクラスタリングの文脈においてオブジェクト（object）もこれらとほぼ同義で使用されている。1.5節や第11章を読む際は注意。

スパムフィルタは**二値分類**[※8]（binary classification）の典型的な例である。二値分類では、機械学習のアルゴリズムは「スパムメール」と「非スパムメール」という 2 つのクラスを区別するためのルールを学習する。

ただし、これらのクラスラベルは二値でなくてもよい。教師あり学習のアルゴリズムによって学習された予測モデルが未分類のインスタンスにラベルを割り当てるとき、そのラベルはトレーニングデータセットに存在するクラスラベルであれば、どれでもよいことになっている。**多クラス分類**[※9]（multiclass classification）の典型的な例の 1 つとして、手書き文字認識が挙げられる。ここで、アルファベットの各文字が手書きされた例[※10]で構成されたトレーニングデータセットがあるとしよう。ユーザーが入力デバイスを使って新しい手書き文字を入力した場合、予測モデルはアルファベットの正しい文字を一定の正解率で予測できるはずだ。しかし、たとえば 0 から 9 までの数字のいずれかがトレーニングデータセットに含まれていなかった場合、この機械学習システムではそれらの数字を正しく認識できないことになる。

次に示すのは、トレーニングサンプル（予測モデルの学習に使用するサンプル）が 30 個与えられた場合の二値分類の概念図である。15 個のトレーニングサンプルは**陰性クラス**[※11]（negative class）としてラベル付けされ、マイナス記号で表されている。残りの 15 個のトレーニングサンプルは**陽性クラス**（positive class）としてラベル付けされ、プラス記号で表されている[※12]。このシナリオでは、データセットは 2 次元であり、各サンプルに x_1 と x_2 の 2 つの値が関連付けられている。ここで、教師あり機械学習のアルゴリズムを使ってルール —— 黒の破線で示されている**決定境界**（decision boundary）[※13] —— を学習すれば、それら 2 つのクラスを区別し、新しいデータを x_1 と x_2 の値に基づいて 2 つのクラスに分類できるようになる。

※8　[監注] 二値分類 (binary classification) は、「二項分類」、「二クラス分類」と訳されることもある。

※9　[監注]「多値分類」と訳したほうが「二値分類」との対比が明確になると思われるが、原書の "multiclass classification" に従ってここでは「多クラス分類」という訳語をあてている。

※10　[監注] 手書き文字の例として、第 12 ～ 13 章で扱われている MNIST データセットを参照。このデータセットは、文字認識の代表的なベンチマークとして使用される。

※11　[監注] 陽性クラスに該当しないもの。「非スパムメール」など。

※12　[監注] 実務においては、陽性クラスと陰性クラスは分析の目的に応じて定義される。たとえば、メールの例ではスパムメールの予測や検出を行いたいため、興味があるのはスパムメールになる。そのため、陽性クラスがスパム、陰性クラスが非スパムと定義する。

※13　[監注] 決定境界とは、クラスを区別する境界を指す。

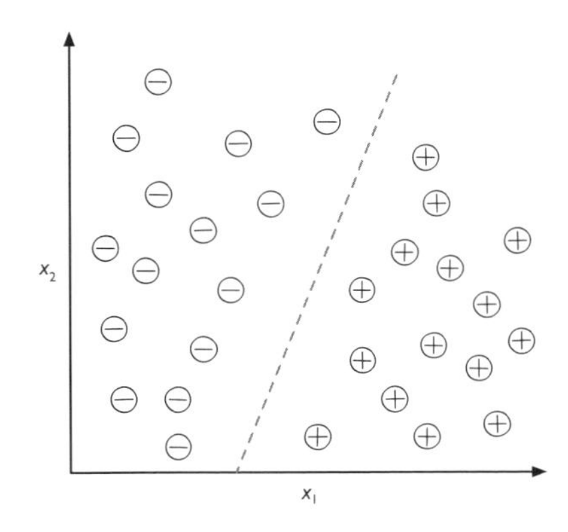

連続値を予測するための回帰

前項で説明したように、分類はカテゴリ値で順序性のないラベルをインスタンスに割り当てるタスクである。「教師あり学習」の2つ目に紹介するのは連続値を予測するものであり、**回帰分析**（regression analysis）とも呼ばれる。回帰分析では、複数の**予測変数**（predictor variable）と連続値の**応答変数**（response variable）が与えられ、結果を予測できるようにそれらの変数の関係を探る。予測に使用される変数は**説明変数**（explanatory variable）、予測したい変数は**成果指標**（outcome）とも呼ばれる ※14。

たとえば、SAT※15 を受験した生徒の数学の点数を予測したいとしよう。試験勉強に費やした時間と最終的な点数との間に関係があるとすれば、それをトレーニングデータとして使用することで、今後SATを受験する生徒に対して点数を予測するモデルが学習できるはずだ。

回帰という用語が初めて使用されたのは、Francis Galtonの1886年の論文『Regression towards Mediocrity in Hereditary Stature』だった。Galtonはこの論文で、人間の集団の「身長」の分散は時間の経過とともに増大するわけではないという生物現象について説明している。Galtonは、親の身長は子供に遺伝せず、子供の身長が母集団の平均に向かって回帰することを発見した ※16。

次に示すのは、**線形回帰**（linear regression）の概念図である。説明変数を x、応答変数を y とし、

※14 ［監注］応答変数、結果変数とともに、「目的変数」（target variable）もしばしば使用される。

※15 ［訳注］SAT（Scholastic Assessment Test）はアメリカの大学進学適性試験。

※16 ［監注］身長の高い（低い）親の子供たちが身長が高く（低く）なるとは限らず、子供たちの身長が親よりも平均値に近づくことを意味している。

サンプル点[※17]との距離 —— 主に平均二乗誤差[※18] —— が最も短くなる直線をこのデータに当てはめる。このようにすると、データから学習した直線の切片と傾きを用いて、新しいデータの成果指標を予測できるようになる。

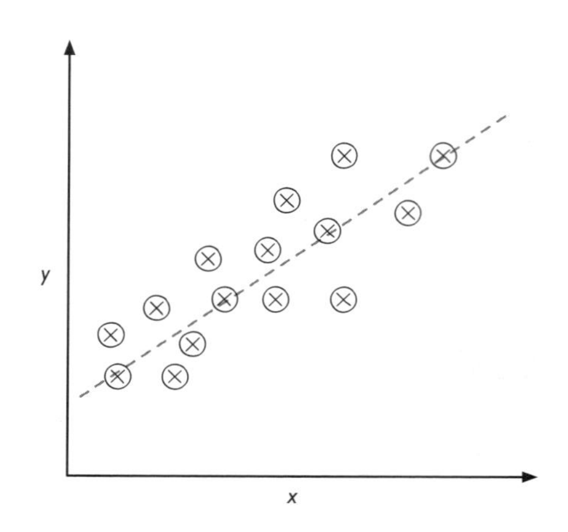

1.2.2 強化学習による対話問題の解決

もう1つの機械学習は**強化学習**(reinforcement learning)である。強化学習の目標は、**環境**(environment)とのやり取りに基づいて性能を改善するシステムを開発することである。そうしたシステムは**エージェント**(agent)と呼ばれる。一般に、環境の現在の状態に関する情報には、いわゆる**報酬**(reward)信号も含まれる。このため、強化学習については「教師あり学習」に関連する分野と見なすことができる。ただし強化学習では、このフィードバックは正解のラベルや値ではなく、「報酬」関数によって測定された行動の出来具合を数値化したものである。エージェントは環境とのやり取りを通じて強化学習を使用することにより、一連の行動を学習できる。その報酬は、探索的な試行錯誤アプローチや熟考的プランニングを通じて最大化される[※19]。

よく知られている強化学習の例はチェスエンジンである。この場合、エージェントはチェス盤(環境)の状態に応じてコマの動きを決定する。報酬はゲームの「勝ち」「負け」として定義できる。

※17 [監注] ここでは、サンプルやインスタンスを図の一点として表すことを強調してサンプル点(sample point)と呼んでいる。

※18 [監注] 第10章で説明されるように、直線の傾きを w_1、切片を w_0 とすると、直線は $y = w_0 + w_1x$ と表される。i 番目のサンプル点のx座標 $x^{(i)}$ を予測変数、y座標 $y^{(i)}$ を応答変数とすると、サンプル点は $(x^{(i)}, y^{(i)})$ と表せる。サンプル点のx座標における直線のy座標とサンプル点の距離の2乗を求め、すべてのサンプル点に関して平均したものが平均二乗誤差である。すなわち、N 個のサンプル点がある場合、平均二乗誤差は $\frac{1}{N}\sum_{i=1}^{N}(w_0 + w_1x^{(i)} - y^{(i)})^2$ で定義される。この平均二乗誤差が最小となるように傾き w_1、切片 w_0 を求めることにより、回帰直線を推定できる。

※19 [監注] 強化学習は、エージェントと環境の将来の相互作用を予測するモデルを使用するかどうかで、試行錯誤的アプローチと熟考的プランニングに大別される。試行錯誤的アプローチではモデルを使用せず、熟考的プランニングはモデルを使用する。

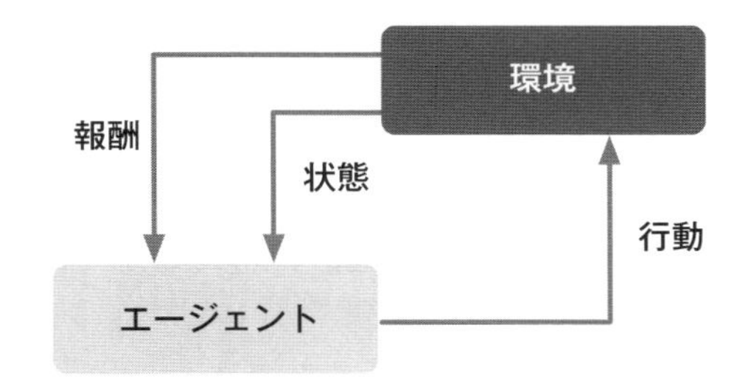

強化学習はさまざまな種類に分かれている。ただし、強化学習のエージェントは環境とのやり取りを通じて報酬を最大化しようとするのが一般的である。各状態には正または負の報酬を関連付けることができ、チェスの試合の勝ち負けといった全体的な目標を達成することとして報酬を定義できる。たとえばチェスでは、各コマの動きによる成果指標を環境の異なる状態として考えることができる。チェスの例をもう少し詳しく調べてみるために、チェス盤の特定のマスへ移動することを、相手のコマを取ったりクイーンを攻めたりといった正事象に関連付けてみよう。一方で、相手の位置には、次の手で相手にコマを取られるといった負事象が関連付けられる。さて、コマを動かすたびに相手のコマを取れるわけではない。強化学習では、一連のステップを学習することになる。その学習ステップでは、即時的なフィードバックと遅延的なフィードバックに基づいて報酬を最大化する。

本節では強化学習の基本的な概要を紹介するが、強化学習の応用については取り上げない。本書では、分類、回帰分析、クラスタリングを重点的に取り上げる。

1.2.3 「教師なし学習」による隠れた構造の発見

教師あり学習では、モデルをトレーニングするときに**正解**(right answer)が事前にわかっている。強化学習では、エージェントの特定の行動に対して**報酬**(reward)の度合いを定義する。これに対し、教師なし学習では、ラベル付けされていないデータや**構造が不明な**(unknown structure)データを扱うことになる。教師なし学習の手法を用いることで、成果指標や報酬関数がなくても、データの構造を調べて意味のある情報を取り出すことができる。

クラスタリングによるグループの発見

クラスタリング(clustering)は、大量の情報を意味のあるグループ(クラスタ)として構造化できる探索的データ解析[※20]の手法である。この手法では、グループの所属関係が事前にわかっている必要はない。分析によって浮かび上がる各クラスタは、オブジェクトからなるグループを定義する。グループを構成するオブジェクトは、ある程度の類似性を共有する一方で、他のクラスタ内のオブ

※20 [監注] 探索的データ解析(exploratory data analysis)とは、1960年頃に統計学者のTukeyにより提唱されたデータ解析のアプローチである。データの統計量を計算したり分布の可視化を行ったりして、データに関する知見を探索的に導き出す。本書においては、第10章でボストン郊外の住宅情報を収録したデータセットの統計的な傾向を確認するために、探索的データ解析を実施している。具体的には、各変数の散布図のプロット、相関係数の算出などを行っている。

ジェクトと比べて相違が大きくなっている。このような方法でグループを定義することから、クラスタリングは「教師なし分類」とも呼ばれる。クラスタリングは、情報を構造化し、データ間の意味のある関係を導き出すのに適した手法である。たとえばマーケティング担当者は、個々のマーケティングプログラムを開発するにあたって、顧客の関心に基づいて顧客集団を発見できる。

次の図は、ラベル付けされていないデータを構造化するにあたって、クラスタリングをどのように応用できるかを示している。この場合は、特徴量[※21]の x_1 と x_2 の類似性に基づき、データを3つのグループに分割している。

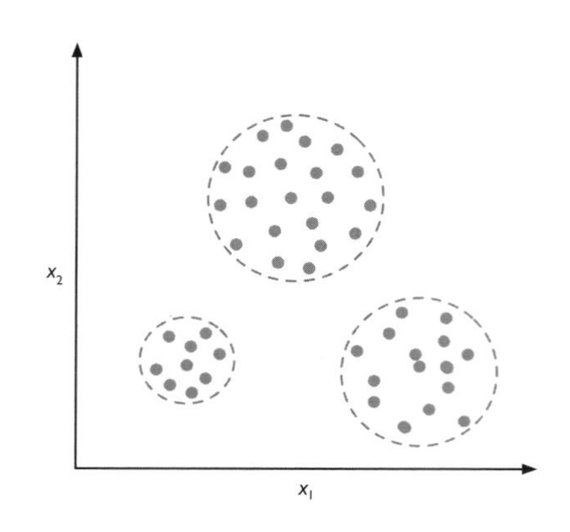

データ圧縮のための次元削減

教師なし学習には、**次元削減**[※22](dimensionality reduction または dimension reduction)というサブフィールドもある。高次元のデータを扱うのはよくあることであり、観測のたびに大量の測定値が記録される。機械学習のアルゴリズムを実行する記憶域や計算性能が限られていることを考えると、大量の値を処理するのは難題かもしれない。教師なし次元削減[※23]は、特徴量の前処理においてよく使用されるアプローチの1つである。このアプローチでは、データからノイズを取り除き、関連する大半の情報を維持した上で、データをより低い次元の部分空間に圧縮する。なお、ノイズによって予測性能が低下するアルゴリズムもある。

※21 [訳注] 後述するように、機械学習では、行列として表した場合に列に相当するデータ項目のことを「特徴量」と呼ぶ。

※22 [監注] 次元削減は「次元圧縮」、「次元縮約」とも呼ばれる。

※23 [監注] あえて「教師なし」としているのは、次元削減の手法の中には教師あり学習に分類されるものもあるからである。第5章で説明されているように、教師なし次元削減の手法には、主成分分析(principal component analysis)、カーネル主成分分析(kernel principal component analysis)などがある。一方で、教師あり次元削減には、判別分析(discriminant analysis)などがある。

次元削減はデータの可視化にも役立つことがある。たとえば、ヒストグラムや2次元または3次元の散布図を使って高次元の特徴集合を可視化するために、データを1次元、2次元、または3次元の特徴空間に射影できる。次の例では、3次元の「ロールケーキ」を新しい2次元の特徴量の部分空間に圧縮するために、非線形の次元削減が適用されている[※24]。

>> i ページにカラーで掲載

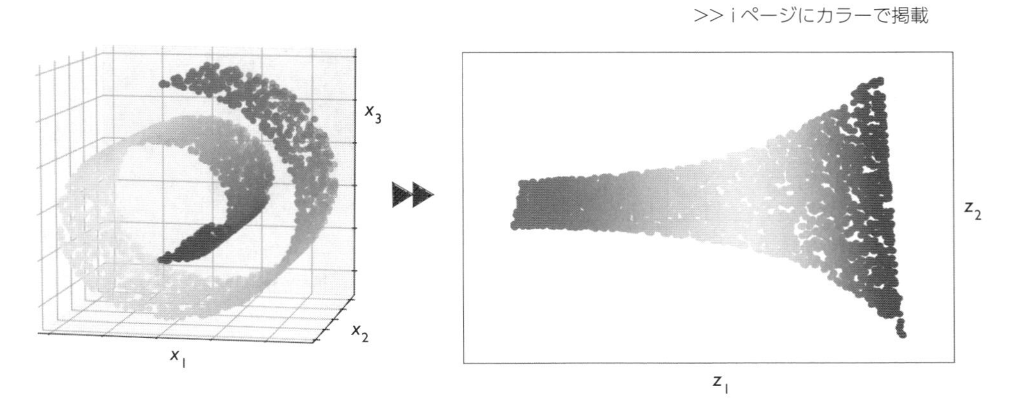

1.3 基本用語と表記法

教師あり学習、教師なし学習、強化学習という機械学習の3つのカテゴリについて説明したところで、本書全体で使用する基本用語を確認しておこう。次の表は、機械学習分野の代表的な例であるIrisデータセットからの抜粋である。Irisデータセットには、150枚のアヤメの花の計測データが収録されている。これらのデータは、Setosa、Versicolor、Virginicaの3つの品種に分類される。花のサンプルはそれぞれデータセットの1つの行を表しており、花びらのセンチメートル単位の計測データが列に格納されている。後者はデータセットの**特徴量**（feature）とも呼ばれる。

※24 ［監注］図の3次元空間内のロールケーキは、局所的には2次元の図形と見なせる。このように、局所的なユークリッド空間上の図形の貼り合わせと見なせる図形または空間を多様体（manifold）と呼ぶ。データが多様体上に分布しているとして、多様体上の距離などに基づいて次元を削減する分野を多様体学習（manifold learning）と呼ぶ。多様体学習の代表的な手法に、ISOMAP、局所線形埋め込み法（locally linear mapping）などがある。5.3.4項のコラムにあるように、Pythonの代表的な機械学習ライブラリscikit-learnにも多様体学習のアルゴリズムが実装されている。多様体学習の詳細については、『カーネル多変量解析』（岩波書店、2008年）などが参考になる。

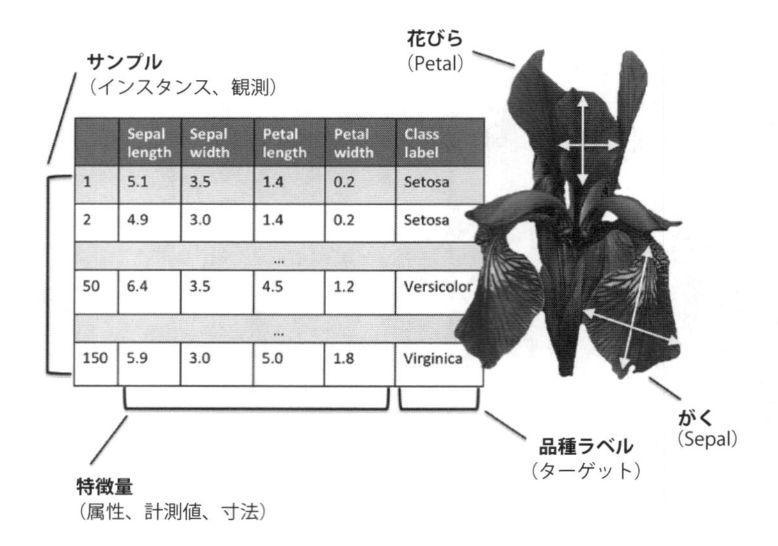

表記と実装を単純にし、かつ効率化するために、ここでは**線形代数**（linear algebra）の基礎を利用する。次章以降では、**行列**（matrix）と**ベクトル**（vector）の表記を用いてデータを表すことにする。一般的な慣例に従い、花のサンプルはそれぞれ特徴行列 $\boldsymbol{X}$ の行として表し、特徴量はそれぞれ別の列に格納する。

Iris データセットは 150 個のサンプルと 4 つの特徴量で構成されているため、150×4 の行列 $\boldsymbol{X} \in \mathbb{R}^{150 \times 4}$ ※25 として次のように記述できる。

$$\begin{bmatrix} x_1^{(1)} & x_2^{(1)} & x_3^{(1)} & x_4^{(1)} \\ x_1^{(2)} & x_2^{(2)} & x_3^{(2)} & x_4^{(2)} \\ \vdots & \vdots & \vdots & \vdots \\ x_1^{(150)} & x_2^{(150)} & x_3^{(150)} & x_4^{(150)} \end{bmatrix}$$

※25　［監注］数学では $\mathbb{R}$ は実数の集合を表す。たとえば、実数の数直線上にある点の集合は $\mathbb{R}$、実数の 2 次元上にある点の集合は $\mathbb{R}^2$ となる。Iris データセットの場合、150 枚のサンプルに対して 4 つの特徴量（Sepal length、Sepal width、Petal length、Petal width）が記録されているため、特徴行列 $\boldsymbol{X}$ は $\mathbb{R}^{150 \times 4}$ の元（要素）となり、$\boldsymbol{X} \in \mathbb{R}^{150 \times 4}$ と表記している。ここで、x が集合 S の元であることを $x \in S$ と表している。

本書ではこれ以降、特に明記がなければ、i 番目のトレーニングサンプルを上付き文字 i で表し、トレーニングデータセットの j 番目の次元を下付き文字 j で表すことにする。

ベクトルは $\boldsymbol{x} \in \mathbb{R}^{n\times1}$ のように太字の小文字で表し、行列は $\boldsymbol{X} \in \mathbb{R}^{n\times m}$ のように太字の大文字で表す。ベクトルまたは行列の 1 つの要素は、$x^{(n)}$ または $x^{(n)}_{m}$ のように斜体で表す。
たとえば $x^{(150)}_1$ は、花のサンプル 150 の 1 次元目である「がく片の長さ」を表す。したがって、この特徴行列の行はそれぞれ 1 つの花びらのインスタンスを表し、4 次元の行ベクトル $\boldsymbol{x}^{(i)} \in \mathbb{R}^{1\times4}$ として次のように記述できる。

$$\boldsymbol{x}^{(i)} = \begin{bmatrix} x_1^{(i)} & x_2^{(i)} & x_3^{(i)} & x_4^{(i)} \end{bmatrix}$$

特徴次元はそれぞれ 150 次元の列ベクトル $\boldsymbol{x}_j \in \mathbb{R}^{150\times1}$ であり、たとえば次のようになる ※26。

$$\boldsymbol{x}_j = \begin{bmatrix} x_j^{(1)} \\ x_j^{(2)} \\ \vdots \\ x_j^{(150)} \end{bmatrix}$$

同様に、目的変数（品種ラベル）は 150 次元の列ベクトル y として次のように格納する。

$$\boldsymbol{y} = \begin{bmatrix} y^{(1)} \\ \dots \\ y^{(150)} \end{bmatrix} (y \in \{\text{Setosa, Versicolor, Virginica}\})$$

1.4　機械学習システムを構築するためのロードマップ

ここまでは、機械学習の基本概念と 3 種類の学習について説明してきた。学習アルゴリズムを伴う機械学習システムには、他にも重要な側面がある。本節では、それらについて説明する。次に示すのは、予測モデルの作成に機械学習を使用する場合の一般的なワークフロー図である。次節では、このワークフローについて説明する。

※26　［監注］この場合は、150 枚のインスタンスの j 番目の特徴量を並べている。

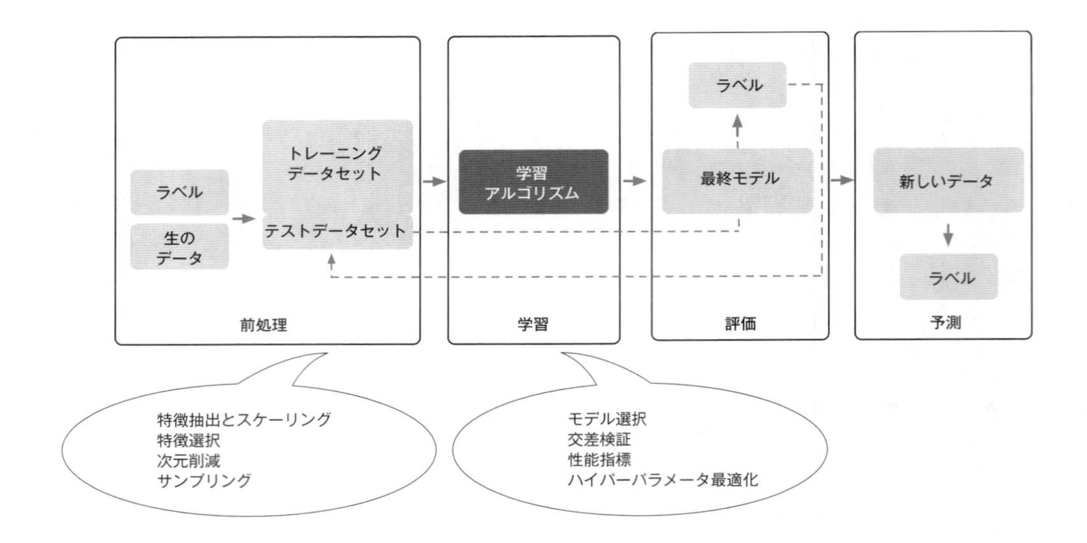

1.4.1 前処理：データ整形

まず、機械学習システムを構築するためのロードマップから見ていこう。生のデータが機械学習アルゴリズムの性能を最適化するのに必要な形式で提供されることは滅多にない。機械学習を適用する際、常にデータの**前処理**(preprocessing)が最も重要な手順の1つとなるのは、そのためである。たとえば前述のIrisデータセットで、生のデータを一連の花の画像であるとして、その画像から意味のある特徴量を抽出するとしよう※27。この場合、意味のある特徴量としては、色、色調、花の明度、高さ、そして花の長さと幅が考えられる。多くの機械学習アルゴリズムでは、最適な性能を得るために、選択された特徴量の尺度※28が同じであることも要求される。多くの場合、これは特徴量を[0,1]の範囲に変換するか、平均が0で分散が1の標準正規分布に変換することによって実現される。こうした特徴量のスケーリングについては、次章以降で説明していく。

抽出された特徴量によっては、相関が高いために一定の重複が認められるかもしれない。そのような場合は、特徴量を低次元の部分空間に圧縮するのに次元削減の手法が役立つ。特徴空間の次元を減らせば、必要となる記憶域が少なくなり、機械学習アルゴリズムの処理を大幅に高速化できる。データセットに無関係な特徴量(ノイズ)が大量に含まれている場合、つまり、データセットのSN比(Signal-to-Noise ratio)が低い場合は、次元削減により、モデルの予測性能を向上させることもできる。

トレーニングデータセットだけでなく、新しいデータに対しても機械学習アルゴリズムが汎化されるかどうか(応用できるかどうか)を判断するには、データセットをトレーニングデータセットとテストデータセットにランダムに分割したいところである。トレーニングデータセットは機械学習

※27 [監注] 1.3節では、Irisデータセットは4つの特徴量と品種が行列で与えられているとしていた。ここでは、この行列のデータではなく、アヤメの画像そのものが生データとして与えられているという想定のもとに議論が行われていることに注意。

※28 [監注] 後ほど簡単に説明するように、ここでの尺度とはデータの値の大きさの水準を意味する。

のモデルをトレーニングして最適化するために使用し、テストデータセットは最終モデル[※29]を評価するときまで取っておく。

1.4.2　予測モデルのトレーニングと選択

次章以降で見ていくように、さまざまな問題を解決するために、さまざまな機械学習のアルゴリズムが開発されている。David Wolpertの有名な「ノーフリーランチ定理」[※30]は、「ただ」では学習できないと要約できる。これは「ハンマーしか持っていなければ、すべてが釘に見える」[※31]というAbraham Maslowの有名な言葉を連想させる。たとえば、分類のアルゴリズムにはそれぞれ本質的に特性がある。このため、タスクに何も仮定しなければ、どの分類モデルにも優位性はない。実際に、最も性能のよいモデルをトレーニングして選択するには、少なくとも数種類のアルゴリズムを比較することが不可欠である。ただし、さまざまなモデルを比較する前に、性能を測定するための指標を決定しておく必要がある。よく使用される指標の1つは正解率であり、正しく分類されているインスタンスの割合として定義される。

当然ながら、「テストデータセットをモデルの選択に使用せず、最終的なモデルの評価のために取っておくとしたら、最終的なテストデータセットや現実のデータに対して性能のよいモデルはどうすればわかるのか」という疑問が生じる。この問題に対処するには、モデルの**汎化性能**[※32]（generalization performance）を推定する必要がある。これについては、トレーニングデータセットをさらにトレーニング用のサブセットと検証用のサブセットに分割し、さまざまな交差検証の手法を適用する方法がある。また、ソフトウェアのライブラリによって提供される学習アルゴリズムのデフォルトパラメータが、特定の問題にとって最適であることは期待できない。このため、**ハイパーパラメータ最適化**[※33]（hyperparameter optimization）の手法をたびたび使用することになるだろう。この手法は、次章以降でモデルの性能を調整するのに役立つ。直観的には、ハイパーパラメータはデータから学習されるものではなく、モデルの「つまみ」を表すものと考えることができる。そして、この「つまみ」を回すことで、モデルの性能を向上させることができる。これについては、次章以降で実際の例を示すときにより明確になるだろう。

※29　［監注］1.4節の図に示すように、学習時は機械学習のアルゴリズムのハイパーパラメータを変化させてさまざまなモデルが構築される。その中で最も性能のよいモデルを選択することになる（ハイパーパラメータ最適化）。本書では、この選ばれたモデルを「最終モデル」（final model）と呼んでいる。なお、ハイパーパラメータについては第6章を参照。

※30　D.H. Wolpert, *The Lack of A Priori Distinctions Between Learning Algorithms.* Neural computation 8 (7), 1341-1390, 1996
D.H. Wolpert, W.G. Macready, *No Free Lunch Theorems for Optimization.* IEEE Transactions on Evolutionary Computation, 1(1), 67-82. 1997

※31　『The Psychology of Science: A Reconnaissance』（Joanna Cotler Books、1966年）
『可能性の心理学』（川島書店、1971年）

※32　［監注］未知のデータにも対応できる能力。

※33　［監注］ハイパーパラメータとは、機械学習のアルゴリズムのパラメータのうち、学習前に値を決定しなければならないものを指す。たとえば、決定木の深さ、サポートベクトルマシンのコストパラメータなどがある。ハイパーパラメータの詳細については第6章を参照。

1.4.3 モデルの評価と未知のインスタンスの予測

トレーニングデータセットにうまく適合するモデルを選択した後は、汎化誤差（学習時に使用しなかったデータに対する予測値と正解の差）を評価できる。汎化誤差を評価するには、このモデルをテストデータセットに適用することにより、未知のデータに対する性能がどの程度発揮されるのかを予測すればよい。その性能に納得がいけば、このモデルを使って将来のデータを予測できる。ここで注意しなければならないのは、特徴量のスケーリングや次元削減といった前述の手続きのパラメータが、トレーニングデータセットでのみ取り出されることである。よって、予測対象とする新しいサンプルだけでなくテストデータセットを変換する際にも、同じパラメータを再度適用する必要がある。そうしないと、テストデータで測定された性能が楽観的すぎる場合があるからだ。

1.5 機械学習に Python を使用する

Python はデータサイエンス分野で最もよく使用されているプログラミング言語の 1 つである。このため、便利なアドオンライブラリが大きな開発者／オープンソースコミュニティによっていくつも開発されている。

Python などのインタープリタ言語のパフォーマンスは、計算主体のタスクでは低水準のプログラミング言語に劣るものの、多次元配列に対して高速にベクトル演算を行う **NumPy** や **SciPy** といった拡張ライブラリが、Fortran や C 言語の実装に基づいて開発されている。

機械学習のプログラミングタスクでは、主に **scikit-learn** ライブラリを使用することになる。scikit-learn は現時点において最もよく使用されているオープンソースの機械学習ライブラリの 1 つである。

1.5.1 Python と Python Package Index のパッケージのインストール

Python は Windows、macOS、Linux のすべてで利用可能である。Python のインストーラとマニュアルは Python の公式 Web サイト ※34 からダウンロードできる。

本書の内容は Python 3.6.0 以降を対象としている。Python 3 の最新バージョンを使用することが推奨されるが、サンプルコードのほとんどは Python 2.7.13 以前のバージョンでも動作する可能性がある。サンプルコードの実行に Python 2.7 を使用する場合は、これら 2 つのバージョンの主な違いを調べておこう。Python 3.* と Python 2.7 の相違点をまとめたものが Python Wiki※35 にある。

本書で使用する追加のパッケージは、**pip** インストーラプログラムを使ってインストールできる。pip は Python 3.3 以降から Python 標準ライブラリの一部となっている。公式 Web サイトにインストールの説明 ※36 がある。

Python のインストールが完了した後は、ターミナルウィンドウから `pip` を実行し、追加の

※34 https://www.python.org

※35 https://wiki.python.org/moin/Python2orPython3

※36 https://docs.python.org/3/installing/index.html

Python パッケージをインストールできる。

```
pip install <パッケージ名>
```

すでにインストールされているパッケージは、`--upgrade` フラグを使って更新できる。

```
pip install <パッケージ名> --upgrade
```

1.5.2　Anaconda とパッケージマネージャの使用

科学計算に特に推奨したい Python ディストリビューションの 1 つに、Continuum Analytics が提供している Anaconda がある。Anaconda は、営利目的での使用を含め、完全に無償のエンタープライズ向けの Python ディストリビューションである。データサイエンス、数学、工学に不可欠な Python パッケージが 1 つのユーザーフレンドリなクロスプラットフォームディストリビューションにまとめられている。Anaconda のインストーラは Continuum Analytics の Web サイト[※37]からダウンロードできる。また、Anaconda のクイックスタートガイド[※38]も提供されている。

Anaconda のインストールが完了した後は、次のコマンドを使って新しい Python パッケージをインストールできる。

```
conda install <パッケージ名>
```

既存のパッケージは次のコマンドを使って更新できる。

```
conda update <パッケージ名>
```

1.5.3　科学計算、データサイエンス、機械学習のパッケージ

本書では、データの格納と操作を行うために、主に **NumPy** の多次元配列を使用する。それに加えて、NumPy をベースとする **pandas** というライブラリも使用する。pandas は、より高レベルなデータ操作ツールを提供する。これらのツールを用いることで、表形式のデータの操作がさらに便利になる[※39]。それに加えて、学習経験を高め、数値のデータを可視化するために、高度なカスタマイズが可能な **matplotlib** ライブラリも使用する。データの可視化は、データの意味を直観的に理解するのに非常に役立つ。

※37　http://continuum.io/downloads#py3

※38　https://conda.io/docs/user-guide/getting-started.html

※39　［監注］第 3 章で説明するように、pandas は表形式のデータをサポートするデータフレームクラス（`pandas.DataFrame`）を提供している。

本書の執筆に使用した主な Python パッケージのバージョン番号は次のとおりである。サンプルコードを正しく実行できるよう、インストールされているパッケージのバージョン番号がそれらと同じかそれ以降のものであることを確認しておこう。

- NumPy 1.12.1
- SciPy 0.19.0
- scikit-learn 0.18.1
- matplotlib 2.0.2
- pandas 0.20.1

まとめ

本章では、機械学習を俯瞰的に捉えることで、その全体像を示すとともに、次章以降で詳しく見ていく主な概念を紹介した。

ここで説明したように、教師あり学習は分類と回帰という 2 つの重要なサブフィールドで構成されている。分類モデルでは、インスタンスを既知のクラスに分類できる。一方で、回帰分析を使用すれば、連続値の目的変数を予測できる。教師なし学習は、分類されていないデータから構造を発見するのに役立つだけでなく、特徴量の前処理段階でデータを圧縮するのにも役立つ。

本章では、機械学習を適用するための一般的なロードマップについても簡単に取り上げた。このロードマップは、次章以降のより詳細な説明や実践的な例の土台となるものである。最後に、機械学習の効果を確認する準備を整えるために、Python 環境をセットアップし、必要なパッケージをインストールしたり更新したりする方法についても説明した。

この後は、機械学習自体に加えて、データセットの前処理を行うためのさまざまな手法も紹介する。そうした手法は、機械学習のさまざまなアルゴリズムの性能を最適化するのに役立つはずだ。本書では、分類アルゴリズムをかなり詳しく取り上げる一方、解析分析やクラスタリングのさまざまな手法も取り上げる。

ここからは、機械学習という広大な分野の強力な手法が次々に登場する。だが、はやる気持ちを抑えて、各章を読みながら機械学習に一歩ずつ近づくことで、知識を積み上げていくことにする。第 2 章では、分類を実行するために最も古い機械学習のアルゴリズムの 1 つを実装することで、第 3 章への準備を整える。第 3 章では、オープンソースの機械学習ライブラリである scikit-learn を用いて、より高度な機械学習のアルゴリズムを見ていく。

Training Simple Machine Learning Algorithms for Classification

第2章

分類問題 — 単純な機械学習アルゴリズムのトレーニング

本章では、初期の機械学習アルゴリズムのうち、**パーセプトロン**と**ADALINE**（Adaptive Linear Neuron）の２つを分類問題に適用する。まず、パーセプトロンをPythonで段階的に実装し、Irisデータセットに含まれているアヤメの花の品種を分類するようにトレーニングする。これは分類のための機械学習アルゴリズムの考え方を理解し、それらをPythonで効率よく実装する方法を身につけるのに役立つはずだ。

次に、ADALINEを用いた最適化の基礎について説明する。それにより、第３章で機械学習ライブラリscikit-learnを使ってさらに強力な分類器を操作するための下準備を整える。

本章では、次の内容を取り上げる。

- 機械学習のアルゴリズムに対する直観を養う
- pandas、NumPy、matplotlibを使ってデータの読み込み、処理、可視化を行う
- 線形分類のアルゴリズムをPythonで実装する

2.1 人工ニューロン — 機械学習の前史

パーセプトロンと関連するアルゴリズムについて詳しく見ていく前に、初期の機械学習について簡単に説明しておこう。人工知能を設計するにあたって生物学上の脳の仕組みを解明しようとしていたWarren McCullochとWalter Pittsは、いわゆる**McCulloch-Pittsニューロン**（MCPニューロン）

を1943年に発表した[※1]。MCPは簡略化された脳細胞に関する初めての概念だった。次の図に示すように、ニューロンは脳内で相互接続される神経細胞であり、化学信号や電気信号の処理と伝達に関わっている。

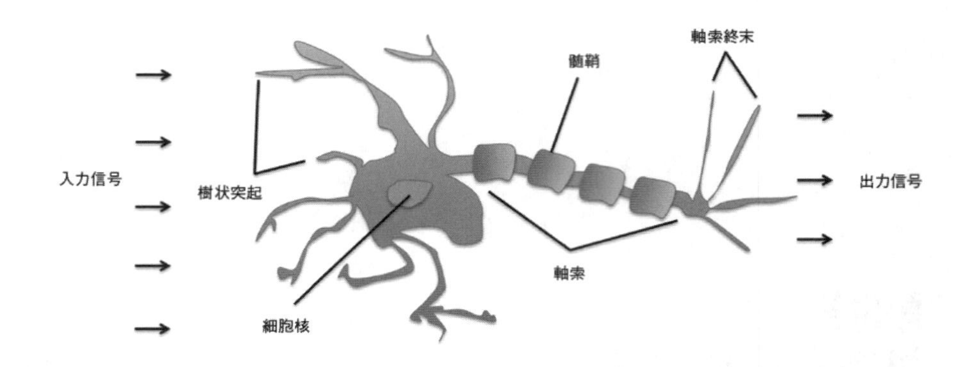

McCullochとPittsは、二値出力を行う単純な論理ゲート[※2]として神経細胞を表現した —— その表現の対象となった神経細胞の機能は「複数の信号が樹状突起に届き、細胞体[※3]に取り込まれる。蓄積された信号が特定のしきい値を超えた場合は、出力信号が生成され、軸索によって伝達される」というものである。

Frank RosenblattがMCPニューロンモデルに基づくパーセプトロンの学習規則に関する最初の概念を発表したのは、ほんの数年後のことだった[※4]。この学習規則に基づき、Rosenblattはあるアルゴリズムを提案した。そのアルゴリズムは、最適な重み係数を自動的に学習した後、入力信号と掛け合わせ、ニューロンが発火するかどうかを判断するものだった。「教師あり学習」の「分類」を行う場合は、そうしたアルゴリズムを用いて、サンプルが2つのクラスのうちどちらに属しているのかを予測することができた。

2.1.1 人工ニューロンの正式な定義

より形式的には、**人工ニューロン**の概念を二値分類タスクとして捉えることができる。ここでは便宜上、2つのクラスを1(陽性クラス)、-1(陰性クラス)と呼ぶことにする。そうすると、**決定関数**(decision function)である$\phi(z)$を定義できる。この関数は、特定の入力値$\boldsymbol{x}$と対応する重みベクトル$\boldsymbol{w}$の線形結合を引数として受け取る。この場合のzは、いわゆる**総入力**(net input)である

※1 W. S. McCulloch and W. Pitts. *A Logical Calculus of the Ideas Immanent in Nervous Activity*, Bulletin of Mathematical Biophysics, 5(4): 115-133, 1943

※2 [監注] 論理ゲートは論理演算を実行して論理値を出力する電気回路である。入力に対して論理演算を実行し、「真」(1)または「偽」(0)の論理値を出力する。論理演算には、AND(論理積)、OR(論理和)、NOT(否定)、NAND(否定積)、NOR(否定和)がある。

※3 [監注] 細胞体(cell body)は、細胞核が存在するニューロンの本体である。

※4 F. Rosenblatt, *The Perceptron, A Perceiving and Recognizing Automaton.* Cornell Aeronautical Laboratory, 1957

2

$(z = w_1x_1 + ... + w_mx_m)$。

$$\boldsymbol{w} = \begin{bmatrix} w_1 \\ \vdots \\ w_m \end{bmatrix}, \ \boldsymbol{x} = \begin{bmatrix} x_1 \\ \vdots \\ x_m \end{bmatrix} \tag{2.1.1}$$

ここで、サンプル $\boldsymbol{x}^{(i)}$ に対する総入力 z が、指定されたしきい値[※5] θ よりも大きい場合は 1 のクラスを予測し、それ以外の場合は -1 のクラスを予測する。パーセプトロンのアルゴリズムでは、決定関数 $\phi(\cdot)$[※6] は一種の**単位ステップ関数**(unit step function)である。

$$\phi(z) = \begin{cases} 1 & (z \geq \theta) \\ -1 & (z < \theta) \end{cases} \tag{2.1.2}$$

話を単純にするために、しきい値 θ を左辺へ移動し、インデックス 0 の重みを $w_0 = -\theta$ および $x_0 = 1$ として定義する。これにより、次の簡潔な形式で総入力 z を記述できるようになる。

$$z = w_0x_0 + w_1x_1 + ... + w_mx_m = \boldsymbol{w^Tx}$$

$$\text{および} \quad \phi(z) = \begin{cases} 1 & (z \geq 0) \\ -1 & (z < 0) \end{cases} \tag{2.1.3}$$

機械学習の文献では、負のしきい値(重み $w_0 = -\theta$)を通常は**バイアスユニット**(bias unit)と呼んでいる。

以降の節では、線形代数の基本的な表記法をたびたび使用する。たとえば、$\boldsymbol{x}$ と $\boldsymbol{w}$ の値の積の和を**ベクトルのドット積**(vector dot product)を使って略記する[※7]。その際、上付き文字 T は「transpose」(転置)を表す。転置は列ベクトルと行ベクトルを入れ替える演算である。

$$z = w_0x_0 + w_1x_1 + ... + w_mx_m = \sum_{j=0}^{m} x_jw_j = \boldsymbol{w^Tx}$$

※5 [監注] しきい値(threshold)とは、何かしらの振る舞いや状態を決定する上で境界となる値である。ここでは、クラス 1 と -1 を出力する境目となる値を指している。

※6 [監注] これまでは、決定関数を ϕ、入力(引数)を z と表記していた。ここでは $\phi(\cdot)$ としているが、入力の変数を省略するときはこのような表記が用いられることがある。

※7 [監注] ベクトルのドット積というと難しく聞こえるかもしれないが、高等学校の数学で履修するベクトルの内積(inner product)を表している。高等学校の数学では、ベクトルの成分を横に並べて、$\boldsymbol{w} = [1\ 2\ 3]$(あるいは(1, 2, 3))、$\boldsymbol{x} = [4\ 5\ 6]$ と表記し、これらのベクトルの内積を $\boldsymbol{w} \cdot \boldsymbol{x} = 1 \times 4 + 2 \times 5 + 3 \times 6 = 32$ と求めていた。

例：

$$\begin{bmatrix} 1 & 2 & 3 \end{bmatrix} \times \begin{bmatrix} 4 \\ 5 \\ 6 \end{bmatrix} = 1 \times 4 + 2 \times 5 + 3 \times 6 = 32$$

さらに、転置演算を行列に適用し、その対角線に沿って反転させることもできる。

$$\begin{bmatrix} 1 & 2 \\ 3 & 4 \\ 5 & 6 \end{bmatrix}^T = \begin{bmatrix} 1 & 3 & 5 \\ 2 & 4 & 6 \end{bmatrix}$$

本書では、線形代数のごく基本的な概念を使用するにとどめる。ただし、簡単なおさらいが必要であれば、Zico Kolter の「Linear Algebra Review and Reference」※8 が参考になるだろう ※9。

次の左の図は、総入力 $z = \boldsymbol{w}^T\boldsymbol{x}$ がパーセプトロンの決定関数によって二値出力（-1 または 1）のいずれに押し込まれるのかを示している ※10。右の図は、線形分離可能 ※11 な 2 つのクラスを判別するにあたってそれをどのように使用できるのかを示している ※12。

※8　http://www.cs.cmu.edu/~zkolter/course/linalg/linalg_notes.pdf

※9　［監注］和書でも線形代数の良書は多数出版されている。以下にいくつかの書籍を挙げる。最初の 3 冊は直観的に理解するのに役立つだろう。最後の 3 冊は数学的に厳密に理解するのに役立つ。

『プログラミングのための線形代数』（オーム社、2004 年）
『線形代数と幾何』（共立出版、2004 年）
『意味がわかる線形代数』（ベレ出版、2011 年）
『線型代数入門』（東京大学出版会、1966 年）
『線型代数入門』（岩波書店、1980 年）
『線型代数学』（裳華房、2015 年、新装版）

※10　［監注］横軸に $z = \boldsymbol{w}^T\boldsymbol{x}$ の値、縦軸に $\phi(\boldsymbol{w}^T\boldsymbol{x})$ の値をとり、$\boldsymbol{w}^T\boldsymbol{x} \geqq 0$ では $\phi(\boldsymbol{w}^T\boldsymbol{x}) = 1$、$\boldsymbol{w}^T\boldsymbol{x} < 0$ では $\phi(\boldsymbol{w}^T\boldsymbol{x}) = -1$ であることを表している。

※11　［監注］線形分離可能（linearly separable）とは、この場合、入力値 $\boldsymbol{x}$ の重みに関する線形結合 $w_0x_0 + \dots + w_mx_m$ の値によってクラス 1 と -1 を分離できることを意味している。

※12　［監注］この図では、横軸に 1 番目の変数 x_1、縦軸に 2 番目の変数 x_2 をとり、x_1 がしきい値よりも大きい場合は $\phi(\boldsymbol{w}^T\boldsymbol{x}) \geqq 0$、しきい値よりも小さい場合は $\phi(\boldsymbol{w}^T\boldsymbol{x}) < 0$ であることを表している。

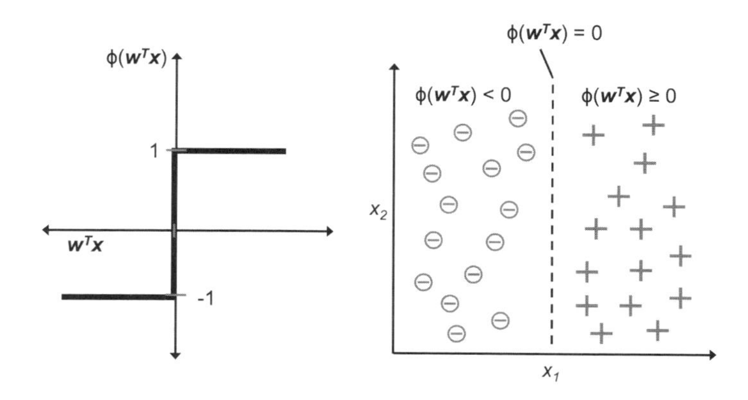

2.1.2 パーセプトロンの学習規則

MCP ニューロンと Rosenblatt の「しきい値を有する」パーセプトロンモデルは、脳内の 1 つのニューロンの働き —— 発火するかしないか —— を模倣しており、要素還元主義的なアプローチ ※13 となっている。このような Rosenblatt によるパーセプトロンの初期の学習規則はきわめて単純で、次の手順にまとめることができる。

1. 重みを 0 または値の小さい乱数で初期化する。
2. トレーニングサンプル $\boldsymbol{x}^{(i)}$ ごとに次の手順を実行する。
   ① 出力値 $\hat{y}$ を計算する。
   ② 重みを更新する。

ここでの出力値は、先に定義した単位ステップ関数によって予測されるクラスラベルである。重みベクトル $\boldsymbol{w}$ の各重み w_j は同時に更新するが、より正式には次のように記述できる ※14。

$$w_j := w_j + \Delta w_j \tag{2.1.4}$$

このように Δw_j の値は重み w_j の更新に使用される。Δw_j の値はパーセプトロンの学習規則に基づいて計算される。

$$\Delta w_j = \eta \left(y^{(i)} - \hat{y}^{(i)} \right) x_j^{(i)} \tag{2.1.5}$$

ここで η は学習率（通常は 0.0 よりも大きく 1.0 以下の定数）であり、$y^{(i)}$ は $\boldsymbol{i}$ 番目のトレーニングサンプルの真のクラスラベル、$\hat{y}^{(i)}$ は予測されたクラスラベルである。重みベクトルの重みは同

※13　［監注］要素還元主義とは、複雑な事物をそれを構成する要素に分解し、個々の要素の性質や振る舞いを理解することにより、全体の性質や振る舞いを理解できるとする考え方である。

※14　［監注］記号 := は、その右辺の値で左辺の値を更新することを表している。アルゴリズムについて説明した教科書では、疑似コードで w_j <- w_j + Δw_j と表記することもある。

時に更新されていることに注意しよう。つまり、重み w_j がすべて更新されるまで、$\hat{y}^{(i)}$ は再計算されない※15。具体的に言うと、２次元データセットに対する更新は次のように記述される※16。

$$\begin{aligned}\Delta w_0 &= \eta\left(y^{(i)} - output^{(i)}\right)\\ \Delta w_1 &= \eta\left(y^{(i)} - output^{(i)}\right)x_1^{(i)}\\ \Delta w_2 &= \eta\left(y^{(i)} - output^{(i)}\right)x_2^{(i)}\end{aligned} \tag{2.1.6}$$

パーセプトロンの学習規則を Python で実装する前に、この学習規則の単純化がいかに見事であるかを理解できるよう、簡単な思考実験をしてみよう。パーセプトロンがクラスラベルを正しく予測する次の２つのケースでは、重みは変化しない※17。

$$\begin{aligned}\Delta w_j &= \eta\,(-1-(-1))\,x_j^{(i)} = 0\\ \Delta w_j &= \eta\,(1-1)\,x_j^{(i)} = 0\end{aligned} \tag{2.1.7}$$

ただし、予測が間違っていた場合は、目的とする正または負のクラスの方向に向かうように重みが計算されるようになる※18。

$$\begin{aligned}\Delta w_j &= \eta\,(1-(-1))\,x_j^{(i)} = \eta\,(2)\,x_j^{(i)}\\ \Delta w_j &= \eta\,(-1-1)\,x_j^{(i)} = \eta\,(-2)\,x_j^{(i)}\end{aligned} \tag{2.1.8}$$

以上の式で掛け合わせている $x_j^{(i)}$ の作用をより直観的に理解できるよう、単純な例をもう１つ見てみよう。

$$y_j^{(i)} = +1,\ \hat{y}^{(i)} = -1,\ \eta = 1 \tag{2.1.9}$$

$x_j^{(i)}$ が 0.5 であるとして、このサンプルを誤って -1 に分類したとしよう。この場合は、対応する重みを１増やすことで、次回このサンプルに遭遇したときに、$x_j^{(i)} \times w_j$ の掛け合わせ（総入力）がより大きな正の値となるようにする。それにより、単位ステップ関数のしきい値を超えて、サンプルが +1 として分類される可能性が高くなるはずだ。

※15　［監注］ここでは、i 番目のトレーニングサンプルに対して上記の手順 2- ①、②を実行して重み $w_j(j = 1, \ldots, m)$ を更新し、$i := i+1$ として次の $i+1$ 番目のサンプルに対して同様の処理を繰り返していく。$\hat{y}^{(i)}$ が再計算されないと書かれているのは、i 番目のサンプルで手順 2- ②を実行してすべての重み Δw_j を更新するまでは、サンプルのインデックスを更新して手順 2- ①に移行することはないという意味である。

※16　［監注］以下の式では、パーセプトロンの学習規則において予測されたクラスラベル $\hat{y}^{(i)}$ が $output^{(i)}$ と表現されていることに注意。

※17　［監注］式 2.1.7 の１つ目の式は正解のクラスが –1、２つ目の式は正解のクラスが１の場合に、それぞれ正しく予測できたことを表している。

※18　［監注］式 2.1.8 の１つ目の式では、正解のクラスが１であるのに対して -1 と予測している。$x_j^{(i)} > 0$ の場合は w_j の値を増加させ、予測値を正の方向に向かわせて補正を行う。逆に $x_j^{(i)} < 0$ の場合は w_j の値を減少させ、予測値を負の方向に向かわせる。

$$\Delta w_j = (1 - (-1))\,0.5 = (2)0.5 = 1 \tag{2.1.10}$$

重みの更新は $x_j^{(i)}$ の値に比例する。たとえば別のサンプル $x_j^{(i)} = 2$ が誤って -1 に分類されたとしよう。その場合は、次回このサンプルが正しく分類されるよう、決定境界をさらに移動させることになるだろう。

$$\Delta w_j = (1 - (-1))2 = (2)2 = 4 \tag{2.1.11}$$

パーセプトロンの収束が保証されるのは、2 つのクラスが線形分離可能で、学習率が十分に小さい場合に限られることに注意しよう。2 つのクラスを線形の決定境界で分離できない場合は、データセットに対するトレーニングの最大回数（**エポック**）や誤分類の最大数を設定して対応する。そうした措置をとらない場合、パーセプトロンはいつまでも重みを更新し続けることになる。

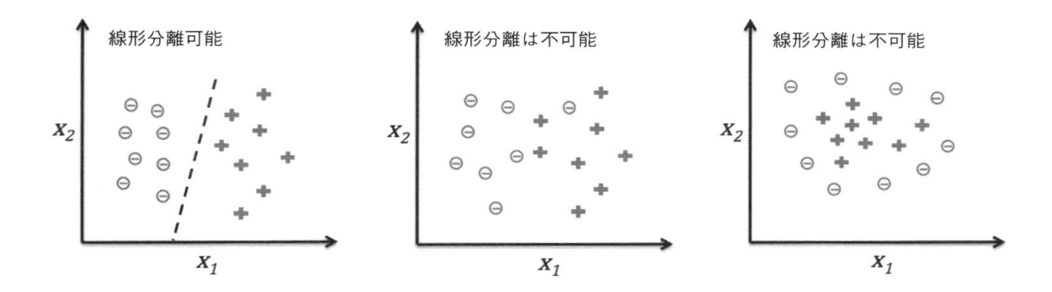

次節からはいよいよ実装を開始するが、その前に、パーセプトロンの基本概念を表す簡単な図にまとめてみた。

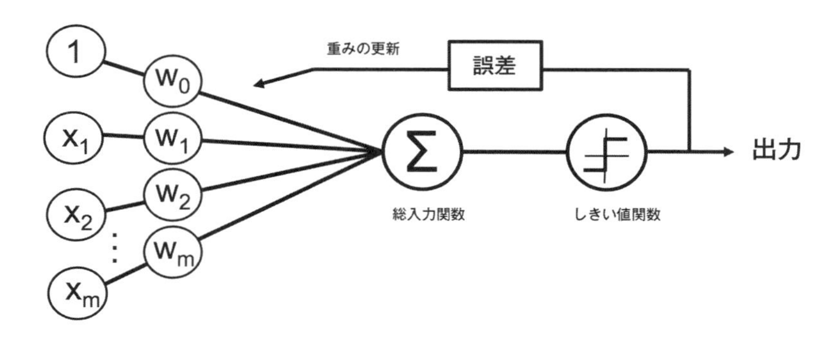

この図は、パーセプトロンが入力としてサンプル $\boldsymbol{x}$ を受け取り、それらを重み $\boldsymbol{w}$ と組み合わせて総入力を計算する方法を示している。総入力はしきい値関数に渡され、そこで二値出力 -1 または +1 が生成される —— これらはサンプルから予測されたクラスラベルである。学習段階では、この出力に基づいて予測の誤差が計算され、重みが更新される。

サンプルコードのダウンロード

本書のサンプルコードとデータセットはすべて本書のGitHubからダウンロードできる。
https://github.com/rasbt/python-machine-learning-book-2nd-edition

2.2 パーセプトロンの学習アルゴリズムをPythonで実装する

前節では、Rosenblattのパーセプトロンの学習規則について説明した。ここでは、それをPythonで実装し、第1章で説明したIrisデータセットに適用してみることにしよう。

2.2.1 オブジェクト指向のパーセプトロンAPI

ここでは、オブジェクト指向のアプローチに基づき、パーセプトロンのインターフェイスをPythonのクラスとして定義する。それにより、新しいパーセプトロンオブジェクトを初期化し、予測を行えるようになる。このオブジェクトは、`fit`メソッドを通じてデータから学習を行うことができ、`predict`メソッドを通じて予測を行うことができる。なお、オブジェクトの初期化時ではなく、オブジェクトの他のメソッドの呼び出しによって作成される属性には、たとえば`self.w_`のようにアンダースコアを追加するのが慣例となっている。

Pythonの科学ライブラリにまだなじみがない、あるいはおさらいが必要な場合は、次の資料が参考になるだろう[※19]。

NumPy：https://sebastianraschka.com/pdf/books/dlb/appendix_f_numpy-intro.pdf
pandas：http://pandas.pydata.org/pandas-docs/stable/10min.html
matplotlib：http://matplotlib.org/users/beginner.html

また、Jupyter Notebookをインストールしておくと、サンプルコードを追いやすくなる[※20]。

http://jupyter.org/

※19 ［監注］NumPy、SciPy、matplotlib、scikit-learnの入門的な内容については、以下の書籍の第II部特集2「Pythonによる機械学習入門」が参考になる。
『データサイエンティスト養成読本　機械学習入門編』（技術評論社、2015年）
NumPy、Pandas、matplotlibの詳細については以下の書籍がまとまっている。
『Pythonによるデータ分析入門』（オライリー、2013年）
また、産業技術総合研究所の神嶌敏弘先生が作成されている「機械学習のPythonとの出会い」は、NumPy配列の基本的な使用方法、ナイーブベイズ分類器を例に予測アルゴリズムのクラスを実装する方法が大変わかりやすくまとまっている。ぜひ参照されたい。
http://www.kamishima.net/mlmpyja/

※20 ［監注］IPythonから派生したプロジェクトにJupyterがある。Jupyterは、さまざまな言語でデータサイエンスと科学技術計算の対話的な実行を目指して、現在精力的に開発が行われている。付録にJupyter Notebookの基本的な使用方法をまとめてある。

パーセプトロンの実装は次のようになる。

```
import numpy as np
class Perceptron(object):
    """パーセプトロンの分類器

    パラメータ
    ------------
    eta : float
        学習率 (0.0 より大きく 1.0 以下の値)
    n_iter : int
        トレーニングデータのトレーニング回数
    random_state : int
       重みを初期化するための乱数シード

    属性
    -----------
    w_ : 1次元配列
        適合後の重み
    errors_ : リスト
        各エポックでの誤分類(更新)の数

    """
    def __init__(self, eta=0.01, n_iter=50, random_state=1):
        self.eta = eta
        self.n_iter = n_iter
        self.random_state = random_state

    def fit(self, X, y):
        """トレーニングデータに適合させる

        パラメータ
        ----------
        X : {配列のようなデータ構造}, shape = [n_samples, n_features]
            トレーニングデータ
            n_samplesはサンプルの個数、n_featuresは特徴量の個数
        y : 配列のようなデータ構造, shape = [n_samples]
            目的変数

        戻り値
        -------
        self : object

        """
        rgen = np.random.RandomState(self.random_state)
        self.w_ = rgen.normal(loc=0.0, scale=0.01, size=1 + X.shape[1])
        self.errors_ = []

        for _ in range(self.n_iter):  # トレーニング回数分トレーニングデータを反復
            errors = 0
            for xi, target in zip(X, y):  # 各サンプルで重みを更新
                # 重み w1, ..., wm の更新
                # Δwj = η(y(i) - ŷ(i)) xj(i) (j = 1, .., m)
                update = self.eta * (target - self.predict(xi))
```

```
                self.w_[1:] += update * xi
                # 重み w0 の更新：Δw0 = η(y(i)- ŷ(i))
                self.w_[0] += update
                # 重みの更新が 0 でない場合は誤分類としてカウント
                errors += int(update != 0.0)
            # 反復回数ごとの誤差を格納
            self.errors_.append(errors)
        return self

    def net_input(self, X):
        """ 総入力を計算 """
        return np.dot(X, self.w_[1:]) + self.w_[0]

    def predict(self, X):
        """1 ステップ後のクラスラベルを返す """
        return np.where(self.net_input(X) >= 0.0, 1, -1)
```

このパーセプトロンの実装を使用することで、新しい Perceptron オブジェクトを初期化できる。このオブジェクトの初期化には、指定された学習率 eta と、エポックの数 n_iter を使用する。先に述べたように、エポック（epoch）はデータセットのトレーニングの回数である。fit メソッドを使用することで、self.w_ に格納されている重みをゼロベクトルに初期化する（$(m+1)$ 次元の実数値のベクトルとして各要素を 0 で初期化）。この場合の m は、データセットの次元の数（特徴量の個数）を表す。1 を足しているのは、このベクトルの最初の要素 self.w_[0] が、いわゆるバイアスユニットを表すためである[※21]。

また、このベクトルに小さな乱数が含まれていることにも注目しよう。この乱数は、次のコードを通じて、標準偏差 0.01 の正規分布から抽出される。

```
rgen.normal(loc=0.0, scale=0.01, size=1 + X.shape[1])
```

rgen は、NumPy の乱数生成器である。必要であれば、この乱数生成器にユーザー定義の乱数シードを与えることで、前と同じ結果を再現できる。

次に、重みを 0 に初期化していないのは、重みが 0 以外の値に初期化された場合にのみ、学習率 η（eta）が分類の結果に影響を与えるからである。すべての重みが 0 に初期化された場合、学習率 eta の影響を受けるのは、重みベクトルの（向きではなく）大きさだけとなる。三角法に詳しい場合は、$v1 = [1\ 2\ 3]$ について考えてみよう。次のコードに示されているように、$v1$ とベクトル $v2 = 0.5 \times v1$ の角度はちょうど 0 になる。

```
>>> v1 = np.array([1, 2, 3])
>>> v2 = 0.5 * v1
>>> np.arccos(v1.dot(v2) / (np.linalg.norm(v1) * np.linalg.norm(v2)))
```

※21 ［監注］fit メソッドの引数 X は、行にサンプル、列に特徴量が並んでいることを前提としている。NumPy のクラス ndarray の行と列のサイズは、属性 shape で抽出できる。そのため、X.shape[1] は重み $w_1, \dots, w_m$ の個数 m を表している。本文中でも説明されているように、これに w_0 を足すため、重みベクトルの初期化にあたってサイズを $m+1$ にしている。

```
0.0
```

np.arccos は逆余弦関数[※22]、np.linalg.norm はベクトルの長さを計算する関数である。乱数を（一様分布などではなく）正規分布から抽出し、標準偏差 0.01 を使用した理由は、恣意的なものである。先に述べたように、すべての重みが 0 で初期化された場合のベクトルの特性を避けるために、小さな乱数値を使用したかっただけであることを覚えておこう。

> NumPy の 1 次元配列のインデックス付けには、Python のリストと同様に、角括弧（[ ]）表記を使用する。2 次元配列の場合、1 つ目のインデックスは行番号を表し、2 つ目のインデックスは列番号を表す。これらのインデックスは 0 始まりである。たとえば 2 次元配列 X の 3 つ目の行と 4 つ目の列を選択するには、X[2, 3] を使用する。

重みを初期化した後、fit メソッドはトレーニングデータのすべてのサンプルを順番に処理し、前節で説明したパーセプトロンの学習規則に従って重みを更新する。クラスラベルは predict メソッドによって予測される。このメソッドは、重みの更新に使用するクラスラベルを予測するために fit メソッドでも呼び出される。ただし、モデルを適合させた後、新しいデータのクラスラベルを予測する目的にも使用できる。さらに、各エポックでの誤分類の個数をリスト self.errors_ で収集し、トレーニング中のパーセプトロンのパフォーマンスをあとから分析することもできる。net_input メソッドで使用されている np.dot 関数は、単にベクトルのドット積 $\boldsymbol{w}^T\boldsymbol{x}$ を計算する。

> NumPy を使って 2 つの配列 a と b のベクトルのドット積を計算する代わりに、純粋な Python を使って同じ計算を行うこともできる。つまり、a.dot(b) または np.dot(a, b) を使用する代わりに、sum([i*j for i,j in zip(a, b)]) を使用できる。ただし、従来の Python の for ループではなく NumPy を使用すると、算術演算がベクトル化されるという利点がある[※23]。**ベクトル化**（vectorization）とは、配列内のすべての要素に基本的な算術演算が自動的に適用されることを意味する。一連の算術演算を要素ごとに実行するのではなく、算術演算を配列への一連の命令として定式

※22 ［監注］逆余弦関数とは、値 y が与えられたときに $y=\cos\theta$ を満たす角度 θ を出力する関数である。このとき、$\theta=\arccos(y)$ と表現される。たとえば、$y=1/2$ で $0\leq\theta\leq\pi/2$ のとき $\theta=\pi/3$ となる。

※23 ［監注］たとえば、

```
>>> import numpy as np
>>> # 整数のベクトル (0, 1, 2)
>>> a = np.arange(3)
>>> a
array([0, 1, 2])
>>> # 整数のベクトル (3, 4, 5)
>>> b = np.arange(3, 6)
>>> b
array([3, 4, 5])
```

とすると、ベクトル a と b の各要素の積を以下のように直観的で簡潔に記述できる。

```
>>> a * b
array([0,  4, 10])
```

化する。それにより、**SIMD** (Single Instruction, Multiple Data) ※24 をサポートしている現代の CPU アーキテクチャをより効果的に利用できるようになる。さらに、NumPy は高度に最適化された線形代数ライブラリを使用する。それらは **BLAS** (Basic Linear Algebra Subprograms) や **LAPACK** (Linear Algebra PACKage) といったライブラリであり、C や Fortran で書かれている。また NumPy では、ベクトル積や行列ドット積といった線形代数の基礎に基づき、より簡潔で直観的な方法でコードを書くこともできる。

2.3 Iris データセットでのパーセプトロンモデルのトレーニング

このパーセプトロンの実装をテストするために、Iris データセットから **Setosa** と **Versicolor** の 2 つの品種クラスを読み込む。パーセプトロンの学習規則は 2 次元に制限されるわけではないが、ここでは可視化のために、「がく片の長さ」と「花びらの長さ」の 2 つの特徴量のみを対象とする。なお、品種クラスとして **Setosa** と **Versicolor** の 2 つだけを選択したのは、説明をわかりやすくするためである。ただし、**一対全 (One-versus-All：OvA)** ※25 の手法などを通じて、パーセプトロンアルゴリズムを多クラス分類に拡張することが可能である。

一対全は、二値分類器を多クラス問題に拡張するための手法であり、OvA (One-versus-All) または一対他 (One-versus-Rest：OvR) とも呼ばれる。OvA を使用することで、クラスごとに 1 つの分類器をトレーニングできる。この場合は、特定のクラスを陽性クラスとして扱い、他のクラスのサンプルはすべて陰性クラスと見なすことができる。新しいサンプルを分類する場合は、n 個の分類器を使用し、最も確信度の高いクラスラベルをサンプルに割り当てる。この場合の n はクラスラベルの個数を表す。パーセプトロンの場合は、OvA を使用することで、総入力の絶対値が最大となるクラスラベルを選択することになる。

まず、**pandas** ライブラリを使用して、**UCI Machine Learning Repository**※26 から Iris データ

※24 [監注] SIMD とは、1 つの命令を複数のデータに適用するコンピュータの並列処理方法を指す。Michel J.Flynn は 1966 年に、コンピュータのアーキテクチャを SISD (Single Instruction Single Data)、SIMD、MISD (Multiple Instruction Multiple Data)、MIMD (Multiple Instruction Multiple Data) の 4 つに分類した。

※25 [監注] "One-vs.-All" も "One-vs.-Rest" も「一対他」と訳されることがあるようである。ここでは、"One-vs.-All" を "One-vs.-Rest" と明確に区別するために「一対全」という訳語をあてている。

※26 [監注] UCI Machine Learning Repository は、機械学習のアルゴリズムのベンチマークとして使用可能なさまざまなデータセットを公開している。このリポジトリで公開されているデータセットは、機械学習やデータマイニング分野の研究でアルゴリズムの性能を評価する際やソフトウェアの使用方法を例示する際などに頻繁に使用される。

セットをDataFrameオブジェクト※27に直接読み込む※28。そして、tailメソッドを使って最後の5行を出力し、データが正しく読み込まれたことを確認する。


```
>>> import pandas as pd
>>> df = pd.read_csv('https://archive.ics.uci.edu/ml/'
...                  'machine-learning-databases/iris/iris.data', header=None)
>>> df.tail()
```

	0	1	2	3	4
145	6.7	3.0	5.2	2.3	Iris-virginica
146	6.3	2.5	5.0	1.9	Iris-virginica
147	6.5	3.0	5.2	2.0	Iris-virginica
148	6.2	3.4	5.4	2.3	Iris-virginica
149	5.9	3.0	5.1	1.8	Iris-virginica

Iris データセット（および本書で使用しているその他すべてのデータセット）は、本書のGitHubに含まれている。オフラインで作業している場合や、UCIサーバーが一時的に利用できない場合は、GitHubのデータセットを使用するとよいだろう。たとえば、ローカルディレクトリからIrisデータセットを読み込むには、次の行を変更する。

```
df = pd.read_csv('https://archive.ics.uci.edu/ml/'
                 'machine-learning-databases/iris/iris.data',
                 header=None)
```

このコードを次のコードに置き換えればよい。

```
df = pd.read_csv('<Iris データセットへのローカルパス>/iris.data',
                  header=None)
```

次に、Iris-setosaの50枚の花とIris-versicolorの50枚の花に対応する先頭の100個のクラスラベルを抽出する（次のコードの4行目）。そして、これらのクラスラベルを2つの整数のクラスラベル1（versicolor）と-1（setosa）に変換する（次のコードの6行目）。このクラスラベルはベクトル

※27 ［監注］pandasのread_csv関数の戻り値はDataFrameクラスのインスタンスになっている。pandasのDataFrameは表形式のデータを保持するデータ構造であり、R言語のデータフレームをヒントに開発されている。この分野にあまりなじみのない読者は、さしあたりExcelのスプレッドシートで表現するデータ構造を保持するイメージを持っておくとよいだろう。

※28 ［監注］ここでは、UCI Machine Learning RepositoryのURLとIrisデータセットへのパスを分けて、それぞれ文字列で表している。Pythonでは、文字列の結合は一般に"+"演算子を用いて行われるが、文字列を前後に並べることによっても可能である。その際、空白文字は無視される。ここではこの方法により、リポジトリのURLとIrisデータセットへのパスを連結している。

y に代入されており、pandas ライブラリの DataFrame オブジェクトの values メソッドによる戻り値の NumPy 表現となっている。同じ要領で、100 個のトレーニングサンプルの特徴量の列から、1 列目（がく片の長さ）と 3 列目（花びらの長さ）を抽出し、それらのデータを特徴行列 X に代入する（次のコードの 8 行目）。2 次元の散布図を使ってこれらのデータを可視化してみよう。

```
>>> import matplotlib.pyplot as plt
>>> import numpy as np
>>> # 1-100 行目の目的変数の抽出
>>> y = df.iloc[0:100, 4].values
>>> # Iris-setosa を -1, Iris-virginica を 1 に変換
>>> y = np.where(y == 'Iris-setosa', -1, 1)
>>> # 1-100 行目の 1、3 列目の抽出
>>> X = df.iloc[0:100, [0, 2]].values
>>> # 品種 setosa のプロット （ 赤の○ ）
>>> plt.scatter(X[:50,0], X[:50,1], color='red', marker='o', label='setosa')
>>> # 品種 versicolor のプロット （ 青の × ）
>>> plt.scatter(X[50:100,0], X[50:100,1], color='blue', marker='x', label='versicolor')
>>> # 軸のラベルの設定
>>> plt.xlabel('sepal length [cm]')
>>> plt.ylabel('petal length [cm]')
>>> # 凡例の設定 （ 左上に配置 ）
>>> plt.legend(loc='upper left')
>>> # 図の表示
>>> plt.show()
```

このサンプルコードを実行すると、次の散布図が表示されるはずだ。

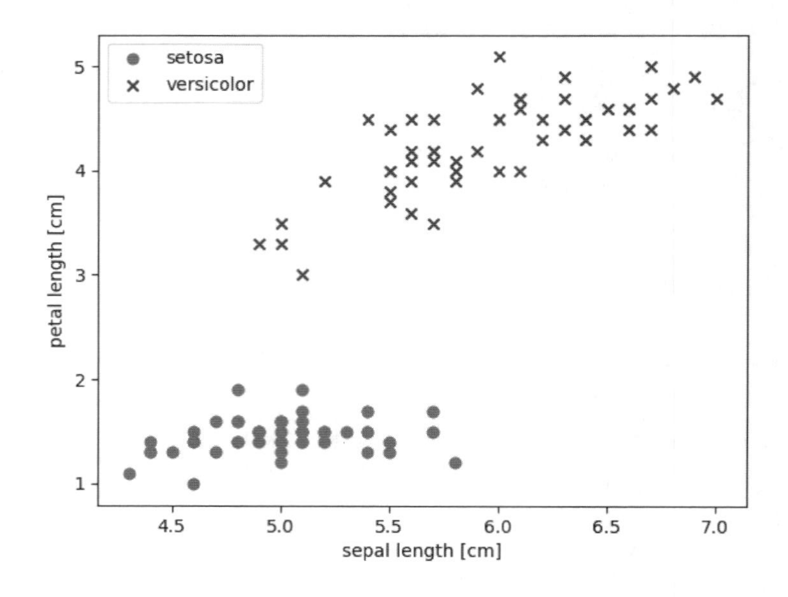

この散布図は、Iris データセットに含まれている品種のサンプルの分布状況と、2 つの特徴軸（花びらの長さ、がく片の長さ）を表している。この 2 次元の特徴部分空間では、Iris-setosa と Iris-versicolor を分類するにあって線形の決定境界で十分であることがわかる。このため、パーセプトロンなどの線形分類器を使用することで、このデータセットに含まれている品種のサンプルを完全に分類できるはずである。

次に、抽出したばかりの Iris データのサブセットでパーセプトロンのアルゴリズムをトレーニングしてみよう。また、アルゴリズムが収束し、Iris データセットの 2 つの品種を分ける決定境界[※29]が検出されたかどうかをチェックするために、各エポックの誤分類の個数もプロットする。

```
>>> # パーセプトロンのオブジェクトの生成（インスタンス化）
>>> ppn = Perceptron(eta=0.1, n_iter=10)
>>> # トレーニングデータへのモデルの適合
>>> ppn.fit(X, y)
>>> # エポックと誤分類誤差の関係の折れ線グラフをプロット
>>> plt.plot(range(1, len(ppn.errors_) + 1), ppn.errors_, marker='o')
>>> # 軸のラベルの設定
>>> plt.xlabel('Epochs')
>>> plt.ylabel('Number of update')
>>> # 図の表示
>>> plt.show()
```

このコードを実行すると、横軸をエポック数、縦軸を誤分類の個数とするグラフが表示される。

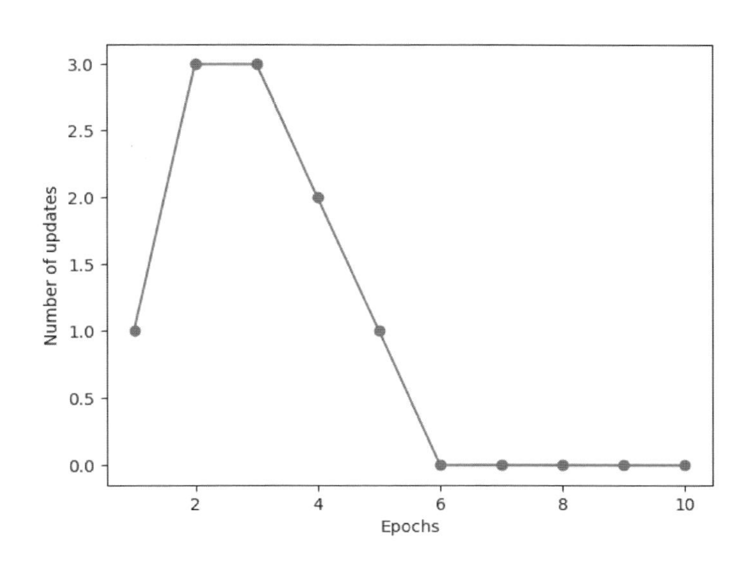

※29　［監注］第 1 章で説明したように、決定境界（decision boundary）とはクラスを区別するための特徴量の境界のことである。

このグラフからわかるように、6回目のエポックの後、パーセプトロンはすでに収束しており、トレーニングサンプルを完璧に分類できるようになっているはずである。2次元のデータセットの決定境界を可視化するために、簡単で便利な関数を実装してみよう。

```
from matplotlib.colors import ListedColormap

def plot_decision_regions(X, y, classifier, resolution=0.02):

    # マーカーとカラーマップの準備
    markers = ('s', 'x', 'o', '^', 'v')
    colors = ('red', 'blue', 'lightgreen', 'gray', 'cyan')
    cmap = ListedColormap(colors[:len(np.unique(y))])

    # 決定領域のプロット
    x1_min, x1_max = X[:, 0].min() - 1, X[:, 0].max() + 1
    x2_min, x2_max = X[:, 1].min() - 1, X[:, 1].max() + 1
    # グリッドポイントの生成
    xx1, xx2 = np.meshgrid(np.arange(x1_min, x1_max, resolution),
                           np.arange(x2_min, x2_max, resolution))
    # 各特徴量を1次元配列に変換して予測を実行
    Z = classifier.predict(np.array([xx1.ravel(), xx2.ravel()]).T)
    # 予測結果を元のグリッドポイントのデータサイズに変換
    Z = Z.reshape(xx1.shape)
    # グリッドポイントの等高線のプロット
    plt.contourf(xx1, xx2, Z, alpha=0.3, cmap=cmap)
    # 軸の範囲の設定
    plt.xlim(xx1.min(), xx1.max())
    plt.ylim(xx2.min(), xx2.max())

    # クラスごとにサンプルをプロット
    for idx, cl in enumerate(np.unique(y)):
        plt.scatter(x=X[y == cl, 0],
                    y=X[y == cl, 1],
                    alpha=0.8,
                    c=colors[idx],
                    marker=markers[idx],
                    label=cl,
                    edgecolor='black')
```

まず、`colors`と`markers`を複数定義した後、`ListedColormap`を使って色のリストからカラーマップを作成する。次に、2つの特徴量の最小値と最大値を求め、それらの特徴ベクトルを使ってグリッド配列`xx1`と`xx2`のペアを作成する。これには、NumPyの`meshgrid`関数を使用する。2次元の特徴量でパーセプトロンの分類器をトレーニングしたため、グリッド配列を1次元にし、Irisトレーニングサブセットと同じ個数の列を持つ行列を作成する必要がある。そのために、`predict`メソッドを使って対応するグリッドポイントのクラスラベル`Z`を予測する。

クラスラベル`Z`を予測した後は、`xx1`および`xx2`と同じ次元を持つグリッドに作り変えた上で、等高線図を描画できる。これには、matplotlibの`contourf`関数を使用する。この関数は、グリッド配列内の予測されたクラスごとに、決定領域をそれぞれ異なる色にマッピングする。

```
>>> # 決定領域のプロット
>>> plot_decision_regions(X, y, classifier=ppn)
>>> # 軸のラベルの設定
>>> plt.xlabel('sepal length [cm]')
>>> plt.ylabel('petal length [cm]')
>>> # 凡例の設定 (左上に配置)
>>> plt.legend(loc='upper left')
>>> # 図の表示
>>> plt.show()
```

このサンプルコードを実行すると、次のような決定領域がプロットされるはずだ。

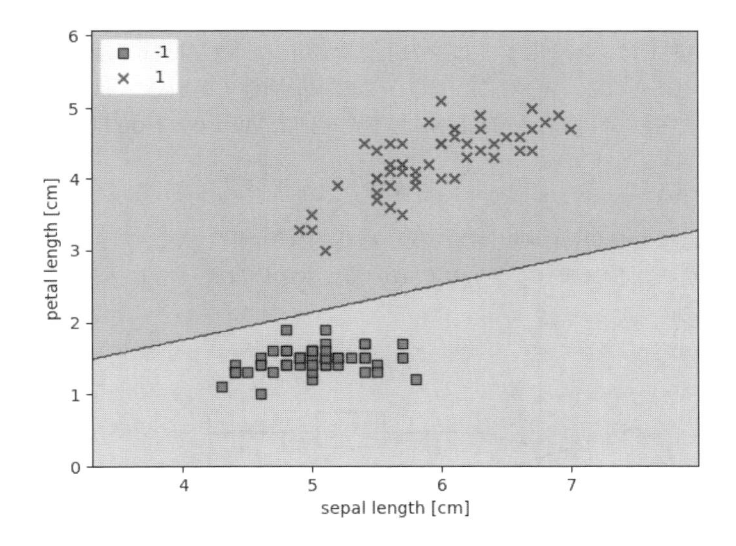

このグラフから、パーセプトロンのアルゴリズムが決定境界を学習したことがわかる※30。この決定境界により、Iris トレーニングサブセットに含まれている品種のサンプルをすべて分類できる。

> 以上で、パーセプトロンは Iris データセットの 2 つの品種クラスを完全に分類した。しかし、パーセプトロンの最大の課題の 1 つは収束性である。パーセプトロンの学習規則が収束するのは、2 つのクラスを線形超平面※31によって分割できる場合である。これは Frank Rosenblatt によって数学的に証明されている。そうした線形の決定境界によってクラスを完全に分割できない場合は、エポックの最大値を設定しない限り、重みはいつまでも更新され続けることになる。

※30 [監注] 決定境界は図の直線である。この直線より上側にある場合は品種は versicolor、直線より下側にある場合は品種が setosa であることを示している。

※31 [監注] 線形超平面は、定数項を含めて特徴量の線形結合で表される。特徴量が 1 つのときは定数、特徴量が 2 つのときは 2 次元の直線になる。

2.4 ADALINEと学習の収束

ここでは、もう１種類の単層ニューラルネットワークである**ADALINE**（ADAptive LInear NEuron）について見ていく。Bernard Widrowとその博士課程学生Tedd HoffによってADALINEが発表されたのは、Frank Rosenblattのパーセプトロンアルゴリズムからわずか数年後のことであり、パーセプトロンアルゴリズムの改良と見なすことができる[※32]。

ADALINEのアルゴリズムが特に興味深いのは、連続値のコスト関数の定義とその最小化に関する重要な概念を具体的に示すからである。コスト関数は、この後の章で説明するロジスティック回帰、サポートベクトルマシン、回帰モデルなど、分類向けのより高度な機械学習アルゴリズムについて理解するための土台を築くものである。

ADALINEの学習規則とRosenblattのパーセプトロンの主な違いは、重みの更新方法にある。ADALINEの学習規則では、パーセプトロンのような単位ステップ関数ではなく、線形活性化関数に基づいて重みが更新される。ADALINEでは、この線形活性化関数$\phi(z)$は単に総入力の恒等関数であり、次の式で表される。なお、ADALINEの学習規則は**Widrow-Hoff則**とも呼ばれる。

$$\phi(\boldsymbol{w}^T\boldsymbol{x}) = \boldsymbol{w}^T\boldsymbol{x}$$

線形活性化関数は重みの学習に使用されるが、最終的な予測にはやはりしきい値関数を使用する。しきい値関数は、先の単位ステップ関数に似ている。次の図は、パーセプトロンとADALINEの主な違いを表している。

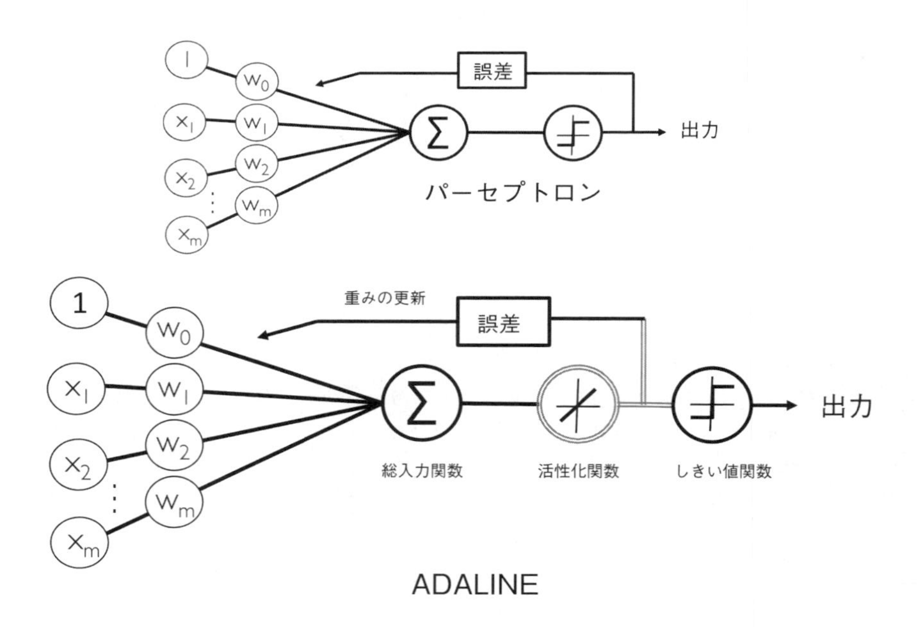

※32 B. Widrow and others, *An Adaptive "Adaline" Neuron Using Chemical "Memistors"*, Technical Report Number 1553-2, Stanford Electron Labs, Stanford, CA, October 1960

この図から、ADALINEのアルゴリズムがモデルの誤差を計算して重みを更新するために、真のクラスラベルを線形活性化関数からの連続値の出力と比較することがわかる。対照的に、パーセプトロンのアルゴリズムは、真のクラスラベルを予測されたクラスラベルと比較する。

2.5 勾配降下法によるコスト関数の最小化

教師あり機械学習のアルゴリズムを構成する主な要素の1つとして、学習過程で最適化される**目的関数**(objective function)を定義することがある。多くの場合、この目的関数は最小化したい**コスト関数**(cost function)である。ADALINEの場合は、重みの学習に用いるコスト関数Jを定義できる。それらの重みは、計算された成果指標と真のクラスラベルとの**誤差平方和**※33(Sum of Squared Error：SSE)として学習される。

$$J(\boldsymbol{w}) = \frac{1}{2}\sum_{i}\left(y^{(i)} - \phi\left(z^{(i)}\right)\right)^2 \tag{2.5.1}$$

1/2の項は便宜上追加したものにすぎない —— この後の段落でわかるように、このようにすると勾配が得やすくなる。この連続値の線形活性化関数の主な利点は、単位ステップ関数とは対照的に、コスト関数が微分可能になることである※34。このコスト関数のもう1つの特徴は、凸関数であることだ。このため、**勾配降下法**(gradient descent)を用いて、コスト関数を最小化する重みを見つけ出すことができる。勾配降下法は、単純ながら強力な最適化アルゴリズムである。

次の図に示すように、勾配降下法の原理は、コストが極小値または大局的最小値に達するまで**坂を下る**というものである。イテレーションのたびに勾配に沿って1ステップ進むが、その距離は勾配の傾きと学習率によって決定される。

※33 ［監注］統計学では、誤差平方和は残差平方和(Residual Sum of Squares：RSS)とも呼ばれる。

※34 ［監注］単位ステップ関数

$$\phi(z) = \begin{cases} 1 & (z \geq \theta) \\ -1 & (z < \theta) \end{cases}$$

が$z = \theta$で微分可能ではないことに注意。

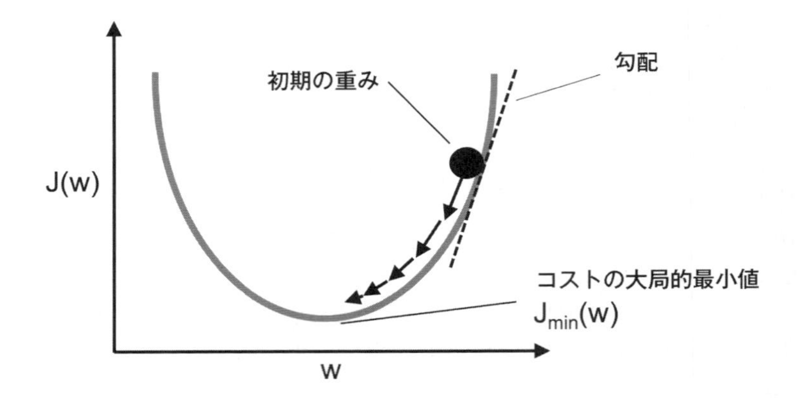

勾配降下法を使って重みを更新するには、コスト関数 $J(\boldsymbol{w})$ の勾配 $\nabla J(\boldsymbol{w})$ に沿って逆方向に１ステップ進む[※35]。

$$\boldsymbol{w} := \boldsymbol{w} + \Delta\boldsymbol{w} \tag{2.5.2}$$

重みの変化である $\Delta\boldsymbol{w}$ は、負の勾配に学習率 η を掛けたものとして定義される。

$$\Delta\boldsymbol{w} = -\eta\nabla J(\boldsymbol{w}) \tag{2.5.3}$$

コスト関数の勾配を計算するには、重み w_j ごとにコスト関数の偏微分係数を計算する必要がある（式 2.5.4 の導出方法は、この後のコラムを参照）。

$$\frac{\partial J}{\partial w_j} = -\sum_i \left(y^{(i)} - \phi\left(z^{(i)}\right)\right) x_j^{(i)} \tag{2.5.4}$$

それにより、重み w_j の更新を次のように記述できるようになる。

$$\Delta w_j = -\eta\frac{\partial J}{\partial w_j} = \eta\sum_i \left(y^{(i)} - \phi\left(z^{(i)}\right)\right) x_j^{(i)} \tag{2.5.5}$$

すべての重みを同時に更新するため、ADALINE の学習規則は $\boldsymbol{w} := \boldsymbol{w} + \Delta\boldsymbol{w}$ になる。

微積分学に詳しい読者の参考までに、j 番目の重みに対する誤差平方和のコスト関数の偏微分係数は次のように求めることができる。

※35 ［監注］直後で説明されるように、勾配 $\nabla J(w)$ はコスト関数 J の重みベクトル w に関する偏導関数である。偏微分を表す記号 ∇ は「ナブラ」(nabla) と呼ばれる。

$$
\begin{aligned}
\frac{\partial J}{\partial w_j} &= \frac{\partial}{\partial w_j}\frac{1}{2}\sum_i \left(y^{(i)} - \phi\left(z^{(i)}\right)\right)^2 \\
&= \frac{1}{2}\frac{\partial}{\partial w_j}\sum_i \left(y^{(i)} - \phi\left(z^{(i)}\right)\right)^2 \\
&= \frac{1}{2}\sum_i 2\left(y^{(i)} - \phi\left(z^{(i)}\right)\right)\frac{\partial}{\partial w_j}\left(y^{(i)} - \phi\left(z^{(i)}\right)\right) \\
&= \sum_i \left(y^{(i)} - \phi\left(z^{(i)}\right)\right)\frac{\partial}{\partial w_j}\left(y^{(i)} - \sum_k \left(w_k x_k^{(i)}\right)\right) \\
&= \sum_i \left(y^{(i)} - \phi\left(z^{(i)}\right)\right)\left(-x_j^{(i)}\right) \\
&= -\sum_i \left(y^{(i)} - \phi\left(z^{(i)}\right)\right)x_j^{(i)}
\end{aligned}
$$

ADALINEの学習規則はパーセプトロンの学習規則によく似ているが、$z^{(i)} = \boldsymbol{w}^{\boldsymbol{T}}\boldsymbol{x}^{(i)}$ とすれば、活性化関数の出力 $\phi(z^{(i)})$ は整数のクラスラベルではなく実数である。さらに、重みの更新は（サンプルごとに重みを小刻みに更新するのではなく）トレーニングデータセットのすべてのサンプルに基づいて計算される。このアプローチが「バッチ」勾配降下法とも呼ばれるのは、そのためである。

2.5.1 ADALINEをPythonで実装する

パーセプトロンの学習規則とADALINEはよく似ているため、少し前に定義したパーセプトロン実装の `fit` メソッドを置き換えることで、勾配降下法によるコスト関数の最小化に基づいて重みが更新されるようにしてみよう。

```
class AdalineGD(object):
    """ADAptive LInear NEuron 分類器

    パラメータ
    ------------
    eta : float
        学習率 (0.0より大きく1.0以下の値)
    n_iter : int
        トレーニングデータのトレーニング回数
    random_state : int
        重みを初期化するための乱数シード

    属性
    -----------
    w_ : 1次元配列
        適合後の重み
    cost_ : リスト
```

```
        各エポックでの誤差平方和のコスト関数

    """
    def __init__(self, eta=0.01, n_iter=50, random_state=1):
        self.eta = eta
        self.n_iter = n_iter
        self.random_state = random_state

    def fit(self, X, y):
        """ トレーニングデータに適合させる

        パラメータ
        ----------
        X : { 配列のようなデータ構造 }, shape = [n_samples, n_features]
            トレーニングデータ
            n_sample はサンプルの個数、n_feature は特徴量の個数
        y : 配列のようなデータ構造 , shape = [n_samples]
            目的変数

        戻り値
        -------
        self : object

        """
        rgen = np.random.RandomState(self.random_state)
        self.w_ = rgen.normal(loc=0.0, scale=0.01, size=1 + X.shape[1])
        self.cost_ = []

        for i in range(self.n_iter):  # トレーニング回数分トレーニングデータを反復
            net_input = self.net_input(X)
            # activation メソッドは単なる恒等関数であるため、
            # このコードでは何の効果もないことに注意。代わりに、
            # 直接 `output = self.net_input(X)` と記述することもできた。
            # activation メソッドの目的は、より概念的なものである。
            # つまり、(後ほど説明する) ロジスティック回帰の場合は、
            # ロジスティック回帰の分類器を実装するために
            # シグモイド関数に変更することもできる
            output = self.activation(net_input)
            # 誤差 y^(i) - φ(z^(i)) の計算
            errors = (y - output)
            # w_1, ... , w_m の更新
            # Δw_j = ηΣ_i(y^(i) - φ(z^(i))) x_j^(i) (j = 1, ... , m)
            self.w_[1:] += self.eta * X.T.dot(errors)
            # w_0 の更新 Δw_0 = ηΣ_i(y^(i) - φ(z^(i)))
            self.w_[0] += self.eta * errors.sum()
            # コスト関数の計算 J(w) = 1/2 Σ_i(y^(i) - φ(z^(i)))^2
            cost = (errors**2).sum() / 2.0
            # コストの格納
            self.cost_.append(cost)
        return self

    def net_input(self, X):
        """ 総入力を計算 """
        return np.dot(X, self.w_[1:]) + self.w_[0]
```

```
    def activation(self, X):
        """ 線形活性化関数の出力を計算 """
        return X

    def predict(self, X):
        """1 ステップ後のクラスラベルを返す """
        return np.where(self.activation(self.net_input(X)) >= 0.0, 1, -1)
```

パーセプトロンのように、個々のトレーニングサンプルを評価した後に重みを更新するのではなく、トレーニングデータセット全体を用いて勾配を計算する —— バイアスユニット（インデックス 0 の重み）には `self.eta * errors.sum()`、インデックス 1 〜 m の重みには `self.eta * X.T.dot(errors)` を使用する。この場合の `X.T.dot(errors)` は、特徴行列と誤差ベクトルの**行列ベクトル積**（matrix-vector multiplication）である。

`activation` メソッドは単なる恒等関数であるため、このコードでは何の効果も持たないことに注意しよう。ここで（`activation` メソッドによって計算される）活性化関数を追加したのは、単層ニューラルネットワーク（入力データからの特徴量、総入力、活性化、出力）を通じて情報がどのように流れるのかを具体的に示すためである。次章では、ロジスティック回帰の分類器について説明する。この分類器は、非線形、非恒等の活性化関数を使用する。ロジスティック回帰モデルが ADALINE に深く関連していて、活性化関数とコスト関数が唯一の違いであることがわかるだろう。

次に、先のパーセプトロンの実装と同様に、コスト値をリスト `self.cost_` に集めて、トレーニング後にアルゴリズムが収束したかどうかを確認する。

行列ベクトル積の計算はベクトルのドット積の計算と似ており、行列内の各行は 1 つの行ベクトルとして扱われる ※36。このベクトル化の手法では、表記がより簡潔となる。結果として、NumPy を使った計算がより効率的に行われる。たとえば、次のように計算される。

$$\begin{bmatrix} 1 & 2 & 3 \\ 4 & 5 & 6 \end{bmatrix} \times \begin{bmatrix} 7 \\ 8 \\ 9 \end{bmatrix} = \begin{bmatrix} 1 \times 7 + 2 \times 8 + 3 \times 9 \\ 4 \times 7 + 5 \times 8 + 6 \times 9 \end{bmatrix} = \begin{bmatrix} 50 \\ 122 \end{bmatrix}$$

実際のところ、収束に最も適した学習率 η を見つけるには、たいてい、ある程度の実験が必要となる。手始めに、2 つの異なる学習率 $\eta = 0.01$ と $\eta = 0.0001$ を選択する。コスト関数とエポック数をプロットし、ADALINE 実装がトレーニングデータからどれくらい効果的に学習するのか確認してみよう。

※36　［監注］ベクトルのドット積は、1 行 N 列の行列と N 行 1 列の行列の積と見なすことができ、その結果、1 行 1 列の結果（スカラー）が返される。行列ベクトル積は、M 行 N 列の行列と N 行 1 列の行列（ベクトル）の積と見なすことができ、その結果、M 行 1 列の行列の結果（ベクトル）が返される。このように、統一的な視点からベクトルのドット積や行列ベクトル積を見る習慣をつけることは重要である。

学習率 η (eta) は、エポック数 `n_iter` とともに、パーセプトロンと ADALINE の学習アルゴリズムのいわゆる「ハイパーパラメータ」である。分類モデルの性能を最適化するハイパーパラメータの値は自動的に見つけることが可能である。そうした手法については、第６章で説明する。

２つの学習率を用いて、エポック数に対するコストをプロットしてみよう。

```
>>> # 描画領域を 1 行 2 列に分割
>>> fig, ax = plt.subplots(nrows=1, ncols=2, figsize=(10, 4))
>>> # 勾配降下法による ADALINE の学習（学習率 eta=0.01）
>>> ada1 = AdalineGD(n_iter=10, eta=0.01).fit(X, y)
>>> # エポック数とコストの関係を表す折れ線グラフのプロット（縦軸のコストは常用対数）
>>> ax[0].plot(range(1,len(ada1.cost_)+1), np.log10(ada1.cost_), marker='o')
>>> # 軸のラベルの設定
>>> ax[0].set_xlabel('Epochs')
>>> ax[0].set_ylabel('log(Sum-squared-error)')
>>> # タイトルの設定
>>> ax[0].set_title('Adaline - Learning rate 0.01')
>>> # 勾配降下法による ADALINE の学習（学習率 eta=0.0001）
>>> ada2 = AdalineGD(n_iter=10, eta=0.0001).fit(X, y)
>>> # エポック数とコストの関係を表す折れ線グラフのプロット
>>> ax[1].plot(range(1,len(ada2.cost_)+1), ada2.cost_, marker='o')
>>> # 軸のラベルの設定
>>> ax[1].set_xlabel('Epochs')
>>> ax[1].set_ylabel('Sum-squared-error')
>>> # タイトルの設定
>>> ax[1].set_title('Adaline - Learning rate 0.0001')
>>> # 図の表示
>>> plt.show()
```

結果として得られたコスト関数のグラフからわかるように、２種類の問題が発生している。左のグラフは、選択した学習率が大きすぎるとどうなるかを示している※37。選択した学習率が大きすぎると大局的最小値を「超えて」しまうため、コスト関数を最小化するどころか、エポックごとに誤差平方和が増えている。右のグラフを見ると、コストが減少していることがわかる。ただし、選択された学習率 $\eta = 0.0001$ は非常に小さいため、アルゴリズムをコストの大局的最小値に収束させるには、相当な数のエポックが必要になるだろう。

※37 ［監注］左の図では、縦軸は誤差平方和の常用対数 $\log_{10}$（誤差平方和）であることに注意。

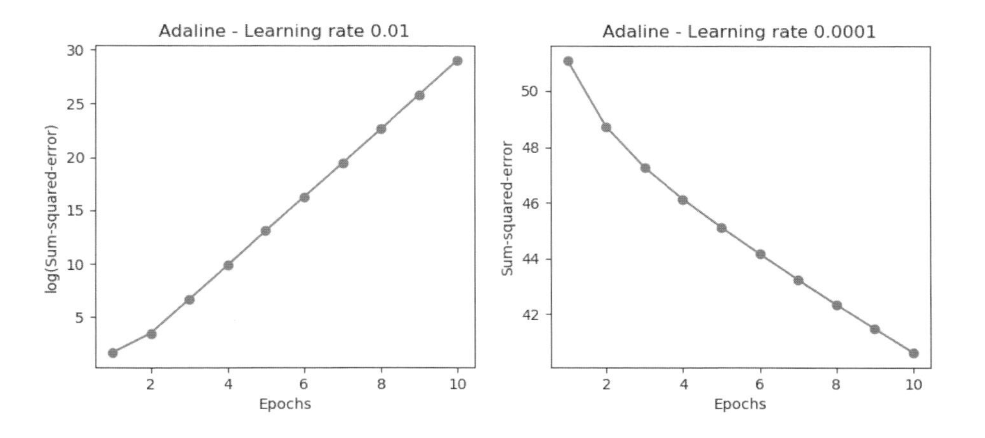

次の図は、特定の重みパラメータの値を変更することで、コスト関数 J を最小化する方法を示している[※38]。左の図は、学習率がうまく選択されたケースを示している。その場合、コストは大局的最小値に向かって徐々に減少していく。これに対して、右の図は、選択した学習率が大きすぎるとどうなるかを示しており、大局的最小値を超えてしまっていることがわかる。

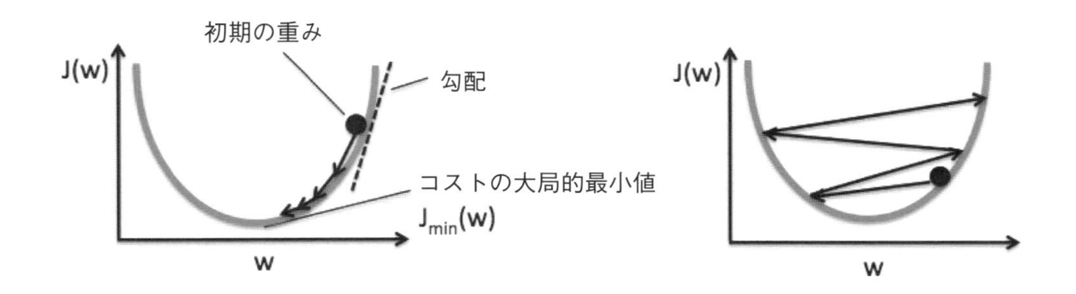

2.5.2 特徴量のスケーリングを通じて勾配降下法を改善する

本書に登場する機械学習のさまざまなアルゴリズムは、最適な性能を実現するにあたって何らかの特徴量のスケーリングを必要とする。これについては、第3章で詳しく説明する。

勾配降下法は特徴量のスケーリングに効果的なアルゴリズムの1つである。ここでは、**標準化**（standardization）というスケーリング手法を用いる。このスケーリング手法は、データに標準正規分布の特性を与える。この特性は、勾配降下法による学習をよりすばやく収束させるのに役立つ。標準化は、各特徴量の平均をずらして中心が0になるようにし、各特徴量の標準偏差を1にす

※38 ［監注］下図の左側が上図の右側（学習率 $\eta = 0.0001$）、下図の右側が上図の左側（学習率 $\eta = 0.01$）に対応することに注意。

る[※39]。たとえばj番目の特徴量を標準化するには、サンプルの平均μ_jをすべてのトレーニングサンプルから引き、標準偏差σ_jで割ればよい。

$$\boldsymbol{x}'_j = \frac{\boldsymbol{x}_j - \mu_j}{\sigma_j} \tag{2.5.6}$$

この場合、$\boldsymbol{x}_j$はすべてのトレーニングサンプルのj番目の特徴量の値からなるベクトルである。この標準化手法は、データセットの各特徴量jに適用される。

標準化が勾配降下法による学習に役立つ理由の1つは、次の図に示すように、最適または効果的な解決策（コストの大局的最小値）を見つけ出すためにオプティマイザが実行しなければならないステップの数が少なくなることである。左右の図は、2次元の分類問題における2つのモデルの重みの関数としてコスト平面を表している。

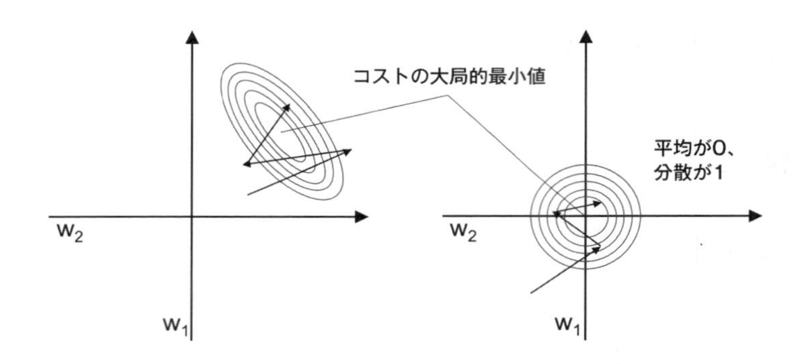

NumPyのmeanメソッドとstdメソッド[※40]を利用すれば、標準化を実現するのは簡単だ[※41]。

```
>>> # データのコピー
>>> X_std = np.copy(X)
>>> # 各列の標準化
>>> X_std[:,0] = (X[:,0] - X[:,0].mean()) / X[:,0].std()
>>> X_std[:,1] = (X[:,1] - X[:,1].mean()) / X[:,1].std()
```

標準化の後は、学習率$\eta = 0.01$と小さなエポック数に基づいてADALINEを再びトレーニングし、収束することを確認する。

※39 ［監注］ここで与える標準正規分布の特性とは、あくまで平均が0、標準偏差が1となることである。標準化した特徴量が標準正規分布に従うことまでは前提としていないことに注意。

※40 ［監注］meanメソッドとstdメソッドは、NumPyのクラスndarrayのメソッドであり、それぞれ平均と標準偏差を計算する。

※41 ［監注］以下では、まず行列XをNumPyのcopy関数でコピーし、オブジェクトX_stdを生成している。これは、いわゆるディープコピーであり、X_stdを変更してもXは影響を受けない。一方で、単純に=演算子を用いてX_stdを生成するといわゆるシャローコピーとなり、X_stdに対する変更がXにもおよぼされる。ここでは、元データであるXに影響をおよぼしたくないので、ディープコピーを行っている。

```
>>> # 勾配降下法による ADALINE の学習（標準化後、学習率 eta=0.01）
>>> ada = AdalineGD(n_iter=15, eta=0.01)
>>> # モデルの適合
>>> ada.fit(X_std, y)
>>> # 境界領域のプロット
>>> plot_decision_regions(X_std, y, classifier=ada)
>>> # タイトルの設定
>>> plt.title('Adaline - Gradient Descent')
>>> # 軸のラベルの設定
>>> plt.xlabel('sepal length [standardized]')
>>> plt.ylabel('petal length [standardized]')
>>> # 凡例の設定（左上に配置）
>>> plt.legend(loc='upper left')
>>> # 図の表示
>>> plt.tight_layout()
>>> plt.show()
>>> # エポック数とコストの関係を表す折れ線グラフのプロット
>>> plt.plot(range(1, len(ada.cost_) + 1), ada.cost_, marker='o')
>>> # 軸のラベルの設定
>>> plt.xlabel('Epochs')
>>> plt.ylabel('Sum-squared-error')
>>> # 図の表示
>>> plt.tight_layout()
>>> plt.show()
```

このコードを実行すると、決定領域を表す図に加えて、減少するコストのグラフが表示される。

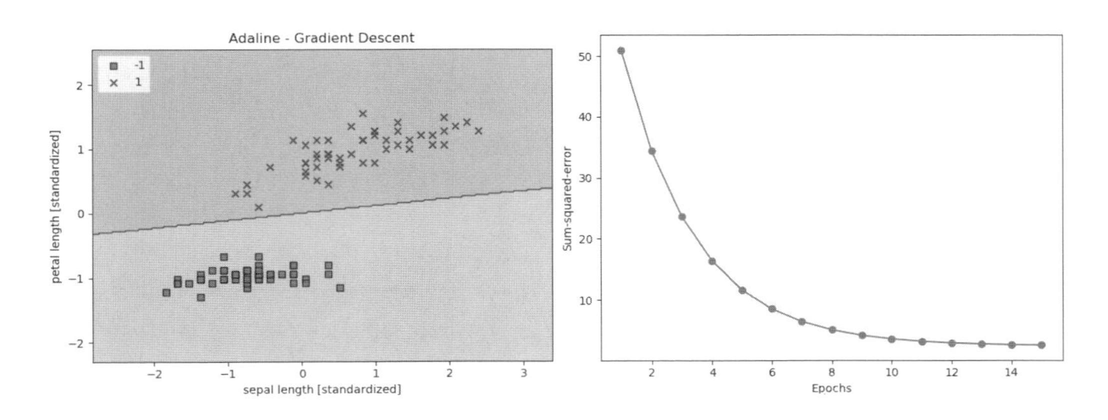

このグラフからわかるように、標準化された特徴量を学習率 $\eta = 0.01$ でトレーニングした後、ADALINE が収束していることがわかる。ただし、すべてのサンプルが正しく分類されたとしても、誤差平方和が依然として 0 ではないことに注意しよう。

2.6 大規模な機械学習と確率的勾配降下法

前節では、トレーニングデータセット全体から計算されたコスト勾配とは逆方向に進むことにより、コスト関数を最小化する方法について説明した。このアプローチは**バッチ勾配降下法**（batch gradient descent）とも呼ばれる。ここで、数百万個のサンプル点が含まれた非常に大きなデータセットがあるとしよう。多くの機械学習アプリケーションでは、これは珍しいことではない。バッチ勾配降下法の実行では、大局的最小値に 1 ステップ近づくたびにトレーニングデータ全体を再び評価する必要がある。この場合は計算コストがかなり高くつく可能性がある。

バッチ勾配降下法のアルゴリズムの代わりによく用いられるのは、**確率的勾配降下法**（stochastic gradient descent）である。このアルゴリズムは**逐次的勾配降下法**（iterative gradient descent）や**オンライン勾配降下法**（online gradient descent）とも呼ばれる。確率的勾配降下法では、次のように、すべてのサンプル $\boldsymbol{x}^{(i)}$ にわたって蓄積された誤分類の合計を用いて重みを更新する方法はとらない。

$$\Delta \boldsymbol{w} = \eta \sum_i \left(y^{(i)} - \phi\left(z^{(i)}\right) \right) \boldsymbol{x}^{(i)} \tag{2.6.1}$$

この方法ではなく、次のように、トレーニングサンプルごとに段階的に重みを更新する。

$$\eta \left(y^{(i)} - \phi\left(z^{(i)}\right) \right) \boldsymbol{x}^{(i)} \tag{2.6.2}$$

確率的勾配降下法については勾配降下法の近似と見なすことができるが、重みの更新頻度がより高いことから、通常ははるかに高速に収束する。勾配はそれぞれ 1 つのトレーニングサンプルに基づいて計算されるため、勾配降下法よりも誤差曲面のノイズが多い。これについては、確率的勾配降下法のほうが浅い極小値をより簡単に抜け出せるという利点もある。ただし、第 12 章で説明するように、非線形のコスト関数を使用していることが前提となる。確率的勾配降下法を使って正確な結果を得るには、トレーニングデータをランダムな順序に並べ替えることが重要となる。エポックごとにトレーニングデータをシャッフルして循環※42 を避ける必要があるのは、そのためである。

確率的勾配降下法の実装では、固定の学習率 η は $\frac{c_1}{[\text{イテレーションの回数}] + c_2}$ などの徐々に減少する適応学習率（adaptive learning rate）によって置き換えられることが多い。ここで、c_1 と c_2 は定数である。確率的勾配降下法は大局的最小値に到達しないが、それにかなり近い場所で収束することを付け加えておく。そして適応学習率を使用すれば、コストの最小値にさらに近づけることができる。

確率的勾配降下法のもう 1 つの利点は、**オンライン学習**（online learning）に利用できることであ

※42　［監注］ここでの循環は、トレーニングデータを反復するたびに、重みベクトルが同じ値に戻ってしまうことを指している。

る。オンライン学習では、新しいトレーニングデータが届いたときに、その場でモデルがトレーニングされる。これが特に役立つのは、Webアプリケーションの顧客データなど、大量のデータが蓄積されている場合である。オンライン学習を利用すれば、生じた変化にシステムをすばやく適応させることができる。また、ストレージ空間に問題がある場合は、モデルを更新した後にトレーニングデータを廃棄できるようになる。

いわゆる**ミニバッチ学習**(mini-batch learning)は、バッチ勾配降下法と確率的勾配降下法の折衷案である。ミニバッチ学習については、トレーニングデータの一部(たとえば32サンプルずつ)にバッチ勾配降下法を適用するものとして解釈できる。バッチ勾配降下法に対する利点として、ミニバッチのほうが重みの更新頻度が高いため、よりすばやく収束することが挙げられる。さらに、確率的勾配降下法でのトレーニングサンプルの`for`ループをベクトル化された演算に置き換えることができるため、学習アルゴリズムの計算効率をさらに引き上げることもできる。

ADALINEの学習規則はすでに勾配降下法を使って実装している。このため、確率的勾配降下法に基づいて重みを更新するように学習アルゴリズムを変更するには、調整をいくつか行うだけでよい。まず、`fit`メソッドでは、トレーニングサンプルごとに重みを更新する。また、オンライン学習に合わせて、重みの再初期化を行わない`partial_fit`メソッドを追加する。トレーニングの後にアルゴリズムが収束したかどうかを確認するには、トレーニングサンプルの平均コストとしてエポックごとのコストを計算する。さらに、各エポックの前にトレーニングデータをシャッフル(`shuffle`)するオプションも追加する。これはコスト関数を最適化するときの循環を避けるための措置である。また、再現可能性を確保するために、`random_state`パラメータを使って乱数シードを指定できるようにする。

```
from numpy.random import seed

class AdalineSGD(object):
    """ADAptive LInear NEuron 分類器

    パラメータ
    ------------
    eta : float
        学習率 (0.0 より大きく 1.0 以下の値)
    n_iter : int
        トレーニングデータのトレーニング回数
    shuffle : bool (デフォルト : True)
        True の場合は、循環を回避するためにエポックごとにトレーニングデータをシャッフル
    random_state : int
        重みを初期化するための乱数シード

    属性
    -----------
    w_ : 1 次元配列
```

```
        適合後の重み
    cost_ : リスト
      各エポックですべてのトレーニングサンプルの平均を求める誤差平方和コスト関数

    """
    def __init__(self, eta=0.01, n_iter=10, shuffle=True, random_state=None):
        # 学習率の初期化
        self.eta = eta
        # トレーニング回数の初期化
        self.n_iter = n_iter
        # 重みの初期化フラグはFalseに設定
        self.w_initialized = False
        # 各エポックでトレーニングデータをシャッフルするかどうかのフラグを初期化
        self.shuffle = shuffle
        # 乱数シードを設定
        self.random_state = random_state

    def fit(self, X, y):
        """ トレーニングデータに適合させる

        パラメータ
        ----------
        X : {配列のようなデータ構造}, shape = [n_samples, n_features]
            トレーニングデータ
            n_sampleはサンプルの個数、n_featureは特徴量の個数
        y : 配列のようなデータ構造 , shape = [n_samples]
            目的変数

        戻り値
        -------
        self : object

        """
        # 重みベクトルの生成
        self._initialize_weights(X.shape[1])
        # コストを格納するリストの生成
        self.cost_ = []
        # トレーニング回数分トレーニングデータを反復
        for i in range(self.n_iter):
            # 指定された場合はトレーニングデータをシャッフル
            if self.shuffle:
                X, y = self._shuffle(X, y)
            # 各サンプルのコストを格納するリストの生成
            cost = []
            # 各サンプルに対する計算
            for xi, target in zip(X, y):
                # 特徴量xiと目的変数yを用いた重みの更新とコストの計算
                cost.append(self._update_weights(xi, target))
            # サンプルの平均コストの計算
            avg_cost = sum(cost)/len(y)
            # 平均コストを格納
            self.cost_.append(avg_cost)
        return self
```

```
    def partial_fit(self, X, y):
        """ 重みを再初期化することなくトレーニングデータに適合させる """
        # 初期化されていない場合は初期化を実行
        if not self.w_initialized:
            self._initialize_weights(X.shape[1])
        # 目的変数 y の要素数が 2 以上の場合は
        # 各サンプルの特徴量 xi と目的変数 target で重みを更新
        if y.ravel().shape[0] > 1:
            for xi, target in zip(X, y):
                self._update_weights(xi, target)
        # 目的変数 y の要素数が 1 の場合は
        # サンプル全体の特徴量 X と目的変数 y で重みを更新
        else:
            self._update_weights(X, y)
        return self

    def _shuffle(self, X, y):
        """ トレーニングデータをシャッフル """
        r = self.rgen.permutation(len(y))
        return X[r], y[r]

    def _initialize_weights(self, m):
        """ 重みを小さな乱数に初期化 """
        self.rgen = np.random.RandomState(self.random_state)
        self.w_ = self.rgen.normal(loc=0.0, scale=0.01, size=1 + m)
        self.w_initialized = True

    def _update_weights(self, xi, target):
        """ADALINE の学習規則を用いて重みを更新 """
        # 活性化関数の出力の計算
        output = self.activation(self.net_input(xi))
        # 誤差の計算
        error = (target - output)
        # 重み w1, ... , wm の更新
        self.w_[1:] += self.eta * xi.dot(error)
        # 重み w0 の更新
        self.w_[0] += self.eta * error
        # コストの計算
        cost = 0.5 * error**2
        return cost

    def net_input(self, X):
        """ 総入力を計算 """
        return np.dot(X, self.w_[1:]) + self.w_[0]

    def activation(self, X):
        """ 線形活性化関数の出力を計算 """
        return X

    def predict(self, X):
        """1 ステップ後のクラスラベルを返す """
        return np.where(self.activation(self.net_input(X)) >= 0.0, 1, -1)
```

AdalineSGD 分類器で使用している _shuffle メソッドは、numpy.random の permutation 関数

を使って 0 以上 99 以下で重複のない整数の乱数からなる順列を生成する※43。それらの乱数は、特徴行列とクラスラベルベクトルをシャッフルするためのインデックスとして使用する。

あとは、fit メソッドを使って AdalineSGD 分類器をトレーニングした後、plot_decision_regions 関数を使ってトレーニングの結果をプロットすればよい。

```
>>> # 確率的勾配降下法による ADALINE の学習
>>> ada = AdalineSGD(n_iter=15, eta=0.01, random_state=1)
>>> # モデルへの適合
>>> ada.fit(X_std, y)
>>> # 境界領域のプロット
>>> plot_decision_regions(X_std, y, classifier=ada)
>>> # タイトルの設定
>>> plt.title('Adaline - Stochastic Gradient Descent')
>>> # 軸のラベルの設定
>>> plt.xlabel('sepal length [standardized]')
>>> plt.ylabel('petal length [standardized]')
>>> # 凡例の設定（左上に配置）
>>> plt.legend(loc='upper left')
>>> plt.tight_layout()
>>> # プロットの表示
>>> plt.show()
>>> # エポックとコストの折れ線グラフのプロット
>>> plt.plot(range(1, len(ada.cost_) + 1), ada.cost_, marker='o')
>>> # 軸のラベルの設定
>>> plt.xlabel('Epochs')
>>> plt.ylabel('Average Cost')
>>> # プロットの表示
>>> plt.show()
```

このコードを実行すると、次の２つのグラフが得られる。

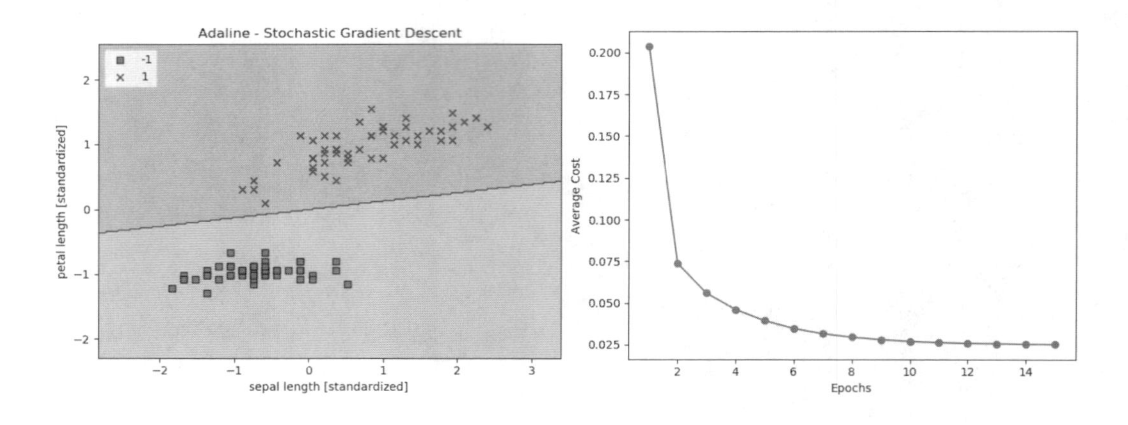

※43　［監注］要するに、0 から 99 までの整数をランダムに並べ替えている。

このように、平均コストがすぐに減少することがわかる。15エポックよりも後の最終的な決定境界は、ADALINEでバッチ勾配降下法を使用した場合と同じようになる。このモデルを —— たとえばオンライン学習においてストリーミングデータを使って —— 更新したい場合は、個々のサンプルで`partial_fit`メソッドを呼び出すだけでよい。このメソッドの呼び出しは、たとえば`ada.partial_fit(X_std[0, :], y[0])`のようになる。

まとめ

本章では、教師あり学習の線形分類器の基本概念をしっかり理解できたはずだ。ここではパーセプトロンを実装した後、勾配降下法によるベクトル化実装と確率的勾配降下法によるオンライン学習に基づき、ADALINEを効率よくトレーニングできることを示した。

Pythonを使って単純な分類器を実装する方法について説明したところで、次章では、Pythonのscikit-learn機械学習ライブラリを使ってより高度で強力な機械学習の分類器にアクセスする方法について説明する。これらの分類器は産業界でも学術界でもよく使用されている。パーセプトロンとADALINEのアルゴリズムの実装にはオブジェクト指向のアプローチを用いたが、このアプローチはscikit-learnのAPIを理解するのにも役立つはずだ。scikit-learnのAPIは、本章で使用したものと同じ基本概念（`fit`メソッド、`predict`メソッド）に基づいて実装されている。次章では、これらの基本概念に基づき、クラスの確率を予測するモデルを構築するためのロジスティック回帰と、非線形の決定境界を操作するためのサポートベクトルマシンについて説明する。さらに、教師あり学習の別の種類のアルゴリズムとして、決定木に基づくアルゴリズムを紹介する。一般に、決定木に基づくアルゴリズムは、頑健なアンサンブル分類器に統合される。

MEMO

分類問題 — 機械学習ライブラリscikit-learnの活用

本章では、よく使用されている強力な機械学習のアルゴリズムをひととおり見ていく。これらのアルゴリズムは産業界だけでなく学術界でもよく使用されているものである。ここでは、分類を目的とした教師あり学習のアルゴリズム間の相違点を学びながら、それらの長所と短所を見きわめて使いこなすだけの直観も養う。また、ここではscikit-learnライブラリへの第一歩を踏み出すことにする。このライブラリは、教師あり学習のアルゴリズムを効率的かつ生産的に利用することを目的として、ユーザーフレンドリなインターフェイスを提供している。

本章では、次の内容を取り上げる。

- ロジスティック回帰、サポートベクトルマシン、決定木など、よく利用されている頑健な分類アルゴリズムの紹介
- scikit-learn機械学習ライブラリに基づく例と説明。scikit-learnは、ユーザーフレンドリなPython APIを通じてさまざまな機械学習アルゴリズムを提供する
- 線形および非線形の決定境界を持つ分類器の長所と短所

3.1 分類アルゴリズムの選択

特定の問題に適した分類アルゴリズムを選択するには、練習が必要である。アルゴリズムにはそれぞれ癖があり、個々の前提に基づいている。「ノーフリーランチ」定理[※1]を言い換えるなら、次のようになる —— あらゆるシナリオに最適なただ 1 つの分類器というものは存在しない。実際には、いくつかの学習アルゴリズムの性能を比較し、特定の問題に最適なモデルを選択することが常に推奨される。特徴量やサンプルの個数、データベースでのノイズの量、そしてクラスの線形分離可能性に関して違いがあるかもしれない。

結局のところ、分類器の性能（予測力と計算能力）は、学習に利用可能なデータに大きく依存する。機械学習のアルゴリズムのトレーニングは、次に示す主要な 5 つの手順で構成される。

1. 特徴量を選択し、トレーニングサンプルを収集する
2. 性能指標を選択する
3. 分類器と最適化アルゴリズムを選択する
4. モデルの性能を評価する
5. アルゴリズムを調整する

本書では、機械学習の知識を少しずつ身につけるアプローチをとっている。本章では主にさまざまなアルゴリズムの主要な概念に着目する。特徴量の選択と前処理、性能指標、ハイパーパラメータのチューニングなどについては、この後の章で改めて取り上げる。

3.2 scikit-learn 活用へのファーストステップ：パーセプトロンのトレーニング

前章では、分類のアルゴリズムとして**パーセプトロン**の学習規則と **ADALINE** という関連する 2 つの学習アルゴリズムを取り上げ、Python で実装した。ここでは、scikit-learn の API を見ていくことにしよう。この API は、非常に最適化されたさまざまな分類アルゴリズムの実装に対してユーザーフレンドリなインターフェイスを組み合わせたものである。ただし、scikit-learn ライブラリはさまざまな学習アルゴリズムだけでなく、データの前処理や、モデルの調整や評価を行うための便利な関数を取り揃えている。この点については、ベースとなっている概念と併せて、第 4 章と第 5 章で詳しく説明する。

※1 ［監注］ノーフリーランチ定理（no free lunch theorem）は、元々は物理学者の David H. Wolpert と William G. Macready が、組み合わせ最適化のすべての問題に対して、最良な最適化方法は存在しないことを主張した定理である。機械学習では、データの分布などに関する予備知識（「事前知識」と呼ばれる）がなければ、どの問題に対しても最良なアルゴリズムは存在しないという意味で使われる。ノーフリーランチは「ただでは飯にはありつけない」ことを意味しているが、この場合の「ただ」はデータの分布などに関する事前知識、「飯」はアルゴリズムによる予測精度の向上等に対応する。詳細については、機械学習に関連した情報交換サイト「朱鷺の杜」のページ（http://ibisforest.org/index.php?no%20free%20lunch%E5%AE%9A%E7%90%86）や、Wolpert と Macready の原論文などを参照されたい。
David H.Wolpert, *The Lack of A Priori Distinctions Between Learning Algorithms*, Neural Computation 8.7 (1996): 1341-1390

scikit-learn ライブラリを使い始めるにあたって、パーセプトロンモデルをトレーニングする。このモデルは前章で実装したものに似ている。話を単純にするために、以降の節では、すっかりおなじみの Iris データセットを使用する。都合のよいことに、Iris データセットはアルゴリズムのテストや実験によく使用され、単純ながらも人気の高いデータセットであるため、scikit-learn にすでに用意されている。また、ここでは可視化のために、Iris データセットの特徴量を 2 つだけ使用する。

150 個のサンプルの「がく片の長さ」と「花びらの長さ」を特徴行列 `X` に代入し、対応する品種のクラスラベルをベクトル `y` に代入する。

```
>>> from sklearn import datasets
>>> import numpy as np
>>> # Iris データセットをロード
>>> iris = datasets.load_iris()
>>> # 3、4 列目の特徴量を抽出
>>> X = iris.data[:, [2, 3]]
>>> # クラスラベルを取得
>>> y = iris.target
>>> # 一意なクラスラベルを出力
>>> print('Class labels:', np.unique(y))
Class labels: [0 1 2]
```

`np.unique(y)` は、`iris.target` に格納されている一意なクラスラベルを 3 つ返している。アヤメの花のクラス名である `Iris-setosa`、`Iris-versicolor`、`Iris-virginica` がすでに整数（`0`、`1`、`2`）として格納されていることがわかる。scikit-learn の関数やクラスメソッドの多くは文字列形式のクラスラベルにも対応しているが、技術的なミスを回避し、メモリ消費を抑えて計算性能を向上させるために、整数のラベルを使用することが推奨される。ほとんどの機械学習ライブラリでは、クラスラベルを整数として符号化するのが慣例となっている。

トレーニングしたモデルの性能を未知のデータで評価するために、データセットをさらにトレーニングデータセットとテストデータセットに分割する。モデルの評価に関するベストプラクティスについては、第 6 章で詳しく説明する。

```
>>> from sklearn.model_selection import train_test_split
>>> # トレーニングデータとテストデータに分割
>>> # 全体の 30% をテストデータにする
>>> X_train, X_test, y_train, y_test = train_test_split(
...     X, y, test_size=0.3, random_state=1, stratify=y)
```

scikit-learn の `model_selection` モジュールの `train_test_split` 関数を使用して、`X` 配列と `y` 配列を 30% のテストデータ（45 個のサンプル）と 70% のトレーニングデータ（105 個のサンプル）にランダムに分割している。

なお、`train_test_split` 関数は、データセットを分割する前にトレーニングセットを内部でシャッフルする。そうしないと、クラス 0 とクラス 1 のサンプルがトレーニングセットに追加され、テストセットがクラス 2 の 45 個のサンプルで構成されることになってしまう。ここでは、random_stateパラメータを通じて、内部の擬似乱数生成器に固定の乱数シード（random_state=1）を指定している。この乱数生成器は、データセットを分割する前のシャッフルに使用される。random_stateパラメータに固定の値を指定すると、再現可能な結果が得られるようになる。

また、stratify=yを指定することで、組み込み機能としてサポートされている層化サンプリングを利用している。この場合の層化サンプリングは、train_test_split関数から返されるトレーニングサブセットとテストサブセットに含まれているクラスラベルの比率が入力データセットと同じであることを意味する。実際にそうなっていることを確認したい場合は、NumPyのbincount関数を使用できる。この関数は、配列内の各値の出現回数を数える機能を提供する。

```
>>> print('Labels counts in y:', np.bincount(y))
Labels counts in y: [50 50 50]
>>> print('Labels counts in y_train:', np.bincount(y_train))
Labels counts in y_train: [35 35 35]
>>> print('Labels counts in y_test:', np.bincount(y_test))
Labels counts in y_test: [15 15 15]
```

機械学習と最適化の多くのアルゴリズムでは、最適な性能を得るために特徴量のスケーリングも必要となる。これについては、前章の**勾配降下法**の例で示した。ここでは、scikit-learnのpreprocessingモジュールのStandardScalerクラスを使って特徴量を標準化する。

```
>>> from sklearn.preprocessing import StandardScaler
>>> sc = StandardScaler()
>>> # トレーニングデータの平均と標準偏差を計算
>>> sc.fit(X_train)
>>> # 平均と標準偏差を用いて標準化
>>> X_train_std = sc.transform(X_train)
>>> X_test_std = sc.transform(X_test)
```

このコードでは、StandardScalerクラスをpreprocessingモジュールから読み込み、StandardScalerクラスの新しいインスタンスを変数scに代入している。次に、StandardScalerのfitメソッドを呼び出すことで、トレーニングデータから特徴量ごとにパラメータμ（平均値）とσ（標準偏差）を推定している。続いて、transformメソッドを呼び出し、推定されたパラメータμとσを使ってトレーニングデータを標準化している。テストデータを標準化するのに同じスケーリングパラメータを使用したことに注意しよう。これはトレーニングデータセットとテストデータセットの値を相互に比較できるようにするためである。

トレーニングデータセットを標準化したところで、パーセプトロンモデルをトレーニングできる状態となる。scikit-learnのほとんどのアルゴリズムは、多クラス分類をデフォルトでサポートしている。これには**一対他**（OvR）手法が使用されるため、３つの品種のクラスをパーセプトロンに同時に与えることができる。コードは次のようになる。

```
>>> from sklearn.linear_model import Perceptron
```

```
>>> # エポック数 40、学習率 0.1 でパーセプトロンのインスタンスを生成
>>> ppn = Perceptron(n_iter=40, eta0=0.1, random_state=1)
>>> # トレーニングデータをモデルに適合させる
>>> ppn.fit(X_train_std, y_train)
```


scikit-learn のインターフェイスは、前章のパーセプトロンの実装を連想させる。ここでは、linear_model モジュールから Perceptron クラスを読み込んだ後、Perceptron の新しいインスタンスを初期化してから、fit メソッドを使ってモデルをトレーニングしている。この場合、パラメータ eta0 はパーセプトロンの実装で使用した学習率 eta に相当する ※2。パラメータ n_iter はエポック数（データセットのトレーニング回数）を定義する。

前章で説明したように、適切な学習率を割り出すには、ある程度の実験が必要である。学習率が高すぎれば、アルゴリズムはコストの大局的最小値を飛び越えてしまうだろう。学習率が低すぎれば、アルゴリズムの収束に必要なエポックが増えてしまう。特に大きなデータセットでは、それにより学習の効率が低下するおそれがある。また、エポックごとにトレーニングデータセットの並べ替えを再現できるよう、random_state パラメータを使用している。

scikit-learn を使ってトレーニングを行った後は、前章のパーセプトロンの実装と同様に、predict メソッドを使って予測を行うことができる。コードは次のようになる。

```
>>> # テストデータで予測を実施
>>> y_pred = ppn.predict(X_test_std)
>>> # 誤分類のサンプルの個数を表示
>>> print('Misclassified samples: %d' % (y_test != y_pred).sum())
Misclassified samples: 3
```

このコードを実行すると、パーセプトロンが 45 個のサンプルのうち 3 つを誤分類することがわかる。よって、テストデータセットの誤分類率はおよそ 0.067、つまり 6.7% である（3 / 45 ≈ 0.067）。

多くの場合、機械学習の実務では、誤分類率を報告するのではなく、モデルの正解率を報告する。モデルの正解率は誤分類率を 1 から引いたもので、次のように計算される。

正解率 = 1 - [誤分類率] = 0.933 または 93.3%

scikit-learn では、さまざまな性能指標を計算する機能も実装されている。それらは metrics モジュールにより提供される。たとえば、テストデータセットでのパーセプトロンの正解率は、次のように計算できる。

※2 ［監注］Perceptron クラスのインスタンスの初期化に使用する __init__ メソッドの中で、Perceptron クラスが継承している SGDClassifier クラスの __init__ メソッドの learning_rate パラメータに "constant" を渡している。そのため、学習率に eta0 が使われる。また、デフォルトでは eta0=0.0001 と設定されている。

```
>>> from sklearn.metrics import accuracy_score
>>> # 分類の正解率を表示
>>> print('Accuracy: %.2f' % accuracy_score(y_test, y_pred))
Accuracy: 0.93
```

ここで、y_test は真のクラスラベルであり、y_pred は以前に予測したクラスラベルである。あるいは、scikit-learn の各分類器に定義されている score メソッドを使用することもできる。このメソッドは、predict 呼び出しを先の accuracy_score と組み合わせることで、分類器の正解率を計算する。

```
>>> print('Accuracy: %.2f' % ppn.score(X_test_std, y_test))
Accuracy: 0.93
```

本章では、テストデータセットを用いてモデルの性能を評価する。学習曲線などの図式による解析を含め、**過学習** (overfitting) の検出と防止に役立つ手法については、第５章で説明する。過学習は、モデルがトレーニングデータセットのパターンを適切に認識するものの、未知のデータに対してうまく汎化できないことを意味する。

最後に、前章で説明した plot_decision_regions 関数を使用して、トレーニングしたばかりのパーセプトロンモデルの**決定領域**をプロットし、さまざまな品種のサンプルをどの程度識別できるのかを可視化してみよう。ただし、ここでは小さな円を使ってテストデータセットのサンプルを目立たせるため、この関数に少し修正を加えることにする。

```
from matplotlib.colors import ListedColormap
import matplotlib.pyplot as plt

def plot_decision_regions(X, y, classifier, test_idx=None, resolution=0.02):

    # マーカーとカラーマップの準備
    markers = ('s', 'x', 'o', '^', 'v')
    colors = ('red', 'blue', 'lightgreen', 'gray', 'cyan')
    cmap = ListedColormap(colors[:len(np.unique(y))])

    # 決定領域のプロット
    x1_min, x1_max = X[:, 0].min() - 1, X[:, 0].max() + 1
    x2_min, x2_max = X[:, 1].min() - 1, X[:, 1].max() + 1
    # グリッドポイントの生成
    xx1, xx2 = np.meshgrid(np.arange(x1_min, x1_max, resolution),
                           np.arange(x2_min, x2_max, resolution))
    # 各特徴量を１次元配列に変換して予測を実行
    Z = classifier.predict(np.array([xx1.ravel(), xx2.ravel()]).T)
```

```
    # 予測結果を元のグリッドポイントのデータサイズに変換
    Z = Z.reshape(xx1.shape)
    # グリッドポイントの等高線のプロット
    plt.contourf(xx1, xx2, Z, alpha=0.3, cmap=cmap)
    # 軸の範囲の設定
    plt.xlim(xx1.min(), xx1.max())
    plt.ylim(xx2.min(), xx2.max())

    # クラスごとにサンプルをプロット
    for idx, cl in enumerate(np.unique(y)):
        plt.scatter(x=X[y == cl, 0], y=X[y == cl, 1],
                    alpha=0.8,
                    c=colors[idx],
                    marker=markers[idx],
                    label=cl,
                    edgecolor='black')

    # テストサンプルを目立たせる（点を○で表示）
    if test_idx:
        # すべてのサンプルをプロット
        X_test, y_test = X[test_idx, :], y[test_idx]
        plt.scatter(X_test[:, 0], X_test[:, 1],
                    c='',
                    edgecolor='black',
                    alpha=1.0,
                    linewidth=1,
                    marker='o',
                    s=100,
                    label='test set')
```

plot_decision_regions 関数を少し修正したおかげで（コードの太字部分）、目立たせたいサンプルをインデックスで指定できるようになった。この関数を使ってデータをプロットするコードは次のようになる。

```
>>> # トレーニングデータとテストデータの特徴量を行方向に結合
>>> X_combined_std = np.vstack((X_train_std, X_test_std))
>>> # トレーニングデータとテストデータのクラスラベルを結合
>>> y_combined = np.hstack((y_train, y_test))
>>> # 決定境界のプロット
>>> plot_decision_regions(X=X_combined_std, y=y_combined, classifier=ppn,
...                       test_idx=range(105,150))
>>> # 軸のラベルの設定
>>> plt.xlabel('petal length [standardized]')
>>> plt.ylabel('petal width [standardized]')
>>> # 凡例の設定（左上に配置）
>>> plt.legend(loc='upper left')
>>> # グラフを表示
>>> plt.tight_layout()
>>> plt.show()
```

結果として得られたグラフからわかるように、３つの品種を線形の決定境界で完全に区切ることはできない。

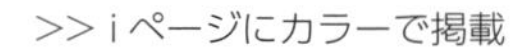

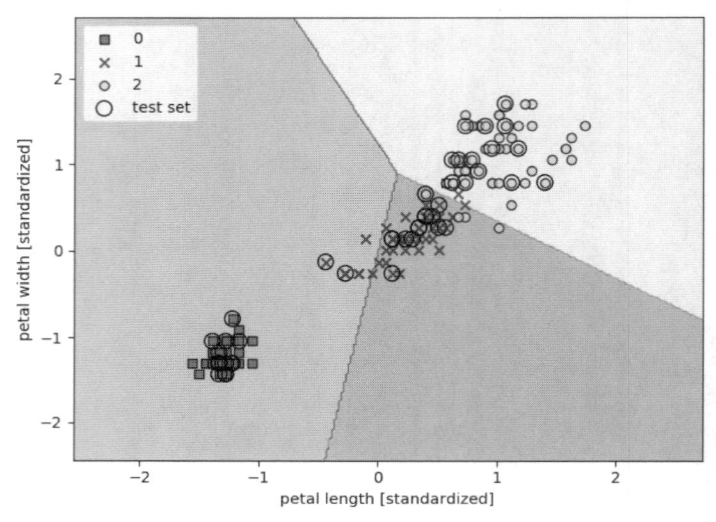

前章で述べたように、完全な線形分離が不可能なデータセットでは、パーセプトロンアルゴリズムは決して収束しない。パーセプトロンアルゴリズムが一般に実務のデータ解析で推奨されないのは、そのためである。以降の節では、クラスが完全に線形分離できない場合であってもコストの最小値に収束する、より強力な線形分類器を取り上げる。

scikit-learn の他の関数やクラスと同様に、`Perceptron` にも、説明を単純にするために省略している追加のパラメータが存在することがよくある。そうしたパラメータの詳細については、`help(Perceptron)` のように Python の `help` 関数を使用するか、scikit-learn のすばらしいオンラインドキュメントで調べてみよう。

http://scikit-learn.org/stable/

3.3 ロジスティック回帰を使ってクラスの確率を予測するモデルの構築

パーセプトロンの学習規則は、分類を目的とした機械学習のアルゴリズムを試してみる分には悪くないが、最大の問題点は、クラスを完全に線形分離できない場合は決して収束しないことである。前節の分類タスクは、そうした一例である。その理由としてすぐに思い当たるのは、エポックごとに誤分類されるサンプルが少なくとも１つあるために、重みが絶えず更新されてしまうことである。もちろん、学習率を変更してエポックの数を増やすことは可能だが、このデータセットではパーセプトロンが決して収束しないことに注意しなければならない[※3]。時間を有効に使うために、ここからは**ロジスティック回帰**（logistic regression）について見ていこう。ロジスティック回帰は線形分類問題と二値分類問題に対する単純ながらより強力なアルゴリズムであり、その名前とは裏腹に、回帰ではなく分類のためのモデルである。

3.3.1　ロジスティック回帰の直観的知識と条件付き確率

ロジスティック回帰は分類モデルであり、非常に実装しやすいものの、高い性能が発揮されるのは線形分離可能なクラスに対してのみである。ロジスティック回帰は産業界において最も広く使用されている分類のアルゴリズムの 1 つである。パーセプトロンや ADALINE と同様に、本章で取り上げるロジスティック回帰モデルは二値分類のための線形モデルでもあり、たとえば一対他（OvR）手法に基づいて多クラス分類モデルとして拡張できる。

ロジスティック回帰の概念を理解するために、まず**オッズ比**（odds ratio）から見ていこう。オッズ比は事象の起こりやすさを表すもので、$\frac{p}{(1-p)}$と書くことができる。この場合、p は正事象の確率を表す。**正事象**（positive event）は必ずしも「良い」ことを意味するわけではなく、患者に疾患がある確率など、予測したい事象を表す。正事象については、クラスラベル $y = 1$ として考えることができる。その場合は、**ロジット**（logit）関数を定義できる。この関数は単にオッズ比の対数（対数オッズ）となる。

$$\mathrm{logit}(p) = \log \frac{p}{(1-p)} \tag{3.3.1}$$

コンピュータサイエンスの慣例に従い、この場合の「対数」は自然対数を表すことに注意しよう。ロジット関数は、0 よりも大きく 1 よりも小さい範囲の入力値を受け取り、それらを実数の全範囲の値に変換する。この関数を使って、特徴量の値と対数オッズとの間の線形関係を表すことができる[※4]。

$$\mathrm{logit}\left(p\left(y=1 \mid \boldsymbol{x}\right)\right) = w_0 x_0 + w_1 x_1 + \ldots + w_m x_m = \sum_{i=0}^{m} w_i x_i = \boldsymbol{w}^T \boldsymbol{x} \tag{3.3.2}$$

ここで $p\left(y=1 \mid \boldsymbol{x}\right)$ は、特徴量 x が与えられた場合にサンプルがクラス 1 に属するという条件付き確率[※5]である。

※3　［監注］Iris データセットの「がく片の長さ」と「花びらの長さ」という 2 つの特徴量を用いた場合、品種 Setosa と Versicolor、あるいは Setosa と Virginica は線形分離可能である。しかし、Versicolor と Virginica はこれら 2 つの特徴量を用いた場合、線形分離が不可能である。

※4　［監注］前章で見たように、式 3.3.2 の w_0 は切片を表すので、$x_0 = 1$ である。

※5　［監注］条件付き確率（conditional probability）とは、条件が与えられたときに事象が生じる確率を表す。ここでは、条件として特徴量 $\boldsymbol{x}$ が与えられているときに、クラスラベルが y となる事象の条件付き確率を $p(y \mid \boldsymbol{x})$ と表記している。クラスラベルが特定の値となる場合の条件付き確率は、$p(y{=}1 \mid \boldsymbol{x})$ のようにクラスラベルの値を明示している。

ここで実際に関心があるのは、サンプルが特定のクラスに属している確率を予測することである[※6]。これはロジット関数の逆関数であり、**ロジスティックシグモイド**（logistic sigmoid）関数とも呼ばれる。その特徴的なS字形により、単に**シグモイド**（sigmoid）関数と呼ばれることもある。

$$\phi(z) = \frac{1}{1 + e^{-z}} \tag{3.3.3}$$

この場合の z は総入力である。つまり、重みとサンプルの特徴量との線形結合であり、次のように計算できる。

$$z = \boldsymbol{w}^T \boldsymbol{x} = w_0 x_0 + w_1 x_1 + \cdots + w_m x_m \tag{3.3.4}$$

前章と同様に、w_0 はバイアスユニットを表し、x_0（1 に設定される）が提供される追加の入力値である。

では、-7 以上 7 未満の範囲にある値のシグモイド関数をプロットしてみよう。

```
>>> import matplotlib.pyplot as plt
>>> import numpy as np
>>> # シグモイド関数を定義
>>> def sigmoid(z):
...     return 1.0 / (1.0 + np.exp(-z))
...
>>> # 0.1 間隔で -7 以上 7 未満のデータを生成
>>> z = np.arange(-7, 7, 0.1)
>>> # 生成したデータでシグモイド関数を実行
>>> phi_z = sigmoid(z)
>>> # 元のデータとシグモイド関数の出力をプロット
>>> plt.plot(z, phi_z)
>>> # 垂直線を追加（z=0）
>>> plt.axvline(0.0, color='k')
>>> # y 軸の上限 / 下限を設定
>>> plt.ylim(-0.1, 1.1)
>>> # 軸のラベルを設定
>>> plt.xlabel('z')
>>> plt.ylabel('$\phi (z)$')
>>> # y 軸の目盛を追加
>>> plt.yticks([0.0, 0.5, 1.0])
>>> # Axes クラスのオブジェクトの取得
>>> ax = plt.gca()
>>> # y 軸の目盛に合わせて水平グリッド線を追加
>>> ax.yaxis.grid(True)
```

※6 ［監注］ロジット関数は、サンプルが特定のクラスに所属する確率を入力とし、オッズ比の対数を出力としている。しかし、実際はサンプルがクラスに所属する確率は与えられているわけではないので、それを予測する必要があることを説明している。

```
>>> # グラフを表示
>>> plt.tight_layout()
>>> plt.show()
```

このコードを実行すると、**S字形**（シグモイド）曲線が表示される。

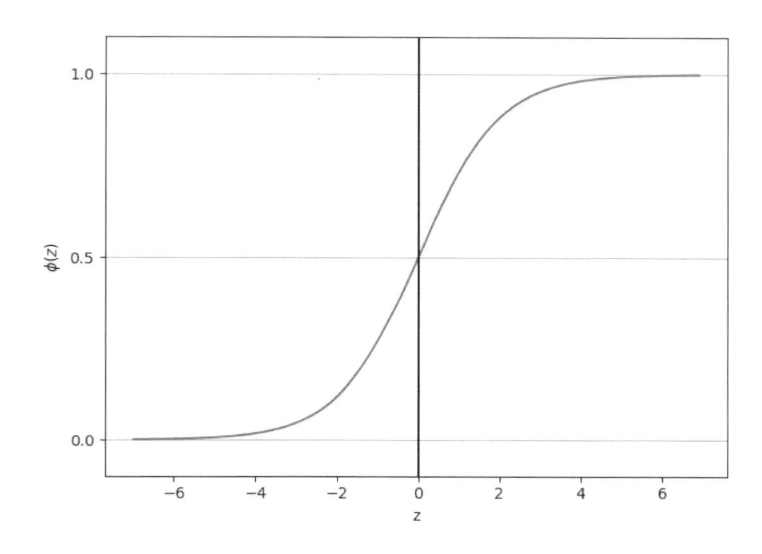

e^{-z} は z の値が大きい場合は非常に小さいため、z が無限大に向かう場合（$z \rightarrow \infty$）は $\phi(z)$ が 1 に近づくことがわかる。同様に、$z \rightarrow -\infty$ では分母が徐々に大きくなるため、$\phi(z)$ は 0 に向かう。よって、このシグモイド関数は、入力として実数値を受け取り、$\phi(z) = 0.5$ を切片として※7、それらの入力値を [0, 1] の範囲の値に変換する。

ロジスティック回帰モデルに対する直観を養うために、前章で説明した ADALINE の実装と関連付けてみよう。ADALINE の実装では、恒等関数 $\phi(z) = z$ を活性化関数として使用した。ロジスティック回帰では、先ほど定義したシグモイド関数が活性化関数になる。ADALINE とロジスティック回帰の違いを図解すると、次のようになる。

※7　［監注］$z = 0$ のとき、$\phi(0) = 0.5$ となる。

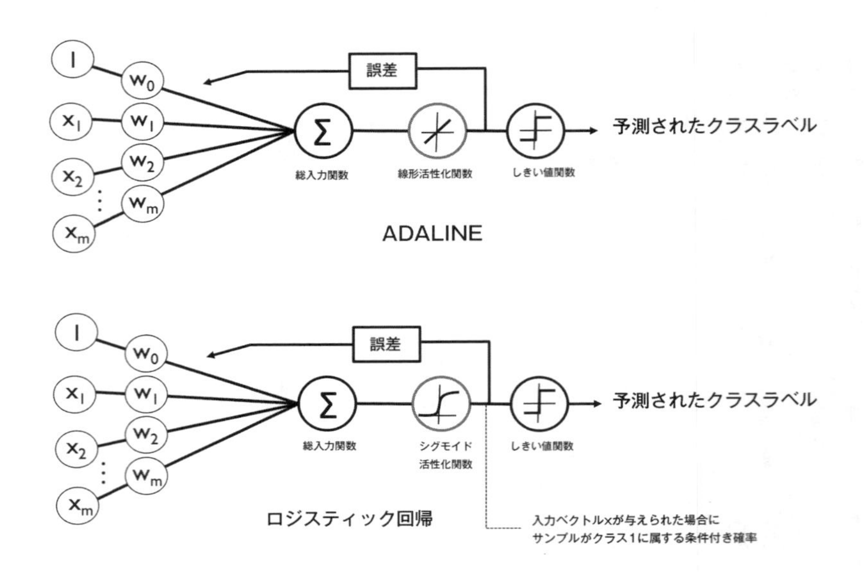

特徴量 x が重み w でパラメータ化されるとすれば、このシグモイド関数の出力は、サンプルがクラス1に属している確率 $\phi(z) = P(y = 1 \mid \boldsymbol{x}; \boldsymbol{w})$ であると解釈される※8。たとえば、あるサンプルに対して $\phi(z) = 0.8$ が算出される場合は、このサンプルが品種 Iris-Versicolor である確率が 80% であることを意味する。したがって、このサンプルが品種 Iris-Setosa である確率は、$P(y = 0 \mid \boldsymbol{x}; \boldsymbol{w}) = 1 - P(y = 1 \mid \boldsymbol{x}; \boldsymbol{w}) = 0.2$、つまり 20% として計算される ※9。あとは、しきい値関数を使用することで、予測された確率を二値の成果指標に変換すればよい。

$$\hat{y} = \begin{cases} 1 & \phi(z) \geq 0.5 \\ 0 & \phi(z) < 0.5 \end{cases} \tag{3.3.5}$$

先のシグモイド関数のグラフと照合すると、これは以下と等価であることがわかる。

$$\hat{y} = \begin{cases} 1 & z \geq 0.0 \\ 0 & z < 0.0 \end{cases} \tag{3.3.6}$$

実際のところ、多くのアプリケーションでは、予測されるクラスラベルに関心があるだけでなく、

※8 [監注] $\phi(z) = P(y{=}1 \mid \boldsymbol{x}; \boldsymbol{w})$ は、ロジスティック回帰の重み $\boldsymbol{w}$ が所与のとき、特徴量 x が与えられたという条件のもとで $y = 1$ となる条件付き確率を表している。本書のこれまでの議論では条件付き確率 $P(y{=}1 \mid \boldsymbol{x})$ を用いてきたが、ロジスティック回帰の重み $\boldsymbol{w}$ を明示するかどうかの違いがあることに注意。

※9 [監注] ここでは、Iris データセットの2つの品種 Iris-Versicolor ($y{=}1$) と Iris-Setosa ($y{=}0$) を分類する。ロジスティック回帰の重み $\boldsymbol{w}$ が所与のもとで、サンプルの特徴量 x が与えられたとき、そのサンプルは Iris-Versicolor か Iris-Setosa のいずれかに所属するので、それぞれの条件付き確率の和は1となる。すなわち、$P(y{=}1 \mid \boldsymbol{x}; \boldsymbol{w}) + P(y{=}0 \mid \boldsymbol{x}; \boldsymbol{w}) = 1$ となり、サンプルが Setosa に所属する確率は、$P(y{=}0 \mid \boldsymbol{x}; \boldsymbol{w}) = 1 - P(y{=}1 \mid \boldsymbol{x}; \boldsymbol{w})$ となる。

クラスの所属関係の確率(しきい値関数を適用する前のシグモイド関数の出力)を見積もることが特に有益となる。たとえば気象予報では、雨が降るかどうかだけでなく、降水確率も発表するためにロジスティック回帰が使用される。同様に、特定の症状に基づいて患者が疾患にかかっている確率を予測する目的でも使用できるため、ロジスティック回帰は医療分野でも広く利用されている。

3.3.2 ロジスティック関数の重みの学習

ロジスティック回帰モデルを使って確率とクラスラベルを予測する方法について説明したところで、たとえば重み$\mathbf{w}$といったモデルのパラメータを適合させる方法について簡単に説明しておこう。前章では、誤差平方和(SSE)のコスト関数を定義した。

$$J(\mathbf{w}) = \sum_{i} \frac{1}{2}\left(\phi\left(z^{(i)}\right) - y^{(i)}\right)^2 \tag{3.3.7}$$

そして、ADALINEの分類モデルの重み$\mathbf{w}$を学習するために、この関数を最小化した。ロジスティック回帰のコスト関数を導き出す方法について説明するために、データセットのサンプルが互いに独立していると仮定して[※10]、まずロジスティック回帰モデルの構築時に最大化したい尤度L(ゆうど:結果から見たところの条件のもっともらしさ)を定義する。式は次のようになる。

$$L(\mathbf{w}) = P(\mathbf{y} \mid \mathbf{x}; \mathbf{w}) = \prod_{i=1}^{n} P\left(y^{(i)} \mid x^{(i)}; \mathbf{w}\right) = \prod_{i=1}^{n} \left(\phi\left(z^{(i)}\right)\right)^{y^{(i)}} \left(1 - \phi\left(z^{(i)}\right)\right)^{1-y^{(i)}} \tag{3.3.8}$$

実際には、この式の(自然)対数を最大化するほうが簡単である[※11]。これは**対数尤度**(log-likelihood)関数と呼ばれる。

$$l(\mathbf{w}) = \log L(\mathbf{w}) = \sum_{i=1}^{n} \left[y^{(i)} \log\left(\phi\left(z^{(i)}\right)\right) + \left(1 - y^{(i)}\right) \log\left(1 - \phi\left(z^{(i)}\right)\right)\right] \tag{3.3.9}$$

まず、対数関数を適用すると、アンダーフロー(下位桁あふれ)の可能性が低下する。アンダーフローが発生する可能性があるのは、尤度が非常に小さい場合である。次に、微積分学の授業で学んだように、対数関数を適用して係数の積を係数の和に変換すると、加算を用いてこの関数を微分したもの(導関数)が簡単に得られる。

これで、勾配上昇法などの最適化アルゴリズムを用いて、この対数尤度関数を最大化できるようになった。さらに、その代わりの方法として、前章で示したような勾配降下法を用いて最小化でき

※10 [監注] サンプルの独立性は、式3.3.8の2項目と3項目を等式で結びつけるときに仮定されている。2項目のすべてのサンプルに対するクラスラベル$\mathbf{y}$の条件付き確率$P(\mathbf{y} \mid \mathbf{x}; \mathbf{w})$を3項目で、各サンプルのクラスラベルの条件付き確率$P(y^{(i)} \mid x^{(i)}; \mathbf{w})$の積により表している。

※11 [監注] 少し後で見るように、尤度$L(\mathbf{w})$を最大化する重み$\mathbf{w}$を求めるために偏微分を実行する。元々の尤度は式3.3.8の最右辺のように積で表されるために偏微分やその後に尤度を最大化する重みを求める処理が面倒である。一方で、式3.3.9の対数尤度は和の形で表されるため、偏微分やその後に尤度を最大化する重みを求める処理が比較的容易である。

るコスト関数 J として対数尤度を書き直してみよう。

$$J(\boldsymbol{w}) = \sum_{i=1}^{n} \left[-y^{(i)} \log\left(\phi\left(z^{(i)}\right)\right) - \left(1 - y^{(i)}\right) \log\left(1 - \phi\left(z^{(i)}\right)\right) \right] \tag{3.3.10}$$

このコスト関数をよく理解できるよう、サンプルが１つのトレーニングデータに対して計算されるコストを見てみよう。

$$J(\phi(z), y; \boldsymbol{w}) = -y \log(\phi(z)) - (1 - y) \log(1 - \phi(z)) \tag{3.3.11}$$

この式から、$y = 0$ であれば１つ目の項が０になり、$y = 1$ であれば２つ目の項が０になることがわかる。

$$J(\phi(z), y; \boldsymbol{w}) = \begin{cases} -\log(\phi(z)) & (y = 1) \\ -\log(1 - \phi(z)) & (y = 0) \end{cases} \tag{3.3.12}$$

$\phi(z)$ のさまざまな値に対する１つのサンプルの分類コストを具体的に示すグラフをプロットするコードは次のようになる。

```
>>> # y=1 のコストを計算する関数
>>> def cost_1(z):
...     return - np.log(sigmoid(z))
...
>>> # y=0 のコストを計算する関数
>>> def cost_0(z):
...     return - np.log(1 - sigmoid(z))
...
>>> # 0.1 間隔で -10 以上 10 未満のデータを生成
>>> z = np.arange(-10, 10, 0.1)
>>> # シグモイド関数を実行
>>> phi_z = sigmoid(z)
>>> # y=1 のコストを計算する関数を実行
>>> c1 = [cost_1(x) for x in z]
>>> # 結果をプロット
>>> plt.plot(phi_z, c1, label='J(w) if y=1')
>>> # y=0 のコストを計算する関数を実行
>>> c0 = [cost_0(x) for x in z]
>>> # 結果をプロット
>>> plt.plot(phi_z, c0, linestyle='--', label='J(w) if y=0')
>>> # x 軸と y 軸の上限 / 下限を設定
>>> plt.ylim(0.0, 5.1)
>>> plt.xlim([0, 1])
>>> # 軸のラベルを設定
>>> plt.xlabel('$\phi$(z)')
>>> plt.ylabel('J(w)')
>>> # 凡例を設定
>>> plt.legend(loc='upper center')
>>> # グラフを表示
```

```
>>> plt.tight_layout()
>>> plt.show()
```

結果として表示されたグラフは、x 軸の範囲 [0, 1] でシグモイド活性化関数を表しており、y 軸で関連するロジスティック回帰のコストを表している。シグモイド関数への入力は範囲 [–10, 10] の z 値である。

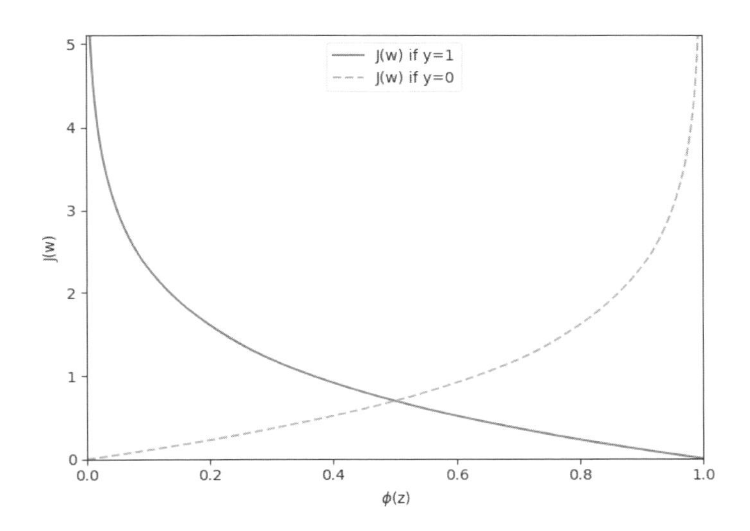

サンプルがクラス 1 に属していることを正しく予測した場合は、コストが 0 に近づくことがわかる（図の実線）。同様に、$y=0$ である（サンプルがクラス 0 に属している）ことを正しく予測した場合は、y 軸のコストも 0 に近づくことがわかる（図の点線）。ただし、予測が間違っていた場合、コストは無限大に向かう。要するに、予測を間違えたら徐々にコストを引き上げることで、ペナルティを科すわけである。

3.3.3 ADALINE 実装をロジスティック回帰のアルゴリズムに変換する

ロジスティック回帰を独自に実装する場合は、前章の ADALINE 実装のコスト関数 J を新しいコスト関数に置き換えるだけでよい。

$$J(\boldsymbol{w}) = -\sum_i \left[y^{(i)} \log\left(\phi\left(z^{(i)}\right)\right) + \left(1 - y^{(i)}\right) \log\left(1 - \phi\left(z^{(i)}\right)\right)\right] \tag{3.3.13}$$

これにより、トレーニングサンプルをすべて分類するコストがエポックごとに計算されることになる。また、線形活性化関数をシグモイド活性化関数に置き換える必要もある。さらに、しきい値関数を書き換えて、–1 と 1 の代わりにクラスラベル 0 と 1 を返すようにする必要もある。ADALINE のコードにこれら 3 つの変更を加えると、次に示すように、有効なロジスティック回帰実装が得られる。

```
class LogisticRegressionGD(object):
    """ 勾配降下法に基づくロジスティック回帰分類器

    パラメータ
    ------------
    eta : float
      学習率（0.0 より大きく 1.0 以下の値）
    n_iter : int
      トレーニングデータのトレーニング回数
    random_state : int
      重みを初期化するための乱数シード

    属性
    -----------
    w_ : 1次元配列
      適合後の重み
    cost_ : リスト
      各エポックでの誤差平方和コスト関数

    """

    def __init__(self, eta=0.05, n_iter=100, random_state=1):
        # 学習率の初期化
        self.eta = eta
        # トレーニング回数の初期化
        self.n_iter = n_iter
        # 乱数シードを固定にする random_state
        self.random_state = random_state

    def fit(self, X, y):
        """ トレーニングデータに適合させる

        パラメータ
        ----------
        X : { 配列のような構造 }, shape = [n_samples, n_features]
          トレーニングデータ
          n_samples はサンプルの個数、n_features は特徴量の個数
        y : 配列のようなデータ構造 , shape = [n_samples]
          目的変数

        戻り値
        -------
        self : object
        """

        rgen = np.random.RandomState(self.random_state)
        self.w_ = rgen.normal(loc=0.0, scale=0.01, size=1 + X.shape[1])
        self.cost_ = []

        # トレーニング回数分トレーニングデータを反復処理
        for i in range(self.n_iter):
            net_input = self.net_input(X)
```

```
            output = self.activation(net_input)
            errors = (y - output)
            self.w_[1:] += self.eta * X.T.dot(errors)
            self.w_[0] += self.eta * errors.sum()

            # 誤差平方和のコストではなくロジスティック回帰のコストを計算することに注意
            cost = -y.dot(np.log(output)) - ((1 - y).dot(np.log(1 - output)))
            # エポックごとのコストを格納
            self.cost_.append(cost)
        return self

    def net_input(self, X):
        """ 総入力を計算 """
        return np.dot(X, self.w_[1:]) + self.w_[0]

    def activation(self, z):
        """ ロジスティックシグモイド活性化関数を計算 """
        return 1. / (1. + np.exp(-np.clip(z, -250, 250)))

    def predict(self, X):
        """ 1ステップ後のクラスラベルを返す """
        return np.where(self.net_input(X) >= 0.0, 1, 0)
        # 以下に等しい:
        # return np.where(self.activation(self.net_input(X)) >= 0.5, 1, 0)
```

3

ロジスティック回帰モデルを適合させるにあたり、そのモデルがうまくいくのは二値分類タスクに限られることを覚えておく必要がある。そこで、品種としてIris-Setosa（クラス0）とIris-Versicolor（クラス1）のみを考慮することで、ロジスティック回帰の実装を確認してみることにしよう。

```
>>> X_train_01_subset = X_train[(y_train == 0) | (y_train == 1)]
>>> y_train_01_subset = y_train[(y_train == 0) | (y_train == 1)]
>>> # ロジスティック回帰のインスタンスを生成
>>> lrgd = LogisticRegressionGD(eta=0.05, n_iter=1000, random_state=1)
>>> # モデルをトレーニングデータに適合させる
>>> lrgd.fit(X_train_01_subset, y_train_01_subset)
>>> # 決定領域をプロット
>>> plot_decision_regions(X=X_train_01_subset,
...                       y=y_train_01_subset,
...                       classifier=lrgd)
>>> # 軸のラベルを設定
>>> plt.xlabel('petal length [standardized]')
>>> plt.ylabel('petal width [standardized]')
>>> # 凡例を設定（左上に配置）
>>> plt.legend(loc='upper left')
>>> # グラフを表示
>>> plt.tight_layout()
>>> plt.show()
```

結果として次のような決定領域がプロットされる。

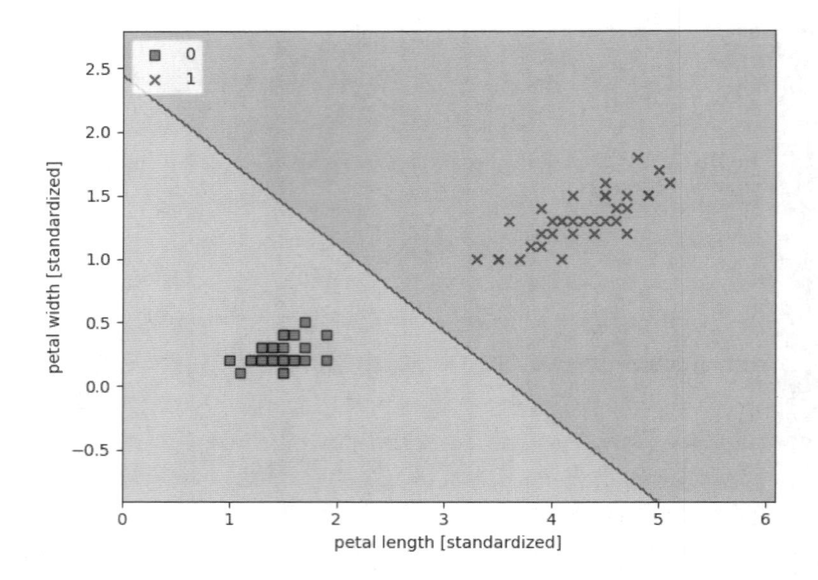

ロジスティック回帰での勾配降下法に基づく学習アルゴリズム

微積分学を使用すれば、勾配降下法に基づくロジスティック回帰での重みの更新が、前章のADALINE で使用した式と同等であることを証明できる。ただし、次に示す勾配降下法の学習規則の導出は、ロジスティック回帰での勾配降下法の学習規則のもとになっている数学的概念に興味がある読者を対象としたものであり、本章の残りの部分を読み進めるために不可欠なものではない。

まず、j 番目の重みに関して対数尤度関数を偏微分したもの（偏導関数）を計算する。

$$\frac{\partial}{\partial w_j} l(\boldsymbol{w}) = \left(y \frac{1}{\phi(z)} - (1-y) \frac{1}{1-\phi(z)} \right) \frac{\partial}{\partial w_j} \phi(z) \tag{3.3.14}$$

先へ進む前に、シグモイド関数の偏導関数も計算してみよう。

$$\begin{aligned} \frac{\partial}{\partial z} \phi(z) &= \frac{\partial}{\partial z} \frac{1}{1+e^{-z}} = \frac{1}{(1+e^{-z})^2} e^{-z} = \frac{1}{1+e^{-z}} \left(1 - \frac{1}{1+e^{-z}} \right) \\ &= \phi(z)\left(1-\phi(z)\right) \end{aligned} \tag{3.3.15}$$

最初の式 3.3.14 に対して、式 3.3.15 で得られた$\frac{\partial}{\partial z} \phi(z) = \phi(z)(1-\phi(z))$ を用いて置換すると、次のようになる ※12。

※12 ［監注］式 3.3.15 で得られた $\partial \phi(z)/\partial z = \phi(z)(1-\phi(z))$ は式 3.3.14 の右辺に直接代入できない。ここでは、偏微分の連鎖律 $\partial \phi(z)/\partial w_j = \partial \phi(z)/\partial z \ \partial z/\partial w_j$ を用いて、この式の右辺に $\partial \phi(z)/\partial z = \phi(z)(1-\phi(z))$ を代入することにより、$\partial \phi(z)/\partial w_j = \phi(z)(1-\phi(z)) \ \partial z/\partial w_j$ を得ている。

$$\begin{aligned}
&\left(y\frac{1}{\phi(z)} - (1-y)\frac{1}{1-\phi(z)}\right)\frac{\partial}{\partial w_j}\phi(z) \\
&= \left(y\frac{1}{\phi(z)} - (1-y)\frac{1}{1-\phi(z)}\right)\phi(z)\left(1-\phi(z)\right)\frac{\partial}{\partial w_j}z \\
&= \left(y\left(1-\phi(z)\right) - (1-y)\phi(z)\right)x_j \\
&= \left(y-\phi(z)\right)x_j
\end{aligned} \tag{3.3.16}$$

重みごとに更新を行うために、対数尤度を最大化する重みを見つけ出すことが目的であることを思い出そう。

$$w_j := w_j + \eta\sum_{i=1}^{n}\left(y^{(i)} - \phi\left(z^{(i)}\right)\right)x_j^{(i)} \tag{3.3.17}$$

すべての重みを同時に更新するため、更新の一般規則を次のように記述できる。

$$\boldsymbol{w} := \boldsymbol{w} + \Delta\boldsymbol{w} \tag{3.3.18}$$

重みの更新量 $\Delta\boldsymbol{w}$ は次のように定義する[※13]。

$$\Delta\boldsymbol{w} = \eta\nabla l(\boldsymbol{w}) \tag{3.3.19}$$

対数尤度の最大化は、先に定義したコスト関数 J を最小化することに等しい。このため、勾配降下法の更新規則は次のように記述できる。

$$\begin{gathered}
\Delta w_j := -\eta\frac{\partial J}{\partial w_j} = \eta\sum_{i=1}^{n}\left(y^{(i)} - \phi\left(z^{(i)}\right)\right)x_j^{(i)} \\
\boldsymbol{w} := \boldsymbol{w} + \Delta\boldsymbol{w}, \Delta\boldsymbol{w} = -\eta\nabla J(\boldsymbol{w})
\end{gathered} \tag{3.3.20}$$

これは前章の ADALINE の勾配降下法の規則に相当する。

3.3.4 scikit-learn を使ったロジスティック回帰モデルのトレーニング

ADALINE とロジスティック回帰の概念的な違いを理解するのに役立つ有益なコーディングと数学演習を行ったところで、scikit-learn を使ってより最適なロジスティック回帰を実装する方法について見てみよう。この実装では、多クラス分類の設定も標準でサポートされている（デフォルト

※13 ［監注］式 3.3.19 の右辺に現れる $\nabla l(\boldsymbol{w})$ は、対数尤度 $l(\boldsymbol{w})$ を重み $\boldsymbol{w}$ の各成分で偏微分して得られるベクトルを表しており、$l(\boldsymbol{w})$ の重み $\boldsymbol{w}$ に関する勾配（gradient）と呼ばれる。偏微分を表す記号 ∇ は「ナブラ」（nabla）と呼ばれる。

では OvR)。次のコードは、sklearn.linear_model.LogisticRegression クラスとおなじみの fit メソッドを使用して、3 つのクラスに分類できる標準化されたトレーニングデータセットにより、モデルのトレーニングを行う ※14。

```
>>> from sklearn.linear_model import LogisticRegression
>>> # ロジスティック回帰のインスタンスを生成
>>> lr = LogisticRegression(C=100.0, random_state=1)
>>> # トレーニングデータをモデルに適合させる
>>> lr.fit(X_train_std, y_train)
>>> # 決定境界をプロット
>>> plot_decision_regions(X_combined_std, y_combined, classifier=lr,
...                       test_idx=range(105,150))
>>> # 軸のラベルを設定
>>> plt.xlabel('petal length [standardized]')
>>> plt.ylabel('petal width [standardized]')
>>> # 凡例を設定(左上に配置)
>>> plt.legend(loc='upper left')
>>> # グラフを表示
>>> plt.tight_layout()
>>> plt.show()
```

トレーニングデータにモデルを適合させたら、決定領域、トレーニングサンプル、テストサンプルをプロットする。

>> ii ページにカラーで掲載

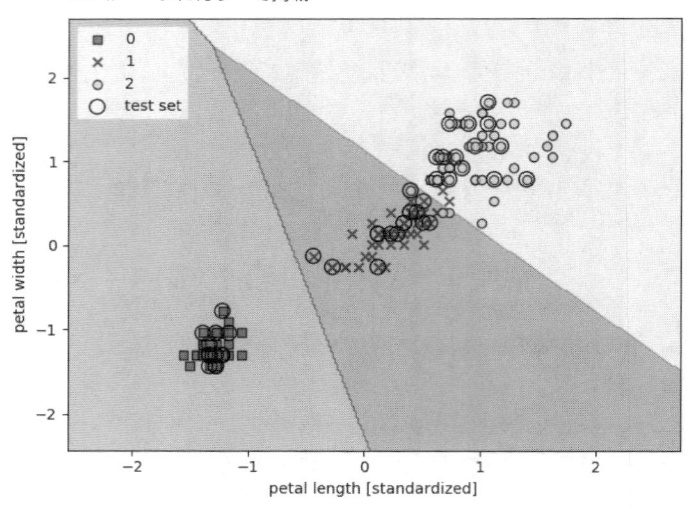

※14 [監注] ソースコードの 5 行目で現れるオブジェクト X_train_std、y_train、7 行目に現れる X_combined_std、y_combined はいずれも 3.2 節で作成している。X_train_std は特徴量の各列を標準化したもの、y_train はトレーニング用に分割したクラスラベルであり、3.2 節の最初のほうのソースコードで作成している。X_combined_std、y_combined はそれぞれ、トレーニングデータとテストデータを連結した特徴量、クラスラベルであり、3.2 節の最後のソースコードで作成している。

LogisticRegressionクラスのモデルのトレーニングに使用したコード（上記コードの3行目）を見て、「この謎のパラメータCは何か」と思っているかもしれない。このパラメータについてはすぐに説明するが、まず、過学習と正則化の概念を次項で簡単に説明する。だがその前に、クラスの所属関係の確率についての説明を完了させよう。

トレーニングサンプルが特定のクラスに属する確率は、predict_probaメソッドを使って計算できる。たとえば、テストセットの最初の3つのサンプルの確率は次のように予測できる。

```
>>> lr.predict_proba(X_test_std[:3,:])
```

これにより、次の配列が返される。

```
array([[ 3.20136878e-08,   1.46953648e-01,   8.53046320e-01],
       [ 8.34428069e-01,   1.65571931e-01,   4.57896429e-12],
       [ 8.49182775e-01,   1.50817225e-01,   4.65678779e-13]])
```

1行目は、1つ目のサンプルに関するクラスの所属確率を表しており、2行目は、2つ目のサンプルに関するクラスの所属確率を表している。予想したとおり、これらの列を合計すると1になることがわかる（この点を確認したい場合は、lr.predict_proba(X_test_std[:3, :]).sum(axis=1))を実行すればよい）。1行目において最も大きい値は約0.853であり、1つ目のサンプルがクラス3（Iris-Virginica）に属している確率をこのモデルが85.3%と予測したことを意味する。すでに気づいているかもしれないが、クラスラベルの予測値を取得するには、各行において最も大きい列を特定すればよい。これには、たとえばNumPyのargmax関数を使用できる。

```
>>> lr.predict_proba(X_test_std[:3, :]).argmax(axis=1)
```

返されたクラスラベルは次のようになる（これらは順にIris-Setosa、Iris-Versicolor、Iris-Virginicaに対応している）。

```
array([2, 0, 0])
```

この条件付き確率からのクラスラベルの取得は、当然ながら、predictメソッドの直接呼び出しを単に手作業で行ったものである。これはすぐに検証できる。

```
>>> lr.predict(X_test_std[:3, :])
array([2, 0, 0])
```

最後に、単一のサンプルのクラスラベルを予測したい場合に注意しなければならない点が 1 つある。それは、scikit-learn がデータ入力として 2 次元配列を期待することである。このため、最初に 1 行のデータを 2 次元のデータ配列に変換する必要がある。1 行のデータを 2 次元配列に変換する方法の 1 つは、NumPy の reshape メソッドを使って新しい次元を追加することである。

```
>>> lr.predict(X_test_std[0, :].reshape(1, -1))
array([2])
```

3.3.5 正則化による過学習への対処

過学習は、機械学習ではよく見られる問題である。過学習は、トレーニングデータセットではうまく機能するモデルが、未知のデータ（テストデータセット）ではうまく汎化されないという問題だ。過学習が発生しているモデルは、「バリアンスが高い」（high variance）とも表現される。その原因として、パラメータの数が多すぎるために、データに対してモデルが複雑すぎることが考えられる。同様に、モデルは**学習不足**（underfitting）に陥ることもある。つまり、トレーニングデータセットのパターンをうまく捕捉するにはモデルの複雑さが十分ではなく、未知のデータに対する性能が低いことを意味する。このようなモデルは「バイアスが高い」（high bias）とも呼ばれる。

本書ではここまで線形分類モデルだけを取り上げてきたが、過学習と学習不足の問題を最もうまく説明できるのは、次に示すような、より複雑な非線形の決定境界を使用した場合である。

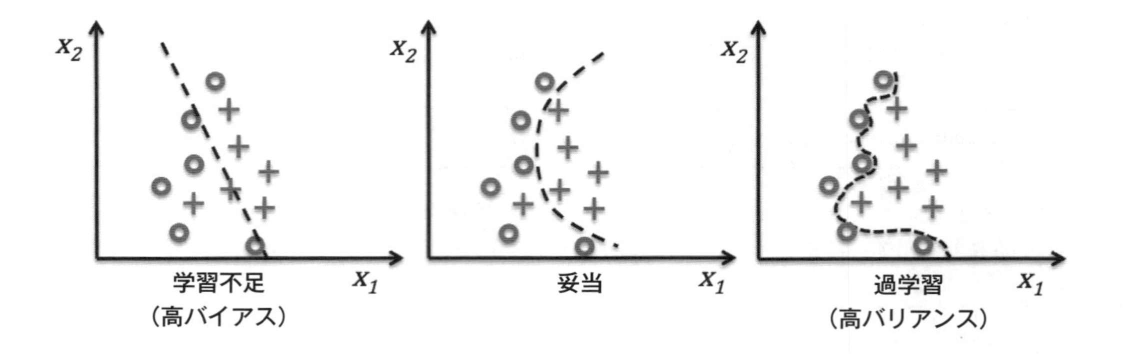

バリアンスとは、モデルのトレーニングを（たとえばトレーニングデータセットのさまざまなサブセットで）繰り返した場合に、モデルの予測の一貫性（またはその逆でばらつき）を計測するものである※15。バリアンスが高い場合は、モデルがトレーニングデータのランダム性に対して敏感であると表現できる。対照的に、バイアスとは、モデルを異なるトレーニングデータセットで何度か構築した場合に、予測が正しい値からどの程度外れているかを計測するものである※16。バイアスはランダム性によるものではなく、系統誤差（systematic error）の計測値である※17。

バイアスとバリアンスのトレードオフ※18を探る方法の1つとして、正則化に基づいてモデルの複雑さを調整することが挙げられる。正則化は**共線性**（collinearity）を処理する非常に便利な手法であり、データからノイズを取り除き、最終的に過学習を防ぐ。共線性とは、特徴量の間の相関の高さのことである。正則化の背景にある考え方は、極端なパラメータの重みにペナルティを科すため

※15　［監注］バリアンスが高いことは、トレーニングデータセットの選び方によって、予測結果がばらついてしまう状況を表している。そのため、バリアンスが高い状況ではトレーニングデータセットの選び方のランダム性に対して敏感である。

※16　［監注］バイアスは、異なるトレーニングデータセットを用いて構築した複数のモデルによる予測値の平均が、真の値からどの程度離れているかを定量化する指標である。

※17　［監注］測定の際に生じる誤差は、系統誤差と偶然誤差の2つに大別される。系統誤差は、同じ方法を用いて測定すると「真の値」に対して系統的にずれて測定される誤差である。一方で、測定のたびにばらつく誤差を偶然誤差と呼ぶ。

※18　［監注］バイアスとバリアンスのトレードオフは、モデルの複雑さに関して生じるトレードオフの関係である。一般に、モデルの汎化誤差は次式のように分解される。

$$\text{モデルの汎化誤差} = (\text{バイアス})^2 + \text{バリアンス} + \text{ノイズ}$$

バイアスは、コラムでも説明されているように、トレーニングデータセットを変えてモデルを構築したとき、予測値の平均が真の値からどの程度離れているかを定量化する。バイアスが小さいほど平均的な意味で真の値に近く、バイアスが大きいほど平均的な意味で真の値から遠くなる。バリアンスは、トレーニングデータセットを変えて複数のモデルを構築したとき、予測値についてその平均のまわりでのばらつきの期待値になる。バリアンスが小さいほど予測値はばらつかず、バリアンスが大きいほど予測値がばらつく。理想的には、バイアスもバリアンスも小さくなるようにモデルを構築することが望ましいが、バイアスを小さくすればバリアンスが大きくなり、逆にバリアンスを小さくすればバイアスが大きくなるというトレードオフの関係にあることが知られている。このような関係は「バイアスとバリアンスのトレードオフ」（bias-variance trade-off）と呼ばれる。バイアスとバリアンスのトレードオフを直観的に理解するために、ダーツの例がしばしば用いられる。ダーツの的の中央が真の値を表しているとする。トレーニングに使用するデータセットを変えて複数個のモデルを構築し、予測を行うと、予測値はばらつくだろう。ダーツの例に置き換えると、何本か投げた矢の位置（予測値）はそれぞれ別々の場所になるだろう。バイアスが低いことはこれらの矢の中心が的の中央に近いことを表している。また、バリアンスが低いことはダーツの矢が互いに近い位置に刺さっていることを表している。この場合、バイアスとバリアンスのトレードオフは、矢が互いに近い位置を保ったまま、的の中央に近づけることの両立が不可能であることと例えることができる。単純なモデルを用いた場合はバイアスが大きく、バリアンスが小さくなる（学習不足に陥りやすい）。一方で、複雑なモデルを用いた場合はバイアスが小さく、バリアンスが大きくなる（過学習になりやすい、つまりトレーニングデータセットの傾向を過度に学習しやすい）。これらの関係については、6.3節で具体的なデータを用いて詳しく説明されている。
バイアスとバリアンスのトレードオフの詳細については、以下を参照。
『パターン認識と機械学習　上』（丸善出版、2012年、3.2節）
『統計的学習の基礎』（共立出版、2014年、2.9節）
また、以下の論文では二値分類も含む統一的な視点からバイアスとバリアンスのトレードオフについて説明している。
Pedro Domingos, *A Unified Bias-Variance Decomposition.* Proceedings of the Seventeenth National Conference on Artificial Intelligence (pp. 564-569), 2000. Austin, TX: AAAI Press.

の追加情報（バイアス）を導入するというものである。最も一般的な正則化は、いわゆる **L2 正則化**（L2 regularization）であり、次のように記述できる。L2 正則化は「L2 縮小推定」（L2 Shrinkage）または「荷重減衰」（weight decay）とも呼ばれる ※19。

$$\frac{\lambda}{2}\|\boldsymbol{w}\|^2 = \frac{\lambda}{2}\sum_{j=1}^{m} w_j^2 \tag{3.3.21}$$

この場合、λ はいわゆる正則化パラメータ（regularization parameter）である。

標準化などの特徴量のスケーリングが重要とされるもう 1 つの理由として、正則化がある。正則化を正常に機能させるには、すべての特徴量が比較可能な尺度になるようにする必要がある。

正則化を適用するには、ロジスティック回帰で定義したコスト関数に対して、重みを小さくするための正則化の項を追加すればよい。

$$J(\boldsymbol{w}) = \sum_{i=1}^{n}\left[-y^{(i)}\log\left(\phi\left(z^{(i)}\right)\right) - \left(1-y^{(i)}\right)\log\left(1-\phi\left(z^{(i)}\right)\right)\right] + \frac{\lambda}{2}\|\boldsymbol{w}\|^2 \tag{3.3.22}$$

正則化パラメータ λ を使用することで、重みを小さく保ちながらトレーニングデータセットをどの程度適合させるのかを制御できる。正則化の強さを高めるには、λ の値を大きくする。

scikit-learn の `LogisticRegression` クラスに実装されているパラメータ `C` は、サポートベクトルマシンの慣例に由来する。これについては次節で説明する。`C` は正則化パラメータ λ に直接関連しており、その逆数である。

$$C = \frac{1}{\lambda} \tag{3.3.23}$$

したがって、ロジスティック回帰の正則化されたコスト関数は次のように記述できる。

$$J(\boldsymbol{w}) = C\sum_{i=1}^{n}\left[-y^{(i)}\log\left(\phi\left(z^{(i)}\right)\right) - \left(1-y^{(i)}\right)\log\left(1-\phi\left(z^{(i)}\right)\right)\right] + \frac{1}{2}\|\boldsymbol{w}\|^2 \tag{3.3.24}$$

したがって、逆正則化パラメータ `C`（正則化パラメータ λ の逆数）の値を減らすことは、正則化の強さを高めることを意味する。正則化の強さを可視化するには、2 つの重み係数と逆正則化パラメータとの関係をプロットすればよい。

※19 ［監注］式 3.3.21 の右辺において、切片を表す w_0 が考慮されていないことに気づいたかもしれない。w_0 は目的変数の原点の選び方に依存しているため、正則化から外すことがある。正則化に含める場合も、正則化係数を掛けて対処することもある。

```
>>> # 空のリストを生成（重み係数、逆正則化パラメータ）
>>> weights, params = [], []
>>> # 10 個の逆正則化パラメータに対応するロジスティック回帰モデルをそれぞれ処理
>>> for c in np.arange(-5, 5):
...     lr = LogisticRegression(C=10.**c, random_state=1)
...     lr.fit(X_train_std, y_train)
...     # 重み係数を格納
...     weights.append(lr.coef_[1])
...     # 逆正則化パラメータを格納
...     params.append(10.**c)
...
>>> # 重み係数を NumPy 配列に変換
>>> weights = np.array(weights)
>>> # 横軸に逆正則化パラメータ、縦軸に重み係数をプロット
>>> plt.plot(params, weights[:, 0], label='petal length')
>>> plt.plot(params, weights[:, 1], linestyle='--', label='petal width')
>>> plt.ylabel('weight coefficient')
>>> plt.xlabel('C')
>>> plt.legend(loc='upper left')
>>> # 横軸を対数スケールに設定
>>> plt.xscale('log')
>>> plt.show()
```

このコードを実行することで、10 個の逆正則化パラメータ C に基づくロジスティック回帰モデルをトレーニングデータに適合させている。また、ここでは説明のために、クラス 1（データセットの 2 つ目のクラス Iris-Versicolor）とその他のクラスを分類する分類器の重み係数を集めたにすぎない。多クラス分類では一対他（OvR）手法を使用することを思い出そう。

結果として得られたグラフからわかるように、パラメータ C が減少し、正則化の強さが増すと、重み係数が 0 に近づいていく。

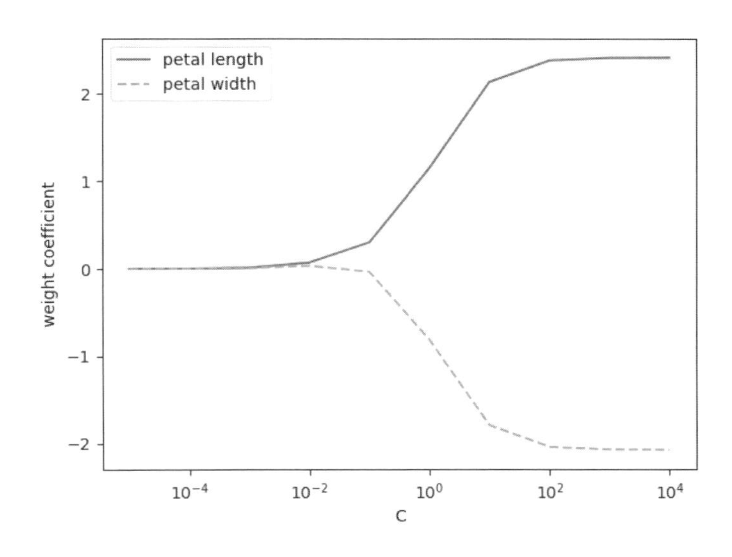

個々の分類アルゴリズムの詳細は本書の範囲を超えている。ロジスティック回帰についてさらに詳しく知りたい場合は、Scott Menard 著、『Logistic Regression: From Introductory to Advanced Concepts and Applications』(Sage Publications、2009 年) をお勧めする[※20]。

3.4 サポートベクトルマシンによる最大マージン分類

サポートベクトルマシン(Support Vector Machine：SVM)は広く利用されている強力な学習アルゴリズムの 1 つであり、パーセプトロンの拡張と見なすことができる。前章では、パーセプトロンのアルゴリズムを使って誤分類率を最小化した。これに対し、SVM での最適化の目的は、**マージン**(margin)を最大化することである。マージンは、超平面(決定境界)と、この超平面に最も近いトレーニングサンプルとの間の距離として定義される。超平面に最も近いトレーニングサンプルは**サポートベクトル**(support vector)と呼ばれる。これを図解すると次のようになる[※21]。

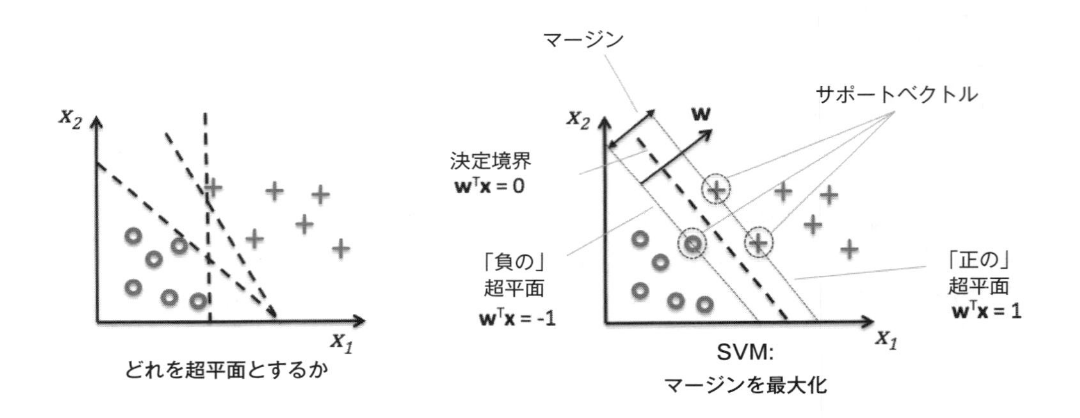

3.4.1 最大マージンを直観的に理解する

決定境界のマージンを大きくする理論的根拠は、汎化誤差が小さくなる傾向にあることだ。これに対し、マージンの小さいモデルは過学習に陥りがちである。マージンの最大化を直観的に理解するために、決定境界に沿った**正**(positive)と**負**(negative)の超平面をもう少し詳しく見てみよう。これらの超平面は次のように表すことができる。

$$w_0 + \boldsymbol{w}^T \boldsymbol{x}_{pos} = 1 \tag{3.4.1}$$

※20 ［監注］和書では、『一般化線形モデル入門　原著第 2 版』(共立出版、2008 年) などがある。

※21 ［監注］図の左側では 2 つのクラス (○、+) を識別する超平面は無数に考えられ、1 つに決定できないことを示している。図の右側では、2 つのクラスのサポートベクトル間の距離 (マージン) を最大化する条件を課すことにより、超平面を一意に決定できることを説明している。

$$w_0 + \boldsymbol{w}^T \boldsymbol{x}_{neg} = -1 \tag{3.4.2}$$

2つの線形方程式3.4.1と3.4.2で引き算すると、次のようになる。

$$\Rightarrow \boldsymbol{w}^T (\boldsymbol{x}_{pos} - \boldsymbol{x}_{neg}) = 2 \tag{3.4.3}$$

ここでベクトルの長さを定義して、式3.4.3を標準化する。ベクトルの長さは、次のように定義する。

$$\| \boldsymbol{w} \| = \sqrt{\sum_{j=1}^{m} w_j^2} \tag{3.4.4}$$

式3.4.3と3.4.4から次の式が得られる。

$$\frac{\boldsymbol{w}^T (\boldsymbol{x}_{pos} - \boldsymbol{x}_{neg})}{\| \boldsymbol{w} \|} = \frac{2}{\| \boldsymbol{w} \|} \tag{3.4.5}$$

この式の左辺は、正の超平面と負の超平面の距離であると解釈できる —— いわゆる最大化したいマージンである。

サンプルが正しく分類されているという制約のもとでSVMの目的関数を最大化する問題は、$\frac{2}{||w||}$の最大化、すなわちマージンを最大化する問題に帰着する。

$$\begin{gathered} w_0 + \boldsymbol{w}^T \boldsymbol{x}^{(i)} \geq 1 \quad (y^{(i)} = 1) \\ w_0 + \boldsymbol{w}^T \boldsymbol{x}^{(i)} \leq -1 \quad (y^{(i)} = -1) \\ i = 1 \dots N \end{gathered} \tag{3.4.6}$$

ここで、Nはデータセットのサンプルの個数を表す。

これら2つの式は、基本的には、負のサンプルはすべて負の超平面の側にあり、正のサンプルはすべて正の超平面の後ろに収まることを示している。これをもう少し簡潔に書くと、次のようになる[※22]。

$$y^{(i)} \left(w_0 + \boldsymbol{w}^T \boldsymbol{x}^{(i)} \right) \geq 1 \ \forall_i \tag{3.4.7}$$

だが実際には、$\frac{2}{||w||}$を最大化するのではなく、逆数をとって2乗した$\frac{1}{2} ||\boldsymbol{w}||^2$を最小化するほうが簡単である。これは二次計画法により解くことができる。ただし、二次計画法の詳細は本書の範囲を超えている。サポートベクトルマシン（SVM）の詳細については、Vladimir Vapnik 著、『The Nature of Statistical Learning Theory』（Springer Science & Business Media）が参考になる。また、

※22　［監注］式3.4.7に現れる∀は全称記号であり、ここではすべてのサンプルのインデックスiに対して$y^{(i)}(w_0 + \boldsymbol{w}^T x^{(i)}) \geqq 1$が成り立つことを表している。

Christopher J.C. Burges の論文 ※23 にすばらしい説明がある ※24。

3.4.2 スラック変数を使った線形分離不可能なケースへの対処

最大マージン分類の背景にあるさらに入り組んだ数学的概念を掘り下げることは考えていないが、スラック変数 ξ について簡単に説明しておこう。これは 1995 年に Vladimir Vapnik によって発表されたもので、いわゆる**ソフトマージン分類**（soft-margin classification）へとつながった。スラック変数 ξ が導入されたのは、線形分離不可能なデータのために線形制約を緩和する必要があったからだ。スラック変数の導入により、適切なコストペナルティを科した上で、誤分類が存在する状態のまま最適化問題を収束させることが可能になった。

正値のスラック変数は線形制約の式 3.4.6 にそのまま追加される。

$$
\begin{aligned}
w_0 + \boldsymbol{w}^T \boldsymbol{x}^{(i)} &\geq 1 - \xi^{(i)} \qquad (y^{(i)} = 1) \\
w_0 + \boldsymbol{w}^T \boldsymbol{x}^{(i)} &\leq -1 + \xi^{(i)} \qquad (y^{(i)} = -1) \\
i &= 1 \ldots N
\end{aligned}
\tag{3.4.8}
$$

ここで、N はデータセットのサンプルの個数を表す。したがって、最小化すべき新しい対象（先の制約の対象）は次のようになる ※25。

$$
\frac{1}{2} \| \boldsymbol{w} \|^2 + C \left(\sum_i \xi^{(i)} \right) \tag{3.4.9}
$$

あとは、変数 C を使って誤分類のペナルティを制御すればよい。C の値が大きい場合は誤分類のペナルティが大きいことを意味し、C の値が小さい場合は誤分類に対してより寛大であることを意味する。これにより、パラメータ C を使ってマージンの幅を制御できるようになる。よって、次の図に示すように、バイアスとバリアンスのトレードオフを調整できる。

※23 Burges, Christopher J. C., *A Tutorial on Support Vector Machines for Pattern Recognition*. Data Mining and Knowledge Discovery, 2(2):121-167, 1998, http://research.microsoft.com/pubs/67119/svmtutorial.pdf

※24 ［監注］和書では、『サポートベクトルマシン』（講談社、2015 年）などが詳しい。

※25 ［監注］式 3.4.8 では、$\xi^{(i)}$ は i 番目のサンプルに対して線形制約を緩和するために導入されている。誤分類が生じるときは $\xi^{(i)} > 1$ となることから、すべてのサンプルに対するスラック変数の合計 $\Sigma_i \xi^{(i)}$ がある整数 K 以下ならば、誤分類したサンプルも K 個以下であることが示せる。したがって、$\Sigma_i \xi^{(i)}$ は誤分類の程度を表していると考えられ、コストに追加している。

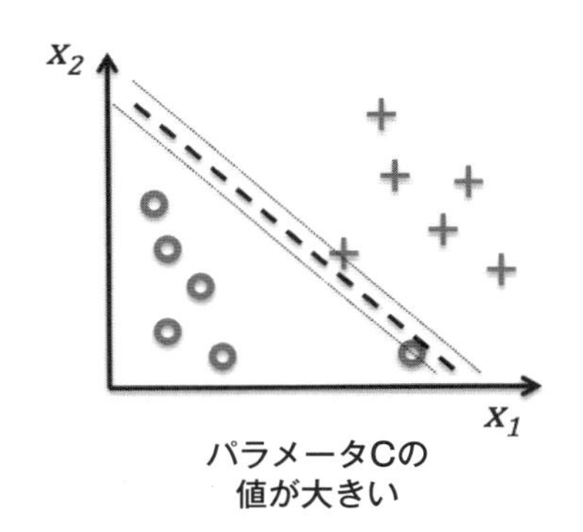

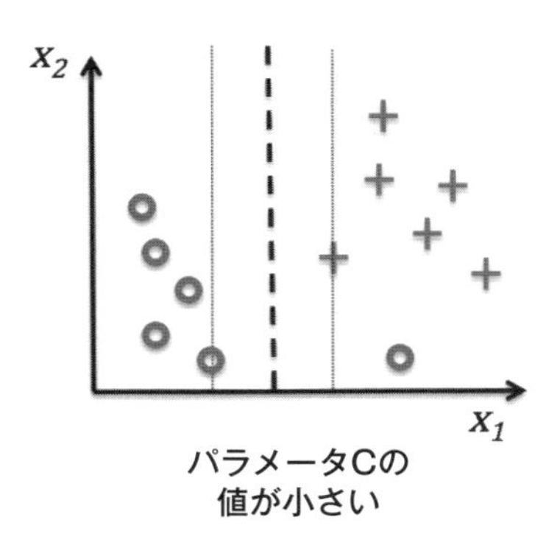

この概念は正則化に関連している。「3.3.5　正則化による過学習への対処」の正則化回帰の例ですでに説明したように、λの値が大きくなるとモデルのバイアスが高くなり、バリアンスが低くなる※26。

線形SVMの基本概念を理解したところで、SVMモデルのトレーニングを行ってIrisデータセットの品種を分類してみよう。

```
>>> from sklearn.svm import SVC
>>> # 線形SVMのインスタンスを生成
>>> svm = SVC(kernel='linear', C=1.0, random_state=1)
>>> # 線形SVMのモデルにトレーニングデータを適合させる
>>> svm.fit(X_train_std, y_train)
>>> plot_decision_regions(X_combined_std, y_combined, classifier=svm,
...                       test_idx=range(105,150))
>>> plt.xlabel('petal length [standardized]')
>>> plt.ylabel('petal width [standardized]')
>>> plt.legend(loc='upper left')
>>> plt.tight_layout()
>>> plt.show()
```

このサンプルコードを実行すると、Irisデータセットで分類器がトレーニングされた後、SVMの3つの決定領域が次のように可視化される。

※26　[監注] 本文中でも説明されているように、パラメータCの値が大きいほど誤分類を許容しないため、トレーニングデータを変えて学習し予測しても、その結果の平均は真のクラスラベルに近くなるため、バイアスは低くなる。しかし、逆に予測値はばらつくためにバリアンスは高くなる。一方で、Cの値を小さくするほど誤分類を許容するようになるため、バイアスが高くバリアンスが低くなる。

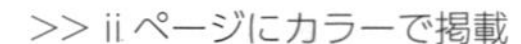

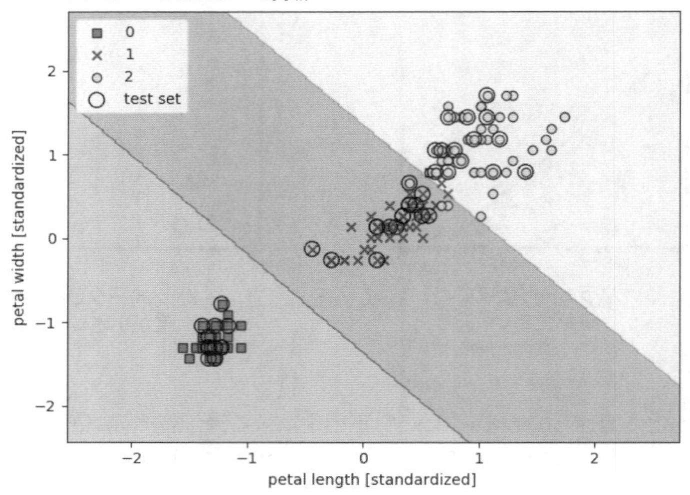

ロジスティック回帰と SVM

実際の分類タスクでは、線形ロジスティック回帰と線形SVMの結果は非常によく似たものになることが多い。「3.3 ロジスティック回帰を使ってクラスの確率を予測するモデルの構築」で示したように、ロジスティック回帰はトレーニングデータセットの条件付き尤度を最大化しようとする。そのため、SVMよりも外れ値の影響を受けやすくなる。SVMの主たる関心は決定境界に最も近い点にある。一方で、ロジスティック回帰には、より実装しやすく、より単純なモデルであるという利点がある。さらに、ロジスティック回帰モデルは簡単に更新できるため、ストリーミングデータ※27を扱うときに魅力的である※28。

3.4.3 scikit-learn での代替実装

ここまでの節で使用してきた scikit-learn の `Perceptron` クラスと `LogisticRegression` クラスは LIBLINEAR ライブラリ※29を利用している。LIBLINEAR は非常に最適化された C/C++ ライブラリであり、国立台湾大学で開発された。同様に、SVM のトレーニングに使用した `SVC` クラスは LIBSVM ライブラリ※30を利用している。LIBSVM は SVM に特化した同様のライブラリである。

Python のネイティブ実装の代わりに LIBLINEAR と LIBSVM を使用する利点は、大量の線形分類器のトレーニングを非常に高速に行えることである。ただし、データセットが大きすぎてコン

※27 ［監注］ストリーミングデータとは、時々刻々と流れてくるデータのことを指す。

※28 ［監注］3.3 節で見たように、ロジスティック回帰は式 3.3.20 を用いて重み $\boldsymbol{w}$ を更新する。

※29 http://www.csie.ntu.edu.tw/~cjlin/liblinear/

※30 http://www.csie.ntu.edu.tw/~cjlin/libsvm/

ピュータのメモリに収まらないことがある。このため、scikit-learnはSGDClassifierクラスにより代替実装も提供している。このクラスはpartial_fitメソッドによりオンライン学習[※31]もサポートしている。SGDClassifierクラスの背景にある概念は、前章でADALINEのために実装した確率的勾配降下法アルゴリズムに似ている。確率的勾配降下法バージョンのパーセプトロン、ロジスティック回帰、SVMは、次に示すように、SGDClassifierクラスのデフォルトパラメータで初期化することもできる。


```
>>> from sklearn.linear_model import SGDClassifier
>>> # 確率的勾配降下法バージョンのパーセプトロンを生成
>>> ppn = SGDClassifier(loss='perceptron')
>>> # 確率的勾配降下法バージョンのロジスティック回帰を生成
>>> lr = SGDClassifier(loss='log')
>>> # 確率的勾配降下法バージョンのSVM（損失関数＝ヒンジ関数）を生成
>>> svm = SGDClassifier(loss='hinge')
```

3.5 カーネルSVMを使った非線形問題の求解

機械学習の実務家の間でSVMが高い人気を誇るもう1つの理由は、非線形分類の問題を解くために「カーネル化」するのが容易であることだ。**カーネルSVM**（kernel SVM）の背後にある主な概念について説明する前に、そうした非線形分類問題がどのようなものであるかを確認できるよう、サンプルデータセットを定義して作成してみよう。

3.5.1 線形分離不可能なデータに対するカーネル手法

NumPyのlogical_xor関数を使ってXORゲート形式[※32]の単純なデータセットを作成する。このデータセットでは、100個のサンプルにクラスラベル1を割り当て、その他の100個のサンプルにクラスラベル-1を割り当てる[※33]。

```
>>> import matplotlib.pyplot as plt
>>> import numpy as np
>>> # 乱数シードを指定
>>> np.random.seed(1)
>>> # 標準正規分布に従う乱数で200行2列の行列を生成
```

※31 ［監注］オンライン学習は、次々と与えられるデータを用いて学習を逐次的に行う手法である。これに対して、データ全体を一度に学習する手法を「バッチ学習」と呼ぶ。

※32 ［訳注］XORゲートは、排他的論理和を求める電気回路であり、入力の2つの信号のどちらか一方が1となるときだけ1を出力する。

※33 ［監注］ソースコードの6行目では、標準正規分布に従う乱数（正規乱数）を200行2列生成し、変数X_xorに代入している。8行目ではNumPyのlogical_xor関数を用いて、1列目か2列目の一方だけが正となるかどうかを判定し、変数y_xorに代入している。10行目はNumPyのwhere関数を用いて、変数y_xorの各要素がTrueの場合は1を、Falseの場合は-1を割り当てている。

```
>>> X_xor = np.random.randn(200, 2)
>>> # 2つの引数に対して排他的論理和を実行
>>> y_xor = np.logical_xor(X_xor[:, 0] > 0, X_xor[:, 1] > 0)
>>> # 排他的論理和の値が真の場合は1、偽の場合は-1を割り当てる
>>> y_xor = np.where(y_xor, 1, -1)
>>> # ラベル1を青のxでプロット
>>> plt.scatter(X_xor[y_xor==1, 0], X_xor[y_xor==1, 1],
...             c='b', marker='x', label='1')
>>> # ラベル-1を赤の四角でプロット
>>> plt.scatter(X_xor[y_xor==-1, 0], X_xor[y_xor==-1, 1],
...             c='r', marker='s', label='-1')
>>> # 軸の範囲を設定
>>> plt.xlim([-3, 3])
>>> plt.ylim([-3, 3])
>>> plt.legend(loc='best')
>>> plt.tight_layout()
>>> plt.show()
```

このコードを実行すると、ランダムなノイズを含んだXORデータセットが得られる。

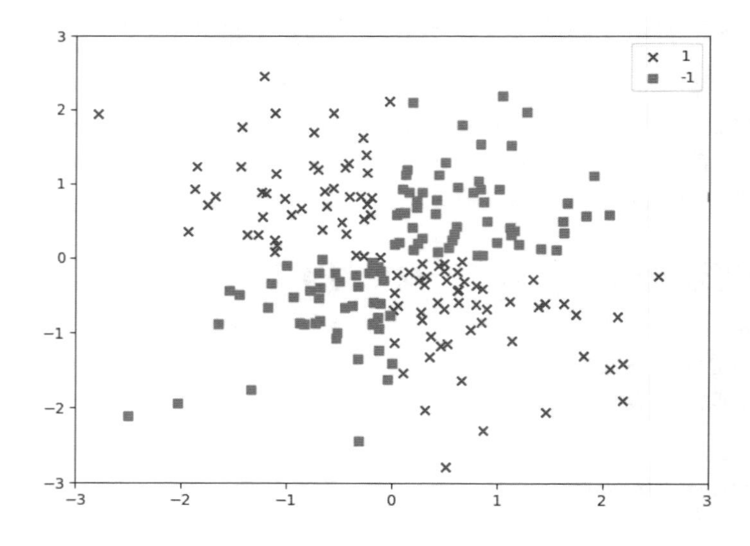

ここまで説明してきた線形ロジスティック回帰または線形SVMモデルを用いた場合、線形超平面の決定境界に基づいて陽性クラスと陰性クラスのサンプルを分割することになるが、この例ではうまくいかないことは明らかである。

そうした線形分離できないデータを処理するカーネル手法の基本的な発想は、射影関数 ϕ を使ってそれらの組み合わせを高次元空間へ射影し、線形分離できるようにすることである。この後の図に示すように、2次元のデータセットを新しい3次元の特徴空間に変換できる。この場合、次の射影を使ってクラスを分離している。

$$\phi(x_1, x_2) = (z_1, z_2, z_3) = (x_1, x_2, x_1^2 + x_2^2) \tag{3.5.1}$$

これにより、グラフに示されている 2 つのクラスを、線形超平面を使って分割できるようになる。それを元の特徴空間へ射影すると、非線形の決定境界になる。

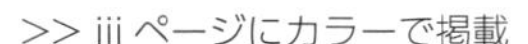
>> iii ページにカラーで掲載

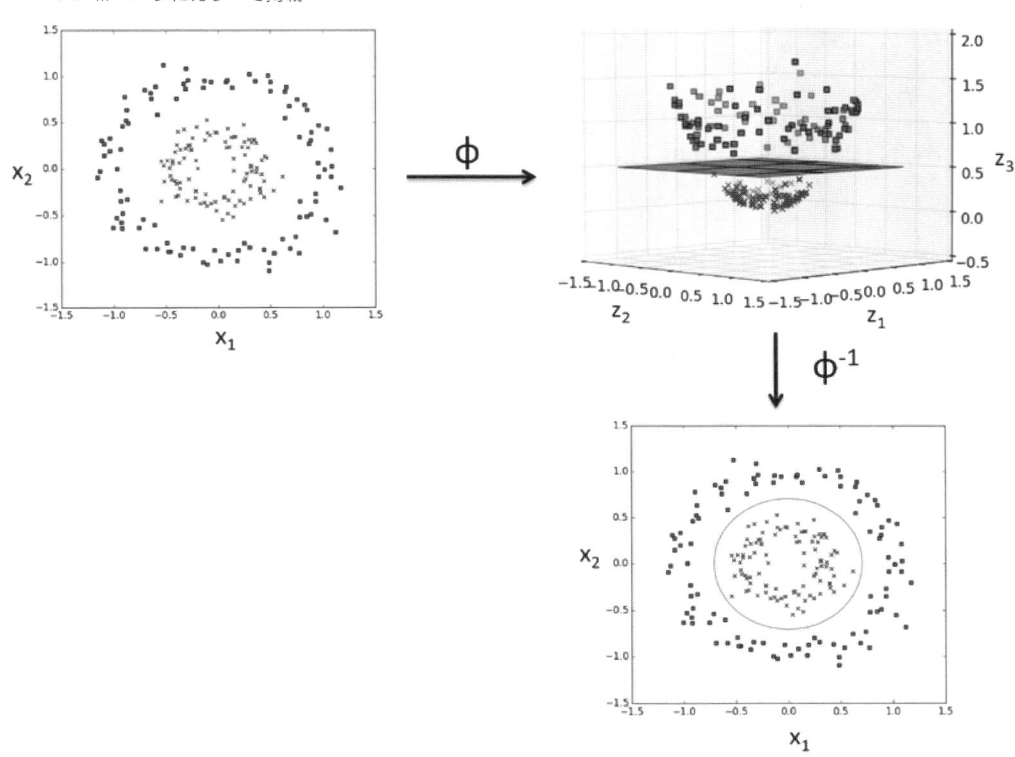

3.5.2　カーネルトリックを使って分離超平面を高次元空間で特定する

SVM を使って非線形問題の解を求めるには、射影関数 ϕ を使ってトレーニングデータセットをより高い次元の特徴空間に変換し、この新しい特徴空間でデータを分類するための線形 SVM モデルをトレーニングする。そうすると、同じ射影関数 ϕ を使って新しい未知のデータを変換し、線形の SVM モデルを使って分類できるようになる。

ただし、この射影手法には問題が 1 つある。それは、新しい特徴量を生成する計算コストが非常に高いことである。高次元のデータを扱っている場合は、特に高くつく。ここでものを言うのが、いわゆる「カーネルトリック」である。SVM をトレーニングするための二次計画法の解を求める方法についてはあまり詳しく説明しなかったが、実際には、ベクトルのドット積 $\boldsymbol{x}^{(i)T}\boldsymbol{x}^{(j)}$ を $\phi(\boldsymbol{x}^{(i)})^T\phi(\boldsymbol{x}^{(j)})$ に置き換えればよいだけである。このドット積を 2 点間で陽に計算するとコストがかかるため、いわゆる「カーネル関数」を定義する。

$$K\left(\boldsymbol{x}^{(i)}, \boldsymbol{x}^{(j)}\right) = \phi\left(\boldsymbol{x}^{(i)}\right)^T \phi\left(\boldsymbol{x}^{(j)}\right) \tag{3.5.2}$$

最も広く使用されているカーネルの１つは、**動径基底関数カーネル**（Radial Basis Function kernel）である。このカーネルは「RBF カーネル」または「ガウスカーネル」とも呼ばれる。

$$K\left(\boldsymbol{x}^{(i)}, \boldsymbol{x}^{(j)}\right) = \exp\left(-\frac{\left\| \boldsymbol{x}^{(i)} - \boldsymbol{x}^{(j)} \right\|^2}{2\sigma^2}\right) \tag{3.5.3}$$

多くの場合、これは次のように簡略化される。

$$K\left(\boldsymbol{x}^{(i)}, \boldsymbol{x}^{(j)}\right) = \exp\left(-\gamma \left\| \boldsymbol{x}^{(i)} - \boldsymbol{x}^{(j)} \right\|^2\right) \tag{3.5.4}$$

ここで、$\gamma = \frac{1}{2\sigma^2}$は最適化されるハイパーパラメータである。

大まかに言うと、「カーネル」という用語については、２つのサンプル間の「類似性を表す関数」であると解釈できる。マイナス記号を付けているのは、距離の指標を反転させて類似度にするためである。指数関数のべき乗部分が０から無限大の値をとることにより、結果として得られる類似度は１（まったく同じサンプル）から０（まったく異なるサンプル）の範囲に収まる。

カーネルトリックの全体像が明らかになったところで、カーネル SVM のトレーニングを行い、XOR データをうまく分割する非線形の決定境界を描けるかどうか確認してみよう。ここでは単に、先ほどインポートした scikit-learn の `SVC` クラスを使用し、パラメータ `kernel='linear'` を `kernel='rbf'` に置き換えればよい。

```
>>> # RBF カーネルによる SVM のインスタンスを生成
>>> svm = SVC(kernel='rbf', random_state=1, gamma=0.10, C=10.0)
>>> svm.fit(X_xor, y_xor)
>>> plot_decision_regions(X_xor, y_xor, classifier=svm)
>>> plt.legend(loc='upper left')
>>> plt.tight_layout()
>>> plt.show()
```

結果として得られたグラフからわかるように、カーネル SVM は XOR データをかなりうまく分割している。

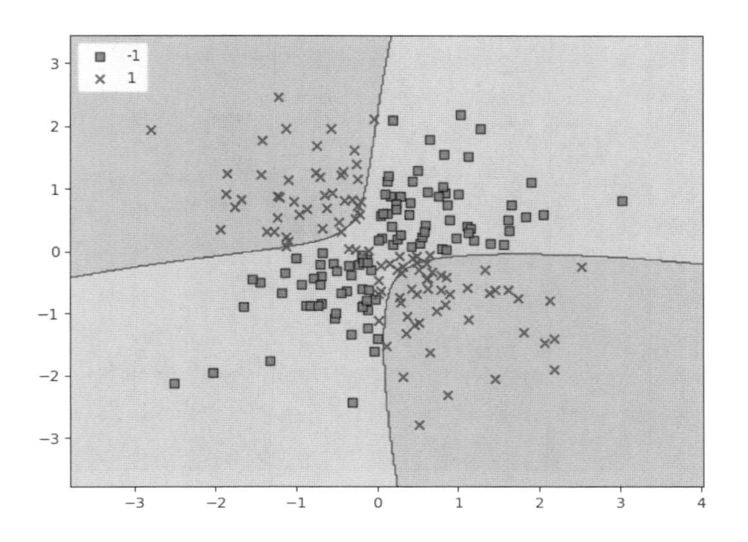

γ パラメータ(`gamma=0.1`)については、このカーネル関数(ガウスカーネル)の「カットオフ(限界値条件)」パラメータであると解釈できる。基本的に γ パラメータの値を大きくすると、トレーニングサンプルの影響力が大きくなり、到達範囲が広くなる。それにより、決定境界がより狭くなり、突き出したようになる。γ パラメータに対する直観を養うために、RBF カーネル SVM を Iris データセットに適用してみよう。

```
>>> # RBF カーネルによる SVM のインスタンスを生成（2 つのパラメータを変更）
>>> svm = SVC(kernel='rbf', random_state=1, gamma=0.2, C=1.0)
>>> svm.fit(X_train_std, y_train)
>>> plot_decision_regions(X_combined_std, y_combined, classifier=svm,
...                       test_idx=range(105,150))
>>> plt.xlabel('petal length [standardized]')
>>> plt.ylabel('petal width [standardized]')
>>> plt.legend(loc='upper left')
>>> plt.tight_layout()
>>> plt.show()
```

γ パラメータには比較的小さい値を選んだが、RBF カーネルによる SVM モデルの決定境界はかなりなめらかになる。

>> iii ページにカラーで掲載

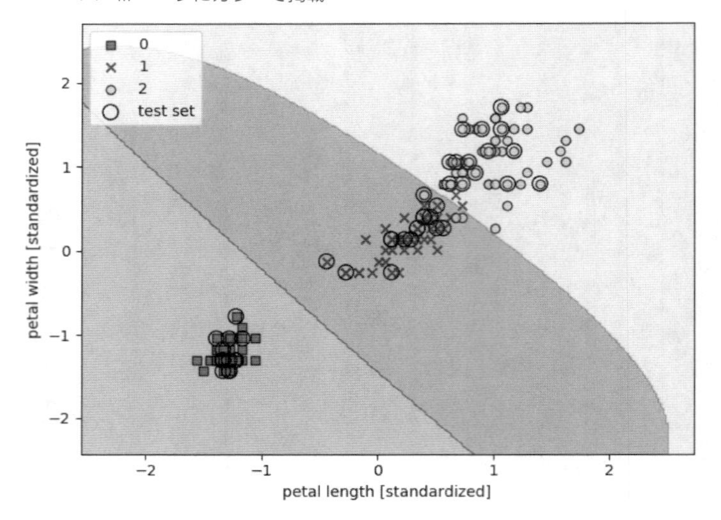

γパラメータの値を大きくして、決定境界にどのような影響がおよぶか確認してみよう。

```
>>> # RBF カーネルによる SVM のインスタンスを生成（γ パラメータを変更）
>>> svm = SVC(kernel='rbf', random_state=1, gamma=100.0, C=1.0)
>>> svm.fit(X_train_std, y_train)
>>> plot_decision_regions(X_combined_std, y_combined, classifier=svm,
...                       test_idx=range(105,150))
>>> plt.xlabel('petal length [standardized]')
>>> plt.ylabel('petal width [standardized]')
>>> plt.legend(loc='upper left')
>>> plt.tight_layout()
>>> plt.show()
```

結果として得られたグラフから、γパラメータに比較的大きな値を使用すると、クラス０とクラス１のまわりの決定境界がかなり複雑になることがわかる。

>> iv ページにカラーで掲載

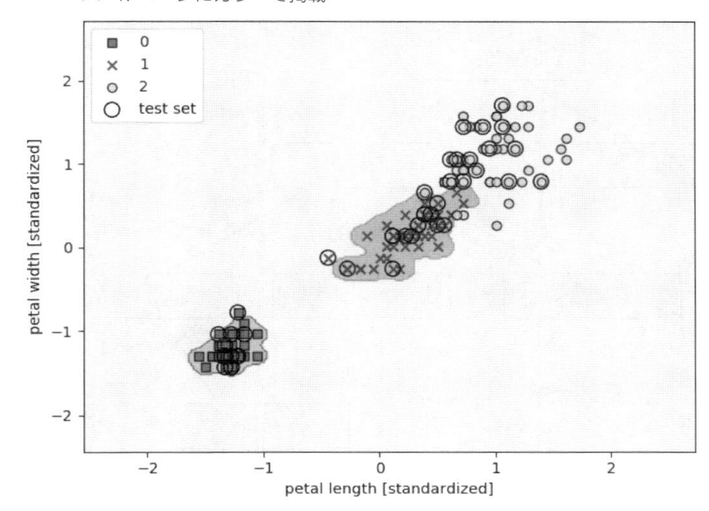

このモデルはトレーニングデータセットに非常にうまく適合するが、そのような分類器では、未知のデータで高い汎化誤差が生じることが考えられる。これは過学習を抑制するためにも γ パラメータの最適化が重要な役割を果たすことを示している。

3.6　決定木学習

決定木（decision tree）分類器は、意味解釈可能性（interpretability：得られた結果の意味を解釈しやすいかどうか）に配慮する場合に魅力的なモデルである。「決定木」という名前が示唆するように、このモデルについては、一連の質問に基づいて決断を下すという方法により、データを分類するモデルであると考えることができる。

次の例について考えてみよう。この例では、決定木を使ってある日の行動を決定する。

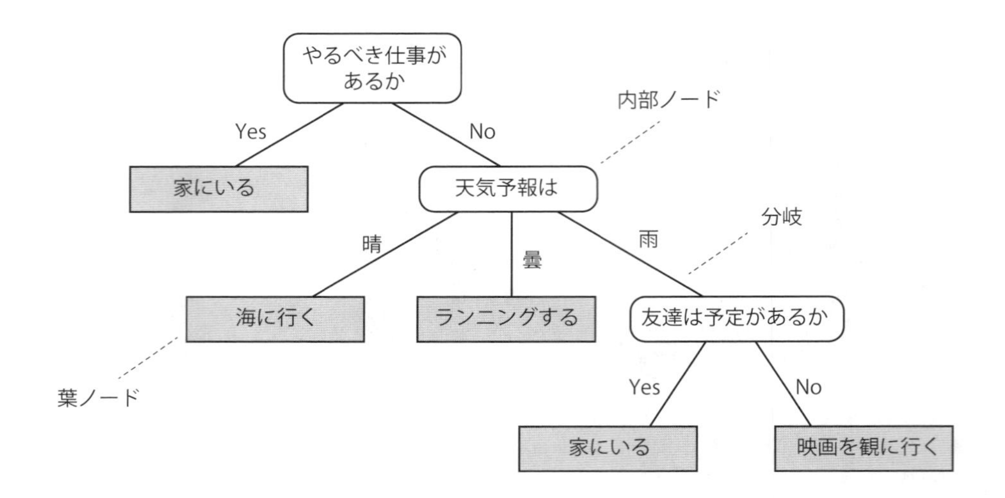

決定木モデルでは、トレーニングデータセットの特徴量に基づいて一連の質問を学習し、サンプルのクラスラベルを推測する。この図では、カテゴリ変数に基づいて決定木の概念を説明しているが、これと同じ概念はIrisデータセットのように特徴量が実数である場合にも当てはまる。たとえば、「がく片の長さ」の特徴軸に沿ってカットオフ（しきい）値を定義し、「がく片の長さは2.8cm以上か」という二択質問をするだけでよい。

決定木アルゴリズムを使用して、決定木の根（ルート）から始めて、**情報利得**（information gain：分割された集合の要素についてのばらつきの減少）が最大となる特徴量でデータを分割する。情報利得については次節で詳しく説明する。葉（リーフ）が純粋になる（分割されたデータのばらつきの減少がなくなる）まで、この分割を子ノード（分岐条件）ごとに繰り返すことができる。葉が純粋になるというのは、各リーフのサンプルがすべて同じクラスに属することを意味する。実際には、葉が純粋になるまで分割を繰り返すと多くのノードを持つ非常に深い決定木になることがあり、過学習に陥りやすくなる。このため、通常は決定木の最大の深さに制限を設けて、決定木を「剪定」（prune）したいところである。

3.6.1 情報利得の最大化：できるだけ高い効果を得る

最も情報利得の高い特徴量でノードを分割するには、決定木学習アルゴリズムにおいて最適化の対象としたい目的関数を定義する必要がある。この場合の目的関数は、分割ごとに情報利得（IG）が最大となるように定式化して、次のように定義される。

$$IG(D_p, f) = I(D_p) - \sum_{j=1}^{m} \frac{N_j}{N_p} I(D_j) \tag{3.6.1}$$

ここで、fは分割を行う特徴量であり、D_pは親のデータセット、D_jはj番目の子ノードのデータセットである。I は**不純度**(impurity)※34を数値化したものであり、N_p は親ノードのサンプルの総数、N_j は j 番目の子ノードのサンプルの個数である。このように、情報利得は「親ノードの不純度」と「子ノードの不純度の合計」との差にすぎない。つまり、子ノードの不純度が低いほど、情報利得は大きくなる。式 3.6.1 では一般的に m 個のノードを対象として情報利得を定式化したが、話を単純にするためと、組み合わせ探索空間を減らすために、(scikit-learn を含む)ほとんどのライブラリは二分決定木を実装している。つまり、親ノードはそれぞれ 2 つの子ノード D_{left} と D_{right} に分かれる。

$$IG(D_p, f) = I(D_p) - \frac{N_{left}}{N_p} I(D_{left}) - \frac{N_{right}}{N_p} I(D_{right}) \tag{3.6.2}$$

次に、二分決定木でよく使用される不純度の指標または分割条件は、**ジニ不純度**(Gini impurity)、**エントロピー**(entropy)、**分類誤差**(classification error)の 3 つである。ジニ不純度は I_G、エントロピーは I_H、分類誤差は I_E で表記する。これら 3 つの条件のうち、まずはすべての空ではないクラス i を対象にエントロピーの定義から始めよう。ここで、空ではないクラスとは、$p(i \mid t) \neq 0$ となるクラス i を指す。

$$I_H(t) = -\sum_{i=1}^{c} p(i|t) \log_2 p(i|t) \tag{3.6.3}$$

$p(i \mid t)$ は、特定のノード t においてクラス i に属するサンプルの割合を表す。したがって、ノードのサンプルがすべて同じクラスに属している場合、エントロピーは 0 である。たとえば二値分類においてエントロピーが 0 になるのは、$p(i = 1 \mid t) = 1$ または $p(i = 0 \mid t) = 0$ の場合である。エントロピーが最大になるのは、各クラスが一様に分布している場合である。二値分類でエントロピーが 1 になるのは、クラスが $p(i = 1 \mid t) = 0.5$ および $p(i = 0 \mid t) = 0.5$ で一様に分布している場合である※35。よって、「エントロピーは相互情報量(2 つの確率の相互依存度)が最大化するように試みる条件である」と言える。

ジニ不純度については、直観的に、誤分類の確率を最小化する条件であると解釈できる。

$$I_G(t) = \sum_{i=1}^{c} p(i|t)(1 - p(i|t)) = 1 - \sum_{i=1}^{c} p(i|t)^2 \tag{3.6.4}$$

エントロピーと同様に、ジニ不純度が最大になるのは、クラスが完全に混合されている場合である。二値分類($c = 2$)の場合は次のようになる。

※34 [監注] ノードの不純度は、ノードが純粋ではない程度、すなわち異なるクラスのサンプルがノードにどの程度の割合で混ざっているかを定量化する指標である。

※35 [監注] 二値分類の場合、式 3.6.3 は $I_H(t) = -p(i=1|t) \log_2 p(i=1|t) - p(i=0|t) \log_2 p(i=0|t)$ となる。$p(i=1|t)=1$ のときは $p(i=0|t)=0$ となり、$I_H(t) = -1 \times \log_2 1 - 0 \times \log_2 0 = 0$ となる。ここで、$0 \log_2 0 = 0$ とする。同様に、$p(i=1|t)=0$ のときは $p(i=0|t)=1$ となり、$I_H(t) = -0 \times \log_2 0 - 1 \times \log_2 1 = 0$ となる。

$$I_G(t) = 1 - \sum_{i=1}^{c} 0.5^2 = 0.5 \tag{3.6.5}$$

だが実際には、ジニ不純度とエントロピーは非常によく似た結果となるのが一般的である。多くの場合、さまざまな剪定カットオフを使って実験することよりも、異なる不純度条件を使って決定木を評価することに多くの時間を割く価値はない。

不純度のもう１つの指標は、分類誤差である[※36]。

$$I_E(t) = 1 - \max\{p(i|t)\} \tag{3.6.6}$$

これは木の剪定に役立つ条件だが、ノードのクラス確率の変化にあまり敏感ではないため、決定木を成長させるのに適していない。このことを具体的に理解するために、次に示す２つの分割シナリオについて考えてみよう。

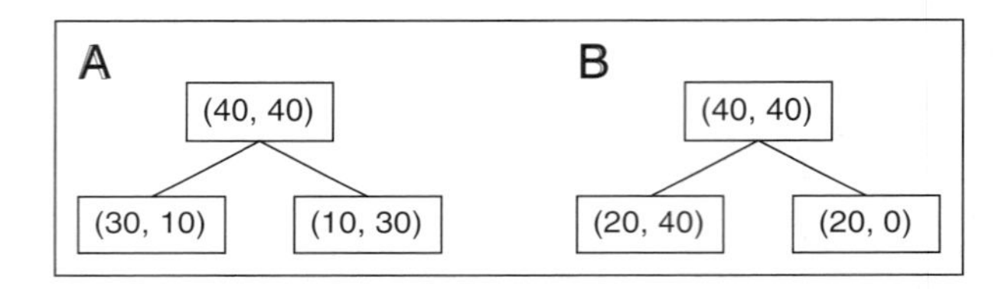

まず、親ノードのデータセット D_p から見ていこう。このノードはクラス１の 40 個のサンプルとクラス２の 40 個のサンプルで構成されており、D_{left} と D_{right} の２つのデータセットに分かれている。次の計算で示すように、分割条件として分類誤差を使用した場合の情報利得（「親ノードの不純度」と「子ノードの不純度の合計」との差）は、シナリオ A でもシナリオ B でも同じ（$IG_E = 0.25$）になる。

親ノードの不純度

$$I_E(D_p) = 1 - 0.5 = 0.5 \tag{3.6.7}$$

シナリオ A : 左側の子ノードの不純度

$$I_E(D_{left}) = 1 - \frac{3}{4} = 0.25 \tag{3.6.8}$$

シナリオ A : 右側の子ノードの不純度

$$I_E(D_{right}) = 1 - \frac{3}{4} = 0.25 \tag{3.6.9}$$

※36　［監注］式 3.6.6 で定義される分類誤差 I_E は、直観的には、すべてのサンプルが最大の条件付き確率を与えるクラスに所属すると予測するとしたときに、間違えるサンプルの割合を表す指標である。

シナリオ A：情報利得

$$IG_E = 0.5 - \frac{4}{8} \times 0.25 - \frac{4}{8} \times 0.25 = 0.25 \tag{3.6.10}$$

シナリオ B：左側の子ノードの不純度

$$I_E(D_{left}) = 1 - \frac{4}{6} = \frac{1}{3} \tag{3.6.11}$$

シナリオ B：右側の子ノードの不純度

$$I_E(D_{right}) = 1 - 1 = 0 \tag{3.6.12}$$

シナリオ B：情報利得

$$IG_E = 0.5 - \frac{6}{8} \times \frac{1}{3} - 0 = 0.25 \tag{3.6.13}$$

ただし、ジニ不純度はシナリオ A（$IG_G = 0.125$）よりもシナリオ B（$IG_G = 0.16$）での分割を優先する。実際問題として、そちらのほうがより「純粋」である。

親ノードの不純度

$$I_G(D_p) = 1 - (0.5^2 + 0.5^2) = 0.5 \tag{3.6.14}$$

シナリオ A：左側の子ノードの不純度

$$I_G(D_{left}) = 1 - \left(\left(\frac{3}{4}\right)^2 + \left(\frac{1}{4}\right)^2\right) = \frac{3}{8} = 0.375 \tag{3.6.15}$$

シナリオ A：右側の子ノードの不純度

$$I_G(D_{right}) = 1 - \left(\left(\frac{1}{4}\right)^2 + \left(\frac{3}{4}\right)^2\right) = \frac{3}{8} = 0.375 \tag{3.6.16}$$

シナリオ A：情報利得

$$IG_G = 0.5 - \frac{4}{8} \times 0.375 - \frac{4}{8} \times 0.375 = 0.125 \tag{3.6.17}$$

シナリオ B：左側の子ノードの不純度

$$I_G(D_{left}) = 1 - \left(\left(\frac{2}{6}\right)^2 + \left(\frac{4}{6}\right)^2\right) = \frac{4}{9} = 0.\overline{4} \tag{3.6.18}$$

シナリオ B：右側の子ノードの不純度

$$I_G(D_{right}) = 1 - (1^2 + 0^2) = 0 \tag{3.6.19}$$

シナリオ B : 情報利得

$$IG_G = 0.5 - \frac{6}{8} \times 0.\overline{4} - 0 = 0.\overline{16} \tag{3.6.20}$$

同様に、エントロピー条件もシナリオ A（$IG_H = 0.19$）よりもシナリオ B（$IG_H = 0.31$）を優先する。

親ノードのエントロピー

$$I_H(D_P) = -(0.5\log_2(0.5) + 0.5\log_2(0.5)) = 1 \tag{3.6.21}$$

シナリオ A : 左側の子ノードのエントロピー

$$I_H(D_{left}) = -\left(\frac{3}{4}\log_2\left(\frac{3}{4}\right) + \frac{1}{4}\log_2\left(\frac{1}{4}\right)\right) = 0.81 \tag{3.6.22}$$

シナリオ A : 右側の子ノードのエントロピー

$$I_H(D_{right}) = -\left(\frac{1}{4}\log_2\left(\frac{1}{4}\right) + \frac{3}{4}\log_2\left(\frac{3}{4}\right)\right) = 0.81 \tag{3.6.23}$$

シナリオ A : 情報利得

$$IG_H = 1 - \frac{4}{8} \times 0.81 - \frac{4}{8} \times 0.81 = 0.19 \tag{3.6.24}$$

シナリオ B : 左側の子ノードのエントロピー

$$I_H(D_{left}) = -\left(\frac{2}{6}\log_2\left(\frac{2}{6}\right) + \frac{4}{6}\log_2\left(\frac{4}{6}\right)\right) = 0.92 \tag{3.6.25}$$

シナリオ B : 右側の子ノードのエントロピー

$$I_H(D_{right}) = 0 \tag{3.6.26}$$

シナリオ B : 情報利得

$$IG_H = 1 - \frac{6}{8} \times 0.92 - 0 = 0.31 \tag{3.6.27}$$

上記の 3 種類の不純度条件を視覚的に比較できるよう、クラス 1 の確率範囲 [0, 1] に対する不純度の指標をプロットしてみよう。ジニ不純度がエントロピーと分類誤差の中間に位置付けられることを確認するために、エントロピーを 2 で割ったスケーリングバージョン（$=entropy/2$）も追加する。コードは次のようになる[※37]。

```
>>> import matplotlib.pyplot as plt
>>> import numpy as np
>>> # ジニ不純度の関数を定義
>>> def gini(p):
...     return (p)*(1 - (p)) + (1 - p)*(1 - (1 - p))
...
>>> # エントロピーの関数を定義
>>> def entropy(p):
...     return - p*np.log2(p) - (1 - p)*np.log2((1 - p))
...
>>> # 分類誤差の関数を定義
>>> def error(p):
...     return 1 - np.max([p, 1 - p])
...
>>> # 確率を表す配列を生成（0 から 0.99 まで 0.01 刻み）
>>> x = np.arange(0.0, 1.0, 0.01)
>>> # 配列の値をもとにエントロピー、分類誤差を計算
>>> ent = [entropy(p) if p != 0 else None for p in x]
>>> sc_ent = [e*0.5 if e else None for e in ent]
>>> err = [error(i) for i in x]
>>> # 図の作成を開始
>>> fig = plt.figure()
>>> ax = plt.subplot(111)
>>> # エントロピー（2 種）、ジニ不純度、分類誤差のそれぞれをループ処理
>>> for i, lab, ls, c, in zip([ent, sc_ent, gini(x), err],
...                           ['Entropy', 'Entropy (scaled)',
...                            'Gini Impurity', 'Misclassification Error'],
...                           ['-', '-', '--', '-.'],
...                           ['black', 'lightgray', 'red', 'green', 'cyan']):
...     line = ax.plot(x, i, label=lab, linestyle=ls, lw=2, color=c)
...
>>> # 凡例の設定（中央の上に配置）
>>> ax.legend(loc='upper center', bbox_to_anchor=(0.5, 1.15),
...           ncol=5, fancybox=True, shadow=False)
>>> # 2 本の水平の破線を引く
>>> ax.axhline(y=0.5, linewidth=1, color='k', linestyle='--')
>>> ax.axhline(y=1.0, linewidth=1, color='k', linestyle='--')
>>> # 横軸の上限 / 下限を設定
>>> plt.ylim([0, 1.1])
>>> plt.xlabel('p(i=1)')
>>> plt.ylabel('Impurity Index')
>>> plt.show()
```

※37　［監注］コードの 18 ～ 20 行目では、エントロピーと分類誤差をリスト内包表記を用いて計算している。これは、7 ～ 10 行目で定義したエントロピーを計算する entropy 関数が確率 p=0 のとき nan を返すので調整が必要であるためだ。また、11 ～ 14 行目で定義した分類誤差を計算する error 関数はリストの先頭の要素の計算結果のみを返してしまうのでリストの全要素に対して計算する必要もある。3 ～ 6 行目で定義したジニ不純度を計算する gini 関数は、以上の 2 つの関数とは異なり、リスト内包表記による計算を行っていない。これは、gini 関数は確率のリストを引数にとりジニ不純度のリストを返すが、entropy 関数とは異なり p=0 でも問題なく期待した結果を返すためである。そのため、25 行目で複数の確率 p に対するベクトル演算を行っている

このコードを実行すると、次のグラフが生成される。

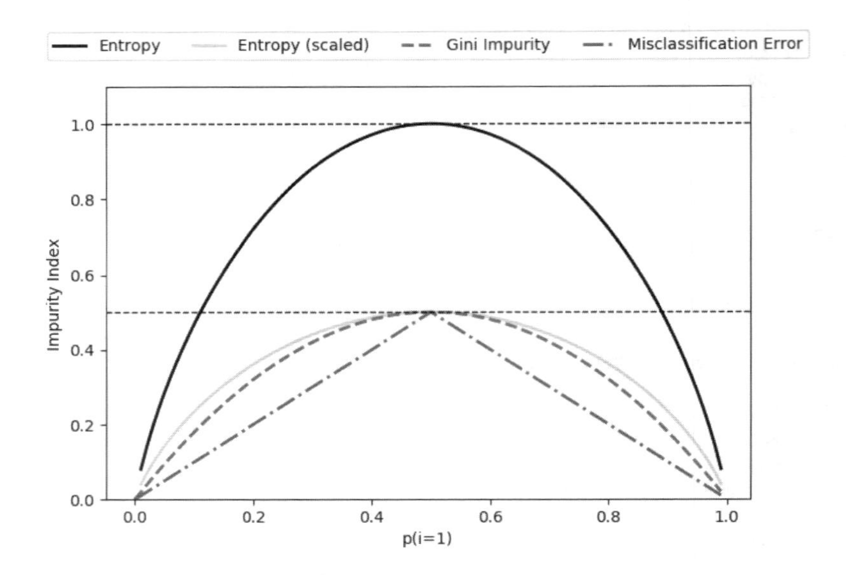

3.6.2 決定木の構築

決定木学習では、特徴空間を矩形に分割することで複雑な決定境界を構築できる。ただし、決定木が深くなればなるほど決定境界は複雑になり、過学習に陥りやすくなるため、注意が必要である。scikit-learn を利用して、不純度の条件としてエントロピーを使って最大の深さが 4 の決定木をトレーニングしてみよう。特徴量のスケーリングは、可視化が目的である場合には望ましいかもしれないが、決定木アルゴリズムでは必須ではないことに注意しよう[※38]。コードは次のようになる。

```
>>> from sklearn.tree import DecisionTreeClassifier
>>> # エントロピーを指標とする決定木のインスタンスを生成
>>> tree = DecisionTreeClassifier(criterion='gini', max_depth=4, random_state=1)
>>> # 決定木のモデルをトレーニングデータに適合させる
>>> tree.fit(X_train, y_train)
>>> X_combined = np.vstack((X_train, X_test))
>>> y_combined = np.hstack((y_train, y_test))
>>> plot_decision_regions(X_combined, y_combined, classifier=tree,
...                       test_idx=range(105,150))
>>> plt.xlabel('petal length [cm]')
>>> plt.ylabel('petal width [cm]')
>>> plt.legend(loc='upper left')
>>> plt.tight_layout()
>>> plt.show()
```

※38 ［監注］決定木では、数値の分割条件を値の大小関係として与える。したがって、特徴量をスケーリングしてもしきい値の値が変化するにすぎず、サンプルの分割には何ら影響をおよぼさない。

このコードを実行すると、決定木特有のものとして、軸に平行な決定境界が得られる。

>> iv ページにカラーで掲載

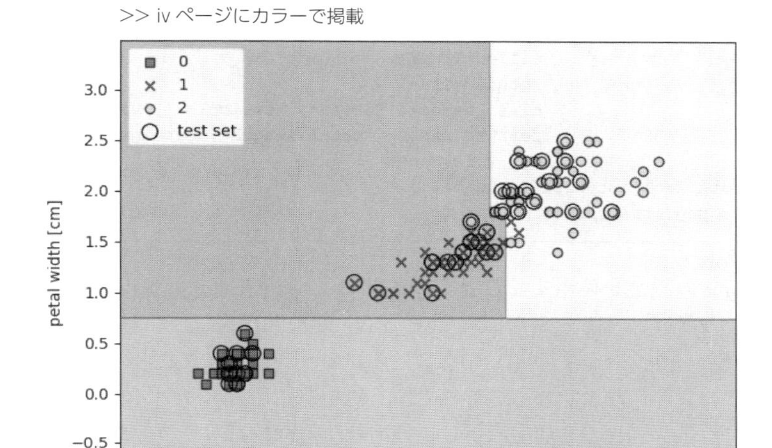

scikit-learnには、トレーニング後の決定木を`.dot`ファイルとしてエクスポートできるすばらしい機能がある。このファイルは、たとえばGraphVizプログラムを使って可視化できる。GraphVizはLinux、Windows、macOSに対応しており、無償でダウンロードできる※39。

ここではGraphVizに加えて、`pydotplus`というPythonライブラリを使用する。このライブラリには、GraphVizと同様の機能が含まれており、`.dot`ファイルから決定木を表す画像ファイルを生成できる。GraphVizをインストールした後、pipインストーラを使って`pydotplus`を直接インストールできる。たとえば、ターミナルから次のコマンドを実行する。

```
> pip3 install pydotplus
```

システムによっては、`pydotplus`が依存しているファイルを手動でインストールしなければならないことがある。その場合は、次のコマンドを実行する。

```
pip3 install graphviz
pip3 install pyparsing
```

決定木の画像をPNGフォーマットでローカルディレクトリに作成するコードは次のようになる。

※39 http://www.graphviz.org

```
>>> from pydotplus import graph_from_dot_data
>>> from sklearn.tree import export_graphviz
>>> dot_data = export_graphviz(tree,
...                            filled=True,
...                            rounded=True,
...                            class_names=['Setosa','Versicolor','Virginica'],
...                            feature_names=['petal length','petal width'],
...                            out_file=None)
>>> graph = graph_from_dot_data(dot_data)
>>> graph.write_png('tree.png')
```

out_file=None の設定を使用することで、中間の tree.dot ファイルをディスクに書き出すのではなく、このファイルのデータを直接 dot_data 変数に代入している。filled、rounded、class_names、feature_names の 4 つの引数はオプションだが、これらの引数を指定すると最終的な画像ファイルの見た目がよくなる。ここでは、色を追加し、ボックスの角を丸め、各ノードの大部分を占めるクラスラベルの名前を表示し、分割条件の特徴量の名前を表示するように設定している。この設定により、次のような決定木画像が表示される。

>> v ページにカラーで掲載

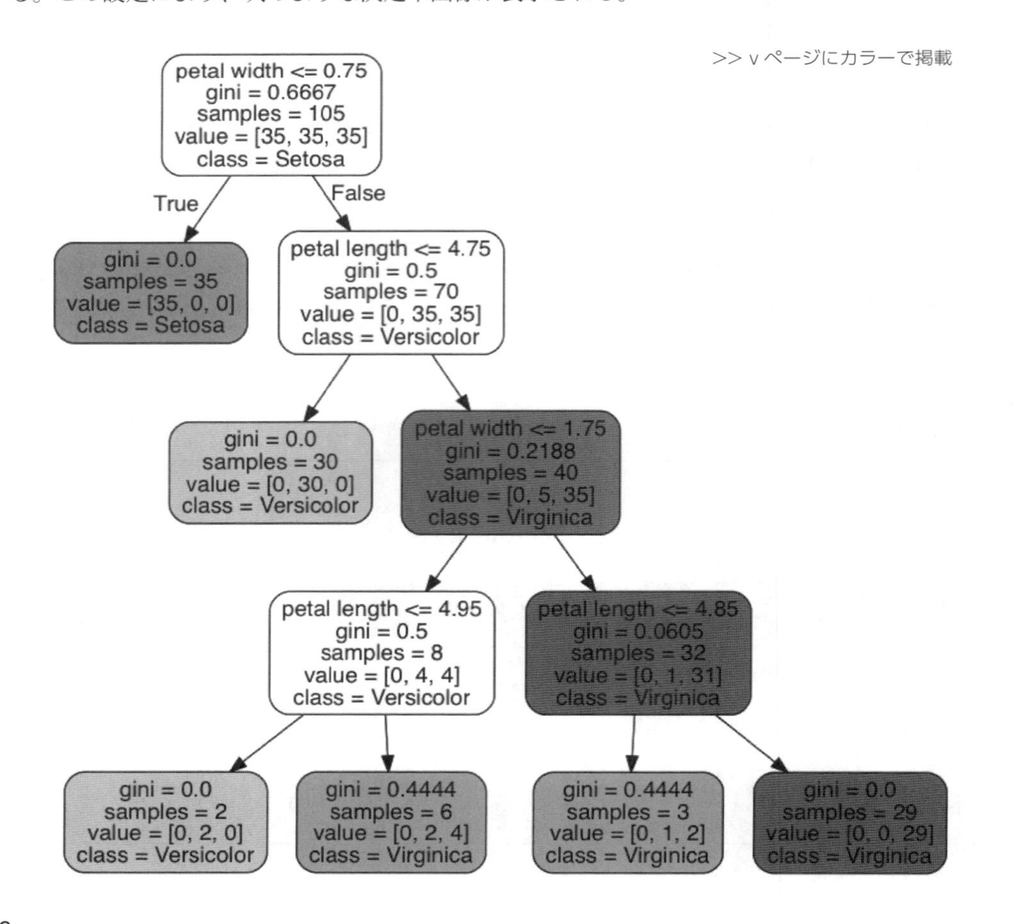

この決定木の図を調べれば、決定木がトレーニングデータセットから判定した分割を正確にたどることができる。根の105個のサンプルを出発点として、花びらの長さがしきい値0.75cm以下であることに基づき、35個と70個のサンプルを持つ2つの子ノードに分割している。最初の分割の後、左の子ノードがすでに純粋であり、Iris-Setosaクラスのサンプルだけを含んでいることがわかる（ジニ不純度が0）。そこで、右の子ノードでさらに分割を行い、サンプルをIris-VersicolorクラスとIris-Virginicaクラスに分割している。

この決定木の図と、決定木の決定領域のグラフを調べれば、この決定木が品種クラスを非常にうまく分割していることがわかる。残念ながら、本書の執筆時点では、scikit-learnには決定木を明示的に剪定する機能は実装されていない。ただし、先のサンプルコードに戻って、決定木の`max_depth`を3に変更し、現在のモデルと比較してみる、という方法がある。興味がある場合は、ぜひ試してみてほしい。

3.6.3 ランダムフォレストを使って複数の決定木を結合する

ランダムフォレスト（random forest）は、分類性能が高く、スケーラビリティに優れ、使いやすいことから、機械学習の応用において非常に支持されている。直観的には、決定木の「アンサンブル」と見なすことができる。ランダムフォレストの背後にある考え方は、バリアンスが高い複数の（深い）決定木を平均化することで、より汎化性能が高い頑健なモデルを構築する、というものである。ランダムフォレストアルゴリズムは次の4つの単純な手順にまとめることができる。

1. サイズnのランダムな「ブートストラップ」標本を復元抽出[※40]する（トレーニングデータセットからn個のサンプルをランダムに選択する）。
2. ブートストラップ標本から決定木を成長させる。各ノードで以下の作業を行う。
   - 2.1 d個の特徴量をランダムに非復元抽出[※41]する。
   - 2.2 たとえば情報利得を最大化することにより、目的関数に従って最適な分割となる特徴量を使ってノードを分割する。
3. 手順1～2をk回繰り返す。
4. 決定木ごとの予測をまとめて、「多数決」に基づいてクラスラベルを割り当てる。多数決については、第7章で詳しく説明する。

個々の決定木をトレーニングするときと比べて、手順2に若干の変更がある。ノードごとに最適な分割を判断するにあたってすべての特徴量を評価するのではなく、その一部をランダムに検討するだけとなる。

※40 ［監注］復元抽出は、重複を許したデータの抽出方法である。

※41 ［監注］非復元抽出は、復元抽出ではないデータの抽出方法である。すなわち、重複を許さずにデータを抽出する。

復元抽出(sampling with replacement)と**非復元抽出**(sampling without replacement)という言葉になじみがないかもしれないので、簡単な思考実験をしてみよう。くじ引きゲームで、つぼの中から数字を適当に引くとしよう。0、1、2、3、4の5つの数字の入ったつぼを用意し、1回につき1つの数字を引く。1回目につぼから特定の数字を引く確率は5分の1である。さて、非復元抽出では、1回ごとにつぼに数字を戻さない。したがって、次の回に残りの数字の中から特定の数字を引く確率は前の回によって決まる。たとえば、つぼの中に残っている数字が0、1、2、4であるとすれば、次の回に0を引く可能性は4分の1になる。
これに対し、復元抽出では、引いた数字を常につぼに戻すため、特定の数字を引く確率は毎回変化しない。毎回同じ数字を引く可能性もある。つまり、復元抽出では、サンプル(数字)は独立しており、共分散は0である。たとえば、数字を5回引いた結果は次のようになるかもしれない。

- ランダムな非復元抽出：2、1、3、4、0
- ランダムな復元抽出：1、3、3、4、1

ランダムフォレストには、決定木と同じレベルの意味解釈可能性はない。ただし、ハイパーパラメータに適切な値を設定することについてそれほど悩む必要がないという利点がある。アンサンブルモデルは個々の決定木のノイズにかなり強いため、通常はランダムフォレストを剪定する必要はない。実際に配慮が必要となるパラメータは、ランダムフォレストに対して選択する決定木の個数(手順3のk)だけである。一般的には、決定木の個数が多いほどランダムフォレスト分類器の性能はよくなるが、それと引き換えに計算コストが増える。

ランダムフォレスト分類器の他のハイパーパラメータのうち、ブートストラップ標本のサイズ(手順1のn)と、分割ごとにランダムに選択される特徴量の個数(手順2.1のd)については、最適化が可能である。その方法については第5章で説明するが、実際にはあまり一般的な方法ではない。ここでは、ブートストラップ標本のサイズnを使って、ランダムフォレストのバイアスとバリアンスのトレードオフを制御する。

ブートストラップ標本のサイズを小さくすると、決定木の間の相違性が高くなる。というのも、特定のトレーニングサンプルがブートストラップ標本に含まれている確率が低くなるからである。このため、ブートストラップ標本のサイズを小さくすると、ランダムフォレストの「ランダム性」が向上することがあり、過学習の影響を抑えるのに役立つ可能性がある[※42]。ただし、ブートストラップ標本が小さくなるほど、ランダムフォレストの全体的な性能は低下する傾向にある。トレーニングとテスト時の性能の差はわずかだが、テストの性能は全体的に低い。逆に、ブートストラップ標本のサイズを大きくすると、過学習に陥る可能性が高くなることがある[※43]。ブートストラップ標本、ひいては個々の決定木どうしの類似性は高くなるため、元のトレーニングデータセットにより適合するように学習する。

scikit-learn の `RandomForestClassifier` 実装をはじめとするほとんどの実装では、ブートスト

※42 ［監注］この場合は、バイアスが大きくなり、バリアンスが小さくなっている。
※43 ［監注］この場合は、バイアスが小さくなり、バリアンスが大きくなっている。

ラップ標本のサイズ（大きさ）は元のトレーニングデータセットのサンプルの個数と等しくなるように選択される。それにより、通常はバイアスとバリアンスが適切に調整される。各分割の特徴量の個数 d については、トレーニングデータセットの特徴量の合計数よりも小さい値を選択する必要がある。scikit-learn や他の実装で使用される妥当なデフォルト値は $d = \sqrt{m}$ であり、m はトレーニングデータセットの特徴量の個数を表す。

都合のよいことに、ランダムフォレスト分類器を個々の決定木から明示的に構築する必要はない。ランダムフォレスト分類器は scikit-learn にすでに実装されているため、それを使用すればよい[※44]。

```
>>> from sklearn.ensemble import RandomForestClassifier
>>> # エントロピーを指標とするランダムフォレストのインスタンスを生成
>>> forest = RandomForestClassifier(criterion='gini',
...                                 n_estimators=25, random_state=1, n_jobs=2)
>>> # トレーニングデータにランダムフォレストのモデルを適合させる
>>> forest.fit(X_train, y_train)
>>> plot_decision_regions(X_combined, y_combined, classifier=forest,
...                       test_idx=range(105,150))
>>> plt.xlabel('petal length [cm]')
>>> plt.ylabel('petal width [cm]')
>>> plt.legend(loc='upper left')
>>> plt.tight_layout()
>>> plt.show()
```

このコードを実行すると、ランダムフォレストでの決定木のアンサンブルによって形成された決定領域が表示されるはずだ。

>> v ページにカラーで掲載

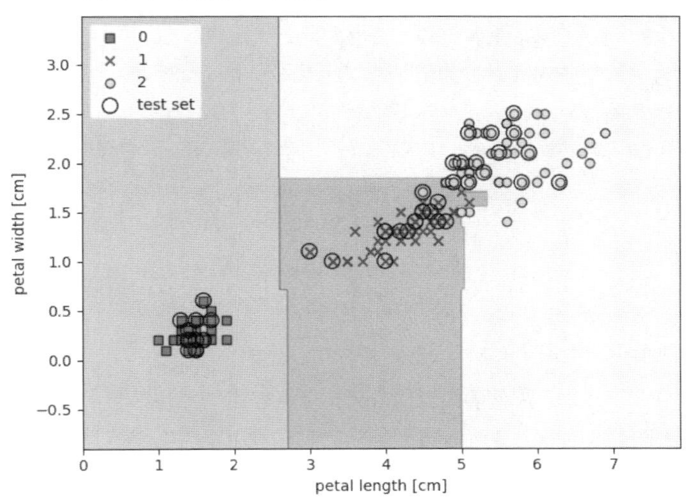

※44　［監注］ソースコードの7行目に現れる X_combined、y_combined はいずれも 3.6.2 項のコードで作成している。

このコードでは、n_estimators パラメータを使って25個の決定木からランダムフォレストをトレーニングし、不純度の指標としてジニ不純度の条件を使ってノードを分割している。非常に小さなトレーニングデータセットから非常に小さなランダムフォレストを育てているが、ここではデモとして n_jobs パラメータを使用している。これにより、コンピュータの複数のコア(この場合は2つ)を使ってモデルのトレーニングの処理を並列化できるようになる。

3.7 k 近傍法:怠惰学習アルゴリズム

本章で最後に説明する教師あり学習アルゴリズムは、**k 近傍法分類器**(k-nearest neighbor classifier)、略して **KNN** である。KNN は、ここまで説明してきた学習アルゴリズムとは根本的に異なる点において、興味深いアルゴリズムである。

KNN は**怠惰学習**(lazy learner)の代表的な例である。「怠惰」と呼ばれるのは、その見かけの単純さからではなく、トレーニングデータから判別関数 ※45 を学習せず、トレーニングデータセットを暗記するためだ。

パラメトリックモデルとノンパラメトリックモデル

機械学習のアルゴリズムは、**パラメトリックモデル**と**ノンパラメトリックモデル**に分類できる。パラメトリックモデルでは、トレーニングデータセットからパラメータを推定する。それにより、元のトレーニングデータセットがなくても新しいデータ点を分類できるようになる。パーセプトロン、ロジスティック回帰、線形 SVM は、パラメトリックモデルの典型な例である。対照的に、ノンパラメトリックモデルの場合は固定のパラメータ集合で特徴付けることはできない。パラメータの個数はトレーニングデータセットとともに増加する。ここまで見てきたノンパラメトリックモデルの例は、決定木/ランダムフォレストとカーネル SVM の2つである。

KNN はノンパラメトリックモデルのサブカテゴリに属しており、「インスタンスに基づく学習」(instance-based learning)と呼ばれる。「インスタンスに基づく学習」をベースとするモデルには、トレーニングデータセットを記憶するという特徴がある。怠惰学習は「インスタンスに基づく学習」の特殊な例であり、学習過程のコストは0である。

KNN アルゴリズムそのものはかなり単純であり、次の手順にまとめることができる。

1. k の値と距離指標を選択する。
2. 分類したいサンプルから k 個の最近傍のデータ点を見つけ出す。
3. 多数決によりクラスラベルを割り当てる。

次の図は、5つの最近傍のデータ点での多数決に基づき、新しいデータ点 ? に三角形のクラス

※45 [監注] 判別関数(discriminant function)は、入力を直接クラスラベルに対応させる関数である。

ラベルが割り当てられる様子を示している。

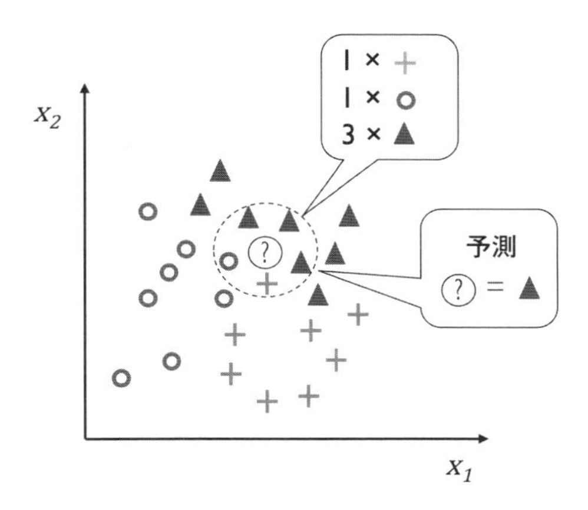

KNN アルゴリズムは、選択された距離指標に基づき、トレーニングデータセットのサンプルの中から分類したいデータ点に最も近い（最も類似する）*k* 個のサンプルを見つけ出す。新しいデータ点のクラスラベルは、*k* 個の最近傍での多数決によって決まる。

こうしたメモリベースのアプローチ[※46]の主な利点は、新しいトレーニングデータを集めるとすぐに分類器が適応することである。一方で、最悪の場合、新しいサンプルを分類する計算量がトレーニングデータセットのサンプルの個数に比例して増加するという欠点がある。ただし、データセットの次元（特徴量）の個数が非常に少なく、アルゴリズムが KD 木などの効率的なデータ構造を使って実装されていれば、話は別である[※47]。さらに、「トレーニング」ステップは存在しないため、トレーニングサンプルを破棄するわけにはいかない。このため、大きなデータセットを扱う場合は記憶域が問題になるかもしれない。

では、次にユークリッド距離の指標を使って scikit-learn で KNN モデルを実装してみよう[※48]。

```
>>> from sklearn.neighbors import KNeighborsClassifier
>>> # k 近傍法のインスタンスを生成
>>> knn = KNeighborsClassifier(n_neighbors=5, p=2, metric='minkowski')
>>> # トレーニングデータに k 近傍法のモデルを適合させる
>>> knn.fit(X_train_std, y_train)
>>> plot_decision_regions(X_combined_std, y_combined, classifier=knn,
...                       test_idx=range(105,150))
>>> plt.xlabel('petal length [standardized]')
>>> plt.ylabel('petal width [standardized]')
```

※46　［監注］KNN は、メモリに基づく学習（memory-based learning）のサブカテゴリでもある。

※47　J. H. Friedman, J. L. Bentley, R. A. Finkel. *An Algorithm for Finding Best Matches in Logarithmic Expected Time.* ACM Transactions on Mathematical Software (TOMS), 3(3):209-226, 1977

※48　［監注］ソースコードの 5 行目で現れるオブジェクト `X_train_std` は、3.2 節のコードで作成している。`X_train_std` は特徴量の各列を標準化したものである。また、コードの 6 行目に現れる `X_combined_std`、`y_combined` はいずれも 3.2 節のコードで作成している（ただし、`y_combined` は 3.6.2 項で再作成している）。

```
>>> plt.legend(loc='upper left')
>>> plt.tight_layout()
>>> plt.show()
```

このデータセットの５つの近傍を KNN モデルで指定することにより、比較的なめらかな決定境界が得られる。

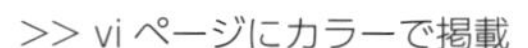
>> vi ページにカラーで掲載

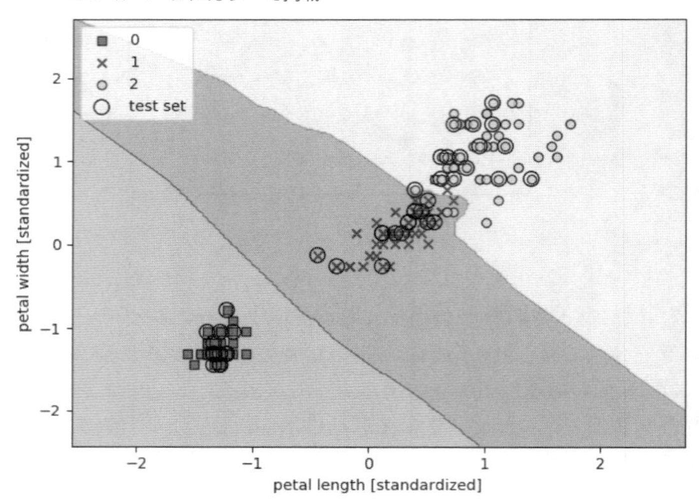

多数決が同数である場合、scikit-learn の KNN アルゴリズムの実装では、サンプルまでの距離がより近いものが優先される。複数の近傍が同じような距離にある場合は、トレーニングデータセットにおいて最初に現れるクラスラベルが選択される。

k を「正しく」選択するには、過学習と学習不足のバランスをうまくとることが肝心である。また、データセットの特徴量に適した距離指標を選択することも重要となる。多くの場合、実数値のサンプルには単純なユークリッド距離の指標が使用される。たとえば Iris データセットの特徴量はセンチメートル単位で測定されている。ただし、ユークリッド距離の指標を使用している場合は、各特徴量が距離に等しく寄与するようにデータを標準化することも重要となる。先のコードで使用した `'minkowski'` という距離は、単にユークリッド距離とマンハッタン距離を一般化したものであり、次のように表現できる ※49。

※49 ［監注］式 3.7.1 の右辺には、p 乗根が現れる。これは、p 乗するとその中身になる根を表している。たとえば、$p=1$ の場合は中身そのもの、$p=2$ の場合は通常の平方根、$p=3$ の場合は３乗根となる。

$$d\left(\boldsymbol{x}^{(i)}, \boldsymbol{x}^{(j)}\right) = \sqrt[p]{\sum_k \left|x_k^{(i)} - x_k^{(j)}\right|^p} \tag{3.7.1}$$

パラメータ p=2 を設定した場合はユークリッド距離となり、p=1 を設定した場合はマンハッタン距離となる。scikit-learn には、他にもさまざまな距離指標 ※50 が定義されている。

次元の呪い

ここで指摘しておきたいのは、**次元の呪い** (the curse of dimensionality) のために KNN が過学習に陥りやすいことである。次元の呪いは、固定されたサイズのトレーニングデータセットの次元の数が増加するのに伴い、特徴空間が徐々にまばらになっていく現象を表す。直観的に、高次元の空間では、最も近い近傍であっても離れすぎていて、うまく推定できないことが想像できる。「3.3　ロジスティック回帰を使ってクラスの確率を予測するモデルの構築」では、過学習を回避する方法の1つとして正則化の概念について説明した。だが、正則化を適用できない決定木やKNNといったモデルでは、特徴選択と次元削減の手法を用いることで、次元の呪いから逃れることができる。これについては、次章で詳しく説明する。

まとめ

本章では、線形問題と非線形問題に使用されるさまざまな機械学習のアルゴリズムについて説明した。意味解釈可能性に配慮する場合は、決定木が特に魅力的であることがわかった。ロジスティック回帰は、確率的勾配降下法によるオンライン学習に役立つだけでなく、事象が生起する確率を予測できるモデルでもある。SVM は強力な線形モデルであり、カーネルトリックを使って非線形問題の解を求めることが可能である一方、予測を適切に行うために調整しなければならないパラメータの個数が多い。対照的に、ランダムフォレストなどのアンサンブル手法は、パラメータの調整がそれほど必要ではなく、決定木ほど過学習に陥りやすくない。このため、実務上の多くの問題領域にとって魅力的なモデルである。怠惰学習による別の分類アプローチを提供する k 近傍法分類器は、予測を行うにあたってモデルのトレーニングを必要としないが、予測の計算コストはこちらのほうがかかる。

だが、適切な学習アルゴリズムの選択よりもさらに重要なのは、トレーニングデータセットにおいて利用可能なデータである。いかなるアルゴリズムも、情報として有益で判別性のある特徴量がなければ、予測を適切に行うことはできないだろう。

次章では、データの前処理、特徴選択、そして次元削減に関する重要な話題を取り上げる。これらは強力な機械学習モデルを構築するにあたって必要となるものだ。第 6 章では、モデルの性能を評価して比較する方法を確認し、さまざまなアルゴリズムを調整する便利な方法を理解する。

※50　http://scikit-learn.org/stable/modules/generated/sklearn.neighbors.DistanceMetric.html

MEMO

データ前処理 — よりよいトレーニングセットの構築

データの品質と有益な情報の量は、機械学習アルゴリズムの学習の効率を決定する上で重要な要因となる。このため、機械学習アルゴリズムに入力する前にデータセットを精査し、前処理を行うことがきわめて重要となる。本章では、効果的な機械学習モデルを構築するのに不可欠な、データの前処理の手法について説明する。

本章では、次の内容を取り上げる。

- データセットにおける欠測値の削除と補完
- 機械学習のアルゴリズムに合わせたカテゴリデータの整形
- モデルの構築に適した特徴量の選択

4.1 欠測データへの対処

実際のアプリケーションでは、さまざまな理由により、サンプルの値が欠損していることがよくある。たとえば、データを収集する過程で誤りがあったり、不適切な測定があったり、アンケート調査で空欄のままになっている項目があったりする。一般に、そうした**欠測値**[※1]（missing value）は、データテーブルの空欄や、NaN（Not a Number）などのプレースホルダ（仮の）文字列、あるいはNULLと見なされる。NULLは主にリレーショナルデータベースにおいて不明な値を表すために使

※1 ［監注］欠損値と訳されることもある。

用される。

残念ながら、ほとんどの計算ツールは欠測値に対処できないか、欠測値を無視した場合に予期せぬ結果を生み出す。このため、さらに分析を進める前に、欠測値に対処することがきわめて重要となる。

ここでは、欠測値に対処するための実践的な手法をいくつか紹介する。これらの手法では、データセットからエントリを削除するか、他のサンプルや特徴量で欠測値を補完する。

4.1.1 表形式のデータで欠測値を特定する

だが、さまざまな欠測値への対処法について説明する前に、CSV（Comma-Separated Values）ファイルから単純なサンプルデータを作成してみよう。そうすれば、欠測値の問題をよく理解できるはずだ。

```
>>> import pandas as pd
>>> from io import StringIO
>>> # サンプルデータを作成
>>> csv_data = '''A,B,C,D
...              1.0,2.0,3.0,4.0
...              5.0,6.0,,8.0
...              10.0,11.0,12.0,'''
>>> # Python 2.7を使用している場合は文字列をunicodeに変換する必要がある
>>> # csv_data = unicode(csv_data)
>>> # サンプルデータを読み込む
>>> df = pd.read_csv(StringIO(csv_data))
>>> df
      A     B     C    D
0   1.0   2.0   3.0  4.0
1   5.0   6.0   NaN  8.0
2  10.0  11.0  12.0  NaN
```

read_csv関数を使ってCSVフォーマットのデータをpandasのDataFrameオブジェクトに読み込むと、欠損している２つのセルがNaNに置き換えられることがわかる。このコードのStringIO関数は説明のために使用しただけである。この関数を使用すると、ハードディスク上の通常のCSVと同じように、変数csv_dataに代入された文字列をDataFrameオブジェクトに読み込めるようになる。

DataFrameオブジェクトがさらに大きい場合、欠測値を手動で探すのは面倒かもしれない。この場合は、isnullメソッドを使って論理値が含まれたDataFrameオブジェクトを取得するとよい。この論理値は、セルに数値が含まれている場合はFalse、含まれていない場合はTrueとなる。さらに、sumメソッドを使って欠測値の個数を列ごとに取得すればよい。

```
>>> # 各特徴量の欠測値をカウント
>>> df.isnull().sum()
A    0
```

```
B    0
C    1
D    1
dtype: int64
```

このようにして、欠測値の個数を列ごとに調べることができる。以降の項では、この欠測データに対処するためのさまざまな手法を見ていこう。

scikit-learnはNumPyの配列に対応するように開発されているが、データの前処理にはpandasの`DataFrame`クラスを使用するほうが便利なことがある。scikit-learnの推定器に入力される前の`DataFrame`オブジェクトはNumPyの配列であり、`values`属性を使っていつでもアクセスできる。

```
>>> df.values
array([[ 1., 2., 3., 4.], [ 5., 6., nan, 8.], [ 10., 11., 12., nan]])
```

4.1.2 欠測値を持つサンプル／特徴量を取り除く

欠測データに対処する最も簡単な方法の1つは、該当する特徴量(列)またはサンプル(行)をデータセットから完全に削除することである。`dropna`メソッドを使用すれば、欠測値を含んでいる行を簡単に削除できる。

```
>>> # 欠測値を含む行を削除
>>> df.dropna()
     A    B    C    D
0  1.0  2.0  3.0  4.0
```

同様に、`axis`引数を1に設定すれば、`NaN`を含んでいる行が1つでもある列を削除できる[※2]。

```
>>> # 欠測値を含む列を削除
>>> df.dropna(axis=1)
      A     B
0   1.0   2.0
1   5.0   6.0
2  10.0  11.0
```

`dropna`メソッドには、役に立つ引数が他にもいくつか用意されている。

※2 [監注] `dropna`メソッドの`axis`引数はデフォルトでは0に設定されており、列ごとに欠測値を含む行の有無を判定する処理を行う。NumPyやpandasは、クラスのメソッドや関数で`axis`引数を設定できるものも多い。

```
# すべての列が NaN である行だけを削除
# （すべての値が NaN である行はないため、配列全体が返される）
>>> df.dropna(how='all')
      A     B     C    D
0   1.0   2.0   3.0  4.0
1   5.0   6.0   NaN  8.0
2  10.0  11.0  12.0  NaN

# 非 NaN 値が 4 つ未満の行を削除
>>> df.dropna(thresh=4)
     A    B    C    D
0  1.0  2.0  3.0  4.0

# 特定の列（この場合は 'C'）に NaN が含まれている行だけを削除
>>> df.dropna(subset=['C'])
      A     B     C    D
0   1.0   2.0   3.0  4.0
2  10.0  11.0  12.0  NaN
```

欠測データの削除は便利な方法に思えるが、明らかな問題点もある。たとえば、サンプルを削除しすぎてしまい、解析の信頼性が失われることがある。あるいは、特徴量の列を削除しすぎた場合は、分類器がクラスを判別するのに必要な、有益な情報が失われるおそれがある。そこで次項では、**補間法**（interpolation technique）について説明する。補間法は、欠測値への対処に最もよく使用される手法の 1 つである。

4.1.3 欠測値を補完する

サンプルの行を削除したり、特徴量の列全体を削除したりすると、貴重なデータをあまりにも多く失いかねない。このため、そうした方法はたいてい現実的ではない。このような場合は、別の補間法を用いることで、データセットの他のトレーニングサンプルから欠測値を推測できる。最も一般的な補間法の 1 つは、**平均値補完**（mean imputation）である。平均値補完では、単に欠測値を特徴量の列全体の平均値と置き換える。これには、scikit-learn の `Imputer` クラスを使用すると便利である。

```
>>> from sklearn.preprocessing import Imputer
>>> # 欠測値補完のインスタンスを生成（平均値補完）
>>> imr = Imputer(missing_values='NaN', strategy='mean', axis=0)
>>> # データを適合
>>> imr = imr.fit(df.values)
>>> # 補完を実行
>>> imputed_data = imr.transform(df.values)
>>> imputed_data
array([[  1. ,   2. ,   3. ,   4. ],
       [  5. ,   6. ,   7.5,   8. ],
       [ 10. ,  11. ,  12. ,   6. ]])
```

ここでは、`NaN`値をそれぞれ特徴量の列ごとに計算された平均値で置き換えている。`axis=0`を`axis=1`に変更すると、行の平均値が計算されるようになる。`strategy`引数には、オプションとして`'median'`（中央値）または`'most_frequent'`（最頻値）も指定できる。`'most_frequent'`は欠測値を最頻値（与えられたデータセットの中で最も頻繁に現れる値）に置き換える。この手法は、たとえばred、green、blueといった色の名前をコードとして含んでいる特徴量列など、カテゴリ特徴量の値を補完するのに役立つ。本章は後ほど、そうしたデータの例を紹介する。

4.1.4 scikit-learnの推定器API

前項では、scikit-learnの`Imputer`クラスを使ってデータセットの欠測値を補完した。`Imputer`クラスはscikit-learnのいわゆる**変換器**（transformer）クラスに属している。変換器クラスはデータの変換に使用される。変換器には、基本的なメソッドとして`fit`と`transform`の2つがある。`fit`メソッドはトレーニングデータセットからパラメータを学習するために使用され、`transform`メソッドは学習したパラメータに基づいてデータを変換するために使用される。変換の対象となるデータ配列に含まれる特徴量の個数は、モデルの適合に使用されたデータ配列の特徴量と同じでなければばならない。次の図は、トレーニングデータセットで適合された変換器を使用して、新しいトレーニングデータセットと新しいテストデータセットに変換する方法を示している。

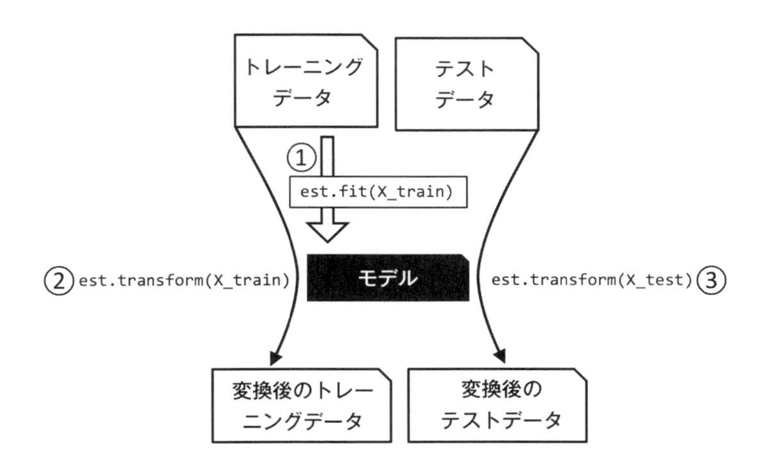

前章で使用した分類器は、scikit-learnのいわゆる**推定器**（estimator）に属している。推定器のAPIは、概念的には変換器クラスと非常によく似ている。推定器には`predict`メソッドが定義されているが、後ほど説明するように、`transform`メソッドも使用できる。scikit-learnの推定器で分類のトレーニングを行ったときには、`fit`メソッドを使ってモデルのパラメータを学習した。しかし、教師あり学習のタスクでは、モデルを適合させるためのクラスラベルも指定する。次の図に示すように、それらのクラスラベルと`predict`メソッドを使って新しいデータサンプルを予測でき

る[※3]。

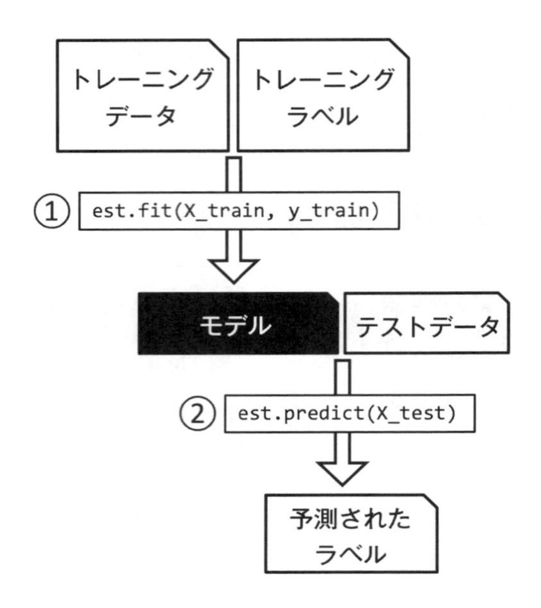

4.2 カテゴリデータの処理

ここまでは数値データだけを扱ってきた。しかし、現実のデータセットには往々にしてカテゴリ値の特徴量の列が含まれている。ここでは、数値計算を行うライブラリでこの種のデータを扱う方法を理解するために、単純ながら効果的な例を使用する。

4.2.1 名義特徴量と順序特徴量

カテゴリデータに関しては、**名義**(nominal)特徴量と**順序**(ordinal)特徴量を区別する必要がある。順序特徴量については、並べ替えや順序付けが可能なカテゴリ値と見なすことができる。たとえば「Tシャツのサイズ」は、$XL > L > M$ の順序を定義できるため、順序特徴量である。これに対し、名義特徴量には順序がない。「Tシャツの例」では、たとえば「赤」は「青」よりも大きいとは言えない

※3 [監注] 本項では、scikit-learn の API として、推定器(estimator)、予測器(predictor)、変換器(transformer)の3つが挙げられている。scikit-learn の開発者向けのページ(http://scikit-learn.org/stable/developers/contributing.html#apis-of-scikit-learn-objects)では、scikit-learn の主要なオブジェクトとして、推定器(estimator)、予測器(predictor)、変換器(transformer)、モデル(model)の4つが挙げられている。推定器はデータから学習する `fit` メソッド、予測器は予測を実行する `predict` メソッド、変換器はデータを変換する `transform/fit_transform` メソッド、モデルはモデルの適合のよさを評価するメソッドを備えるものとされている。なお、scikit-learn の API については開発者らによる次の文献が詳しい。
Lars Buitinck, et al., *API design for machine learning software: experiences from the scikit-learn project.* ECML/PKDD 2013 Workshop(http://arxiv.org/abs/1309.0238)

ため、こうした順序のない特徴量は名義特徴量と見なすことができる。

サンプルデータセットの作成

カテゴリデータを処理するさまざまな方法について調べる前に、問題を具体的に示す新しいDataFrameを作成しておこう。

```
>>> import pandas as pd
>>> # サンプルデータを生成（Tシャツの色・サイズ・価格・クラスラベル）
>>> df = pd.DataFrame([
...     ['green', 'M', 10.1, 'class1'],
...     ['red', 'L', 13.5, 'class2'],
...     ['blue', 'XL', 15.3, 'class1']])
>>> # 列名を設定
>>> df.columns = ['color', 'size', 'price', 'classlabel']
>>> df
   color size  price classlabel
0  green    M   10.1     class1
1    red    L   13.5     class2
2   blue   XL   15.3     class1
```

この出力からわかるように、新しく作成されたDataFrameオブジェクトには、名義特徴量（color）、順序特徴量（size）、数値特徴量（price）の列が含まれている。教師あり学習のタスクに合わせてデータセットを作成したという前提のもとで、クラスラベルは最後の列に格納される。本書で説明する分類用の学習アルゴリズムでは、クラスラベルに順序の情報を使用しない。

4.2.2 順序特徴量のマッピング

学習アルゴリズムに順序特徴量を正しく解釈させるには、カテゴリ文字列の値を整数に変換する必要がある。残念ながら、size特徴量のラベルの正しい順序を自動的に導き出せるような便利な関数は存在しない。このため、整数などへの変換マッピングは明示的に定義しなければならない。次の単純な例では、特徴量の間に $XL = L + 1 = M + 2$ のような差があることがわかっているものとする。

```
>>> # Tシャツのサイズと整数を対応させるディクショナリを生成
>>> size_mapping = {'XL': 3, 'L': 2, 'M': 1}
>>> # Tシャツのサイズを整数に変換
>>> df['size'] = df['size'].map(size_mapping)
>>> df
   color  size  price classlabel
0  green     1   10.1     class1
1    red     2   13.5     class2
2   blue     3   15.3     class1
```

あとから整数値を元の文字列表現に戻したい場合は、このsize_mappingディクショナリと同じ要領で、逆のマッピングを行うディクショナリ inv_size_mapping = {v: k for k, v in size_mapping.items()} を定義する。そして、変換された特徴量の列で pandas の map メソッドを呼び出せばよい。

```
>>> inv_size_mapping = {v: k for k, v in size_mapping.items()}
>>> df['size'].map(inv_size_mapping)
0     M
1     L
2    XL
Name: size, dtype: object
```

4.2.3 クラスラベルのエンコーディング

多くの機械学習ライブラリは、クラスラベルが整数値としてエンコードされていることを要求する。scikit-learn の分類用の推定器のほとんどは、クラスラベルを内部で整数に変換する。だが、技術的なミスを回避するには、scikit-learn の内部でクラスラベルを整数に変換させるのではなく、あらかじめクラスラベルを整数の配列として提供するのがよいプラクティスである。クラスラベルのエンコーディングには、前項で説明した順序特徴量のマッピングと同じような手法を使用できる。クラスラベルが順序特徴量ではないことと、文字列のラベルにどの整数を割り当てるのかは重要ではないことに注意しよう。したがって、クラスラベルを 0 から順に番号付けすればよい。

```
>>> import numpy as np
>>> # クラスラベルと整数を対応させるディクショナリを生成
>>> class_mapping = {label:idx for idx, label in
... enumerate(np.unique(df['classlabel']))}
>>> class_mapping
{'class1': 0, 'class2': 1}
```

マッピングディクショナリを作成したら、次のようにマッピングディクショナリを使ってクラスラベルを整数に変換できる[※4]。

```
>>> # クラスラベルを整数に変換
>>> df['classlabel'] = df['classlabel'].map(class_mapping)
>>> df
   color  size  price  classlabel
0  green     1   10.1           0
1    red     2   13.5           1
2   blue     3   15.3           0
```

※4 [監注] pandas の DataFrame オブジェクトの各列は、Series というクラスのインスタンスである。Series クラスは値を変換するための map メソッドを提供している。map メソッドの引数には値を対応づける関数、ディクショナリ、Series クラスのいずれかのインスタンスを与える。

変換されたクラスラベルを元の文字列表現に戻すには、マッピングディクショナリのキーと値のペアを逆の順序にすればよい。

```
>>> # 整数とクラスラベルを対応させるディクショナリを生成
>>> inv_class_mapping = {v: k for k, v in class_mapping.items()}
>>> # 整数からクラスラベルに変換
>>> df['classlabel'] = df['classlabel'].map(inv_class_mapping)
>>> df
   color  size  price classlabel
0  green     1   10.1     class1
1    red     2   13.5     class2
2   blue     3   15.3     class1
```

あるいは、scikit-learnで直接実装されている`LabelEncoder`という便利なクラスを使用する方法もある[※5]。

```
>>> from sklearn.preprocessing import LabelEncoder
>>> # ラベルエンコーダのインスタンスを生成
>>> class_le = LabelEncoder()
>>> # クラスラベルから整数に変換
>>> y = class_le.fit_transform(df['classlabel'].values)
>>> y
array([0, 1, 0])
```

`fit_transform`メソッドは、`fit`と`transform`を別々に呼び出すことに相当するショートカットである。整数のクラスラベルを元の文字列表現に変換するには、`inverse_transform`メソッドを使用する。

```
>>> # クラスラベルを文字列に戻す
>>> class_le.inverse_transform(y)
array(['class1', 'class2', 'class1'], dtype=object)
```

4.2.4 名義特徴量での one-hot エンコーディング

前項では、単純なディクショナリマッピング方式により、順序特徴量の`size`を整数に変換した。scikit-learnの分類用の推定器はクラスラベルを「順序を持たないカテゴリデータ」として扱うため、`LabelEncoder`という便利なクラスを使って文字列のラベルを整数に変換した。そこで、このデータセットの名義特徴量である`color`列についても、同じ要領で変換できると考えたとしよう。

※5 ［監注］`LabelEncoder`クラスの`fit`メソッド、`fit_transform`メソッドは、入力に現れる文字列がN種類あるときに、それぞれの文字列を0からN-1までの整数に置き換える。

```
>>> # Tシャツの色、サイズ、価格を抽出
>>> X = df[['color', 'size', 'price']].values
>>> color_le = LabelEncoder()
>>> X[:, 0] = color_le.fit_transform(X[:, 0])
>>> X
array([[1, 1, 10.1],
       [2, 2, 13.5],
       [0, 3, 15.3]], dtype=object)
```

このコードを実行すると、NumPy配列Xの1つ目の列に新しいcolor値が格納される。それらは次のようにエンコードされる。

- blue → 0
- green → 1
- red → 2

ここでデータの変換を終了し、この配列を分類器に入力してしまうと、カテゴリデータの処理で最もよくある間違いの1つを犯すことになる。何が問題なのかわかっただろうか。色の値には順序というものはないが、学習アルゴリズムは**green**が**blue**よりも大きく、**red**が**green**よりも大きいと想定するようになる。この想定は正しくないが、学習アルゴリズムが生成する結果は依然として意味をなすものかもしれない。ただし、それらの結果は最適であるとは言えない。

この問題を回避する一般的な方法は、**one-hotエンコーディング**（one-hot encoding）という手法を使用することである。この手法は、名義特徴量の列の一意な値ごとに**ダミー特徴量**（dummy feature）を新たに作成するという発想に基づいている。この場合は、color特徴量のblue、green、redを3つの新しい特徴量に変換する。そうすれば、これら3つの特徴量の二値の組み合わせによってサンプルの色を指定できるようになる。たとえば、青のサンプルはblue=1, green=0, red=0としてエンコードできる。この変換には、scikit-learn.preprocessingモジュールで実装されているOneHotEncoderクラスを使用できる。

```
>>> from sklearn.preprocessing import OneHotEncoder
>>> # one-hotエンコーダの生成
>>> ohe = OneHotEncoder(categorical_features=[0])
>>> # one-hotエンコーディングを実行
>>> ohe.fit_transform(X).toarray()
array([[  0. ,   1. ,   0. ,   1. ,  10.1],
       [  0. ,   0. ,   1. ,   2. ,  13.5],
       [  1. ,   0. ,   0. ,   3. ,  15.3]])
```

OneHotEncoderを初期化するときに、categorical_features引数を使って、変換したい変数の列位置をリストで定義している —— colorが特徴行列Xの最初の列であることに注意しよう。デフォルトでは、OneHotEncoderクラスのインスタンスはtransformメソッドが呼び出されたときに疎行列（多数の0の要素からなる行列）を返す。ここでは、この疎行列表現を可視化す

るために、toarrayメソッドを使って通常の密行列（多数の0以外の要素からなる行列）であるNumPy配列に変換している。疎行列は大きなデータセットをより効率よく格納する手段にすぎない。疎行列はscikit-learnの多くの関数でサポートされており、特に0が大量に含まれている場合に役立つ。toarrayの呼び出しを省略したい場合は、OneHotEncoderクラスのインスタンスをOneHotEncoder(..., sparse=False)のように初期化して、通常のNumPy配列が返されるようにすればよい。

one-hotエンコーディングを使ってダミー特徴量を作成する場合は、pandasで実装されているget_dummies関数を使用するとさらに便利である。get_dummies関数をDataFrameオブジェクトに適用すると、文字列値を持つ列だけが変換され、それ以外の列はそのままとなる。


```
>>> # one-hot エンコーディングを実行
>>> pd.get_dummies(df[['price', 'color', 'size']])
   price  size  color_blue  color_green  color_red
0   10.1     1           0            1          0
1   13.5     2           0            0          1
2   15.3     3           1            0          0
```

one-hotエンコーディングを使用する際には、逆行列を要求する手法などで**多重共線性**（multicollinearity）という問題が発生する可能性があることに注意しなければならない。特徴量の相関性が高い場合、逆行列の計算は計算量が多すぎて、数値的に不安定な予測につながることがある。特徴量の間の相関性を減らすには、one-hotエンコーディングの配列から特徴量の列を1つ削除すればよい。ただし、特徴量の列を削除しても、重要な情報は失われないことに注意しよう。たとえば、color_blue列を削除しても、その特徴量の情報は依然として残っている。color_green=0とcolor_red=0が観測されれば、その観測値がblueであることは自ずとわかるからだ。

get_dummies関数を使用する場合は、drop_firstパラメータに引数としてTrueを渡すことで、最初の列を削除できる。

```
>>> # one-hot エンコーディングを実行
>>> pd.get_dummies(df[['price', 'color', 'size']], drop_first=True)
   price  size  color_green  color_red
0   10.1     1            1          0
1   13.5     2            0          1
2   15.3     3            0          0
```

OneHotEncoderには、列を削除するためのパラメータは定義されていないが、次に示すように、one-hotエンコーディングのNumPy配列から列を削除するのは簡単である。

```
>>> # one-hot エンコーダの生成
>>> ohe = OneHotEncoder(categorical_features=[0])
>>> # one-hot エンコーディングを実行
>>> ohe.fit_transform(X).toarray()[:, 1:]
array([[  1. ,   0. ,   1. ,  10.1],
```

```
       [  0. ,   1. ,   2. ,  13.5],
       [  0. ,   0. ,   3. ,  15.3]])
```

4.3 データセットをトレーニングデータセットとテストデータセットに分割する

データセットをトレーニング用とテスト用の別々のデータセットに分割するという概念については、第1章と第3章で簡単に説明した。予測値とテストセットに含まれている真のラベルとの比較については、モデルを現実の世界に適用する前の「不偏的な性能評価」として考えることができる。ここでは、Wine という新しいデータセットを準備する。このデータセットに前処理を行った後、データセットの次元数を減らすためのさまざまな特徴選択の手法を見ていく。

Wine データセットもオープンソースのデータセットの1つであり、UCI Machine Learning Repository※6 からダウンロードできる。このデータセットは、178行のワインサンプルと、それらの化学的性質を表す13列の特徴量で構成されている。

Wine データセット（および本書で使用しているその他すべてのデータセット）は、本書の GitHub に含まれている。オフラインで作業している場合や、UCI サーバーが一時的に利用できない場合は、GitHub のデータセットを使用するとよいだろう。たとえば、ローカルディレクトリから Wine データセットを読み込むには、次の行を変更する。

```
df = pd.read_csv('https://archive.ics.uci.edu/ml/'
                 'machine-learning-databases/wine/wine.data',
                 header=None)
```

このコードを次のコードに置き換えればよい。

```
df = pd.read_csv('<Wine データセットへのローカルパス>/wine.data',
                 header=None)
```

ここでは、pandas ライブラリを使用して、UCI Machine Learning Repository から Wine データセットを直接読み込む※7。

```
>>> # wine データセットを読み込む
>>> df_wine = pd.read_csv(
...     'https://archive.ics.uci.edu/ml/machine-learning-databases/wine/wine.data',
```

※6 https://archive.ics.uci.edu/ml/datasets/Wine

※7 ［監注］以下のソースコードでは、pandas の `read_csv` 関数でデータを読み込んだ後に、pandas のデータフレームの列名を `columns` 属性に指定している。`read_csv` 関数の `names` 引数に列名のリストを直接指定することによっても同様の処理を実行できる。

```
...     header=None)
>>> # 列名を設定
>>> df_wine.columns = ['Class label', 'Alcohol', 'Malic acid', 'Ash',
...     'Alcalinity of ash', 'Magnesium', 'Total phenols', 'Flavanoids',
...     'Nonflavanoid phenols', 'Proanthocyanins', 'Color intensity', 'Hue',
...     'OD280/OD315 of diluted wines', 'Proline']
>>> # クラスラベルを表示
>>> print('Class labels', np.unique(df_wine['Class label']))
Class labels [1, 2, 3]
>>> # wine データセットの先頭 5 行を表示
>>> df_wine.head()
   Class label  Alcohol  Malic acid   Ash  Alcalinity of ash  Magnesium  \
0            1    14.23        1.71  2.43               15.6        127
1            1    13.20        1.78  2.14               11.2        100
...

   Total phenols  Flavanoids  Nonflavanoid phenols  Proanthocyanins  \
0           2.80        3.06                  0.28             2.29
1           2.65        2.76                  0.26             1.28
...

   Color intensity   Hue  OD280/OD315 of diluted wines  Proline
0             5.64  1.04                          3.92     1065
1             4.38  1.05                          3.40     1050
...
```


Wine データセットの 13 種類の特徴量は、178 のワインサンプルの化学的性質を表している。

	Class label	Alcohol	Malic acid	Ash	Alcalinity of ash	Magnesium	Total phenols	Flavanoids	Nonflavanoid phenols	Proanthocyanins	Color intensity	Hue	OD280/OD315 of diluted wines	Proline
0	1	14.23	1.71	2.43	15.6	127	2.80	3.06	0.28	2.29	5.64	1.04	3.92	1065
1	1	13.20	1.78	2.14	11.2	100	2.65	2.76	0.26	1.28	4.38	1.05	3.40	1050
2	1	13.16	2.36	2.67	18.6	101	2.80	3.24	0.30	2.81	5.68	1.03	3.17	1185
3	1	14.37	1.95	2.50	16.8	113	3.85	3.49	0.24	2.18	7.80	0.86	3.45	1480
4	1	13.24	2.59	2.87	21.0	118	2.80	2.69	0.39	1.82	4.32	1.04	2.93	735

これらのサンプルは、クラス 1、2、3 のいずれかに属している。データセットの概要[※8]にもあるように、これら 3 つのクラスは、イタリアの同じ地域で栽培されている異なる品種のブドウを表している。

このデータセットをテストデータセットとトレーニングデータセットにランダムに分割する便利な方法の 1 つは、`train_test_split` 関数を使用することである。この関数は、scikit-learn の `model_selection` サブモジュールで定義されている。

```
>>> from sklearn.model_selection import train_test_split
>>> # 特徴量とクラスラベルを別々に抽出
```

※8 https://archive.ics.uci.edu/ml/machine-learning-databases/wine/wine.names

```
>>> X, y = df_wine.iloc[:, 1:].values, df_wine.iloc[:, 0].values
>>> # トレーニングデータとテストデータに分割
>>> # 全体の30%をテストデータにする
>>> X_train, X_test, y_train, y_test = \
...     train_test_split(X, y, test_size=0.3, random_state=0, stratify=y)
```

まず、特徴量の列1〜13のNumPy配列を変数Xに代入し、最初の列のクラスラベルを変数yに代入している[※9]。次に、train_test_split関数を使ってXとyをトレーニングデータセットとテストデータセットにランダムに分割している。test_size=0.3を設定することにより、ワインサンプル全体の30%をX_testとy_testに割り当て、残りの70%をX_trainとy_trainに割り当てている。stratifyパラメータに引数としてクラスラベルの配列yを渡すことで(層化サンプリングのためにクラスラベルを指定)、トレーニングセットとテストセットのクラスの比率が元のデータセットと同じになるようにしている。

データセットをトレーニングデータセットとテストデータセットに分割する際には、データをテストデータに配分することにより、学習アルゴリズムにとって価値があるかもしれない貴重な情報を間引いていることに注意しなければならない。このため、テストデータセットに割り当てる情報が多くなりすぎないように注意したいところである。だが、テストデータセットを小さくすればするほど、汎化誤差の推定の正確性は失われていく。データセットをトレーニングデータセットとテストデータセットに分割する上で肝心なのは、このトレードオフを探ることである。実際には、最もよく使用される比率は、60:40、70:30、80:20のいずれかである。ただし、データセットが大きい場合は、トレーニングデータセットとテストデータセットを90:10または99:1の比率で分割するのも一般的であり、妥当である。モデルの予測性能を改善するには、モデルのトレーニングと評価の後、割り当てたテストデータを廃棄するのではなく、データセット全体に対して分類器のトレーニングをもう一度行うのが常套手段である[※10]。このアプローチは一般に推奨されるが、たとえばデータセットが小さく、テストセットに外れ値が含まれている場合は、汎化性能の低下につながることがある。また、データセット全体に対してモデルのトレーニングを再び行った場合、モデルの予測性能を評価するための独立したデータはまったく残っていない。

4.4 特徴量の尺度を揃える

特徴量のスケーリング(feature scaling)は、一連の前処理において忘れられがちではあるものの、きわめて重要なステップである。前章で説明したように、決定木とランダムフォレストは、特徴量

※9 [監注] pandasのDataFrameクラスのilocメソッドは、行番号または列番号を指定してデータを抽出する。

※10 [監注] 第6章で説明するように、一般にトレーニングデータを対象にハイパーパラメータのチューニングや交差検証法を実行し最適なハイパーパラメータのモデルを推定した後に、テストデータで予測精度を検証する。得られた予測精度に満足がいけば、そのハイパーパラメータを設定してトレーニングデータとテストデータを結合したすべてのデータを対象にモデルを推定することがある。

のスケーリングに配慮する必要のない、数少ない機械学習アルゴリズムである[※11]。これら２つのアルゴリズムは、特徴量の尺度の影響を受けない。だが、第２章で**勾配降下法**の最適化アルゴリズムを実装したときに示したように、機械学習と最適化のアルゴリズムの大半は、複数の特徴量の尺度が同じである場合にはるかにうまく動作する。

特徴量のスケーリングの重要性は、単純な例を使って示すことができる。たとえば特徴量が２つあり、１つ目の特徴量が１～10、２つ目の特徴量が１～100,000の尺度で測定されているとする。そこで第２章のADALINEの平方誤差関数を思い浮かべてみよう。第２章のADALINEの説明では、Irisデータセットのがく片の長さと花びらの長さを用いていた。アルゴリズムが２つ目の特徴量、つまりより大きな誤差に従って重みをせっせと最適化することが想像できる。もう１つの例は、ユークリッド距離を使った**k近傍法**（KNN）である。サンプル間で計算される距離では、２つ目の特徴軸の寄与が支配的になるだろう。

さて、複数の特徴量の尺度を揃える一般的な手法として、**正規化**（normalization）と**標準化**（standardization）の２つがある。これらの用語は、分野によってはかなりあいまいに用いられることが多く、状況に応じてその意味を推測する必要がある。ほとんどの場合、正規化は特徴量を[0, 1]の範囲にスケーリングし直すことを意味する。これはmin-maxスケーリングの特殊なケースである。本章のデータを正規化するには、各特徴量の列にmin-maxスケーリングを適用すればよい。サンプル$x^{(i)}$の新しい値$x^{(i)}_{\mathrm{norm}}$は、次のように計算できる。

$$x^{(i)}_{norm} = \frac{x^{(i)} - x_{min}}{x_{max} - x_{min}} \tag{4.4.1}$$

ここで、$x^{(i)}$は特定のサンプルであり、x_{min}は特徴量の列において最も小さい値（最小値）、x_{max}は最も大きい値（最大値）を表す。

min-maxスケーリングはscikit-learnで実装されており、次のように使用できる。

```
>>> from sklearn.preprocessing import MinMaxScaler
>>> # min-maxスケーリングのインスタンスを生成
>>> mms = MinMaxScaler()
>>> # トレーニングデータをスケーリング
>>> X_train_norm = mms.fit_transform(X_train)
>>> # テストデータをスケーリング
>>> X_test_norm = mms.transform(X_test)
```

min-maxスケーリングによる正規化はよく使用される手法であり、有界区間（ある範囲内）の値が必要である場合に役立つが、特に勾配降下法などの最適化アルゴリズムを含め、多くの機械学習のアルゴリズムには標準化のほうが実用的かもしれない。その理由は、前章で説明したロジスティック回帰やSVMを含め、多くの線形モデルが重みを０または０に近い小さな乱数に初期化す

※11 ［監注］3.6.2項の監注でも説明したように、決定木では、数値の分割条件を値の大小関係として与える。そのため、特徴量をスケーリングしてもしきい値の値が変化するにすぎず、サンプルの分割には何ら影響をおよぼさない。当然のことながら、複数の決定木を内部で構築しているランダムフォレストも同様の性質を持つ。

るからである。標準化を使用する場合は、平均値０、標準偏差１となるように変換する。特徴量の列は正規分布に従うため、重みを学習しやすくなる。さらに、標準化では、外れ値に関する有益な情報が維持される※12。このため、データを限られた範囲の値にスケーリングする min-max スケーリングとは対照的に、外れ値から受ける影響が少なくなる。

標準化の手続きは次の式で表すことができる。

$$x_{std}^{(i)} = \frac{x^{(i)} - \mu_x}{\sigma_x} \tag{4.4.2}$$

ここで、μ_x は特徴量の列の平均値、σ_x は対応する標準偏差を表す※13。

次の表は、一般的な特徴量のスケーリング手法である標準化と正規化の違いをまとめたものである。この表は０～５の数字からなる単純なサンプルデータセットの結果を示している。

入力	標準化	正規化
0.0	-1.46385	0.0
1.0	-0.87831	0.2
2.0	-0.29277	0.4
3.0	0.29277	0.6
4.0	0.87831	0.8
5.0	1.46385	1.0

この表に示されている標準化と正規化を実行する方法は次のようになる。

```
>>> ex = np.array([0, 1, 2, 3, 4, 5])
>>> print('standardized:', (ex - ex.mean()) / ex.std())
standardized: [-1.46385011 -0.87831007 -0.29277002  0.29277002  0.87831007  1.46385011]
>>> print('normalized:', (ex - ex.min()) / (ex.max() - ex.min()))
normalized: [ 0.   0.2  0.4  0.6  0.8  1. ]
```

MinMaxScaler クラスと同様に、scikit-learn には標準化のクラスも実装されている。

```
>>> from sklearn.preprocessing import StandardScaler
>>> # 標準化のインスタンスを生成（平均 =0、標準偏差 =1 に変換）
>>> stdsc = StandardScaler()
>>> X_train_std = stdsc.fit_transform(X_train)
>>> X_test_std = stdsc.transform(X_test)
```

※12 ［監注］平均値が０、標準偏差が１の分布に従うように特徴量を変換しても、多くの場合依然として外れ値はこの分布の中でも外れ値のままであることを指している。

※13 ［監注］式 4.4.2 は、第２章で勾配降下法の説明で用いた式 2.5.6 とまったく同じ内容を表している。表記が若干異なることに注意。

この場合も、StandardScalerクラスのインスタンスをトレーニングデータセットに適合させるのは1回だけでよく、学習したパラメータを使ってテストデータセットまたは新しいデータ点を変換することに注意しよう。

4.5 有益な特徴量の選択

テストデータセットよりもトレーニングデータセットのほうがモデルの性能がはるかによいことに気づいたとしよう。この結果には、**過学習**（overfitting）の兆候が顕著に現れている。前章で説明したように、過学習は、モデルがトレーニングデータセットの観測結果にパラメータを適合させすぎていて、新しいデータにうまく汎化されないことを意味する。このようなモデルは「バリアンスが高い」と呼ばれる。過学習の原因は、与えられたトレーニングデータセットに対してモデルが複雑すぎることにある。汎化誤差を減らすための一般的な方法は次のとおりである。

- さらに多くのトレーニングデータを集める
- 正則化を通じて複雑さにペナルティを科す
- パラメータの数が少ない、より単純なモデルを選択する
- データの次元の数を減らす

より多くのトレーニングデータを集める方法は、採用するのが難しいことが多い[※14]。第6章では、そもそもトレーニングデータを増やすことに意味があるかどうかを確認する方法について説明する。ここでは、正則化と、特徴選択による次元削減を行うことで、過学習を減らす一般的な方法について見ていく。特徴選択による次元削減により、データに適合させなければならないパラメータの数が少なくなり、モデルがより単純になる。

4.5.1 モデルの複雑さに対するペナルティとしてのL1/L2正則化

前章では、**L2正則化**がモデルの複雑さを低減する方法の1つであることを示した。モデルの複雑さは大きな重みにペナルティを科すことによって低減される。前章では、重みベクトル $\boldsymbol{w}$ のL2正則化を次のように定義した。

$$L2: \|\boldsymbol{w}\|_2^2 = \sum_{j=1}^{m} w_j^2 \tag{4.5.1}$$

モデルの複雑さを定義するもう1つの方法として、L2正則化に関連する**L1正則化**がある。

$$L1: \|\boldsymbol{w}\|_1 = \sum_{j=1}^{m} |w_j| \tag{4.5.2}$$

※14 ［監注］データ解析の実務では、収集できるデータ量に制約があり、そもそもトレーニングデータを増やせない場合がほとんどであろう。

ここでは単に重みの2乗の和を重みの絶対値の和に置き換えている。L2 正則化とは対照的に、L1 正則化によって返されるのは、通常は疎な特徴ベクトルであり、ほとんどの特徴量の重みは 0 となる。要素のほとんどが 0 といった疎性が実際に役立つことがあるのは、無関係な特徴量の個数が多い高次元のデータセットがあり、特に無関係な次元の数がサンプルよりも多い場合である。その意味では、特徴選択の手法として L1 正則化を考えることができる。

4.5.2 L2 正則化の幾何学的解釈

前項で説明したように、L2 正則化はコスト関数にペナルティ項を追加する。結果として、正則化されていないコスト関数を使ってトレーニングされたモデルと比べて、重みの値が極端に小さくなる。L1 正則化がどのようにして疎性を促すのかをよく理解できるよう、正則化の幾何学的解釈について考えてみよう。そこで、2つの重み係数 w_1 と w_2 に対する凸コスト関数の等高線をプロットする。ここでは、第2章で ADALINE に使用した**誤差平方和**（SSE）のコスト関数について考える —— その等高線は球状（または円状）で、ロジスティック回帰のコスト関数よりも描きやすい。ただし、ロジスティック回帰のコスト関数にも同じ概念が当てはまる。次の図に示すように、ここでの目的は、トレーニングデータセットのコスト関数を最小化する重み係数の組み合わせ（楕円の中央の点）を見つけ出すことである。

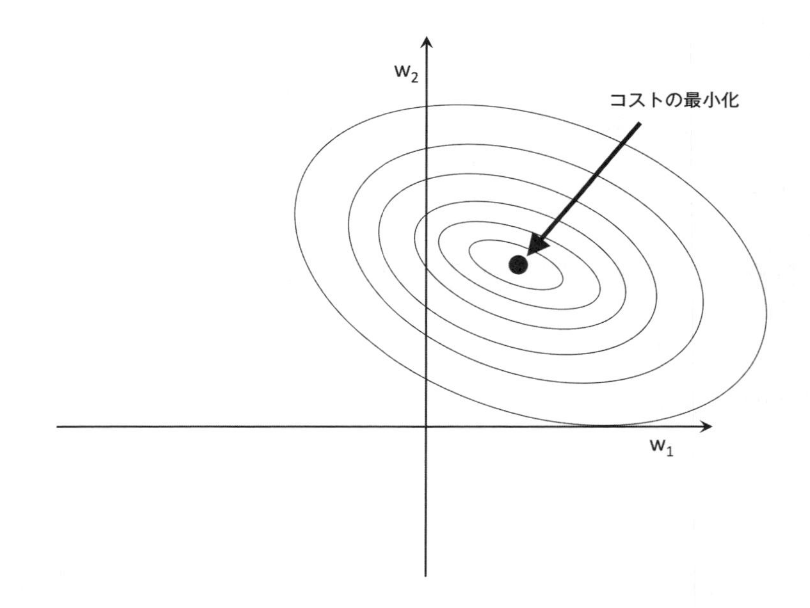

これにより、正則化を次のように考えることができる —— 正則化はより小さい重みを促すペナルティ項をコスト関数に追加する。言い換えれば、大きな重みにはペナルティを科す、ということである。

したがって、正則化パラメータ λ を使って正則化の強さを高めることで、重みを 0 に向かって小さくし、トレーニングデータセットへのモデルの依存を減らす。L2 のペナルティ項の概念を図解すると、次のようになる。

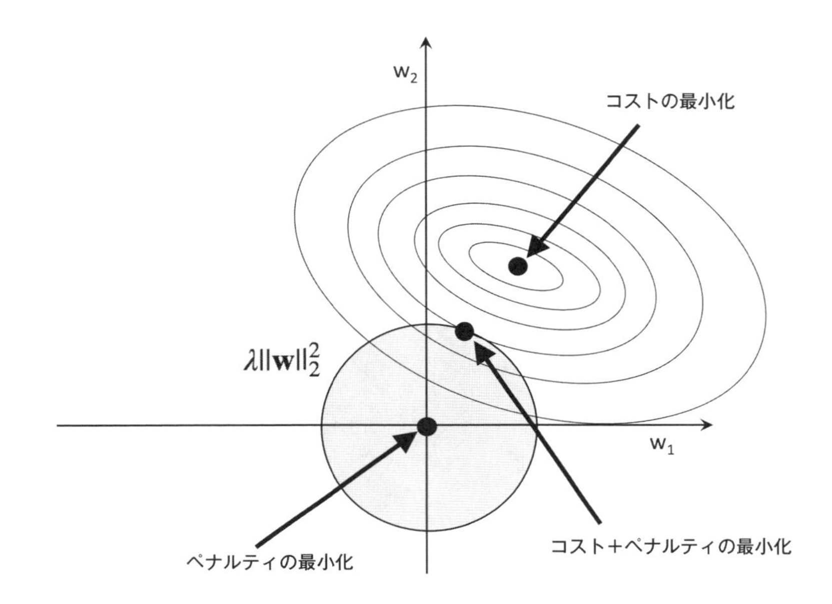

L2 正則化の二次の項は網掛けの円で表されている。ここで、重み係数は正則化の「予算」を超えられない —— つまり、重み係数の組み合わせは網掛け部分からはみ出せない。一方で、コスト関数はやはり最小化したい。ペナルティの制約下では、ペナルティを受けないコスト関数の等高線とL2の円が交差する点を選択するのが最善の措置である。正則化パラメータλの値が大きくなるほど、ペナルティを受けるコスト関数の成長は速くなり、L2 の円は狭くなる。たとえば正則化パラメータの値を無限大に向かって増やした場合、重み係数は実質的に 0（L2 の円の中心）になる。この例の主旨をまとめると次のようになる —— ここでの目標は、ペナルティを受けないコスト関数とペナルティ項の和を最小化することである。モデルを適合させるのに十分なトレーニングデータがない場合、バイアスを増やしてバリアンスを減らすためにより単純なモデルを選択することと理解できる[※15]。

4.5.3 L1 正則化による疎な解

次に、L1 正則化と疎性について考えてみよう。L1 正則化の背後にある主な概念は、前項で説明したものと似ている。ただし、L1 のペナルティは重み係数の絶対値の和である —— L2 の項が二次であることを思い出そう。このため、次に示すようなひし形の「予算」として表すことができる。

※15　［監注］3.3.5 項で説明したように、単純なモデルではトレーニングデータの選び方を変えて構築したモデルの予測値の平均は、真の値から遠くなる（バイアスの増加）。一方で、予測値のばらつきは下がる（バリアンスの減少）。

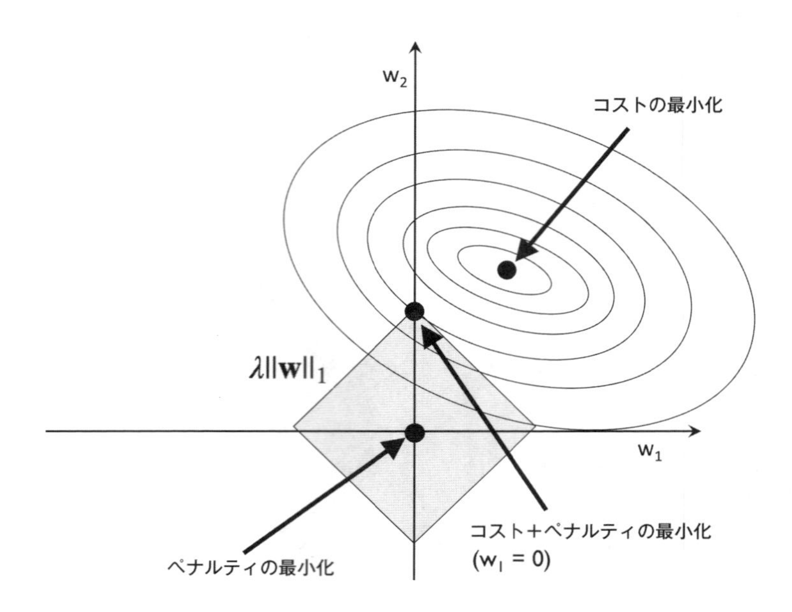

この図から、コスト関数の等高線が $w_1 = 0$ で L1 のひし形に接することがわかる。L1 正則化の等高線は角ばっているため、最適化条件 —— コスト関数の楕円と L1 のひし形の境界線の交点 —— は軸上にある可能性が高く、その条件は疎性を助長する。

L1 正則化が疎な解につながる理由を数学的に説明することは、本書で扱う範囲を超えている。興味がある場合は、Trevor Hastie、Robert Tibshirani、Jerome Friedman 共著『The Elements of Statistical Learning』※16 (Springer) の 3.4 節に L2 正則化と L1 正則化に関するすばらしい説明がある。

scikit-learn の正則化モデルは、L1 正則化をサポートしている ※17。このモデルで疎な解を求めるには、`penalty` パラメータに引数として `'l1'` を渡せばよい。

※16 『統計的学習の基礎』(共立出版、2014 年)

※17 ［監注］ここで説明するロジスティック回帰の `LogisticRegression` クラス以外では、3.4.3 項で取り上げた `Perceptron` クラスでも `penalty` パラメータを指定できる。また、正則化の手法として、第 10 章で説明するリッジ回帰 (`Ridge` クラス)、LASSO (`Lasso` クラス)、ElasticNet (`ElasticNet` クラス) などもある。これらは、`sklearn.linear_model` モジュールで提供されている (http://scikit-learn.org/stable/modules/classes.html#module-sklearn.linear_model)。

```
>>> from sklearn.linear_model import LogisticRegression
>>> # L1正則化ロジスティック回帰のインスタンスを生成
>>> LogisticRegression(penalty='l1')
```

標準化されたWineデータにL1正則化付きロジスティック回帰を適用すると、次のような疎な解が得られる。


```
>>> # L1正則化ロジスティック回帰のインスタンスを生成（逆正則化パラメータC=1.0）
>>> lr = LogisticRegression(penalty='l1', C=1.0)
>>> # トレーニングデータに適合
>>> lr.fit(X_train_std, y_train)
>>> # トレーニングデータに対する正解率の表示
>>> print('Training accuracy:', lr.score(X_train_std, y_train))
Training accuracy: 1.0

>>> # テストデータに対する正解率の表示
>>> print('Test accuracy:', lr.score(X_test_std, y_test))
Test accuracy: 1.0
```

トレーニングデータセットとテストデータセットの正解率はどちらも100%であり、モデルが完璧に動作していることを示している。`lr.intercept_`属性を使って切片項にアクセスすると、配列が3つの値を返すことがわかる[※18]。

```
>>> # 切片の表示
>>> lr.intercept_
array([-1.26338637, -1.21582071, -2.3701035 ])
```

`LogisticRegression`オブジェクトを多クラスのデータセットに適合させるため、デフォルトでは、「2.3 Irisデータセットでのパーセプトロンモデルのトレーニング」で説明した一対他（OvR）アプローチを使用する。1つ目の切片は、クラス1対クラス2/3に適合するモデルの切片である。2つ目の値は、クラス2対クラス1/3に適合するモデルの切片である。3つ目の値は、クラス3対クラス1/2に適合するモデルの切片である。

```
>>> # 重み係数の表示
>>> lr.coef_
array([[ 1.24559337,  0.18041967,  0.74328894, -1.16046277,  0.        ,
         0.        ,  1.1678711 ,  0.        ,  0.        ,  0.        ,
         0.        ,  0.54941931,  2.51017406],
       [-1.53720749, -0.38727002, -0.99539203,  0.3651479 , -0.0596352 ,
         0.        ,  0.66833149,  0.        ,  0.        , -1.9346134 ,
         1.23297955,  0.        , -2.23135027],
```

※18 ［監注］`LogisticRegression`クラスをインスタンス化するときに`random_state`引数を指定しないと、切片や重み係数の推定値は適合させるたびに変わることに注意。

```
       [ 0.13579227,  0.16837686,  0.35723831,  0.        ,  0.        ,
         0.        , -2.43809275,  0.        ,  0.        ,  1.56391408,
        -0.81933286, -0.49187817,  0.        ]])
```

`lr.coef_` 属性を使ってアクセスした重み配列には、3行の重み係数が含まれており、クラスごとに重みベクトルが1つ含まれていることがわかる。各行は13個の重みで構成されている。総入力を計算するには、各重みに対して、13次元のWineデータセット内の対応する特徴量を掛ける。

$$z = w_0x_0 + w_1x_1 + \ldots + w_mx_m = \sum_{j=0}^{m} x_jw_j = \boldsymbol{w}^T\boldsymbol{x} \tag{4.5.3}$$

scikit-learnでは、w_0は`intercept_`に対応しており、$w_j(j > 0)$は`coef_`の値に対応している。

特徴選択の手段であるL1正則化の結果として、このデータセット内の無関係かもしれない特徴量に対しても頑健なモデルがトレーニングされていることを確認できる。

だが、厳密に言えば、この例の重みベクトルは疎であるとは限らない。というのも、0のエントリよりも0ではないエントリのほうが多く含まれているからである。ただし、正則化をさらに強めることで、疎性を持たせて0のエントリを増やすことができる。正則化を強めるには、パラメータCへの引数としてより小さい値を選択する。

正則化の最後の例として、正則化の強さを変化させながら、正則化パスをプロットしてみよう。正則化パスは、正則化の強さに対する特徴量の重み係数を表す。

```
>>> import matplotlib.pyplot as plt
>>> # 描画の準備
>>> fig = plt.figure()
>>> ax = plt.subplot(111)
>>> # 各係数の色のリスト
>>> colors = ['blue', 'green', 'red', 'cyan', 'magenta', 'yellow', 'black',
>>>           'pink', 'lightgreen', 'lightblue', 'gray', 'indigo', 'orange']
>>> # 空のリストを生成（重み係数、逆正則化パラメータ）
>>> weights, params = [], []
>>> # 逆正則化パラメータの値ごとに処理
>>> for c in np.arange(-4., 6.):
...     lr = LogisticRegression(penalty='l1', C=10.**c, random_state=0)
...     lr.fit(X_train_std, y_train)
...     weights.append(lr.coef_[1])
...     params.append(10**c)
...
>>> # 重み係数をNumPy配列に変換
>>> weights = np.array(weights)
```

```
>>> # 各重み係数をプロット
>>> for column, color in zip(range(weights.shape[1]), colors):
...     # 横軸を逆正則化パラメータ、縦軸を重み係数とした折れ線グラフ
...     plt.plot(params, weights[:, column], label=df_wine.columns[column+1],
...              color=color)
...
>>> # y=0 に黒い波線を引く
>>> plt.axhline(0, color='black', linestyle='--', linewidth=3)
>>> # 横軸の範囲の設定
>>> plt.xlim([10**(-5), 10**5])
>>> # 軸のラベルの設定
>>> plt.ylabel('weight coefficient')
>>> plt.xlabel('C')
>>> # 横軸を対数スケールに設定
>>> plt.xscale('log')
>>> plt.legend(loc='upper left')
>>> ax.legend(loc='upper center', bbox_to_anchor=(1.38, 1.03), ncol=1, fancybox=True)
>>> plt.show()
```

結果として得られたグラフから、L1 正則化の振る舞いがさらに明らかになる。正則化パラメータの強さを高めて（$C < 0.1$）、モデルにペナルティを科した場合、特徴量の重みはすべて 0 になる。C は正則化パラメータ λ の逆数である。

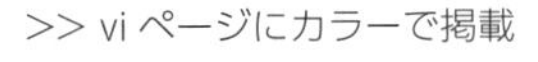

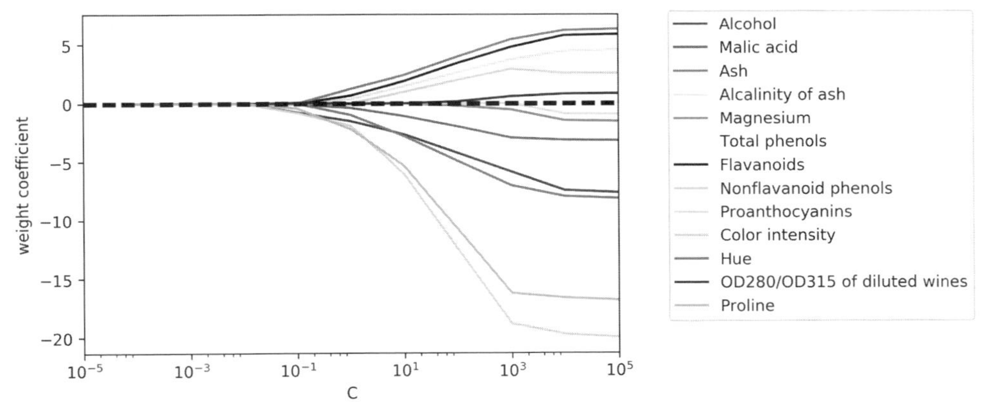

4.5.4　逐次特徴選択アルゴリズム

特徴選択による**次元削減**は、モデルの複雑さを低減し、過学習を回避するもう 1 つの方法である。この方法はとりわけ正則化されていないモデルに役立つ。次元削減法は主に**特徴選択**（feature selection）と**特徴抽出**（feature extraction）の 2 つのカテゴリに分かれている。特徴選択では、元の特徴量の一部を選択する。特徴抽出では、新しい特徴部分空間を生成するために特徴量の集合から情報を抽出する。

ここでは、特徴選択の典型的なアルゴリズムをいくつか取り上げる※19。次章では、データセットをより低次元の特徴部分空間に圧縮するさまざまな特徴抽出法について説明する。

逐次特徴選択のアルゴリズムは、貪欲探索（greedy search）アルゴリズムの一種である。貪欲探索のアルゴリズムは、元々の「d 次元」の特徴空間を「k 次元」の特徴部分空間に削減するために使用される（$k < d$）。特徴選択のアルゴリズムには、２つの目的がある。１つは、問題に最も関連がある特徴量の部分集合を自動的に選択することにより、計算効率を改善することである。もう１つは、無関係の特徴量やノイズを取り除くことで、モデルの汎化誤差を削減することである。後者は正則化をサポートしていないアルゴリズムに役立つことがある。

逐次後退選択（Sequential Backward Selection：SBS）は、典型的な逐次特徴選択アルゴリズムである。SBS の目的は、元々の特徴空間の次元を減らすことにあり、分類器の性能の低下を最小限に抑えた上で計算効率を改善する。モデルが過学習に陥っている場合に、SBS を適用することでモデルの予測性能を改善できることがある。

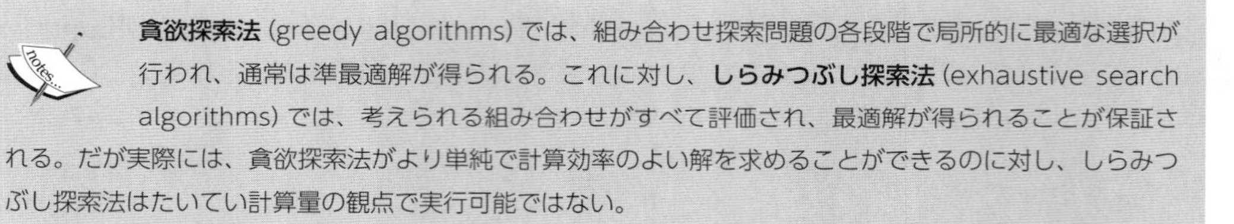

貪欲探索法（greedy algorithms）では、組み合わせ探索問題の各段階で局所的に最適な選択が行われ、通常は準最適解が得られる。これに対し、**しらみつぶし探索法**（exhaustive search algorithms）では、考えられる組み合わせがすべて評価され、最適解が得られることが保証される。だが実際には、貪欲探索法がより単純で計算効率のよい解を求めることができるのに対し、しらみつぶし探索法はたいてい計算量の観点で実行可能ではない。

SBS はきわめて単純な発想に基づいている ―― SBS は、新しい特徴部分空間に目的の個数の特徴量が含まれるまで、特徴量全体から特徴量を逐次的に削除していく。各段階で削除する特徴量を決定するには、最小化したい評価関数 J を定義する必要がある。評価関数の計算結果として得られる評価は、単に、ある特徴量を削除する前後の分類器の性能の差として定義されることがある。その場合は、各段階で削除される特徴量を、単に、この評価を最大化する特徴量として定義できる。もう少し直観的に言えば、各段階で性能の低下が最も少ない特徴量を削除する。この SBS の定義に基づき、アルゴリズムを４つの単純な手順にまとめてみよう。

1. アルゴリズムを $k = d$ で初期化する。d は全特徴空間 $\boldsymbol{X}_d$ の次元数を表す。

※19　［監注］特徴選択の手法は、(i) フィルタ法（filter method）、(ii) ラッパー法（wrapper method）、(iii) 埋め込み法（embedded method）の３つに大別される。フィルタ法は学習を伴わずに特徴量の重要度を測定して、有効な特徴量を選択する手法である。情報利得、Gini 係数などの指標を用いるのが代表的な方法である。ラッパー法は学習を行いながら重要な特徴量を選択する手法である。本書で直後に説明される逐次後退選択はラッパー法の手法である。フィルタ法は学習を伴わない分、ラッパー法と比べると計算負荷が小さいものの、その反面精度は低くなる。最後の埋め込み法は、学習アルゴリズムに特徴量の選択も埋め込まれているもので、本書では 4.5.1 項で説明した L1 正則化、第 10 章で説明する LASSO などが該当する。特徴選択の詳細については、『データマイニングの基礎』（オーム社、2006 年）が詳しいので、興味のある読者は参照されたい。

2. J の評価を最大化する特徴量 $\boldsymbol{x}^-$ を決定する。$\boldsymbol{x}$ は $\boldsymbol{x} \in \boldsymbol{X}_k$ である[※20]。

$$\boldsymbol{x}^- = argmax\ J(\boldsymbol{X}_k - \boldsymbol{x})$$

3. 特徴量の集合から特徴量 $\boldsymbol{x}^-$ を削除する。

$$\boldsymbol{X}_{k-1} := \boldsymbol{X}_k - \boldsymbol{x}^-;\ k := k - 1$$

4. k が目的とする特徴量の個数に等しくなれば終了する。そうでなければ、手順 2 に戻る。

4

逐次特徴選択のさまざまなアルゴリズムの詳しい評価については、F. Ferri、P. Pudil、M. Hatef、J. Kittler 著、『Comparative Study of Techniques for Large-Scale Feature Selection』(Pattern Recognition in Practice IV, pp403-413, 1994) を参照。

残念ながら、SBS アルゴリズムはまだ scikit-learn に実装されていない。しかし、非常に単純なので、Python で一から実装してみよう。

```
from sklearn.base import clone
from itertools import combinations
import numpy as np
from sklearn.cross_validation import train_test_split
from sklearn.metrics import accuracy_score

class SBS():
    """
    逐次後退選択(sequential backward selection)を実行するクラス
    """

    def __init__(self, estimator, k_features, scoring=accuracy_score,
                 test_size=0.25, random_state=1):
        self.scoring = scoring                 # 特徴量を評価する指標
        self.estimator = clone(estimator)  # 推定器
        self.k_features = k_features        # 選択する特徴量の個数
        self.test_size = test_size          # テストデータの割合
        self.random_state = random_state    # 乱数種を固定する random_state

    def fit(self, X, y):
        # トレーニングデータとテストデータに分割
        X_train, X_test, y_train, y_test = \
            train_test_split(X, y, test_size=self.test_size,
                             random_state=self.random_state)
        # すべての特徴量の個数、列インデックス
        dim = X_train.shape[1]
```

※20　［監注］$X_k - \boldsymbol{x}$ は特徴量の集合 X_k から特徴量 $\boldsymbol{x}$ を除いたものを表している。$argmax\ J(X_k - \boldsymbol{x})$ は、取り除く特徴量 $\boldsymbol{x}$ を変えながら求めた評価 $J(X_k - \boldsymbol{x})$ の中で最大値を与える $\boldsymbol{x}$ を出力する。$argmax$(argument of the maximum) は最大値点集合とも呼ばれる。この場合、$argmax_x\ J(X_k - \boldsymbol{x})$ と記述すれば、特徴量 $\boldsymbol{x}$ を変えながら $J(X_k - \boldsymbol{x})$ が最大となる $\boldsymbol{x}$ を $\boldsymbol{x}^-$ とする意図がより明確になるだろう。

```
        self.indices_ = tuple(range(dim))
        self.subsets_ = [self.indices_]
        # すべての特徴量を用いてスコアを算出
        score = self._calc_score(X_train, y_train,
                                 X_test, y_test, self.indices_)
        # スコアを格納
        self.scores_ = [score]
        # 指定した特徴量の個数になるまで処理を反復
        while dim > self.k_features:
            # 空のリストの生成 (スコア、列インデックス)
            scores = []
            subsets = []

            # 特徴量の部分集合を表す列インデックスの組み合わせごとに処理を反復
            for p in combinations(self.indices_, r=dim - 1):
                # スコアを算出して格納
                score = self._calc_score(X_train, y_train, X_test, y_test, p)
                scores.append(score)
                # 特徴量の部分集合を表す列インデックスのリストを格納
                subsets.append(p)

            # 最良のスコアのインデックスを抽出
            best = np.argmax(scores)
            # 最良のスコアとなる列インデックスを抽出して格納
            self.indices_ = subsets[best]
            self.subsets_.append(self.indices_)
            # 特徴量の個数を1つだけ減らして次のステップへ
            dim -= 1

            # スコアを格納
            self.scores_.append(scores[best])

        # 最後に格納したスコア
        self.k_score_ = self.scores_[-1]

        return self

    def transform(self, X):
        # 抽出した特徴量を返す
        return X[:, self.indices_]

    def _calc_score(self, X_train, y_train, X_test, y_test, indices):
        # 指定された列番号indicesの特徴量を抽出してモデルを適合
        self.estimator.fit(X_train[:, indices], y_train)
        # テストデータを用いてクラスラベルを予測
        y_pred = self.estimator.predict(X_test[:, indices])
        # 真のクラスラベルと予測値を用いてスコアを算出
        score = self.scoring(y_test, y_pred)
        return score
```

この実装では、選択する特徴量の個数を指定するために`k_features`パラメータを定義している。デフォルトでは、モデルの性能の評価にscikit-learnの`accuracy_score`を使用し、特徴量の部分集合に対する分類問題に推定器を使用している。`fit`メソッドの`while`ループでは、`itertools.`

combinations 関数[※21]によって作成された特徴量の部分集合を評価し、特徴量が目的の次元数になるまで削減している。イテレーションのたびに、内部で作成されたテストデータセット X_test に対して、特徴量の組み合わせを変えたときに最もよい正解率がリスト self.scores_ に集められる。これらの正解率はあとで結果を評価するために使用される。最終的に選択された特徴量の部分集合の列インデックスは self.indices_ に代入される。このインデックスは、選択された特徴量の列を持つ新しいデータ配列を取得するために、transform メソッドで使用される。fit メソッドの中で個々の特徴量の評価を明示的に行うのではなく、最もよい正解率を示す特徴量の集合に含まれていない特徴量を削除するだけであることに注意しよう。

では、scikit-learn の KNN 分類器を使って SBS 実装の効果を確認してみよう。

```
>>> from sklearn.neighbors import KNeighborsClassifier
>>> import matplotlib.pyplot as plt
>>> # k 近傍法分類器のインスタンスを生成（近傍点数 =5）
>>> knn = KNeighborsClassifier(n_neighbors=5)
>>> # 逐次後退選択のインスタンスを生成（特徴量の個数が 1 になるまで特徴量を選択）
>>> sbs = SBS(knn, k_features=1)
>>> # 逐次後退選択を実行
>>> sbs.fit(X_train_std, y_train)
```

この SBS 実装では、fit メソッドの中ですでにデータセットをテストデータセットとトレーニングデータセットに分割している。それにもかかわらず、トレーニングデータセット X_train_std をアルゴリズムに入力している。SBS の fit メソッドは、テスト（検証）用とトレーニング用に新しいトレーニングサブセットを作成する。このテスト用のサブセットが「検証データセット」とも呼ばれるのは、そのためである[※22]。元のテストデータセットがトレーニングデータセットの一部になるのを防ぐには、このアプローチが不可欠である。

この SBS アルゴリズムが各段階で最良の特徴量の部分集合を用いた正解率を求めることを思い出そう。そこで、この実装の最もおもしろい部分である、KNN 分類器の正解率の可視化に進むことにしよう。

```
>>> # 特徴量の個数のリスト（13, 12, ..., 1）
>>> k_feat = [len(k) for k in sbs.subsets_]
>>> # 横軸を特徴量の個数、縦軸をスコアとした折れ線グラフのプロット
>>> plt.plot(k_feat, sbs.scores_, marker='o')
>>> plt.ylim([0.7, 1.02])
>>> plt.ylabel('Accuracy')
>>> plt.xlabel('Number of features')
>>> plt.grid()
```

※21 ［監注］itertools.combinations 関数は、第 1 引数にイテラブルなオブジェクト、第 2 引数に抽出する要素数を指定すると、すべての組み合わせのタプルのジェネレータを生成する。

※22 ［監注］SBS クラスの _calc_score メソッドは、トレーニング用のサブデータセットを用いて KNN 分類器のモデルを構築し、テスト（検証）用のサブデータセットで予測精度の評価を行っている。このようにトレーニングデータセットを分割することで汎化誤差を評価できるようになり、テストデータセットへの過適合を抑制してより汎化性の高い特徴選択を行えるようになる。

```
>>> plt.tight_layout()
>>> plt.show()
```

次のグラフからわかるように、特徴量の個数を減らしたため、検証データセットに対する KNN 分類器の正解率が改善されている。これは前章で KNN アルゴリズムを説明したときに言及した**次元の呪い**が減少したためだろう。また、$k = \{3, 7, 8, 9, 10, 11, 12\}$ に対して分類器が 100% の正解率を達成したこともわかる。

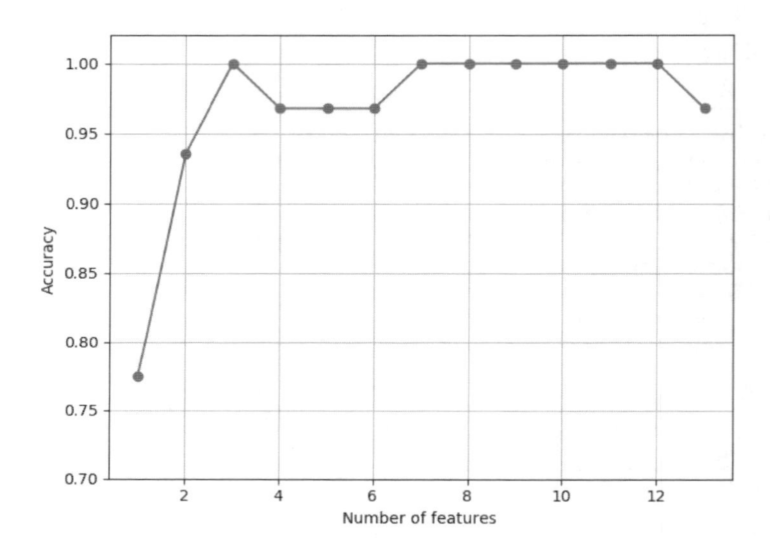

検証データセットでこれだけの性能を達成した最小限の特徴部分集合 ($k = 3$) が何であるかが気になるところである。せっかくなので確認してみよう。

```
>>> k3 = list(sbs.subsets_[10])
>>> print(df_wine.columns[1:][k3])
Index(['Alcohol', 'Malic acid', 'OD280/OD315 of diluted wines'], dtype='object')
```

`sbs.subsets_` 属性の 10 番目の位置から、3 つの特徴量からなる部分集合の列インデックスを取得している[※23]。そして、この列インデックスを pandas の Wine データセットの `DataFrame` オブジェクトに指定することで、対応する特徴量の名前を取得している。

次に、元のテストデータセットで KNN 分類器の性能を評価してみよう。

※23　［監注］`sbs.subsets_` は要素数 13 のリストである。ここでは、13 個すべての特徴量から始めて、特徴量が 1 個になるまで逐次的に特徴量を削減している。そのため、`sbs.subsets_` の要素もこの順番に従って追加されている。したがって、`sbs.subsets_` の最初の要素には 13 個すべての列番号、次の要素には 12 個の列番号、...、9 番目の要素には 5 個の列番号、...、13 番目の要素には 1 個の列番号が格納されていることに注意。

```
>>> # 13 個すべての特徴量を用いてモデルを適合
>>> knn.fit(X_train_std, y_train)
>>> # トレーニングの正解率を出力
>>> print('Training accuracy:', knn.score(X_train_std, y_train))
Training accuracy: 0.967741935484

>>> # テストの正解率を出力
>>> print('Test accuracy:', knn.score(X_test_std, y_test))
Test accuracy: 0.962962962963
```


特徴量全体を使用した場合、トレーニングデータセットでは約97%、テストデータセットでは約96%の正解率が得られた。この結果から、新しいデータに対するこのモデルの汎化性能が上々であることがわかる。次に、3つの特徴量からなる部分集合を使ってKNNの性能を調べてみよう。

```
>>> # 3 つの特徴量を用いてモデルを適合
>>> knn.fit(X_train_std[:, k3], y_train)
>>> # トレーニングの正解率を出力
>>> print('Training accuracy:', knn.score(X_train_std[:, k3], y_train))
Training accuracy: 0.951612903226

>>> # テストの正解率を出力
>>> print('Test accuracy:', knn.score(X_test_std[:, k3], y_test))
Test accuracy: 0.925925925926
```

使用したのはWineデータセットの元の特徴量の4分の1以下だが、テストセットの予測性能が少し低下している。このような結果になったのは、それら3つの特徴量が提供する判別情報が元のデータセットよりも少ない、ということかもしれない。しかし、Wineデータセットが小さなデータセットであり、ランダム性の影響を受けやすいことを頭に入れておく必要がある。つまり、データセットをトレーニングセットとテストセットに分割する方法と、トレーニングセットをさらにトレーニングセットと検証セットに分割する方法が結果を大きく左右する。

特徴量の個数を減らしてもKNNモデルの性能は改善されなかったが、データセットのサイズを小さくすると、データ収集ステップでコストがかかりがちな現実のアプリケーションで役立つ可能性がある。また、特徴量の個数を大胆に減らすと、解釈しやすい単純なモデルが得られる。

scikit-learnの特徴選択アルゴリズム

scikit-learnには、さまざまな特徴選択アルゴリズムが含まれている。これには、特徴量の重みに基づく再帰的な変数減少法や、重要度に基づいて特徴量を選択するツリーベースの手法、単変量の統計的検定などが含まれる。さまざまな特徴選択法を包括的に説明することは、本書で扱う範囲を超えている。これについては、scikit-learnのWebサイトで具体的なサンプルとともにうまく

まとめられている[※24]。

http://scikit-learn.org/stable/modules/feature_selection.html

さらに、ここで実装した単純なSBSとの関連で、逐次特徴選択を何種類か実装してみた。それらの実装は、`mlxtend`というPythonパッケージに含まれている。

http://rasbt.github.io/mlxtend/user_guide/feature_selection/SequentialFeatureSelector/

4.6 ランダムフォレストで特徴量の重要度にアクセスする

ここまでの節では、L1正則化付きのロジスティック回帰を使って無関係な特徴量を取り除く方法と、特徴選択のためのSBSアルゴリズムをKNN分類器に適用する方法について説明した。データセットから重要な特徴量を選択するもう1つの便利な方法は、**ランダムフォレスト**を使用することである。ランダムフォレストは前章で説明したアンサンブル法の1つである。ランダムフォレストを使用すれば、データが線形分離可能かどうかについて前提を設けなくても、フォレスト内のすべての決定木から計算された不純度の平均的な減少量として特徴量の重要度を測定できる。都合のよいことに、scikit-learnのランダムフォレスト実装は特徴量の重要度を計算してくれる。このため、`RandomForestClassifier`を適合させた後、`feature_importances_`属性を使って値を取得すればよい。次のコードは、Wineデータセットで500本の決定木をトレーニングし、13個の特徴量をそれぞれの重要性を表す指標に基づいてランク付けする。前章で説明したように、決定木やランダムフォレストなどのツリーベースのモデルでは、特徴量を標準化または正規化する必要はないことを思い出そう。

```
>>> from sklearn.ensemble import RandomForestClassifier
>>> # Wineデータセットの特徴量の名称
>>> feat_labels = df_wine.columns[1:]
>>> # ランダムフォレストオブジェクトの生成（決定木の個数=500）
>>> forest = RandomForestClassifier(n_estimators=500, random_state=1)
>>> # モデルを適合
>>> forest.fit(X_train, y_train)
>>> # 特徴量の重要度を抽出
>>> importances = forest.feature_importances_
>>> # 重要度の降順で特徴量のインデックスを抽出
>>> indices = np.argsort(importances)[::-1]
>>> # 重要度の降順で特徴量の名称、重要度を表示
>>> for f in range(X_train.shape[1]):
...     print("%2d) %-*s %f" %
...           (f + 1, 30, feat_labels[indices[f]], importances[indices[f]]))
```

※24 ［監注］特徴選択のアルゴリズムの概要を知るには、Isabelle GuyonとAndré Elisseeffによる論文の一読も推奨したい。
Isabelle Guyon and André Elisseeff, *An introduction to variable and feature selection.* (2003) The Journal of Machine Learning Research archive Volume 3, Pages 1157-1182.

```
...
>>> plt.title('Feature Importances')
>>> plt.bar(range(X_train.shape[1]), importances[indices], align='center')
>>> plt.xticks(range(X_train.shape[1]), feat_labels[indices], rotation=90)
>>> plt.xlim([-1, X_train.shape[1]])
>>> plt.tight_layout()
>>> plt.show()

 1) Proline                          0.185453
 2) Flavanoids                       0.174751
 3) Color intensity                  0.143920
 4) OD280/OD315 of diluted wines     0.136162
 5) Alcohol                          0.118529
 6) Hue                              0.058739
 7) Total phenols                    0.050872
 8) Magnesium                        0.031357
 9) Malic acid                       0.025648
10) Proanthocyanins                  0.025570
11) Alcalinity of ash                0.022366
12) Nonflavanoid phenols             0.013354
13) Ash                              0.013279
```

このコードを実行すると、Wine データセットのさまざまな特徴量をそれらの相対的な重要度でランク付けしたグラフが作成される。特徴量の重要度が合計して 1.0 になるように正規化されていることに注意しよう。

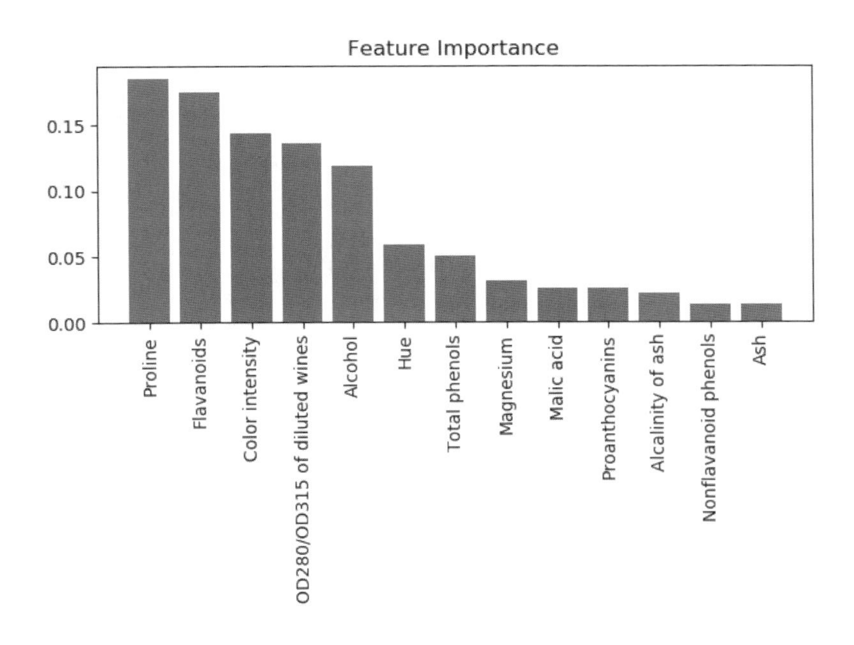

500本の決定木での不純度の平均的な減少量に基づき、このデータセットの中でクラスを分類するのに最も効果的な特徴量は、プロリン（proline）、フラボノイド指数（flavonoids）、色彩強度（color intensity）、希釈ワインのOD280/OD315、アルコール度数（alcohol）の5つであると結論付けることができる。興味深いことに、これら5つの特徴量のうち2つ（アルコール度数、OD280/OD315）は、前節で実装したSBSアルゴリズムによって選択された3つの特徴量にも含まれている。だが、ランダムフォレスト方式には、意味解釈可能性に関して注意しなければならない重要な点が1つあり、ここで触れておくことにする。たとえば、2つ以上の特徴量の相関が高い場合、1つの特徴量のランクは非常に高いものの、残りの特徴量の重要度はランクに十分に反映されていないかもしれない。一方で、特徴量の重要度の解釈よりもモデルの予測性能に関心があるだけなら、この問題について気にする必要はない。

特徴量の重要度とランダムフォレストに関する本節を締めくくるにあたって、scikit-learnに`SelectFromModel`クラスも実装されていることを付け加えておこう。このクラスは、モデルを適合させた後にユーザーが指定したしきい値以上の重要度を持つ特徴量を選択する。これが役立つのは、scikit-learnの`Pipeline`オブジェクトの特徴選択器と中間ステップとして、`RandomForestClassifier`を使用したい場合である。それにより、第6章で説明するように、さまざまな前処理ステップを推定器と結び付けることが可能になる。たとえばしきい値を0.1に設定することで、データセットを最も重要な5つの特徴量に絞り込むことができる。

```
>>> from sklearn.feature_selection import SelectFromModel
>>> # 特徴選択オブジェクトを生成（重要度のしきい値を 0.1 に設定）
>>> sfm = SelectFromModel(forest, threshold=0.1, prefit=True)
>>> # 特徴量を抽出
>>> X_selected = sfm.transform(X_train)
>>> print('Number of samples that meet this criterion:', X_selected.shape[0])
Number of samples that meet this criterion: 124

>>> for f in range(X_selected.shape[1]):
...     print("%2d) %-*s %f" % (f + 1, 30,
...                             feat_labels[indices[f]],
...                             importances[indices[f]]))
...

 1) Proline                        0.185453
 2) Flavanoids                     0.174751
 3) Color intensity                0.143920
 4) OD280/OD315 of diluted wines   0.136162
 5) Alcohol                        0.118529
```

まとめ

本章ではまず、欠測データを正しく処理するための有益な手法を調べた。データを機械学習アルゴリズムに入力するには、カテゴリ変数を正しく符号化しておく必要がある。そこで、順序特徴量と名義特徴量の値を整数表現にマッピングする方法を確認した。

さらに、L1 正則化についても簡単に説明した。L1 正則化は、モデルの複雑さを低減することにより過学習を回避するのに役立つ。無関係な特徴量を削除するもう 1 つの手法として、逐次特徴選択アルゴリズムを使ってデータセットから有益な特徴量を選択した。

次章では、次元削減のさらにもう 1 つの有益なアプローチである特徴抽出について説明する。特徴抽出では、特徴選択のように特徴量を完全に削除するのではなく、より低次元の部分空間に特徴量を圧縮する。

第5章 次元削減でデータを圧縮する

前章では、特徴選択のさまざまな手法を用いてデータセットの次元を削減する方法を取り上げた。特徴選択に代わる次元削減のもう１つの方法は、**特徴抽出**（feature extraction）である。本章では、データセットの情報を要約するのに役立つ基本的な手法を３つ紹介する。それらはデータセットを変換し、元の次元よりも低い次元の新しい特徴部分空間（feature subspace）を作成するものである。データ圧縮は機械学習の重要なテーマの１つであり、ますます多くのデータが生成され、収集される現代のテクノロジにおいて、データの格納と分析に役立つ。本章では、次の内容を取り上げる。

- 教師なしデータ圧縮での**主成分分析**（PCA）
- クラスの分離を最大化する教師あり次元削減法としての**線形判別分析**（LDA）
- **カーネル主成分分析**（KPCA）による非線形次元削減

5.1　主成分分析による教師なし次元削減

特徴選択と同様に、特徴抽出を使用すれば、データセット内の特徴量の個数を減らすことができる。「4.5.4　逐次特徴選択アルゴリズム」で逐次後退選択（SBS）といった特徴選択アルゴリズムを使用したときには、元の特徴量は変換されることなくそのままの形で維持されていた。これに対し、特徴抽出では、データが新しい特徴空間に変換または射影される。次元削減では、データに含まれる情報の大部分を維持することを目標としたデータ圧縮の手段として、特徴抽出を捉えることができる。実際には、特徴抽出は学習アルゴリズムの記憶域や計算効率を向上させるために使用されるだけでなく、特に正則化されていないモデルを扱う場合などに、「次元の呪い」を減らすことで予測性能を向上させることもできる。

5.1.1 主成分分析の主要なステップ

ここでは、**主成分分析**（Principal Component Analysis：PCA）について説明する。PCAは、さまざまな分野にわたって広く使用されている教師なし線形変換法であり、最もよく用いられるタスクは特徴抽出と次元削減である。それ以外にも、探索的データ解析や株取引での信号のノイズ除去、バイオインフォマティクス分野でのゲノムデータや遺伝子発現量の解析にも応用されている。

PCAは、特徴量どうしの相関関係に基づいてデータからパターンを抽出するのに役立つ。簡単に言うと、PCAの目的は、高次元データにおいて分散が最大となる方向を見つけ出し、元の次元と同じかそれよりも低い次元の新しい部分空間へ射影することである。次の図に示すように、新しい特徴軸が互いに直交するという制約があるとすれば、新しい部分空間の直交軸（主成分）を分散が最大となる方向と見なすことができる。ここで、x_1とx_2は元の特徴軸であり、**PC1**と**PC2**は主成分である。

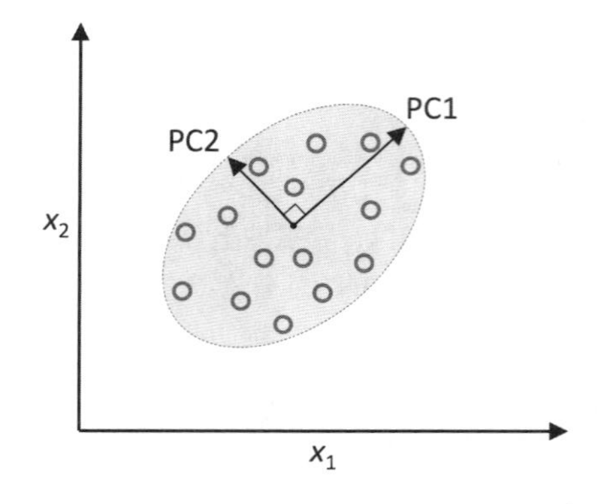

PCAを次元削減に使用する場合は、$d \times k$次元（d行k列）の変換行列$\boldsymbol{W}$を作成する。これにより、サンプルベクトル$\boldsymbol{x}$を、新しいk次元の特徴部分空間に写像できる。このk次元の特徴部分空間は、元のd次元の特徴空間よりも次元が低い。

$$\boldsymbol{x} = [x_1, x_2, \ldots, x_d], \ \boldsymbol{x} \in \mathbb{R}^d$$

$$\downarrow \boldsymbol{xW}, \ \boldsymbol{W} \in \mathbb{R}^{d \times k} \tag{5.1.1}$$

$$\mathbf{z} = [z_1, z_2, \ldots, z_k], \ \mathbf{z} \in \mathbb{R}^k$$

元の d 次元のデータを新しい k 次元の部分空間に変換すると（通常は $k << d$ ※1）、最初の主成分の分散は最大となる。結果として生じるすべての主成分の分散が（それよりも前の主成分を除くと）最大となるのは、他の主成分と相関がない（直交している）場合である。入力特徴量が相関していたとしても、結果として生じる主成分は相互に直交した状態となる（他の主成分と相関がない）。PCA の方向はデータのスケーリングに対して非常に敏感である。特徴量が異なる尺度で測定されていて、すべての特徴量に等しい重要度を割り当てたい場合は、PCA の前に特徴量を標準化する必要があることに注意しよう ※2。

次元削減のための PCA アルゴリズムを詳しく見ていく前に、このアプローチを単純な手順にまとめておく。

1. d 次元のデータセットを標準化する。
2. 標準化したデータセットの共分散行列（covariance matrix）を作成する ※3。
3. 共分散行列を固有ベクトルと固有値に分解する。
4. 固有値を降順でソートすることで、対応する固有ベクトルをランク付けする。
5. 最も大きい k 個の固有値に対応する k 個の固有ベクトルを選択する。この場合の k は新しい特徴部分空間の次元数を表す（$k \leq d$）。
6. 上位 k 個の固有ベクトルから射影行列 $\boldsymbol{W}$ を作成する。
7. 射影行列 $\boldsymbol{W}$ を使って d 次元の入力データセット $\boldsymbol{X}$ を変換し、新しい k 次元の特徴部分空間を取得する。

ここでは、機械学習の実習として、Python を使った PCA の実行を順番に見ていく。続いて、scikit-learn を使って PCA をより効率よく実行する方法について説明する。

5.1.2 主成分を抽出する

ここでは、PCA の最初の 4 つの手順に取り組む。

1. データを標準化する。
2. 共分散行列を作成する。
3. 共分散行列の固有値と固有ベクトルを取得する。
4. 固有値を降順でソートすることで、固有ベクトルをランク付けする。

まず、前章で使用した Wine データセットを読み込む。

※1 ［監注］$k << d$ は、d に比べて k がはるかに小さいことを表す。

※2 ［監注］標準化は 4.4 節で説明しているので、適宜参照のこと。

※3 ［監注］共分散は、偏差の積に対する平均値。共分散行列は、共分散を要素とする行列。

```
>>> import pandas as pd
>>> df_wine = pd.read_csv(
...     'https://archive.ics.uci.edu/ml/machine-learning-databases/wine/wine.data',
...     header=None)
```

Wine データセット（および本書で使用しているその他すべてのデータセット）は、本書の GitHub に含まれている。オフラインで作業している場合や、UCI サーバーが一時的に利用できない場合は、GitHub のデータセットを使用するとよいだろう。たとえば、ローカルディレクトリから Wine データセットを読み込むには、次の行を変更する。

```
df = pd.read_csv('https://archive.ics.uci.edu/ml/'
                 'machine-learning-databases/wine/wine.data',
                 header=None)
```

このコードを次のコードに置き換えればよい。

```
df = pd.read_csv('<Wine データセットへのローカルパス>/wine.data',
                 header=None)
```

次に、Wine データセットを処理してトレーニングデータセット（データの 70% を使用）とテストデータセット（30% を使用）に分割し、分散が 1 となるように標準化する。

```
>>> from sklearn.cross_validation import train_test_split
>>> from sklearn.preprocessing import StandardScaler
>>> # 2 列目以降のデータを X に、1 列目のデータを y に格納
>>> X, y = df_wine.iloc[:, 1:].values, df_wine.iloc[:, 0].values
>>> # トレーニングデータとテストデータに分割
>>> X_train, X_test, y_train, y_test = train_test_split(
...                                   X, y, test_size=0.3, stratify=y, random_state=0)
>>> # 平均と標準偏差を用いて標準化
>>> sc = StandardScaler()
>>> X_train_std = sc.fit_transform(X_train)
>>> X_test_std = sc.transform(X_test)
```

このコードを実行して必要な一連の前処理の手順を完了したところで、次の共分散行列の作成手順に進もう。$d \times d$ 次元の共分散行列は、特徴量のペアごとの共分散を保持する[※4]。d はデータセットの次元の数を表す。たとえば、2 つの特徴量 x_j と x_k の間の共分散は、次の式を使って計算できる。

※4　［監注］共分散行列の対角成分は、各変数の分散である。このことを明示するために、分散共分散行列（variance-covariance matrix）と呼ばれることもある。また、共分散行列の非対角成分は異なる 2 つの特徴量の共分散を表す。たとえば、1 行 2 列の成分は 1 番目と 2 番目の特徴量の共分散であり、2 行 1 列の成分も同じ共分散である。このように、共分散行列は行と列を入れ替えて（転置させて）も自分自身と同じになる対称行列となる。

$$\sigma_{jk} = \frac{1}{n}\sum_{i=1}^{n}\left(x_j^{(i)} - \mu_j\right)\left(x_k^{(i)} - \mu_k\right) \tag{5.1.2}$$

ここで、μ_j と μ_k はそれぞれ特徴量 j と k の標本平均を表す。データセットを標準化する場合、標本平均は 0 になることに注意しよう。2 つの特徴量の間の共分散が正の場合は、それらの特徴量がともに増加または減少することを表し、負の場合は、それらの特徴量が反対方向に変化することを表す。たとえば 3 つの特徴量からなる共分散行列は、次のように記述できる。なお、$\sum$ はギリシャ文字の「シグマ」を表す。「総和」記号と混同しないように注意しよう。

$$\sum = \begin{bmatrix} \sigma_1^2 & \sigma_{12} & \sigma_{13} \\ \sigma_{21} & \sigma_2^2 & \sigma_{23} \\ \sigma_{31} & \sigma_{32} & \sigma_3^2 \end{bmatrix} \tag{5.1.3}$$

共分散行列の固有ベクトルが主成分（分散が最大となる方向）を表すのに対し、対応する固有値はそれらの大きさを定義する。Wine データセットの場合は、13×13 次元の共分散行列から 13 個の固有ベクトルと固有値が得られることになる。

では、3 つ目の手順として、共分散行列の固有対（固有ベクトルと固有値）を取得することにしよう。初等線形代数や微積分の授業で習ったので覚えていると思うが、固有ベクトル $\boldsymbol{v}$ は次の条件を満たす。

$$\sum \boldsymbol{v} = \lambda \boldsymbol{v} \tag{5.1.4}$$

ここで、$\boldsymbol{\lambda}$ はスカラー（固有値）である。固有ベクトルと固有値を手動で計算するのは少し面倒であり、手間がかかる。そこで、NumPy の `linalg.eig` 関数を使用して、Wine データセットの共分散行列の固有対（eigenpair）を取得することにしよう。

```
>>> import numpy as np
>>> # 共分散行列を作成
>>> cov_mat = np.cov(X_train_std.T)
>>> # 固有値と固有ベクトルを計算
>>> eigen_vals, eigen_vecs = np.linalg.eig(cov_mat)
>>> print('\nEigenvalues \n%s' % eigen_vals)

Eigenvalues
[ 4.84274532  2.41602459  1.54845825  0.96120438  0.84166161  0.6620634
  0.51828472  0.34650377  0.3131368   0.10754642  0.21357215  0.15362835
  0.1808613 ]
```

標準化されたトレーニングデータセットの共分散行列の計算には、NumPy の `cov` 関数を使用している。また、`linalg.eig` 関数を使って固有分解 ※5（eigendecomposition）を実行し、13 個の固有値からなるベクトル（`eigen_vals`）と、13×13 次元の行列の列として格納された対応する固有

※5　［監注］固有値分解（eigenvalue decomposition）と呼ばれることもある。

ベクトル（eigen_vecs）を生成している。

> numpy.linalg.eigは対称正方行列と非対称正方行列を固有分解する関数だが、複素数の固有値を返すことがある。
> 関連するnumpy.linalg.eighは、エルミート行列[※6]を分解する関数である。共分散行列といった対称行列の操作では、この関数のほうが数値的に安定している。numpy.linalg.eighは常に実数の固有値を返す。

5.1.3 全分散と説明分散

ここでは、データセットを新しい特徴部分空間に圧縮するという方法でデータセットの次元を削減したい。そこで、データに含まれる大半の情報（分散）を含んでいる固有ベクトル（主成分）だけを選択する。固有値は固有ベクトルの大きさを表すため、大きいものから順に降順で並べ替える必要がある。ここで関心があるのは、上位k個の固有値に対応する固有ベクトルである。ただし、データに含まれる情報利得が最も高いそれらk個の固有ベクトルを収集する前に、固有値の分散説明率（variance explained ratio）をプロットしてみよう。固有値λ_jの分散説明率とは、固有値の合計に対する固有値λ_jの割合のことである。

$$\frac{\lambda_j}{\sum_{j=1}^{d} \lambda_j} \tag{5.1.5}$$

分散説明率の累積和は、NumPyのcumsum関数を使って計算できる。計算した値のプロットには、matplotlibのstep関数を使用する。

```
>>> # 固有値を合計
>>> tot = sum(eigen_vals)
>>> # 分散説明率を計算
>>> var_exp = [(i / tot) for i in sorted(eigen_vals, reverse=True)]
>>> # 分散説明率の累積和を取得
>>> cum_var_exp = np.cumsum(var_exp)
>>> import matplotlib.pyplot as plt
>>> # 分散説明率の棒グラフを作成
>>> plt.bar(range(1,14), var_exp, alpha=0.5, align='center',
...         label='individual explained variance')
>>> # 分散説明率の累積和の階段グラフを作成
>>> plt.step(range(1,14), cum_var_exp, where='mid',
...          label='cumulative explained variance')
```

※6 ［監注］エルミート行列とは、各成分が複素数の行列であり、転置させ各成分の虚部の値の正負を反転させたものが元の行列と等しくなる行列のことを指す。

```
>>> plt.ylabel('Explained variance ratio')
>>> plt.xlabel('Principal component index')
>>> plt.legend(loc='best')
>>> plt.tight_layout()
>>> plt.show()
```

結果として得られたグラフから、1つ目の主成分だけで分散の40%近くを占めていることがわかる。また、最初の2つの主成分を合わせると、分散の60%近くになることもわかる。

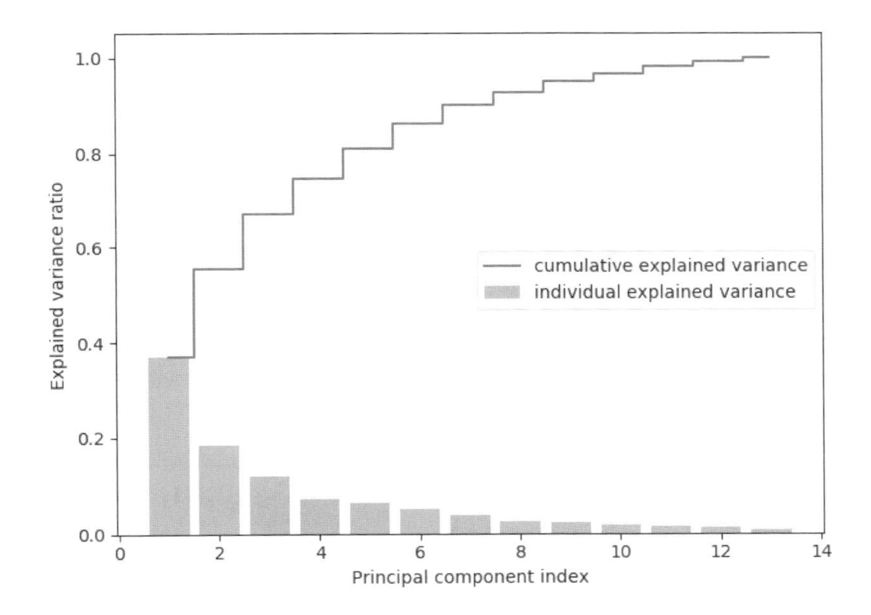

分散説明率のグラフは、「4.6 ランダムフォレストで特徴量の重要度にアクセスする」でランダムフォレストを使って計算した特徴量の重要度を連想させるが、PCAが教師なしのデータ圧縮法であることを思い出そう。つまり、クラスラベルに関する情報は使用していない。ランダムフォレストはデータの所属情報を使ってノードの不純度を計算するが、PCAで計算される分散は特徴軸に沿った値の散らばりを測定する。

5.1.4 特徴変換

共分散行列を固有対(固有ベクトルと固有値)にうまく分解できたところで、最後の3つの手順に進み、Wineデータセットを新しい主成分軸に変換してみよう。ここでは、次に示す残りの手順に取り組む。

- 最も大きいk個の固有値に対応するk個の固有ベクトルを選択する。この場合のkは新しい特徴部分空間の次元数を表す($k \leq d$)。

- 上位 k 個の固有ベクトルから射影行列 $\boldsymbol{W}$ を作成する。
- 射影行列 $\boldsymbol{W}$ を使って d 次元の入力データセット $\boldsymbol{X}$ を変換し、新しい k 次元の特徴部分空間を取得する。

簡単に説明すると、固有値の大きいものから順に固有対を並べ替え、選択された固有ベクトルから射影行列を生成する。そして、この射影行列を使ってデータをより低い次元の部分空間に変換する。

まず、固有値の大きいものから順に固有対を並べ替える。

```
>>> # （固有値, 固有ベクトル）のタプルのリストを作成
>>> eigen_pairs = [(np.abs(eigen_vals[i]),eigen_vecs[:,i])
...                for i in range(len(eigen_vals))]
>>> # （固有値, 固有ベクトル）のタプルを大きいものから順に並べ替え
>>> eigen_pairs.sort(key=lambda k: k[0], reverse=True)
```

次に、最も大きい2つの固有値に対応する2つの固有ベクトルを集める。それにより、このデータセットにおける分散の約60%を捉えることができる。なお、ここでは説明のために固有値を2つだけ選択しているが、このデータは後ほど第1主成分と第2主成分による2次元の散布図を使ってプロットする。実務では、計算効率と分類器の性能のバランスを見ながら、主成分の個数を決定する必要がある[※7]。

```
>>> w= np.hstack((eigen_pairs[0][1][:, np.newaxis], eigen_pairs[1][1][:, np.newaxis]))
>>> print('Matrix W:\n',w)
Matrix W:
 [[-0.13724218  0.50303478]
 [ 0.24724326  0.16487119]
 [-0.02545159  0.24456476]
 [ 0.20694508 -0.11352904]
 [-0.15436582  0.28974518]
 [-0.39376952  0.05080104]
 [-0.41735106 -0.02287338]
 [ 0.30572896  0.09048885]
 [-0.30668347  0.00835233]
 [ 0.07554066  0.54977581]
 [-0.32613263 -0.20716433]
 [-0.36861022 -0.24902536]
 [-0.29669651  0.38022942]]
```

このコードを実行すると、上位2つの固有ベクトルから13×2次元の射影行列 $\boldsymbol{W}$ が作成される。

※7 ［監注］NumPyの newaxis は、新たな軸を生成する定数である。この例では、1番目と2番目の固有ベクトルをそのまま抽出すると1次元のNumPy配列となり、NumPyの hstack 関数で2つのNumPy配列を結合すると結果も1次元のNumPy配列となってしまう。そこで、1番目と2番目の固有ベクトルを抽出する際に明示的に列ベクトルを生成するために newaxis を用いている。

NumPy と LAPACK のバージョンによっては、符号が反転した射影行列 W が作成されることがある。そのような行列が作成されたとしても、問題はないことに注意しよう。$\boldsymbol{v}$ が行列 Σ の固有ベクトルであるとすれば、次の式が成り立つ。

$$\Sigma \boldsymbol{v} = \lambda \boldsymbol{v}$$

ここで、λ は固有値であり、次の式により、$-\boldsymbol{v}$ は同じ固有値を持つ固有ベクトルだからである。

$$\Sigma \cdot (-\boldsymbol{v}) = -\boldsymbol{v} \Sigma = -\lambda \boldsymbol{v} = \lambda \cdot (-\boldsymbol{v})$$

この射影行列を使用することで、(1×13 次元の行ベクトルとして表される) サンプル $\boldsymbol{x}$ を PCA の部分空間に変換し、2 つの新しい特徴量からなる 2 次元のサンプルベクトル $\boldsymbol{x}'$ を生成できる (以下のコードでは、dot 関数を使って行列の内積を求めている)。

$$\boldsymbol{x}' = \boldsymbol{x}\boldsymbol{W} \tag{5.1.6}$$

```
>>> X_train_std[0].dot(w)
array([ 2.38299011,  0.45458499])
```

同様に、行列の内積を計算することにより、124×13 次元のトレーニングデータセット全体を 2 つの主成分に変換できる。

$$\boldsymbol{X}' = \boldsymbol{X}\boldsymbol{W} \tag{5.1.7}$$

```
>>> X_train_pca = X_train_std.dot(w)
```

最後に、124×2 次元の行列として格納された変換後の Wine トレーニングセットを、2 次元の散布図としてプロットしてみよう。

```
>>> colors = ['r', 'b', 'g']
>>> markers = ['s', 'x', 'o']
>>> #「クラスラベル」「点の色」「点の種類」の組み合わせからなるリストを生成してプロット
>>> for l, c, m in zip(np.unique(y_train), colors, markers):
...     plt.scatter(X_train_pca[y_train==l, 0], X_train_pca[y_train==l, 1],
...                 c=c, label=l, marker=m)
...
>>> plt.xlabel('PC 1')
>>> plt.ylabel('PC 2')
>>> plt.legend(loc='lower left')
>>> plt.tight_layout()
>>> plt.show()
```

結果として得られた次のグラフからわかるように、データは２つ目の主成分であるｙ軸よりも１つ目の主成分であるｘ軸沿いに広がっており、先ほど作成した分散説明率と一致する。一方で、これらのクラスを線形分類器でうまく分割できそうであることが直観的にわかる。

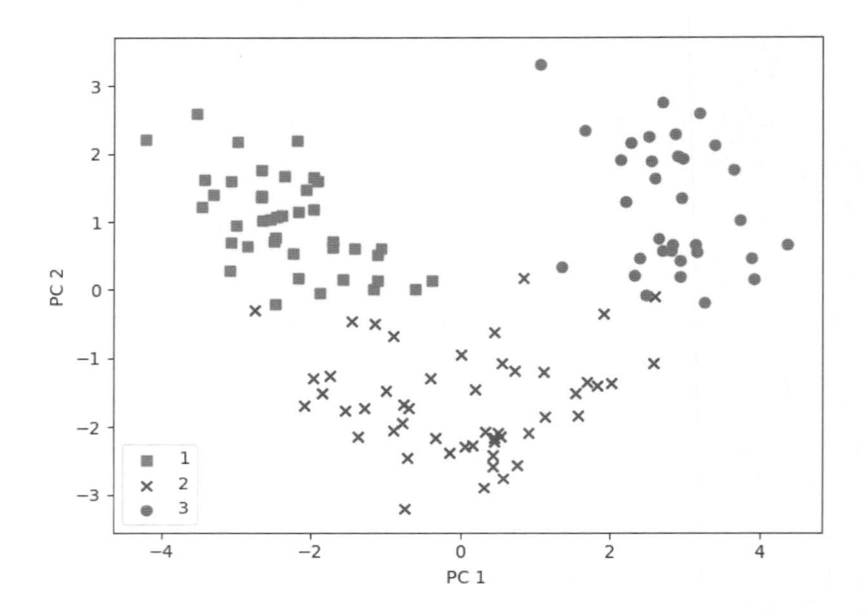

この散布図では、説明のためにクラスラベルの情報を符号化したが、PCA がクラスラベルの情報を使用しない教師なしのデータ圧縮法であることに注意しなければならない。

5.1.5 scikit-learn の主成分分析

前項の冗長なアプローチは主成分分析（PCA）の内部の仕組みを理解するのに役立ったが、ここでは scikit-learn で実装されている `PCA` クラスを使用する方法について見ていこう。`PCA` は scikit-learn の変換器クラス（transformer）の１つであり、トレーニングデータを使ってモデルを適合させた上で、トレーニングデータとテストデータを同じモデルパラメータ（共分散行列の固有ベクトル）に基づいて変換する。それでは、Wine トレーニングデータセットで scikit-learn の `PCA` クラスを使用することで、ロジスティック回帰を使って変換後のサンプルを分類してみよう。まず、決定領域をプロットするために、第２章で定義した `plot_decision_regions` 関数（32 ページ）をもとに次のように記述する。

```
from matplotlib.colors import ListedColormap

def plot_decision_regions(X, y, classifier, resolution=0.02):

    # マーカーとカラーマップの準備
```

```
    markers = ('s', 'x', 'o', '^', 'v')
    colors = ('red', 'blue', 'lightgreen', 'gray', 'cyan')
    cmap = ListedColormap(colors[:len(np.unique(y))])

    # 決定領域のプロット
    x1_min, x1_max = X[:, 0].min() - 1, X[:, 0].max() + 1
    x2_min, x2_max = X[:, 1].min() - 1, X[:, 1].max() + 1
    # グリッドポイントの生成
    xx1, xx2 = np.meshgrid(np.arange(x1_min, x1_max, resolution),
                           np.arange(x2_min, x2_max, resolution))
    # 各特徴量を1次元配列に変換して予測を実行
    Z = classifier.predict(np.array([xx1.ravel(), xx2.ravel()]).T)
    # 予測結果を元のグリッドポイントのデータサイズに変換
    Z = Z.reshape(xx1.shape)
    # グリッドポイントの等高線のプロット
    plt.contourf(xx1, xx2, Z, alpha=0.4, cmap=cmap)
    # 軸の範囲の設定
    plt.xlim(xx1.min(), xx1.max())
    plt.ylim(xx2.min(), xx2.max())

    # クラスごとにサンプルをプロット
    for idx, cl in enumerate(np.unique(y)):
        plt.scatter(x=X[y == cl, 0],
                    y=X[y == cl, 1],
                    alpha=0.6,
                    c=cmap(idx),
                    edgecolor='black',
                    marker=markers[idx],
                    label=cl)
```

```
>>> from sklearn.linear_model import LogisticRegression
>>> from sklearn.decomposition import PCA
>>> # 主成分数を指定して、PCAのインスタンスを生成
>>> pca = PCA(n_components=2)
>>> # ロジスティック回帰のインスタンスを生成
>>> lr = LogisticRegression()
>>> # トレーニングデータとテストデータでPCAを実行
>>> X_train_pca = pca.fit_transform(X_train_std)
>>> X_test_pca = pca.transform(X_test_std)
>>> # トレーニングデータでロジスティック回帰を実行
>>> lr.fit(X_train_pca, y_train)
>>> # 決定境界をプロット
>>> plot_decision_regions(X_train_pca, y_train, classifier=lr)
>>> plt.xlabel('PC1')
>>> plt.ylabel('PC2')
>>> plt.legend(loc='lower left')
>>> plt.tight_layout()
>>> plt.show()
```

このコードを実行すると、2つの主成分軸に削減されたトレーニングデータの決定領域が表示される。

>> vii ページにカラーで掲載

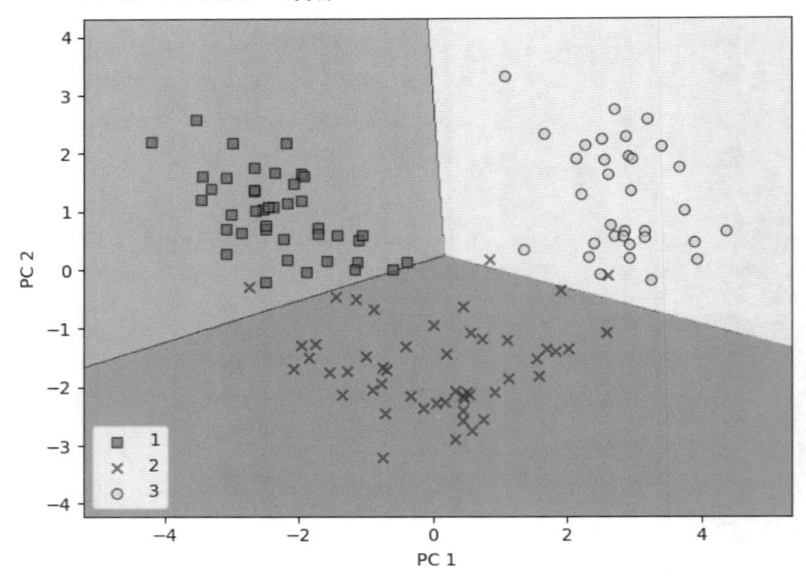

scikit-learn による PCA 射影と自前での PCA 実装とを比べてみると、scikit-learn を利用した場合のグラフは、前項の PCA の図に対して左右対称であることがわかる。このようになるのは、これら２つの実装のどちらかに間違いがあるからではなく、固有ベクトルの符号が固有値ソルバに依存して負または正のどちらかになるからだ。これは大きな問題ではなく、必要であれば、データに -1 を掛けて左右対称の図を反転させれば済むことである。固有ベクトルが一般に単位長 1 にスケーリングされることに注意しよう。参考までに、変換後のテストデータセットに対するロジスティック回帰の決定領域をプロットし、これらのクラスをうまく分割できるかどうか確かめてみよう。

```
>>> # 決定境界をプロット
>>> plot_decision_regions(X_test_pca, y_test, classifier=lr)
>>> plt.xlabel('PC1')
>>> plt.ylabel('PC2')
>>> plt.legend(loc='lower left')
>>> plt.tight_layout()
>>> plt.show()
```

このコードを実行してテストデータセットの決定領域をプロットすると、この小さな２次元の特徴部分空間では、ロジスティック回帰の性能が大幅に改善していることと、テストデータセットのサンプルがほんのいくつか誤分類されたことがわかる。

>> vii ページにカラーで掲載

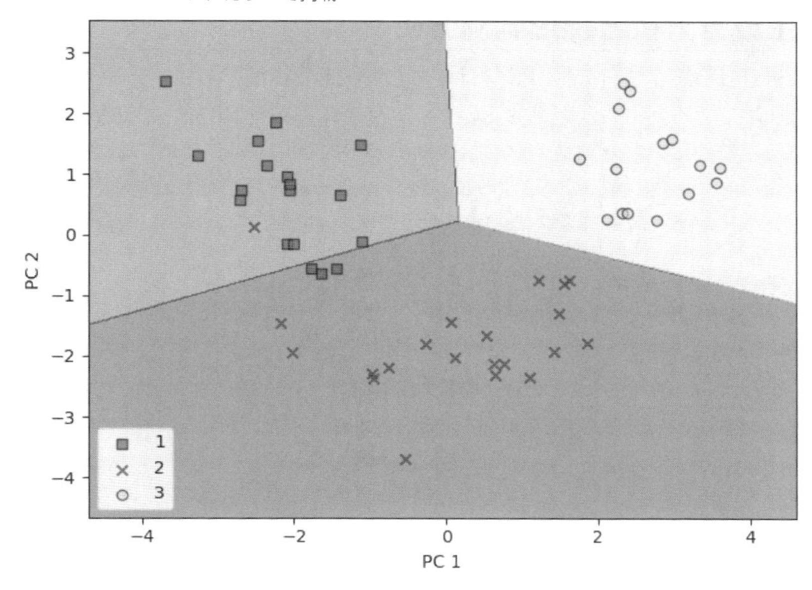

すべての主成分の分散説明率に関心がある場合は、n_components パラメータを None に設定して PCA クラスを初期化してみよう。そうすると、主成分がすべて保持されるようになり、explained_variance_ratio_ 属性を使って分散説明率にアクセスできるようになる。

```
>>> pca = PCA(n_components=None)
>>> X_train_pca = pca.fit_transform(X_train_std)
>>> # 分散説明率を計算
>>> pca.explained_variance_ratio_
array([ 0.36951469,  0.18434927,  0.11815159,  0.07334252,  0.06422108,
        0.05051724,  0.03954654,  0.02643918,  0.02389319,  0.01629614,
        0.01380021,  0.01172226,  0.00820609])
```

PCA クラスの初期化時に n_components=None を設定するのは、次元削減を実行する代わりに、すべての主成分がソートされた状態で返されるようにするためである。

5.2 線形判別分析による教師ありデータ圧縮

線形判別分析（Linear Discriminant Analysis：LDA）は、特徴抽出手法の 1 つである。LDA は、計算効率を高め、正則化されていないモデルで「次元の呪い」による過学習を抑制するために使用できる。

LDA の基本的な考え方は主成分分析（PCA）とよく似ているが、PCA はデータセットにおいて分散が最も大きい直交成分軸を見つけ出そうとするのに対し、LDA はクラスの分離を最適化する特徴部分空間を見つけ出そうとする。ここでは、LDA と PCA の類似性をより詳しく取り上げ、LDA のアプローチを順番に見ていくことにしよう。

5.2.1 主成分分析と線形判別分析

線形判別分析(LDA)と主成分分析(PCA)はどちらも線形変換法であり、データセットの次元数を減らすために使用できる。PCAが教師なしのアルゴリズムであるのに対し、LDAは教師ありのアルゴリズムである。このため、分類タスクの特徴抽出の手段としては、LDAのほうが優れている。ただし、A. M. Martinez※8が指摘しているように、PCAによる前処理のほうが画像認識の分類結果がよいこともある。たとえば、各クラスを構成するサンプルの個数がごく少ない場合がこれに該当する。

> LDAは「FisherのLDA」とも呼ばれるが、2クラスの分類問題に対する「Fisherの線形判別」※9を1936年に最初に考案したのはRonald A. Fisherである。Fisherの線形判別は、1948年にC. Radhakrishna Rao※10によって多クラス問題として一般化された。この多クラス問題では、クラスの共分散が等しいことと、各クラスに属するデータが正規分布に従うことが想定された。それが現在のLDAである。

次の図は、2クラス問題に対するLDAの考え方をまとめたものである。クラス1のサンプルは○、クラス2のサンプルは+で表されている。

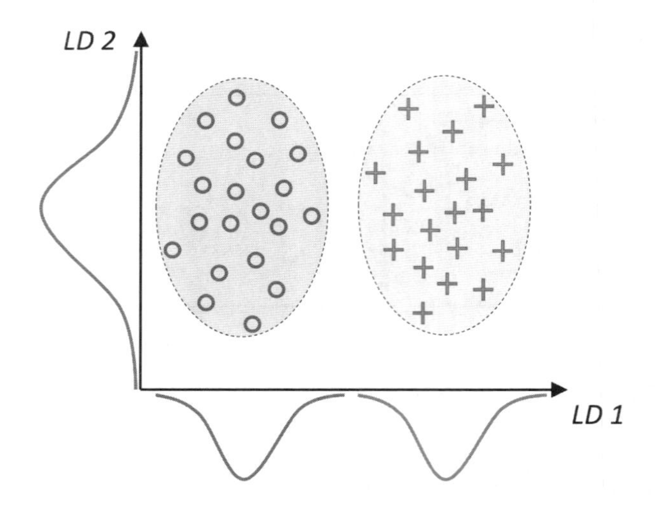

※8 A. M. Martinez and A. C. Kak. *PCA Versus LDA.* Pattern Analysis and Machine Intelligence, IEEE Transactions on Pattern Analysis and Machine Intelligence, 23(2):228-233, 2001, http://www2.ece.ohio-state.edu/~aleix/pami01.pdf

※9 R. A. Fisher. *The Use of Multiple Measurements in Taxonomic Problems.* Annals of Eugenics, 7(2):179-188, 1936

※10 C. R. Rao. *The Utilization of Multiple Measurements in Problems of Biological Classification.* Journal of the Royal Statistical Society. Series B (Methodological), 10(2):159-203, 1948 x軸（LD 1）に示されている線形判別により、正規分布に従う2つのクラスがうまく分割されている。y軸（LD 2）に示されている典型的な線形判別は、データセットの分散の大半を捕捉するものの、クラスの判別情報をまったく捕捉しないため、よい線形判別であるとは言えない。

LDAでは、データが正規分布に従っていることが前提となる。また、クラスの共分散行列がまったく同じであることと、特徴量が統計的に見て互いに独立していることも前提となる。ただし、それらの前提を多少満たしていなくても、次元削減の手段としてのLDAはそれなりにうまくいく[※11]。

5.2.2 線形判別分析の内部の仕組み

実装コードを見ていく前に、LDAを実行するために必要な主な手順をまとめておく。

1. d次元のデータセットを標準化する（dは特徴量の個数）。
2. クラスごとにd次元の平均ベクトル（各次元の平均値で構成されるベクトル）を計算する。
3. 平均ベクトルを使って、クラス間変動行列$\boldsymbol{S}_B$と、クラス内変動行列$\boldsymbol{S}_W$を生成する。
4. 行列$\boldsymbol{S}_W^{-1}\boldsymbol{S}_B$の固有ベクトルと対応する固有値を計算する。
5. 固有値を降順でソートすることで、対応する固有ベクトルをランク付けする。
6. $d \times k$次元の変換行列$\boldsymbol{W}$を生成するために、最も大きいk個の固有値に対応するk個の固有ベクトルを選択する（固有ベクトルから変換行列$\boldsymbol{W}$を生成）。固有ベクトルは、この行列の列である。
7. 変換行列$\boldsymbol{W}$を使ってサンプルを新しい特徴部分空間へ射影する。

このように、行列を固有値と固有ベクトルに分解し、より次元の低い新しい特徴空間を生成するという点では、LDAはPCAと非常によく似ている。しかし、先に述べたように、LDAはクラスラベルを情報として使用する。この情報は、手順2の平均ベクトルとして表される。次項では、実装コードを見ながら、この7つの手順を詳しく見ていこう。

5.2.3 変動行列を計算する

Wineデータセットの特徴量は、PCAに関する最初の節ですでに標準化している。このため、最初の手順を飛ばして、平均ベクトルの計算に進むことができる。そして、それらの平均ベクトルを使って、クラス内変動行列（within-class scatter matrix）とクラス間変動行列（between-class scatter matrix）を生成する。各平均ベクトル$\boldsymbol{m}_i$には、クラスiのサンプルに関する平均特徴量の値μ_mが格納される。

※11　R. O. Duda、P. E. Hart、D. G. Stork 共著、『Pattern Classification　Second Edition』（Wiley-Interscience、2001年）『パターン識別』（アドコム・メディア、2001年）。

$$\boldsymbol{m}_i = \frac{1}{n_i} \sum_{\boldsymbol{x} \in D_i}^{c} \boldsymbol{x} \tag{5.2.1}$$

この式を利用することで、次に示すように、平均ベクトルが3つ得られる。

$$\boldsymbol{m}_i = \begin{bmatrix} \mu_{i,alcohol} \\ \mu_{i,malic\ acid} \\ \vdots \\ \mu_{i,proline} \end{bmatrix}^T \quad i \in \{1, 2, 3\} \tag{5.2.2}$$

```
>>> np.set_printoptions(precision=4)
>>> mean_vecs = []
>>> for label in range(1,4):
...     mean_vecs.append(np.mean(X_train_std[y_train==label], axis=0))
...     print('MV %s: %s\n' %(label, mean_vecs[label-1]))
...
MV 1: [ 0.9066 -0.3497  0.3201 -0.7189  0.5056  0.8807  0.9589 -0.5516
  0.5416  0.2338  0.5897  0.6563  1.2075]
MV 2: [-0.8749 -0.2848 -0.3735  0.3157 -0.3848 -0.0433  0.0635 -0.0946
  0.0703 -0.8286  0.3144  0.3608 -0.7253]
MV 3: [ 0.1992  0.866   0.1682  0.4148 -0.0451 -1.0286 -1.2876  0.8287
 -0.7795  0.9649 -1.209  -1.3622 -0.4013]
```

平均ベクトルを使ってクラス内変動行列 $\boldsymbol{S}_W$ を計算する方法は次のようになる。

$$\boldsymbol{S}_W = \sum_{i=1}^{c} \boldsymbol{S}_i \tag{5.2.3}$$

式5.2.3の右辺は、個々のクラス i について変動行列 $\boldsymbol{S}_i$ を合計することによって計算される。

$$\boldsymbol{S}_i = \sum_{x \in D_i}^{c} (\boldsymbol{x} - \boldsymbol{m}_i)(\boldsymbol{x} - \boldsymbol{m}_i)^T \tag{5.2.4}$$

```
>>> d = 13  # 特徴量の個数
>>> S_W = np.zeros((d, d))
>>> for label, mv in zip(range(1,4), mean_vecs):
...     class_scatter = np.zeros((d, d))
>>>     for row in X_train_std[y_train == label]:
...         row, mv = row.reshape(d, 1), mv.reshape(d, 1)
...         class_scatter += (row - mv).dot((row - mv).T)
...     S_W += class_scatter
...
>>> print('Within-class scatter matrix: %sx%s' % (S_W.shape[0], S_W.shape[1]))
```

```
Within-class scatter matrix: 13x13
```

変動行列を計算するときには、トレーニングデータセットにおいてクラスラベルが一様に分布していることが前提となる。だが、クラスラベルの個数を出力すると、この前提を満たしていないことがわかる。

```
>>> print('Class label distribution: %s' % np.bincount(y_train)[1:])
Class label distribution: [41 50 33]
```

したがって、個々の変動行列 $\boldsymbol{S}_i$ を合計して変動行列 $\boldsymbol{S}_W$ を生成する前に、スケーリングが必要である。変動行列をクラスのサンプルの個数 n_i で割るときに、変動行列の計算が実は共分散行列 $\sum_i$ の計算と同じであることがわかる。共分散行列は変動行列の正規化バージョンである。

$$\textstyle\sum_i = \frac{1}{n_i}\boldsymbol{S}_W = \frac{1}{n_i}\sum_{\boldsymbol{x}\in D_i}^{c}(\boldsymbol{x}-\boldsymbol{m}_i)(\boldsymbol{x}-\boldsymbol{m}_i)^T \tag{5.2.5}$$

```
>>> d = 13  # 特徴量の個数
>>> S_W = np.zeros((d, d))
>>> for label, mv in zip(range(1, 4), mean_vecs):
...     class_scatter = np.cov(X_train_std[y_train==label].T)
...     S_W += class_scatter
...
>>> print('Scaled within-class scatter matrix: %sx%s' % (S_W.shape[0], S_W.shape[1]))
Scaled within-class scatter matrix: 13x13
```

スケーリングされたクラス内変動行列(共分散行列)を計算した後は、次の手順であるクラス間変動行列 $\boldsymbol{S}_B$ の計算に進もう。

$$\boldsymbol{S}_B = \sum_{i=1}^{c} n_i(\boldsymbol{m}_i-\boldsymbol{m})(\boldsymbol{m}_i-\boldsymbol{m})^T \tag{5.2.6}$$

ここで、$\boldsymbol{m}$ はすべてのクラスのサンプルを対象として計算される全体平均である。

```
>>> mean_overall = np.mean(X_train_std, axis=0)
>>> d = 13  # 特徴量の個数
>>> S_B = np.zeros((d, d))
>>> for i, mean_vec in enumerate(mean_vecs):
...     n = X_train[y_train == i + 1, :].shape[0]
...     # 列ベクトルを作成
...     mean_vec = mean_vec.reshape(d, 1)
...     mean_overall = mean_overall.reshape(d, 1)
...     S_B += n * (mean_vec - mean_overall).dot((mean_vec - mean_overall).T)
...
```

```
>>> print('Between-class scatter matrix: %sx%s' % (S_B.shape[0], S_B.shape[1]))
Between-class scatter matrix: 13x13
```

5.2.4 新しい特徴部分空間の線形判別を選択する

LDA の残りの手順は、PCA の手順と似ている。ただし、共分散行列で固有分解を実行するのではなく、行列 $\boldsymbol{S}_W^{-1}\boldsymbol{S}_B$ の一般化された固有値問題を解く。

```
>>> # inv 関数で逆行列、dot 関数で行列積、eig 関数で固有値を計算
>>> eigen_vals, eigen_vecs = np.linalg.eig(np.linalg.inv(S_W).dot(S_B))
```

固有対を計算した後は、固有値を大きいものから降順で並べ替えることができる。

```
>>> eigen_pairs = [(np.abs(eigen_vals[i]), eigen_vecs[:,i])
...                for i in range(len(eigen_vals))]
>>> eigen_pairs = sorted(eigen_pairs, key=lambda k: k[0], reverse=True)
>>> print('Eigenvalues in descending order:\n')
>>> for eigen_val in eigen_pairs:
...     print(eigen_val[0])
...

Eigenvalues in descending order:

349.617808906
172.76152219
3.78531345125e-14
2.11739844822e-14
1.51646188942e-14
1.51646188942e-14
1.35795671405e-14
1.35795671405e-14
7.58776037165e-15
5.90603998447e-15
5.90603998447e-15
2.25644197857e-15
0.0
```

クラス間変動行列 $\boldsymbol{S}_B$ は、階数(ランク)1以下の c 個の行列を合計したものである ※12。このため、クラスラベルの個数を c とすれば、LDA での線形判別の個数は最大で $c-1$ 個となる。実際、ゼロではない固有値は 2 個しかないことがわかる —— 3 〜 13 番目の固有値は、計算結果を見ると正確にはゼロではないが、これは NumPy での浮動小数点数の演算によるものである。

共線性 (collinearity) が完全である、つまり整列後のサンプル点がすべて直線上にあるという珍しいケースでは、共分散行列の階数は 1 となり、固有値がゼロではない固有ベクトルは 1 つだけとなる。

※12 [監注] 階数(ランク、rank)には同値なさまざまな定義があるが、ここでは行列の独立な列ベクトルの個数と考えるとよいだろう。式 5.2.6 で定義されるクラス間変動行列 S_B は、クラス $\boldsymbol{i}$ の中心 $\boldsymbol{m}_i$ と全体平均 $\boldsymbol{m}$ の差のベクトルとそれを転置させたベクトルに対して行列の積を計算し、クラスに属するサンプルの個数で重み付けて足し合わせることにより求めている。以下では、$\boldsymbol{m}_i$ と $\boldsymbol{m}$ の j 番目の成分をそれぞれ $\boldsymbol{m}_{i,j}$、$\boldsymbol{m}_j$ とする。このとき、

$$
\begin{aligned}
(\boldsymbol{m}_i-\boldsymbol{m})(\boldsymbol{m}_i-\boldsymbol{m})^T &= \begin{pmatrix} m_{i,1}-m_1 \\ \vdots \\ m_{i,13}-m_{13} \end{pmatrix} \begin{pmatrix} m_{i,1}-m_1 & \dots & m_{i,13}-m_{13} \end{pmatrix} \\
&= \begin{pmatrix} (m_{i,1}-m_1)(m_{i,1}-m_1) & \dots & (m_{i,1}-m_1)(m_{i,13}-m_{13}) \\ \vdots & \ddots & \vdots \\ (m_{i,13}-m_{13})(m_{i,1}-m_1) & \dots & (m_{i,13}-m_{13})(m_{i,13}-m_{13}) \end{pmatrix}
\end{aligned}
$$

となる。以上により、

$$
1\text{ 列目の列ベクトル} = (m_{i,1}-m_1)\begin{pmatrix} m_{i,1}-m_1 \\ \vdots \\ m_{i,13}-m_{13} \end{pmatrix}
$$

$$
j\text{ 列目の列ベクトル} = (m_{i,j}-m_j)\begin{pmatrix} m_{i,1}-m_1 \\ \vdots \\ m_{i,13}-m_{13} \end{pmatrix}
$$

$$
13\text{ 列目の列ベクトル} = (m_{i,13}-m_{13})\begin{pmatrix} m_{i,1}-m_1 \\ \vdots \\ m_{i,13}-m_{13} \end{pmatrix}
$$

となる。よって、これらの列ベクトルは独立ではなく、$\boldsymbol{m}_{i,1}-\boldsymbol{m}_1 \neq 0$ ならば、たとえば 1 列目と 13 列目の列ベクトルの間には、次式の関係が成り立つ。

$$
\begin{aligned}
13\text{ 列目の列ベクトル} &= (m_{i,13}-m_{13})\begin{pmatrix} m_{i,1}-m_1 \\ \vdots \\ m_{i,13}-m_{13} \end{pmatrix} \\
&= \frac{m_{i,13}-m_{13}}{m_{i,1}-m_1}(m_{i,1}-m_1)\begin{pmatrix} m_{i,1}-m_1 \\ \vdots \\ m_{i,13}-m_{13} \end{pmatrix} \\
&= \frac{m_{i,13}-m_{13}}{m_{i,1}-m_1} \times 1\text{ 列目の列ベクトル}
\end{aligned}
$$

他の列ベクトル間にも同様の関係が成り立つので、独立な列ベクトルは高々 1 個となり、階数(ランク)が 1 以下であることを示せる。

線形判別（固有ベクトル）によってクラスの判別情報がどの程度捕捉されるのかを測定するため、PCAの節で作成した分散説明のグラフと同様に、固有値を減らしながら線形判別をプロットしてみよう。話を単純にするために、ここではクラスの判別情報の捕捉度合いを**判別性**（discriminability）と呼ぶことにする。

```
>>> # 固有値の実数部の総和を求める
>>> tot = sum(eigen_vals.real)
>>> # 分散説明率とその累積和を計算
>>> discr = [(i / tot) for i in sorted(eigen_vals.real, reverse=True)]
>>> cum_discr = np.cumsum(discr)
>>> plt.bar(range(1, 14), discr, alpha=0.5, align='center',
...         label='individual "discriminability"')
>>> plt.step(range(1, 14), cum_discr, where='mid',
...          label='cumulative "discriminability"')
>>> plt.ylabel('"discriminability" ratio')
>>> plt.xlabel('Linear Discriminants')
>>> plt.ylim([-0.1, 1.1])
>>> plt.legend(loc='best')
>>> plt.tight_layout()
>>> plt.show()
```

結果のグラフからわかるように、最初の2つの線形判別だけで、Wineトレーニングデータセット内の有益な情報を100%捕捉している。

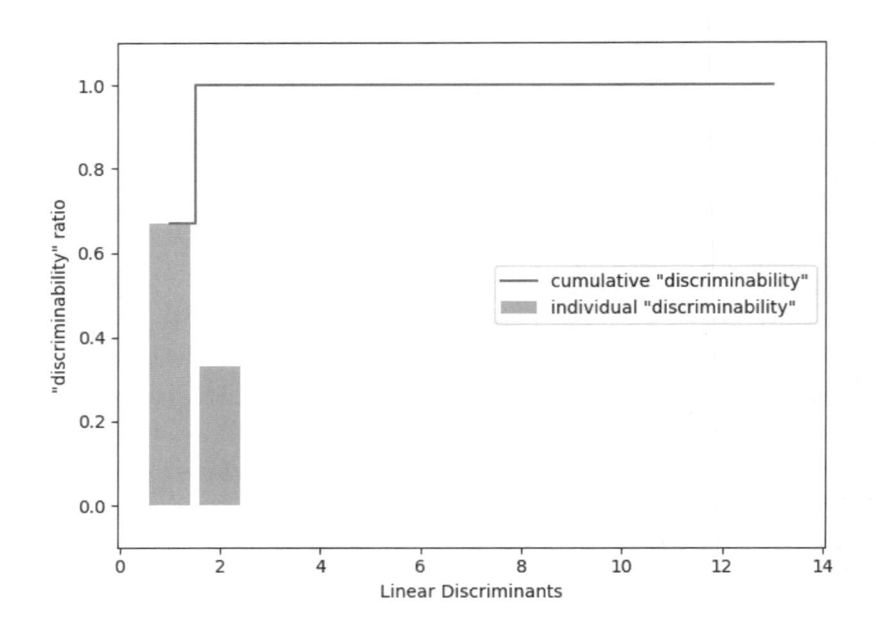

次に、最も判別力のある2つの固有ベクトルを列方向に並べて、変換行列 W を作成してみよう。

```
>>> # 2つの固有ベクトルから変換行列を作成
>>> w = np.hstack((eigen_pairs[0][1][:, np.newaxis].real,
...                eigen_pairs[1][1][:, np.newaxis].real))
>>> print('Matrix W:\n', w)
Matrix W:
 [[-0.1481 -0.4092]
 [ 0.0908 -0.1577]
 [-0.0168 -0.3537]
 [ 0.1484  0.3223]
 [-0.0163 -0.0817]
 [ 0.1913  0.0842]
 [-0.7338  0.2823]
 [-0.075  -0.0102]
 [ 0.0018  0.0907]
 [ 0.294  -0.2152]
 [-0.0328  0.2747]
 [-0.3547 -0.0124]
 [-0.3915 -0.5958]]
```


5.2.5 新しい特徴空間にサンプルを射影する

ここまで作成してきた変換行列 W に対してトレーニングデータセットの行列を掛けることにより、トレーニングデータセットを変換してみよう。

$$X' = XW \tag{5.2.7}$$

```
>>> # 標準化したトレーニングデータに変換行列を掛ける
>>> X_train_lda = X_train_std.dot(w)
>>> colors = ['r', 'b', 'g']
>>> markers = ['s', 'x', 'o']
>>> for l, c, m in zip(np.unique(y_train), colors, markers):
...     plt.scatter(X_train_lda[y_train == l, 0],
...                 X_train_lda[y_train == l, 1] * (-1),
...                 c=c, label=l, marker=m)
...
>>> plt.xlabel('LD 1')
>>> plt.ylabel('LD 2')
>>> plt.legend(loc='lower right')
>>> plt.tight_layout()
>>> plt.show()
```

結果として得られたグラフからわかるように、新しい特徴部分空間では、3つのクラスが完全に線形分離となっている。

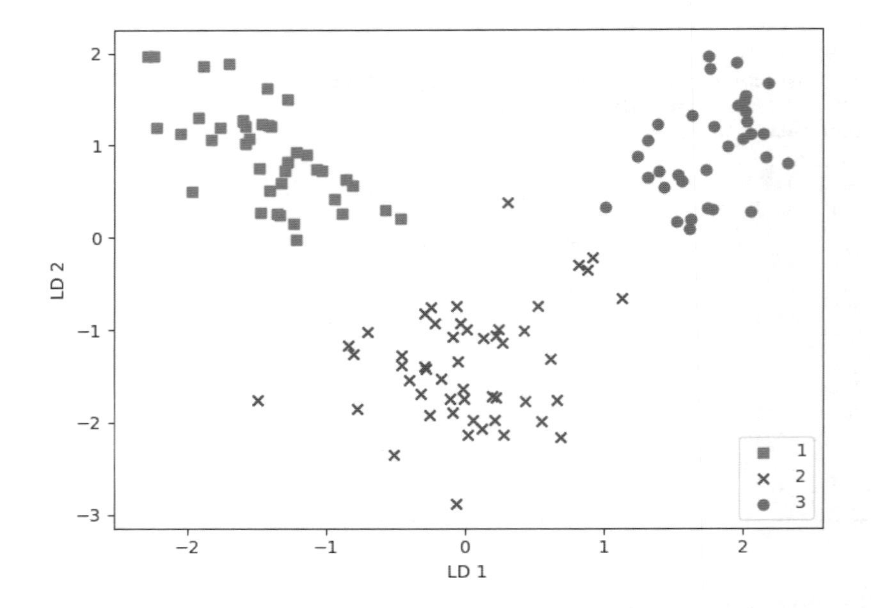

5.2.6 scikit-learn による線形判別分析

ここまでの手順ごとの実装は、LDA の内部の仕組みや、LDA と PCA の違いを理解するためのよい練習となった。ここでは、scikit-learn に実装されている LDA クラスを調べてみよう。

```
>>> from sklearn.discriminant_analysis import LinearDiscriminantAnalysis as LDA
>>> # 次元数を指定して、LDA のインスタンスを生成
>>> lda = LDA(n_components=2)
>>> X_train_lda = lda.fit_transform(X_train_std, y_train)
```

ロジスティック回帰の分類器が、LDA によって変換された低次元のトレーニングデータセットをどのように処理するのか見てみよう。

```
>>> lr = LogisticRegression()
>>> lr = lr.fit(X_train_lda, y_train)
>>> plot_decision_regions(X_train_lda, y_train, classifier=lr)
>>> plt.xlabel('LD 1')
>>> plt.ylabel('LD 2')
>>> plt.legend(loc='lower left')
>>> plt.tight_layout()
>>> plt.show()
```

結果として得られたグラフを見ると、ロジスティック回帰モデルがクラス2のサンプルの1つを誤分類していることがわかる。

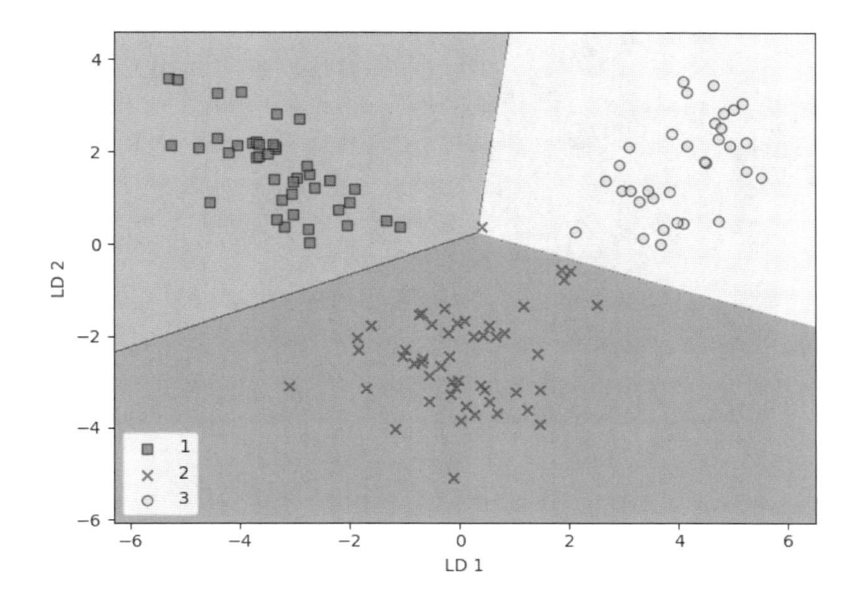

正則化の強さを下げれば決定境界をずらすことができるため、ロジスティック回帰モデルがトレーニングデータセットのサンプルをすべて正しく分類するようになるだろう。しかし、ここではより重要な、テストデータセットでの結果を見てみよう。

```
>>> X_test_lda = lda.transform(X_test_std)
>>> plot_decision_regions(X_test_lda, y_test, classifier=lr)
>>> plt.xlabel('LD 1')
>>> plt.ylabel('LD 2')
>>> plt.legend(loc='lower left')
>>> plt.tight_layout()
>>> plt.show()
```

結果として得られたグラフから、ロジスティック回帰の分類器は、Wineデータセットの元の13個の特徴量ではなく、2次元の特徴部分空間だけを使用することにより、テストデータセットのサンプルを完全な正解率で分類できることがわかる。

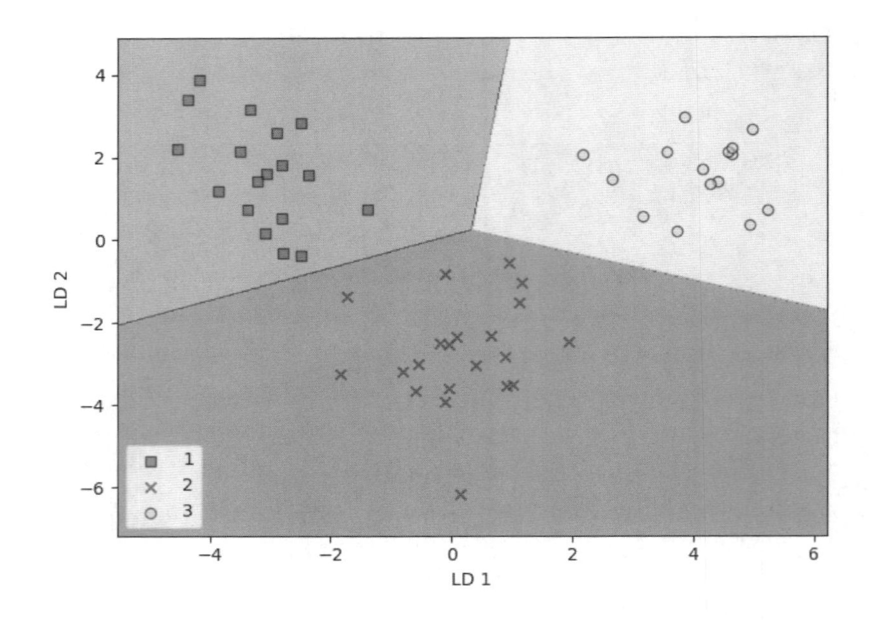

5.3 カーネル主成分分析を使った非線形写像

機械学習の多くのアルゴリズムは、入力データの線形分離性について前提を設けている。すでに説明したように、パーセプトロンを収束させるには、完全に線形分離可能なトレーニングデータセットが要求される。ここまで取り上げてきた他のアルゴリズムは、線形分離性が完全ではないのはノイズによるものであることを前提とする。ADALINE、ロジスティック回帰、そして標準のサポートベクトルマシン（SVM）は、ほんの一例である。

だが、現実のアプリケーションではむしろ非線形問題に遭遇するほうがはるかに多い。そうした問題に対処しようとする場合、主成分分析（PCA）や線形判別分析（LDA）といった次元削減の線形変換法は最良の選択肢ではないかもしれない。本節では、カーネル化されたPCA、つまり**カーネルPCA**（KPCA）を取り上げる。カーネルPCAは、第３章で説明したカーネルSVMの概念に関連している。ここでは、カーネルPCAを使用して、線形に分離できないデータを変換し、線形分類器に適した新しい低次元の部分空間へ射影する方法を学ぶ。

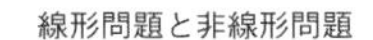

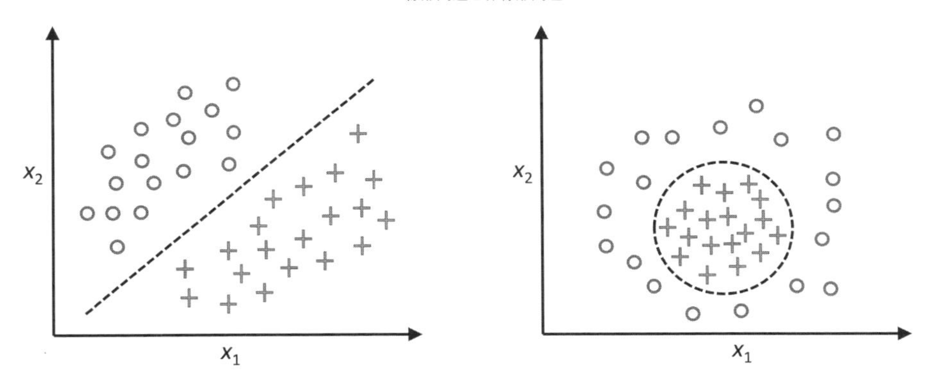

5.3.1　カーネル関数とカーネルトリック

第 3 章のカーネル SVM に関する説明で学んだように、非線形問題を解くには、より高い次元の新しい特徴空間へ射影し、そこで線形分離可能な状態にする。サンプル $\boldsymbol{x} \in \mathbb{R}^d$ をそれよりも高い k 次元の部分空間に変換するために、非線形の射影関数 ϕ を定義した[※13]。

$$\phi : \mathbb{R}^d \rightarrow \mathbb{R}^k \ (k >> d) \tag{5.3.1}$$

ϕ は、元の d 次元のデータセットをそれよりも高い k 次元の特徴空間に写像するために、元の特徴量の非線形的な組み合わせを作成する。たとえば d を次元の数、$\boldsymbol{x}$ を d 個の特徴量からなる列ベクトルとし、2 次元（$d = 2$）の特徴ベクトル $\boldsymbol{x} \in \mathbb{R}^d$ があるとすれば、3 次元空間に次のように写像する。

$$\begin{gathered} \boldsymbol{x} = [x_1, \ x_2]^T \\ \downarrow \phi \\ \mathbf{z} = \left[x_1^2, \ \sqrt{2x_1x_2}, x_2^2\right]^T \end{gathered} \tag{5.3.2}$$

つまり、カーネル PCA を使用することで、データをより高次元の空間に変換する非線形写像を実行する。この高次元空間に対して標準の PCA を適用し、より低次元の空間へデータを再び射影し、サンプルを線形分類器で分離できるようにする —— その際には、入力空間においてデータの密度によりサンプルを分離できることが前提となる。だが、この方法には、計算コストが非常に高いという問題点がある。そこで「カーネルトリック」の出番となる。これにより、高次元空間に写像することなく、元の特徴空間において 2 つの高次元の特徴ベクトルの類似度を計算できる。

この計算コストが高いという問題に対してカーネルトリックを使って取り組む方法について説明する前に、本章の最初のほうで実装した「標準」の PCA アプローチをもう一度見てみよう。その際

※13　［監注］$k >> d$ は、k が d に比べてはるかに大きいことを表す。意味する内容としては、$d << k$ と同じである。

には、２つの特徴量 j と k の間の共分散を次のように計算した。

$$\sigma_{jk} = \frac{1}{n}\sum_{i=1}^{n}\left(x_j^{(i)} - \mu_j\right)\left(x_k^{(i)} - \mu_k\right) \tag{5.3.3}$$

特徴量を標準化すると、たとえば $\mu_j = 0$、$\mu_k = 0$ の場合に、平均値０が中心になる。このため、式 5.3.3 を次のように簡略化できる。

$$\sigma_{jk} = \frac{1}{n}\sum_{i=1}^{n} x_j^{(i)} x_k^{(i)} \tag{5.3.4}$$

この式は、２つの特徴量の間の共分散を表している。では、共分散「行列」$\sum$ を計算する一般式を記述してみよう。

$$\sum = \frac{1}{n}\sum_{i=1}^{n} \boldsymbol{x}^{(i)}\boldsymbol{x}^{(i)T} \tag{5.3.5}$$

この手法は Bernhard Scholkopf[※14] によって一般化されている。このため、元の特徴空間でのサンプル間の内積を、ϕ を使って非線形の特徴量の組み合わせに置き換えることができる。

$$\sum = \frac{1}{n}\sum_{i=1}^{n} \phi\left(\boldsymbol{x}^{(i)}\right)\phi\left(\boldsymbol{x}^{(i)}\right)^T \tag{5.3.6}$$

この共分散行列から固有ベクトル（主成分）を取り出すには、次の方程式を解く必要がある[※15]。

※14　B. Scholkopf, A. Smola, and K. R. Muller. *Kernel Principal Component Analysis*, 1997
http://pca.narod.ru/scholkopf_kernel.pdf

※15　式 5.3.7 の最後の式において、中辺と右辺の等号の意味は以下のとおりである。まず、中辺は次のように式変形できる。

$$\begin{aligned}\frac{1}{n\lambda}\sum_{i=1}^{n}\phi(\boldsymbol{x}^{(i)})\phi(\boldsymbol{x}^{(i)})^T\boldsymbol{v} &= \frac{1}{n\lambda}\sum_{i=1}^{n}\phi(\boldsymbol{x}^{(i)})\left(\phi(\boldsymbol{x}^{(i)})^T\boldsymbol{v}\right)\\ &= \frac{1}{n\lambda}\sum_{i=1}^{n}\phi(\boldsymbol{x}^{(i)})\ (i\text{ に依存するスカラー値})\\ &= \frac{1}{n}\sum_{i=1}^{n} a^{(i)}\phi(\boldsymbol{x}^{(i)})\end{aligned}$$

最後の式変形で、$a^{(i)} = (i$ に依存するスカラー値$)/\lambda$ とおいた。
以上の式変形では、$\phi(\boldsymbol{x}^{(i)})^T\boldsymbol{v}$ を「i に依存するスカラー値」としている。この理由は、$\phi(\boldsymbol{x}^{(i)})$ は $\mathbb{R}^k$（k 次元のユークリッド空間）の元であり、$\boldsymbol{v}$ も式 5.3.7 の一番上の式より $\mathbb{R}^k$ の元であり（Σ が $k \times k$ の行列であることに注意）、両者の内積はスカラー値となることによる。

$$\sum \boldsymbol{v} = \lambda \boldsymbol{v}$$

$$\text{式 5.3.6 を代入} \Rightarrow \frac{1}{n}\sum_{i=1}^{n} \phi\left(\boldsymbol{x}^{(i)}\right)\phi\left(\boldsymbol{x}^{(i)}\right)^T \boldsymbol{v} = \lambda \boldsymbol{v} \tag{5.3.7}$$

$$\boldsymbol{v} = \cdots\text{の形にする} \Rightarrow \boldsymbol{v} = \frac{1}{n\lambda}\sum_{i=1}^{n} \phi\left(\boldsymbol{x}^{(i)}\right)\phi\left(\boldsymbol{x}^{(i)}\right)^T \boldsymbol{v} = \frac{1}{n}\sum_{i=1}^{n} a^{(i)}\phi\left(\boldsymbol{x}^{(i)}\right)$$

ここで、λ と $\boldsymbol{v}$ は共分散行列 $\sum$ の固有値と固有ベクトルである。後ほど見ていくように、$\boldsymbol{a}$ を取得するには、カーネル（類似度）行列 $\boldsymbol{K}$ の固有ベクトルを抽出すればよい。

カーネル行列を導出する方法は次のようになる。まず、共分散行列を行列表記法で記述する。この場合の $\phi(X)$ は $n \times k$ 次元の行列である。

$$\sum = \frac{1}{n}\sum_{i=1}^{n} \phi\left(\boldsymbol{x}^{(i)}\right)\phi\left(\boldsymbol{x}^{(i)}\right)^T = \frac{1}{n}\phi(\boldsymbol{X})^T \phi(\boldsymbol{X}) \tag{5.3.8}$$

これにより、固有ベクトル方程式を次のように記述できる。

$$\boldsymbol{v} = \frac{1}{n}\sum_{i=1}^{n} a^{(i)}\phi\left(\boldsymbol{x}^{(i)}\right) = \lambda\phi(\boldsymbol{X})^T \boldsymbol{a} \tag{5.3.9}$$

$\sum \boldsymbol{v} = \lambda \boldsymbol{v}$ であるため、次のようになる※16。

$$\frac{1}{n}\phi(\boldsymbol{X})^T \phi(\boldsymbol{X})\phi(\boldsymbol{X})^T \boldsymbol{a} = \lambda\phi(\boldsymbol{X})^T \boldsymbol{a} \tag{5.3.10}$$

両辺に左から $\phi(X)$ を掛けると、次の結果が得られる。

※16　［監注］$\sum v = \lambda v$ の左辺に式 5.3.8 を代入し、さらに式 5.3.9 を代入すると、

$$\sum v = 1/n\ \phi(X)^T \phi(X)\ v = 1/n\ \phi(X)^T \phi(X)\ \lambda\ \phi(X)^T \boldsymbol{a} \quad (1)$$

となる。一方で、$\sum v = \lambda v$ の右辺に式 5.3.9 を代入すると、

$$\lambda v = \lambda^2\ \phi(X)^T \boldsymbol{a} \quad (2)$$

となる。(1) = (2) より、

$$1/n\ \phi(X)^T \phi(X)\ \lambda\ \phi(X)^T \boldsymbol{a} = \lambda^2\ \phi(X)^T \boldsymbol{a}$$

両辺を λ で割ると、

$$1/n\ \phi(X)^T \phi(X)\ \phi(X)^T \boldsymbol{a} = \lambda\ \phi(X)^T \boldsymbol{a}$$

となり、式 5.3.10 を得る。

$$\frac{1}{n}\phi(\boldsymbol{X})\phi(\boldsymbol{X})^T\phi(\boldsymbol{X})\phi(\boldsymbol{X})^T\boldsymbol{a} = \lambda\phi(\boldsymbol{X})\phi(\boldsymbol{X})^T\boldsymbol{a}$$

$$\Rightarrow \frac{1}{n}\phi(\boldsymbol{X})\phi(\boldsymbol{X})^T\boldsymbol{a} = \lambda\boldsymbol{a} \tag{5.3.11}$$

$$\Rightarrow \frac{1}{n}\boldsymbol{K}\boldsymbol{a} = \lambda\boldsymbol{a}$$

$\boldsymbol{K}$は類似度（カーネル）行列であり、式5.3.11の左辺に示す行列の積$\boldsymbol{\phi}(X)\boldsymbol{\phi}(X)^T$を$K$で置換できる。

$$\boldsymbol{K} = \phi(\boldsymbol{X})\phi(\boldsymbol{X})^T \tag{5.3.12}$$

第3章の「3.5　カーネルSVMを使った非線形問題の求解」で述べたように、カーネルトリックを使用することで、サンプル$\boldsymbol{x}$の関数$\boldsymbol{\phi}$どうしの内積の計算をカーネル関数$\mathcal{K}$により回避する。それにより、固有ベクトルを明示的に計算する必要がなくなる。

$$\mathcal{K}\left(\boldsymbol{x}^{(i)}, \boldsymbol{x}^{(j)}\right) = \phi\left(\boldsymbol{x}^{(i)}\right)^T \phi\left(\boldsymbol{x}^{(j)}\right) \tag{5.3.13}$$

つまり、カーネルPCAの後に取得するのは、それぞれの成分にすでに射影されているサンプルである。標準のPCAのアプローチとは異なり、変換行列は生成しない。基本的に、カーネル関数 —— または単に「カーネル」—— については、2つのベクトル間の内積、つまり類似度の目安を計算する関数と見なすことができる。

最もよく使用されるカーネルは次のとおりである。

- 多項式カーネル。θはしきい値、Pはユーザーが指定しなければならない指数

$$\mathcal{K}\left(\boldsymbol{x}^{(i)}, \boldsymbol{x}^{(j)}\right) = \left(\boldsymbol{x}^{(i)T}\boldsymbol{x}^{(j)} + \theta\right)^p \tag{5.3.14}$$

- 双曲線正接（S字）カーネル

$$\mathcal{K}\left(\boldsymbol{x}^{(i)}, \boldsymbol{x}^{(j)}\right) = \tanh\left(\eta\boldsymbol{x}^{(i)T}\boldsymbol{x}^{(j)} + \theta\right) \tag{5.3.15}$$

- 動径基底関数（RBF）またはガウスカーネル。次項の例で使用

$$\mathcal{K}\left(\boldsymbol{x}^{(i)}, \boldsymbol{x}^{(j)}\right) = \exp\left(-\frac{\left\|\boldsymbol{x}^{(i)} - \boldsymbol{x}^{(j)}\right\|^2}{2\sigma^2}\right) \tag{5.3.16}$$

ここで次の変数を導入してみる。

$$\gamma = \frac{1}{2\sigma^2} \tag{5.3.17}$$

この変数を使用すれば、次のように記述することもできる。

$$\mathcal{K}\left(\boldsymbol{x}^{(i)}, \boldsymbol{x}^{(j)}\right) = \exp\left(-\gamma \left\|\boldsymbol{x}^{(i)} - \boldsymbol{x}^{(j)}\right\|^2\right) \tag{5.3.18}$$

ここまでの内容をまとめてみよう。RBF カーネル PCA の実装は、次の 3 つの手順にまとめることができる。

1. カーネル(類似度)行列 $\boldsymbol{K}$ を計算し、そこで次の計算を行う必要がある。

$$\mathcal{K}\left(\boldsymbol{x}^{(i)}, \boldsymbol{x}^{(j)}\right) = \exp\left(-\gamma \left\|\boldsymbol{x}^{(i)} - \boldsymbol{x}^{(j)}\right\|^2\right) \tag{5.3.19}$$

この計算をサンプルのペアごとに行う。

$$\boldsymbol{K} = \begin{bmatrix} \mathcal{K}\left(\boldsymbol{x}^{(1)}, \boldsymbol{x}^{(1)}\right) & \mathcal{K}\left(\boldsymbol{x}^{(1)}, \boldsymbol{x}^{(2)}\right) & \cdots & \mathcal{K}\left(\boldsymbol{x}^{(1)}, \boldsymbol{x}^{(n)}\right) \\ \mathcal{K}\left(\boldsymbol{x}^{(2)}, \boldsymbol{x}^{(1)}\right) & \mathcal{K}\left(\boldsymbol{x}^{(2)}, \boldsymbol{x}^{(2)}\right) & \cdots & \mathcal{K}\left(\boldsymbol{x}^{(2)}, \boldsymbol{x}^{(n)}\right) \\ \vdots & \vdots & \ddots & \vdots \\ \mathcal{K}\left(\boldsymbol{x}^{(n)}, \boldsymbol{x}^{(1)}\right) & \mathcal{K}\left(\boldsymbol{x}^{(n)}, \boldsymbol{x}^{(2)}\right) & \cdots & \mathcal{K}\left(\boldsymbol{x}^{(n)}, \boldsymbol{x}^{(n)}\right) \end{bmatrix} \tag{5.3.20}$$

たとえば、データセットにトレーニングサンプルが 100 個含まれている場合、ペアごとの類似度からなる対称カーネル行列は 100×100 次元になる。

2. 以下の式を使ってカーネル行列 $\boldsymbol{K}$ の中心化を行う[※17]。

$$\boldsymbol{K}' = \boldsymbol{K} - 1_n\boldsymbol{K} - \boldsymbol{K}1_n + 1_n\boldsymbol{K}1_n \tag{5.3.21}$$

1_n はすべての値が $\frac{1}{n}$ に等しい $n \times n$ 次元の行列である(次元の数はカーネル行列と同じ)。

※17 $\boldsymbol{K}'$ の導出過程は以下のとおりである。式 5.3.3 で表される標準の主成分分析で各データ $x_j^{(k)}$ から平均値 μ_j を引いたのと同様に、$\phi(\boldsymbol{x}^{(i)})$ や $\phi(\boldsymbol{x}^{(j)})$ から平均値 $\frac{1}{n}\sum_{\ell=1}^{n}\phi(\boldsymbol{x}^{(\ell)})$ を引くことにより、カーネル関数の (i, j) 成分は以下で表される。

$$\begin{aligned} &\left(\phi(\boldsymbol{x}^{(i)}) - \frac{1}{n}\sum_{\ell=1}^{n}\phi(\boldsymbol{x}^{(\ell)})\right)^T \left(\phi(\boldsymbol{x}^{(j)}) - \frac{1}{n}\sum_{\ell'=1}^{n}\phi(\boldsymbol{x}^{(\ell')})\right) \\ &= \phi(\boldsymbol{x}^{(i)})^T\phi(\boldsymbol{x}^{(j)}) - \left(\frac{1}{n}\sum_{\ell=1}^{n}\phi(\boldsymbol{x}^{(\ell)})\right)^T\phi(\boldsymbol{x}^{(j)}) - \phi(\boldsymbol{x}^{(i)})^T\left(\frac{1}{n}\sum_{\ell'=1}^{n}\phi(\boldsymbol{x}^{(\ell')})\right) + \left(\frac{1}{n}\sum_{\ell=1}^{n}\phi(\boldsymbol{x}^{(\ell)})^T\right)\left(\frac{1}{n}\sum_{\ell'=1}^{n}\phi(\boldsymbol{x}^{(\ell')})\right) \\ &= \mathcal{K}(\boldsymbol{x}^{(i)}, \boldsymbol{x}^{(j)}) - \frac{1}{n}\sum_{\ell=1}^{n}\mathcal{K}(\boldsymbol{x}^{(\ell)}, \boldsymbol{x}^{(j)}) - \frac{1}{n}\sum_{\ell'=1}^{n}\mathcal{K}(\boldsymbol{x}^{(i)}, \boldsymbol{x}^{(\ell')}) + \frac{1}{n}\sum_{\ell=1}^{n}\sum_{\ell'=1}^{n}\mathcal{K}(\boldsymbol{x}^{(\ell)}, \boldsymbol{x}^{(\ell')})\frac{1}{n} \end{aligned}$$

この式をもとに、すべての成分を行列でまとめることにより、カーネル関数の中心化は以下の式で表される。

$$\boldsymbol{K}' = \boldsymbol{K} - 1_n\boldsymbol{K} - \boldsymbol{K}1_n + 1_n\boldsymbol{K}1_n$$

3. 対応する固有値に基づき、中心化されたカーネル行列の k 個の固有ベクトルを収集する。この場合、固有値は大きい順にランク付けされる。標準の PCA とは対照的に、固有ベクトルは主成分軸ではなく、それらの軸にすでに射影されているサンプルである。

この時点で、手順 2 でなぜカーネル行列を中心化しなければならないのか不思議に思っているかもしれない。ここまでは、標準化されたデータを扱うことが前提となっていた。このため、共分散行列を定式化し、ϕ を使って非線形の特徴量の組み合わせで内積を置き換えた場合、すべての特徴量の平均は 0 になる。ここでは、新しい特徴空間を明示的に計算せず、新しい特徴空間でも中心が 0 であることを保証できないからだ。手順 2 でカーネル行列を中心化する必要があるのは、そのためである。

次項では、カーネル PCA を Python で実装することにより、この 3 つの手順を実際に試してみよう。

5.3.2 Python でカーネル主成分分析を実装する

前項では、カーネル PCA の基本的な考え方を紹介し、カーネル PCA のアプローチを 3 つの手順として定義した。ここでは、それらの手順に従って、RBF カーネル PCA を Python で実装する。SciPy と NumPy のヘルパー関数を使用すれば、カーネル PCA の実装が非常に簡単に行えることがわかるだろう。

```
from scipy.spatial.distance import pdist, squareform
from scipy import exp
from scipy.linalg import eigh
import numpy as np

def rbf_kernel_pca(X, gamma, n_components):
    """RBF カーネル PCA の実装

    パラメータ
    ------------
    X: {NumPy ndarray}, shape = [n_samples, n_features]

    gamma: float
        RBF カーネルのチューニングパラメータ

    n_components: int
        返される主成分の個数

    戻り値
    ------------
    X_pc: {NumPy ndarray}, shape = [n_samples, k_features]
        射影されたデータセット

    """

    # M×N 次元のデータセットでペアごとのユークリッド距離の 2 乗を計算
    sq_dists = pdist(X, 'sqeuclidean')
```

```
    # ペアごとの距離を正方行列に変換
    mat_sq_dists = squareform(sq_dists)

    # 対称カーネル行列を計算
    K = exp(-gamma * mat_sq_dists)

    # カーネル行列を中心化
    N = K.shape[0]
    one_n = np.ones((N,N)) / N
    K = K - one_n.dot(K) - K.dot(one_n) + one_n.dot(K).dot(one_n)

    # 中心化されたカーネル行列から固有対を取得
    # scipy.linalg.eigh はそれらを昇順で返す
    eigvals, eigvecs = eigh(K)
    eigvals, eigvecs = eigvals[::-1], eigvecs[:, ::-1]

    # 上位 k 個の固有ベクトル（射影されたサンプル）を収集
    X_pc = np.column_stack((eigvecs[:, i]
                            for i in range(n_components)))

    return X_pc
```


RBF カーネル PCA を次元削減に使用する場合は、問題点が 1 つある。それは、パラメータ γ（コード上は gamma）を推定値として指定しなければならないことだ。γ の適切な値を見つけ出すには実験が必要である。たとえば第 6 章で説明するグリッドサーチなど、パラメータをチューニングするアルゴリズムを使用するのが得策である。

例 1：半月形の分離

では、rbf_kernel_pca を非線形のサンプルデータセットに適用してみよう。まず、100 個のサンプル点からなる 2 次元のデータセットを作成する。これらのサンプル点は 2 つの半月形を表す。

```
>>> # 2 つの半月形データを作成してプロット
>>> from sklearn.datasets import make_moons
>>> X, y = make_moons(n_samples=100, random_state=123)
>>> plt.scatter(X[y==0, 0], X[y==0, 1], color='red', marker='^', alpha=0.5)
>>> plt.scatter(X[y==1, 0], X[y==1, 1], color='blue', marker='o', alpha=0.5)
>>> plt.tight_layout()
>>> plt.show()
```

三角記号からなる半月は 1 つのクラスを表しており、円記号からなる半月はもう 1 つのクラスのサンプルを表している。

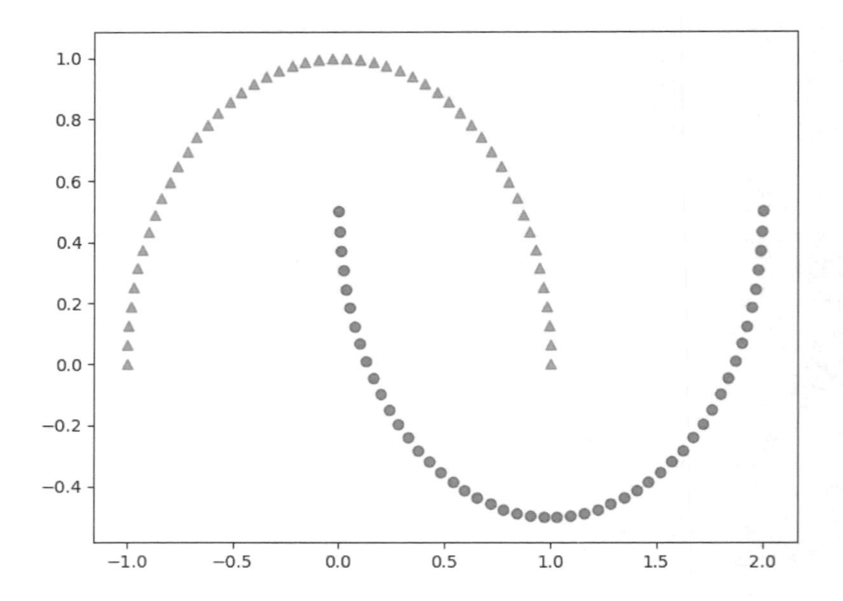

これら2つの半月形を線形分離できないことは明らかである。ここでの目標は、カーネルPCAを用いて半月を「展開」し、データセットを線形分類器に適した入力にすることである。だがその前に、標準のPCAを使ってデータセットを主成分に射影したらどうなるか見てみよう。

```
>>> from sklearn.decomposition import PCA
>>> scikit_pca = PCA(n_components=2)
>>> X_spca = scikit_pca.fit_transform(X)
>>> # グラフの数と配置、サイズを指定
>>> fig, ax = plt.subplots(nrows=1, ncols=2, figsize=(7,3))
>>> # 1番目のグラフ領域に散布図をプロット
>>> ax[0].scatter(X_spca[y==0, 0], X_spca[y==0, 1],
...               color='red', marker='^', alpha=0.5)
>>> ax[0].scatter(X_spca[y==1, 0], X_spca[y==1, 1],
...               color='blue', marker='o', alpha=0.5)
>>> # 2番目のグラフ領域に散布図をプロット
>>> ax[1].scatter(X_spca[y==0, 0], np.zeros((50,1))+0.02,
...               color='red', marker='^', alpha=0.5)
>>> ax[1].scatter(X_spca[y==1, 0], np.zeros((50,1))-0.02,
...               color='blue', marker='o', alpha=0.5)
>>> ax[0].set_xlabel('PC1')
>>> ax[0].set_ylabel('PC2')
>>> ax[1].set_ylim([-1, 1])
>>> ax[1].set_yticks([])
>>> ax[1].set_xlabel('PC1')
>>> plt.tight_layout()
>>> plt.show()
```

標準の PCA を使って変換したデータセットでは、線形分類器が十分な性能を出せないことは明白である。

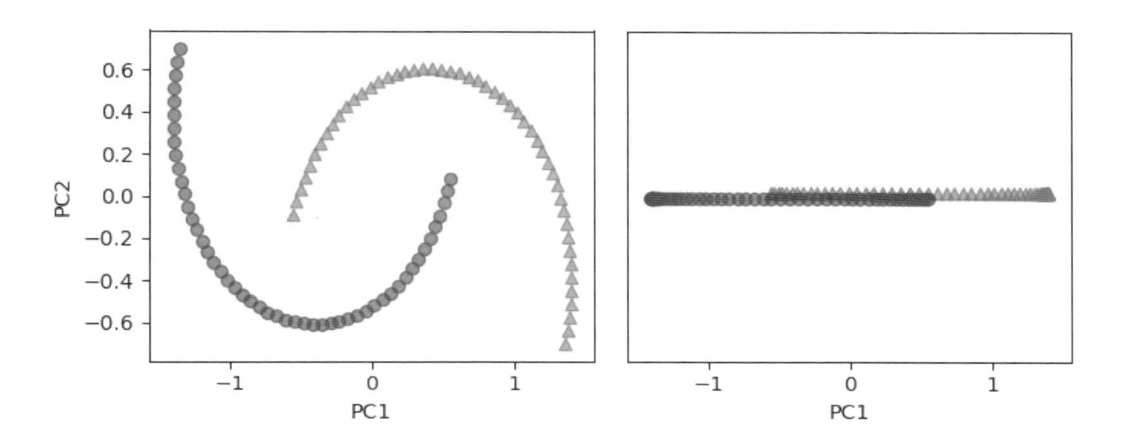

最初の主成分だけをプロットしたときには（右図）、クラスの重なりがわかりやすくなるよう、三角のサンプルを少しだけ上へずらし、円のサンプルを少しだけ下へずらしたことに注意しよう。左の図では、元の半月は少しだけ切り取られ、縦軸を中心に反転している。線形分類器が円と三角のクラスを判別するにあたって、この変換は助けにならない。同様に、右の図に示されているように、データセットを 1 次元の特徴軸に射影した場合、2 つの半月形に対応する円と三角のクラスは線形分離可能になっていない。

主成分分析（PCA）は教師なしの手法であり、線形判別分析（LDA）とは対照的に、分散の最大化にクラスのラベル情報を使用しないことを思い出そう。先の三角記号と円記号は、分離の度合いが見てわかるように追加しただけである。

では、先ほど実装したカーネル PCA 関数 `rbf_kernel_pca` を試してみよう。

```
>>> from matplotlib.ticker import FormatStrFormatter
>>> # カーネル PCA 関数を実行（データ、チューニングパラメータ、次元数を指定）
>>> X_kpca = rbf_kernel_pca(X, gamma=15, n_components=2)
>>> fig, ax = plt.subplots(nrows=1,ncols=2, figsize=(7,3))
>>> ax[0].scatter(X_kpca[y==0, 0], X_kpca[y==0, 1],
...               color='red', marker='^', alpha=0.5)
>>> ax[0].scatter(X_kpca[y==1, 0], X_kpca[y==1, 1],
...               color='blue', marker='o', alpha=0.5)
>>> ax[1].scatter(X_kpca[y==0, 0], np.zeros((50,1))+0.02,
...               color='red', marker='^', alpha=0.5)
```

```
>>> ax[1].scatter(X_kpca[y==1, 0], np.zeros((50,1))-0.02,
...               color='blue', marker='o', alpha=0.5)
>>> ax[0].set_xlabel('PC1')
>>> ax[0].set_ylabel('PC2')
>>> ax[1].set_ylim([-1, 1])
>>> ax[1].set_yticks([])
>>> ax[1].set_xlabel('PC1')
>>> plt.tight_layout()
>>> plt.show()
```

これで、円と三角で表された2つのクラスがうまく線形分離され、線形分類器に適したトレーニングデータセットになることがわかる。

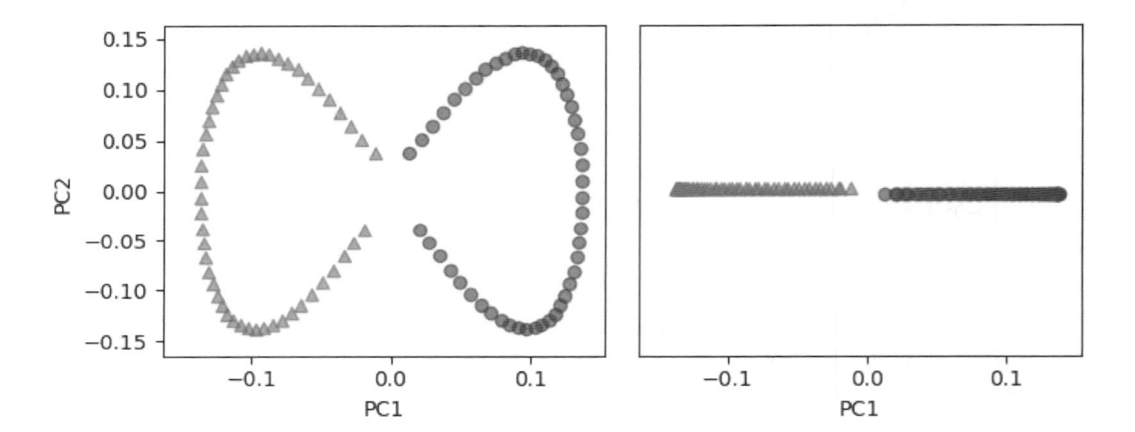

残念ながら、チューニングパラメータ γ には、さまざまなデータセットでうまくいくような都合のよい値はない。与えられた問題に適した γ の値を見つけ出すには、実験が必要である。チューニングパラメータの最適化を自動実行するのに役立つ手法については、第6章で説明する。ここでは「好ましい」結果を生成することがわかった γ の値を使用する。

例2：同心円の分離

前項では、カーネル PCA を使って半月形を分離する方法を示した。ここではカーネル PCA の概念を理解するために相当な力を注いでおり、非線形問題の興味深い例をもう1つ見てみよう。それは同心円である。

```
>>> # 同心円用のデータを作成してプロット
>>> from sklearn.datasets import make_circles
>>> X, y = make_circles(n_samples=1000, random_state=123, noise=0.1, factor=0.2)
>>> plt.scatter(X[y==0, 0], X[y==0, 1], color='red', marker='^', alpha=0.5)
>>> plt.scatter(X[y==1, 0], X[y==1, 1], color='blue', marker='o', alpha=0.5)
>>> plt.tight_layout()
```

```
>>> plt.show()
```

この場合も、2 クラス問題を想定している。三角形は一方のクラスを表しており、円形はもう一方のクラスを表している。

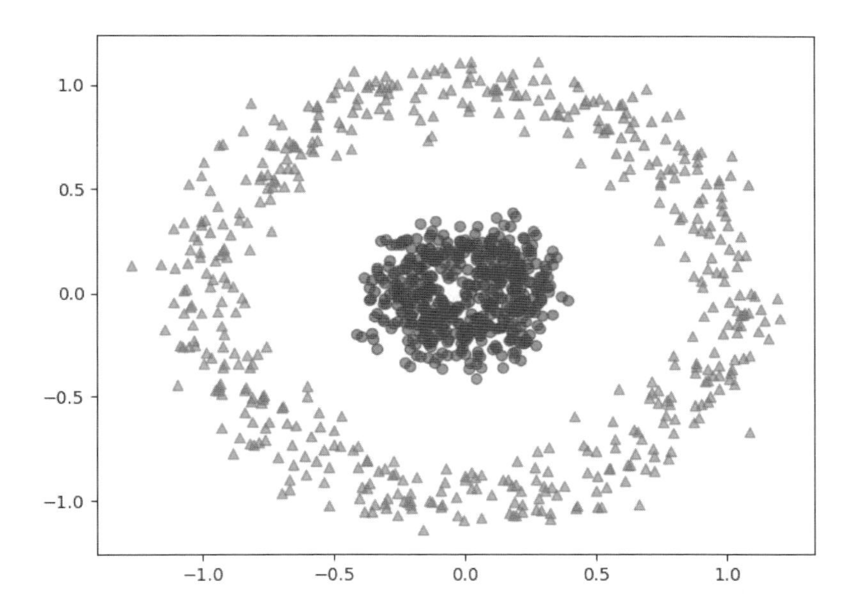

RBF カーネル PCA の結果と比較するために、標準の PCA のアプローチから始めることにしよう。

```
>>> # データを PCA で変換してからプロット
>>> scikit_pca = PCA(n_components=2)
>>> X_spca = scikit_pca.fit_transform(X)
>>> fig, ax = plt.subplots(nrows=1,ncols=2, figsize=(7,3))
>>> ax[0].scatter(X_spca[y==0, 0], X_spca[y==0, 1],
...               color='red', marker='^', alpha=0.5)
>>> ax[0].scatter(X_spca[y==1, 0], X_spca[y==1, 1],
...               color='blue', marker='o', alpha=0.5)
>>> ax[1].scatter(X_spca[y==0, 0], np.zeros((500,1))+0.02,
...               color='red', marker='^', alpha=0.5)
>>> ax[1].scatter(X_spca[y==1, 0], np.zeros((500,1))-0.02,
...               color='blue', marker='o', alpha=0.5)
>>> ax[0].set_xlabel('PC1')
>>> ax[0].set_ylabel('PC2')
>>> ax[1].set_ylim([-1, 1])
>>> ax[1].set_yticks([])
>>> ax[1].set_xlabel('PC1')
>>> plt.tight_layout()
>>> plt.show()
```

標準の PCA では、やはり線形分類器のトレーニングに適した結果を出せないことがわかる。

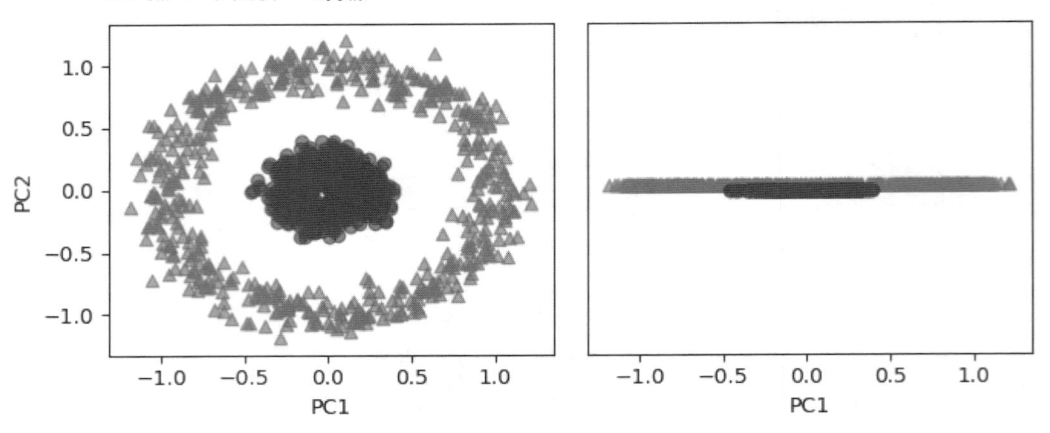

γの値が適切であるという前提で、RBF カーネル PCA の実装を使ったほうがうまくいくかどうか試してみよう。

```
>>> # データを RBF カーネル PCA で変換してからプロット
>>> X_kpca = rbf_kernel_pca(X, gamma=15, n_components=2)
>>> fig, ax = plt.subplots(nrows=1,ncols=2, figsize=(7,3))
>>> ax[0].scatter(X_kpca[y==0, 0], X_kpca[y==0, 1],
...               color='red', marker='^', alpha=0.5)
>>> ax[0].scatter(X_kpca[y==1, 0], X_kpca[y==1, 1],
...               color='blue', marker='o', alpha=0.5)
>>> ax[1].scatter(X_kpca[y==0, 0], np.zeros((500,1))+0.02,
...               color='red', marker='^', alpha=0.5)
>>> ax[1].scatter(X_kpca[y==1, 0], np.zeros((500,1))-0.02,
...               color='blue', marker='o', alpha=0.5)
>>> ax[0].set_xlabel('PC1')
>>> ax[0].set_ylabel('PC2')
>>> ax[1].set_ylim([-1, 1])
>>> ax[1].set_yticks([])
>>> ax[1].set_xlabel('PC1')
>>> plt.tight_layout()
>>> plt.show()
```

この場合も、RBF カーネル PCA により、２つのクラスが線形分離可能となる新しい部分空間にデータが射影されている。

>> viii ページにカラーで掲載

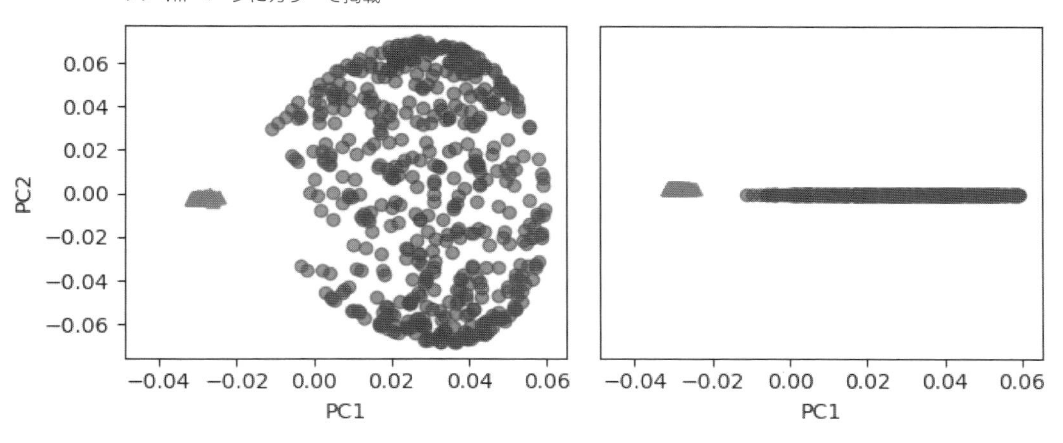

5.3.3 新しいデータ点を射影する

半月形と同心円という先の2つのカーネルPCAの応用例では、1つのデータセットを新しい特徴量に射影した。だが、実際の応用では、トレーニングデータとテストデータのように、変換したいデータセットが2つ以上存在するかもしれない。通常は、モデルを構築して評価した後に、新しいサンプルも収集する。ここでは、トレーニングデータセットに含まれていなかったデータ点を射影する方法について説明する。

本章の最初のほうで説明した標準のPCAの手法では、変換行列と入力サンプルの間の内積を計算することにより、データを射影している。射影行列の列は、共分散行列から取り出した上位k個の固有ベクトル($\boldsymbol{v}$)である。

そこで問題となるのは、この概念をどのようにしてカーネルPCAに適用するかである。カーネルPCAの背後にある考えを振り返り、(共分散行列ではなく)中心化されたカーネル行列の固有ベクトル($\boldsymbol{a}$)を取得することを思い出そう。つまり、それらはすでに主成分軸$\boldsymbol{v}$に射影されたサンプルである。したがって、この主成分軸に新しいサンプル$\boldsymbol{x}'$を射影したい場合は、次の式を計算する必要がある。

$$\phi(\boldsymbol{x}')^T \boldsymbol{v} \tag{5.3.22}$$

幸い、カーネルトリックを利用すれば、射影$\boldsymbol{\phi}(\boldsymbol{x}')^T\boldsymbol{v}$を明示的に計算せずに済む。ただし、標準のPCAとは対照的に、カーネルPCAがメモリベースの手法であることに注意しなければならない。つまり、新しいサンプルを射影するたびに、元のトレーニングデータセットを再利用する必要がある。トレーニングデータセットのi番目のサンプルと新しいサンプル$\boldsymbol{x}'$の間でペアごとのRBFカーネル(類似度)を計算しなければならない。

$$\begin{aligned}\phi(\boldsymbol{x}')^T \boldsymbol{v} &= \sum_i \boldsymbol{a}^{(i)} \phi(\boldsymbol{x}')^T \phi\left(\boldsymbol{x}^{(i)}\right) \\ &= \sum_i \boldsymbol{a}^{(i)} k\left(\boldsymbol{x}', \boldsymbol{x}^{(i)}\right)\end{aligned} \tag{5.3.23}$$

ここで、カーネル行列 $\boldsymbol{K}$ の固有ベクトル $\boldsymbol{a}$ と固有値 λ は、次の方程式の条件を満たしている。

$$\boldsymbol{K}\boldsymbol{a} = \lambda \boldsymbol{a} \tag{5.3.24}$$

新しいサンプルとトレーニングデータセット内のサンプルとの間で類似度を計算した後は、固有ベクトル $\boldsymbol{a}$ をその固有値で正規化する必要がある。先ほど実装した `rbf_kernel_pca` 関数を書き換え、カーネル行列の固有値を返すように修正してみよう。

```
from scipy.spatial.distance import pdist, squareform
from scipy import exp
from scipy.linalg import eigh
import numpy as np

def rbf_kernel_pca(X, gamma, n_components):
    """RBF カーネル PCA の実装

    パラメータ
    ------------
    X: {NumPy ndarray}, shape = [n_samples, n_features]

    gamma: float
        RBF カーネルのチューニングパラメータ

    n_components: int
        返される主成分の個数

    戻り値
    ------------
    X_pc: {NumPy ndarray}, shape = [n_samples, k_features]
        射影されたデータセット

    lambdas: list
        固有値

    """

    # M×N 次元のデータセットでペアごとのユークリッド距離の 2 乗を計算
    sq_dists = pdist(X, 'sqeuclidean')

    # ペアごとの距離を正方行列に変換
    mat_sq_dists = squareform(sq_dists)

    # 対称カーネル行列を計算
    K = exp(-gamma * mat_sq_dists)
```

```
    # カーネル行列を中心化
    N = K.shape[0]
    one_n = np.ones((N,N)) / N
    K = K - one_n.dot(K) - K.dot(one_n) + one_n.dot(K).dot(one_n)

    # 中心化されたカーネル行列から固有対を取得：scipy.linalg.eigh はそれらを昇順で返す
    eigvals, eigvecs = eigh(K)
    eigvals, eigvecs = eigvals[::-1], eigvecs[:, ::-1]

    # 上位 k 個の固有ベクトル（射影されたサンプル）を収集
    alphas = np.column_stack((eigvecs[:, i]
                              for i in range(n_components)))

    # 対応する固有値を収集
    lambdas = [eigvals[i] for i in range(n_components)]

    return alphas, lambdas
```

では、新しい半月形データセットを作成し、RBF カーネル PCA の新しい実装を使って 1 次元の部分空間に射影してみよう。

```
>>> X, y = make_moons(n_samples=100, random_state=123)
>>> alphas, lambdas = rbf_kernel_pca(X, gamma=15, n_components=1)
```

新しいサンプルを射影するコードを確実に実装するために、次のように仮定する —— 半月形データセットから 26 番目の点は新しいデータ点 $\boldsymbol{x}'$ であり、このデータ点をこの新しい部分空間へ射影する。

```
>>> x_new = X[25]
>>> x_new
array([ 1.8713187 ,  0.00928245])

>>> x_proj = alphas[25]  # 元の射影
>>> x_proj
array([ 0.07877284])

>>> def project_x(x_new, X, gamma, alphas, lambdas):
...     pair_dist = np.array([np.sum((x_new-row)**2) for row in X])
...     k = np.exp(-gamma * pair_dist)
...     return k.dot(alphas / lambdas)
...
```

次のコードを実行すると、元の射影を再現できる。`project_x` 関数を使用することで、新しいサンプルも射影できるようになる。

```
>>> x_reproj = project_x(x_new, X, gamma=15, alphas=alphas, lambdas=lambdas)
>>> x_reproj
array([ 0.07877284])
```

最後に、最初の主成分への射影をプロットしてみよう。

```
>>> plt.scatter(alphas[y==0, 0], np.zeros((50)), color='red', marker='^',alpha=0.5)
>>> plt.scatter(alphas[y==1, 0], np.zeros((50)), color='blue', marker='o', alpha=0.5)
>>> plt.scatter(x_proj, 0, color='black', label='original projection of point X[25]',
...             marker='^', s=100)
>>> plt.scatter(x_reproj, 0, color='green', label='remapped point X[25]',
...             marker='x', s=500)
>>> plt.legend(scatterpoints=1)
>>> plt.tight_layout()
>>> plt.show()
```

次の散布図からもわかるように、サンプル $\boldsymbol{x}'$ が最初の主成分に正しく写像されている。

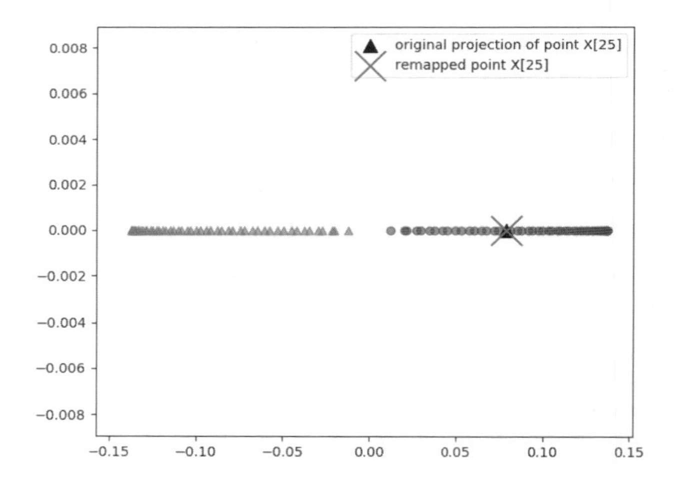

5.3.4 scikit-learn のカーネル主成分分析

カーネル PCA クラスは scikit-learn の `sklearn.decomposition` モジュールに実装されている。使い方は標準の PCA クラスと同様であり、`kernel` 引数を使ってカーネルを指定できる。

```
>>> from sklearn.decomposition import KernelPCA
>>> X, y = make_moons(n_samples=100, random_state=123)
>>> scikit_kpca = KernelPCA(n_components=2, kernel='rbf', gamma=15)
>>> X_skernpca = scikit_kpca.fit_transform(X)
```

本章のカーネル PCA の実装と同じ結果になるかどうかを確認できるよう、最初の 2 つの主成分に変換された半月形データをプロットしてみよう。

```
>>> plt.scatter(X_skernpca[y==0, 0], X_skernpca[y==0, 1],
...             color='red', marker='^', alpha=0.5)
>>> plt.scatter(X_skernpca[y==1, 0], X_skernpca[y==1, 1],
...             color='blue', marker='o', alpha=0.5)
>>> plt.xlabel('PC1')
>>> plt.ylabel('PC2')
>>> plt.tight_layout()
>>> plt.show()
```


このように、scikit-learn の `KernelPCA` の結果は、本章の実装の結果と一致する。

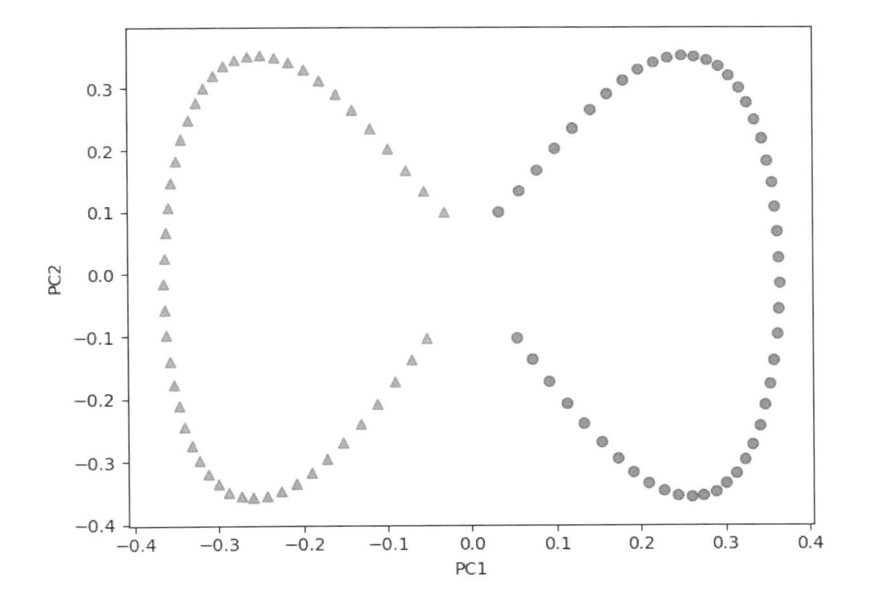

scikit-learn は非線形次元削減の高度な手法も実装しているが、本書では割愛する。scikit-learn の最新の実装については、わかりやすい例とともに次の Web ページにうまくまとめられている※18。

http://scikit-learn.org/stable/modules/manifold.html

※18 ［監注］第 1 章の監注でも説明したが、Web ページでまとめられている手法は「多様体学習」(manifold learning) と総称される。Isomap や局所線形埋め込み法 (locally linear mapping) などが代表的である。詳細については、『カーネル多変量解析』(岩波書店、2008 年) などを参照。

まとめ

本章では、特徴抽出のための基本的な次元削減法である、標準の PCA、LDA、カーネル PCA の3種類を取り上げた。PCA を使ってデータを低次元の部分空間へ射影し、クラスラベルを無視する一方で、直交する特徴軸に沿って分散を最大化した。PCA とは対照的に、LDA は教師ありの次元削減法であるため、トレーニングデータセットのクラス情報を考慮し、線形の特徴空間においてクラスの分離を最大化しようとする。

最後に、非線形の特徴抽出であるカーネル PCA を取り上げた。カーネルトリックに加えて、より高次元の特徴空間に対する一時的な射影を使用することで、最終的には非線形の特徴量からなるデータセットをより低次元の部分空間へと圧縮し、クラスを線形分離可能にすることができた。

基本的な前処理の手法を習得したところで、さまざまな前処理の手法を効率よく組み合わせ、さまざまなモデルの性能を評価するベストプラクティスを習得する準備が整った。次章では、それらのベストプラクティスを見ていこう。

モデルの評価とハイパーパラメータのチューニングのベストプラクティス

ここまでの章では、分類を行うために必要な機械学習のアルゴリズムと、それらのアルゴリズムに入力するデータを整形する方法について学んできた。ここからは、アルゴリズムをチューニングし、モデルの性能を評価することにより、機械学習のよいモデルを構築するベストプラクティスを学ぶ。本章では、次の内容を取り上げる。

- モデルの性能の偏りのない推定量の算出
- 機械学習のアルゴリズムに共通する問題の診断
- 機械学習のモデルのチューニング
- さまざまな性能指標に基づく予測モデルの評価

6.1 パイプラインによるワークフローの効率化

ここまでの章では、第 4 章の特徴量をスケーリングするための**標準化**や、第 5 章のデータを圧縮するための**主成分分析**など、さまざまな前処理手法を適用してきた。そこで学んだのは、トレーニングデータの学習で推定したパラメータを再利用するときには、テストデータセットのサンプルなど、新しいデータに対してもスケーリングや圧縮を行う必要がある、ということだった。ここでは、scikit-learn の非常に便利なクラスである `Pipeline` クラスを取り上げる。このクラスを利用すれば、任意の個数の変換ステップを含んだモデルを適合させ、そのモデルを適用して新しいデータを予測できるようになる。

6.1.1 Breast Cancer Wisconsin データセットを読み込む

本章では、Breast Cancer Wisconsin データセットを使用する。このデータセットには、悪性腫瘍細胞と良性腫瘍細胞の 569 のサンプルが含まれている。このデータセットの最初の 2 つの列には、サンプルの一意な ID とそれに対応する診断結果が含まれている。診断結果の M は悪性（malignant）を示し、B は良性（benign）を示す。3 列目から 32 列目には、細胞核のデジタル画像から算出された 30 個の実数値の特徴量が含まれている。これらは腫瘍が良性か悪性かを予測するモデルの構築に利用できる。Breast Cancer Wisconsin データセットは UCI Machine Learning Repository に登録されている※1。

Breast Cancer Wisconsin データセット（および本書で使用しているその他すべてのデータセット）は、本書の GitHub に含まれている。オフラインで作業している場合や、UCI サーバーが一時的に利用できない場合は、GitHub のデータセットを使用するとよいだろう。たとえば、ローカルディレクトリから Breast Cancer Wisconsin データセットを読み込むには、次の行を変更する。

```
df = pd.read_csv('https://archive.ics.uci.edu/ml/'
                 'machine-learning-databases/breast-cancer-wisconsin/'
                 'wdbc.data',
                 header=None)
```

このコードを次のコードに置き換えればよい。

```
df = pd.read_csv('<WDBC データセットへのローカルパス>/wdbc.data',
                 header=None)
```

ここでは、次に示す 3 つの単純な手順に従って、このデータセットを読み込み、トレーニングデータセットとテストデータセットに分割する。

1. まず、UCI の Web サイトから pandas ライブラリの `read_csv` 関数を使ってデータセットを直接読み込む。

```
>>> import pandas as pd
>>> df = pd.read_csv('https://archive.ics.uci.edu/ml/machine-learning-databases/'
...                  'breast-cancer-wisconsin/wdbc.data',
...                  header=None)
```

2. 次に、30 個の特徴量を NumPy 配列のオブジェクト `X` に割り当てる。`LabelEncoder` を使用することで、元のクラスラベルの文字列表現（`'M'` および `'B'`）を整数に変換する。

```
>>> from sklearn.preprocessing import LabelEncoder
>>> X = df.loc[:, 2:].values
```

※1 https://archive.ics.uci.edu/ml/datasets/Breast+Cancer+Wisconsin+(Diagnostic)

```
>>> y = df.loc[:, 1].values
>>> le = LabelEncoder()
>>> y = le.fit_transform(y)
>>> le.classes_
array(['B', 'M'], dtype=object)
```

配列 y に格納されたクラスラベル（診断結果）を符号化した後は、悪性腫瘍はクラス 1、良性腫瘍はクラス 0 で表されるようになる。このことを具体的に示すには、適合された LabelEncoder の transform メソッドを呼び出し、2つのダミークラスラベルを渡せばよい。

```
>>> le.transform(['M', 'B'])
array([1, 0])
```


3. 次節では、最初のモデルパイプライン[※2] を構築するが、その前に、データセットをトレーニングデータセット（データの 80%）とテストデータセット（データの 20%）に分割しておこう。

```
>>> from sklearn.model_selection import train_test_split
>>> X_train, X_test, y_train, y_test = train_test_split(X, y, test_size=0.20,
...                                                     stratify=y, random_state=1)
```

6.1.2 パイプラインで変換器と推定器を結合する

前章で説明したように、多くの機械学習のアルゴリズムでは、最適な性能を得るために入力特徴量の尺度を揃える必要がある。このため、Breast Cancer Wisconsin データセットの列を標準化し、ロジスティック回帰といった線形分類器に入力できるようにしておく必要がある。さらに、**主成分分析**（PCA）を使用することで、データを最初の 30 次元から 2 次元の部分空間に圧縮したいとしよう。PCA は、前章で説明した次元削減のための特徴抽出法である。

トレーニングデータセットとテストデータセットの学習と変換を別々に行う代わりに、StandardScaler、PCA、LogisticRegression の3つのオブジェクトをパイプラインで結合できる。

```
>>> from sklearn.preprocessing import StandardScaler
>>> from sklearn.decomposition import PCA
>>> from sklearn.linear_model import LogisticRegression
>>> from sklearn.pipeline import make_pipeline
>>> # 連結する処理としてスケーリング、主成分分析、ロジスティック回帰を指定
>>> pipe_lr = make_pipeline(StandardScaler(),
...                         PCA(n_components=2),
...                         LogisticRegression(random_state=1))
>>> pipe_lr.fit(X_train, y_train)
>>> y_pred = pipe_lr.predict(X_test)
```

※2　［訳注］本章で使っている「モデルパイプライン」や「パイプライン」という用語は、Pipeline クラスを使って連結する処理を意味する。

```
>>> print('Test Accuracy: %.3f' % pipe_lr.score(X_test, y_test))
Test Accuracy: 0.956
```

make_pipeline関数は、入力としてscikit-learnの変換器とscikit-learnの推定器を受け取る。変換器はいくつ指定してもよい。scikit-learnの変換器は、fitメソッドとtransformメソッドをサポートするオブジェクトである。scikit-learnの推定器は、fitメソッドとpredictメソッドを実装している。このコードでは、StandardScalerとPCAの２つの変換器を指定している。また、make_pipeline関数には、入力としてLogisticRegression推定器も渡している。make_pipeline関数は、これらのオブジェクトからscikit-learnのPipelineオブジェクトを生成する。

scikit-learnのPipelineオブジェクトについては、そうした個々の変換器や推定器のメタ推定器またはラッパーとして考えることができる。Pipelineオブジェクトのfitメソッドを呼び出すと、中間ステップでのfit呼び出しとtransform呼び出しを通じてトレーニングデータが一連の変換器を通過していき、最終的に（パイプラインの最後の要素である）推定器に渡される。そして、変換されたトレーニングデータに推定器が適合される。

このコードでは、パイプラインpipe_lrのfitメソッドを実行すると、まずStandardScalerオブジェクトがトレーニングデータに対してfit呼び出しとtransform呼び出しを実行する。次に、スケーリングされたトレーニングデータがパイプラインの次のオブジェクトであるPCAに渡される。前のステップと同様に、PCAもスケーリングされた入力データに対してfit呼び出しとtransform呼び出しを実行し、変換されたデータがパイプラインの最後の要素である推定器に渡される。

最後に、StandardScalerとPCAによって変換されたトレーニングデータに対して推定器であるLogisticRegressionが適合される。この場合も、パイプラインの中間ステップの個数に制限がないことに注意しなければならない。ただし、パイプラインの最後の要素は推定器でなければならない。

パイプラインでのfit呼び出しと同様に、パイプラインはpredictメソッドも実装している。Pipelineオブジェクトのpredict呼び出しにデータセットを渡すと、そのデータはtransform呼び出しを通じて中間ステップを通過していく。そして最後のステップで、変換されたデータでの予測値が推定器から返される。

scikit-learnのパイプラインは非常に便利なラッパーツールであり、本書でもたびたび使用することになる。Pipelineオブジェクトの仕組みをしっかり理解できるよう、ここまでの内容を図にまとめておく。

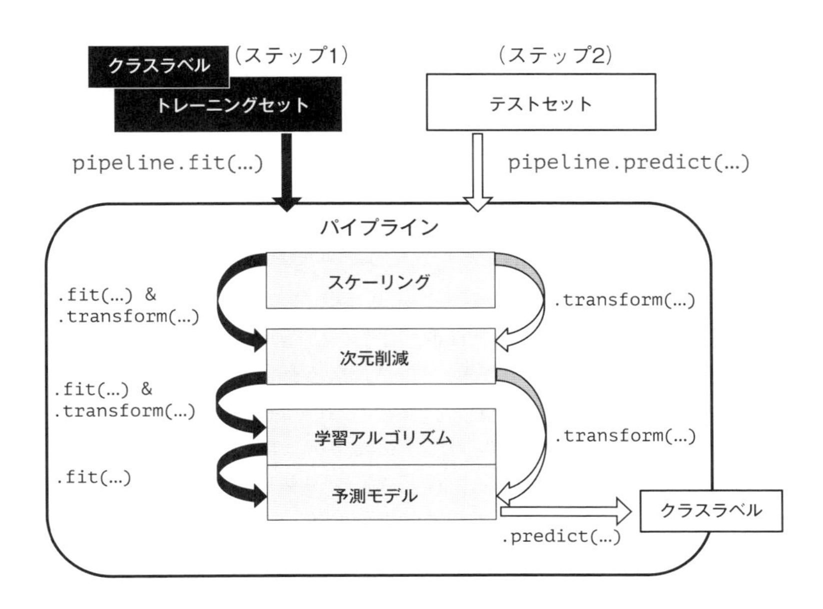

6.2　k 分割交差検証を使ったモデルの性能の評価

機械学習モデルの構築において重要なステップの 1 つは、モデルにとって未知のデータを使って性能を評価することである。たとえば、モデルをトレーニングデータセットで学習させ、同じデータを使って実際の性能を評価するとしよう。第 3 章の「3.3.5　正則化による過学習への対処」で説明したように、トレーニングデータに対してモデルが単純すぎると学習不足（バイアスが高い）に陥り、複雑すぎると過学習（バリアンスが高い）に陥ることがある。

バイアスとバリアンスの適度なバランスをとるには、モデルを入念に評価する必要がある。ここでは、**ホールドアウト法**[※3]（holdout method）と **k 分割交差検証**（k-fold cross-validation）という便利な交差検証法について説明する。これらを利用すれば、モデルの汎化性能 —— 未知のデータに対するモデルの性能 —— を的確に推定できるようになる。

6.2.1　ホールドアウト法

ホールドアウト法は、機械学習のモデルの汎化性能を評価するために従来より使用されている一般的なアプローチである。ここではホールドアウト法を使って、元のデータセットをトレーニングデータセットとテストデータセットに分割する。トレーニングデータセットはモデルのトレーニングに使用され、テストデータセットはモデルの汎化性能を評価するために使用される。ただし、一般に機械学習を応用するには、未知のデータに対する予測性能をさらに向上させるために、さまざまなパラメータ設定のチューニングや比較を行うことも重要となる。このプロセスは**モデル選択**

※3　［監注］原書では「ホールドアウト交差検証（holdout cross-validation）」とあるが、本書ではホールドアウト法は交差検証法に分類されることはないという立場からこの訳語を当てることにした。

(model selection)と呼ばれる。「モデル選択」という用語は、チューニングパラメータの「最適な」値を選択する分類問題を指す。チューニングパラメータは**ハイパーパラメータ**(hyperparameter)とも呼ばれる。ただし、モデル選択において同じテストデータセットを繰り返し使用した場合、それはトレーニングデータセットの一部となる※4。このため、モデルが過学習に陥る可能性が高くなる。このような問題があるにもかかわらず、多くの場合は依然としてモデル選択にテストデータセットが使用されている。それは機械学習の効果的なプラクティスではない。

モデル選択にホールドアウト法を使用する場合、より効果的な方法は、データをトレーニングデータセット、検証データセット、テストデータセットの3つに分割することである。トレーニングデータセットはさまざまなモデルの学習に使用される。検証データセットでの性能は、モデル選択に使用される。トレーニングステップとモデル選択ステップにおいて未知のテストデータセットを使用することには、次のような利点がある。すなわち、新しいデータに対するモデルの汎化能力のバイアスが低くなることである。次の図は、ホールドアウト法の概念を示している。さまざまなパラメータ値を使ってトレーニングを行った後、検証データセットを使ってモデルの性能を繰り返し評価していることがわかる。ハイパーパラメータ値のチューニング結果に満足したら、テストデータセットでモデルの汎化誤差を評価する。

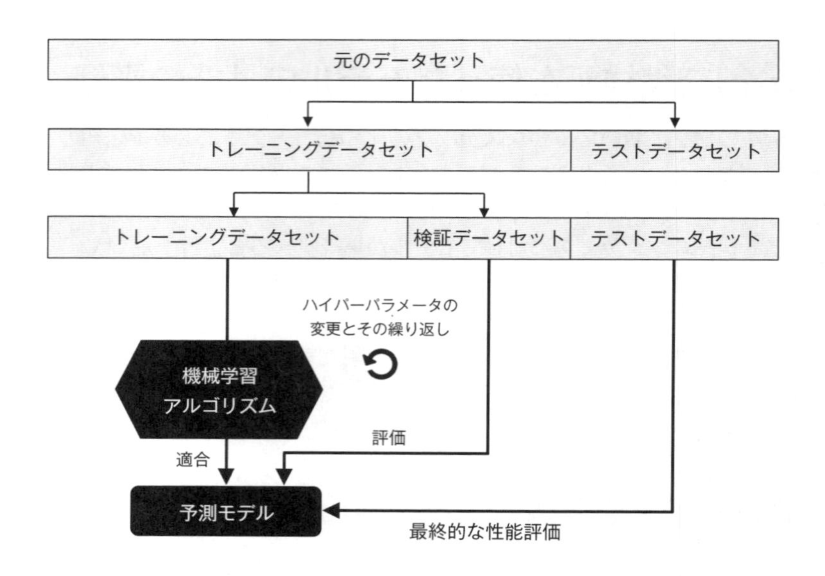

※4 [監注] ホールドアウト法では「特定の」テストデータセットを用いて予測の精度を評価するため、モデル選択ではこのテストデータセットに適したモデルが選択されることになる。したがって、テストデータセットもモデルのトレーニングに使用していると考えられる。

ホールドアウト法には、問題点が 1 つある。それは、元のトレーニングデータセットをトレーニングサブセットと検証サブセットにどのように分割するかによって、性能の評価に影響がおよぶ場合があることだ。つまり、データのサンプルによって評価が変わってくる。次項では、さらに頑健な性能評価法である k 分割交差検証を取り上げる。この手法では、トレーニングデータセットの k 個のサブセットに対してホールドアウト法を k 回繰り返す。

6.2.2　k 分割交差検証

k 分割交差検証では、非復元抽出を用いて、トレーニングデータセットをランダムに k 個に分割する。そのうちの $k - 1$ 個をモデルのトレーニングに使用し、1 個を性能の評価に使用する。この手順を k 回繰り返すことで、k 個のモデルを取得し、性能を推定する。

第 3 章では、**復元抽出** (sampling with replacement) と**非復元抽出** (sampling without replacement) を具体的に示す例を取り上げた。まだ第 3 章を読んでいない、あるいは記憶を蘇らせたい場合は、「3.6.3　ランダムフォレストを使って複数の決定木を結合する」を読んでおこう。

次に、個々のサブセットに基づいてモデルの平均性能を計算する。これは、ホールドアウト法と比べて、トレーニングデータの再分割に敏感ではない性能評価を取得するためである。一般に、k 分割交差検証はモデルのチューニングに使用される。つまり、満足のいく汎化性能が得られる最適なハイパーパラメータ値を見つけ出すために使用される。

満足のいくハイパーパラメータ値が見つかったら、トレーニングデータセット全体でモデルを再びトレーニング可能であり、トレーニングデータセットからは独立したテストデータセットを使って最終的な性能を推定できる。k 分割交差検証の後にトレーニングデータセット全体でモデルを再びトレーニングする理由は、学習アルゴリズムに提供するトレーニングサンプルが多ければ多いほど、通常はより正確で頑健なモデルが得られることである。

k 分割交差検証は非復元再抽出法である。この手法では、各サンプル点はトレーニングと検証（テストサブセットの一部）に 1 回しか使用されない。このため、ホールドアウト法よりもバリアンスの低い性能評価が得られるという利点がある。次の図は、k 分割交差検証の概念を $k = 10$ として示したものである。この場合、トレーニングデータセットは 10 個のサブセットに分割される。10 回のイテレーションにおいて、9 個がトレーニングに使用され、残りの 1 個がモデルを評価するためのテストデータセットとして使用される。また、サブセットごとに評価された性能 E_i を使って、モデルの推定平均性能 E が計算される。E_i は正解率や誤分類率などを表す[※5]。

※5　正解率や誤分類率については、6.5.2 項を参照。

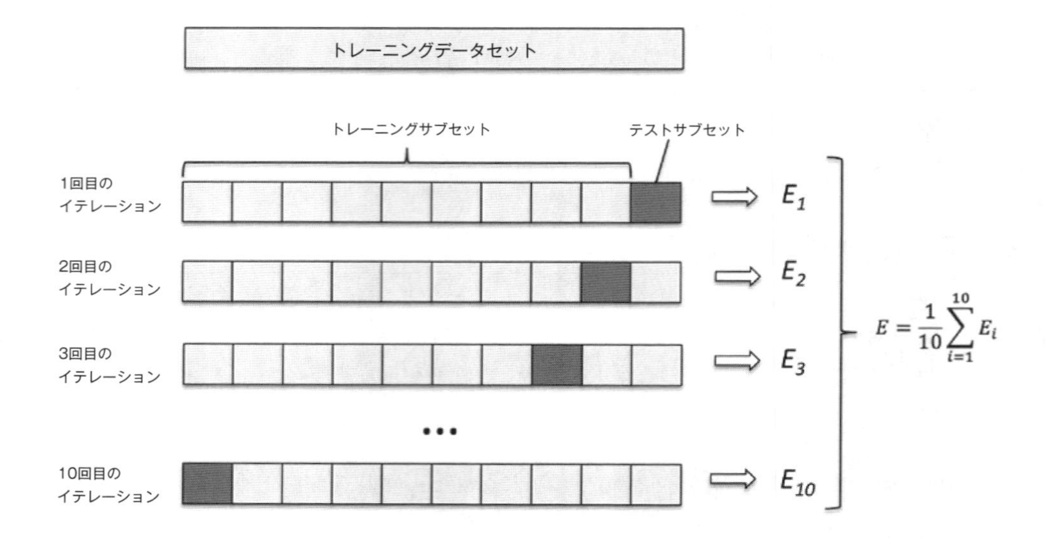

k分割交差検証で標準的に用いられる k の値は10であり、ほとんどの場合は妥当な選択であることが実証されている※6。たとえば、Ron Kohaviが現実のさまざまなデータセットを使って行った実験では、バイアスとバリアンスのバランスが最もよいのは、$k = 10$ の交差検証であることが示されている※7。

ただし、比較的小さなトレーニングデータセットを扱っている場合は、分割数を増やすとよいかもしれない。k の値を大きくすると、各イテレーションで使用されるトレーニングデータが増える。このため、個々のモデル評価の平均を求めることにより、汎化性能の評価に対するバイアスが低くなる。ただし、k の値が大きくなると、交差検証アルゴリズムの実行にかかる時間も長くなり、各トレーニングサブセットが似てくるため、評価のバリアンスが高くなる。これに対し、大きなデータセットを扱っている場合は、$k = 5$ のように k の値を小さくすると、別のサブセットでの再学習と評価の計算コストを削減しながら、モデルの平均性能を正確に評価できる。

k分割交差検証には、**1個抜き**（Leave-One-Out：LOO）交差検証という特別な手法がある。LOOでは、分割の個数をトレーニングサンプルの個数と同じに設定することで（$k = n$）、イテレーションのたびに、テストにトレーニングサンプルが1つだけ使用されるようにする。かなり小さいデータセットを扱う場合は、この手法が推奨される。

※6 ［監注］ただし、本書で後ほど説明するscikit-learnの `cross_val_score` 関数、`StratifiedKFold` クラス、また `KFold` クラスでは分割数のデフォルト値が3となっていることに注意（scikit-learn 0.17.1時点）。

※7 Ron Kohavi, *A Study of Cross-Validation and Bootstrap for Accuracy Estimation and Model Selection*, International Joint Conference on Artificial Intelligence (IJCAI), 14 (12): 1137-43, 1995
http://robotics.stanford.edu/users/ronnyk.link/accEst.pdf

標準のk分割交差検証をわずかに改善したものが、**層化k分割交差検証**（stratified k-fold cross-validation）である。R. Kohaviらによる研究[※8]で示されているように、特にクラスの比率が均等ではないケースでは、評価のバイアスとバリアンスが改善される。層化交差検証では、各サブセットでのクラスの比率が維持される。この場合の比率は、トレーニングデータセット全体でのクラスの比率を表している。scikit-learnの`StratifiedKFold`イテレータを使って層化k分割交差検証を説明することにしよう。

```
>>> import numpy as np
>>> from sklearn.model_selection import StratifiedKFold
>>> # 分割元データ、分割数、乱数生成器の状態を指定し、
>>> # 層化k分割交差検証イテレータを表すStratifiedKFoldクラスのインスタンス化
>>> kfold = StratifiedKFold(n_splits=10, random_state=1).split(X_train, y_train)
>>> scores = []
>>> # イテレータのインデックスと要素をループ処理：（上から順に）
>>> #       データをモデルに適合
>>> #       テストデータの正解率を算出
>>> #       リストに正解率を追加
>>> #       分割の番号、0 以上の要素数、正解率を出力
>>> for k, (train, test) in enumerate(kfold):
...     pipe_lr.fit(X_train[train], y_train[train])
...     score = pipe_lr.score(X_train[test], y_train[test])
...     scores.append(score)
...     print('Fold: %2d, Class dist.: %s, Acc: %.3f' %
...           (k+1, np.bincount(y_train[train]), score))
...
Fold:  1, Class dist.: [256 153], Acc: 0.935
Fold:  2, Class dist.: [256 153], Acc: 0.935
Fold:  3, Class dist.: [256 153], Acc: 0.957
Fold:  4, Class dist.: [256 153], Acc: 0.957
Fold:  5, Class dist.: [256 153], Acc: 0.935
Fold:  6, Class dist.: [257 153], Acc: 0.956
Fold:  7, Class dist.: [257 153], Acc: 0.978
Fold:  8, Class dist.: [257 153], Acc: 0.933
Fold:  9, Class dist.: [257 153], Acc: 0.956
Fold: 10, Class dist.: [257 153], Acc: 0.956

>>> # 正解率の平均と標準偏差を出力
>>> print('\nCV accuracy: %.3f +/- %.3f' % (np.mean(scores), np.std(scores)))
CV accuracy: 0.950 +/- 0.014
```

まず、`sklearn.model_selection`モジュールが提供する`StratifiedKfold`イテレータオブジェクトをトレーニングデータセットのクラスラベル`y_train`で初期化している。分割の個数は`n_splits`パラメータを使って指定している。`StratifiedKfold`イテレータオブジェクトである`kfold`イテレータは、k個のサブセットを`for`ループで処理するために使用する。`train`によっ

※8 R. Kohavi et al. *A Study of Cross-Validation and Bootstrap for Accuracy Estimation and Model Selection.* International Joint Conference on Artificial Intelligence (IJCAI), 14 (12): 1137-43, 1995
http://web.cs.iastate.edu/~jtian/cs573/Papers/Kohavi-IJCAI-95.pdf

て返されたインデックスを使用して、本章の最初の部分で準備したロジスティック回帰パイプラインを学習している。このpipe_lrパイプラインを使用することで、各イテレーションでサンプルが正しくスケーリング（標準化など）されるようにしている。続いて、testのデータを使ってモデルの正解率を計算している。そして、正解率の平均と標準偏差を計算するために、scoreの値をscoresリストにまとめている。

先のサンプルコードはk分割交差検証の仕組みを説明するのに役立ったが、scikit-learnにはk分割交差検証の性能指標を算出する関数も実装されている。さらに、scikit-learnの機能を活用すれば、層化k分割交差検証を使ったモデルをより効率よく評価できる。

```
>>> from sklearn.model_selection import cross_val_score
>>> # 交差検証のcross_val_score関数でモデルの正解率を算出
>>> # 推定器estimator、トレーニングデータX、予測値y、分割数cv、CPU数n_jobsを指定
>>> scores = cross_val_score(estimator=pipe_lr,
...                          X=X_train, y=y_train,
...                          cv=10, n_jobs=1)
>>> print('CV accuracy scores: %s' % scores)
CV accuracy scores: [ 0.93478261  0.93478261  0.95652174  0.95652174  0.93478261
  0.95555556  0.97777778  0.93333333  0.95555556  0.95555556]

>>> print('CV accuracy: %.3f +/- %.3f' % (np.mean(scores), np.std(scores)))
CV accuracy: 0.950 +/- 0.014
```

cross_val_score関数のアプローチのきわめて便利な特徴の1つとして、サブセットごとの評価の計算処理をマシン上の複数のCPUに分散させることができる。このStratifiedKFoldの例のように、n_jobsパラメータに引数として1を指定した場合、性能の評価に使用されるCPUは1つだけである。これに対し、n_jobs=2に設定した場合は、マシンにCPUが2つ搭載されていれば、10回の交差検証を各CPUに分散させることができる。n_jobs=-1に設定した場合は、マシン上で利用可能なすべてのCPUを使って交差検証を並列実行できる。

汎化性能のバリアンスが交差検証でどのように評価されるのかを詳しく説明することは、本書で扱う範囲を超えているが、筆者のブログには、モデルの評価と交差検証に関する記事があり、汎化性能のバリアンスが交差検証でどのように評価されるのかを詳しく取り上げている。

- https://sebastianraschka.com/blog/2016/model-evaluation-selection-part1.html
- https://sebastianraschka.com/blog/2016/model-evaluation-selection-part2.html
- https://sebastianraschka.com/blog/2016/model-evaluation-selection-part3.html

さらに、このテーマを詳しく取り上げたM. Markatou他のすばらしい論文もある。

Analysis of Variance of Cross-validation Estimators of the Generalization Error. Journal of Machine Learning Research, 6:1127-1168, 2005
http://academiccommons.columbia.edu/catalog/ac:173902

また、.632 ブートストラップ交差検証[※9]など、他の交差検証法について書かれた論文もある。

B. Efron and R. Tibshirani. *Improvements on Cross-validation: The 632+ Bootstrap Method.* Journal of the American Statistical Association, 92(438):548-560, 1997
http://www.tandfonline.com/doi/abs/10.1080/01621459.1997.10474007

6.3　学習曲線と検証曲線によるアルゴリズムの診断

ここでは、学習アルゴリズムの性能を向上させるのに役立つ**学習曲線**（learning curve）と**検証曲線**（validation curve）を取り上げる。これらは非常にシンプルながら強力な診断ツールである。次項では、学習アルゴリズムに過学習（バリアンスが高い）または学習不足（バイアスが高い）の問題があるかどうかを、学習曲線を使って診断する方法について説明する。さらに、学習曲線に共通する課題に対処するのに役立つ検証曲線についても見ていく。

6.3.1　学習曲線を使ってバイアスとバリアンスの問題を診断する

モデルがトレーニングデータセットに対して複雑すぎる場合 —— つまり、モデルの自由度が高かったりパラメータが多すぎたりする場合、モデルはトレーニングデータを過学習する傾向にあり、未知のデータに対してうまく汎化されない。トレーニングサンプルをさらに集めると、過学習を抑制するのに役立つことがよくある。だが実際には、データをさらに集めるとコストが非常に高くつくことや、実現不可能であることもよくある。トレーニングデータセットのサイズの関数として、モデルのトレーニングと検証の正解率をプロットすると、「モデルのバリアンスやバイアスが高いかどうか」、そして「データをさらに集めることがこの問題の解決に役立つかどうか」という 2 つの課題を簡単に突き止めることができる。scikit-learn を使って学習曲線をプロットする方法について説明する前に、次の図を見ながら、モデルに共通するこの 2 つの課題について説明することにしよう。

※9　［監注］.632 ブートストラップ交差検証は、『統計的学習の基礎』（共立出版、2014 年）の「7.11　ブートストラップ法」に詳しい説明がある。

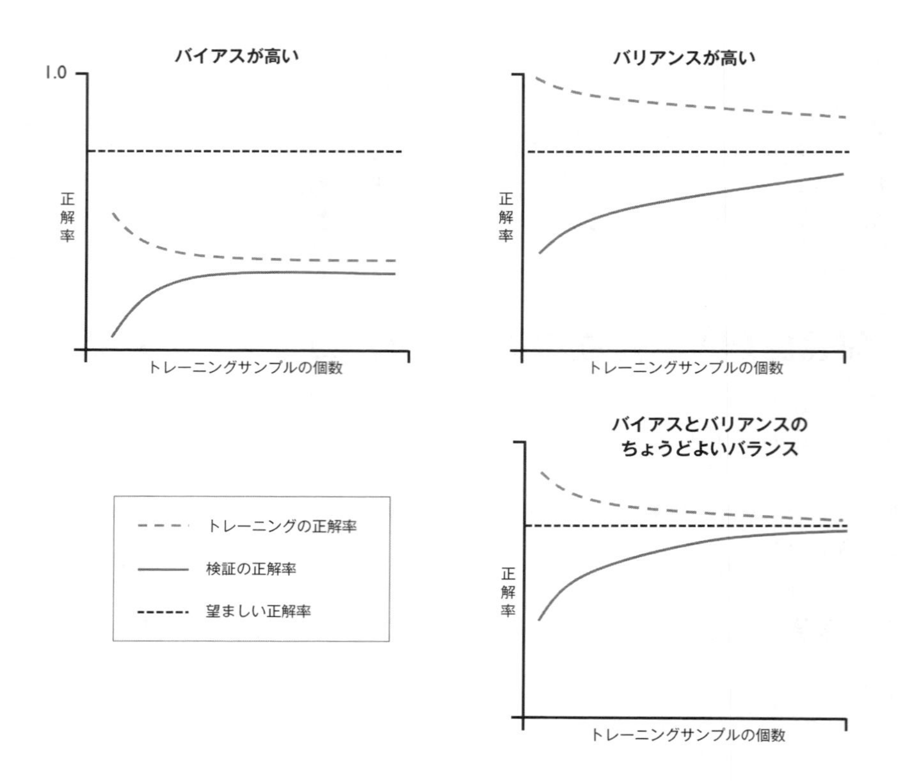

左上のグラフは、バイアスが高いモデルを示している。このモデルは、トレーニングと交差検証の正解率が低く、トレーニングデータの学習不足に陥っている。この問題に対処する一般的な方法は、モデルのパラメータの個数を増やすことである。そのためには、たとえば追加する特徴量を収集または生成するか、SVMやロジスティック回帰の分類器で正則化の強さを下げる必要がある。

右上のグラフは、バリアンスが高いモデルを示している。バリアンスが高いことは、トレーニングと交差検証の正解率に大きな差があることによって示されている。この過学習の問題に対処するには、トレーニングデータをさらに収集するか、正則化のパラメータを増やすなどして、モデルの複雑さを抑えればよい。正則化されていないモデルで過学習を低減するには、特徴選択（第4章）や特徴抽出（第5章）に基づいて特徴量の個数を減らすのも効果的である。トレーニングデータをさらに収集すると、通常は過学習の可能性が低くなる。ただし、トレーニングデータがノイズだらけである場合や、モデルがすでに最適化された状態に近い場合は、必ずしも効果があるとは限らない。

次項では、検証曲線を使ってこうしたモデルの問題に取り組む方法を示すが、その前に、scikit-learnの学習曲線関数を使ってモデルを評価する方法を見てみよう[※10]。

※10 ［監注］`learning_curve`関数は、交差検証を実行して、NumPy配列を返す。この配列には、トレーニングデータセットのサイズ、トレーニングデータセットに対する評価指標、テストデータに対する評価指標が格納されている。

```
>>> import matplotlib.pyplot as plt
>>> from sklearn.model_selection import learning_curve
>>> pipe_lr = make_pipeline(StandardScaler(),
                            LogisticRegression(penalty='l2', random_state=1))
>>> # learning_curve 関数で交差検証による正解率を算出
>>> train_sizes, train_scores, test_scores = learning_curve(estimator=pipe_lr,
...                                                        X=X_train,
...                                                        y=y_train,
...                                                        train_sizes=np.linspace(0.1, 1.0, 10),
...                                                        cv=10,
...                                                        n_jobs=1)
>>> train_mean = np.mean(train_scores, axis=1)
>>> train_std = np.std(train_scores, axis=1)
>>> test_mean = np.mean(test_scores, axis=1)
>>> test_std = np.std(test_scores, axis=1)
>>> plt.plot(train_sizes, train_mean,
...          color='blue', marker='o',
...          markersize=5,
...          label='training accuracy')
>>> # fill_between 関数で平均 ± 標準偏差の幅を塗りつぶす
>>> # トレーニングデータのサイズ train_sizes、透明度 alpha、カラー 'blue' を引数に指定
>>> plt.fill_between(train_sizes,
...                  train_mean + train_std,
...                  train_mean - train_std,
...                  alpha=0.15, color='blue')
>>> plt.plot(train_sizes, test_mean,
...          color='green', linestyle='--',
...          marker='s', markersize=5,
...          label='validation accuracy')
>>> plt.fill_between(train_sizes,
...                  test_mean + test_std,
...                  test_mean - test_std,
...                  alpha=0.15, color='green')
>>> plt.grid()
>>> plt.xlabel('Number of training samples')
>>> plt.ylabel('Accuracy')
>>> plt.legend(loc='lower right')
>>> plt.ylim([0.8, 1.0])
>>> plt.tight_layout()
>>> plt.show()
```

このコードが問題なく実行された場合は、次に示す学習曲線グラフが生成される。

>> ix ページにカラーで掲載

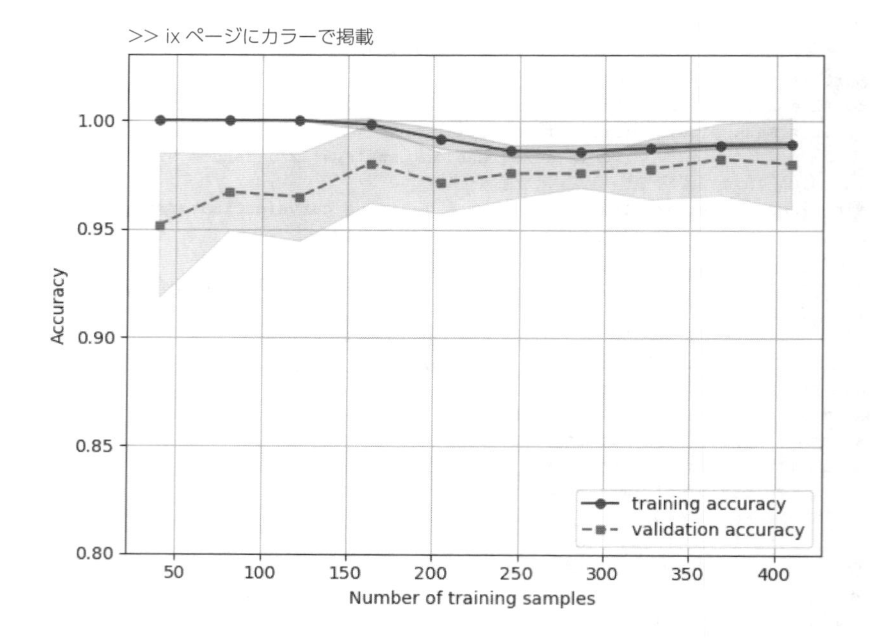

学習曲線の生成時に使用されるトレーニングサンプルの絶対数または相対数を制御するには、`learning_curve` 関数の `train_sizes` 引数を使用する。ここでは、`train_sizes=np.linspace(0.1, 1.0, 10)` と設定することで、トレーニングデータセットのサイズに合わせて等間隔となる 10 個の相対的な値を使用している。デフォルトでは、`learning_curve` 関数は層化 k 分割交差検証を使って交差検証の正解率を計算する。$k = 10$ は `cv` 引数を使って設定する。あとは、さまざまなサイズのトレーニングデータセットに対して交差検証のトレーニングとテストのスコアが返されるので、それらのスコアから正解率の平均を計算し、matplotlib の `plot` 関数を使ってプロットする。さらに、評価のバリアンスを示すために、`fill_between` 関数を使って平均正解率の標準偏差を色の帯としてグラフに追加している。

この学習曲線グラフからわかるように、トレーニング時のサンプルの個数が 250 個を超えている場合、このモデルの性能はトレーニングデータセットでも検証データセットでも非常によい。また、サンプルの個数が 250 個に満たない場合でもトレーニングの正解率は向上しているが、トレーニングと検証の正解率に開きがあることもわかる。このことは、過学習の度合いが高まっていることを示している。

6.3.2 検証曲線を使って過学習と学習不足を明らかにする

検証曲線は、過学習や学習不足といった問題を特定することにより、モデルの性能を改善するのに役立つツールである。検証曲線は学習曲線に関連しているが、トレーニングとテストの正解率をサンプルサイズの関数としてプロットするのではなく、サンプルサイズの代わりにモデルのパラメータの値を変化させる。たとえば、ロジスティック回帰の逆正則化パラメータ `C` を変化させる。

scikit-learn を使って検証曲線を作成する方法をさっそく見てみよう[※11]。

```
>>> from sklearn.model_selection import validation_curve
>>> param_range = [0.001, 0.01, 0.1, 1.0, 10.0, 100.0]
>>> # validation_curve 関数によりモデルのパラメータを変化させ、
>>> # 交差検証による正解率を算出
>>> # clf__C は LogisticRegression オブジェクトのパラメータ
>>> train_scores, test_scores = validation_curve(estimator=pipe_lr,
...                                              X=X_train,
...                                              y=y_train,
...                                              param_name='logisticregression__C',
...                                              param_range=param_range,
...                                              cv=10)
>>> train_mean = np.mean(train_scores, axis=1)
>>> train_std = np.std(train_scores, axis=1)
>>> test_mean = np.mean(test_scores, axis=1)
>>> test_std = np.std(test_scores, axis=1)
>>> plt.plot(param_range, train_mean,
...          color='blue', marker='o',
...          markersize=5,
...          label='training accuracy')
>>> plt.fill_between(param_range,
...                  train_mean + train_std,
...                  train_mean - train_std, alpha=0.15,
...                  color='blue')
>>> plt.plot(param_range, test_mean,
...          color='green', linestyle='--',
...          marker='s', markersize=5,
...          label='validation accuracy')
>>> plt.fill_between(param_range,
...                  test_mean + test_std,
...                  test_mean - test_std,
...                  alpha=0.15, color='green')
>>> plt.grid()
>>> plt.xscale('log')
>>> plt.legend(loc='lower right')
>>> plt.xlabel('Parameter C')
>>> plt.ylabel('Accuracy')
>>> plt.ylim([0.8, 1.0])
>>> plt.tight_layout()
>>> plt.show()
```

このコードを実行すると、パラメータ C の検証曲線グラフが生成される。

※11 [監注] validation_curve 関数は、トレーニングデータセットとテストデータセットの性能評価の値を NumPy 配列として返す。

>> ix ページにカラーで掲載

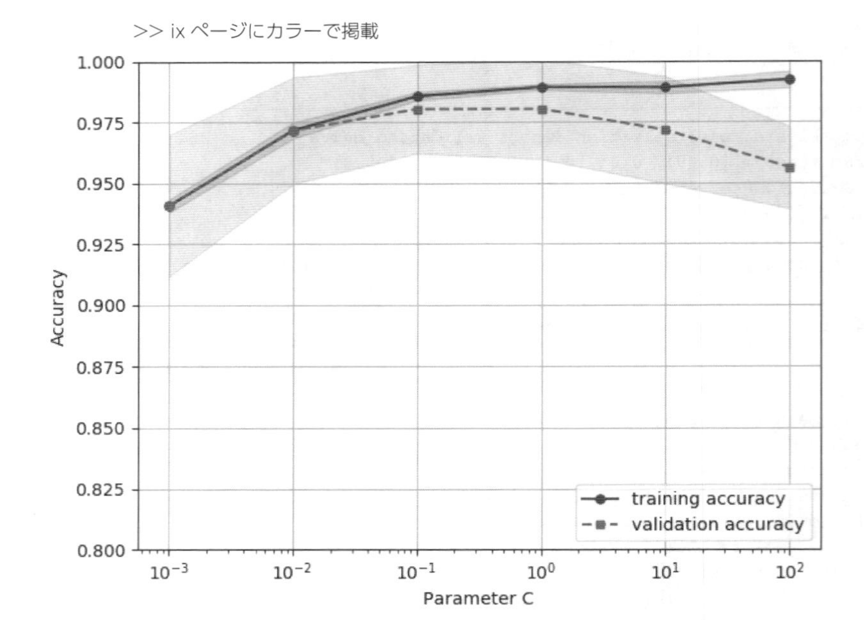

learning_curve 関数と同様に、validation_curve 関数はデフォルトで層化 k 分割交差検証を使用することで、モデルの性能を評価する。validation_curve 関数では、評価したいパラメータを指定する。この場合は、LogisticRegression 分類器の逆正則化パラメータである C を指定している。param_name 引数に指定した 'logisticregression__C' は、scikit-learn のパイプライン内で LogisticRegression オブジェクトにアクセスするためのものである。'logisticregression__C' がとる値の範囲は param_range 引数で指定している※12。ここでも、先の学習曲線の例と同様に、トレーニングと交差検証の正解率に対応する標準偏差をプロットしている。

C のさまざまな値に対する正解率の差はごくわずかだが、C の値を小さくして正則化の強さを上げると、モデルが少し学習不足に陥ることがわかる。これに対し、C の値を大きくして正則化の強さを下げると、モデルにわずかながら過学習の傾向が見られる。この場合は、C=0.01 ～ 0.1 のあたりが最適に思える。

6.4 グリッドサーチによる機械学習モデルのチューニング

機械学習には、2 種類のパラメータがある。ロジスティック回帰の重みのように、トレーニングデータから学習されるパラメータと、トレーニングデータを使用するのではなく個別に最適化される学習アルゴリズムのパラメータである。後者はモデルのチューニングパラメータであり、**ハイ**

※12 ［監注］6.1.2 項でパイプラインを作成したときに、パイプラインの中でロジスティック回帰を一意に識別する名前は clf に指定したことを思い出してほしい。モデルのパラメータはこの名前に「__パラメータ名」を付与することでアクセスできる。

パーパラメータ（hyperparameter）とも呼ばれる。たとえば、ロジスティック回帰の正則化パラメータや決定木の深さパラメータはチューニングパラメータである。

前節では、検証曲線を使ってハイパーパラメータの1つをチューニングすることで、モデルの性能を改善した。ここでは、よく知られている**グリッドサーチ**（grid search）というハイパーパラメータの最適化手法を取り上げる。グリッドサーチは、ハイパーパラメータの値の「最適な」組み合わせを見つけ出すことにより、モデルの性能をさらに改善するのに役立つ。

6.4.1 グリッドサーチを使ったハイパーパラメータのチューニング

グリッドサーチのアプローチは非常に単純である。グリッドサーチはしらみつぶしの網羅的探索手法であり、さまざまなハイパーパラメータの値からなるリストを指定すると、それらの組み合わせごとにモデルの性能を評価し、最適な値の組み合わせを突き止める。


```
>>> from sklearn.model_selection import GridSearchCV
>>> from sklearn.svm import SVC
>>> pipe_svc = make_pipeline(StandardScaler(), SVC(random_state=1))
>>> param_range = [0.0001, 0.001, 0.01, 0.1, 1.0, 10.0, 100.0, 1000.0]
>>> param_grid = [{'svc__C': param_range, 'svc__kernel': ['linear']},
...               {'svc__C': param_range, 'svc__gamma': param_range,
...                'svc__kernel': ['rbf']}]
>>> # ハイパーパラメータ値のリスト param_grid を指定し、
>>> # グリッドサーチを行う GridSearchCV クラスをインスタンス化
>>> gs = GridSearchCV(estimator=pipe_svc,
...                   param_grid=param_grid,
...                   scoring='accuracy',
...                   cv=10,
...                   n_jobs=-1)
>>> gs = gs.fit(X_train, y_train)
>>> # モデルの最良スコアを出力
>>> print(gs.best_score_)
0.984615384615

>>> # 最良スコアとなるパラメータ値を出力
>>> print(gs.best_params_)
{'svc__C': 100.0, 'svc__gamma': 0.001, 'svc__kernel': 'rbf'}
```

このコードでは、`sklearn.model_selection` モジュールの `GridSearchCV` オブジェクトを初期化し、**サポートベクトルマシン**（SVM）のパイプラインのトレーニングとチューニングを行っている。チューニングしたいパラメータを指定するには、`GridSearchCV` の `param_grid` パラメータに対して引数としてディクショナリのリストを指定する。線形SVMでは、逆正則化パラメータ `C` だけを評価している。RBFカーネルSVMでは、`svc__C` パラメータと `svc__gamma` パラメータの両方をチューニングしている。`svc__gamma` パラメータはカーネルSVMに固有のパラメータであることに注意しよう。

トレーニングデータを使ってグリッドサーチを実行した後、`best_score_` 属性を使って最も性能がよいモデルのスコアを取得し、best_params_ 属性を使ってそのパラメータを調べている※13。この場合、k分割交差検証の正解率が最も高いのは「svc__C = 100.0」のRBFカーネルSVMモデルであり、その正解率は98.5%であることがわかる。

最後に、トレーニングデータセットからは独立したテストデータセットを使って、選択されたモデルの性能を評価する。このモデルを取得するには、次に示すように、GridSearchCVオブジェクトのbest_estimator_属性を使用する。

```
>>> clf = gs.best_estimator_
>>> clf.fit(X_train, y_train)
>>> print('Test accuracy: %.3f' % clf.score(X_test, y_test))
Test accuracy: 0.974
```

グリッドサーチは最適なパラメータの組み合わせを見つけ出すための効果的なアプローチだが、考えられるすべてのパラメータの組み合わせを評価すると、計算コストが非常に高くつく。scikit-learnを使ってさまざまなパラメータの組み合わせを抽出する代わりに、ランダムサーチを使用するという方法がある。scikit-learnのRandomizedSearchCVクラスを使用して、指定された範囲の標本分布からランダムなパラメータの組み合わせを抽出できる。詳しい説明と使用法については、scikit-learnのWebサイトを参照※14。

http://scikit-learn.org/stable/modules/grid_search.html#randomized-parameter-optimization

6.4.2 入れ子式の交差検証によるアルゴリズムの選択

前項で示したように、グリッドサーチと組み合わせてk分割交差検証を使用する方法が役立つ場合がある。それは、ハイパーパラメータの値を変化させることで機械学習モデルの性能を細かくチューニングしたいときである。しかし、さまざまな機械学習のアルゴリズムの中からどれかを選択したい場合は、入れ子式の交差検証（nested cross-validation）も推奨される。VarmaとSimonは、誤差推定におけるバイアスに関するすばらしい研究※15を行っている。その研究では、入れ子式の

※13 ［監注］GridSearchCVオブジェクトはgrid_scores_属性も提供する。grid_scores_属性は、チューニングパラメータ、評価指標の平均値、すべての評価指標の値を保持するタプルのリストであり、以下のようにして評価指標の平均値、標準偏差、チューニングパラメータの一覧を確認できる。

```
>>> for params, mean_score, scores in gs.grid_scores_:
...     print("%0.3f (+/-%0.03f) for %r"
...           % (mean_score, scores.std(), params))
```

※14 ［監注］グリッドサーチとランダムサーチの違いを理解するには、リンク先のWebサイトでも紹介されている以下の文献を一読することを推奨する。特に、Figure1にはグリッドサーチとランダムサーチの違いが図式化されている。
Bergstra, J. and Bengio, Y., *Random search for hyper-parameter optimization.* The Journal of Machine Learning Research (2012)

※15 S. Varma and R. Simon. *Bias in Error Estimation When Using Cross-validation for Model Selection.* BMC Bioinformatics, 7(1):91, 2006.（http://www.ncbi.nlm.nih.gov/pmc/articles/PMC1397873/）

交差検証を使用したときには、テストデータセットを基準として、評価の真の誤差にほとんどバイアスがないという結論に至っている。

入れ子式の交差検証では、外側のループでk分割交差検証を使用することで、データをトレーニングサブセットとテストサブセットに分割する。内側のループでは、トレーニングサブセットに対してk分割交差検証を行うことで、モデルを選択する。モデルを選択した後、テストサブセットを使ってモデルの性能を評価する。ここでは、入れ子式の交差検証の例として、5つの外側のサブセットと2つの内側のサブセットで構成されるものを取り上げる。その概念を図解すると、次のようになる。この方法は、計算性能が重要となる大きなデータセットで役立つ可能性がある。この種の入れ子式の交差検証は、**5x2 交差検証**（5x2 cross-validation）とも呼ばれる。

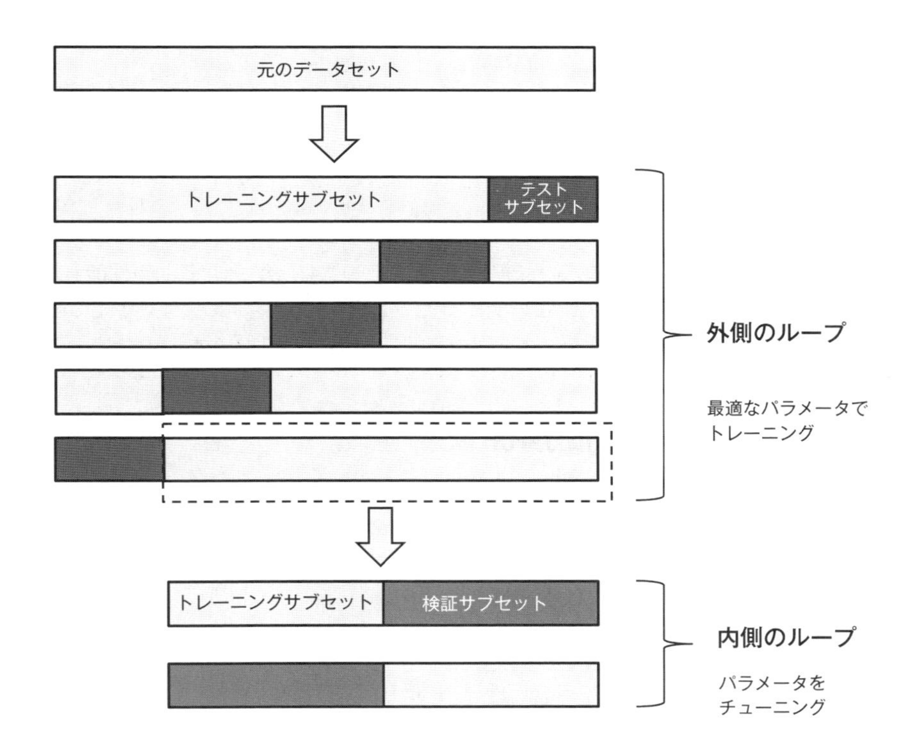

scikit-learnでは、入れ子式の交差検証を次のように実行できる。

```
>>> gs = GridSearchCV(estimator=pipe_svc,
...                   param_grid=param_grid,
...                   scoring='accuracy',
...                   cv=2)
>>> scores = cross_val_score(gs, X_train, y_train, scoring='accuracy', cv=5)
>>> print('CV accuracy: %.3f +/- %.3f' % (np.mean(scores), np.std(scores)))
CV accuracy: 0.974 +/- 0.015
```

返された交差検証の正解率の平均から適切に判断できることは、モデルのハイパーパラメータをチューニングし、それらのパラメータを未知のデータに使用したらどうなるかということである。たとえば、入れ子式の交差検証法を使用することで、SVMモデルを単純な決定木分類器と比較できる。話を簡単にするために、決定木では深さパラメータだけをチューニングしてみよう。

```
>>> from sklearn.tree import DecisionTreeClassifier
>>> # ハイパーパラメータ値として決定木の深さパラメータを指定し、
>>> # グリッドサーチを行うGridSearchCVクラスをインスタンス化
>>> gs = GridSearchCV(estimator=DecisionTreeClassifier(random_state=0),
...                   param_grid=[{'max_depth': [1, 2, 3, 4, 5, 6, 7, None]}],
...                   scoring='accuracy',
...                   cv=2)
>>> scores = cross_val_score(gs,
...                          X_train,
...                          y_train,
...                          scoring='accuracy',
...                          cv=5)
>>> print('CV accuracy: %.3f +/- %.3f' % (np.mean(scores), np.std(scores)))
CV accuracy: 0.934 +/- 0.016
```

見てのとおり、SVMモデルの入れ子式の交差検証の性能（97.4%）が、決定木の性能（93.4%）よりも明らかに高いことがわかる。よって、このデータセットと同じ母集団に属する新しいデータを分類するには、入れ子式の交差検証によってモデルを選択したほうがよいかもしれない。

6.5 さまざまな性能評価指標

ここまでの章と節では、正解率（accuracy）に基づいてモデルを評価してきた。正解率は、モデルの全体的な性能を数値化するのに便利な指標である。この他にも、**適合率**（precision）、**再現率**（recall）、**F1スコア**（F1-score）などの性能指標により、モデルの妥当性を数値化できる。

6.5.1 混同行列を解釈する

モデルの性能を数値化するさまざまな性能指標について詳しく説明する前に、いわゆる**混同行列**（confusion matrix）を見てみよう。混同行列は学習アルゴリズムの性能を明らかにする行列である。次の図に示すように、混同行列は、分類器の**真陽性**（true positive）、**真陰性**（true negative）、**偽陽性**（false positive）、**偽陰性**（false negative）の4つの予測の個数を報告する単なる正方行列である[※16]。

※16 ［監注］真陽性、真陰性、偽陽性、偽陰性は、初見では意味がとりづらいかもしれない。真と偽は「予測が当たったかどうか」を表しており、陽性と陰性は「予測されたクラス」を表している。たとえば偽陽性は、予測されたクラスは陽性であったが、予測を間違えた（実際は陰性だった）ことを表す。

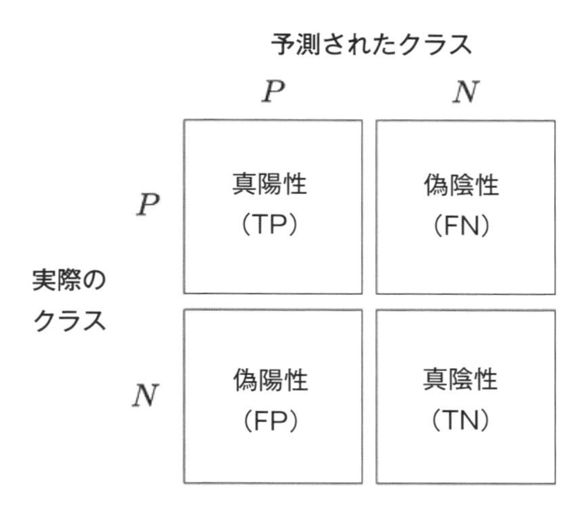

これらの指標は、実際のクラスラベルと予測されたクラスラベルを比較することで簡単に計算できるが、scikit-learn には便利な confusion_matrix 関数が用意されている。この関数は次のように使用する。

```
>>> from sklearn.metrics import confusion_matrix
>>> pipe_svc.fit(X_train, y_train)
>>> y_pred = pipe_svc.predict(X_test)
>>> # テストと予測のデータから混同行列を生成
>>> confmat = confusion_matrix(y_true=y_test, y_pred=y_pred)
>>> print(confmat)
[[71  1]
 [ 2 40]]
```

このコードを実行したときに返される配列から、テストデータセットで発生した分類器の各種の誤分類に関する情報が得られる。先の図に示した混同行列に対して、誤分類に関する情報を対応付けるには、matplotlib の matshow 関数を使用する。

```
>>> # 図のサイズを指定
>>> fig, ax = plt.subplots(figsize=(2.5, 2.5))
>>> # matshow 関数で行列からヒートマップを描画
>>> ax.matshow(confmat, cmap=plt.cm.Blues, alpha=0.3)
>>> for i in range(confmat.shape[0]):      # クラス 0 の繰り返し処理
...     for j in range(confmat.shape[1]): # クラス 1 の繰り返し処理
...         ax.text(x=j, y=i, s=confmat[i, j], va='center', ha='center')  # 件数を表示
...
>>> plt.xlabel('predicted label')
>>> plt.ylabel('true label')
>>> plt.tight_layout()
>>> plt.show()
```

このように混同行列を図にすると、結果が少し解釈しやすくなるはずだ[※17]。

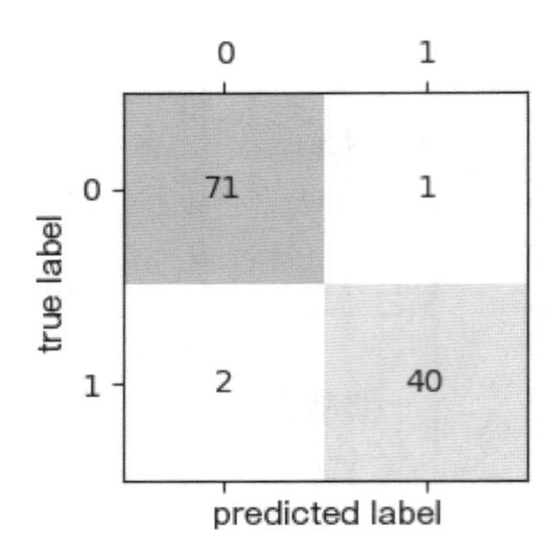

この例において、クラス1(悪性)を陽性クラスであるとすれば、このモデルはクラス0に属するサンプルの71個(真陰性)と、クラス1に属するサンプルの40個(真陽性)を正しく分類している。ただし、このモデルはクラス1の2つのサンプルをクラス0として誤分類しており(偽陰性)、良性腫瘍である1つのサンプルを悪性として予測している(偽陽性)。次項では、さまざまな誤差指標を計算する方法について説明する。

6.5.2 分類モデルの適合率と再現率を最適化する

予測の**誤分類率**(ERR)と**正解率**(ACC)は、誤分類されるサンプルの個数に関する全体的な情報を提供する。誤分類率については、誤った予測の合計を予測の総数で割ったものとして解釈できる。正解率については、正しい予測の合計を予測の総数で割ったものとして計算できる。

$$ERR = \frac{FP + FN}{FP + FN + TP + TN} \tag{6.5.1}$$

※17 [監注] 6.5.1項の1つ目の図と比べると、真陰性と真陽性、偽陰性と偽陽性の間で位置が入れ替わっている。これは、confusion_matrix関数のlabels引数に何も指定しないとy_true引数やy_pred引数に現れるラベルが昇順でソートされるためである。1つ目の図と同じ配置で混同行列を計算するには、labels引数に明示的にクラスラベルの順を指定すればよい。たとえば以下のコードを実行することにより、1つ目の図と同様の混同行列が得られる。

```
>>> # クラスラベルを1, 0の順にする
>>> labels = [1, 0]
>>> # 行、列ともにクラスラベルの順に並ぶように指定
>>> confmat2 = confusion_matrix(y_true=y_test, y_pred=y_pred, labels=labels)
>>> fig, ax = plt.subplots(figsize=(2.5, 2.5))
>>> ax.matshow(confmat2, cmap=plt.cm.Blues, alpha=0.3)
>>> # ティックラベルをクラスラベルの順に指定
>>> ax.set_xticklabels([''] + labels)
>>> ax.set_yticklabels([''] + labels)
```

(以下、本文中のソースコードのfor文以下を実行。ただしax.text関数では、confmatはconfmat2に置換)

正解率は誤分類率から直接求めることができる。

$$ACC = \frac{TP + TN}{FP + FN + TP + TN} = 1 - ERR \tag{6.5.2}$$

真陽性率（TPR）と**偽陽性率**（FPR）は、不均衡なクラスの問題[※18]に特に役立つ性能指標である（以下の N は全陰性、P は全陽性を表す）。

$$\begin{aligned} FPR &= \frac{FP}{N} = \frac{FP}{FP + TN} \\ TPR &= \frac{TP}{P} = \frac{TP}{FN + TP} \end{aligned} \tag{6.5.3}$$

たとえば腫瘍の診断では、患者に適切な治療を施すには、悪性腫瘍を検出することがより重要となる。ただし、患者の不安を煽ることがないよう、悪性として誤分類される良性腫瘍（偽陽性）の個数を減らすことも重要となる。FPR とは対照的に、真陽性率（TPR）は全陽性（P）のうち正しく特定された陽性（または関連する）サンプルの割合に関する有益な情報を提供する。

適合率[※19]（PRE）と**再現率**（REC）は、TPR と FPR に関連する性能指標である。実際には、REC は TPR の同義語である。

$$\begin{aligned} PRE &= \frac{TP}{TP + FP} \\ REC = TPR &= \frac{TP}{P} = \frac{TP}{FN + TP} \end{aligned} \tag{6.5.4}$$

実際には、PRE と REC を組み合わせた **F1 スコア**[※20]（F1-score）と呼ばれるものがよく使用される。

$$F1 = 2\frac{PRE \times REC}{PRE + REC} \tag{6.5.5}$$

これらの性能指標はすべて scikit-learn に実装されている。次のコードに示すように、その関数は `sklearn.metrics` モジュールからインポートできる。

※18 ［監注］不均衡なクラス問題とは、クラスに偏りがある問題のことを指す。たとえば、直後に説明されている例では重病に疾患する患者はそうでない患者に比べて圧倒的に少ないだろう。また、故障する機械は故障しない機械に比べて圧倒的に少ないだろう。このような場合、陽性クラスを多少予測できなくても陰性クラスを正確に予測することにより、誤分類率や正解率は比較的良好な値を示すことになる。しかし、実務においては重病に罹患する患者や故障する機械などの陽性クラスを予測したいことが多い。そのため、クラスに偏りがあっても陽性クラスや陰性クラスのサンプルの個数を分母として、それぞれの予測の精度を定量化する真陽性率や偽陽性率が不均衡なクラスの問題では役立つ。

※19 ［監注］適合率は、陽性クラスと予測したサンプルのうち、実際に陽性クラスだったものの割合を表す。

※20 ［監注］F1 スコアは、適合率と再現率の調和平均として定義される。すなわち、式 6.5.5 は $F1 = 2 / (1/PRE + 1/REC) = 2\ PRE \times REC/(PRE + REC)$ によって導出される。また、F1 スコアは、F-measure の訳語として「F 値」や「F 尺度」とも呼ばれる。

```
>>> # 適合率、再現率、F1 スコアを出力
>>> from sklearn.metrics import precision_score
>>> from sklearn.metrics import recall_score, f1_score
>>> print('Precision: %.3f' % precision_score(y_true=y_test, y_pred=y_pred))
Precision: 0.976
>>> print('Recall: %.3f' % recall_score(y_true=y_test, y_pred=y_pred))
Recall: 0.952
>>> print('F1: %.3f' % f1_score(y_true=y_test, y_pred=y_pred))
F1: 0.964
```

また、`GridSearchCV` オブジェクトでは、正解率以外にもさまざまな性能指標を使用できる。このオブジェクトの初期化時には、`scoring` 引数を使用する。`scoring` 引数に使用できる値は scikit-learn の Web サイト ※21 に掲載されている。

scikit-learn では陽性クラスがクラス 1 として扱われる。別の「陽性ラベル」を指定したい場合は、`make_scorer` 関数を使ってカスタムスコアラ（自作の性能評価関数）を作成すればよい。このカスタムスコアラは `GridSearchCV` の `scoring` 引数に直接指定できる。この例では、性能指標として `f1_score` を使用している。

```
>>> # カスタムの性能指標を出力
>>> from sklearn.metrics import make_scorer, f1_score
>>> scorer = make_scorer(f1_score, pos_label=0)
>>> gs = GridSearchCV(estimator=pipe_svc,
...                   param_grid=param_grid,
...                   scoring=scorer,
...                   cv=10,
...                   n_jobs=-1)
>>> gs = gs.fit(X_train, y_train)
>>> print(gs.best_score_)
0.986202145696
>>> print(gs.best_params_)
{'svc__C': 10.0, 'svc__gamma': 0.01, 'svc__kernel': 'rbf'}
```

6.5.3 ROC 曲線をプロットする

受信者操作特性（Receiver Operating Characteristic：ROC）曲線は、性能に基づいて分類モデルを選択するための便利なツールである。その際には、分類器のしきい値を変えることによって計算される偽陽性率（FPR）と真陽性率（TPR）が選択の基準となる。ROC 曲線の対角線は当て推量（ランダムな推定）として解釈でき、対角線を下回る分類モデルは当て推量よりも劣ると見なされる。完璧な分類器はグラフの左上隅に位置付けられ、TPR は 1、FPR は 0 になる。そして、分類モデルの性能を明らかにするために、ROC 曲線に基づいて**曲線下面積**（Area Under the Curve：AUC）を計算できる。

※21 http://scikit-learn.org/stable/modules/model_evaluation.html

ROC 曲線と同様に、分類器のさまざまな確率しきい値に対する「適合率－再現率曲線」も計算できる。scikit-learn には、この曲線をプロットする関数も実装されている。

http://scikit-learn.org/stable/modules/generated/sklearn.metrics.precision_recall_curve.html

Breast Cancer Wisconsin データセットの特徴量を 2 つだけ使用して、腫瘍が良性か悪性かを予測する分類器の ROC 曲線をプロットしてみよう。そのためのコードは次のようになる。ここでは以前に定義したロジスティック回帰パイプラインと同じものを使用する。ただし、結果として得られる ROC 曲線の見た目がおもしろくなるよう、分類器の分類タスクをもう少しだけ難しくする。同じような理由で、`StratifiedKFold` オブジェクトの交差検証の分割数を 3 に減らす。

6

```
>>> from sklearn.metrics import roc_curve, auc
>>> from scipy import interp
>>> # スケーリング、主成分分析、ロジスティック回帰を指定して、
>>> # Pipeline クラスをインスタンス化
>>> pipe_lr = make_pipeline(StandardScaler(),
...                         PCA(n_components=2),
...                         LogisticRegression(penalty='l2', random_state=1, C=100.0))
>>> # 2 つの特徴量を抽出
>>> X_train2 = X_train[:, [4, 14]]
>>> # 層化 k 分割交差検証イテレータを表す StratifiedKFold クラスをインスタンス化
>>> cv = list(StratifiedKFold(n_splits=3, random_state=1).split(X_train, y_train))
>>> fig = plt.figure(figsize=(7, 5))
>>> mean_tpr = 0.0
>>> # 0 から 1 までの間で 100 個の要素を生成
>>> mean_fpr = np.linspace(0, 1, 100)
>>> all_tpr = []
>>> for i, (train, test) in enumerate(cv):
...     # predict_proba メソッドで確率を予測、fit メソッドでモデルに適合させる
...     probas = pipe_lr.fit(X_train2[train],
...                          y_train[train]).predict_proba(X_train2[test])
...     # roc_curve 関数で ROC 曲線の性能を計算してプロット
...     fpr, tpr, thresholds = roc_curve(y_train[test], probas[:, 1], pos_label=1)
...     mean_tpr += interp(mean_fpr, fpr, tpr)  # FPR（X 軸）と TPR（Y 軸）を線形補間
...     mean_tpr[0] = 0.0
...     roc_auc = auc(fpr, tpr)                 # 曲線下面積（AUC）を計算
...     plt.plot(fpr, tpr, label='ROC fold %d (area = %0.2f)' % (i+1, roc_auc))
...
>>> # 当て推量をプロット
>>> plt.plot([0, 1],
...          [0, 1],
...          linestyle='--',
...          color=(0.6, 0.6, 0.6),
...          label='random guessing')
>>> # FPR、TPR、ROC AUC それぞれの平均を計算してプロット
>>> mean_tpr /= len(cv)
>>> mean_tpr[-1] = 1.0
>>> mean_auc = auc(mean_fpr, mean_tpr)
```

```
>>> plt.plot(mean_fpr, mean_tpr, 'k--',
...          label='mean ROC (area = %0.2f)' % mean_auc, lw=2)
>>> # 完全に予測が正解したときのROC曲線をプロット
>>> plt.plot([0, 0, 1],
...          [0, 1, 1],
...          linestyle=':',
...          color='black',
...          label='perfect performance')
>>> # グラフの各項目を指定
>>> plt.xlim([-0.05, 1.05])
>>> plt.ylim([-0.05, 1.05])
>>> plt.xlabel('false positive rate')
>>> plt.ylabel('true positive rate')
>>> plt.legend(loc="lower right")
>>> plt.tight_layout()
>>> plt.show()
```

このサンプルコードでは、すでにおなじみのscikit-learnの`StratifiedKFold`クラスを使用している。イテレーションのたびに`sklearn.metrics`モジュールの`roc_curve`関数を呼び出すことで、`pipe_lr`パイプラインで`LogisticRegression`分類器のROC性能を計算している。さらに、SciPyからインポートした`interp`関数を使って平均ROC曲線を3つのサブセットで補間し、`auc`関数を使って曲線下面積（AUC）を計算している。結果として得られたROC曲線は、サブセットごとにある程度のバリアンスが発生することを示している。AUCの平均（0.76）は、予測が完全に正解したとき（1.0）と当て推量（0.5）との中間に位置している。

>> x ページにカラーで掲載

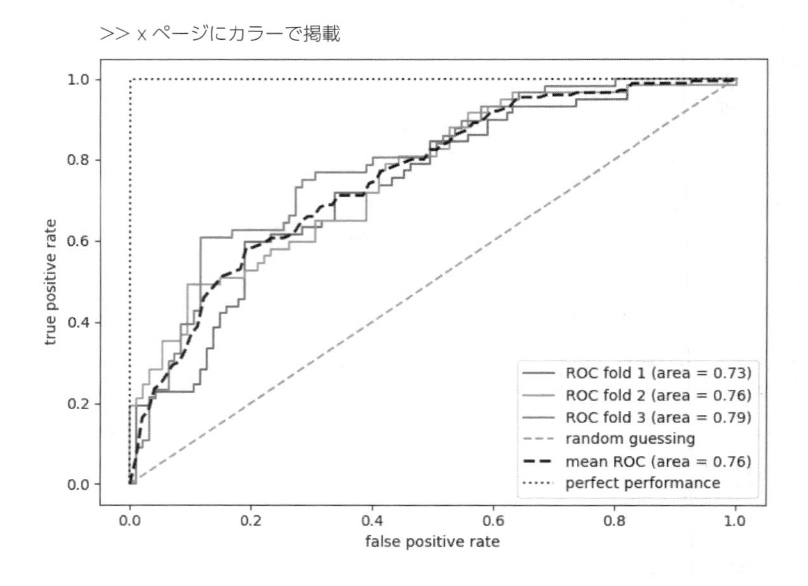

なお、AUCの値に関心があるだけなら、`sklearn.metrics`サブモジュールから`roc_auc_score`関数を直接インポートすることもできる。

分類器の性能をAUCの数値で見ると、不均衡なサンプルに関する分類器の性能をさらに詳しく知ることができる。正解率はROC曲線における1つのカットオフ点（しきい値）であると解釈できるが、A. P. BradleyはAUCと正解率がほぼ一致することを示している[※22]。

6.5.4 多クラス分類のための性能指標

本節で説明した性能指標は、二値分類問題に特化したものである。これに対し、scikit-learnには、**マクロ**（macro）平均法と**マイクロ**（micro）平均法も実装されている。これらは**一対全**（One-versus-All）分類を通じてそれらの性能指標を多クラス問題に拡張するものである。マイクロ平均は各クラスの真陽性、真陰性、偽陽性、偽陰性から計算される。たとえば、kクラス問題での適合率のマイクロ平均は次のように求めることができる。

$$PRE_{micro} = \frac{TP_1 + \cdots + TP_k}{TP_1 + \cdots + TP_k + FP_1 + \cdots + FP_k} \tag{6.5.6}$$

マクロ平均はそれぞれの問題の性能指標の平均として求められる[※23]。

$$PRE_{macro} = \frac{PRE_1 + \cdots + PRE_k}{k} \tag{6.5.7}$$

マイクロ平均が役立つのは、各インスタンスまたは予測を平等に重み付けしたい場合である[※24]。マクロ平均は、最も出現するクラスラベルに過度の影響を受けることなく分類器の全体的な性能を評価するために、すべてのクラスを平等に重み付けする[※25]。

二値分類の性能指標を使ってscikit-learnで多クラス分類モデルを評価している場合は、マクロ平均を正規化（重み付け）したものがデフォルトで使用される。重み付けされたマクロ平均は、各クラスの全陽性のインスタンス数で性能指標を重み付けすることにより算出する。重み付けされたマクロ平均が役立つのは、クラスの不均衡 —— ラベルごとにインスタンスの個数が異なる —— に対処する場合である。

※22 A. P. Bradley. *The Use of the Area Under the ROC Curve in the Evaluation of Machine Learning Algorithms.* Pattern recognition, 30(7):1145-1159, 1997, http://www.cse.ust.hk/nevinZhangGroup/readings/yi/Bradley_PR97.pdf

※23 ［監注］式6.5.7の右辺に現れる PRE_i $(i = 1, \ldots, k)$ はクラス i に対する適合率であり、真陽性 TP_i の全陽性（$=TP_i + FP_i$）に対する割合として、次式で定義される。分母は各クラスにおける全陽性、分子は各クラスにおける真陽性。

$PRE_i = TP_i / (TP_i + FP_i)$

※24 ［監注］式6.5.6のマイクロ平均の定義を見ると、分母は各クラスにおける全陽性の合計となり、分子は各クラスにおける真陽性の合計となっている。よって、マイクロ平均が各インスタンスや予測を平等に重み付けていることを確認できる。マイクロ平均はこのようにインスタンスを平等に重み付けるので、全陽性と真陽性が他のクラスと比べて極端に多いクラスが存在した場合に、このクラスの影響が支配的となることもある。

※25 ［監注］式6.5.7のマクロ平均の定義を見ると、マクロ平均は各クラスのスコアの平均として定義されているので、クラスに関して平等に重み付けていることを確認できる。

scikit-learnの場合、多クラス問題では重み付けされたマクロ平均がデフォルトで使用される※26。ただし、sklearn.metricsモジュールからは、precision_score関数やmake_scorer関数など、さまざまな関数のインポートが可能である。次に示すように、そうした関数では、average引数を使って平均化の方法を指定できる※27。

```
>>> pre_scorer = make_scorer(score_func=precision_score,
...                          pos_label=1,
...                          greater_is_better=True,
...                          average='micro')
```

6.6 クラスの不均衡に対処する

本章では、クラスの不均衡に何度か言及してきたが、そうした問題が発生した場合の適切な対処法については説明してこなかった。クラスの不均衡 —— 1つまたは複数のクラスのサンプルがデータセットに過剰に出現する —— は、現実のデータを扱うときにあたりまえのように発生する問題である。スパムフィルタ、不正検出、疾患のスクリーニングなど、この問題が発生する領域がすぐに思い浮かぶはずだ。

本章ではBreast Cancer Wisconsinデータセットを扱ってきたが、その90%が健康な患者のデータであると想像してみよう。この場合は、すべてのサンプルを対象に多数派クラス（良性腫瘍）を予測するだけで、教師あり機械学習アルゴリズムの助けを借りなくても、テストデータセットで90%の正解率を達成できてしまう。このため、そうしたデータセットで約90%のテスト正解率を達成するモデルをトレーニングすることは、このデータセットで提供される特徴量からこのモデルが有益なことを何1つも学習していないことを意味する。

ここでは、不均衡なデータセットを扱うときに役立つ手法を簡単に紹介する。だが、この問題に対処するためのさまざまな手法について説明する前に、Breast Cancer Wisconsinデータセットから不均衡なデータセットを作成しておこう。Breast Cancer Wisconsinデータセットは、357個の良性腫瘍（クラス0）のサンプルと、212個の悪性腫瘍（クラス1）のサンプルで構成されている。

※26 ［監注］適合率を算出するprecision_score関数、再現率を算出するrecall_score関数、F1スコアを算出するf1_score関数などのaverage引数に平均の計算方法を指定できる。これらの関数は内部でprecision_recall_fscore_support関数を呼び出して性能指標の計算を行っている。

※27 ［監注］average引数には、マクロ平均('macro')、マイクロ平均('micro')、各クラスの全陽性のインスタンス数で重み付けたマクロ平均('weighted')などを指定できる。また、average=Noneと指定すると各クラスに対する性能指標が返される。

```
>>> X_imb = np.vstack((X[y == 0], X[y == 1][:40]))
>>> y_imb = np.hstack((y[y == 0], y[y == 1][:40]))
```

このコードは、357 個の良性腫瘍のサンプルをすべて選択し、最初の 40 個の悪性腫瘍のサンプルを結合することで、あからさまに不均衡なクラスを作成している。常に多数派クラス(クラス 0)を予測するモデルで正解率を計算するとしたら、90% 近い正解率が達成されることになる。

```
>>> y_pred = np.zeros(y_imb.shape[0])
>>> np.mean(y_pred == y_imb) * 100
89.92443324937027
```


このため、そうしたデータセットで分類器を適合させる場合は、何が最も重要であろうと、正解率以外の性能指標(適合率、再現率、ROC 曲線など)を調べるのが合理的である。たとえば、悪性腫瘍のある患者にさらにスクリーニングを勧めるために、そうした患者を多数派の患者として特定することが優先される場合は、性能指標として再現率を選択すべきである。スパムフィルタリングの場合は、絶対に確実でなければメールをスパムとしてラベル付けしたくないため、性能指標としては適合率のほうが妥当だろう。

クラスの不均衡の影響を受けるのは、機械学習モデルの評価だけではない。クラスの不均衡は、モデルを適合させるときの学習アルゴリズムにも影響を与える。一般に、機械学習のアルゴリズムはコスト関数や報酬を最適化するが(トレーニング時のコストを最小化し、報酬を最大化する)、それらの関数や報酬の値は学習時のトレーニングサンプルに対する合計値として算出される。このため、決定の規則は多数派クラスに偏りがちである。つまり、アルゴリズムが暗黙的に学習するモデルは、データセットの大多数を占めるクラスに基づいて予測を最適化するモデルである。

モデルを適合させるときにクラスの不均衡な割合に対処する方法の 1 つは、少数派クラスに関する誤った予測に大きなペナルティを科すことである。scikit-learn では、ほとんどの分類器に実装されている `class_weight` パラメータに `class_weight='balanced'` を設定するだけで、そうしたペナルティを調整できる。

クラスの不均衡に対処するその他の手法としては、少数派クラスのアップサンプリング、多数派クラスのダウンサンプリング ※28、人工的なトレーニングサンプルの生成などがよく知られている。残念ながら、どのようなケースにも対応できる解決策は存在せず、さまざまな問題領

※28 [訳注] 基本的な意味は、アップサンプリングがサンプル数を増やすこと、ダウンサンプリングがサンプル数を減らすことである。

域にまたがって効果を発揮する手法も存在しない。このため、現実的には、さまざまな戦略を試して、それぞれの結果を評価し、最も適切と思われる手法を選択することが推奨される。

scikit-learnには、少数派クラスのアップサンプリングに役立つresampleという関数が実装されている。この関数は、データセットから新しいサンプルを復元抽出する。次のコードは、先ほど作成した不均衡なデータセットから少数派クラス(クラス1)を取得し、サンプルの個数がクラス0と同じになるまで新しいサンプルを繰り返し抽出する。

```
>>> from sklearn.utils import resample
>>> print('Number of class 1 samples before:', X_imb[y_imb == 1].shape[0])
Number of class 1 samples before: 40

>>> # サンプルの個数がクラス 0 と同じになるまで新しいサンプルを復元抽出
>>> X_upsampled, y_upsampled = resample(X_imb[y_imb == 1],
...                                     y_imb[y_imb == 1],
...                                     replace=True,
...                                     n_samples=X_imb[y_imb == 0].shape[0],
...                                     random_state=123)
>>> print('Number of class 1 samples after:', X_upsampled.shape[0])
Number of class 1 samples after: 357
```

サンプリングが完了したら、元のクラス0のサンプルに対して、アップサンプリングしたクラス0のサブセットを結合することで、均衡なデータセットを取得できる。

```
>>> X_bal = np.vstack((X[y == 0], X_upsampled))
>>> y_bal = np.hstack((y[y == 0], y_upsampled))
```

結果として、多数決方式による予測の正解率はたった50%になる。

```
>>> y_pred = np.zeros(y_bal.shape[0])
>>> np.mean(y_pred == y_bal) * 100
50.0
```

同様に、データセットからトレーニングサンプルを削除することにより、多数派クラスのダウンサンプリングを実行することもできる。resample関数を使ってダウンサンプリングを実行するには、先のコードでクラス1とクラス0のラベルを入れ替えればよい。

クラスの不均衡に対処するもう 1 つの方法は、人工的なトレーニングサンプルの生成である。トレーニングサンプルを人工的に生成するアルゴリズムとして最も広く使用されているのは、おそらく **SMOTE** (Synthetic Minority Over-sampling Technique) だろう。この手法は Nitesh Chawla 他による研究論文によって紹介された。

Nitesh Chawla, et al., *SMOTE: Synthetic Minority Oversampling Technique*, Journal of Artificial Intelligence Research, 16: 321-357, 2002, https://www.jair.org/media/953/live-953-2037-jair.pdf

また、`imbalanced-learn` という Python ライブラリを調べてみることもお勧めする。このライブラリには、SMOTE の実装を含め、不均衡なデータセットに対処するためのリサンプリング手法が実装されている。

https://github.com/scikit-learn-contrib/imbalanced-learn

まとめ

機械学習でのさまざまな変換手法と分類器は、モデルのトレーニングと評価の効率化に役立つものである。本章ではまず、変換手法と分類器の処理を連結する、便利なモデルパイプラインの使用方法について説明した。次に、それらのパイプラインを使用して、k 分割交差検証を実行した。k 分割交差検証は、モデルの選択と評価に不可欠な手法の 1 つである。この手法により、学習曲線と検証曲線をプロットし、過学習や学習不足といった学習アルゴリズムに共通する問題を診断した。また、グリッドサーチを使ってモデルをさらに細かくチューニングした。最後に、特定の問題に合わせてモデルの性能をさらに最適化するために、混同行列とさまざまな性能指標を調べた。ここまで重要なテクニックを解説してきたが、それらをしっかり身につけておけば、分類のための教師あり機械学習モデルをうまく構築できるはずである。

次章では、アンサンブル法を取り上げる。この手法を利用すれば、複数のモデルや分類アルゴリズムを結合することで、機械学習システムの予測性能をさらに向上させることができる。

MEMO

第7章 アンサンブル学習 — 異なるモデルの組み合わせ

前章では、さまざまな分類モデルのチューニングと評価のベストプラクティスに着目した。本章では、これらの手法を土台として、一連の分類器を生成するためのさまざまな方法を調べる。この方法により、多くの場合は、分類器を個別に使用するよりも高い予測性能が得られる。本章では、次の内容を取り上げる。

- 多数決に基づく予測
- バギングを使ってトレーニングデータセットのランダムな組み合わせを繰り返し抽出することによる過学習の抑制
- ブースティングの適用により、誤答から学習する「弱学習器」による強力なモデルの構築

7.1 アンサンブルによる学習

アンサンブル法(ensemble method)の目的は、さまざまな分類器を1つのメタ分類器として組み合わせることにある。この方法であれば、分類器を個別に使用するよりも高い汎化性能が得られる。たとえば、10人の専門家による予測を集めるとしよう。アンサンブル法を利用すれば、これら10人の専門家による予測を戦略的に組み合わせることで、1人1人の専門家の予測よりも正確かつ頑健な予測が得られる。本章で見ていくように、分類器のアンサンブルを作成する方法は何種類かある。ここでは、アンサンブルの仕組みと、それらが高い汎化性能をもたらす理由について、基本的な見解を示したいと考えている。

本章では、最もよく知られているアンサンブル法に着目する。それらは**多数決**（majority voting）の原理を利用するものである。ここでの多数決は、分類器の大多数、つまり過半数によって予測されているクラスが選択されることを意味する。厳密に言えば、「多数決」が表すのは二値分類問題に限られる。だが、多数決の原理を多クラスの分類問題に一般化するのは簡単だ。これは**相対多数決**（plurality voting）と呼ばれる。この場合は、最も得票の多いクラスラベル（最頻値）が選択される。次の図は、10 個の分類器からなるアンサンブルでの多数決と相対多数決の概念を示している。それぞれの記号（三角、四角、円）は一意なクラスラベルを表す。

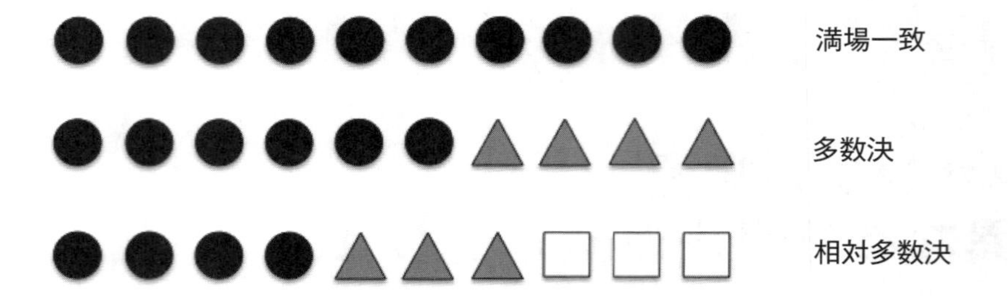

トレーニングデータセットを使用して、まず m 種類の分類器（$C_1, \cdots, C_m$）のトレーニングを行う。手法によっては、たとえば決定木、サポートベクトルマシン、ロジスティック回帰分類器など、さまざまな分類アルゴリズムを使ってアンサンブルを構築できる。あるいは、同じ分類アルゴリズムにトレーニングデータセットの異なる部分を学習させることもできる。このアプローチの典型的な例は、さまざまな決定木分類器を組み合わせたランダムフォレストアルゴリズムである。多数決に基づく一般的なアンサンブルアプローチの概念を図解すると、次のようになる。

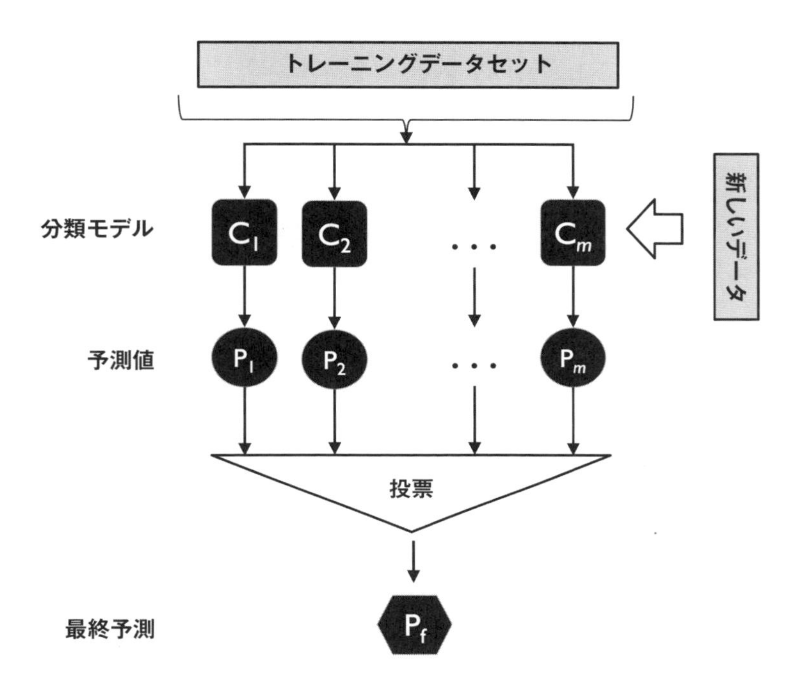

単純な多数決または相対多数決に基づいてクラスラベルを予測するには、個々の分類器 C_j で予測されたクラスラベルをまとめ、最も得票の多いクラスラベル $\hat{y}$ を選択する（次の式の *mode* は最頻値を意味する）。

$$\hat{y} = mode\left\{C_1(x), C_2(x), \ldots, C_m(x)\right\} \tag{7.1.1}$$

たとえばクラス1= −1、クラス2= +1の二値分類タスクでは、多数決予測を次のように記述できる。

$$C(x) = sign\left[\sum_{j}^{m} C_j(x)\right] = \begin{cases} 1 & \left(\sum_j C_j(x) \geq 0\right) \\ -1 & \left(\sum_j C_j(x) < 0\right) \end{cases} \tag{7.1.2}$$

アンサンブル法のほうが分類器を単体で使用した場合よりも効果が期待できる。その理由を明らかにするために、組み合わせ論の単純な概念を適用してみよう。次の例では、二値分類タスクの n 個のベース分類器の誤分類率がすべて等しく ε であるとする。さらに、それぞれの分類器が独立していて、誤分類率に相関がないものとする。このような前提になっている場合は、ベース分類器のアンサンブルの誤分類率を二項分布の確率質量関数[※1]として簡単に表すことができる[※2]。

$$P(y \geq k) = \sum_{k}^{n} \left\langle \begin{matrix} n \\ k \end{matrix} \right\rangle \varepsilon^{k}(1 - 0.25)^{n-k} = \varepsilon_{ensemble} \tag{7.1.3}$$

ここで、$\langle{n \atop k}\rangle$は n 個の要素から k 個を抽出する組み合わせの個数を表す二項係数である。つまり、アンサンブルの誤分類率として、予測が正しくない確率を計算する。もう少し具体的な例として、11 個のベース分類器（$n = 11$）を調べてみよう。ここで、各分類器の誤分類率は 0.25（$\varepsilon = 0.25$）である。

$$P(y \geq k) = \sum_{k=6}^{11} \left\langle \begin{matrix} 11 \\ k \end{matrix} \right\rangle 0.25^{k}(1 - \varepsilon)^{11-k} = 0.034 \tag{7.1.4}$$

二項係数

二項係数は、サイズ n の集合から k 個の順不同の要素からなる部分集合をいくつ選択できるかを表す。このため、よく「n から k を選択」と表現される。この場合、順序は重要ではないため、二項係数は**組み合わせ**や**組み合わせ数**とも呼ばれる。省略しない形式では、次のように定義される。

$$\frac{n!}{(n-k)!k!}$$

記号！は階乗を表す。たとえば、$3! = 3 \times 2 \times 1 = 6$ である。

このように、すべての条件が満たされているとすれば、アンサンブルの誤分類率（0.034）は個々の分類器の誤分類率（0.25）よりもはるかに低いことがわかる。この単純な例では、分類器の個数が偶数 n で誤分類率 $\varepsilon = 0.5$ である場合はアンサンブルによる分類を誤分類として扱うが、多くの場合、アンサンブルの誤分類率は個々の分類器よりも低くなる。このような理想的なアンサンブル分類器をさまざまな誤分類率のベース分類器と比較するために、Python で確率質量関数を実装し

※1　［監注］確率質量関数（probability mass function：PMF）は、離散的な確率変数が特定の値をとる確率を表す関数である。この場合は、誤分類する分類器の個数 k を確率変数として、確率重量関数 $P(k = m) = \langle{\varepsilon \atop m}\rangle \varepsilon^{m}(1 - \varepsilon)^{n-m}$ となる。

※2　［監注］式 7.1.3 の左辺は、誤分類する分類器の個数 y が k 以上となる確率を表す。また、式 7.1.3 の中辺に現れる Σ の添え字の意味も式 7.1.2 と同様で、誤分類する分類器の個数ごとに確率を足し合わせている。ただし、中辺で誤分類する分類器の個数を表す k と、左辺で誤分類する分類器の個数の最小値 k で同じ記号が使われていることに注意されたい。この左辺の k が、中辺で確率質量関数の値の総和を計算するときに誤分類する分類器の個数を表す k の最小値となる。直後の式 7.1.4 で n=11、k=6 の場合で具体的に計算を行っているので参照のこと。
式 7.1.3 の ε^{k} の項は k 回誤分類する確率を表し、$(1 - 0.25)^{n-k}$ の項は $n - k$ 回正しく分類する確率を表す。また、n 回の試行で k 回誤分類する組み合わせは ${}_{n}C_{k}$ 通りである。$\langle{n \atop k}\rangle$ は ${}_{n}C_{k}$ を表す。

てみよう[※3]。

```
>>> from scipy.misc import comb
>>> import math
>>> def ensemble_error(n_classifier, error):
...     k_start = int(math.ceil(n_classifier / 2.))
...     probs = [comb(n_classifier, k) *
...              error**k *
...              (1-error)**(n_classifier - k)
...              for k in range(k_start, n_classifier + 1)]
...     return sum(probs)
...
>>> ensemble_error(n_classifier=11, error=0.25)
0.034327507019042969
```

ensemble_error関数を実装した後は、ベース分類器の誤分類率を0.0以上1.0以下で変化させてアンサンブルの誤分類率を計算することで、アンサンブルとベース分類器の誤分類の関係を折れ線グラフとしてプロットできる。

```
>>> import numpy as np
>>> import matplotlib.pyplot as plt
>>> error_range = np.arange(0.0, 1.01, 0.01)
>>> ens_errors = [ensemble_error(n_classifier=11, error=error)
...               for error in error_range]
...
>>> import matplotlib.pyplot as plt
>>> plt.plot(error_range, ens_errors,
...          label='Ensemble error', linewidth=2)
>>> plt.plot(error_range, error_range,
...          linestyle='--', label='Base error', linewidth=2)
>>> plt.xlabel('Base error')
>>> plt.ylabel('Base/Ensemble error')
>>> plt.legend(loc='upper left')
>>> plt.grid(alpha=0.5)
>>> plt.show()
```

結果として得られたグラフからわかるように、ベース分類器の性能が当て推量よりも高い限り($\varepsilon < 0.5$)、アンサンブルの誤分類率は個々のベース分類器の誤分類率に常に勝っている。なお、y軸はベース分類器の誤分類率(破線)とアンサンブルの誤分類率(実線)の両方を表すので注意しよう。

※3　[監注] ensemble_error関数は、アンサンブル分類器を構成する分類器の個数n_classifierと分類器の誤分類率errorを入力とし、アンサンブル学習器の誤分類率を出力とする。そのため、内部では確率質量関数が実装されており、k_startやprobsの変数が定義されている。k_startの値は、ベース分類器の個数の半分以上という条件を満たした最小の整数である。また、math.ceilは、引数の値以上の最小の整数を返す関数である。probsの値を求める式では、組み合わせの総数を返すcomb関数を使用している。この式では、「k_startの値」から「ベース分類器の個数」までをkの値として、kの各値に対応するprobs値を求める。そして、ensemble_error関数は、probsの値の総和を返すようにしている。

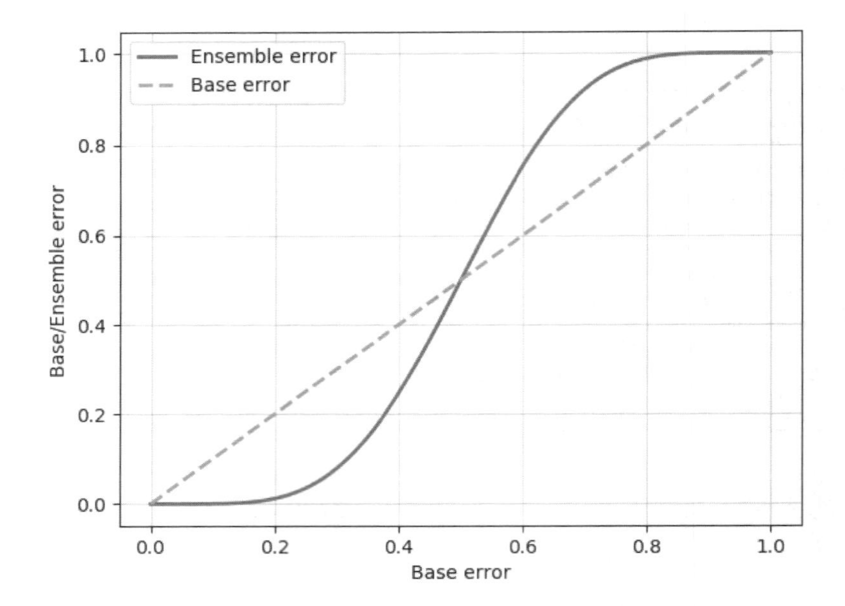

7.2 多数決による分類器の結合

アンサンブル学習について簡単に説明したところで、ウォーミングアップとして、多数決方式の単純なアンサンブル分類器を Python で実装してみよう。

ここで説明する多数決アルゴリズムは相対多数決方式の多クラス設定に対しても一般化されるが、各種文献でもよく行われているように、単純さを期して「多数決」という用語を使用することにする。

7.2.1 単純な多数決分類器を実装する

ここで実装するアルゴリズムは、さまざまな分類アルゴリズムの結合を可能にする。それらのアルゴリズムには、信頼度に関する重みが関連付けられている。ここでの目的は、データセットに対する個々の分類器の弱点を補完し合うような、より強力なメタ分類器を構築することにある。重み付きの多数決をより数学的に正確に表すと、次のようになる。

$$\hat{y} = \arg\max_{i} \sum_{j=1}^{m} w_j \chi_A \left(C_j(\boldsymbol{x}) = i \right) \tag{7.2.1}$$

ここで、w_j はベース分類器 C_j に関連付けられている重みを表す。$\hat{y}$ はアンサンブルで予測されたクラスラベルを表し、χ_A（ギリシャ語の「カイ」）は $[C_j(\boldsymbol{x}) = i\ (\in A)]$ の特性関数（characteristic function）を表し、A はクラスラベルの集合を表す。それぞれの分類器の重みが等しい場合、この式を次のように簡略化できる。

$$\hat{y} = mode\left\{C_1(\boldsymbol{x}), C_2(\boldsymbol{x}), \ldots, C_m(\boldsymbol{x})\right\} \tag{7.2.2}$$

統計学における**最頻値**（mode）は、集合において最も頻繁に現れる事象または結果を表す。たとえば、$\{1,2,1,1,2,4,5,4\} = 1$ である。

重み付け（weighting）の概念をよく理解できるよう、もう少し具体的な例を見てみよう。3つのベース分類器からなるアンサンブル C_j（$j \in \{0, 1\}$）があり、サンプル $\boldsymbol{x}$ のクラスラベルを予測したいとする。3つのベース分類器のうち2つはサンプルがクラス0に属する（クラスラベル0）と予測し、残りの1つ（C_3）はクラス1に属すると予測する。これらのベース分類器の予測に等しく重み付けした場合は、多数決により、サンプルはクラス0に属すると予測される。

$$C_1(\boldsymbol{x}) \rightarrow 0,\ C_2(\boldsymbol{x}) \rightarrow 0,\ C_3(\boldsymbol{x}) \rightarrow 1$$

$$\hat{y} = mode\{0, 0, 1\} = 0 \tag{7.2.3}$$

ここで、C_3 の重み係数を0.6、C_1 と C_2 の重み係数を0.2にしてみよう[※4]。

$$\hat{y} = \arg\max_i \sum_{j=1}^{m} w_j \chi_A\left(C_j(\boldsymbol{x}) = i\right)$$

$$= \arg\max_i \left[0.2 \times i_0 + 0.2 \times i_0 + 0.6 \times i_1\right] = 1 \tag{7.2.4}$$

もう少し直観的に説明すると、$3 \times 0.2 = 0.6$ であるため、C_3 の予測の重み係数は C_1 または C_2 の予測の3倍ということになる。これは次のように記述できる。

$$\hat{y} = mode\{0, 0, 1, 1, 1\} = 1 \tag{7.2.5}$$

重み付きの多数決の概念をPythonコードに置き換えるには、NumPyの便利な `argmax` 関数と

※4 ［監注］式7.2.4に現れる i_0、i_1 はそれぞれクラス0、1を予測する分類器に対する特性関数の値であり、

- i=0のとき i_0=1、i_1=0
- i=1のとき i_0=0、i_1=1

と考えるとよい。つまり、この場合、特性関数 $\chi_A(C_j(\boldsymbol{x}) = i)$ は、$C_j(\boldsymbol{x}) = i$ のとき1、$C_j(\boldsymbol{x}) \neq i$ のとき0を返す。以上により、式7.2.4の下側の左辺は i=0のとき0.4、i=1のとき0.6となり、i=1のとき最大値を与える。

bincount 関数を使用すればよい[※5]。

```
>>> import numpy as np
>>> np.argmax(np.bincount([0, 0, 1],
...                       weights=[0.2, 0.2, 0.6]))
1
```

第３章のロジスティック回帰の説明でも言及したように、scikit-learn の分類器の中には、予測されたクラスラベルの確率を predict_proba メソッドで返せるものがある。アンサンブルの分類器がうまく調整されている場合は、多数決にクラスラベルを使用するのではなく、予測されたクラスの確率を使用するとよいかもしれない。クラスラベルを確率から予測するように多数決を修正すると、次のようになる。

$$\hat{y} = \arg\max_i \sum_{j=1}^{m} w_j p_{ij} \tag{7.2.6}$$

ここで、p_{ij} はクラスラベル i に対して j 番目の分類器が予測した確率を表す。

この例の続きで、クラスラベル $i \in \{0,1\}$ と３つの分類器 C_j ($j \in \{1,2,3\}$) からなる二値分類問題を考えてみよう。そして、分類器 C_j がサンプル $\boldsymbol{x}$ に対して次のクラスに所属する確率を返すものとする。

$$C_1(\boldsymbol{x}) \rightarrow [0.9, 0.1],\ C_2(\boldsymbol{x}) \rightarrow [0.8, 0.2],\ C_3(\boldsymbol{x}) \rightarrow [0.4, 0.6] \tag{7.2.7}$$

そうすると、サンプル $\boldsymbol{x}$ が個々のクラスに所属する確率を次のように計算できる[※6]。

$$p(i_0 \mid \boldsymbol{x}) = 0.2 \times 0.9 + 0.2 \times 0.8 + 0.6 \times 0.4 = 0.58$$

$$p(i_1 \mid \boldsymbol{x}) = 0.2 \times 0.1 + 0.2 \times 0.2 + 0.6 \times 0.6 = 0.42 \tag{7.2.8}$$

$$\hat{y} = \arg\max_i [p(i_0 \mid \boldsymbol{x}), p(i_1 \mid \boldsymbol{x})] = 0$$

クラスの確率に基づく重み付きの多数決を実装する場合も、NumPy の np.average と np.argmax を利用できる[※7]。

※5　［監注］bincount 関数では、第１引数における各値の出現に対して第２引数による重み付けを行う。bincount 関数の戻り値は、第１引数の各値をインデックスとし、その各値の出現に対する重みを加算した値を要素とするものである。コード例の bincount が返すのは、[0.4, 0.6] である。argmax 関数は、第１引数の値のうち最大値のインデックスを返す。

※6　［監注］式 7.2.8 でたとえば $p(i_0 \mid \boldsymbol{x})$ はサンプル $\boldsymbol{x}$ が与えられたときにクラスが０となる条件付き確率を表している。

※7　［監注］コード例の average 関数は、第１引数の配列に対して、列ごとに重みを掛けた後に加算し、その値を要素とする配列を返す。

```
>>> ex = np.array([[0.9, 0.1],
...                [0.8, 0.2],
...                [0.4, 0.6]])
>>> p = np.average(ex, axis=0, weights=[0.2, 0.2, 0.6])
>>> p
array([ 0.58, 0.42])
>>> np.argmax(p)
0
```

これらを組み合わせて、MajorityVoteClassifier クラスを Python で実装してみよう。

```
from sklearn.base import BaseEstimator
from sklearn.base import ClassifierMixin
from sklearn.preprocessing import LabelEncoder
from sklearn.externals import six
from sklearn.base import clone
from sklearn.pipeline import _name_estimators
import numpy as np
import operator

class MajorityVoteClassifier(BaseEstimator, ClassifierMixin):
    """ 多数決アンサンブル分類器

    パラメータ
    ----------
    classifiers : array-like, shape = [n_classifiers]
        アンサンブルのさまざまな分類器

    vote : str, {'classlabel', 'probability'} (default: 'classlabel')
        'classlabel' の場合、クラスラベルの予測はクラスラベルの argmax に基づく
        'probability' の場合、クラスラベルの予測はクラスの所属確率の
        argmax に基づく（分類器が調整済みであることが推奨される）

    weights : array-like, shape = [n_classifiers] (optional, default=None)
        `int` または `float` 型の値のリストが提供された場合、分類器は重要度で重み付けされる
        `weights=None` の場合は均一な重みを使用

    """

    def __init__(self, classifiers, vote='classlabel', weights=None):

        self.classifiers = classifiers
        self.named_classifiers = {key: value for key,
                                  value in _name_estimators(classifiers)}
        self.vote = vote
        self.weights = weights

    def fit(self, X, y):
        """ 分類器を学習させる

        パラメータ
        ----------
```

```
        X : {array-like, sparse matrix},
            shape = [n_samples, n_features]
            トレーニングサンプルからなる行列

        y : array-like, shape = [n_samples]
            クラスラベルのベクトル

        戻り値
        -------
        self : object

        """
        # LabelEncoder を使ってクラスラベルが 0 から始まるようにエンコードする
        # self.predict の np.argmax 呼び出しで重要となる
        self.lablenc_ = LabelEncoder()
        self.lablenc_.fit(y)
        self.classes_ = self.lablenc_.classes_
        self.classifiers_ = []
        for clf in self.classifiers:
            fitted_clf = clone(clf).fit(X, self.lablenc_.transform(y))
            self.classifiers_.append(fitted_clf)
        return self
```

各部分をよく理解できるよう、コードにコメントをたくさん追加している。残りのメソッドを実装する前に、ここでひと息入れて、慣れないうちはややこしく思えるかもしれないコードを見てみよう。ここでは、基本的な機能を「ただで」手に入れるために、親クラス BaseEstimator と ClassifierMixin を使用している。これらのクラスには、分類器のパラメータを設定する set_params メソッドやパラメータを取得する get_params メソッドに加えて、予測の正解率を計算する score メソッドが含まれている ※8。また、MajorityVoteClassifier に Python 2.6 との互換性を持たせるために、six をインポートしていることに注意しよう。

新しい MajorityVoteClassifier オブジェクトが vote='classlabel' で初期化された場合は、クラスラベルに基づく多数決により、クラスラベルを予測する。そこで次に、そのための predict メソッドを追加してみよう。あるいは、MajorityVoteClassifier オブジェクトを vote='probability' で初期化することで、クラスの所属確率に基づいてクラスラベルを予測することもできる。そこで、predict メソッドに加えて、平均確率を返す predict_proba メソッドも追加する。平均確率は **ROC 曲線の曲線下面積**（ROC AUC）の計算に役立つ。

```
    def predict(self, X):
        """ X のクラスラベルを予測する

        パラメータ
        ----------
        X : {array-like, sparse matrix}, shape = [n_samples, n_features]
            トレーニングサンプルからなる行列
```

※8 ［監注］BaseEstimator クラスは、4.1.4 項、6.1.2 項で説明した推定器（estimator）の基底クラスである。ClassifierMixin クラスは、分類器を表すクラスに score メソッドを提供するクラスである。

```
        戻り値
        ----------
        maj_vote : array-like, shape = [n_samples]
            予測されたクラスラベル

        """
        if self.vote == 'probability':
            maj_vote = np.argmax(self.predict_proba(X), axis=1)
        else: # 'classlabel' での多数決

            # clf.predict 呼び出しの結果を収集
            predictions = np.asarray([clf.predict(X)
                                      for clf in self.classifiers_]).T

            # 各サンプルのクラス確率に重みを掛けて足し合わせた値が最大となる
            # 列番号を配列として返す
            maj_vote = np.apply_along_axis(
                lambda x:
                np.argmax(np.bincount(x, weights=self.weights)),
                axis=1,
                arr=predictions)

        # 各サンプルに確率の最大値を与えるクラスラベルを抽出
        maj_vote = self.lablenc_.inverse_transform(maj_vote)
        return maj_vote

    def predict_proba(self, X):
        """ X のクラス確率を予測する

        パラメータ
        ----------
        X : {array-like, sparse matrix}, shape = [n_samples, n_features]
            トレーニングベクトル：n_samples はサンプルの個数、
            n_features は特徴量の個数

        戻り値
        ----------
        avg_proba : array-like, shape = [n_samples, n_classes]
            各サンプルに対する各クラスで重み付けた平均確率

        """
        probas = np.asarray([clf.predict_proba(X)
                             for clf in self.classifiers_])
        avg_proba = np.average(probas, axis=0, weights=self.weights)
        return avg_proba

    def get_params(self, deep=True):
        """ GridSearch の実行時に分類器のパラメータ名を取得 """
        if not deep:
            return super(MajorityVoteClassifier, self).get_params(deep=False)
        else:
            # キーを " 分類器の名前 __ パラメータ名 "、
            # バリューをパラメータの値とするディクショナリを生成
```

7

```
        out = self.named_classifiers.copy()
        for name, step in six.iteritems(self.named_classifiers):
            for key, value in six.iteritems(step.get_params(deep=True)):
                out['%s__%s' % (name, key)] = value
        return out
```

このコードでは、get_params メソッドの修正バージョンを定義していることに注意しよう。これは、_name_estimators 関数を使用することで、アンサンブルの個々の分類器のパラメータにアクセスできるようにするためである。最初は複雑に思えるかもしれないが、後ほどハイパーパラメータチューニングにグリッドサーチを使用するときに、その意味が完全に明らかになるはずだ。

この MajorityVoteClassifier クラスの実装は、例示には非常に有益だが、私たちは本書の初版での実装に基づき、多数決分類器のより複雑なバージョンを scikit-learn で実装している。この分類器は、scikit-learn の 0.17 以上のバージョンで、sklearn.ensemble.VotingClassifier として提供されている。

7.2.2 多数決の原理に基づいて予測を行う

そろそろ前項で実装した MajorityVoteClassifier クラスを実際に試してみたい。だがその前に、データセットを準備しておこう。CSV ファイルからデータセットを読み込む方法はすでによくわかっているため、ここでは手っ取り早く、scikit-learn の datasets モジュールから **Iris** データセットを読み込むことにする。さらに、分類問題を難しくするために、「がく片の長さ」と「花びらの長さ」という２つの特徴量のみを選択する。MajorityVoteClassifier は多クラス問題に一般化されるが、ここでは「ROC 曲線の曲線下面積」（ROC AUC）を計算するために、**Iris-Versicolor** クラスと **Iris-Virginica** クラスのアヤメの花のサンプルだけを分類する。コードは次のようになる。

```
>>> from sklearn import datasets
>>> from sklearn.model_selection import train_test_split
>>> from sklearn.preprocessing import StandardScaler
>>> from sklearn.preprocessing import LabelEncoder
>>> iris = datasets.load_iris()
>>> X, y = iris.data[50:, [1, 2]], iris.target[50:]
>>> le = LabelEncoder()
>>> y = le.fit_transform(y)
```

scikit-learn は（使用できるならば）predict_proba メソッドを使って ROC 曲線の AUC を計算することに注意しよう。第３章では、ロジスティック回帰モデルにおいてクラスの確率がどのように計算されるのかを示した。決定木では、トレーニング時にノードごとに作成されるクラスラベルの頻度ベクトルから確率が計算される。ベクトルには、そのノードにおけるクラスラベルの分布

から計算された各クラスラベルの頻度値が格納される。そして、頻度は合計で 1 になるように正規化される。同様に、k 近傍アルゴリズムでも、正規化されたクラスラベルの頻度を返すために k 個の最近傍のクラスラベルが集められる。決定木分類器や k 近傍分類器から返される正規化された確率は、ロジスティック回帰モデルで得られる確率に似ているかもしれない。だが、これらが実際に確率質量関数から導き出されたわけではないことに注意しなければならない。

次に、Iris データセットのサンプルを 50% のトレーニングデータと 50% のテストデータに分割する。

```
>>> X_train, X_test, y_train, y_test = \
...     train_test_split(X, y, test_size=0.5, random_state=1, stratify=y)
```


この後、トレーニングデータセットを使って次の 3 種類の分類器のトレーニングを行う。

- ロジスティック回帰分類器
- 決定木分類器 ※9
- k 近傍法分類器

続いて、これらの分類器をアンサンブル分類器にまとめる前に、10 分割交差検証を使って各分類器のトレーニングデータセットでの性能を評価する ※10。

```
>>> from ssklearn.model_selection import cross_val_score
>>> from sklearn.linear_model import LogisticRegression
>>> from sklearn.tree import DecisionTreeClassifier
>>> from sklearn.neighbors import KNeighborsClassifier
>>> from sklearn.pipeline import Pipeline
>>> import numpy as np
>>> clf1 = LogisticRegression(penalty='l2',
...                           C=0.001,
...                           random_state=1)
>>> clf2 = DecisionTreeClassifier(max_depth=1,
...                               criterion='entropy',
...                               random_state=0)
>>> clf3 = KNeighborsClassifier(n_neighbors=1,
...                             p=2,
...                             metric='minkowski')
>>> pipe1 = Pipeline([['sc', StandardScaler()],
```

※9　[監注] ここでは、決定木の深さを 1（max_depth=1）に設定している。この設定により、ある 1 つの変数のしきい値で決定境界を定めることになる。このように深さが 1 の決定木を決定株（decision stump、decision tree stump）と呼ぶ。

※10　[監注] cross_val_score 関数は、交差検証を実行して性能指標を返す。詳細については、6.2.2 項を参照。また、Pipeline クラスについては、6.1.2 項を参照。

```
...                      ['clf', clf1]])
>>> pipe3 = Pipeline([['sc', StandardScaler()],
...                      ['clf', clf3]])
>>> clf_labels = ['Logistic regression', 'Decision tree', 'KNN']
>>> print('10-fold cross validation:\n')
>>> for clf, label in zip([pipe1, clf2, pipe3], clf_labels):
...     scores = cross_val_score(estimator=clf,
...                              X=X_train,
...                              y=y_train,
...                              cv=10,
...                              scoring='roc_auc')
...     print("ROC AUC: %0.2f (+/- %0.2f) [%s]" % (scores.mean(), scores.std(), label))
...
```

次の出力から、それぞれの分類器の予測性能がほぼ等しいことがわかる。

```
10-fold cross validation:

ROC AUC: 0.87 (+/- 0.17) [Logistic regression]
ROC AUC: 0.89 (+/- 0.16) [Decision tree]
ROC AUC: 0.88 (+/- 0.15) [KNN]
```

なぜロジスティック回帰分類器とk近傍法分類器を**パイプライン**の一部としてトレーニングしたのか疑問に思っているかもしれない。その理由は、第３章で説明したように、(ユークリッド距離の指標を使用する）ロジスティック回帰アルゴリズムとk近傍アルゴリズムはどちらも、決定木アルゴリズムとは対照的に、特徴量の尺度に影響を受けるからである。Irisの特徴量はすべて同じ尺度(cm)で測定されているが、標準化された特徴量を使用する習慣を身につけるとよいだろう。

おもしろくなるのはここからだ。多数決を使ってクラスラベルを予測するために、個々の分類器をMajorityVoteClassifierオブジェクトで組み合わせてみよう。

```
>>> mv_clf = MajorityVoteClassifier(classifiers=[pipe1, clf2, pipe3])
>>> clf_labels += ['Majority voting']
>>> all_clf = [pipe1, clf2, pipe3, mv_clf]
>>> for clf, label in zip(all_clf, clf_labels):
...     scores = cross_val_score(estimator=clf,
...                              X=X_train,
...                              y=y_train,
...                              cv=10,
...                              scoring='roc_auc')
...     print("ROC AUC: %0.2f (+/- %0.2f) [%s]"
...           % (scores.mean(), scores.std(), label))
...
ROC AUC: 0.87 (+/- 0.17) [Logistic regression]
ROC AUC: 0.89 (+/- 0.16) [Decision tree]
ROC AUC: 0.88 (+/- 0.15) [KNN]
ROC AUC: 0.94 (+/- 0.13) [Majority voting]
```

このように、MajorityVoteClassifierの性能は、10分割交差検証の個々の分類器の評価を大幅に上回っている。

7.3 アンサンブル分類器の評価とチューニング

ここでは、テストデータセットからROC曲線を計算し、MajorityVoteClassifierが未知のデータにうまく汎化されるかどうかを確認する。モデル選択にはテストデータセットを使用しないことを覚えておこう。テストデータセットは、分類器の汎化性能の偏りがない推定量を算出するためだけに使用する。コードは次のとおり[※11]。

```
>>> from sklearn.metrics import roc_curve
>>> from sklearn.metrics import auc
>>> colors = ['black', 'orange', 'blue', 'green']
>>> linestyles = [':', '--', '-.', '-']
>>> for clf, label, clr, ls in zip(all_clf, clf_labels, colors, linestyles):
...     # 陽性クラスのラベルは1であることが前提
...     y_pred = clf.fit(X_train, y_train).predict_proba(X_test)[:, 1]
...     fpr, tpr, thresholds = roc_curve(y_true=y_test, y_score=y_pred)
...     roc_auc = auc(x=fpr, y=tpr)
...     plt.plot(fpr, tpr,
...              color=clr,
...              linestyle=ls,
...              label='%s (auc = %0.2f)' % (label, roc_auc))
...
>>> plt.legend(loc='lower right')
>>> plt.plot([0, 1], [0, 1],
...          linestyle='--',
...          color='gray',
...          linewidth=2)
>>> plt.xlim([-0.1, 1.1])
>>> plt.ylim([-0.1, 1.1])
>>> plt.grid(alpha=0.5)
>>> plt.xlabel('False positive rate (FPR)')
>>> plt.ylabel('True positive rate (TPR)')
>>> plt.show()
```

結果として得られたROC曲線からわかるように、アンサンブル分類器はテストデータセットでも十分な性能を発揮する(ROC AUC = 0.95)。ただし、このデータセットでは、ロジスティック回帰分類器でも同じような性能が得られる。これはおそらく、データセットのサイズが小さいためにバリアンス(この場合は、データセットの分割方法に関する感度)が高いせいだろう。

※11 [監注] roc_curve関数、auc関数については、6.5.3項を参照。

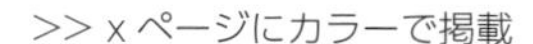
>> x ページにカラーで掲載

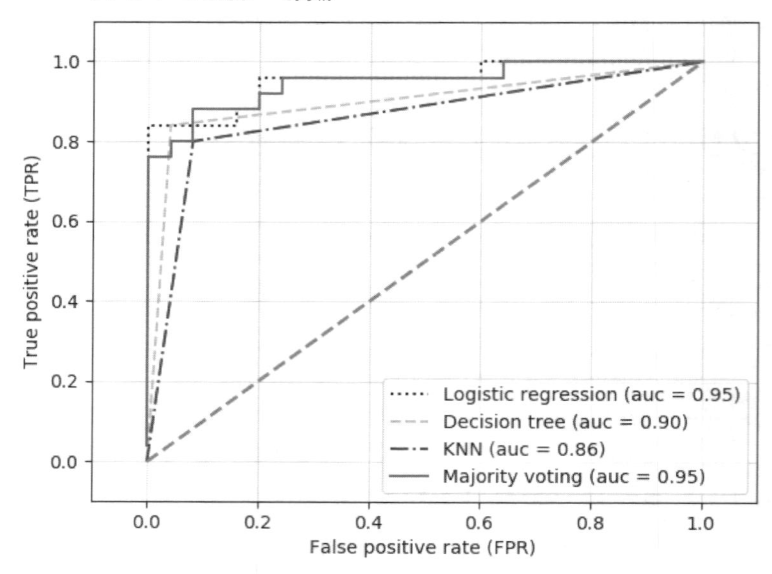

特徴量を 2 つだけ選択して分類を行ったため、アンサンブル分類器の決定領域が実際にどのようになるのか確認してみるとおもしろそうである。トレーニングサンプルの特徴量はロジスティック回帰と k 近傍法のパイプラインで自動的に標準化されるため、モデルの学習に先だって標準化する必要はない。だが、決定木の決定領域の尺度を揃えるために、トレーニングデータセットは標準化することにしよう。コードは次のようになる。

```
>>> sc = StandardScaler()
>>> X_train_std = sc.fit_transform(X_train)
>>> from itertools import product
>>> # 決定領域を描画する最小値、最大値を生成
>>> x_min = X_train_std[:, 0].min() - 1
>>> x_max = X_train_std[:, 0].max() + 1
>>> y_min = X_train_std[:, 1].min() - 1
>>> y_max = X_train_std[:, 1].max() + 1
>>> # グリッドポイントを生成
>>> xx, yy = np.meshgrid(np.arange(x_min, x_max, 0.1),
...                      np.arange(y_min, y_max, 0.1))
>>> # 描画領域を 2 行 2 列に分割
>>> f, axarr = plt.subplots(nrows=2, ncols=2,
...                         sharex='col',
...                         sharey='row',
...                         figsize=(7, 5))
>>> # 決定領域のプロット、青や赤の散布図の作成などを実行
>>> # 変数 idx は各分類器を描画する行と列の位置を表すタプル
>>> for idx, clf, tt in zip(product([0, 1], [0, 1]), all_clf, clf_labels):
...     clf.fit(X_train_std, y_train)
...     Z = clf.predict(np.c_[xx.ravel(), yy.ravel()])
...     Z = Z.reshape(xx.shape)
```

```
...     axarr[idx[0], idx[1]].contourf(xx, yy, Z, alpha=0.3)
...     axarr[idx[0], idx[1]].scatter(X_train_std[y_train==0, 0],
...                                   X_train_std[y_train==0, 1],
...                                   c='blue',
...                                   marker='^',
...                                   s=50)
...     axarr[idx[0], idx[1]].scatter(X_train_std[y_train==1, 0],
...                                   X_train_std[y_train==1, 1],
...                                   c='green',
...                                   marker='o',
...                                   s=50)
...     axarr[idx[0], idx[1]].set_title(tt)
...
>>> plt.text(-3.5, -5.,
...          s='Sepal width [standardized]',
...          ha='center', va='center', fontsize=12)
>>> plt.text(-12.5, 4.5,
...          s='Petal length [standardized]',
...          ha='center', va='center',
...          fontsize=12, rotation=90)
>>> plt.show()
```


興味深いことに、アンサンブル分類器の決定領域は個々の分類器の決定領域を掛け合わせたものに見える。そして、これは期待どおりである。一見すると、多数決分類器の決定領域は決定株の決定領域によく似ており、がく片の長さ(Sepal width)が1以上の場合にy軸と直交することがわかる。ただし、k近傍法分類器の決定境界の一部が非線形であることもわかる。

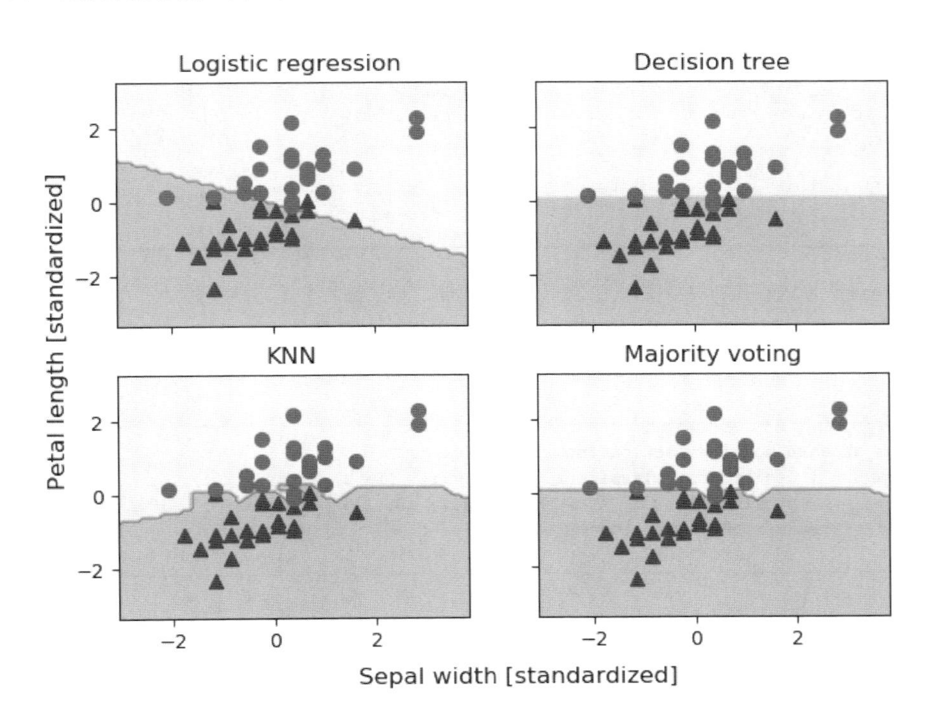

アンサンブル分類に用いる個々の分類器のパラメータをチューニングする方法について説明する前に、get_paramsメソッドを呼び出してみよう。そうすれば、グリッドサーチオブジェクトの個々のパラメータにアクセスする方法を基本的に理解できるはずだ。

```
>>> mv_clf.get_params()
{'decisiontreeclassifier': DecisionTreeClassifier(class_weight=None,
    criterion='entropy', max_depth=1, max_features=None, max_leaf_nodes=None,
    min_samples_leaf=1, min_samples_split=2, min_weight_fraction_leaf=0.0,
    random_state=0, splitter='best'),
 'decisiontreeclassifier__class_weight': None,
 'decisiontreeclassifier__criterion': 'entropy',
    ...
 'decisiontreeclassifier__random_state': 0,
 'decisiontreeclassifier__splitter': 'best',
 'pipeline-1': Pipeline(steps=[('sc', StandardScaler(copy=True, with_mean=True,
    with_std=True)), ('clf', LogisticRegression(C=0.001, class_weight=None, dual=False,
    fit_intercept=True, intercept_scaling=1, max_iter=100, multi_class='ovr',
    penalty='l2', random_state=0, solver='liblinear', tol=0.0001, verbose=0))]),
 'pipeline-1__clf': LogisticRegression(C=0.001, class_weight=None, dual=False,
    fit_intercept=True, intercept_scaling=1, max_iter=100, multi_class='ovr',
    penalty='l2', random_state=0, solver='liblinear', tol=0.0001, verbose=0),
 'pipeline-1__clf__C': 0.001,
 'pipeline-1__clf__class_weight': None,
 'pipeline-1__clf__dual': False,
    ...
 'pipeline-1__sc__with_std': True,
 'pipeline-2': Pipeline(steps=[('sc', StandardScaler(copy=True, with_mean=True,
    with_std=True)), ('clf', KNeighborsClassifier(algorithm='auto', leaf_size=30,
    metric='minkowski', metric_params=None, n_neighbors=1, p=2, weights='uniform'))]),
 'pipeline-2__clf': KNeighborsClassifier(algorithm='auto', leaf_size=30,
    metric='minkowski', metric_params=None, n_neighbors=1, p=2, weights='uniform'),
 'pipeline-2__clf__algorithm': 'auto',
    ...
 'pipeline-2__sc__with_std': True,
    ...
```

get_paramsメソッドの戻り値から、個々の分類器にアクセスする方法がわかった※12。参考までに、ロジスティック回帰分類器の逆正則化パラメータCと決定木の深さをチューニングしてみよう。これにはグリッドサーチを使用する。コードは次のようになる※13。

```
>>> from sklearn.model_selection import GridSearchCV
>>> params = {'decisiontreeclassifier__max_depth': [1, 2],
...           'pipeline-1__clf__C': [0.001, 0.1, 100.0]}
>>> grid = GridSearchCV(estimator=mv_clf,
```

※12　[監注] get_paramsメソッドは、キーを「分類器の名前__パラメータ名」、バリューをパラメータの値とするディクショナリを返している。

※13　[監注] 6.4.1項で学んだように、交差検証を行いながらグリッドサーチを実行するGridSearchCVクラスは「分類器の名前__パラメータ名」でハイパーパラメータにアクセスできる。

```
...                         param_grid=params,
...                         cv=10,
...                         scoring='roc_auc')
>>> grid.fit(X_train, y_train)
```

グリッドサーチが完了したら、10分割交差検証を実施することで、さまざまなハイパーパラメータ値の組み合わせとROC曲線の平均値を出力できる。

```
>>> for r, _ in enumerate(grid.cv_results_['mean_test_score']):
...     print("%0.3f +/- %0.2f %r"
...           % (grid.cv_results_['mean_test_score'][r],
...              grid.cv_results_['std_test_score'][r] / 2.0,
...              grid.cv_results_['params'][r]))
...
0.933 +/- 0.07 {'decisiontreeclassifier__max_depth': 1, 'pipeline-1__clf__C': 0.001}
0.947 +/- 0.07 {'decisiontreeclassifier__max_depth': 1, 'pipeline-1__clf__C': 0.1}
0.973 +/- 0.04 {'decisiontreeclassifier__max_depth': 1, 'pipeline-1__clf__C': 100.0}
0.947 +/- 0.07 {'decisiontreeclassifier__max_depth': 2, 'pipeline-1__clf__C': 0.001}
0.947 +/- 0.07 {'decisiontreeclassifier__max_depth': 2, 'pipeline-1__clf__C': 0.1}
0.973 +/- 0.04 {'decisiontreeclassifier__max_depth': 2, 'pipeline-1__clf__C': 100.0}

>>> print('Best parameters: %s' % grid.best_params_)
Best parameters: {'decisiontreeclassifier__max_depth': 1, 'pipeline-1__clf__C': 100.0}

>>> print('Accuracy: %.2f' % grid.best_score_)
Accuracy: 0.97
```

このように、交差検証の結果が最もよいのは正則化を弱めた場合（`C = 100.0`）だが、決定木の深さは性能にまったく影響を与えないようである。このため、データの分割には決定株で十分であることがわかる。モデルの評価にテストデータセットを繰り返し使用するのが悪いプラクティスであることを再認識する意味でも、ここではチューニングされたハイパーパラメータの汎化性能の評価は行わない。別のアンサンブル学習法である**バギング**（bagging）に進むことにしよう。

ここで実装した多数決アプローチを**スタッキング**（stacking）と混同してはならない。スタッキングアルゴリズムについては、2層のアンサンブルとして考えるとよいだろう。1つ目の層は個々の分類器で構成されており、それらの分類器の予測値を2つ目の層に供給する。2つ目の層では、別の分類器（通常はロジスティック回帰）が1つ目の層の予測値に適合され、最終的な予測値を生成する。スタッキングアルゴリズムはDavid H. Wolpertの論文で詳しく説明されている※14。

D. H. Wolpert. *Stacked generalization*, Neural Networks, 5(2):241-259, 1992.

※14 ［監注］スタッキングについては、以下の文献等で説明されている。
『データマイニングの基礎』（オーム社、2006年）
『統計的学習の基礎』（共立出版、2014年）
Kaggle Ensemble Guide（http://mlwave.com/kaggle-ensembling-guide/）

http://citeseerx.ist.psu.edu/viewdoc/summary?doi=10.1.1.56.1533

残念ながら、本書の執筆時点では、このアルゴリズムは scikit-learn で実装されていないが、そのための作業が進行中である。その間は、scikit-learn と互換性があるスタッキングの実装を利用するとよいだろう。

http://rasbt.github.io/mlxtend/user_guide/classifier/StackingClassifier/
http://rasbt.github.io/mlxtend/user_guide/classifier/StackingCVClassifier/

7.4 バギング：ブートストラップ標本を使った分類器アンサンブルの構築

バギングはアンサンブル学習法の 1 つであり、前節で実装した `MajorityVoteClassifier` と密接な関係にある。ただし、アンサンブルを構成する個々の分類器の学習に同じトレーニングデータセットを使用するのではなく、最初のトレーニングデータセットからブートストラップ標本を抽出する（ランダムな復元抽出）。バギングが**ブートストラップ集約**（bootstrap aggregating）とも呼ばれるのは、そのためである※15。

バギングの概念を図解すると次のようになる。

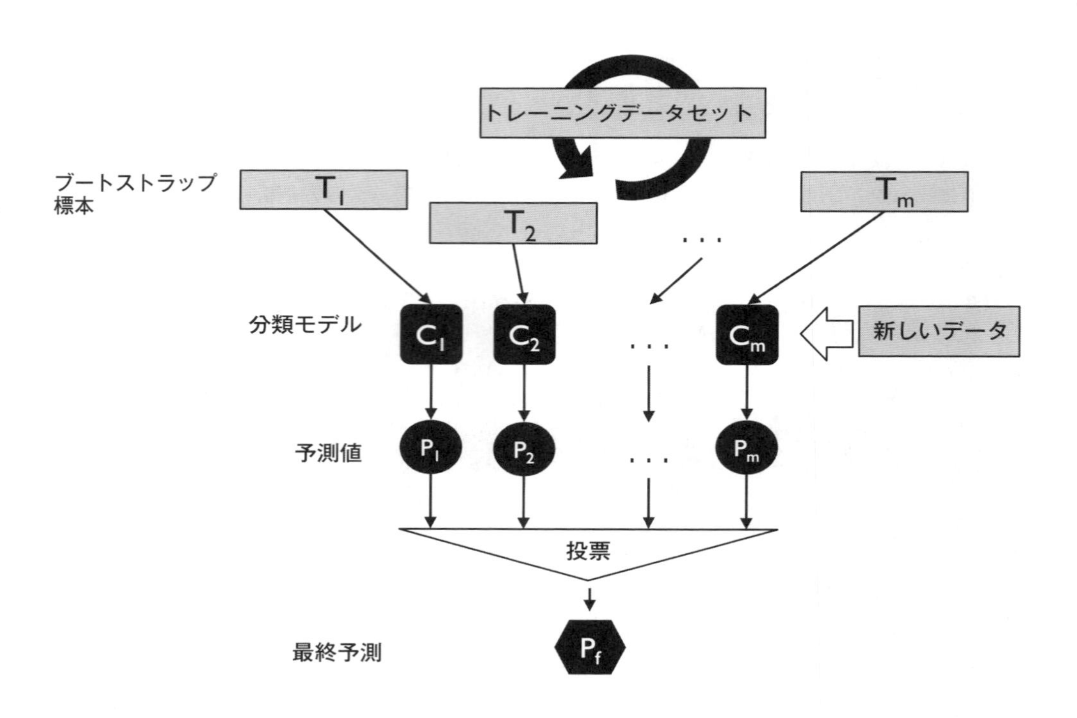

※15 ［監注］バギング（bagging）の名称の由来は、Bootstrap AGGregatING である。

ここでは、バギングの単純な例に取り組みながら、scikit-learn を使って Wine サンプルを分類する。

7.4.1 バギングの概要

バギング分類器のブートストラップ集約の仕組みを示すもう少し具体的な例として、次の図について考えてみよう。この例では、7 種類のトレーニングサンプル（インデックス 1 ～ 7）がバギングのたびにランダムに復元抽出される。続いて、各ブートストラップ標本が分類器 C_j の学習に使用される。分類器として最も よく使用されるのは、剪定されていない決定木である。

サンプルインデックス	1回目のバギング	2回目のバギング	...
1	2	7	...
2	2	3	...
3	1	2	...
4	3	1	...
5	7	1	...
6	2	7	...
7	4	7	...
	C_1	C_2	C_m

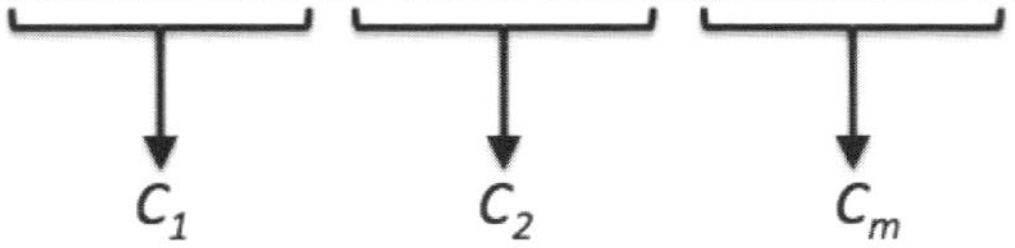

この図からわかるように、各分類器にはトレーニングデータセットのランダムなサブセットが渡されている。復元抽出を行っているため、各サブセットには重複している部分があり、元のサンプルのいくつかは再抽出されたデータセットに出現しない。個々の分類器をブートストラップ標本に適合させた後は、多数決により予測値を組み合わせる。

なお、バギングは第 3 章で説明したランダムフォレスト分類器にも関連している。実際には、ランダムフォレストはバギングの一形態であり、個々の決定木の学習において特徴量をランダムに抽出する処理も行っている。

バギングが最初に提案されたのは、Leo Breiman による 1994 年の技術報告書である。この報告書で示されているのは、バギングを利用することで、不安定なモデルの予測性能を向上させ、過学習を抑制できることである。バギングへの理解を深めるために、Breiman の研究成果をぜひ読んでみることをお勧めする。

L. Breiman. *Bagging Predictors*. Machine Learning, 24(2):123-140, 1996
http://link.springer.com/article/10.1023%2FA%3A1018054314350

7.4.2 バギングを使って Wine データセットのサンプルを分類する

バギングの効果を確認するために、第4章で説明した Wine データセットを使ってもう少し複雑な分類問題を作成してみよう。ここでは、Wine クラス2および3のみを考慮し、「Alcohol」と「OD280/OD315 of diluted wines」の2つの特徴量を選択する。

```
>>> import pandas as pd
>>> df_wine = pd.read_csv(
...     'https://archive.ics.uci.edu/ml/machine-learning-databases/wine/wine.data',
...     header=None)
>>> df_wine.columns = ['Class label', 'Alcohol', 'Malic acid', 'Ash',
...                    'Alcalinity of ash', 'Magnesium', 'Total phenols', 'Flavanoids',
...                    'Nonflavanoid phenols', 'Proanthocyanins', 'Color intensity',
...                    'Hue', 'OD280/OD315 of diluted wines', 'Proline']
... # クラス1を削除
>>> df_wine = df_wine[df_wine['Class label'] != 1]
>>> y = df_wine['Class label'].values
>>> X = df_wine[['Alcohol', 'OD280/OD315 of diluted wines']].values
```

次に、クラスラベルを二値でエンコードし、データセットを80%のトレーニングデータセットと20%のテストデータセットに分割する。

```
>>> from sklearn.preprocessing import LabelEncoder
>>> from sklearn.model_selection import train_test_split
>>> le = LabelEncoder()
>>> y = le.fit_transform(y)
>>> X_train, X_test, y_train, y_test = train_test_split(X, y,
...                                                     test_size=0.2,
...                                                     random_state=1,
...                                                     stratify=y)
```

Wine データセット（および本書で使用しているその他すべてのデータセット）は、本書の GitHub に含まれている。オフラインで作業している場合や、UCI サーバーが一時的に利用できない場合は、GitHub のデータセットを使用するとよいだろう。たとえば、ローカルディレクトリから Wine データセットを読み込むには、次の行を変更する。

```
df = pd.read_csv('https://archive.ics.uci.edu/ml/'
                 'machine-learning-databases/wine/wine.data',
                 header=None)
```

このコードを次のコードに置き換えればよい。

```
df = pd.read_csv('<Wine データセットへのローカルパス>/wine.data',
                 header=None)
```


BaggingClassifier はすでに scikit-learn に実装されており、ensemble サブモジュールからインポートできる。ここでは、剪定されていない決定木をベース分類器として使用することで、500 個の決定木からなるアンサンブルを作成し、トレーニングデータセットの異なるブートストラップ標本で学習させる[※16]。

```
>>> from sklearn.ensemble import BaggingClassifier
>>> tree = DecisionTreeClassifier(criterion='entropy',
...                               max_depth=None,
...                               random_state=1)
>>> bag = BaggingClassifier(base_estimator=tree,
...                         n_estimators=500,
...                         max_samples=1.0,
...                         max_features=1.0,
...                         bootstrap=True,
...                         bootstrap_features=False,
...                         n_jobs=1,
...                         random_state=1)
```

次に、トレーニングデータセットとテストデータセットで予測の正解率を計算し、剪定されていない決定木の性能とバギング分類器の性能を比較する。

```
>>> from sklearn.metrics import accuracy_score
>>> tree = tree.fit(X_train, y_train)
>>> y_train_pred = tree.predict(X_train)
>>> y_test_pred = tree.predict(X_test)
>>> tree_train = accuracy_score(y_train, y_train_pred)
>>> tree_test = accuracy_score(y_test, y_test_pred)
```

※16　［監注］DecisionTreeClassifier クラスのインスタンス化において、max_depth=None とすると決定木の深さに最大値を設けることなく、各ノードが純粋になるまで分割を繰り返す。

```
>>> print('Decision tree train/test accuracies %.3f/%.3f' % (tree_train, tree_test))
Decision tree train/test accuracies 1.000/0.833
```

このコードの実行時に出力された正解率に鑑みて、剪定されていない決定木はトレーニングサンプルのクラスラベルをすべて正しく予測する。ただし、テストデータの正解率がかなり低いことから、モデルのバリアンスが高いこと(過学習)が見て取れる。

```
>>> bag = bag.fit(X_train, y_train)
>>> y_train_pred = bag.predict(X_train)
>>> y_test_pred = bag.predict(X_test)
>>> bag_train = accuracy_score(y_train, y_train_pred)
>>> bag_test = accuracy_score(y_test, y_test_pred)
>>> print('Bagging train/test accuracies %.3f/%.3f' % (bag_train, bag_test))
Bagging train/test accuracies 1.000/0.917
```

決定木とバギング分類器のトレーニングの正解率は、トレーニングデータセットに関しては似通っているが(どちらも100%)、テストデータセットで評価された汎化性能はバギング分類器のほうがわずかに上回っている。次に、決定木とバギング分類器の決定領域を比較してみよう。

```
>>> x_min = X_train[:, 0].min() - 1
>>> x_max = X_train[:, 0].max() + 1
>>> y_min = X_train[:, 1].min() - 1
>>> y_max = X_train[:, 1].max() + 1
>>> xx, yy = np.meshgrid(np.arange(x_min, x_max, 0.1),
...                      np.arange(y_min, y_max, 0.1))
>>> f, axarr = plt.subplots(nrows=1, ncols=2,
...                         sharex='col',
...                         sharey='row',
...                         figsize=(8, 3))
>>> for idx, clf, tt in zip([0, 1], [tree, bag], ['Decision tree', 'Bagging']):
...     clf.fit(X_train, y_train)
...     Z = clf.predict(np.c_[xx.ravel(), yy.ravel()])
...     Z = Z.reshape(xx.shape)
...     axarr[idx].contourf(xx, yy, Z, alpha=0.3)
...     axarr[idx].scatter(X_train[y_train==0, 0],
...                        X_train[y_train==0, 1], c='blue', marker='^')
...     axarr[idx].scatter(X_train[y_train==1, 0],
...                        X_train[y_train==1, 1], c='green', marker='o')
...     axarr[idx].set_title(tt)
...
>>> axarr[0].set_ylabel('Alcohol', fontsize=12)
>>> plt.text(10.2, -0.5,
...          s='OD280/OD315 of diluted wines',
...          ha='center', va='center', fontsize=12)
>>> plt.tight_layout()
>>> plt.show()
```

結果のグラフからわかるように、深さが3の決定木の区分的に線形な決定境界は、バギングアンサンブルのほうがなめらかに見える。

>> xi ページにカラーで掲載

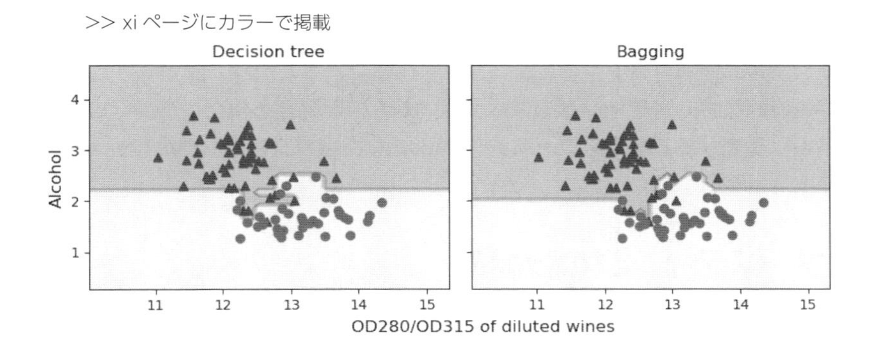

ここで確認したのは、非常に単純なバギングの例にすぎない。実際には、分類タスクがより複雑であったり、データセットの次元数が多かったりすると、単一の決定木では過学習に陥りやすい。そうした状況では、バギングアルゴリズムがその能力をいかんなく発揮できる。最後に、バギングアルゴリズムはモデルのバリアンスの抑制に効果的であることを付け加えておこう。ただし、バギングはモデルのバイアスの抑制には効果がない。つまり、そうしたモデルはデータの傾向を捕捉するには単純すぎる。そのため、剪定されていない決定木など、バイアスが低い分類器からなるアンサンブルでバギングを実行する。

7.5 アダブーストによる弱学習器の活用

ここでは、**ブースティング**（boosting）というアンサンブル法を取り上げ、その最も一般的な実装である**アダブースト**（Adaptive Boosting：AdaBoost）に着目する。

> アダブーストを最初に発案したのは、Robert Schapire だった。
>
> R. E. Schapire. *The Strength of Weak Learnability.* Machine learning, 5(2):197-227, 1990 (http://link.springer.com/article/10.1007%2FBF00116037)
>
> Robert Schapire と Yoav Freund が第 13 回 ICML (International Conference on Machine Learning 1996) でアダブーストアルゴリズムを発表した後、アダブーストはその後最も広く使用されるアンサンブル法の 1 つとなった。
>
> Y. Freund, R. E. Schapire, et al. *Experiments with a New Boosting Algorithm.* In ICML, volume 96, pages 148-156, 1996 (http://cseweb.ucsd.edu/~yfreund/papers/boostingexperiments.pdf)
>
> 2003 年、Freund と Schapire に対し、その革新的な功績に対してゲーデル賞が授与された。ゲーデル賞はコンピュータサイエンス分野において最も優れた論文に贈られる名誉ある賞である。

ブースティングでは、アンサンブルは非常に単純なベース分類器で構成される。この**弱学習器**（weak learner）とも呼ばれる学習器の性能は、当て推量をわずかに上回る程度である。決定株は弱学習器の典型的な例である。ブースティングの概念は、分類の難しいトレーニングサンプルに焦点を合わせている。つまり、誤分類されたトレーニングサンプルをあとから弱学習器に学習させることで、アンサンブルの性能を向上させる。

ここでは、一般的なブースティングのアルゴリズム上の手続きを紹介し、よく知られているブースティングアルゴリズムである**アダブースト**（AdaBoost）を取り上げる。その後、scikit-learnを使った分類の例に取り組む。

7.5.1 ブースティングの仕組み

ブースティングの最初の形式であるバギングとは対照的に、アダブーストのアルゴリズムでは、トレーニングデータセットからランダムに非復元抽出されたトレーニングサンプルのサブセットを使用する。ブースティングの原形版における手続きは、次の4つの主な手順にまとめることができる。

1. トレーニングデータセットDからトレーニングサンプルのランダムなサブセットd_1を非復元抽出し、弱学習器C_1をトレーニングする。
2. 2つ目のランダムなトレーニングサブセットd_2をトレーニングデータセットから非復元抽出し、以前に誤分類されたサンプルの50%を追加して、弱学習器C_2をトレーニングする。
3. トレーニングデータセットDからC_1とC_2の結果が異なるトレーニングサンプルd_3を洗い出し、3つ目の弱学習器C_3をトレーニングする。
4. 弱学習器C_1、C_2、C_3を多数決により組み合わせる。

Leo Breiman[※17]が説明しているように、ブースティングでは、バギングと比べてバイアスとバリアンスが低くなることがある。だが実際には、アダブーストなどのブースティングのアルゴリズムはバリアンスが高いことでも知られている[※18]。つまり、トレーニングデータセットを過学習する傾向にある。

先に示したブースティングの原形版における手続きとは異なり、アダブーストはトレーニングデータセット全体を使って弱学習器をトレーニングする。トレーニングサンプルはイテレーションのたびに再び重み付けされ、アンサンブルに含まれる学習済みの弱学習器の誤答から学習する強学習器を構築する。アダブーストのアルゴリズムの詳細に進む前に、次の図を見ながら、アダブーストの基本的な考え方をよく理解しておこう。

※17 L. Breiman. *Bias, Variance, and Arcing Classifiers.* 1996, https://www.stat.berkeley.edu/~breiman/arcall96.pdf

※18 G. Raetsch, T. Onoda, and K. R. Mueller. *An Improvement of Adaboost to Avoid Overfitting.* In Proc. of the Int. Conf. on Neural Information Processing. Citeseer, 1998, http://citeseerx.ist.psu.edu/viewdoc/summary?doi=10.1.1.1.9074

>> xi ページにカラーで掲載

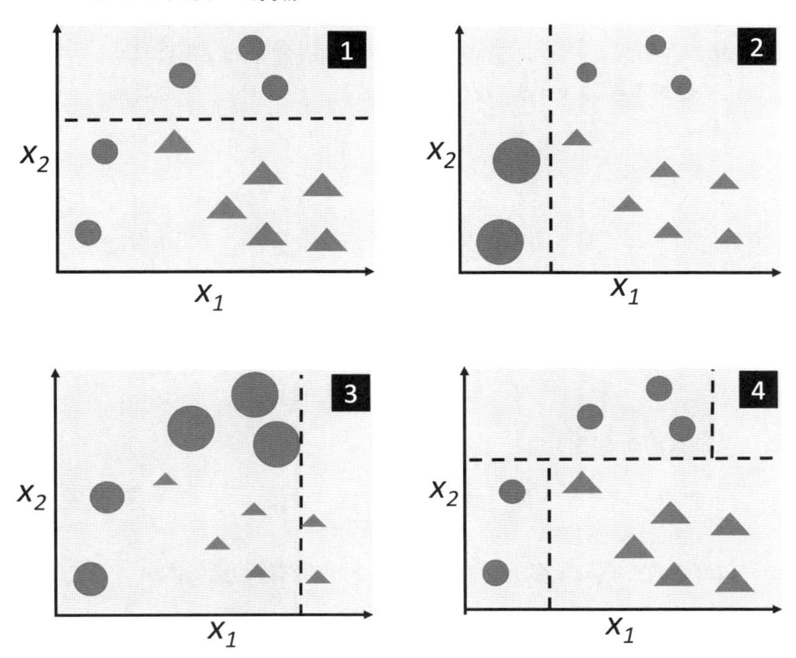

ここではアダブーストを段階的に説明するために、1 の図から始める。1 の図は、すべてのトレーニングサンプルが等しく重み付けされた二値分類のトレーニングデータセットを表している。このトレーニングデータセットに基づき、決定株をトレーニングする（破線の部分）。この切り株は、コスト関数（または決定木アンサンブルの場合は不純度）を最小化することにより、三角形と円の 2 つのクラスのサンプルをできるだけうまく分類しようとする。

2 の図によって表される 2 回目のトレーニングでは、前回誤分類された 2 つのサンプル（円）の重みを大きくしている。さらに、正しく分類されたサンプルの重みを小さくしている。この決定株では、重みが最も大きい —— 分類が難しいとされている —— トレーニングサンプルをより重視する。2 の図に示されている弱学習器は円クラスのサンプルを 3 つ誤分類したため、3 の図では、それらの重みを大きくしている。

アダブーストアンサンブルが 3 回のブースティングのみで構成されているとすれば、4 の図に示されているように、トレーニングサブセットに対して異なる重み付けで学習した 3 つの弱学習器を重み付きの多数決で組み合わせることになる。

アダブーストの基本的な考え方を理解したところで、擬似コードを使ってアダブーストをもう少し詳しく見てみよう。わかりやすくするために、ここでは要素ごとの掛け算を × 記号で示し、2 つのベクトルの内積を・記号で示す。また、$\boldsymbol{X}$ はトレーニングデータセットの特徴行列、$\boldsymbol{y}$ はクラスラベルのベクトルを表す。手順は次のとおりである。

1. トレーニングサンプルの重みベクトル $\boldsymbol{w}$ を設定し、次の条件が満たされるようにすべてのサンプルの重みを等しく設定する（重みベクトルの成分 w_i は i 番目のサンプルの重みを表し、サンプルが N 個ある場合は $w_i = 1/N$ となる）。

$$\sum_i w_i = 1$$

2. 全体で m 回実行するブースティングのうち j 回目のステップで手順 a ～ f を繰り返す（ $j = 1, ..., m$ ）。

   a. 重み付けされた弱学習器 C_j をトレーニングする。

$$C_j = \text{train}\,(\boldsymbol{X}, \boldsymbol{y}, \boldsymbol{w})$$

   b. クラスラベル $\hat{\boldsymbol{y}}$ を予測する。

$$\hat{\boldsymbol{y}} = \text{predict}\left(C_j, \boldsymbol{X}\right)$$

   c. 重み付けされた誤分類率 ε を計算する（下記の右辺の括弧内については後述）。

$$\varepsilon = \boldsymbol{w} \cdot (\hat{\boldsymbol{y}} \neq \boldsymbol{y})$$

   d. 重みの更新に用いる係数 α_j を計算する。

$$\alpha_j = 0.5 \log \frac{1 - \varepsilon}{\varepsilon}$$

   e. 重みを更新する。

$$\boldsymbol{w} := \boldsymbol{w} \times \exp\left(-\alpha_j \times \hat{\boldsymbol{y}} \times \boldsymbol{y}\right)$$

   f. 重みを正規化して合計が 1 になるようにする。

$$\boldsymbol{w} := \frac{\boldsymbol{w}}{\sum_i w_i}$$

3. 入力された特徴行列 $\boldsymbol{X}$ に対する最終予測 $\hat{\boldsymbol{y}}$ を計算する。各手順で推定した重み α_j で予測結果を重み付けた平均が 0 よりも大きければ $y_i = 1$、平均が 0 以下ならば $y_i = -1$ とする。

$$\hat{\boldsymbol{y}} = \left(\sum_{j=1}^{m}\left(\alpha_j \times \text{predict}\left(C_j, \boldsymbol{X}\right)\right) > 0\right)$$

手順 2c の式 $(\hat{\boldsymbol{y}} \neq \boldsymbol{y})$ は、各成分が 1 または 0 のベクトルを表す。予測が正しくない場合は 1、正しい場合は 0 が代入される。

アダブーストアルゴリズムは非常に簡単に思えるが、次の表を使ってもう少し具体的な例を見てみよう。この表は、10個のトレーニングサンプルからなるトレーニングデータセットを表している。

サンプルインデックス	x	y	重み	$\hat{y}(x <= 3.0)$ か	正しいか	更新された重み
1	1.0	1	0.1	1	Yes	0.072
2	2.0	1	0.1	1	Yes	0.072
3	3.0	1	0.1	1	Yes	0.072
4	4.0	-1	0.1	-1	Yes	0.072
5	5.0	-1	0.1	-1	Yes	0.072
6	6.0	-1	0.1	-1	Yes	0.072
7	7.0	1	0.1	-1	No	0.167
8	8.0	1	0.1	-1	No	0.167
9	9.0	1	0.1	-1	No	0.167
10	10.0	-1	0.1	-1	Yes	0.072

1列目は、トレーニングサンプル1～10のサンプルのインデックスを表している。2列目は（これが1次元のデータセットであると仮定すれば）、個々のサンプルの特徴量の値を表している。3列目は、各トレーニングサンプル x_i に対する真のクラスラベル y_i を表している。この場合は $y_1 \in \{1, -1\}$ である。4列目は、重みの初期値を表している。これらの初期値は、すべてのサンプルに同じ値が設定され、合計で1になるように正規化される。したがって、10個のサンプルからなるトレーニングデータセットの場合は、重みベクトル $\boldsymbol{w}$ の各重み w_i に0.1を割り当てる。5列目は、分割基準を $x \leq 3.0$ とした場合に予測されるクラスラベル $\hat{\boldsymbol{y}}$ を表している。表の最後の列は、擬似コードで定義されたルールに基づいて更新された重みを表している。

重みの更新の計算は慣れていないと複雑に思えるかもしれない。この計算を順番に見ていこう。まず、重み付けされた誤分類率 ε を手順2cで説明したように計算する。

$$\begin{aligned}\varepsilon = 0.1 \times 0 + 0.1 \times 0 + 0.1 \times 0 + 0.1 \times 0 + 0.1 \times 0 + 0.1 \times 0 \\ +0.1 \times 1 + 0.1 \times 1 + 0.1 \times 1 + 0.1 \times 0 = \frac{3}{10} = 0.3\end{aligned} \tag{7.5.1}$$

次に、手順2dに従って係数 α_j を計算し、手順2eの重みの更新と、多数決予測での重みとして使用する（手順3）。

$$\alpha_j = 0.5 \log\left(\frac{1-\varepsilon}{\varepsilon}\right) \approx 0.424 \tag{7.5.2}$$

係数 α_j を計算した後は、次の式を使って重みベクトル $\boldsymbol{w}$ を更新できる。

$$\boldsymbol{w} := \boldsymbol{w} \times \exp(-\alpha_j \times \hat{\boldsymbol{y}} \times \boldsymbol{y}) \tag{7.5.3}$$

$\hat{\boldsymbol{y}} \times \boldsymbol{y}$ は、予測されたクラスラベルのベクトル $\hat{\boldsymbol{y}}$ と、真のクラスラベルのベクトル $\boldsymbol{y}$ の、要素ごとの乗算である。したがって、予測 $\hat{y}_i$ が正しければ、$\hat{y}_i \times y_i$ の符号は正になる。α_j も正の数であるため、この場合は i 番目の重みを減らす。

$$0.1 \times \exp(-0.424 \times 1 \times 1) \approx 0.065 \tag{7.5.4}$$

同様に、$\hat{y}_i$ が予測したラベルが正しくない場合は、i 番目の重みを増やす。

$$0.1 \times \exp(-0.424 \times 1 \times (-1)) \approx 0.153 \tag{7.5.5}$$

または

$$0.1 \times \exp(-0.424 \times (-1) \times (1)) \approx 0.153 \tag{7.5.6}$$

重みベクトルの各重みを更新した後は、重みを正規化して合計で 1 になるようにする（手順 2f）。

$$\boldsymbol{w} := \frac{\boldsymbol{w}}{\sum_i w_i} \tag{7.5.7}$$

この場合は次のようになる。

$$\sum_i w_i = 7 \times 0.065 + 3 \times 0.153 = 0.914 \tag{7.5.8}$$

したがって、正しく分類されたサンプルの重みは、最初の 0.1 から、次のブースティングで 0.065 / 0.914 ≈ 0.071 に減少する。同様に、正しく分類されなかったサンプルの重みは、最初の 0.1 から 0.153 / 0.914 ≈ 0.167 に増加する。

7.5.2 scikit-learn を使ってアダブーストを適用する

アダブーストの概要はこれくらいにして、より実践的な部分に進むことにする。scikit-learn を使ってアダブーストアンサンブル分類器をトレーニングしてみよう。ここでは、前節でバギングのメタ学習器をトレーニングしたときと同様に、Wine データセットのサブセットを使用する。`base_estimator` 引数を使用することで、500 個の決定株で `AdaBoostClassifier` をトレーニングする。

```
>>> from sklearn.ensemble import AdaBoostClassifier
>>> tree = DecisionTreeClassifier(criterion='entropy',
...                               max_depth=1,
...                               random_state=1)
>>> ada = AdaBoostClassifier(base_estimator=tree,
...                          n_estimators=500,
...                          learning_rate=0.1,
...                          random_state=1)
>>> tree = tree.fit(X_train, y_train)
```

```
>>> y_train_pred = tree.predict(X_train)
>>> y_test_pred = tree.predict(X_test)
>>> tree_train = accuracy_score(y_train, y_train_pred)
>>> tree_test = accuracy_score(y_test, y_test_pred)
>>> print('Decision tree train/test accuracies %.3f/%.3f' % (tree_train, tree_test))
Decision tree train/test accuracies 0.916/0.875
```

前節の剪定されていない決定木とは対照的に、決定株では、トレーニングデータの学習不足の傾向が見られる。

```
>>> ada = ada.fit(X_train, y_train)
>>> y_train_pred = ada.predict(X_train)
>>> y_test_pred = ada.predict(X_test)
>>> ada_train = accuracy_score(y_train, y_train_pred)
>>> ada_test = accuracy_score(y_test, y_test_pred)
>>> print('AdaBoost train/test accuracies %.3f/%.3f' % (ada_train, ada_test))
AdaBoost train/test accuracies 1.000/0.917
```

アダブーストモデルでは、トレーニングデータセットのクラスラベルがすべて正しく予測されているほか、決定株と比べてテストデータセットの性能がわずかながら向上している。ただし、モデルのバイアスを減らそうとした結果、かえってバリアンスが増えたこともわかる。つまり、トレーニングとテストとで性能の差が開いている。

ここでも例示用の単純な例を使用したが、アダブースト分類器の性能が決定株と比べてわずかながら向上し、前節でトレーニングしたバギング分類器と非常によく似た正解率が得られたことがわかる。ただし、テストデータセットを繰り返し使用するという方法でモデルを選択するのは、悪いプラクティスと見なされることに注意しよう。テストデータセットを繰り返し使用した場合、汎化性能の評価は楽観的すぎるものになるかもしれない。それについては、第6章で詳しく説明した。

最後に、決定領域がどのようなものになるか確認しておこう。

```
>>> x_min = X_train[:, 0].min() - 1
>>> x_max = X_train[:, 0].max() + 1
>>> y_min = X_train[:, 1].min() - 1
>>> y_max = X_train[:, 1].max() + 1
>>> xx, yy = np.meshgrid(np.arange(x_min, x_max, 0.1),
...                      np.arange(y_min, y_max, 0.1))
>>> f, axarr = plt.subplots(1, 2,
...                         sharex='col',
...                         sharey='row',
...                         figsize=(8, 3))
>>> for idx, clf, tt in zip([0, 1], [tree, ada], ['Decision tree', 'AdaBoost']):
...     clf.fit(X_train, y_train)
...     Z = clf.predict(np.c_[xx.ravel(), yy.ravel()])
...     Z = Z.reshape(xx.shape)
...     axarr[idx].contourf(xx, yy, Z, alpha=0.3)
...     axarr[idx].scatter(X_train[y_train==0, 0], X_train[y_train==0, 1],
...                        c='blue', marker='^')
```

```
...     axarr[idx].scatter(X_train[y_train==1, 0], X_train[y_train==1, 1],
...                        c='green', marker='o')
...     axarr[idx].set_title(tt)
...
... axarr[0].set_ylabel('Alcohol', fontsize=12)
>>> plt.text(10.2, -0.5,
...          s='OD280/OD315 of diluted wines',
...          ha='center',
...          va='center',
...          fontsize=12)
>>> plt.tight_layout()
>>> plt.show()
```

決定領域を調べてみると、アダブーストモデルの決定境界が決定株の場合よりもかなり複雑であることがわかる。さらに、アダブーストモデルによる特徴空間の分割が、前節でトレーニングしたバギング分類器と非常によく似ていることもわかる。

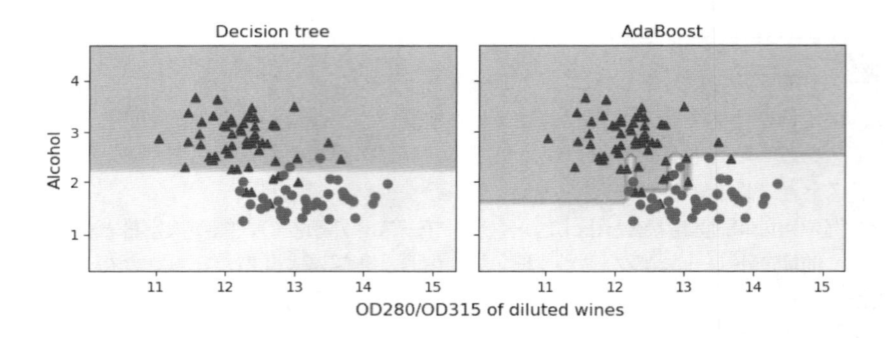

アンサンブル法の説明を締めくくるにあたって注意しておきたいのは、アンサンブル学習では、個々の分類器と比べて計算の複雑さが増すことである。多くの場合、予測性能の改善は比較的穏やかなものである。実際問題として、そのために計算コストの増加という犠牲を払いたいかどうかを慎重に検討する必要がある。

このトレードオフの例としてよく引き合いに出されるのは、かの有名なNetflix Prize[※19]である。Netflix Prizeは賞金100万ドルを賭けたアルゴリズムコンテストであり、見事賞金を獲得したのはアンサンブル法だった。このアルゴリズムの詳細は公開されている[※20]。優勝チームは100万ドルの賞金を受け取ったが、そのモデルが複雑で、現実のアプリケーションでは実現不可能であったことから、Netflixは結局実装しなかった。次に、Netflixの声明文[※21]を引用する。

※19 http://www.netflixprize.com/

※20 Toescher, M. Jahrer, and R. M. Bell. *The BigChaos Solution to the Netflix Grand Prize*, Netflix prize documentation, 2009 http://www.stat.osu.edu/~dmsl/GrandPrize2009_BPC_BigChaos.pdf

※21 http://techblog.netflix.com/2012/04/netflix-recommendations-beyond-5-stars.html

"... 私たちが測定したところでは、実際の稼働環境に投入するための技術的労力に見合うほど正解率が改善されるとは思えなかった。"

まとめ

本章では、最もよく知られていて、広く利用されているアンサンブル学習の手法をいくつか紹介した。アンサンブル法は、さまざまな分類モデルを組み合わせることで、個々のモデルの弱点を補完する。それにより、産業界のアプリケーションや機械学習コンテストにおいて非常に魅力的な、安定した高性能なモデルが得られることがよくある。

本章では、まず、さまざまな分類アルゴリズムの組み合わせが可能となる`MajorityVoteClassifier`をPythonで実装した。次に、バギングを取り上げた。この手法は、トレーニングデータセットからランダムなブートストラップ標本を抽出し、個別にトレーニングされた分類器を多数決方式で組み合わせることで、モデルのバリアンスを減らすのに役立つ。続いて、アダブーストを取り上げた。アダブーストは、誤答を訂正していく弱学習器に基づくアルゴリズムである。

ここまでの章では、さまざまな学習アルゴリズム、チューニング、評価の方法について説明してきた。次章では、機械学習の用途の1つである感情分析を取り上げる。感情分析は、インターネットとソーシャルメディアの時代において確実に興味深いテーマの1つとなっている。

MEMO

第8章 機械学習の適用1 — 感情分析

このインターネットとソーシャルメディアの時代において、人々の意見、レビュー、提案は、政治学やビジネスにとって貴重な情報源となっている。最新のテクノロジのおかげで、私たちはそうしたデータを非常に効率よく収集し、分析できるようになった。本章では、**自然言語処理**（Natural Language Processing：NLP）の一分野である**感情（センチメント）分析**（sentiment analysis）を取り上げる。そして、機械学習のアルゴリズムを使用することで、**極性**（polarity）に基づいて文書を分類する方法を学ぶ。極性とは、書き手の意見のことである。本章では、**IMDb**（Internet Movie Database）の50,000件の映画レビューで構成されたデータセットを操作し、肯定的または否定的なレビューを分類できる予測器を構築する。

本章では、次の内容を取り上げる。

- テキストデータのクレンジングと準備
- テキスト文書からの特徴ベクトルの構築
- 映画レビューを肯定的な文と否定的な文に分類する機械学習のモデルのトレーニング
- アウトオブコア学習に基づく大規模なテキストデータセットの処理
- 文書コレクションからカテゴリのトピックを推定する

8.1 IMDbの映画レビューデータセットでのテキスト処理

感情分析は、広大な分野であるNLPの一分野としてよく知られており、文書の極性を分析することに関連している。感情分析は、**意見マイニング**(opinion mining)とも呼ばれる。感情分析でよく知られているタスクは、ある話題に関して書き手が表明した意見や感情に基づいて文書を分類することである。

本章では、IMDbからMaas他[※1]が収集した映画レビューの大きなデータセットを扱う。映画レビューデータセットは、「肯定的」または「否定的」として両極に分類される50,000件の映画レビューで構成されている。ここで「肯定的」とは、その映画がIMDbで6個以上の星を獲得していることを意味する。「否定的」とは、星が5個以下の映画であることを意味する[※2]。以降の節では、このデータセットをダウンロードし、前処理を行って機械学習のツールで利用できる形式にする。そして、これらの映画レビューのサブセットから意味のある情報を抽出し、レビューした人が映画を「好き」と評価したのか、「嫌い」と評価したのかを予測できる機械学習モデルの構築方法について説明する。

8.1.1 映画レビューデータセットを取得する

映画レビューデータセットは、gzipで圧縮されたtarballアーカイブ(84.1MB)としてダウンロード[※3]できる。

- Linux または macOS を使用している場合は、新しいターミナルウィンドウを開き、`cd` コマンドを使って `download` ディレクトリへ移動し、`tar -zxf aclImdb_v1.tar.gz` を実行してデータセットを解凍できる。
- Windowsを使用している場合は、7-Zip[※4]などのフリーウェアをダウンロードし、それを使ってダウンロードアーカイブからファイルを取り出すことができる。
- Python を使って tarball アーカイブを直接展開することもできる。

```
>>> import tarfile
>>> with tarfile.open('aclImdb_v1.tar.gz', 'r:gz') as tar:
...     tar.extractall()
```

※1 A. L. Maas, R. E. Daly, P. T. Pham, D. Huang, A. Y. Ng, and C. Potts. *Learning Word Vectors for Sentiment Analysis.* In the proceedings of the 49th Annual Meeting of the Association for Computational Linguistics: Human Language Technologies, pages 142-150, Portland, Oregon, USA, Association for Computational Linguistics, June 2011. http://ai.stanford.edu/~ang/papers/acl11-WordVectorsSentimentAnalysis.pdf

※2 [監注] IMDbでの評価は星が1個から10個の10段階で行われる。

※3 http://ai.stanford.edu/~amaas/data/sentiment/

※4 http://www.7-zip.org

8.1.2 映画レビューデータセットをより便利なフォーマットに変換する

データセットを無事に取り出したら、ダウンロードアーカイブに含まれていたテキスト文書を 1 つの CSV ファイルにまとめる。次のコードは、映画レビューを pandas の `DataFrame` オブジェクトに読み込む。この処理には、標準的なデスクトップコンピュータで 10 分ほどかかることがある。進行状況と完了までの推定時間を確認するには、筆者が数年前に開発した **PyPrind**（Python Progress Indicator）パッケージ[※5] を使用する。PyPrind をインストールするには、`pip install pyprind` コマンドを実行する。インストールが完了したら、次のコードを実行できる。

```
>>> import pyprind
>>> import pandas as pd
>>> import os
>>> # 'basepath' の値を展開した映画レビューデータセットのディレクトリに置き換える
>>> basepath = 'aclImdb'
>>> labels = {'pos':1, 'neg':0}
>>> pbar = pyprind.ProgBar(50000)
>>> df = pd.DataFrame()
>>> for s in ('test', 'train'):
...     for l in ('pos', 'neg'):
...         path = os.path.join(basepath, s, l)
...         for file in os.listdir(path):
...             with open(os.path.join(path, file), 'r', encoding='utf-8') as infile:
...                 txt = infile.read()
...             df = df.append([[txt, labels[l]]], ignore_index=True)
...             pbar.update()
...
>>> df.columns = ['review', 'sentiment']

0% [##############################] 100% | ETA: 00:00:00
Total time elapsed: 00:03:37
```

このコードでは、まずプログレスバーオブジェクト `pbar` を 50,000 回のイテレーションで初期化している。この回数は読み込みの対象となる文書の個数に相当する。入れ子の `for` ループを使って `aclImdb` ディレクトリの `train` サブディレクトリと `test` サブディレクトリを処理し、`pos` サブディレクトリと `neg` サブディレクトリから個々のテキストファイルを読み込んでいる。そして最後に、`df` という `DataFrame` オブジェクトにそれらのファイルを整数のクラスラベルとともに追加している。`1` のクラスラベルは「肯定的」、`0` のクラスラベルは「否定的」を表す。

データセットに組み込まれているクラスラベルはソート済みであるため、次のコードに示すように、`np.random` サブモジュールの `permutation` 関数を使って行の順番をシャッフルした `DataFrame` オブジェクトを作成する。このようにしておくと、「8.3　さらに大規模なデータの処理：オンラインアルゴリズムとアウトオブコア学習」でデータをローカルドライブから直接ストリーミングするときに、トレーニングデータセットとテストデータセットに分割するのに役立つ。作業を行いやすくするために、ひとまとめにした上でシャッフルした映画レビューデータセットを CSV

※5　https://pypi.python.org/pypi/PyPrind/

ファイルに保存する。

```
>>> import numpy as np
>>> np.random.seed(0)
>>> df = df.reindex(np.random.permutation(df.index))
>>> df.to_csv('movie_data.csv', index=False, encoding='utf-8')
```

このデータセットは後ほど使用することになるため、データを正しいフォーマットで保存できていることを簡単に確認しておこう。CSV ファイルを読み込み、最初の 3 つのサンプルから抜粋したデータを出力する。

```
>>> df = pd.read_csv('movie_data.csv', encoding='utf-8')
>>> df.head(3)
```

サンプルコードを Jupyter Notebook で実行している場合は、データセットの先頭にある 3 つのサンプルが次のように表示されるはずだ。

	review	sentiment
0	In 1974, the teenager Martha Moxley (Maggie Gr...	1
1	OK... so... I really like Kris Kristofferson a...	0
2	***SPOILER*** Do not read this, if you think a...	0

8.2 BoW モデルの紹介

第 4 章で説明したように、文章や単語などのカテゴリデータは、機械学習アルゴリズムに渡す前に数値に変換しておく必要がある。ここでは、テキストを数値の特徴ベクトルとして表現できる **BoW**(Bag-of-Words) モデルを紹介する。BoW モデルの背景にある考え方はとても単純で、次のように要約できる。

1. 文書の集合全体から、たとえば単語という一意な**トークン**(token)からなる**語彙**(vocabulary)を作成する。
2. 各文書での各単語の出現回数を含んだ特徴ベクトルを構築する。

各文書において一意な単語は、BoW の語彙を構成しているすべての単語の一部にすぎない。このとき、特徴ベクトルの大半の成分は 0 になるため、**疎ベクトル**(sparse vector) と呼ばれる。この話が抽象的すぎるように思えたとしても、心配はいらない。以降では、単純な BoW モデルの作成プロセスを手順ごとに追っていき、具体的な話を進めよう。

8.2.1 単語を特徴ベクトルに変換する

各文書に含まれる単語に基づいて BoW モデルを構築するには、scikit-learn に実装されている `CountVectorizer` クラスを使用できる。次のコードに示すように、このクラスはテキストデータの配列を入力として、BoW モデルを自動的に生成する。テキストデータの配列は、文書でもよい。

```
>>> import numpy as np
>>> from sklearn.feature_extraction.text import CountVectorizer
>>> count = CountVectorizer()
>>> docs = np.array([
...         'The sun is shining',
...         'The weather is sweet',
...         'The sun is shining, the weather is sweet, and one and one is two'])
>>> bag = count.fit_transform(docs)
```

`CountVectorizer` クラスの `fit_transform` メソッドを呼び出すことで、BoW モデルの語彙を生成し、次の 3 つの文章を疎な特徴ベクトルに変換している。

- `'The sun is shining'`
- `'The weather is sweet'`
- `'The sun is shining, the weather is sweet, and one and one is two'`

基本概念をよく理解できるよう、語彙の中身を出力してみよう。

```
>>> print(count.vocabulary_)
{'and': 0,
 'two': 7,
 'shining': 3,
 'one': 2,
 'sun': 4,
 'weather': 8,
 'the': 6,
 'sweet': 5,
 'is': 1}
```

このコマンドを実行するとわかるように、語彙はディクショナリに格納されている。このディクショナリの要素は一意な単語と整数値を対応付けたものであり、たとえば `'and'` と 0 を対応付ける。次に、先ほど作成した特徴ベクトルを出力してみよう。

```
>>> print(bag.toarray())
[[0 1 0 1 1 0 1 0 0]
 [0 1 0 0 0 1 1 0 1]
 [2 3 2 1 1 1 2 1 1]]
```

この特徴ベクトルの各要素のインデックスは、ディクショナリの整数値に対応している※6。たとえば、整数値0に対応する最初の特徴量は、最後の文書にのみ出現する単語 `'and'` の個数である。整数値1に対応する単語 `'is'` は、文書ベクトルの2つ目の特徴量であり、3つの文章のすべてに出現している。特徴ベクトルにおけるそれらの値は**生の出現頻度**（raw term frequencies）とも呼ばれ、tf (t, d) で表される —— これは文書 d における単語 t の出現回数を表す。

ここで作成したBoWモデルの一連のアイテムは、**1グラム**（1-gram）または**ユニグラム**（unigram）モデルとも呼ばれる —— 語彙に含まれているアイテムまたはトークンはそれぞれ1つの単語を表す。もう少し一般的に言うと、NLPでは、連続するアイテム（単語、文字、記号）も**nグラム**（n-gram）と呼ばれる。nグラムモデルの数字 n の選択は、用途によって決まる。たとえばKanaris他による研究※7では、サイズが3と4のnグラムはメールメッセージのアンチスパムフィルタリングで優れた性能を発揮することがわかっている。nグラム表現の概念を要約すると、最初の文書（`"the sun is shining"`）の1グラム表現と2グラム表現は次のように構築されることになる。

- **1グラム：**`"the"`、`"sun"`、`"is"`、`"shining"`
- **2グラム：**`"the sun"`、`"sun is"`、`"is shining"`

scikit-learnの `CountVectorizer` クラスでは、`ngram_range` の引数を通じてさまざまなnグラムモデルを使用できる。デフォルトでは1グラム表現が使用されるが、`CountVectorizer` の新しいインスタンスを `ngram_range=(2,2)` で初期化することにより、2グラム表現に切り替えることもできる。

8.2.2 TF-IDFを使って単語の関連性を評価する

テキストデータを解析していると、「肯定的」、「否定的」など両極のクラスそれぞれに分類される複数の文書において、同じ単語が出現することがよくある。そうした頻繁に出現する単語は、たいてい、意味のある情報や判別情報を含んでいない。ここでは、**TF-IDF**（Term Frequency-Inverse Document Frequency）という便利な手法について説明する。この手法を利用すれば、特徴ベクトルに頻繁に出現する単語の重みを減らすことができる。TF-IDFは、**TF**（単語の出現頻度）と**IDF**（逆文書頻度）の積として定義できる。

$$\text{tf-idf}(t, d) = \text{tf}(t, d) \times \text{idf}(t, d) \tag{8.2.1}$$

ここで、tf (t, d) は、前項で説明した単語の出現頻度である。逆文書頻度 idf (t, d) は次の方法で求めることができる。

※6 ［監注］`CountVectorizer` クラスの `get_feature_names` メソッドを実行することによっても明示的に確認できる。

```
>>> print(count.get_feature_names())
['and', 'is', 'shining', 'sun', 'sweet', 'the', 'weather']
```

※7 Ioannis Kanaris, Konstantinos Kanaris, Ioannis Houvardas, and Efstathios Stamatatos. *Words vs Character N-Grams for Anti-Spam Filtering.* International Journal on Artificial Intelligence Tools, 16(06):1047-1067, 2007.
http://www.icsd.aegean.gr/lecturers/stamatatos/papers/IJAIT-spam.pdf

$$\mathrm{idf}(t,d) = \log \frac{n_d}{1 + \mathrm{df}(t,d)} \tag{8.2.2}$$

n_d は文書の総数、$\mathrm{df}(t,d)$ は単語 t を含んでいる文書 d の個数を表す。分母に定数 1 を足すのは、トレーニングサンプルに出現するすべての単語に 0 以外の値を割り当てることで、ゼロ割を回避するためである。また、対数が使用されているのは、頻度の低い文書に過剰な重みが与えられないようにするためである。

scikit-learn には、TfidfTransformer クラスという変換器も実装されている。このクラスは、CountVectorizer（の fit_transform メソッド）から「生の単語の出現頻度」を入力として受け取り、それらを TF-IDF に変換する。

```
>>> from sklearn.feature_extraction.text import TfidfTransformer
>>> tfidf = TfidfTransformer(use_idf=True, norm='l2', smooth_idf=True)
>>> np.set_printoptions(precision=2)
>>> print(tfidf.fit_transform(count.fit_transform(docs)).toarray())
[[ 0.    0.43  0.    0.56  0.56  0.    0.43  0.    0.  ]
 [ 0.    0.43  0.    0.    0.    0.56  0.43  0.    0.56]
 [ 0.5   0.45  0.5   0.19  0.19  0.19  0.3   0.25  0.19]]
```

前項で示したように、単語 'is' の出現頻度が最も高いのは 3 つ目の文書であり、最頻出単語となっている。だが、単語 'is' は文書 1 と文書 2 にも含まれている。したがって、有益な判別情報を含んでいるとは考えにくい。そこで、前項の特徴ベクトルを TF-IDF に変換すれば、文書 3 において単語 'is' がそれほど大きくない TF-IDF（0.45）に関連付けられることが確認できるはずだ。対照的に、単語 'one' は 3 つ目の文書で 2 回出現しており、TF-IDF はより大きい 0.5 である。単語 'one' は 3 つ目の文書だけに出現しており、より判別的な情報になっている。

特徴ベクトルの単語の TF-IDF を手動で計算すれば、先に定義した教科書どおりの「標準的」な定義式と比べて、TfidfTransformer による TF-IDF の計算が少し異なることがわかるはずだ。まず、scikit-learn に実装されている IDF と TF-IDF の式は次のとおり[※8]。

$$\mathrm{idf}(t,d) = \log \frac{1 + n_d}{1 + \mathrm{df}(t,d)} + 1 \tag{8.2.3}$$

同様に、scikit-learn で計算される TF-IDF は、先に定義したデフォルトの式とは少し異なっている。

$$\text{tf-idf}(t,d) = \mathrm{tf}(t,d) \times \mathrm{idf}(t,d) \tag{8.2.4}$$

TF-IDF を計算する前に「生の単語の出現頻度」を正規化するのがより一般的である。ただし、

※8 ［監注］式 8.2.3 は、TfidfTransformer クラスのインスタンス化において、smooth_idf=True とした場合（デフォルトの設定）の IDF の計算式である。smooth_idf=False とした場合、IDF の計算式は $\mathrm{idf}(t,d) = \log\{n_d / \mathrm{df}(t,d)\}$ となる。以上は、scikit-learn 0.17.1 時点の情報である。scikit-learn の実装では idf に 1 を加算して TF-IDF を算出していることがわかる。この理由として、scikit-learn の Web サイトではすべての文書に出現する単語、すなわち IDF が 0 になる単語も完全には無視しないためであると説明されている。詳細については、以下のページを参照。
http://scikit-learn.org/stable/modules/generated/sklearn.feature_extraction.text.TfidfTransformer.html

`TfidfTransformer`はTF-IDFを直接正規化するため、この方法を検討してみる。デフォルト（`norm='l2'`）では、scikit-learnの`TfidfTransformer`はL2正則化を適用する。その場合は、正規化[※9]されていない特徴ベクトル$\boldsymbol{v}$をL2正則化で割ることにより、長さ1のベクトルが返される。

$$v_{norm} = \frac{\boldsymbol{v}}{\|\boldsymbol{v}\|_2} = \frac{\boldsymbol{v}}{\sqrt{v_1^2 + v_2^2 + \cdots + v_n^2}} = \frac{\boldsymbol{v}}{\left(\sum_{i=1}^n v_i^2\right)^{1/2}} \tag{8.2.5}$$

`TfidfTransformer`の仕組みを理解していることを確認するため、例を追いかけながら、3つ目の文書に対して単語`'is'`のTF-IDFを計算してみよう。

単語`'is'`の3つ目の文書での出現頻度は3（TF = 3）である。この単語は3つの文書のすべてに出現するため、この単語の文書頻度は3（DF = 3）である。よって、IDFを次のように計算できる。

$$\mathrm{idf}(\text{"is"}, d_3) = \log\frac{1+3}{1+3} = 0 \tag{8.2.6}$$

TF-IDFを計算するには、IDFに1を足し、それにTFを掛ければよい。

$$\text{tf-idf}(\text{"is"}, d_3) = 3 \times (0+1) = 3 \tag{8.2.7}$$

この計算を3つ目の文書のすべての単語で繰り返すと、次のTF-IDFベクトル[3.39, 3.0, 3.39, 1.29, 1.29, 1.29, 2.0, 1.69, 1.29]が得られる。ただし、この特徴ベクトルの値が先ほど使用した`TfidfTransformer`から取得した値とは異なることがわかる。このTF-IDFの計算に足りない最後の手順は、L2正規化である。L2正規化は次のように適用できる。

$$\begin{aligned}\text{tf-idf}(d_3)_{norm} &= \frac{[3.39, 3.0, 3.39, 1.29, 1.29, 1.29, 2.0, 1.69, 1.29]}{\sqrt{[3.39^2 + 3.0^2 + 3.39^2 + 1.29^2 + 1.29^2 + 1.29^2 + 2.0^2 + 1.69^2 + 1.29^2]}} \\ &= [0.5, 0.45, 0.5, 0.19, 0.19, 0.19, 0.3, 0.25, 0.19]\end{aligned} \tag{8.2.8}$$

$$\text{tf-idf}(\text{"is"}, d_3)_{norm} = 0.45 \tag{8.2.9}$$

このように、scikit-learnの`TfidfTransformer`から返された結果と一致することがわかる。TF-IDFがどのように計算されるのかを理解したところで、次項では、このような考え方を映画レビューデータセットに適用してみることにしよう。

8.2.3 テキストデータのクレンジング

ここまでの項では、BoWモデル、単語の出現頻度、TF-IDFについて説明した。だが、（BoWモデルを構築する前に）不要な文字をすべて取り除くことにより、テキストデータをクレンジング（洗浄）することが最初の重要な手順となる。これがなぜ重要なのかを説明するために、再びシャッフルし

※9 ［監注］ベクトル$\boldsymbol{v} = (v_1, \ldots, v_n)$のL2ノルム$\|\boldsymbol{v}\|_2$とは、式8.2.5に示されているように、ベクトルの各成分を2乗して足し合わせたものに平方根をとったものとして定義される。

た映画レビューデータセットの 1 つ目の文書から、最後の 50 文字を出力してみよう。

```
>>> df.loc[0, 'review'][-50:]
'is seven.<br /><br />Title (Brazil): Not Available'
```

見てのとおり、このテキストには HTML マークアップに加えて、句読点やその他の非英字文字が含まれている。HTML マークアップはそれほど重要な意味を含んでいないものの、文脈によっては、句読点は有益な追加情報を表すことがある。ただし、ここでは話を単純にするために、感情分析に確実に役立つ ":)" のような**顔文字**（emoticon）だけを残し、それ以外の句読点はすべて削除する。そのために preprocessor 関数を定義し、そこで Python の**正規表現**（regular expression：regex）ライブラリである re を使用する。

```
>>> import re
>>> def preprocessor(text):
...     text = re.sub('<[^>]*>', '', text)
...     emoticons = re.findall('(?::|;|=)(?:-)?(?:\)|\(|D|P)', text)
...     text = (re.sub('[\W]+', ' ', text.lower()) + ''.join(emoticons).replace('-', ''))
...     return text
...
```


このコードでは、1 つ目の正規表現 <[^>]*> を使用することで、映画レビューに含まれている HTML マークアップを完全に削除しようとしている。多くのプログラマは概して HTML の解析に正規表現を使用しないように勧めているが、このデータセットなら、この正規表現で十分に「クレンジング」できるはずだ。HTML マークアップを削除した後、もう少し複雑な正規表現を使って顔文字を検索し[※10]、一時的に emoticons として格納している。次に、正規表現 [\W]+ を使って単語の一部ではない文字をすべて削除し[※11]、テキストを小文字に変換している。

この解析では、文章の先頭に登場する単語の 1 文字目が大文字であるといった単語の大文字と小文字の使い分けには、意味的に重要な情報は含まれていないものと想定している。ただし、固有名詞の表記などは例外であることに注意しよう。後者についても、この解析では、大文字と小文字の使い分けに感情分析にとって重要な情報が含まれていないものと想定している。

※10 ［監注］変数 emoticons には、以下の正規表現に一致する文字列が格納される。
- 文字列の先頭が ":" または ";" または "=" のいずれかに一致
- 続く "-" はあってもなくてもかまわない
- 最後に ")" または "(" または "D" または "P" に一致

※11 ［監注］\W は、英文字、数字、アンダースコア以外の文字を表すシンボルである。ここでは、このシンボルが 1 個以上続く場合、空白文字に置換している。

続いて、一時的に格納した emoticons を処理済みの文書文字列の末尾に付け足している。さらに、一貫性を保つために、顔文字から「鼻」文字(-)を削除している。

正規表現は、文字列内の文字を検索するための効率的で便利な手法だが、習得は容易ではない。残念ながら、正規表現について詳しく説明することは本書の目的に含まれていない。ただし、Google Developers ポータルにすばらしいチュートリアルが用意されている。

https://developers.google.com/edu/python/regular-expressions

また、Python の re モジュールの公式文書を調べてみてもよいだろう。

https://docs.python.org/3.6/library/re.html

クレンジングした文書文字列の末尾に顔文字を追加するのは、特に洗練された方法には思えないかもしれない。だが、この BoW モデルでは、語彙を構成しているトークンが 1 つの単語にすぎないとしたら、単語の順序は重要ではない。文書を個々の言葉や単語、トークンに分割する方法についてさらに説明する前に、先に定義した preprocessor 関数が正しく動作することを確認しておこう。

```
>>> preprocessor(df.loc[0, 'review'][-50:])
'is seven title brazil not available'
>>> preprocessor("</a>This :) is :( a test :-)!")
'this is a test :) :( :)'
```

最後に、以降の説明では、「クレンジングした」テキストデータを繰り返し使用することになる。そのため、DataFrame オブジェクトに含まれているすべての映画レビューに preprocessor 関数を適用しておこう。

```
>>> df['review'] = df['review'].apply(preprocessor)
```

8.2.4 文書をトークン化する

映画レビューデータセットの準備が整ったところで、テキストデータを分析するためにテキストコーパスを個々の要素に分割する方法について考える必要がある。文書を**トークン化**(tokenize)する方法の 1 つは、クレンジングした文書を空白文字(スペース、タブ、改行、リターン、改ページ)で区切ることで、個々の単語に分割することだ。

```
>>> def tokenizer(text):
...     return text.split()
...
>>> tokenizer('runners like running and thus they run')
['runners', 'like', 'running', 'and', 'thus', 'they', 'run']
```

トークン化の便利な手法の 1 つに、**ワードステミング**(word stemming)がある。ワードステミングは、単語を原形に変換することで、関連する単語を同じ語幹にマッピングできるようにするプロセスである。最初のステミングアルゴリズムは Martin F. Porter によって 1979 年に開発された。このため、**Porter ステミング**(Porter stemming)アルゴリズム ※12 と呼ばれる。このアルゴリズムは **NLTK**(Natural Language Toolkit for Python)ライブラリ ※13 で実装されている。次のコードでは、このアルゴリズムを使用する。NLTK をインストールするには、`conda install nltk` または `pip install nltk` コマンドを実行すればよい。

NLTK ライブラリは本章のテーマではないが、NLP のより高度な応用に関心がある場合は、NLTK の Web サイトと公式の NLTK ブックにアクセスしてみることをお勧めする ※14。

http://www.nltk.org/book/

Porter ステミングアルゴリズムを使用する方法は次のようになる。

```
>>> from nltk.stem.porter import PorterStemmer
>>> porter = PorterStemmer()
>>> def tokenizer_porter(text):
...     return [porter.stem(word) for word in text.split()]
...
>>> tokenizer_porter('runners like running and thus they run')
['runner', 'like', 'run', 'and', 'thu', 'they', 'run']
```

NLTK ライブラリの `PorterStemmer` クラスを使用して、各単語をそれぞれの原形に変換するように `tokenizer` 関数を書き換えている。最後の単純な例に示されているように、単語 `'running'` が原形の `'run'` にステミングされていることがわかる。

※12 Martin F. Porter. *An algorithm for suffix stripping*. Program: electronic library and information systems, 14(3):130-137, 1980 (http://www.cs.odu.edu/~jbollen/IR04/readings/readings5.pdf)

※13 http://www.nltk.org

※14 [監注] リンク先には Python 3 系に対応したオンラインドキュメントがある。Python 2.4 または 2.5 の使用を想定した初版は、以下の翻訳書が出版されている。
『入門自然言語処理』(オライリージャパン、2010 年)

Porterステミングアルゴリズムは、おそらく最も古く、最も単純なステミングアルゴリズムである。他によく知られているステミングアルゴリズムとしては、最近の**Snowballステマー**や**Lancasterステマー**がある。Snowballステマーは、「Porter2」または「English」とも呼ばれる。Lancasterステマーは「Paice/Huskステマー」とも呼ばれる。LancasterステマーはPorterステマーよりも高速だが、より積極的でもある。NLTKライブラリでは、そうした他のステミングアルゴリズムも提供されている。

http://www.nltk.org/api/nltk.stem.html

先の例の「`'thus'`から`'thu'`」のように、ステミングによって現実に存在しない単語が生成されることがある。一方で**見出し語化**（lemmatization）と呼ばれる手法は、個々の単語の標準形 —— つまり**見出し語**（lemma）と呼ばれる文法的に正しい形式を取得することを目指す。ただし、見出し語化はステミングよりも計算的に難しく、負荷が高い。実際には、ステミングと見出し語化はテキスト分類の性能にほとんど影響を与えないという実験結果が得られている※15。

BoWモデルを使って機械学習のモデルのトレーニングを行う前に、もう1つの有益なテーマである**ストップワードの除去**（stop-word removal）について簡単に説明しておこう。ストップワードとは、あらゆる種類のテキストで見られるごくありふれた単語のことである。ストップワードは、さまざまなクラスの文書の区別に有益となる情報をまったく（あるいはほとんど）含んでいないと見なされる。ストップワードの例としては、`is`、`and`、`has`、`like`などが挙げられる。ストップワードの除去が役立つのは、TF-IDFではなく、生の単語の出現頻度か正規化された単語の出現頻度を扱っている場合である。TF-IDFは、頻繁に出現する単語の重みを減らしているからだ。

映画レビューデータセットからストップワードを除去するために、ここではNLTKライブラリで提供されている127個の英語のストップワードを使用する。これらのストップワードを取得するには、`nltk.download`関数を呼び出す。

```
>>> import nltk
>>> nltk.download('stopwords')
```

ストップワードをダウンロードした後は、それらを読み込み、適用することができる。

```
>>> from nltk.corpus import stopwords
>>> stop = stopwords.words('english')
>>> [w for w in tokenizer_porter('a runner likes running and runs a lot')[-10:]
...     if w not in stop]

['runner', 'like', 'run', 'run', 'lot']
```

※15 Michal Toman, Roman Tesar, and Karel Jezek. *Influence of word normalization on text classification.* Proceedings of InSciT, pages 354-358, 2006, http://textmining.zcu.cz/publications/inscit20060710.pdf

8.2.5 文書を分類するロジスティック回帰モデルのトレーニング

ここでは、ロジスティック回帰モデルをトレーニングすることで、映画レビューを肯定的なレビューと否定的なレビューに分類する。まず、クレンジングしたテキスト文書が含まれたDataFrameオブジェクトを、25,000個のトレーニング用の文書と25,000個のテスト用の文書に分割する。

```
>>> X_train = df.loc[:25000, 'review'].values
>>> y_train = df.loc[:25000, 'sentiment'].values
>>> X_test = df.loc[25000:, 'review'].values
>>> y_test = df.loc[25000:, 'sentiment'].values
```

次に、GridSearchCVオブジェクトを使ってロジスティック回帰モデルの最適なパラメータ集合を求める。ここでは、5分割交差検証を使用する[※16]。

```
>>> from sklearn.model_selection import GridSearchCV
>>> from sklearn.pipeline import Pipeline
>>> from sklearn.linear_model import LogisticRegression
>>> from sklearn.feature_extraction.text import TfidfVectorizer
>>> tfidf = TfidfVectorizer(strip_accents=None,
...                         lowercase=False,
...                         preprocessor=None)
>>> param_grid = [{'vect__ngram_range': [(1,1)],
...                'vect__stop_words': [stop, None],
...                'vect__tokenizer': [tokenizer, tokenizer_porter],
...                'clf__penalty': ['l1', 'l2'],
...                'clf__C': [1.0, 10.0, 100.0]},
...               {'vect__ngram_range': [(1,1)],
...                'vect__stop_words': [stop, None],
...                'vect__tokenizer': [tokenizer, tokenizer_porter],
...                'vect__use_idf': [False],
...                'vect__norm':[None],
...                'clf__penalty': ['l1', 'l2'],
...                'clf__C': [1.0, 10.0, 100.0]}]
>>> lr_tfidf = Pipeline([('vect', tfidf),
...                      ('clf', LogisticRegression(random_state=0))])
>>> gs_lr_tfidf = GridSearchCV(lr_tfidf, param_grid,
...                            scoring='accuracy',
...                            cv=5, verbose=1,
...                            n_jobs=1)
>>> gs_lr_tfidf.fit(X_train, y_train)
```


※16 ［監注］交差検証やGridSearchCVクラスの使用方法について復習が必要な場合は、第6章を参照。

マシンに搭載されているコアをすべて利用してグリッドサーチを高速化するには、GridSearchCV オブジェクトのn_jobsパラメータをn_jobs=-1に設定することが強く推奨される。しかし、n_jobs=-1に設定した上で先のコードを実行すると問題が発生することがWindowsユーザーから報告されている。この問題は、WindowsでマルチプロセッシングをV行うためのtokenizer関数とtokenizer_porter関数のシリアライズに関連している。もう１つの対処法は、これら２つの関数[tokenizer, tokenizer_porter]を[str.split]に置き換えることである。ただし、単純なstr.splitによる置き換えでは、ステミングはサポートされないことに注意しよう。

このコードを使ってGridSearchCVオブジェクトとそのパラメータグリッドを初期化する際には、パラメータの組み合わせの個数を制限している。これは、特徴ベクトルの個数と膨大な語彙のために、グリッドサーチの計算負荷がかなり高くなってしまうためである。標準的なデスクトップコンピュータを使用した場合、このグリッドサーチが完了するのに長くて40分もかかることがある。

このコードでは、前項のCountVectorizerとTfidfTransformerを置き換え、２つの変換オブジェクトを組み合わせたTfidfVectorizerに変更している。param_gridは２つのパラメータディクショナリで構成されている。１つ目のディクショナリでは、デフォルト設定 —— use_idf=True、smooth_idf=True、sublinear_tf=False、norm='l2' —— のTfidfVectorizerを使ってTF-IDFを計算している。２つ目のディクショナリでは、生の単語の出現頻度に基づいてモデルをトレーニングするために、それらのパラメータをuse_idf=False、norm=Noneに設定している。さらに、ロジスティック回帰分類器自体については、penaltyパラメータを通じてモデルのトレーニングにL2/L1正則化を使用している[※17]。また、逆正則化パラメータCの値の範囲を定義することで、さまざまな正則化の強さを比較している。

グリッドサーチが完了した後は、性能指標が最も高くなるパラメータセットを出力してみよう。

```
>>> print('Best parameter set: %s ' % gs_lr_tfidf.best_params_)
Best parameter set: {'clf__C': 10.0, 'vect__stop_words': None, 'clf__penalty': 'l2',
'vect__tokenizer': <function tokenizer at 0x7f6c704948c8>, 'vect__ngram_range': (1, 1)}
```

このように、標準的なトークナイザを使用し、C=10.0の強さのL2正則化に基づくロジスティック回帰分類器とTF-IDFを組み合わせることで、グリッドサーチにより性能指標が最も高くなる結果が得られた。ここでは、Porterステミングも、ストップワードライブラリも使用していない。

グリッドサーチによって得られた最良のモデルを使用して、トレーニングデータセットでの５分割交差検証の正解率の平均と、テストデータセットの正解率を出力してみよう。

※17 ［監注］ロジスティック回帰のL2/L1正則化について復習が必要な場合は、L2正則化については3.3.5項、L1正則化については4.5.1項を参照。

```
>>> print('CV Accuracy: %.3f' % gs_lr_tfidf.best_score_)
CV Accuracy: 0.892
>>> clf = gs_lr_tfidf.best_estimator_
>>> print('Test Accuracy: %.3f' % clf.score(X_test, y_test))
Test Accuracy: 0.899
```

この結果から、私たちの機械学習モデルでは、映画レビューが肯定的か否定的かをほぼ90%の正解率で予測できることがわかる。

テキスト分類において今でも有名な分類器と言えば、メールスパムフィルタリングへの応用でもてはやされたナイーブ（単純）ベイズ分類器である。ナイーブベイズ分類器は、実装が簡単で、計算効率がよく、他のアルゴリズムと比べて、比較的小さなデータセットで特に優れた性能を発揮する傾向にある。本書ではナイーブベイズ分類器について説明しないが、興味がある場合は、ナイーブベイズ分類器に関する筆者の記事がarXivで公開されている[※18]。

S. Raschka. *Naive Bayes and Text Classification I - Introduction and Theory.* Computing Research Repository (CoRR), abs/1410.5329, 2014, http://arxiv.org/pdf/1410.5329v3.pdf

8.3 さらに大規模なデータの処理：オンラインアルゴリズムとアウトオブコア学習

前節のサンプルコードを実行してみた場合は、グリッドサーチを通じて50,000件の映画レビューデータセットから特徴ベクトルを構築すると、計算負荷がかなり高くなる可能性があることに気づいているかもしれない。多くの現実のアプリケーションでは、コンピュータのメモリに収まらないほど大規模なデータセットを処理することも珍しくない。誰もがスーパーコンピュータを利用できるわけではないため、ここではそうした大規模なデータセットの処理を可能にする**アウトオブコア学習**（out-of-core learning）という手法を適用する。アウトオブコア学習では、データセットの小さなバッチを使って分類器を逐次的に適合させる。

第2章では、**確率的勾配降下法**（stochastic gradient descent）という概念を紹介した。確率的勾配降下法は、サンプルを1つずつ使ってモデルの重みを更新する最適化アルゴリズムである。ここでは、scikit-learnの`SGDClassifier`クラスの`partial_fit`メソッドを使用することで、ローカルドライブから文書を直接ストリーミングし、文書の小さなミニバッチを使ってロジスティック回帰モデルのトレーニングを行う。

※18　［監注］scikit-learnでもナイーブベイズ分類器が実装されている。詳細については以下のページを参照。
http://scikit-learn.org/stable/modules/naive_bayes.html

まず、tokenizer関数を定義する。この関数は、本章の最初のほうで生成したmovie_data.csvファイルの未処理のテキストデータをクレンジングし、ストップワードを除去しながら単語のトークンに分割する。

```
>>> import numpy as np
>>> import re
>>> from nltk.corpus import stopwords
>>> stop = stopwords.words('english')
>>> def tokenizer(text):
...     text = re.sub('<[^>]*>', '', text)
...     emoticons = re.findall('(?::|;|=)(?:-)?(?:\)|\(|D|P)', text.lower())
...     text = re.sub('[\W]+',' ',text.lower()) + ' '.join(emoticons).replace('-','')
...     tokenized = [w for w in text.split() if w not in stop]
...     return tokenized
...
```

次に、ジェネレータ関数stream_docsを定義する。この関数は、文書を１つずつ読み込んで返す。

```
>>> def stream_docs(path):
...     with open(path, 'r', encoding='utf-8') as csv:
...         next(csv)  # ヘッダーを読み飛ばす
...         for line in csv:
...             text, label = line[:-3], int(line[-2])
...             yield text, label
...
```

stream_docs関数が正しく動作することを確認するために、movie_data.csvファイルから最初の文書を読み込んでみよう。そうすると、レビュー文と対応するクラスラベルからなるタプルが返されるはずだ。

```
>>> next(stream_docs(path='movie_data.csv'))
('"In 1974, the teenager Martha Moxley ... ', 1)
```

次に、get_minibatch関数を定義する。この関数は、stream_docs関数から文書ストリームを受け取り、size引数によって指定された個数の文書を返す。

```
>>> def get_minibatch(doc_stream, size):
...     docs, y = [], []
...     try:
...         for _ in range(size):
...             text, label = next(doc_stream)
...             docs.append(text)
...             y.append(label)
...     except StopIteration:
```

```
...             return None, None
...         return docs, y
...
```

残念ながら、アウトオブコア学習に CountVectorizer は使用できない。アウトオブコア学習では、語彙が完全にメモリに読み込まれていることが要求されるからだ。また、TfidfVectorizer は、逆文書頻度（IDF）を計算するにあたって、トレーニングデータセットの特徴ベクトルがすべてメモリに読み込まれていることを要求する。だが、scikit-learn には、テキスト処理用の便利なベクタライザがもう1つ実装されている。それは HashingVectorizer である。HashingVectorizer は、データに依存せず、Austin Appleby の 32 ビット MurmurHash3 アルゴリズム※19 を通じてハッシュトリックを利用する※20。

```
>>> from sklearn.feature_extraction.text import HashingVectorizer
>>> from sklearn.linear_model import SGDClassifier
>>> vect = HashingVectorizer(decode_error='ignore',
...                          n_features=2**21,
...                          preprocessor=None,
...                          tokenizer=tokenizer)
>>> clf = SGDClassifier(loss='log', random_state=1, n_iter=1)
>>> doc_stream = stream_docs(path='movie_data.csv')
```

scikit-learn の 0.19 以上のバージョンでは、Perceptron(..., n_iter=1, ...) を Perceptron(..., max_iter=1, ...) に置き換えることができる。scikit-learn 0.18 は依然として広く使用されているため、ここではあえて n_iter パラメータを使用している※21。

このコードは、HashingVectorizer を tokenizer 関数で初期化し、特徴量の個数を 2^{21} に設定している。さらに、SGDClassifier の loss 引数を 'log' に設定することで、ロジスティック回帰分類器を初期化している。HashingVectorizer で特徴量の個数に大きな値を設定すると、ハッシュの衝突が発生する可能性は少なくなるが、ロジスティック回帰モデルの係数の値が大きくなることに注意しよう。

※19 https://sites.google.com/site/murmurhash/

※20 ［監注］BoW モデルなどで得られた疎な特徴行列をより低次元のベクトルに変換するハッシュトリック（または Feature Hashing とも呼ばれる）という手法が知られている。この手法は、特徴量の変換後のベクトルの次元を指定して、各特徴量に対して以下の処理を実行する。

① 特徴量をハッシュ関数に入力してハッシュ値を得る。このハッシュ値をベクトルのインデックスとして使用する。
② 1 または -1 を返す別のハッシュ関数に特徴量を入力して、ベクトルの成分に加算する値を決定する。
③ ②で求めた値を①で求めたベクトルのインデックスに加算する。

※21 ［訳注］n_iter パラメータは scikit-learn 0.21 で削除される予定。

おもしろくなるのはここからである。補助的な関数をすべて準備したら、次のコードを使ってアウトオブコア学習を開始できる。

```
>>> import pyprind
>>> pbar = pyprind.ProgBar(45)
>>> classes = np.array([0, 1])
>>> for _ in range(45):
...     X_train, y_train = get_minibatch(doc_stream, size=1000)
...     if not X_train:
...         break
...     X_train = vect.transform(X_train)
...     clf.partial_fit(X_train, y_train, classes=classes)
...     pbar.update()
...

0% [##############################] 100% | ETA: 00:00:00
Total time elapsed: 00:00:39
```

この場合も、学習アルゴリズムの実行時間を推定するためにPyPrindパッケージを利用している。プログレスバーオブジェクトを45回のイテレーションで初期化し、続く`for`ループで文書の45個のミニバッチ（45,000個の文書）を処理している。ミニバッチはそれぞれ1,000個の文書で構成されている。

逐次的な学習プロセスが完了したら、最後の5,000個の文書を使ってモデルの性能を評価する。

```
>>> X_test, y_test = get_minibatch(doc_stream, size=5000)
>>> X_test = vect.transform(X_test)
>>> print('Accuracy: %.3f' % clf.score(X_test, y_test))
Accuracy: 0.878
```

見てのとおり、モデルの正解率は87%であり、前節でハイパーパラメータチューニングにグリッドサーチを使用したときの正解率をわずかに下回っている。とはいうものの、アウトオブコア学習はメモリ効率が非常によく、完了するのに1分もかからない。さらに、最後の5,000個の文書を使ってモデルを更新できる。

```
>>> clf = clf.partial_fit(X_test, y_test)
```

このまま次章に進む場合は、現在のPythonセッションを開いたままにしておくことをお勧めする。次章では、先ほどトレーニングしたモデルをディスクに保存し、あとから利用できる状態にした上で、アプリケーションに埋め込む方法について説明する。

BoW に代わる、もっと最近のモデルの 1 つは、Google が 2013 年にリリースした **word2vec** アルゴリズム[※22] である。word2vec アルゴリズムは、ニューラルネットワークに基づく教師なし学習アルゴリズムであり、単語間の関係を自動的に学習しようとする。word2vec の背景には、同じような意味を持つ単語を同じようなクラスタに配置するという考え方がある。このモデルでは、ベクトル空間がうまく工夫されており、*king - man + woman = queen* のような単純なベクトル計算を用いて単語を再現できる。
word2vec の提案者によって開発された C 言語の実装は、関連資料や代替実装への便利なリンクとともに提供されている。

https://code.google.com/p/word2vec/

8.4 潜在ディリクレ配分によるトピックモデルの構築

トピックモデル(topic model)は、大まかに言えば、ラベルなしのテキスト文書にトピックを割り当てるという手法を表す。たとえば、一般的な用途としては、新聞の記事からなる大規模なテキストコーパスがあり、それらの記事がどのページやカテゴリに属しているのかがわからない状態で、文書を分類することが挙げられる。トピックモデルの応用では、そうした記事にカテゴリラベル(スポーツ、経済、世界のニュース、政治、ローカルニュースなど)を割り当てることが目標となる。このため、第 1 章で説明した機械学習の幅広いカテゴリに照らし合わせると、教師なし学習のサブカテゴリである「クラスタリングタスク」としてトピックモデル[※23] を捉えることができる。

ここでは、よく知られているトピックモデルの手法である**潜在ディリクレ配分**(Latent Dirichlet Allocation：LDA)を紹介する。潜在ディリクレ配分はよく「LDA」と略されるが、潜在ディリクレ解析(Latent Dirichlet Analysis)と混同しないように注意しよう。潜在ディリクレ解析は、第 5 章で紹介した教師あり次元削減手法の 1 つである。

LDA は、映画レビューを肯定的または否定的として分類するために本章で使用した教師あり学習手法とは別のものである。このため、Flask フレームワークを使って scikit-learn のモデルを Web アプリケーションに組み込むことに興味がある場合は、次章を読んでから本節に戻ってきてもかまわない。

※22　T. Mikolov, K. Chen, G. Corrado, and J. Dean. *Efficient Estimation of Word Representations in Vector Space.* arXiv preprint arXiv:1301.3781, 2013, http://arxiv.org/pdf/1301.3781.pdf

※23　[監注] トピックモデルについては、以下の文献等を参照。
『トピックモデルによる統計的潜在意味解析』(コロナ社、2015 年)
『トピックモデル』(講談社、2015 年)

8.4.1 潜在ディリクレ配分を使ってテキスト文書を分解する

潜在ディリクレ配分（LDA）は、数学的には非常に複雑で、ベイズ推定に関する知識が要求される。このため、ここでは実務的な観点からLDAに取り組み、かみ砕いて説明することにしよう。LDAの詳細に興味がある場合は、David Blei他の研究論文[※24]が参考になるだろう。

LDAは生成的確率モデルであり、さまざまな文書に同時に出現する一連の単語を見つけ出そうとする。各文書をさまざまな単語が混在したものであるとすれば、そうした出現頻度の高い単語はトピックを表す。LDAへの入力は、本章で説明したBoWモデルである。入力としてBoW行列が与えられるとすれば、LDAはそのBoW行列を次の2つの新しい行列に分解する。

- 文書からトピックへの行列
- 単語からトピックへの行列

LDAによるBoW行列の分解は、分解された2つの行列を掛け合わせた場合に（可能な限り小さな誤差で）元のBoW行列を再現できるような方法で行われる。実際には、ここで関心があるのは、BoW行列からLDAが見つけ出すトピックである。唯一の欠点は、トピックの個数を事前に定義しなければならないことだ。トピックの個数は、明示的に指定しなければならないLDAのハイパーパラメータである。

8.4.2 scikit-learnの潜在ディリクレ配分

ここでは、映画レビューデータセットを分解してさまざまなトピックに分類するために、scikit-learnに実装されている`LatentDirichletAllocation`クラスを使用する。次の例では、10種類のトピックに制限して分析する。ただし、LDAのハイパーパラメータを調整することで、このデータセットからトピックがさらに見つかるかどうか試してみることをお勧めする。

まず、本章の最初のほうで作成した映画レビューデータセットのローカルファイル`movie_data.csv`を使用して、データセットをpandasの`DataFrame`オブジェクトに読み込む。

```
>>> import pandas as pd
>>> df = pd.read_csv('movie_data.csv', encoding='utf-8')
```

次に、LDAへの入力としてBoW行列を作成するために、本章で何度も触れている`CountVectorizer`を使用する。話を単純にするために、ここではscikit-learnに組み込まれている英語のストップワードライブラリを使用することにし、`stop_words='english'`を指定する。

```
>>> from sklearn.feature_extraction.text import CountVectorizer
>>> count = CountVectorizer(stop_words='english',
...                         max_df=.1,
```

※24 David M. Blei, Andrew Y. Ng, and Michael I., *Latent Dirichlet Allocation*, Journal of Machine Learning Research 3, pages: 993-1022, Jan 2003

```
...                             max_features=5000)
>>> X = count.fit_transform(df['review'].values)
```

単語の最大文書頻度を10%（max_df=.1）に設定することで、さまざまな文書に出現しすぎている単語を除外していることに注意しよう。出現頻度の高い単語を除外するのは、それらの単語がすべての文書に一様に出現する可能性があり、よって特定の文書のトピックカテゴリに関連している可能性が低いからである。また、このデータセットの次元を制限するために、出現頻度が最も高いと見なされる単語の個数を5,000個に制限する（max_features=5000）。それにより、LDAによって実行される推定を向上させる。ただし、max_df=.1とmax_features=5000はどちらも恣意的に選択したハイパーパラメータ値である。それらの値を調整することで、結果を比較してみることをお勧めする。

LatentDirichletAllocation推定器をBoW行列に適合させ、文書から10種類のトピックを推定させる方法は、次のようになる。なお、標準的なデスクトップコンピュータの場合で、モデルの適合に5分ほどかかることがある。

```
>>> from sklearn.decomposition import LatentDirichletAllocation
>>> lda = LatentDirichletAllocation(n_topics=10,
...                                 random_state=123,
...                                 learning_method='batch')
>>> X_topics = lda.fit_transform(X)
```

learning_method='batch'（バッチ学習）を設定することで、1回のイテレーションで、lda推定器が利用可能なすべてのトレーニングデータ（BoW行列）に基づいて推定を行うようにしている。これには'online'（オンライン学習）を指定した場合よりも時間がかかるが、より正解率の高い結果が得られる可能性がある。なお、learning_method='online'という設定は、第2章で説明したオンライン（ミニバッチ）学習に相当する。

scikit-learnのLDA実装は、パラメータの推定値を反復的に更新するために**EM**（Expectation-Maximization）アルゴリズムを使用する。本章ではEMアルゴリズムを取り上げていないが、興味がある場合は、Wikipediaの記事がよくまとめられている。

https://en.wikipedia.org/wiki/Expectation-maximization_algorithm

また、LDAの使用法に関する詳細なチュートリアルがColorado Reedによって提供されている。

http://obphio.us/pdfs/lda_tutorial.pdf

LDAを適合した後は、lda推定器のcomponents_属性にアクセスできる。この属性には、10種類のトピック（昇順）ごとに、単語の重要度（5,000個）を含んだ行列が含まれている。

```
>>> lda.components_.shape
(10, 5000)
```

結果を分析するために、10種類のトピックごとに最も重要な５つの単語を出力してみよう。単語の重要度は昇順でランク付けされていることに注意しよう。上位５つの単語を出力するには、topic配列を逆の順序で並べ替える必要がある。

```
>>> n_top_words = 5
>>> feature_names = count.get_feature_names()
>>> for topic_idx, topic in enumerate(lda.components_):
...     print("Topic %d:" % (topic_idx + 1))
...     print(" ".join([feature_names[i]
...                     for i in topic.argsort() \
...                         [:-n_top_words - 1:-1]]))
...

Topic 1:
worst minutes awful script stupid
Topic 2:
family mother father children girl
Topic 3:
american war dvd music tv
Topic 4:
human audience cinema art sense
Topic 5:
police guy car dead murder
Topic 6:
horror house sex girl woman
Topic 7:
role performance comedy actor performances
Topic 8:
series episode war episodes tv
Topic 9:
book version original read novel
Topic 10:
action fight guy guys cool
```

各トピックにおいて最も重要な５つの単語から、LDAが次のトピックを特定したことが推察できる。

1. Generally bad movies（実際にはトピックカテゴリではない）
2. Movies about families
3. War movies
4. Art movies
5. Crime movies

6. Horror movies
7. Comedy movies
8. Movies somehow related to TV shows
9. Movies based on books
10. Action movies

これらのカテゴリが的を射ていることをレビューに基づいて確認するために、ホラー映画（horror movie）カテゴリの映画を3つプロットしてみよう。ホラー映画はカテゴリ6（インデックス5）に属している。

```
>>> horror = X_topics[:, 5].argsort()[::-1]
>>> for iter_idx, movie_idx in enumerate(horror[:3]):
...     print('\nHorror movie #%d:' % (iter_idx + 1))
...     print(df['review'][movie_idx][:300], '...')
...

Horror movie #1:
House of Dracula works from the same basic premise as House of Frankenstein from the
year before; namely that Universal's three most famous monsters; Dracula,
Frankenstein's Monster and The Wolf Man are appearing in the movie together.
Naturally, the film is rather messy therefore, but the fact that ...

Horror movie #2:
Okay, what the hell kind of TRASH have I been watching now? "The Witches' Mountain"
has got to be one of the most incoherent and insane Spanish exploitation flicks ever
and yet, at the same time, it's also strangely compelling. There's absolutely nothing
that makes sense here and I even doubt there ...

Horror movie #3:
<br /><br />Horror movie time, Japanese style. Uzumaki/Spiral was a total freakfest
from start to finish. A fun freakfest at that, but at times it was a tad too reliant
on kitsch rather than the horror. The story is difficult to summarize succinctly: a
carefree, normal teenage girl starts coming fac ...
```

このコードを実行すると、上位3つの映画から最初の300文字が出力される。それらの内容を確認すると、どのレビューがどの映画のものかはわからないものの、ホラー映画のレビューに見えることがわかる。ただし、`Horror movie #2`はトピックカテゴリ1の`Generally bad movies`（全般的に評価の低い映画）のほうが適しているかもしれない。

まとめ

本章では、機械学習のアルゴリズムを使用して、極性に基づいてテキスト文書を分類する方法について説明した。これはNLP分野における感情分析の基本タスクの1つである。BoWモデルを使って文書を特徴ベクトルとしてエンコードする方法について説明しただけでなく、TF-IDFを使って単語の出現頻度を関連性で重み付けする方法についても説明した。

テキストデータ処理時の計算負荷はかなり高くなる可能性がある。これは、計算プロセスの途中で大きな特徴ベクトルが生成されるからである。本章では、アウトオブコアという逐次的な学習法を利用することで、データセット全体をコンピュータのメモリに読み込まずに、機械学習アルゴリズムをトレーニングする方法について説明した。

最後の節では、教師なしのスタイルで映画レビューをさまざまなカテゴリに分類するために、LDAを使ったトピックモデルの概念を紹介した。

次章では、この文書分類器をWebアプリケーションに組み込む方法について説明する。

Embedding a Machine Learning Model into a Web Application

第9章 機械学習の適用2 — Webアプリケーション

ここまでの章では、より効果的で、より効率的な意思決定に役立つ機械学習のさまざまな概念やアルゴリズムについて説明してきた。だが、機械学習の手法はオフラインのアプリケーションや分析に限定されているわけではなく、Web サービスの予測エンジンとしても使用できる。たとえば、Web アプリケーションでの機械学習モデルの有益な応用例として、入力フォーム、検索エンジン、そしてメディアやショッピングサイトのリコメンデーションシステムでのスパム検出がよく知られている。

本章では、機械学習モデルを Web アプリケーションに埋め込む方法について説明する。このアプリケーションはデータを分類できるだけでなく、データからリアルタイムに学習できる。本章では、次の内容を取り上げる。

- トレーニングされた機械学習モデルの現在の状態を保存する
- データストレージとして SQLite データベースを使用する
- 人気の高い Web フレームワーク Flask を使って Web アプリケーションを開発する
- 機械学習アプリケーションをパブリック Web サーバーにデプロイ（展開）する

9.1 学習済みの scikit-learn 推定器をシリアライズする

前章で示したように、機械学習モデルのトレーニングの計算コストはかなり高くつく可能性がある。Python インタープリタを閉じるたびにモデルをトレーニングしたいとは到底思えない。ましてや、そのつど新しい予測を生成したり、Webアプリケーションをリロードしたりしたいだろうか。**モデル永続化**(model persistence)の選択肢の1つは、Pythonに組み込まれているpickleモジュール[※1]である。このモジュールを利用すれば、Pythonオブジェクトの構造をコンパクトなバイトコードにシリアライズしたり、バイトコードからデシリアライズしたりできる。本章の分類器を現在の状態で保存すれば、新しいサンプルを分類したいときにその分類器をリロードできる。このため、そのつどトレーニングデータからモデルを学習する必要はなくなる。その例として、次のコードを実行する前に、前章で説明したように、アウトオブコア学習に基づいてロジスティック回帰モデルがトレーニングされた状態であることを確認しておこう。また、現在のPythonセッションで利用可能な状態であることも確認しておく必要がある。

```
>>> import pickle
>>> import os
>>> dest = os.path.join('movieclassifier', 'pkl_objects')
>>> if not os.path.exists(dest):
...     os.makedirs(dest)
>>> pickle.dump(stop,
...             open(os.path.join(dest, 'stopwords.pkl'),'wb'),
...             protocol=4)
>>> pickle.dump(clf,
...             open(os.path.join(dest, 'classifier.pkl'), 'wb'),
...             protocol=4)
```

このコードは、Webアプリケーションのファイルとデータの格納先となる`movieclassifier`ディレクトリを作成し、その下に`pkl_objects`サブディレクトリを作成している。このサブディレクトリは、シリアライズされたPythonオブジェクトをローカルドライブに保存するときに使用される。次に、pickleの`dump`関数を呼び出し、トレーニングしたロジスティック回帰モデルと、NLTKライブラリのストップワードをシリアライズしている。これにより、NLTKの語彙をサーバーにインストールする必要がなくなる。

`dump`関数は、1つ目の引数としてシリアライズの対象となるオブジェクトを要求し、2つ目の引数としてPythonオブジェクトの書き込み先となるオープンファイルオブジェクトを要求する。`open`関数に`wb`引数を渡すことで、シリアライズのためのファイルをバイナリモードで開いている。そして`protocol=4`を指定することで、Python 3.4で追加されたpickleプロトコルを選択している。このプロトコルはPython 3.4以上のバージョンと互換性がある。なお、この引数の使用に問題がある場合は、Python 3の最新バージョンを使用しているか確認してみよう。もしかすると、Pythonの古いバージョンを選択しているのかもしれない。

※1 https://docs.python.org/3.6/library/pickle.html

本章のロジスティック回帰モデルには、重みベクトルなど、NumPy の配列がいくつか含まれている。NumPy 配列のシリアライズに関しては、joblib ライブラリを使用するほうが効率的である。これ以降の説明で使用するサーバー環境との互換性を確保するために、ここでは標準の pickle を使用することにした。興味がある場合は、joblib の公式ドキュメントで詳細を調べてみよう。

http://pythonhosted.org/joblib/

HashingVectorizer は学習させる必要がないため、シリアライズする必要はない。代わりに、新しい Python スクリプトファイルを作成し、そのファイルからベクタライザを現在の Python セッションにインポートできるようにする。リスト 9-1 のコードを vectorizer.py ファイルにコピーし、movieclassifier ディレクトリに保存する。

リスト 9-1 movieclassifier/vectorizer.py

```
from sklearn.feature_extraction.text import HashingVectorizer
import re
import os
import pickle

cur_dir = os.path.dirname(__file__)
stop = pickle.load(open(
                  os.path.join(cur_dir,
                  'pkl_objects',
                  'stopwords.pkl'), 'rb'))

def tokenizer(text):
    text = re.sub('<[^>]*>', '', text)
    emoticons = re.findall('(?::|;|=)(?:-)?(?:\)|\(|D|P)', text.lower())
    text = re.sub('[\W]+', ' ', text.lower()) \
        + ' '.join(emoticons).replace('-', '')
    tokenized = [w for w in text.split() if w not in stop]
    return tokenized

vect = HashingVectorizer(decode_error='ignore',
                         n_features=2**21,
                         preprocessor=None,
                         tokenizer=tokenizer)
```

Python のオブジェクトをシリアライズし、vectorizer.py ファイルを作成した後は、Python インタープリタまたは Jupyter Notebook カーネルを再起動して、オブジェクトを問題なくデシリアライズできることをテストしておくのが得策である。

ただし、pickleモジュールは悪意を持つコードに対して安全ではないため、信頼されないソースからのデータをデシリアライズすれば、セキュリティが脅かされる危険があることに注意しよう。pickleは任意のオブジェクトをシリアライズするように設計されているため、デシリアライズプロセスでは、pickleファイルに格納されているコードが実行されることになる。このため、インターネットからダウンロードするなど、信頼されないソースからpickleファイルを取得する場合は、細心の注意を払う必要がある。そうしたファイルは仮想環境でデシリアライズするか、重要なデータが格納されず、あなた以外はアクセスする必要がないマシンでデシリアライズするようにしよう。

ターミナルウィンドウでmovieclassifierディレクトリへ移動し、新しいPythonセッションを開始する。続いて、次のコードを実行することで、ベクタライザ（リスト9-1のvect）をインポートして分類器をデシリアライズできることを確認する。

```
>>> import pickle
>>> import re
>>> import os
>>> from vectorizer import vect
>>> clf = pickle.load(open(os.path.join('pkl_objects', 'classifier.pkl'), 'rb'))
```

ベクタライザのインポートと分類器のデシリアライズが完了した後は、これらのオブジェクトを使って文書サンプルの前処理を行い、それらの感情を予測してみよう。

```
>>> import numpy as np
>>> label = {0:'negative', 1:'positive'}
>>> example = ['I love this movie']
>>> X = vect.transform(example)
>>> print('Prediction: %s\nProbability: %.2f%%' %\
...       (label[clf.predict(X)[0]], np.max(clf.predict_proba(X))*100))
Prediction: positive
Probability: 82.52%
```

この分類器はクラスラベルを整数として返すため、単純なディクショナリを定義することで、label変数でそれらの整数を感情のラベルにマッピングしている。次に、HashingVectorizerオブジェクトのvect変数を使用して、単純なサンプル文書をワードベクトルXに変換している。最後に、ロジスティック回帰分類器のpredictメソッドを使ってクラスラベルを予測し、predict_probaメソッドを使ってその予測に対応する確率を取得している。predict_probaメソッドを呼び出すことで、サンプルごとにクラスラベルの確率値が含まれた配列が返されることに注意しよう。確率値が最も大きいクラスラベルは、predictメソッドの呼び出しによって返されるクラスラベルに相当する。そこで、予測されるクラスの確率を返すnp.max関数を使用している。

9.2 データストレージとして SQLite データベースを設定する

ここでは、Web アプリケーションの予測に対するユーザーからのフィードバックを収集する。そのために、単純な **SQLite データベース**をセットアップする。ユーザーからのフィードバックは分類モデルの更新に使用できる。SQLite はオープンソースの SQL データベースエンジンであり、サーバーを別に用意しなくても動作するため、小さなプロジェクトや単純な Web アプリケーションにうってつけである。SQLite データベースについては、すべてが 1 つのファイルに含まれたデータベースとして考えることができる。SQLite データベースでは、ストレージファイルに直接アクセスできる。

さらに、SQLite はシステム固有の設定をいっさい要求せず、主要な OS のすべてでサポートされている。Google、Mozilla、Adobe、Apple、Microsoft など、名立たる企業で採用されているため、信頼性が高いという評判を得ている。SQLite について詳しく知りたい場合は、公式 Web サイト[※2]にアクセスしてみることをお勧めする。

Python の「batteries included」（バッテリー同梱）の哲学に従い、Python の標準ライブラリ **sqlite3**[※3] には、SQLite データベースを操作できる API がすでに存在している。

次のコードを実行することで、`movieclassifier` ディレクトリに新しい SQLite データベースを作成し、2 つのサンプル映画レビューを格納する。

```
>>> import sqlite3
>>> import os
>>> if os.path.exists('reviews.sqlite'):
...     os.remove('reviews.sqlite')
>>> conn = sqlite3.connect("reviews.sqlite")
>>> c = conn.cursor()
>>> c.execute("CREATE TABLE review_db (review TEXT, sentiment INTEGER, date TEXT)")
>>> example1 = 'I love this movie'
>>> c.execute("INSERT INTO review_db (review, sentiment, date) VALUES"\
...           "(?, ?, DATETIME('now'))", (example1, 1))
>>> example2 = 'I disliked this movie'
>>> c.execute("INSERT INTO review_db (review, sentiment, date) VALUES"\
...           "(?, ?, DATETIME('now'))", (example2, 0))
>>> conn.commit()
>>> conn.close()
```

sqlite3 の connect メソッドを呼び出し、SQLite データベースファイルへの接続（conn）を作成している。まだデータベースファイルが存在していない場合は、これにより `reviews.sqlite` という新しいデータベースファイルが `movieclassifier` ディレクトリに作成される。注意しなければならないのは、既存のテーブルを置き換える機能が SQLite に実装されていないことである。このため、このコードを次回実行するときには、ファイルブラウザからデータベースファイルを手動で削除する必要がある。

※2 http://www.sqlite.org

※3 https://docs.python.org/3.6/library/sqlite3.html

次に、cursor メソッドを呼び出してカーソルを作成し、高機能な SQL 構文を使ってデータベースレコードを移動できるようにしている。1 つ目の execute 呼び出しでは、review_db という新しいテーブルを作成している。このテーブルはエントリの格納とアクセスに使用される。review_db を作成するときには、review、sentiment、date の 3 つの列も作成している。これらの列は、2 つの映画レビューのサンプルと該当するクラスラベル（sentiment）の格納に使用されている。

また、DATETIME('now') という SQL コマンドを使用することで、これらのエントリに日付とタイムスタンプも追加している。タイムスタンプとともに使用されている疑問符（?）は、タプルのメンバーの位置を示す引数であり、映画レビューのテキスト（example1、example2）とそれらに対応するクラスラベル（1、0）を execute メソッドに渡すためのものである。最後に、commit メソッドを呼び出してデータベースへの変更内容を保存し、close メソッドを呼び出して接続を閉じている。

エントリがテーブルに正しく格納されたことを確認するには、データベースへの接続をもう一度開いて、2017 年の最初から現在までにコミットされたテーブルの行をすべて取り出してみればよい。これには、次のように SQL の SELECT コマンドを使用する。

```
>>> conn = sqlite3.connect('reviews.sqlite')
>>> c = conn.cursor()
>>> c.execute("SELECT * FROM review_db WHERE date"\
...           " BETWEEN '2017-01-01 00:00:00' AND DATETIME('now')")
>>> results = c.fetchall()
>>> conn.close()
>>> print(results)
[('I love this movie', 1, '2017-12-11 12:25:37'),
 ('I disliked this movie', 0, '2017-12-11 12:26:10')]
```

あるいは、Firefox ブラウザの無償のプラグインとして提供されている SQLite Manager※4 を使用するという手もある。次の図に示すように、SQLite Manager は、SQLite データベースを操作するのに適した GUI を提供する。

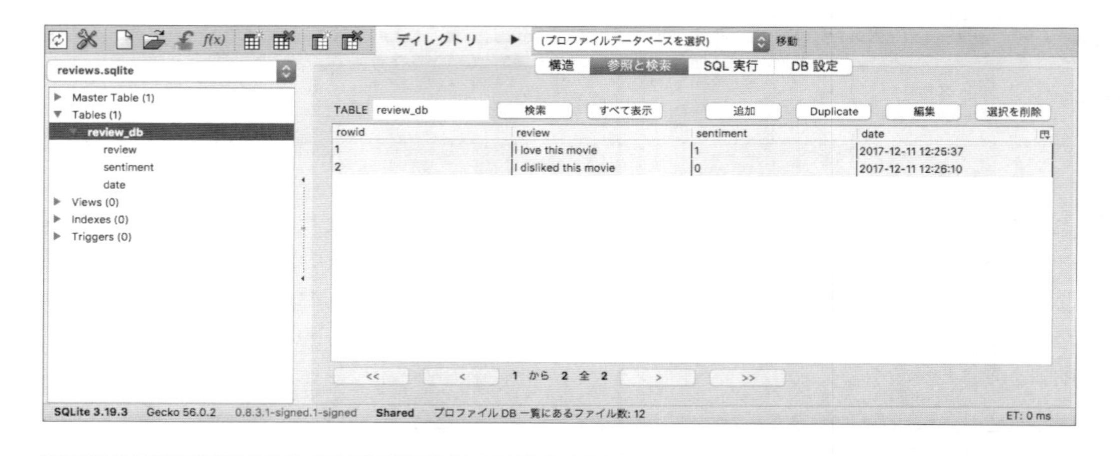

※4 https://addons.mozilla.org/ja/firefox/addon/sqlite-manager/

9.3 Flask を使って Web アプリケーションを開発する

映画レビューを分類するコードの準備が整ったところで、Web アプリケーションの開発に使用する Flask という Web アプリケーションフレームワークの基礎を説明しておこう。Armin Ronacher によって 2010 年に最初にリリースされて以来、Flask は高い人気を誇っている。Flask を利用しているアプリケーションとしては、LinkedIn や Pinterest が有名である。Flask は Python で書かれているため、本章の映画レビュー分類器など、既存の Python コードを組み込むための便利なインターフェイスが提供されている。

Flask は「マイクロフレームワーク」とも呼ばれる。つまり、コアの部分はシンプルかつリーンでありながら、他のライブラリを使って簡単に拡張できる。Flask API は軽量であるため、Django といった他の一般的な Python Web フレームワークほど習得するのは難しくないが、Flask の公式ドキュメントを調べておくことをお勧めする。

http://flask.pocoo.org/docs/0.12/

Flask ライブラリが Python 環境にまだインストールされていない場合は、`conda` または `pip` を使ってインストールできる。本書の執筆時点では、最新の安定バージョンは 0.12.1 である[※5]。

```
conda install flask
または
pip install flask
```

9.3.1 はじめての Flask Web アプリケーション

映画レビュー分類器を実装する前に Flask API に少し慣れておくために、ここでは非常に単純な Web アプリケーションを開発する。この最初のアプリケーションは、名前を入力するためのフォームが含まれた単一の Web ページで構成されている。このアプリケーションのフォームに名前を入力すると、新しいページがレンダリングされる。Web アプリケーションの例としては非常に単純だが、Flask フレームワークのさまざまな部分のコードで変数や値を格納する方法や、そうしたコードの間で変数や値をやり取りする方法を理解するのに役立つ。

まず、次に示すディレクトリツリーを作成する。

```
1st_flask_app_1/
 :.... app.py
 :.... templates/
        :.... first_app.html
```

※5 ［訳注］2018 年 2 月時点の最新バージョンは 0.12.2。

app.pyファイルには、Flask Webアプリケーションを実行するメインコードが含まれている。このコードは、Pythonインタープリタによって実行される。templatesディレクトリには、Webブラウザでレンダリングする静的なHTMLファイルを格納する。Flaskはこのディレクトリでhtmlファイルを検索する。app.pyファイルの内容を見てみよう（リスト9-2）。

リスト9-2 1st_flask_app_1/app.py

```
from flask import Flask, render_template

app = Flask(__name__)

@app.route('/')
def index():
    return render_template('first_app.html')

if __name__ == '__main__':
    app.run()
```

このコードの手順は次のとおり。

1. このアプリケーションは単一のモジュールとして実行されるため、新しいFlaskインスタンスを__name__という引数で初期化することで、HTMLテンプレートディレクトリ（templates）がこのモジュールと同じディレクトリで見つかることをFlaskに知らせている。
2. 次に、ルートデコレータ（@app.route('/')）を使用することで、index関数の実行を開始すべきURLを指定している。
3. このindex関数はfirst_app.htmlというHTMLファイルをレンダリングするだけである。このHTMLファイルはtemplatesディレクトリに配置されている。
4. 最後に、このスクリプトがPythonインタープリタによって直接実行された場合は、runメソッドを使ってサーバー上のアプリケーションだけを実行する。if __name__ == '__main__'文は、「Pythonインタープリタによって直接実行された場合」という条件を評価している。

次に、first_app.htmlファイルの内容を見てみよう（リスト9-3）。

リスト9-3 1st_flask_app_1/templates/first_app.html

```
<!doctype html>
<html>
  <head>
    <title>First app</title>
  </head>
  <body>
    <div>Hi, this is my first Flask web app!</div>
  </body>
</html>
```

HTMLの構文にあまり詳しくない場合は、MDNのWebサイトにHTMLの基礎を学ぶのに役立つチュートリアルが用意されている。

https://developer.mozilla.org/ja/docs/Web/HTML

ここでは単に、空のHTMLファイルに`div`要素を追加している。この`div`要素には、「`Hi, this is my first Flask web app!`」という文が含まれている。

都合のよいことに、FlaskではWebアプリケーションをローカルで実行できるため、Webアプリケーションの開発とテストが完了してから、パブリックWebサーバーにデプロイできる。さっそく最初のWebアプリケーションを実行してみよう。ターミナルウィンドウで`1st_flask_app_1`ディレクトリへ移動した後、次のコマンドを実行する。

```
python3 app.py
```

そうすると、ターミナルウィンドウに次の行が出力されるはずだ。

```
* Running on http://127.0.0.1:5000/
```

この行には、ローカルサーバーのアドレスが含まれている。このアドレスをWebブラウザに入力すると、Webアプリケーションが動作していることを確認できる。すべてが正常に実行されていれば、「`Hi, this is my first Flask web app!`」というコンテンツが含まれた単純なWebサイトが表示されるはずだ。

9.3.2 フォームの検証とレンダリング

ここでは、WTFormsライブラリ[※6]を使ってユーザーからデータを収集する。その方法を理解するために、最初の単純なFlask WebアプリケーションをHTMLフォームの要素で拡張する。こ

※6 https://wtforms.readthedocs.org/en/latest/

のライブラリは conda または pip を使ってインストールできる。

```
conda install wtforms
または
pip install wtforms
```

新しい Web アプリケーションでは、次の図に示すように、ユーザーの名前をテキストフィールドに入力させる。

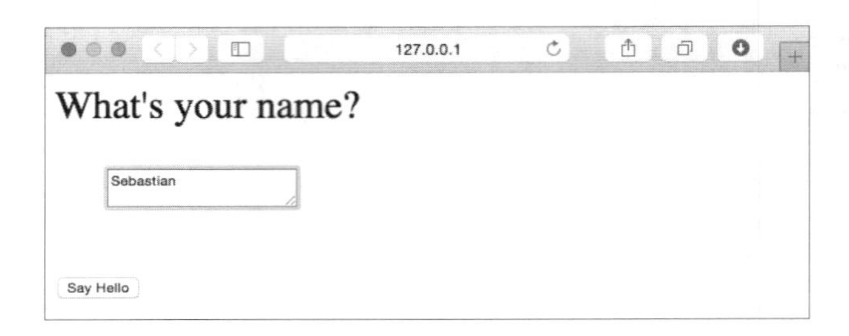

［Say Hello］ボタンがクリックされたら、フォームを検証し、ユーザーの名前を表示するために新しい HTML ページをレンダリングする。

9.3.3 ディレクトリ構造を設定する

このアプリケーションをセットアップするために必要な新しいディレクトリ構造は次のようになる。

```
1st_flask_app_2/
  ├....app.py
  ├....static/
  │      └.....style.css
  └.....templates/
         ├...._formhelpers.html
         ├....first_app.html
         └.....hello.html
```

まず、app.pyファイルのコードをリスト9-4のように変更する。

リスト9-4 1st_flask_app_2/app.py

```
from flask import Flask, render_template, request
from wtforms import Form, TextAreaField, validators

app = Flask(__name__)

class HelloForm(Form):
    sayhello = TextAreaField('',[validators.DataRequired()])

@app.route('/')
def index():
    form = HelloForm(request.form)
    return render_template('first_app.html', form=form)

@app.route('/hello', methods=['POST'])
def hello():
    form = HelloForm(request.form)
    if request.method == 'POST' and form.validate():
        name = request.form['sayhello']
        return render_template('hello.html', name=name)
    return render_template('first_app.html', form=form)

if __name__ == '__main__':
    app.run(debug=True)
```

このコードの手順は次のとおり。

1. wtformsを使ってindex関数をテキストフィールドで拡張している。このテキストフィールドを開始ページに埋め込むには、まずTextAreaFieldクラスを使ってHelloFormクラスを定義する。TextAreaFieldクラスはユーザーが有効な入力テキストを提供したかどうかを自動的にチェックする。
2. さらに、helloという新しい関数を定義する。この関数は、フォームが問題なく検証された場合にhello.htmlというHTMLページをレンダリングする。
3. ここではPOSTメソッドを使ってフォームのデータをサーバーに送信する。最後に、app.runメソッドにdebug=Trueという引数を渡すことで、Flaskのデバッガも起動している。この機能は新しいWebアプリケーションを開発するときに役立つ。

9.3.4 Jinja2テンプレートエンジンを使ってマクロを実装する

次に、_formhelpers.htmlというファイルで汎用マクロを実装する（リスト9-5）。この実装には、Jinja2というテンプレートエンジンを使用する。後ほど、テキストフィールドをレンダリングするために、このテンプレートエンジンをfirst_app.htmlファイルでインポートする。

リスト9-5 1st_flask_app_2/templates/_formhelpers.html

```
{% macro render_field(field) %}
  <dt>{{ field.label }}
  <dd>{{ field(**kwargs)|safe }}
  {% if field.errors %}
    <ul class=errors>
    {% for error in field.errors %}
      <li>{{ error }}</li>
    {% endfor %}
    </ul>
  {% endif %}
  </dd>
  </dt>
{% endmacro %}
```

Jinja2のテンプレート言語の詳細について説明することは本書の目的に含まれていないが、Jinja2の構文については公式ドキュメント※7を調べてみるとよいだろう。

9.3.5 CSSを使ってスタイルを追加する

次に、style.cssという単純な**CSS**（Cascading Style Sheets）ファイルを準備する。それにより、HTMLドキュメントのルック＆フィールを具体的に指定できる。このCSSファイルは、単にHTMLのbody要素のフォントサイズを2倍にする（リスト9-6）。デフォルトでは、FlaskはCSSなどの静的ファイルをstaticというサブディレクトリで検索する。

リスト9-6 1st_flask_app_2/static/style.css

```
body {
  font-size: 2em;
}
```

first_app.htmlファイルのコードはリスト9-7のように変更する。これにより、ユーザーが名前を入力できるテキストフォームがレンダリングされるようになる。

リスト9-7 1st_flask_app_2/templates/first_app.html

```
<!doctype html>
<html>
  <head>
    <title>First app</title>
    <link rel="stylesheet"
          href="{{ url_for('static', filename='style.css') }}">
  </head>
  <body>
```

※7 http://jinja.pocoo.org

```
  {% from "_formhelpers.html" import render_field %}

  <div>What's your name?</div>
  <form method=post action="/hello">
    <dl>
      {{ render_field(form.sayhello) }}
    </dl>
    <input type=submit value='Say Hello' name='submit_btn'>
  </form>

  </body>
</html>
```

first_app.htmlのヘッダーセクションでは、CSSファイルをロードしている。これにより、body要素のテキストのフォントサイズがすべて変化するはずだ。body要素では、_formhelpers.htmlファイルのフォームマクロをインポートし、app.pyファイルで指定したsayhelloフォームをレンダリングしている。さらに、同じform要素にボタン(input要素)を追加して、ユーザーがテキストフィールドに入力したデータを送信できるようにしている。

9.3.6 結果を表示するページを作成する

最後に、hello.htmlというファイルを作成する(リスト9-8)。このファイルは、app.pyファイル(リスト9-4)で定義したhello関数内のreturn render_template('hello.html', name=name)行によってレンダリングされる。それにより、ユーザーがテキストフィールドを通じて送信したテキストが表示される。

リスト9-8 1st_flask_app_2/templates/hello.html

```
<!doctype html>
<html>
  <head>
    <title>First app</title>
    <link rel="stylesheet"
          href="{{ url_for('static', filename='style.css') }}">
  </head>
  <body>
    <div>Hello {{ name }}</div>
  </body>
</html>
```

新しいFlask Webアプリケーションの準備が整ったところで、これをローカルで実行してみよう。1st_flask_app_2ディレクトリへ移動して次のコマンドを実行する。

```
python3 app.py
```

Web ブラウザで `http://127.0.0.1:5000/` にアクセスすると、結果が表示されるはずだ。

> Web アプリケーションの開発が初めての場合、慣れないうちは非常に複雑に思える概念があるかもしれない。その場合は、上記のファイルをハードディスクにコピーし、それらをよく調べてみるとよいだろう。Flask Web フレームワークは、実際にはかなり明快であり、最初に思ったよりもずっとシンプルである。また、さらに助けが必要な場合は、Flask のすばらしい公式ドキュメントとサンプルを調べてみるのを忘れないようにしよう。
>
> http://flask.pocoo.org/docs/0.12/

9.4 映画レビュー分類器を Web アプリケーションとして実装する

Flask での基本的な Web 開発に慣れてきたところで、次のステップに進み、映画レビュー分類器を Web アプリケーションとして実装してみよう。ここで開発する Web アプリケーションは、まず、ユーザーに映画のレビュー文を入力させる。

映画のレビュー文が送信されたら、ユーザーに新しいページを表示する。このページには、予測されたクラスラベルと、その予測の確率が表示される。さらに、ユーザーは [Correct] または [Incorrect] ボタンをクリックすることで、この予測に対するフィードバックを提供できる。

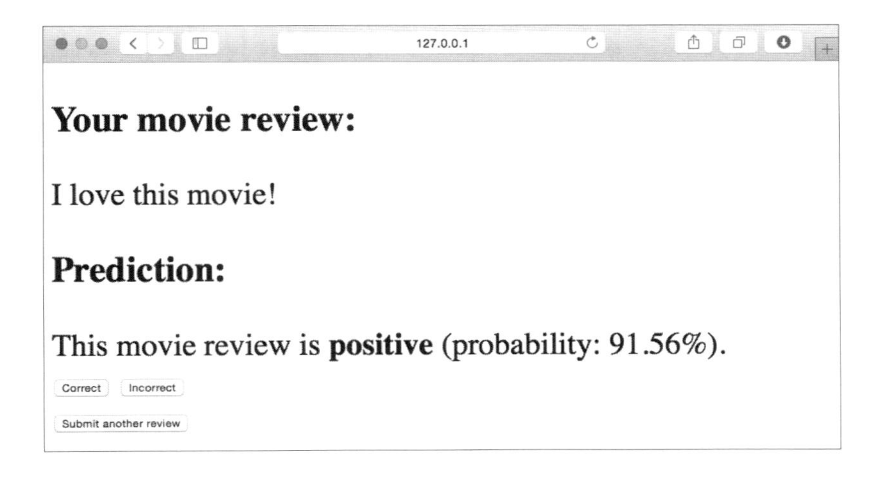

ユーザーが[Correct]ボタンか[Incorrect]ボタンをクリックした場合は、ユーザーのフィードバックに基づいて分類モデルが更新される。さらに、ユーザーから提供された映画のレビュー文と提案されたクラスラベルを、あとから参照できるようにSQLiteデータベースに格納する（あるいは、更新手順を省略し、[Submit another review]ボタンをクリックして新しいレビューを送信することもできる）。

フィードバックボタンのどちらかをクリックした後、ユーザーに3つ目のページが表示される。このページは単純な「thank you」ページであり、ユーザーを最初のページへリダイレクトする[Submit another review]ボタンが配置されている。

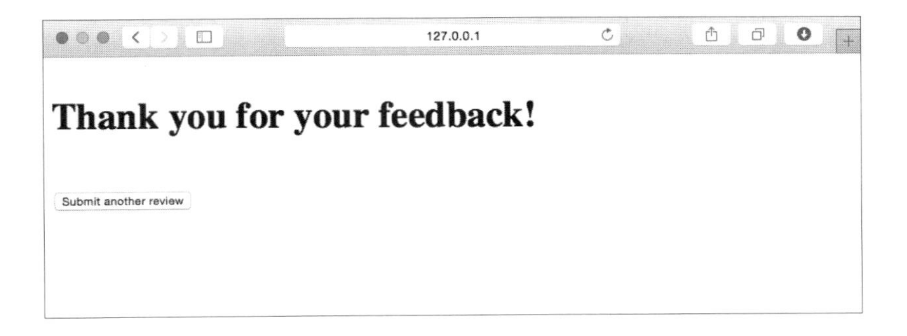

このWebアプリケーションの実装コードを詳しく見ていく前に、筆者がアップロードしたライブデモを確認しておくことをお勧めする。そうすれば、ここで何を成し遂げようとしているのかをよく理解できるはずだ。

http://raschkas.pythonanywhere.com

9.4.1 ファイルとディレクトリ：ディレクトリツリーの確認

まず、全体像を確認しておこう。この映画レビュー分類アプリケーションのために作成するディレクトリツリーは次のようになる。

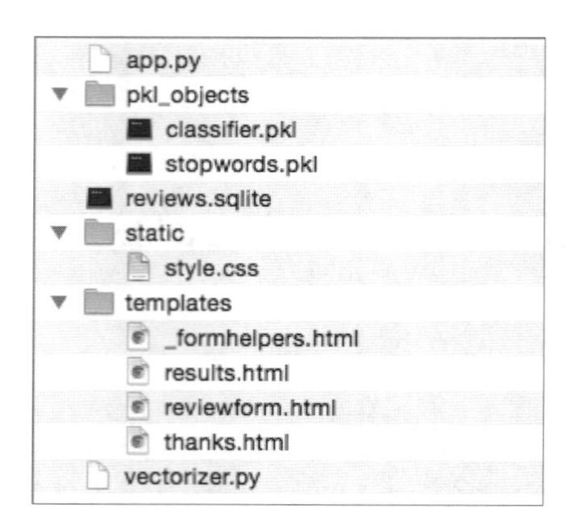

vectorizer.py ファイル、SQLite データベース reviews.sqlite、pkl_objects サブディレクトリは前節ですでに作成している。

メインディレクトリの app.py ファイルは、Flask コードを含んでいる Python スクリプトである。Web アプリケーションに送信される映画レビューの格納には、reviews.sqlite データベースファイルを使用する。templates サブディレクトリには、Flask によってレンダリングされ、Web アプリケーションに表示される HTML テンプレートが配置される。static サブディレクトリには、HTML コードの見た目を調整する単純な CSS ファイルが配置される。

ここで説明している映画レビュー分類アプリケーションとそのコードは、本書の GitHub で提供されている。本節のコードは /code/ch09/movieclassifier サブディレクトリに含まれている。

https://github.com/rasbt/python-machine-learning-book-2nd-edition

9.4.2 メインアプリケーションを app.py として実装する

app.py はかなり長いファイルになるため、2 つのセクションに分けることにする。1 つ目のセクションでは、この Web アプリケーションに必要な Python のモジュールやオブジェクトをインポートする。加えて、分類モデルのデシリアライズやそのセットアップに必要となるコードもインポートする（リスト 9-10)。

リスト 9-10 movieclassifier/app.py

```
from flask import Flask, render_template, request
from wtforms import Form, TextAreaField, validators
import pickle
import sqlite3
import os
import numpy as np


# ローカルディレクトリからHashingVectorizerをインポート
from vectorizer import vect

app = Flask(__name__)

######## 分類器の準備
cur_dir = os.path.dirname(__file__)
clf = pickle.load(open(os.path.join(cur_dir, 'pkl_objects', 'classifier.pkl'),
                       'rb'))
db = os.path.join(cur_dir, 'reviews.sqlite')

def classify(document):
    label = {0: 'negative', 1: 'positive'}
    X = vect.transform([document])
    y = clf.predict(X)[0]
    proba = clf.predict_proba(X).max()
    return label[y], proba

def train(document, y):
    X = vect.transform([document])
    clf.partial_fit(X, [y])

def sqlite_entry(path, document, y):
    conn = sqlite3.connect(path)
    c = conn.cursor()
    c.execute("INSERT INTO review_db (review, sentiment, date)"\
              " VALUES (?, ?, DATETIME('now'))", (document, y))
    conn.commit()
    conn.close()
```

`app.py`スクリプトの最初の部分には見覚えがあるはずだ。まず、`HashingVectorizer`をインポートし、ロジスティック回帰分類器をデシリアライズしている。次に、`classify`関数を定義している。この関数は、指定されたテキスト文書に対して予測されたクラスラベルとその予測の確率を返す。さらに、`train`関数や`sqlite_entry`関数を定義している。`train`関数を使用すれば、指定された文書とクラスラベルに基づいて分類器を更新できる。

`sqlite_entry`関数を使用すれば、送信された映画レビューをSQLiteデータベースに格納できる。その際には、個人的な記録として、その映画レビューのクラスラベルとタイムスタンプも格納する。Webアプリケーションを再起動すると、`clf`オブジェクトが元のシリアライズされた状態にリセットされることに注意しよう。本章の最後に、SQLiteデータベースに収集されたデータを使って分類器を永続的に更新する方法について説明する。

app.py スクリプトの２つ目のセクションにも見覚えがあるはずだ（リスト 9-11）。

リスト 9-11 movieclassifier/app.py

```
######## Flask
class ReviewForm(Form):
    moviereview = TextAreaField('',
                                [validators.DataRequired(),
                                 validators.length(min=15)])

@app.route('/')
def index():
    form = ReviewForm(request.form)
    return render_template('reviewform.html', form=form)

@app.route('/results', methods=['POST'])
def results():
    form = ReviewForm(request.form)
    if request.method == 'POST' and form.validate():
        review = request.form['moviereview']
        y, proba = classify(review)
        return render_template('results.html',
                               content=review,
                               prediction=y,
                               probability=round(proba*100, 2))
    return render_template('reviewform.html', form=form)

@app.route('/thanks', methods=['POST'])
def feedback():
    feedback = request.form['feedback_button']
    review = request.form['review']
    prediction = request.form['prediction']

    inv_label = {'negative': 0, 'positive': 1}
    y = inv_label[prediction]
    if feedback == 'Incorrect':
        y = int(not(y))
    train(review, y)
    sqlite_entry(db, review, y)
    return render_template('thanks.html')

if __name__ == '__main__':
    app.run(debug=True)
```

リスト 9-11 では、まず TextAreaField をインスタンス化する ReviewForm クラスを定義している。TextAreaField は、この Web アプリケーションのランディングページである reviewform.html テンプレートファイルによってレンダリングされる。ランディングページは index 関数によってレンダリングされる。TextAreaField では、validators.length(min=15) という引数を指定することで、ユーザーが入力するレビュー文が 15 文字以上でなければならないことを要求している。results 関数では、送信された Web フォームの内容を取り出し、それを映画レビュー分類器に渡して感情を予測させている。結果は、レンダリングされた results.html テンプレートで表示される。

feedback 関数は、最初は少し複雑に思えるかもしれない。基本的には、ユーザーが [Correct] または [Incorrect] フィードバックボタンをクリックした場合に、予測されたクラスラベルを results.html テンプレートから取り出す。そして、予測された感情を整数のクラスラベルに変換する。整数のクラスラベルは、train 関数によって映画レビュー分類器の更新に使用される。この関数は app.py ファイルの 1 つ目のセクションで実装した。また、フィードバックが提供された場合は、sqlite_entry 関数を呼び出して SQLite データベースに新しいエントリを作成する。最後に、thanks.html テンプレートをレンダリングして、ユーザーにフィードバックのお礼のメッセージを表示する。

9.4.3　レビューフォームを作成する

次に、reviewform.html テンプレートを見てみよう。このテンプレートはアプリケーションの開始（ランディング）ページを生成する（リスト 9-12）。

リスト 9-12　movieclassifier/templates/reviewform.html

```
<!doctype html>
<html>
<head>
    <link rel="stylesheet"
          href="{{ url_for('static', filename='style.css') }}">
</head>
<body>
  <h2>Please enter your movie review:</h2>

  {% from "_formhelpers.html" import render_field %}

  <form method=post action="/results">
    <dl>
      {{ render_field(form.moviereview, cols='30', rows='10') }}
    </dl>
    <div>
      <input type=submit value='Submit review' name='submit_btn'>
    </div>
  </form>

</body>
</html>
```

ここでは単に、「9.3.4　Jinja2 テンプレートエンジンを使ってマクロを実装する」で定義した _formhelpers.html テンプレートをインポートしている[※8]。このマクロの render_field 関数は、ユーザーが映画のレビュー文を入力する TextAreaField のレンダリングに使用される。ユーザーが入力したレビュー文は、ページの下部に表示される [Submit review] ボタンを通じて送信される。

※8　[監注] _formhelpers.html テンプレートを忘れずに movieclassifier/templates ディレクトリにコピーすること。

この TextAreaField の幅は 30 文字、高さは 10 行である。

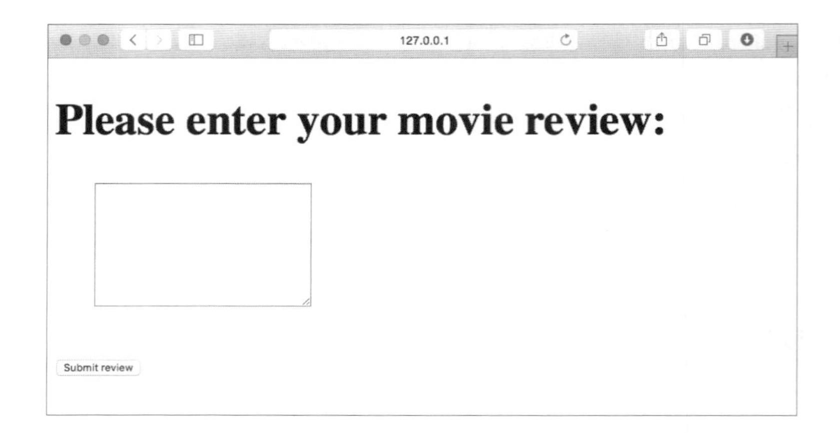

9.4.4 結果ページのテンプレートを作成する

次の results.html テンプレートは、少しおもしろそうである（リスト 9-13）。

リスト 9-13 movieclassifier/templates/results.html

```
<!doctype html>
<html>
  <head>
    <title>Movie Classification</title>
    <link rel="stylesheet"
          href="{{ url_for('static', filename='style.css') }}">
  </head>
  <body>
    <h3>Your movie review:</h3>
    <div>{{ content }}</div>

    <h3>Prediction:</h3>
    <div>This movie review is <strong>{{ prediction }}</strong>
      (probability: {{ probability }}%).</div>

    <div id='button'>
      <form action="/thanks" method="post">
        <input type=submit value='Correct' name='feedback_button'>
        <input type=submit value='Incorrect' name='feedback_button'>
        <input type=hidden value='{{ prediction }}' name='prediction'>
        <input type=hidden value='{{ content }}' name='review'>
      </form>
    </div>

    <div id='button'>
      <form action="/">
        <input type=submit value='Submit another review'>
      </form>
```

```
    </div>

  </body>
</html>
```

まず、送信されたレビュー文と予測の結果を、該当するフィールド`{{ content }}`、`{{ prediction }}`、`{{ probability }}`に挿入している。その後、`{{ prediction }}`プレースホルダ変数と`{{ content }}`プレースホルダ変数は、[Correct]ボタンと[Incorrect]ボタンを含んでいるフォームでも使用されていることがわかる。これは、ユーザーがどちらかのボタンをクリックした場合に、レビュー文と予測をサーバーに送信(`POST`)するための措置である。それにより、映画レビュー分類器を更新し、レビュー文を格納できるようになる。

さらに、`results.html`ファイルの最初の部分で、CSSファイル(`style.css`)をインポートしていることもわかる。このファイルの設定はとても単純である —— このWebアプリケーションのコンテンツの幅を600ピクセルに制限し、`div`要素で`button`というIDで指定されている[Correct]ボタンと[Incorrect]ボタンの位置を20ピクセル下にずらしている(リスト9-14)。

リスト9-14 movieclassifier/static/style.css

```
body{
  width:600px;
}
.button{
  padding-top: 20px;
}
```

このCSSファイルは変更可能なものであり、Webアプリケーションのルック&フィールは好きなように調整してかまわない。

このWebアプリケーションで実行する最後のHTMLファイルは`thanks.html`テンプレートである。名前からもわかるように、このファイルは[Correct]または[Incorrect]ボタンを通じてフィードバックを提供したユーザーに「thank you」メッセージを表示するだけである。さらに、ユーザーを開始ページへリダイレクトする[Submit another review]ボタンをこのページの下部に配置する(リスト9-15)。

リスト9-15 movieclassifier/templates/thanks.html

```
<!doctype html>
<html>
  <head>
    <title>Movie Classification</title>
    <link rel="stylesheet"
          href="{{ url_for('static', filename='style.css') }}">
  </head>
  <body>
    <h3>Thank you for your feedback!</h3>
```

```
    <div id='button'>
      <form action="/">
        <input type=submit value='Submit another review'>
      </form>
    </div>

  </body>
</html>
```

さっそくWebアプリケーションをローカルで起動してみよう。ターミナルウィンドウで次のコマンドを実行し、ターミナルウィンドウに出力されたローカルサーバーのアドレスをWebブラウザに入力すればよい。

```
python3 app.py
```

Webアプリケーションのテストが終わったら、app.pyスクリプトの app.run()コマンドからdebug=Trueの引数を忘れずに削除しておこう。次節では、このWebアプリケーションをパブリックWebサーバーにデプロイする方法について説明する。

9.5 WebアプリケーションをパブリックWebサーバーにデプロイする

Webアプリケーションのローカルでのテストが完了すれば、パブリックWebサーバーにデプロイする準備はできた。このチュートリアルでは、**PythonAnywhere**というWebホスティングサービスを利用する。PythonAnywhereは、PythonベースのWebアプリケーション専用のホスティングサービスであり、非常にシンプルで手間がかからない。さらに、PythonAnywhereにはBeginnerアカウントオプションが用意されており、単純なWebアプリケーションを無料で実行してみることができる。

9.5.1 PythonAnywhereのアカウントを作成する

PythonAnywhereアカウントを作成するには、PythonAnywhereのWebサイト[※9]にアクセスし、右上の[Pricing & signup]リンクをクリックする。次に、[Create a Beginner account]ボタンをクリックし、ユーザー名、パスワード、有効なメールアドレスを入力する。使用許諾書を読んで同意すれば、新しいアカウントが作成されるはずだ[※10]。

残念ながら、無料のBeginnerアカウントでは、コマンドラインターミナルからSSHプロトコルを使ってリモートサーバーにアクセスすることはできない。このため、PythonAnywhereのWebインターフェイスを使ってWebアプリケーションを管理する必要がある。ただし、ローカルのア

※9 https://www.pythonanywhere.com

※10 [訳注]登録したメールアドレスに確認メールが送信されるため、そのメールに含まれているリンクをクリックしてメールアドレスを確認する必要がある。

プリケーションファイルをサーバーにアップロードする前に、PythonAnywhereアカウントで新しいWebアプリケーションを作成する必要がある。まず右上の[Dashboard]をクリックすると、コントロールパネルにアクセスできるようになる。次に、ページの上部に表示されている[Web]タブをクリックする。左上の[Add a new web app]ボタンをクリックし、FlaskとPython 3.5を選択して新しいWebアプリケーションを作成し、`movieclassifier`という名前を付ける。

9.5.2 映画レビューアプリケーションをアップロードする

PythonAnywhereアカウントの新しいWebアプリケーションを作成した後は、[Files]タブをクリックし、PythonAnywhereのWebインターフェイスを使ってローカルの`movieclassifier`ディレクトリからファイルをアップロードする。ローカルコンピュータで作成したWebアプリケーションのファイルをアップロードすると、PythonAnywhereアカウントに`movieclassifier`ディレクトリが作成されるはずだ。次の画面に示すように、このディレクトリには、ローカルの`movieclassifier`ディレクトリと同じサブディレクトリとファイルが含まれている。

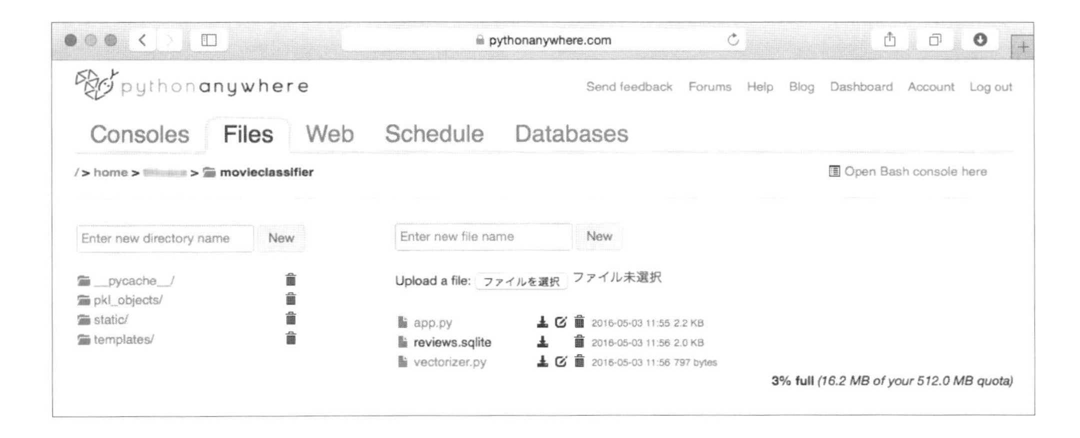

最後に、[Web]タブをもう一度クリックし、[Reload <ユーザー名>.pythonanywhere.com]ボタンをクリックする。それにより、変更を反映させ、Webアプリケーションを更新する。そうすると、Webアプリケーションが実行され、`<ユーザー名>.pythonanywhere.com`というアドレスでアクセスできるようになるはずだ。

トラブルシューティング

残念ながら、WebサーバーはWebアプリケーションのほんのちょっとした問題に敏感であり、動作不良に陥る場合がある。PythonAnywhereでWebアプリケーションを実行しているときに問題が発生し、Webブラウザにエラーメッセージが表示された場合は、サーバーログとエラーログをチェックする。これらのログには、PythonAnywhereの[Web]タブからアクセスできる。これらのログを調べれば、問題をより的確に診断できるはずだ。

9.5.3 映画レビュー分類器を更新する

本章の予測モデルは、分類に対してユーザーがフィードバックを提供するたびにその場で更新される。だが、サーバーがクラッシュしたり再起動したりした場合、`clf`オブジェクトへの更新は元に戻ってしまう。Webアプリケーションをリロードした場合、`clf`オブジェクトはPKLファイルの`classifier.pkl`に基づいて再び初期化される。そのため、更新内容を永続的に提供する方法の1つは、更新のたびに`clf`オブジェクトをシリアライズすることである。ただし、ユーザーの数が増えていくに従い、この方法の計算効率は非常に悪くなっていく。複数のユーザーがフィードバックを同時に提供した場合は、PKLファイルが破壊されるかもしれない。もう1つの解決策は、SQLiteデータベースに収集されたフィードバックデータを使って予測モデルを更新することである。この場合は、PythonAnywhereサーバーからSQLiteデータベースのデータをダウンロードした後、`clf`オブジェクトをローカルコンピュータで更新し、新しいPKLファイルをPythonAnywhereサーバーへアップロードするという手がある。ここでは、この方法に従って映画レビュー分類器をローカルコンピュータで更新するため、`movieclassifier`ディレクトリで`update.py`ファイルを作成する(リスト9-16)。

リスト9-16 movieclassifier/update.py

```
import pickle
import sqlite3
import numpy as np
import os

# ローカルディレクトリからHashingVectorizerをインポート
from vectorizer import vect

def update_model(db_path, model, batch_size=10000):
    conn = sqlite3.connect(db_path)
    c = conn.cursor()
    c.execute('SELECT * from review_db')

    results = c.fetchmany(batch_size)
    while results:
        data = np.array(results)
        X = data[:, 0]
        y = data[:, 1].astype(int)
        classes = np.array([0, 1])
        X_train = vect.transform(X)
        model.partial_fit(X_train, y, classes=classes)
        results = c.fetchmany(batch_size)

    conn.close()
    return model

cur_dir = os.path.dirname(__file__)

clf = pickle.load(open(os.path.join(cur_dir, 'pkl_objects', 'classifier.pkl'),
                       'rb'))
```

```
db = os.path.join(cur_dir, 'reviews.sqlite')

clf = update_model(db_path=db, model=clf, batch_size=10000)

# classifier.pkl ファイルを永続的に更新したい場合は、以下のコードのコメントを解除：
# pickle.dump(clf, open(os.path.join(cur_dir, 'pkl_objects',
#             'classifier.pkl'), 'wb'), protocol=4)
```

ここで説明している映画レビュー分類アプリケーションとその更新機能は、本書の GitHub で提供されている。本項のコードは /code/ch09/movieclassifier_with_update サブディレクトリに含まれている。

https://github.com/rasbt/python-machine-learning-book-2nd-edition

リスト 9-16 の update_model 関数は、SQLite データベースから 10,000 個のエントリを一括で取り出す。ただし、エントリの数が 10,000 個以上であることが前提となる。なお、fetchmany の代わりに fetchone を呼び出すことで、エントリを 1 つずつ取り出すこともできるが、計算効率が非常に悪くなる。fetchall を呼び出すという方法もあるが、コンピュータやサーバーのメモリに収まらないような非常に大きなデータセットを操作している場合は、問題が発生するかもしれない。

update.py スクリプトを作成したら、このファイルも PythonAnywhere の movieclassifier ディレクトリへアップロードし、アプリケーションのメインスクリプトである app.py で update_model 関数をインポートする。これにより、Web アプリケーションを再起動するたびに、SQLite データベースに基づいて映画レビュー分類器が更新されるようになる。app.py で update.py から update_model 関数をインポートするには、app.py の最初の部分にリスト 9-17 のコードを追加すればよい（リスト 9-17）。

リスト 9-17　movieclassifier/app.py

```
# ローカルディレクトリから update 関数をインポート
from update import update_model
```

あとは、メインアプリケーションの本体で update_model 関数を呼び出せばよい（リスト 9-18）。

リスト 9-18　movieclassifier/app.py

```
...
if __name__ == '__main__':
    clf = update_model(dp_path=db, model=clf, batch_size=10000)
...
```

9

コードをこのように変更すると、PythonAnywhere の pickle ファイルが更新される。ただし、実際には、この Web アプリケーションを頻繁に更新する必要はないはずだ。ユーザーからのフィードバックを SQLite で検証し、映画レビュー分類器にとっての情報的価値を確認した上で、Web アプリケーションを更新するほうが合理的だろう。

まとめ

本章では、機械学習の理論の知識を広げるさまざまな有益かつ実用的なテーマを取り上げた。ここでは、トレーニングしたモデルをシリアライズする方法と、あとから使用するためにロードする方法について説明した。さらに、効率的なデータストレージとして SQLite データベースを作成し、映画レビュー分類器をインターネットから利用できるようにする Web アプリケーションを作成した。

本書では、分類に関する機械学習の概念、ベストプラクティス、そして教師あり学習モデルについてかなり突っ込んだ議論を展開してきた。次章では、教師あり学習のもう 1 つの分野である回帰分析を取り上げる。ここまで扱ってきた分類モデルのクラスラベルとは対照的に、回帰分析では、成果指標を連続値で予測できる。

第10章

回帰分析 — 連続値をとる目的変数の予測

ここまでの章では、「教師あり学習」の主な概念について多くのことを学び、クラスの所属関係やカテゴリ変数を予測するためにさまざまな分類モデルをトレーニングしてきた。本章では、教師あり学習のもう 1 つの分野である**回帰分析**(regression analysis)を詳しく見ていく。

回帰モデルは、連続値をとる目的変数を予測するために使用される。このため、変数間の関係を理解したり、データのトレンドを評価したり、予報を作成するなどの形で応用されたり、科学のさまざまな問題に取り組んだりするのに適している。例としては、企業の今後数か月間の売上を予測することが挙げられる。

本章では、回帰モデルの主な概念について説明するほか、次の内容を取り上げる。

- データセットの探索と可視化
- 線形回帰モデルを実装するための各種アプローチの考察
- 外れ値に対して頑健な回帰モデルのトレーニング
- 回帰モデルの評価と一般的な問題の診断
- 回帰モデルの非線形データでの学習

10.1 線形回帰

線形回帰の目標は、1 つ以上の特徴量と連続値の目的変数との関係をモデルとして表現することである。第 1 章で説明したように、回帰分析は教師あり機械学習のサブフィールドの 1 つである。

教師あり機械学習のもう 1 つのサブフィールドである分類とは対照的に、回帰分析の目的は（カテゴリ値のクラスラベルではなく）連続する尺度に基づいて出力を予測することにある。

ここでは、最も基本的な種類の線形回帰（単線形回帰）を取り上げ、より一般的な多変量の線形回帰（複数の特徴量に基づく線形回帰）との関連を明らかにする。

10.1.1 単線形回帰

単線形回帰（**単変量**の線形回帰）の目的は、単一の特徴量（説明変数 x）と連続値の応答（目的変数 y）との関係をモデルとして表現することである。説明変数が 1 つだけの線形モデルの方程式は次のように定義される。

$$y = w_0 + w_1 x \tag{10.1.1}$$

ここで、重み w_0 は y 軸の切片を表し、w_1 は説明変数の係数を表す。ここでの目標は、説明変数と目的変数の関係を表す 1 次式の重みを学習することである。この重みを利用すれば、トレーニングデータセットには含まれていなかった説明変数の値に対して応答を予測できる。

先に定義した 1 次式を前提とすれば、線形回帰については、「サンプル点を通過する直線のうち最も適合するものを見つけ出すこと」として理解できる。これを図解すると次のようになる。

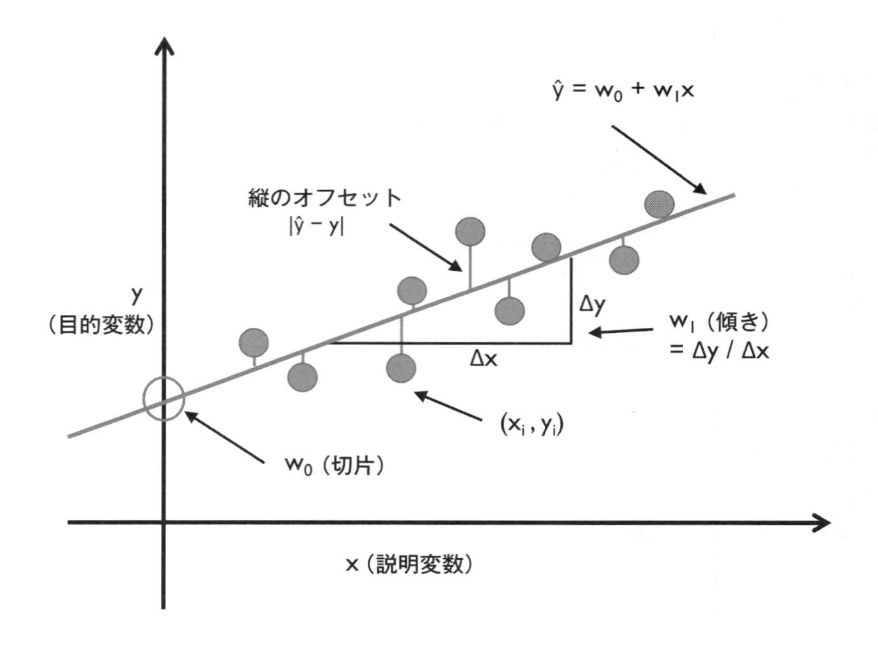

この最も適合する直線は**回帰直線**（regression line）とも呼ばれる。回帰直線からサンプル点への縦線は**オフセット**（offset）または**残差**（residual）と呼ばれ、予測値の誤差を表す。

10.1.2 重線形回帰

説明変数が 1 つだけの線形回帰モデルには、**単回帰**（simple linear regression）という特殊なケースもある。だがもちろん、線形回帰モデルを複数の説明変数に合わせて一般化することも可能である。このプロセスは**重回帰**（multiple linear regression）と呼ばれる。

$$y = w_0x_0 + w_1x_1 + \ldots + w_mx_m = \sum_{i=0}^{m} w_ix_i = \boldsymbol{w}^T\boldsymbol{x} \tag{10.1.2}$$

ここで w_0 は、$x_0 = 1$ として y 軸の切片を表している。

次の図は、特徴量が 2 つの重回帰モデルの 2 次元の適合超平面がどのようなものであるかを示している。

>> xii ページにカラーで掲載

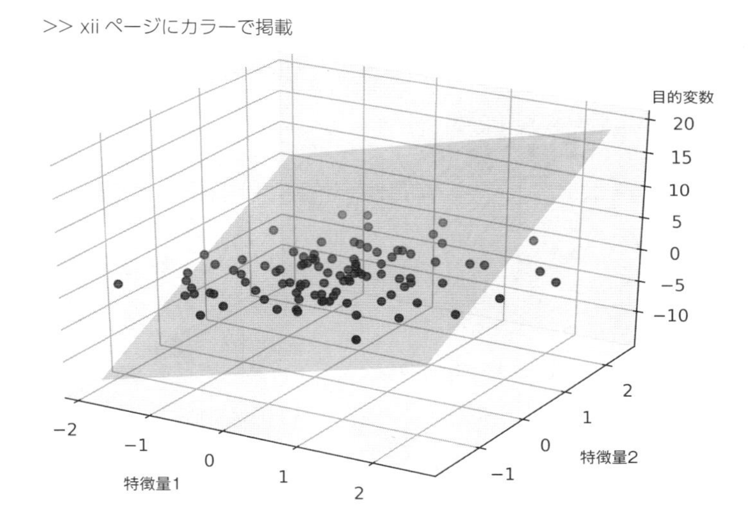

静的な図を調べるときには、重回帰の適合が 3 次元の散布図として可視化されただけで、すでに解釈するのが困難であることがわかる。2 次元の超平面（特徴量が 3 つ以上のデータセットに対する重回帰モデルの適合）を散布図として可視化するうまい方法はないため、本章の例や可視化は主に単回帰を使った単変量のケースに焦点を合わせている。ただし、単回帰と重回帰のもとになっている概念や評価手法は同じである。本章のコード実装は、どちらの回帰モデルでもうまくいく。

10.2 Housing データセットの探索

最初の線形回帰モデルを実装する前に、新たに利用する **Housing データセット**を紹介しておこう。このデータセットは D. Harrison と D.L. Rubinfeld によって 1978 年に収集されたもので、ボストン近郊の住宅情報が含まれている。Housing データセットは少し前に UCI Machine Learning

Repositoryから削除されたが、本書のGitHub[※1]からダウンロードできる。新しいデータセットに取り組むときには、単純な可視化手法を使ってデータを調べてみると、どのようなデータを扱っているのかを理解するのに役立つ。

10.2.1 Housingデータセットをデータフレームに読み込む

ここでは、pandasのread_csv関数を使ってHousingデータセットを読み込む。この関数は高速で融通が利くため、テキストで格納された表形式データを操作するときに役立つ。

Housingデータセットでは、506個のサンプルの特徴量が集計されている。

- CRIM…犯罪発生率（人口単位）
- ZN…25,000平方フィート以上の住宅区画の割合
- INDUS…非小売業の土地面積の割合（人口単位）
- CHAS…チャールズ川沿いかどうか（チャールズ川沿いの場合は1、そうでない場合は0）
- NOX…窒素酸化物の濃度（pphm単位）
- RM…1戸あたりの平均部屋数
- AGE…1940年よりも前に建てられた家屋の割合
- DIS…ボストンの主な5つの雇用圏までの重み付きの距離
- RAD…幹線道路へのアクセス指数
- TAX…10,000ドルあたりの所得税率
- PTRATIO…教師1人あたりの生徒の数（人口単位）
- B…$1000(Bk - 0.63)^2$として計算：Bkはアフリカ系アメリカ人居住者の割合（人口単位）
- LSTAT…低所得者の割合
- MEDV…住宅価格の中央値（単位1,000ドル）

本章のこれ以降の説明では、目的変数として住宅価格の中央値（MEDV）を使用する —— 13個の説明変数を1つ以上使ってこの目的変数を予測する。このデータセットについて詳しく見ていく前に、pandasのDataFrameオブジェクトに取り出しておこう。

```
>>> import pandas as pd
>>>
>>> df = pd.read_csv('https://raw.githubusercontent.com/rasbt/'
...                  'python-machine-learning-book-2nd-edition'
...                  '/master/code/ch10/housing.data.txt', header=None, sep='\s+')
>>> df.columns = ['CRIM', 'ZN', 'INDUS', 'CHAS', 'NOX', 'RM', 'AGE', 'DIS', 'RAD',
...               'TAX', 'PTRATIO', 'B', 'LSTAT', 'MEDV']
>>> df.head()
```

※1 https://raw.githubusercontent.com/rasbt/python-machine-learning-book-2nd-edition/master/code/ch10/housing.data.txt

このコードでは、Housing データセットが正しく読み込まれたことを確認するために、DataFrame オブジェクトである df の head メソッドを実行している。これにより、サンプルコードを IPython Notebook や Jupyter Notebook で実行している場合は、データセットの先頭にある 5 つのサンプルが次のように表示されるはずだ。

	CRIM	ZN	INDUS	CHAS	NOX	RM	AGE	DIS	RAD	TAX	PTRATIO	B	LSTAT	MEDV
0	0.00632	18.0	2.31	0	0.538	6.575	65.2	4.0900	1	296.0	15.3	396.90	4.98	24.0
1	0.02731	0.0	7.07	0	0.469	6.421	78.9	4.9671	2	242.0	17.8	396.90	9.14	21.6
2	0.02729	0.0	7.07	0	0.469	7.185	61.1	4.9671	2	242.0	17.8	392.83	4.03	34.7
3	0.03237	0.0	2.18	0	0.458	6.998	45.8	6.0622	3	222.0	18.7	394.63	2.94	33.4
4	0.06905	0.0	2.18	0	0.458	7.147	54.2	6.0622	3	222.0	18.7	396.90	5.33	36.2

Housing データセット（および本書で使用しているその他すべてのデータセット）は、本書の GitHub に含まれている。オフラインで作業する場合は、GitHub のデータセットをローカルディレクトリにコピーしておくとよいだろう。たとえば、ローカルディレクトリから Housing データセットを読み込むには、次の行を変更する。

```
df = pd.read_csv('https://raw.githubusercontent.com/rasbt/'
                 'python-machine-learning-book-2nd-edition'
                 '/master/code/ch10/housing.data.txt', header=None, sep='\s+')
```

このコードを次のコードに置き換えればよい。

```
df = pd.read_csv('<Housingデータセットへのローカルパス>/housing.data.txt',
                 sep='\s+')
```

10.2.2 データセットの重要な特性を可視化する

探索的データ解析（Exploratory Data Analysis：EDA）は、機械学習モデルのトレーニングを行う前の、最初の重要なステップとして推奨される。ここでは、探索的データ解析によってデータを視覚的に理解するための単純ながら有益な手法をいくつか利用する。これらの手法は、外れ値、データの分布、そして特徴量の間の関係を視覚的に検出するのに役立つはずだ。

まず、「散布図行列」を作成する。散布図行列を利用すれば、データセットの特徴量のペアに対する相関関係を 1 つの平面上で可視化できる。散布図行列のプロットには、**seaborn** ライブラリ[※2]の pairplot 関数を使用する。seaborn は matplotlib に基づいて統計グラフを描画するための Python ライブラリである。

※2 http://stanford.edu/~mwaskom/software/seaborn/

seabornパッケージをインストールするには、conda install seabornまたはpip install seabornを実行する。インストールが完了したら、このパッケージをインポートして、散布図行列を作成できる。

```
>>> import matplotlib.pyplot as plt
>>> import seaborn as sns
>>> cols = ['LSTAT', 'INDUS', 'NOX', 'RM', 'MEDV']
>>> # 変数のペアの関係をプロット：dfはDataFrameオブジェクト、sizeは1面のインチサイズ
>>> sns.pairplot(df[cols], size=2.5)
>>> plt.tight_layout()
>>> plt.show()
```

右ページの図に示すように、この散布図行列により、Housingデータセットの関係がグラフィカルにまとめられ、ひと目で確認できるようになる※3。

スペースの制約と読みやすさの観点から、ここではHousingデータセットの5つの列 —— LSTAT、INDUS、NOX、RM、MEDV —— だけをプロットした。ただし、データをさらに調べたい場合は、DataFrame全体の散布図行列を作成することが推奨される。その場合は、sns.pairplot呼び出しで異なる列名を選択するか、またはsns.pairplot(df)のように列セレクタを省略することで、散布図行列にすべての変数が含まれるようにすればよい。

この散布図行列を見ながら、データの分布と外れ値が含まれているかどうかをざっと調べてみよう。たとえば、RM（1戸あたりの平均部屋数）とMEDV（住宅価格の中央値）の関係は線形であることがわかる（4行目の5列目）。さらに、ヒストグラム（右下隅）では、MEDV変数は正規分布に見えるものの、外れ値がいくつか含まれている。

通説とは対照的に、線形回帰モデルのトレーニングでは、説明変数または目的変数が正規分布に従っている必要はない。正規性が前提となるのは、本書の範囲外の統計的検定法と仮説検定法に限られる※4。

※3 ［監注］seabornのpairplot関数によって描かれた散布図行列は、対角成分（行と列の番号が一致する成分）には各変数のヒストグラムが描かれている。また、非対角成分には横軸と縦軸にそれぞれの変数をとった散布図がプロットされている。たとえば、5行5列にはMEDVのヒストグラムがプロットされている。また、1行2列には横軸をINDUS、縦軸をLSTATとした散布図がプロットされている。

※4 D. C. Montgomery、E. A. Peck、G. G. Vining共著、『Introduction to linear regression analysis』（John Wiley and Sons、2012年、pp.318-319）

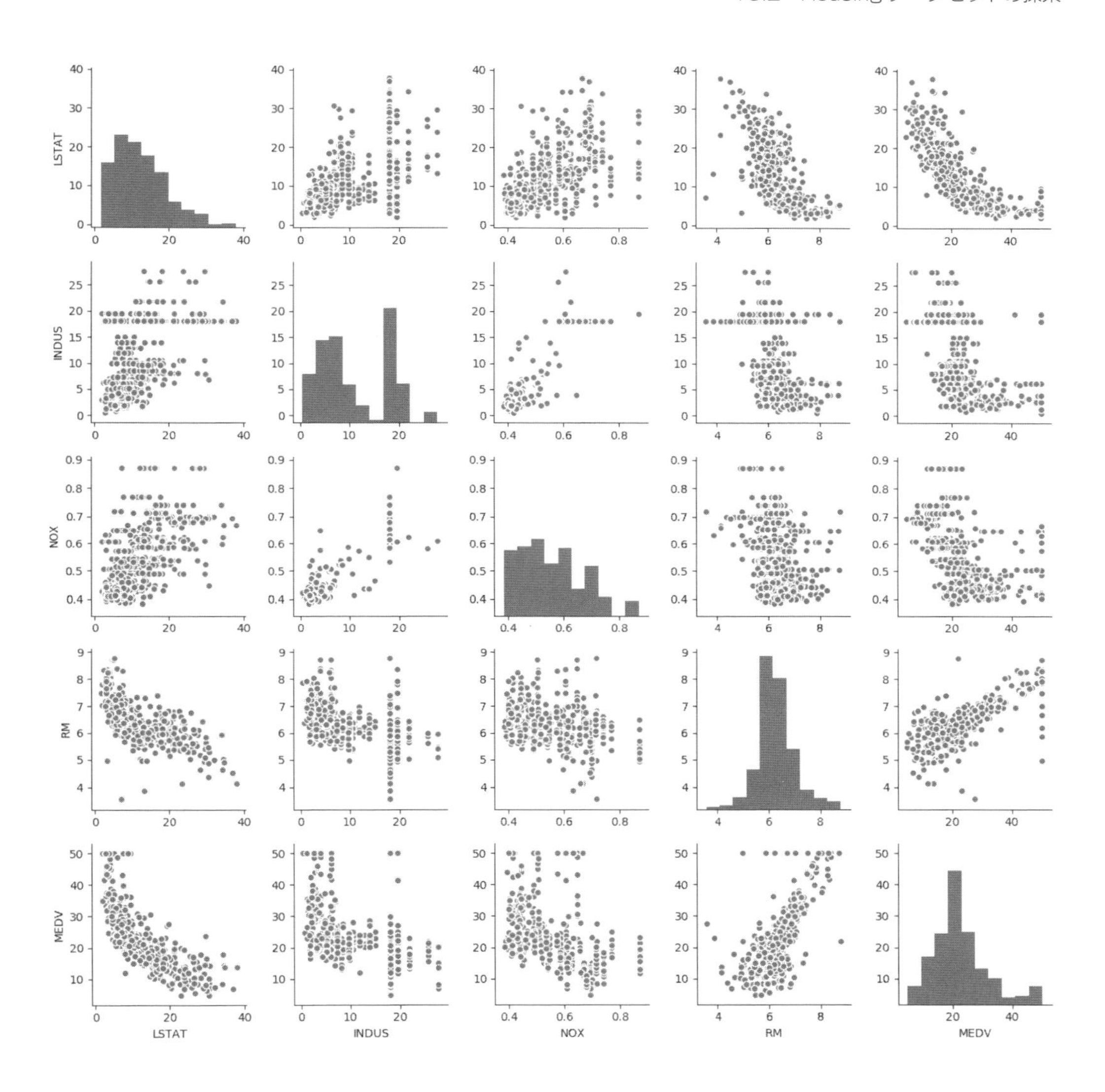

10.2.3　相関行列を使って関係を調べる

前項では、Housing データセットの変数の分布をヒストグラムと散布図を使って可視化した。次は、変数の間の線形関数を数値化するために、相関行列を作成してみよう。相関行列は、第 5 章の「5.1　主成分分析による教師なし次元削減」で取り上げた共分散行列と深く関わっている。直観的には、相関行列は共分散行列の尺度を取り直したバージョンであると考えることができる。実際には、相関行列は標準化された特徴量から計算された共分散行列に等しい。

相関行列は、**ピアソンの積率相関係数**（Pearson product-moment correlation coefficient）を成分とする正方行列である。ピアソンの積率相関係数は、特徴量のペアの線形的な従属関係を数値化するもので、よく**ピアソンの r**(Pearson's r)と略される。相関係数の範囲は –1 から 1 の間である。$r = 1$ の場合、2 つの特徴量の相関関係は完全に正の相関である。$r = 0$ の場合は相関関係がなく、$r = -1$ の場合は完全に負の相関である。先に述べたように、ピアソンの積率相関係数は 2 つの特徴量 x と y の共分散(分子)をそれらの標準偏差の積(分母)で割ったものとして計算できる。

$$r = \frac{\sum_{i=1}^{n}\left[\left(x^{(i)} - \mu_x\right)\left(y^{(i)} - \mu_y\right)\right]}{\sqrt{\sum_{i=1}^{n}\left(x^{(i)} - \mu_x\right)^2}\sqrt{\sum_{i=1}^{n}\left(y^{(i)} - \mu_y\right)^2}} = \frac{\sigma_{xy}}{\sigma_x \sigma_y} \qquad (10.2.1)$$

ここで、μ は対応する特徴量の標本平均であり、σ_{xy} は特徴量 x および y の間の共分散である。σ_x と σ_y はそれぞれの特徴量の標準偏差である。

標準化された特徴量の間の共分散が、実際にはそれらの線形の相関係数に等しいことを証明してみよう。まず、特徴量 x および y の z スコア(標準化スコア)を取得するために、これらの特徴量を標準化し、結果を x' と y' で示す。

$$x' = \frac{x - \mu_x}{\sigma_x}, \ y' = \frac{y - \mu_y}{\sigma_y} \qquad (10.2.2)$$

「5.1 主成分分析による教師なし次元削減」では、2 つの特徴量の間の共分散を次のように計算したことを思い出そう。

$$\sigma_{xy} = \frac{1}{n}\sum_{i}^{n}\left(x^{(i)} - \mu_x\right)\left(y^{(i)} - \mu_y\right) \qquad (10.2.3)$$

特徴量を標準化すると、平均値 0 が中心になるため、スケーリングされた特徴量の間の共分散を次のように計算できる。

$$\sigma'_{xy} = \frac{1}{n}\sum_{i}^{n}(x' - 0)(y' - 0) \qquad (10.2.4)$$

式 10.2.2 を式 10.2.4 に代入することにより、次の結果が得られる。

$$\begin{aligned} \sigma'_{xy} &= \frac{1}{n}\sum_{i}^{n}\left(\frac{x - \mu_x}{\sigma_x}\right)\left(\frac{y - \mu_y}{\sigma_y}\right) \\ &= \frac{1}{n \cdot \sigma_x \sigma_y}\sum_{i}^{n}\left(x^{(i)} - \mu_x\right)\left(y^{(i)} - \mu_y\right) \end{aligned} \qquad (10.2.5)$$

式 10.2.5 の最後の式に式 10.2.3 を代入して簡略化すると、次のようになる。

$$\sigma'_{xy} = \frac{\sigma_{xy}}{\sigma_x \sigma_y} \tag{10.2.6}$$

次のコードでは、先の散布図行列の 5 つの特徴量の列を指定して NumPy の `corrcoef` 関数を呼び出すことで、ピアソンの積率相関係数を計算する。そして、seaborn の `heatmap` 関数を使って相関行列をヒートマップとしてプロットする。

```
>>> import numpy as np
>>> cm = np.corrcoef(df[cols].values.T)         # ピアソンの積率相関係数を計算
>>> hm = sns.heatmap(cm,                        # 第 1 引数の相関係数をもとにヒートマップを作成
...                  cbar=True,                 # カラーバーの表示
...                  annot=True,                # データ値の表示
...                  square=True,               # 各矩形の正方形化 ( 縦と横のサイズを一致させる )
...                  fmt='.2f',                 # 数値などの表示形式
...                  annot_kws={'size': 15},    # データ値のサイズの設定
...                  yticklabels=cols,          # 行の目盛のラベル名
...                  xticklabels=cols)          # 列の目盛のラベル名
>>> plt.tight_layout()
>>> plt.show()
```


結果のグラフに示されているように、相関行列により、便利な集計グラフがもう 1 つ得られる。このグラフは、特徴量の線形相関に基づいて特徴量を選択するのに役立つ。

>> xii ページにカラーで掲載

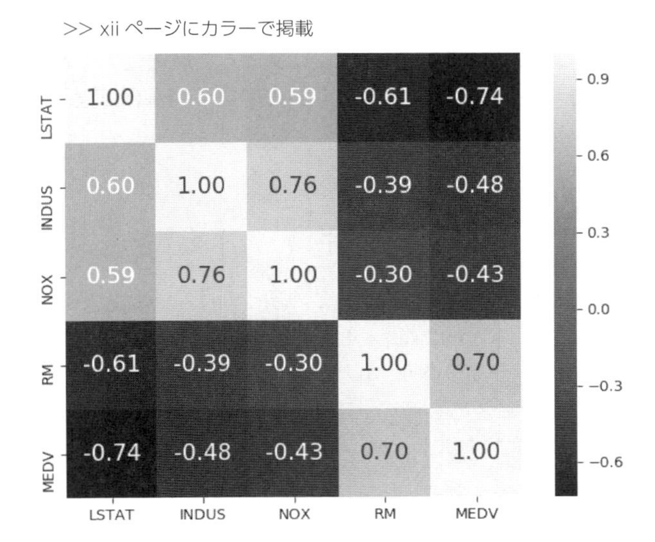

線形回帰モデルを適合させるにあたって着目すべきは、目的変数である MEDV（住宅価格の中央値）との相関が高い特徴量である。この相関行列を調べてみると、MEDV 変数との相関が最も高いのは LSTAT 変数（低所得者の割合、相関係数 =-0.74）であることがわかる。ただし、散布図行列を調べた限りでは、LSTAT と MEDV の間に非線形の相関関係があることは明らかである。一方で、RM（1 戸あたりの平均部屋数）と MEDV の間の相関も比較的高い（相関係数 =0.70）。以上で算出した相関係数と、散布図行列で観測した RM と MEDV の間の線形関係とを考え合わせると、RM は単回帰分析に用いる説明変数としてうってつけに思える。そこで次節では、単回帰モデルの概念を紹介する。

10.3　最小二乗線形回帰モデルの実装

本章の冒頭で説明したように、線形回帰については、「トレーニングデータのサンプル点を通過する直線のうち最も適合するものを取得すること」と理解できる。だが本書では、「最も適合する」が意味するものについても、そうしたモデルを学習させる手法についてもまだ説明していない。以下の項では、**最小二乗法**（Ordinary Least Squares：OLS）を用いることで、欠けているピースを埋めていく。具体的には、この手法を用いることで、サンプル点に対する縦の距離（残差または誤差）の 2 乗の和を最小化するパラメータを推定する。最小二乗法は**線形最小二乗法**（linear least squares）とも呼ばれる。

10.3.1　勾配降下法を使って回帰パラメータの回帰を解く

第 2 章の **ADALINE**（Adaptive Linear Neuron）の実装について考えてみよう。人工ニューロンが線形活性化関数を使用することと、コスト関数 $J(\cdot)$ を定義したことを覚えているだろうか。その際には、**勾配降下法**（GD）や**確率的勾配降下法**（SGD）といった最適化アルゴリズムを用いて、コスト関数を最小化する重みを学習した。この ADALINE のコスト関数は**誤差平方和**（SSE）である。これは次のように定義でき、OLS のコスト関数に等しい。

$$J(\boldsymbol{w}) = \frac{1}{2}\sum_{i=1}^{n}\left(y^{(i)} - \hat{y}^{(i)}\right)^2 \tag{10.3.1}$$

ここで、$\hat{y}$ は予測された値 $\hat{y} = \boldsymbol{w}^T\boldsymbol{x}$ である（1/2 の項は勾配降下法の更新ルールを導出するために使用されているにすぎない）。基本的には、OLS 線形回帰は単位ステップ関数のない ADALINE として解釈できる。したがって、クラスラベル –1 と 1 の代わりに、連続値をとる目的変数が得られる。この類似性を具体的に示すために、第 2 章の ADALINE の勾配降下法の実装から単位ステップ関数を削除することで、最初に基本的な線形回帰モデルを実装してみよう。

```
# 基本的な線形回帰モデル：第 2 章の AdalineGD クラスを参照
class LinearRegressionGD(object):
```

```
    # 初期化を実行する __init__
    def __init__(self, eta=0.001, n_iter=20):
        self.eta = eta                                      # 学習率
        self.n_iter = n_iter                                # トレーニング回数

    # トレーニングを実行する fit
    def fit(self, X, y):
        self.w_ = np.zeros(1 + X.shape[1])                  # 重みを初期化
        self.cost_ = []                                     # コスト関数の値を初期化
        for i in range(self.n_iter):
            output = self.net_input(X)                      # 活性化関数の出力を計算
            errors = (y - output)                           # 誤差を計算
            self.w_[1:] += self.eta * X.T.dot(errors)       # 重み w_{1} 以降を更新
            self.w_[0] += self.eta * errors.sum()           # 重み w_{0} を更新
            cost = (errors**2).sum() / 2.0                  # コスト関数を計算
            self.cost_.append(cost)                         # コスト関数の値を格納
        return self

    # 総入力を計算する net_input
    def net_input(self, X):
        return np.dot(X, self.w_[1:]) + self.w_[0]

    # 予測値を計算する predict
    def predict(self, X):
        return self.net_input(X)
```

重みを更新する方法 —— 勾配とは逆方向に進む —— を思い出す必要がある場合は、第2章の「2.4 ADALINE と学習の収束」を読み返そう。

基本的な線形回帰モデルである LinearRegressionGD 回帰器の実際の動作を確認するために、Housing データセットの MEDV（住宅価格の中央値）を予測するモデルをトレーニングしてみよう。この場合は、説明変数として RM（1戸あたりの平均部屋数）を使用する。

```
>>> X = df[['RM']].values
>>> y = df['MEDV'].values
>>> from sklearn.preprocessing import StandardScaler
>>> sc_x = StandardScaler()
>>> sc_y = StandardScaler()
>>> X_std = sc_x.fit_transform(X)
>>> y_std = sc_y.fit_transform(y[:, np.newaxis]).flatten()
>>> lr = LinearRegressionGD()
>>> lr.fit(X_std, y_std)
```

y_std の変換に np.newaxis と flatten を使用していることがわかる。scikit-learn のほとんどの変換器は、データが2次元配列に格納されていることを期待する。このため、np.newaxis を y[:, np.newaxis] のように使用することで、配列に新しい次元を追加している。次に、

StandardScalerからスケーリングされた変数が返された後、flattenメソッドを使って元の1次元配列に戻している。

第2章で説明したように、勾配降下法などの最適化アルゴリズムを使用するときには、コストの最小値(この場合は大局的最小値)に収束することを確認するために、コストをエポック数(データセットのトレーニング回数)の関数としてプロットするとよい。線形回帰が収束したかどうかをチェックするために、エポック数に対してコストをプロットしてみよう。

```
>>> # エポック数とコストの関係を表す折れ線グラフのプロット
>>> plt.plot(range(1, lr.n_iter+1), lr.cost_)
>>> plt.ylabel('SSE')
>>> plt.xlabel('Epoch')
>>> plt.show()
```

次のグラフに示されているように、勾配降下法のアルゴリズムは5回目のエポックの後に収束している。

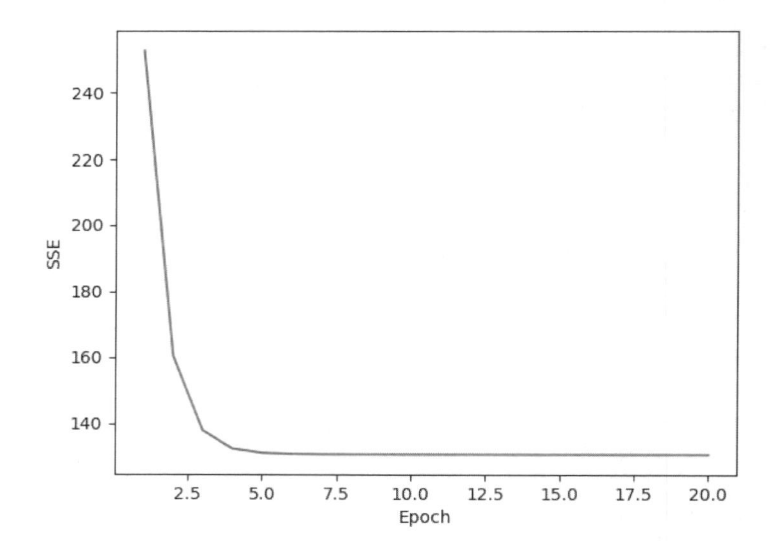

次に、線形回帰の直線がトレーニングデータにどの程度適合しているのかを可視化してみよう。この場合は、トレーニングサンプルの散布図をプロットし、回帰直線を追加する単純なヘルパー関数を定義する。

```
>>> def lin_regplot(X, y, model):
...     plt.scatter(X, y, c='steelblue', edgecolor='white', s=70)
...     plt.plot(X, model.predict(X), color='black', lw=2)
...     return
...
```

このlin_regplot関数を使って住宅価格に対する部屋数をプロットする。

```
>>> lin_regplot(X_std, y_std, lr)
>>> plt.xlabel('Average number of rooms [RM] (standardized)')
>>> plt.ylabel('Price in $1000s [MEDV] (standardized)')
>>> plt.show()
```

次のグラフからわかるように、この線形回帰直線は、部屋の数が増えると住宅価格も上昇するという一般的な傾向を反映している。

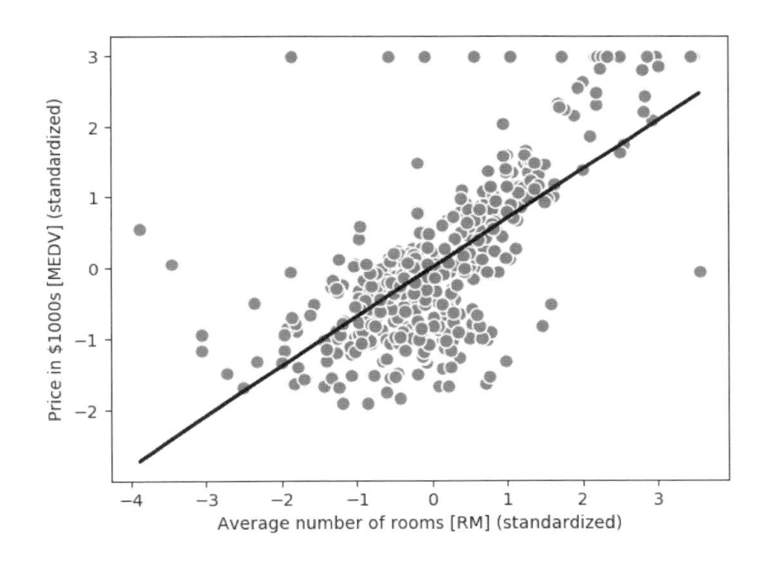

この結果は直観的であるものの、同時に部屋数だけでは住宅価格をうまく説明しきれないケースが多いことも示している。後ほど、回帰モデルの性能を数値化する方法について説明する。また、$y = 3$でデータ点が一列に並んでいることもわかる。これは住宅価格がそこで打ち切られている可能性があることを示唆している。また、用途によっては、結果変数の予測を元の尺度で報告することが重要になることもある。成果指標（住宅価格）を［Price in $1000s］軸で元の尺度に戻すには、StandardScalerのinverse_transformメソッドを適用すればよい。

```
>>> num_rooms_std = sc_x.transform([5.0])
>>> price_std = lr.predict(num_rooms_std)
>>> print("Price in $1000s: %.3f" % sc_y.inverse_transform(price_std))
Price in $1000s: 10.840
```

このコードでは、先にトレーニングした線形回帰モデルを使って、部屋数が5つの住宅の価格を予測している。このモデルによれば、そうした住宅の価値は10,840ドルである。

なお、標準化された変数を扱っているとしたら、厳密には、切片の重みを更新する必要はないことも指摘しておこう。そのような場合、y 軸の切片は常に 0 になるからだ。重みを出力してみれば、簡単に確認できる。

```
>>> print('Slope: %.3f' % lr.w_[1])
Slope: 0.695
>>> print('Intercept: %.3f' % lr.w_[0])
Intercept: -0.000
```

10.3.2 scikit-learn を使って回帰モデルの係数を推定する

前項では、回帰分析の試作モデルを実装した。だが、現実の用途において関心があるのは、より効率的な実装だろう。たとえば、scikit-learn の回帰推定器の多くは、標準化されていない変数にうまく適応する LIBLINEAR ライブラリ、高度な最適化アルゴリズム、その他のコード最適化手法を利用している。用途によっては、こうした手法のほうが適していることがある。

```
>>> from sklearn.linear_model import LinearRegression
>>> slr = LinearRegression()
>>> slr.fit(X, y)
>>> y_pred = slr.predict(X)
>>> print('Slope: %.3f' % slr.coef_[0])
Slope: 9.102
>>> print('Intercept: %.3f' % slr.intercept_)
Intercept: -34.671
```

このコードを実行した結果からわかるように、scikit-learn の `LinearRegression` モデルは、標準化されていない RM 変数と MEDV 変数を学習し、前項とは異なるモデル係数を出力している。RM に対する MEDV をプロットすることで、先の勾配降下法の実装と比較してみよう。

```
>>> lin_regplot(X, y, slr)
>>> plt.xlabel('Average number of rooms [RM]')
>>> plt.ylabel('Price in $1000s [MEDV]')
>>> plt.show()
```

このコードを実行してトレーニングデータと学習したモデルをプロットすると、全体的な結果が勾配降下法の実装と同じに見えることがわかる。

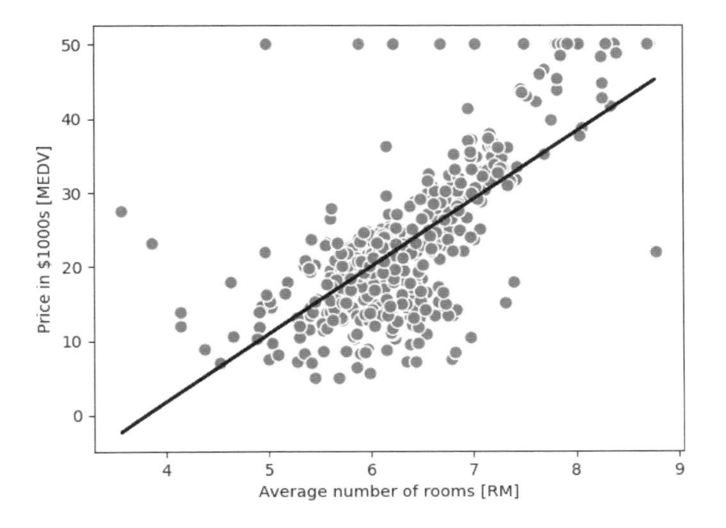

機械学習ライブラリの使用に代わる方法として、最小二乗法には、連立 1 次方程式を使用する閉形式 ※5 の解もある。この式は統計学入門の教科書によく載っている。

$$w = \left(X^T X\right)^{-1} X^T y \tag{10.3.2}$$

Python で実装すると、次のようになる。

```
>>> # "1" で構成された列ベクトルを追加
>>> Xb = np.hstack((np.ones((X.shape[0], 1)), X))
>>> w = np.zeros(X.shape[1])
>>> z = np.linalg.inv(np.dot(Xb.T, Xb))  # 式 10.3.2 の右辺の括弧部分を計算
>>> w = np.dot(z, np.dot(Xb.T, y))       # 式 10.3.2 の右辺全体を計算
>>> print('Slope: %.3f' % w[1])
Slope: 9.102
>>> print('Intercept: %.3f' % w[0])
Intercept: -34.671
```

この手法の利点は、最適解の解析的な求解が保証されることである。ただし、非常に大きなデータセットを扱っている場合は、式 10.3.2 で逆行列 $(X^T X)^{-1}$ を求めるときに計算コストが高くつくことがある。なお、式 10.3.2 は**正規方程式**（normal equation）とも呼ばれる。あるいは、サンプルの特徴行列が特異行列であり、可逆ではないかもしれない。反復的な手法が望ましいケースがあるのは、そのためである。

正規方程式を導出する方法に興味がある場合は、Dr. Stephen Pollock のレスター大学での講義をまとめた「The Classical Linear Regression Model」の章を読んでみることをお勧めする ※6。

http://www.le.ac.uk/users/dsgp1/COURSES/MESOMET/ECMETXT/06mesmet.pdf

※5　［監注］閉形式（closed-form solution）とは、あまり高度ではない初等関数などを使用した解の表現形式。

※6　［監注］正規方程式の導出は和書でも非常に多くの書籍で説明されている。たとえば、以下の書籍を参照。
『自然科学の統計学』（東京大学出版会、1992 年）

10.4 RANSACを使ったロバスト回帰モデルの学習

線形回帰モデルは外れ値の存在に大きく左右されることがある。状況によっては、データのほんの一部がモデル係数の推定に大きな影響を与えることがある。こうした外れ値を検出する統計的検定法はいろいろあるが、本書では取り上げない[※7]。ただし、外れ値を取り除くにあたっては、常に、データサイエンティストとしての判断と専門知識が求められることを付け加えておく。

外れ値の除去に代わる方法として、**RANSAC**(RANdom SAmple Consensus)アルゴリズムを使ったロバスト回帰について調べてみよう[※8]。このアルゴリズムは、回帰モデルにデータのサブセット――いわゆる「正常値」(inlier:外れ値ではないもの)を学習させる。

RANSACアルゴリズムの反復処理をまとめると、次のようになる。

1. 正常値としてランダムな数のサンプルを選択し、モデルを学習させる。
2. 学習済みのモデルに対して、その他すべてのデータ点を評価し、ユーザー指定の許容範囲となるデータ点を正常値に追加する。
3. すべての正常値を使ってモデルを再び学習させる。
4. 正常値に対する学習済みのモデルの誤差を推定する。
5. モデルの性能がユーザー指定のしきい値の条件を満たしている場合、またはイテレーションが既定の回数に達した場合はアルゴリズムを終了する。そうでなければ、手順1に戻る。

scikit-learnの`RANSACRegressor`オブジェクトを使用して、本章の線形モデルをRANSACモデルでラッピングしてみよう。

```
>>> from sklearn.linear_model import RANSACRegressor
>>> # ロバスト回帰モデルのクラスをインスタンス化
>>> ransac = RANSACRegressor(LinearRegression(),
...                          max_trials=100,
...                          min_samples=50,
...                          loss='absolute_loss',
...                          residual_threshold=5.0,
...                          random_state=0)
>>> ransac.fit(X, y)
```

※7 [監注] 外れ値の検出方法に興味のある読者は、以下の書籍等を参照。
『欠測データの統計科学』(調査観察データ解析の実際 第1巻、岩波書店、2016年)
『欠測データの統計解析』(朝倉書店、2016年)
『不完全データの統計解析』(エコノミスト社、2010年)
『Outlier Analysis』(Springer, 2013年)

※8 [監注] ロバスト回帰(robust regression)とは、外れ値の影響を抑えた上で回帰を実行する手法の総称である。ロバスト回帰の基本的なアイディアは、外れ値の重みを小さくすることにある。詳細については、以下の書籍等を参照されたい。
『頑健回帰推定』(朝倉書店、2016年)

RANSACRegressorのイテレーションの最大数を100に設定している。また、min_samples=50により、ランダムに選択されるサンプルの最小数を50に設定している。さらに、lossパラメータへの引数として'absolute_loss'を指定することで、学習直線に対するサンプル点の縦の距離の絶対値を計算させている。そして、residual_thresholdの引数に5.0を指定することで、学習直線に対する縦の距離が5単位距離内のサンプル点だけが正常値に含まれるようにしている。このデータセットでは、これでうまくいく。

デフォルトでは、scikit-learnは**MAD**（Median Absolute Deviation）推定を使って正常値のしきい値を選択する。MADは目的値yの中央絶対偏差である。ただし、正常値の適切なしきい値の選択は問題に依存するため、RANSACの課題の1つでもある。最近では、正常値の適切なしきい値を自動的に選択するさまざまな手法が開発されている[※9]。

RANSAC線形回帰モデルを学習させた後は、学習済みのRANSACモデルから正常値と外れ値を取得し、それらの値をRANSACモデルによる回帰直線とともにプロットしてみよう。

```
>>> inlier_mask = ransac.inlier_mask_                    # 正常値を表す真偽値を取得
>>> outlier_mask = np.logical_not(inlier_mask)           # 外れ値を表す真偽値を取得
>>> line_X = np.arange(3, 10, 1)                         # 3から9までの整数値を作成
>>> line_y_ransac = ransac.predict(line_X[:, np.newaxis])  # 予測値を計算
>>> # 正常値をプロット
>>> plt.scatter(X[inlier_mask], y[inlier_mask],
...             c='steelblue', edgecolor='white', marker='o', label='Inliers')
>>> # 外れ値をプロット
>>> plt.scatter(X[outlier_mask], y[outlier_mask],
...             c='limegreen', edgecolor='white', marker='s', label='Outliers')
>>> # 予測値をプロット
>>> plt.plot(line_X, line_y_ransac, color='black', lw=2)
>>> plt.xlabel('Average number of rooms [RM]')
>>> plt.ylabel('Price in $1000s [MEDV]')
>>> plt.legend(loc='upper left')
>>> plt.show()
```

次の散布図からわかるように、線形回帰モデルは検出された正常値（円のマーク）と適合している。

※9　R. Toldo and A. Fusiello. *Automatic Estimation of the Inlier Threshold in Robust Multiple Structures Fitting.* Image Analysis and Processing-ICIAP 2009, pages 123-131. Springer, 2009
https://pdfs.semanticscholar.org/99ae/2beda25df2c0099790534a13f5ceb1f5bb7c.pdf

>> xiii ページにカラーで掲載

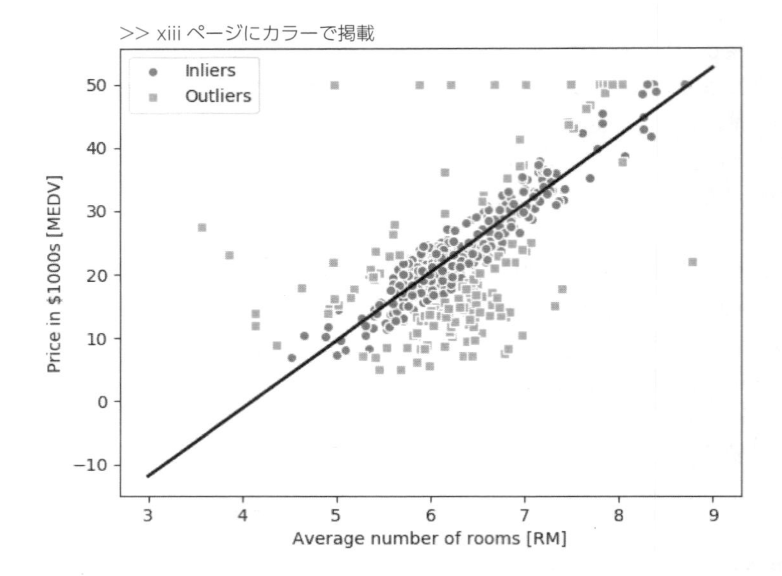

次のコードを実行してこのモデルの傾きと切片を出力すると、線形回帰直線が前節でRANSACを使用せずに適合させた結果とは少し異なることがわかる。

```
>>> print('Slope: %.3f' % ransac.estimator_.coef_[0])
Slope: 10.735
>>> print('Intercept: %.3f' % ransac.estimator_.intercept_)
Intercept: -44.089
```

RANSACを使用すると、このデータセットの外れ値の影響は抑えられる。ただし、この手法が未知のデータの予測にプラスに働くかどうかはわからない。そこで次節では、回帰モデルをさまざまな手法で評価する方法について説明する。このような評価は、予測モデルのシステムを構築するのに不可欠である。

10.5 線形回帰モデルの性能評価

前節では、回帰モデルをトレーニングデータで学習させる方法について説明した。だが、ここまでの章で見てきたように、モデルの性能を偏りなく推定するには、トレーニングに使用されなかったデータでモデルをテストすることが不可欠である。

第6章で説明したように、データセットをトレーニングデータセットとテストデータセットに分割し、トレーニングデータセットをモデルの学習に使用し、テストデータセットを未知のデータに対する汎化性能の評価に使用したい。ここでは、単回帰モデルで作業を進めるのではなく、データセットの変数をすべて使用して重回帰モデルをトレーニングする。

```
>>> from sklearn.model_selection import train_test_split
>>> X = df.iloc[:, :-1].values
>>> y = df['MEDV'].values
>>> X_train, X_test, y_train, y_test = train_test_split(X, y,
...                                                     test_size=0.3, random_state=0)
>>> slr = LinearRegression()
>>> slr.fit(X_train, y_train)
>>> y_train_pred = slr.predict(X_train)
>>> y_test_pred = slr.predict(X_test)
```

このモデルでは複数の説明変数を使用するため、線形回帰直線（正確には、超平面）は2次元のグラフとしてプロットできない。だが、線形回帰モデルを診断するために、予測された値に対する残差 —— 実際の値と予測された値の差または縦の距離 —— をプロットすることは可能である。そうした**残差プロット**（residual plot）は、回帰モデルを診断して非線形性や外れ値を検出し、誤差がランダムに分布しているかどうかをチェックするグラフィカルな解析によく使用されている※10。

残差プロットを作成するには、次のコードを実行する。ここでは単に、予測された応答から真の目的変数を引いている。

```
>>> plt.scatter(y_train_pred, y_train_pred - y_train,
...             c='steelblue', marker='o', edgecolor='white', label='Training data')
>>> plt.scatter(y_test_pred, y_test_pred - y_test,
...             c='limegreen', marker='s', edgecolor='white', label='Test data')
>>> plt.xlabel('Predicted values')
>>> plt.ylabel('Residuals')
>>> plt.legend(loc='upper left')
>>> plt.hlines(y=0, xmin=-10, xmax=50, color='black', lw=2)
>>> plt.xlim([-10, 50])
>>> plt.tight_layout()
>>> plt.show()
```

このコードを実行すると、x軸の原点から直線が引かれた残差プロットが表示されるはずだ。

※10 ［監注］線形回帰モデルでは、以下の3つの仮定が置かれている。データにモデルを適合させた後に、残差がこれらの条件を満たしているかどうかの確認はデータ解析の定石である。

1. 誤差の期待値は0である。
2. 誤差は互いに無相関である。
3. 誤差の分散は等しい（等分散）。

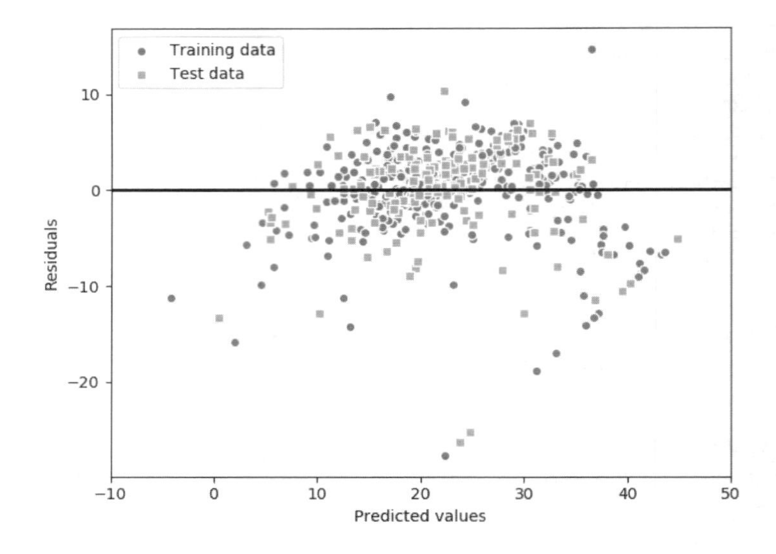

予測が完璧である場合、残差はちょうど0になる。現実のアプリケーションでは、残差が0になることはまずないだろう。ただし、よい回帰モデルでは、誤差がランダムに分布し、残差が中央の直線のまわりにランダムに散らばるはずだ。残差プロットにパターンが見られる場合は、モデルが何らかの情報を捕捉できていないことを意味する。そうした情報は残差に現れてくる。この残差プロットにもそうしたパターンが少し見られる。さらに、残差プロットを使って外れ値を検出することもできる。外れ値は中央の直線から大きく離れている点である。

モデルの性能を数値化するもう1つの効果的な手法は、いわゆる**平均二乗誤差**（Mean Squared Error：MSE）である。平均二乗誤差は、最小化した誤差平方和コスト関数の平均値であり、線形回帰モデルを学習させるときに使用する。平均二乗誤差は誤差平方和をサンプルサイズで正規化するため、さまざまな回帰モデルの比較や、グリッドサーチと交差検証を通じたパラメータのチューニングに役立つ。

$$MSE = \frac{1}{n}\sum_{i=1}^{n}\left(y^{(i)} - \hat{y}^{(i)}\right)^2 \tag{10.5.1}$$

トレーニングデータセットとテストデータセットの予測値の平均二乗誤差を計算してみよう。

```
>>> from sklearn.metrics import mean_squared_error
>>> # 平均二乗誤差を出力
>>> print('MSE train: %.3f, test: %.3f' % (mean_squared_error(y_train, y_train_pred),
...                                         mean_squared_error(y_test, y_test_pred)))
MSE train: 19.958, test: 27.196
```

トレーニングデータセットでの平均二乗誤差が 19.96、テストデータセットでの平均二乗誤差がそれよりもかなり大きい27.20であることがわかる。この値は、このモデルによるトレーニングデータの過学習が発生していることを示唆する。

場合によっては、**決定係数**（次の式の R^2）を求めるほうが効果的かもしれない。決定係数は、モデルの性能をより効果的に解釈できるようにするための、標準化された平均二乗誤差と考えることができる。つまり、R^2 はモデルによって捕捉された応答の分散の割合を表している。R^2 値は次のように定義できる[※11]。

$$R^2 = 1 - \frac{SSE}{SST} \tag{10.5.2}$$

ここで、SSE は誤差平方和であり、SST（Sum of Squared Total）は次の式によって表される。

$$SST = \sum_{i=1}^{n} \left(y^{(i)} - \mu_y\right)^2 \tag{10.5.3}$$

つまり、SST は応答分散にすぎない。

R^2 が平均二乗誤差（MSE）の尺度を取り直したバージョンにすぎないことを簡単に証明してみよう[※12]。

$$\begin{aligned} R^2 &= 1 - \frac{SSE}{SST} \\ &= 1 - \frac{\frac{1}{n}\sum_{i=1}^{n}\left(y^{(i)} - \hat{y}^{(i)}\right)^2}{\frac{1}{n}\sum_{i=1}^{n}\left(y^{(i)} - \mu_y\right)^2} \\ &= 1 - \frac{MSE}{Var(y)} \end{aligned} \tag{10.5.4}$$

トレーニングデータセットでは、R^2 の範囲は 0 〜 1 だが、テストデータセットでは負の値になる可能性がある。$R^2 = 1$ の場合、モデルは $MSE = 0$ で完全に適合する。

この R^2 を計算するコードは次のようになる。トレーニングデータを使った評価では、モデルの R^2 は 0.765 であり、それほど悪くないように思える。一方で、テストデータセットでの R^2 は 0.673 にすぎない。

※11　［監注］式 10.5.2 の右辺において、分子の SSE（誤差平方和）は回帰モデルでは説明できない目的変数のばらつき（変動）、分母の SST は目的変数の平均値のまわりにおけるばらつき（変動）の総和を表している。すなわち、決定係数 R^2 は目的変数の変動のうち、回帰モデルによって説明できる割合を表している。詳細については、『統計学入門』（東京大学出版会、1991 年）などを参照。

※12　［監注］式 10.5.4 において、2 番目の式では SSE、SST をともに n で割っていることに注意。これは、分子の SSE から MSE を導出するために行っている処理である。

```
>>> # R^2（決定係数）のスコアを出力
>>> from sklearn.metrics import r2_score
>>> print('R^2 train: %.3f, test: %.3f' % (r2_score(y_train, y_train_pred),
...                                        r2_score(y_test, y_test_pred)))
R^2 train: 0.765, test: 0.673
```

10.6 回帰に正則化手法を使用する

第 3 章で説明したように、正則化は過学習の問題に対処する手法の 1 つであり、モデルの極端なパラメータの重みにペナルティを科すために追加情報を導入する。正則化された線形回帰の最も一般的なアプローチは、いわゆる**リッジ回帰**（Ridge regression）、**LASSO**（Least Absolute Shrinkage and Selection Operator）、**Elastic Net** 法の 3 つである。

リッジ回帰は、L2 ペナルティ付きのモデルである。このモデルの式では、最小二乗コスト関数に対して重みの平方和を足し合わせる。

$$J(\boldsymbol{w})_{Ridge} = \sum_{i=1}^{n}\left(y^{(i)} - \hat{y}^{(i)}\right)^2 + \lambda \left\|\boldsymbol{w}\right\|_2^2 \qquad (10.6.1)$$

ここで、L2 ペナルティは次のように定義される。

$$L2: \quad \lambda \left\|\boldsymbol{w}\right\|_2^2 = \lambda \sum_{j=1}^{m} w_j^2 \qquad (10.6.2)$$

ハイパーパラメータ λ の値を増やすことで、正則化の強さを引き上げ、モデルの重みを減らす。切片項 w_0 は正則化の対象とはしないことに注意しよう。

疎なモデルを生成するもう 1 つの手法は LASSO である。正則化の強さによっては、特定の変数の重みが 0 になることがある。このため、LASSO は教師ありの特徴選択の手法としても役立つ。

$$J(\boldsymbol{w})_{LASSO} = \sum_{i=1}^{n}\left(y^{(i)} - \hat{y}^{(i)}\right)^2 + \lambda \left\|\boldsymbol{w}\right\|_1 \qquad (10.6.3)$$

ここで、L1 ペナルティは次のように定義される。

$$L1: \quad \lambda \left\|\boldsymbol{w}\right\|_1 = \lambda \sum_{j=1}^{m} \left|w_j\right| \qquad (10.6.4)$$

ただし、LASSO には制約があり、$m > n$ の（サンプルよりも特徴量のほうが多い）場合、最大値である n を選択する必要がある。リッジ回帰と LASSO の折衷案は Elastic Net である。Elastic Net では、L1 ペナルティと L2 ペナルティを使用する。L1 ペナルティは疎性を生成するために使用され、

L2ペナルティはLASSOの制約（たとえば選択される変数の個数）を部分的に克服するために使用される。

$$J(\boldsymbol{w})_{ElasticNet} = \sum_{i=1}^{n}\left(y^{(i)} - \hat{y}^{(i)}\right)^2 + \lambda_1 \sum_{j=1}^{m} w_j^2 + \lambda_2 \sum_{j=1}^{m}\left|w_j\right| \qquad (10.6.5)$$

こうした正則化された回帰モデルはすべてscikit-learnでサポートされている。使い方は通常の回帰モデルと同様だが、k分割交差検証などで最適化されたパラメータλを通じて、正則化の強さを指定する必要がある。

リッジ回帰モデルを初期化するコードは次のようになる。

```
>>> from sklearn.linear_model import Ridge
>>> ridge = Ridge(alpha=1.0)  # L2 ペナルティ項の影響度合いを表す値を引数に指定
```

正則化の強さは、λパラメータと同様にalphaパラメータによって制御される。linear_modelサブモジュールのLASSO回帰器を初期化するコードも同様である。

```
>>> from sklearn.linear_model import Lasso
>>> lasso = Lasso(alpha=1.0)
```

最後に、Elastic Net実装では、l1_ratio引数を使ってL1ペナルティとL2ペナルティの比率を変更できる。

```
>>> from sklearn.linear_model import ElasticNet
>>> elanet = ElasticNet(alpha=1.0, l1_ratio=0.5)
```

たとえば、l1_ratioを1.0に設定すると、L2ペナルティがなくなるため、Elastic Net回帰器はLASSO回帰器と等しくなる。線形回帰のさまざまな実装については、scikit-learnの公式ドキュメント※13に詳しい説明が含まれている。

10.7　多項式回帰：線形回帰モデルから曲線を見い出す

ここまでの節の内容は、説明変数と目的変数の関係が線形であることを前提としていた。この前提が外れる場合は、多項式の項が追加された多項式回帰モデルを使用する、という方法がある。

$$y = w_0 + w_1 x + w_2 x^2 + \ldots + w_d x^d \qquad (10.7.1)$$

※13　http://scikit-learn.org/stable/modules/linear_model.html

ここで、d は多項式の次数を表す。多項式回帰を使って非線形関係をモデル化することは可能だが、線形回帰の係数 w については線形であるため、やはり重回帰モデルと見なされる。ここでは、既存のデータセットを使って多項式回帰モデルを学習させる方法について説明する。

10.7.1 scikit-learn を使って多項式の項を追加する

ここでは、scikit-learn の `PolynomialFeatures` 変換器クラスを使用して、説明変数が 1 つだけの単回帰問題に対して 2 次の項（$d = 2$）を追加し、多項式回帰と線形回帰を比較する方法について見てみよう。具体的な手順は次のようになる。

1. 多項式の 2 次の項を追加する。

```
>>> from sklearn.preprocessing import PolynomialFeatures
>>> X = np.array([258.0, 270.0, 294.0, 320.0, 342.0, 368.0, 396.0, 446.0, 480.0,
...               586.0])[:, np.newaxis]
>>> y = np.array([236.4, 234.4, 252.8, 298.6, 314.2, 342.2, 360.8, 368.0, 391.2,
...               390.8])
>>> # 線形回帰（最小二乗法）モデルのクラスをインスタンス化
>>> lr = LinearRegression()
>>> pr = LinearRegression()
>>> # 2 次の多項式特徴量のクラスをインスタンス化
>>> quadratic = PolynomialFeatures(degree=2)
>>> # データに適合させ、データを変換
>>> X_quad = quadratic.fit_transform(X)
```

2. 比較を可能にするために、単回帰モデルを学習させる。

```
>>> # データに適合させる
>>> lr.fit(X, y)
>>> # np.newaxis で列ベクトルにする
>>> X_fit = np.arange(250,600,10)[:, np.newaxis]
>>> # 予測値を計算
>>> y_lin_fit = lr.predict(X_fit)
```

3. 多項式回帰のために、変換された特徴量で重回帰モデルを学習させる。

```
>>> # データに適合させる
>>> pr.fit(X_quad, y)
>>> # 2 次式で y の値を計算
>>> y_quad_fit = pr.predict(quadratic.fit_transform(X_fit))
```

4. 結果をプロットする。

```
>>> # 散布図、線形回帰モデル、多項式回帰モデルの結果をプロット
>>> plt.scatter(X, y, label='training points')
>>> plt.plot(X_fit, y_lin_fit, label='linear fit', linestyle='--')
>>> plt.plot(X_fit, y_quad_fit, label='quadratic fit')
```

```
>>> plt.legend(loc='upper left')
>>> plt.tight_layout()
>>> plt.show()
```

結果のグラフでは、目的変数と説明変数の関係について、多項式回帰のほうが線形回帰よりもはるかにうまく捕捉していることがわかる。

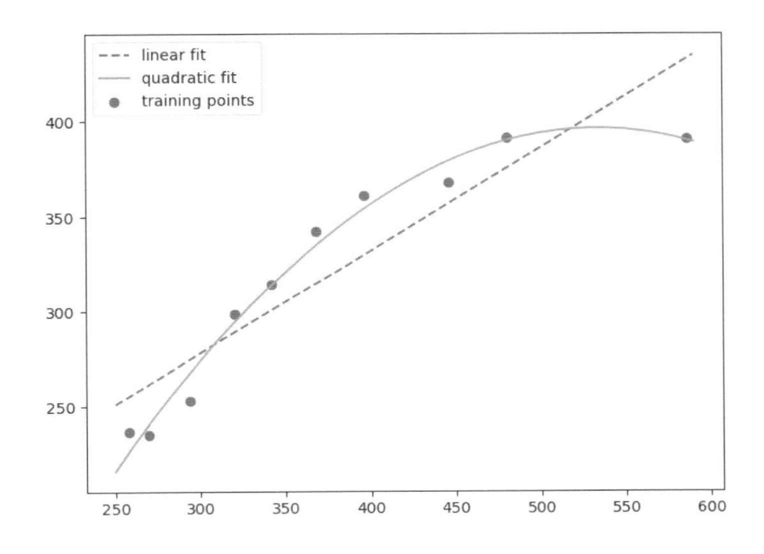


```
>>> y_lin_pred = lr.predict(X)
>>> y_quad_pred = pr.predict(X_quad)
>>> print('Training MSE linear: %.3f, quadratic: %.3f' %
...       (mean_squared_error(y, y_lin_pred), mean_squared_error(y, y_quad_pred)))
Training MSE linear: 569.780, quadratic: 61.330
>>> print('Training R^2 linear: %.3f, quadratic: %.3f' %
...       (r2_score(y, y_lin_pred), r2_score(y, y_quad_pred)))
Training R^2 linear: 0.832, quadratic: 0.982
```

このコードを実行した後、平均二乗誤差は570（線形回帰）から61（2次の多項式回帰）に減っている。この単純な問題では、決定係数は線形モデル（$R^2 = 0.832$）ではなく2次の多項式モデル（$R^2 = 0.982$）のほうに適合することを示している。

10.7.2　Housingデータセットで非線形関係をモデル化する

ここまでは、非線形関係に適合する多項式の特徴量を生成する方法について、単純な問題を使って説明した。次に、もう少し具体的な例を取り上げ、多項式の概念をHousingデータセットのデータに適用してみよう。次のコードは、2次（`quadratic`）と3次（`cubic`）の多項式を使ってMEDV（住宅価格の中央値）とLSTAT（低所得者の割合）の関係をモデル化し、線形回帰モデルと多項式回帰モデルの結果を比較する。

```
>>> X = df[['LSTAT']].values
>>> y = df['MEDV'].values
>>> regr = LinearRegression()

>>> # 2次と3次の特徴量を作成
>>> quadratic = PolynomialFeatures(degree=2)
>>> cubic = PolynomialFeatures(degree=3)
>>> X_quad = quadratic.fit_transform(X)
>>> X_cubic = cubic.fit_transform(X)

>>> # 特徴量の学習、予測、決定係数の計算
>>> X_fit = np.arange(X.min(), X.max(), 1)[:, np.newaxis]
>>> regr = regr.fit(X, y)
>>> y_lin_fit = regr.predict(X_fit)
>>> linear_r2 = r2_score(y, regr.predict(X))

>>> # 2次の特徴量の学習、予測、決定係数の計算
>>> regr = regr.fit(X_quad, y)
>>> y_quad_fit = regr.predict(quadratic.fit_transform(X_fit))
>>> quadratic_r2 = r2_score(y, regr.predict(X_quad))

>>> # 3次の特徴量の学習、予測、決定係数の計算
>>> regr = regr.fit(X_cubic, y)
>>> y_cubic_fit = regr.predict(cubic.fit_transform(X_fit))
>>> cubic_r2 = r2_score(y, regr.predict(X_cubic))

>>> # 各モデルの結果をプロット
>>> plt.scatter(X, y, label='training points', color='lightgray')
>>> plt.plot(X_fit, y_lin_fit, label='linear (d=1), $R^2=%.2f$' %
...          linear_r2, color='blue', lw=2, linestyle=':')
>>> plt.plot(X_fit, y_quad_fit, label='quadratic (d=2), $R^2=%.2f$' %
...          quadratic_r2, color='red', lw=2, linestyle='-')
>>> plt.plot(X_fit, y_cubic_fit, label='cubic (d=3), $R^2=%.2f$' %
...          cubic_r2, color='green', lw=2, linestyle='--')
>>> plt.xlabel('% lower status of the population [LSTAT]')
>>> plt.ylabel('Price in $1000s [MEDV]')
>>> plt.legend(loc='upper right')
>>> plt.show()
```

このコードを実行した結果は次のようになる。

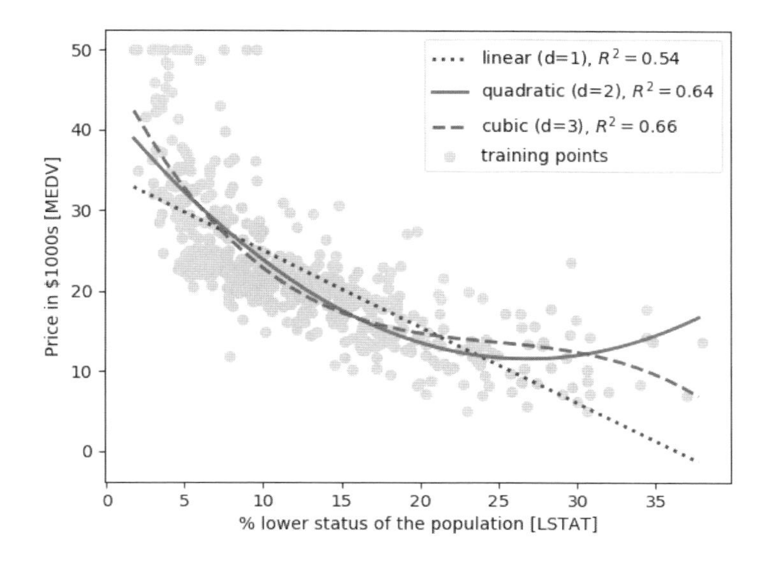

結果のグラフからわかるように、3 次の多項式回帰モデルは線形回帰モデルや 2 次の多項式回帰モデルよりも MEDV と LSTAT の関係をうまく捕捉している。ただし、多項式の特徴量を追加すればするほどモデルの複雑さが増すことになるため、過学習の可能性が高まることに注意しなければならない。実際には、モデルの汎化性能を推定できるよう、別のテストデータセットを使ってモデルの性能を評価することが常に推奨される。

それに加えて、非線形関係をモデル化するにあたって、多項式の特徴量は必ずしも最良の選択であるとは限らない。たとえば、MEDV と LSTAT の散布図を見てみると、LSTAT 変数の対数と MEDV 変数の平方根により、線形回帰モデルの学習に適した線形特徴空間に対して、データを射影できるように思える。たとえば、筆者が見たところ、これら 2 つの変数は次の指数関数とよく似ているように思える。

$$f(x) = 2^{-x}$$

指数関数の自然対数は直線であるため、そうした対数変換をここで適用できると仮定する。

$$\log(f(x)) = -x$$

次のコードを使ってこの仮説をテストしてみよう。

```
>>> # 特徴量を変換
>>> X_log = np.log(X)
>>> y_sqrt = np.sqrt(y)

>>> # 特徴量の学習、予測、決定係数の計算
>>> X_fit = np.arange(X_log.min()-1, X_log.max()+1, 1)[:, np.newaxis]
>>> regr = regr.fit(X_log, y_sqrt)
```

```
>>> y_lin_fit = regr.predict(X_fit)
>>> linear_r2 = r2_score(y_sqrt, regr.predict(X_log))

>>> # 射影したデータを使った学習結果をプロット
>>> plt.scatter(X_log, y_sqrt, label='training points', color='lightgray')
>>> plt.plot(X_fit, y_lin_fit, label='linear (d=1), $R^2=%.2f$' %
...          linear_r2, color='blue', lw=2)
>>> plt.xlabel('log(% lower status of the population [LSTAT])')
>>> plt.ylabel('$\sqrt{Price \; in \; \$1000s [MEDV]}$')
>>> plt.legend(loc='lower left')
>>> plt.tight_layout()
>>> plt.show()
```

説明変数を対数に変換し、目的変数の平方根を算出すると、2つの変数と線形回帰直線との関係を捕捉できるようになる。結果として、先のどの多項式特徴量変換よりもデータをうまく学習($R^2 = 0.69$)しているように思える。

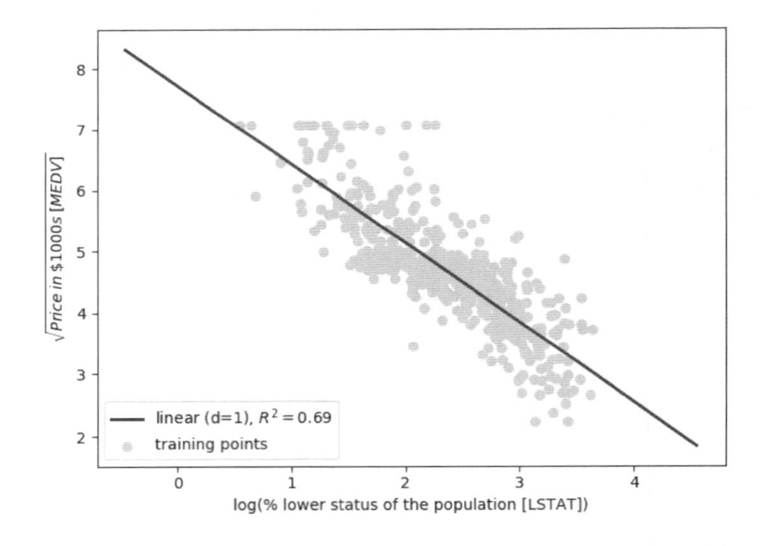

10.7.3 ランダムフォレストを使って非線形関係に対処する

ここでは、**ランダムフォレスト**回帰を取り上げる。ランダムフォレスト回帰は、本章のここまでの回帰モデルとは概念的に異なっている。ランダムフォレストは複数の**決定木**からなるアンサンブルである。これについては、入力全体を対象とする前述の線形回帰モデルや多項式回帰モデルとは対照的に、区分線形関数の和として考えることができる。つまり、決定木アルゴリズムを使って入力空間をより「管理しやすい」小さな領域に分割する。

決定木回帰

決定木アルゴリズムの利点は、非線形データを扱う場合に特徴量を変換する必要がいっさいないことである。第3章で説明したように、決定木を伸張させるには、葉が純粋になるか、終了条件が満たされるまで、ノードの分割を繰り返す。その際、分類に決定木を使用したときの不純度の指標として、エントロピーを定義した。エントロピーは、どの特徴量を分割すると**情報利得**(IG)が最大になるかを決定するものである。二分決定木のIGは次のように定義できる。

$$IG(D_p, x_i) = I(D_p) - \frac{N_{left}}{N_p} I(D_{left}) - \frac{N_{right}}{N_p} I(D_{right}) \tag{10.7.2}$$

ここで、xは分割の対象となる特徴量、N_pは親ノードのサンプルの個数、Iは不純度関数、D_pは親ノードのトレーニングサンプルのサブセットである。ここでの目標は、情報利得が最大となる特徴量の分割を特定することである。つまり、どの特徴量で分割すると子ノードの不純度が最も低下するのかを突き止めたい。第3章では、不純度の指標としてジニ不純度とエントロピーを取り上げた。どちらも分類のための効果的な分割条件である。しかし、回帰に決定木を使用するには、連続値の変数に適した不純度指標が必要である。そこで、ノードtの不純度指標として代わりに平均二乗誤差(MSE)を定義する。

$$I(t) = MSE(t) = \frac{1}{N_t} \sum_{i \in D_t} \left(y^{(i)} - \hat{y}_t \right)^2 \tag{10.7.3}$$

ここで、N_tはノードtのトレーニングサンプルの個数、D_tはノードtのトレーニングサブセット[※14]、$y^{(i)}$は真の目的値、$\hat{y}_t$は予測された目的値(サンプルの平均)である[※15]。

$$\hat{y}_t = \frac{1}{N_t} \sum_{i \in D_t} y^{(i)} \tag{10.7.4}$$

決定木回帰のコンテキストでは、平均二乗誤差はよく「分割後のノード分散」と呼ばれる。分割条件がよく「分散減少」(variance reduction)と呼ばれるのは、そのためである。決定木の学習直線がどのようなものになるかを確認するために、scikit-learnの`DecisionTreeRegressor`クラスを使ってMEDV変数とLSTAT変数の非線形関係をモデル化してみよう。

```
>>> from sklearn.tree import DecisionTreeRegressor
>>> X = df[['LSTAT']].values
>>> y = df['MEDV'].values
>>> # 決定木回帰モデルのクラスをインスタンス化：max_depthで決定木の深さを指定
>>> tree = DecisionTreeRegressor(max_depth=3)
>>> tree.fit(X, y)
>>> # argsortはソート後のインデックスを返し、flattenは1次元の配列を返す
>>> sort_idx = X.flatten().argsort()
```

※14 ［監注］式10.7.3の右辺、式10.7.4の右辺でD_tの各要素iは、ノードtのトレーニングサブセットのインデックスを表している。したがって、その集合であるD_tはノードtのトレーニングサブセットのインデックスの集合を表していると考えておくと混乱が生じないだろう。

※15 ［監注］すなわち、式10.7.3はノードtにおける目的変数の予測値と真の値の分散を表している。

```
>>> # 10.3.1 項で定義した lin_regplot 関数により、散布図と回帰直線を作成
>>> lin_regplot(X[sort_idx], y[sort_idx], tree)
>>> plt.xlabel('% lower status of the population [LSTAT]')
>>> plt.ylabel('Price in $1000s [MEDV]')
>>> plt.show()
```

結果のグラフからわかるように、決定木はデータの一般的な傾向を捕捉している。だがこのモデルには、予測値は連続ではなく微分できない（連続性も微分可能性も有していない）という制約がある。それに加えて、決定木の深さとして、過学習または学習不足に陥ることのない適切な値を慎重に選択する必要もある。この場合は、深さとして３の値が適しているようだ。

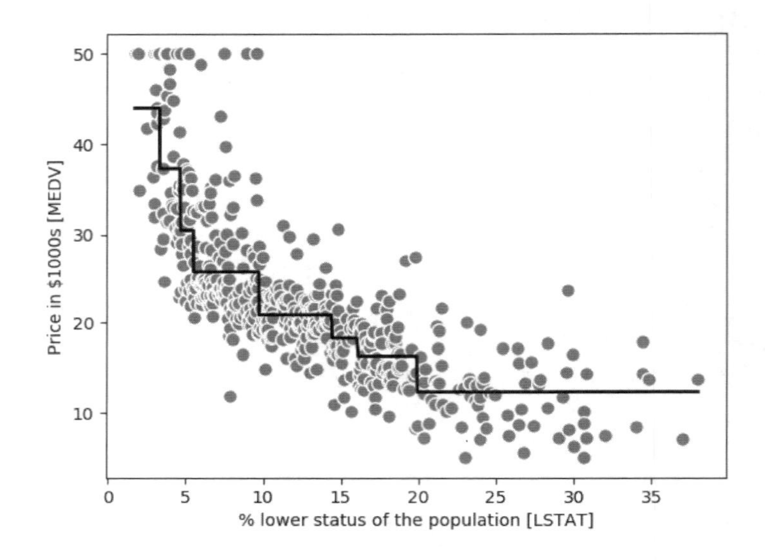

次項では、決定木回帰を適合させるためのより頑健なモデルであるランダムフォレストについて見てみよう。

ランダムフォレスト回帰

第３章で説明したように、ランダムフォレストアルゴリズムは複数の決定木を組み合わせるアンサンブル手法である。通常、ランダムフォレストは個々の決定木よりも汎化性能が高い。これはモデルのバリアンスを低下させるのに役立つランダム性のおかげである。ランダムフォレストには、データセットの外れ値にあまり影響を受けず、パラメータのチューニングをそれほど要求しないという利点もある。ランダムフォレストのパラメータのうち、一般に実験が必要となるのは、アンサンブルの決定木の個数だけである。回帰用の基本的なランダムフォレストアルゴリズムは、第３章で説明した分類用のアルゴリズムとほぼ同じである。唯一の違いは、個々の決定木の成長に平均二乗誤差の条件を使用することである。予測される目的変数は、すべての決定木の予測を平均して計算される。

ここでは、Housing データセットのすべての特徴量を使用して、サンプルの 60% でランダムフォレスト回帰モデルの学習を行い、残りの 40% で性能を評価する。コードは次のようになる。

```
>>> X = df.iloc[:, :-1].values
>>> y = df['MEDV'].values
>>> X_train, X_test, y_train, y_test = train_test_split(X, y,
...                                                     test_size=0.4,
...                                                     random_state=1)
>>> from sklearn.ensemble import RandomForestRegressor
>>> # ランダムフォレスト回帰のクラスをインスタンス化 ※16
>>> forest = RandomForestRegressor(n_estimators=1000,
...                                criterion='mse',
...                                random_state=1,
...                                n_jobs=-1)
>>> forest.fit(X_train, y_train)
>>> y_train_pred = forest.predict(X_train)
>>> y_test_pred = forest.predict(X_test)
>>> # MSE（平均二乗誤差）を出力
>>> print('MSE train: %.3f, test: %.3f' % (mean_squared_error(y_train, y_train_pred),
...                                        mean_squared_error(y_test, y_test_pred)))
MSE train: 1.642, test: 11.052
>>> # R^2（決定係数）を出力
>>> print('R^2 train: %.3f, test: %.3f' % (r2_score(y_train, y_train_pred),
...                                        r2_score(y_test, y_test_pred)))
R^2 train: 0.979, test: 0.878
```


残念ながら、ランダムフォレストはトレーニングデータを過学習する傾向にあることがわかる。一方で、目的変数と説明変数の関係は依然としてうまく説明できている（テストデータセットで $R^2 = 0.878$）。

最後に、予測値の残差を調べてみよう。

```
>>> # 予測値と残差をプロット
>>> plt.scatter(y_train_pred,             # グラフの x 値（予測値）
...             y_train_pred - y_train,   # グラフの y 値（予測値とトレーニング値の差）
...             c='steelblue',            # プロットの色
...             edgecolor='white',        # プロットの線の色
...             marker='o',              # マーカーの種類
...             s=35,                    # マーカーのサイズ
...             alpha=0.9,               # 透過度
...             label='training data')   # ラベルの文字
>>> plt.scatter(y_test_pred,
...             y_test_pred - y_test,
...             c='limegreen',
...             edgecolor='white',
...             marker='s',
...             s=35,
```

※16 ［監注］n_estimators は決定木の数、criterion は決定木の成長条件となる指標、random_state は乱数発生器の状態、n_jobs は並行処理の数（-1 の場合はコア数に一致）を指定。

```
...                alpha=0.9,
...                label='Test data')
>>> plt.xlabel('Predicted values')
>>> plt.ylabel('Residuals')
>>> plt.legend(loc='upper left')
>>> plt.hlines(y=0, xmin=-10, xmax=50, lw=2, color='black')
>>> plt.xlim([-10, 50])
>>> plt.tight_layout()
>>> plt.show()
```

決定係数R^2によって要約されているように、このモデルはテストデータよりもトレーニングデータのほうと適合することがわかる。これはy軸方向の外れ値によって示されている。また、残差は原点の周囲に完全にランダムに分布しているようには見えない。これは、このモデルが情報を完全に捕捉できないことを示唆している。ただし、「10.5　線形回帰モデルの性能評価」で作成した線形モデルの残差プロットと比較すれば、この残差プロットは大きな改善である。

>> xiii ページにカラーで掲載

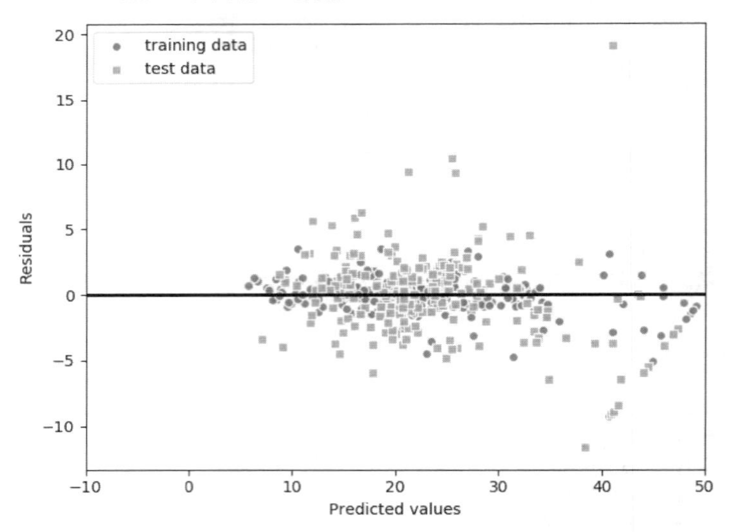

理想的には、このモデルの誤差はランダムであるか、予測できないはずである。つまり、予測値の誤差と説明変数に含まれている情報との間に関連性はないはずであり、予測値の誤差は実際の分布やパターンのランダム性を反映していなければならない。たとえば、残差プロットを調べたところ、予測値の誤差にパターンが見られる、という場合は、残差プロットに予測値の情報が含まれていることを意味する。その主な理由として考えられるのは、そうした説明情報が残差に漏れ出していることである。

残念ながら、残差プロットの非ランダム性に対処するための不偏的なアプローチというものは存在せず、実験が必要である。利用可能なデータにもよるが、変数を変換する、学習アルゴリズムのハイパーパラメータをチューニングする、より単純または複雑なモデルを選択する、外れ値を取り除く、または変数を追加することにより、モデルを改善できることがある。

第3章では、分類問題を解くためにサポートベクトルマシン（SVM）と組み合わせることが可能なカーネルトリックについても説明した。これは非線形問題を扱う場合に便利である。本書では説明しないが、SVM は非線形回帰にも使用できる。回帰に SVM を使用する方法に興味がある場合は、S. R. Gunn 他によるすばらしい報告書が参考になるだろう[※17]。

Gunn et al. *Support Vector Machines for Classification and Regression*. ISIS technical report, 14, 1998, http://users.ecs.soton.ac.uk/srg/publications/pdf/SVM.pdf

また、SVM 回帰器は scikit-learn でも実装されている。

http://scikit-learn.org/stable/modules/generated/sklearn.svm.SVR.html#sklearn.svm.SVR

まとめ

本章の冒頭では、単回帰分析を使って単一の説明変数と連続値をとる目的変数との関係をモデル化する方法について説明した。続いて、データのパターンや異常を調べるのに役立つ探索的データ分析手法について説明した。これは予測モデルの構築において重要な最初の一歩である。

最初のモデルは、勾配ベースの最適化アプローチを使って線形回帰を実装するという方法で構築した。次に、scikit-learn の線形回帰モデルを利用する方法と、外れ値に対処する方法としてロバスト回帰モデル（RANSAC）を実装する方法についても説明した。回帰モデルの予測性能を評価するために、誤差平方和（SSE）とそれに関連する決定変数 R^2 を計算した。さらに、回帰モデルの問題を視覚的に診断するのに役立つ残差プロットについても説明した。

回帰モデルの複雑さを低減し、過学習を回避するために、回帰モデルに正則化を適用する方法についても説明した。続いて、非線形関係をモデル化する手法として、多項式による特徴変換やランダムフォレスト回帰器などを紹介した。

ここまでの章では、教師あり学習、分類、回帰分析について詳しく説明してきた。次章では、機械学習の興味深い分野の1つである「教師なし学習」を取り上げ、目的変数が存在しないデータから隠れた構造を見つけ出すために、クラスタ分析を使用する方法について説明する。

※17　［監注］和書では、『サポートベクトルマシン』（講談社、2015 年）などがある。

MEMO

第11章

クラスタ分析
— ラベルなしデータの分析

ここまでの章では、教師あり学習の手法を利用することで、答えがすでにわかっているデータで機械学習モデルを構築してきた —— つまり、クラスラベルはトレーニングデータに含まれていた。本章では、これまでとは発想の異なる方法として、**教師なし学習**法に属するクラスタ分析（クラスタリング）について見ていく。クラスタ分析では、正しい答えが事前にわかっていないデータから隠れた構造を見つけ出すことができる。クラスタリングの目標は、データを自然なグループにまとめる方法を見つけ出すことにある。そうしたクラスタリングでは、同じクラスタ（グループ）のアイテムは異なるクラスタのアイテムよりも互いに類似している。

探索的な性質を持つクラスタリングは意欲的なテーマである。本章では、データを意味のある構造にまとめるのに役立つ次の概念について説明する。

- よく知られている k-means（k 平均法）を使って類似点の中心を見つけ出す。
- 階層的クラスタ木をボトムアップ方式で構築する。
- 密度に基づくクラスタリングアプローチを使ってオブジェクトの任意の形状を識別する。

11.1　k-means 法を使った類似度によるオブジェクトのグループ化

ここでは、最もよく知られているクラスタリングアルゴリズムの 1 つである **k-means 法**（k-means algorithm）について説明する。k-means 法は、産業界でも学術界でも広く使用されている。クラスタリング（クラスタ分析）を利用すれば、類似したオブジェクトをグループにまとめることができる。

同じグループに属しているオブジェクトは、他のグループに属しているオブジェクトよりも互いに関連性が高い。ビジネスにおけるクラスタリングの用途としては、レコメンデーションエンジンのベースとして、異なるテーマの文書、音楽、映画を同じグループにまとめることや、共通の購入履歴に基づいて同じような関心を持つ顧客を見つけることが挙げられる。

11.1.1 scikit-learn を使った k-means クラスタリング

後ほど示すように、k-means 法を実装するのはとても簡単だが、一方で、他のクラスタリングアルゴリズムと比べて非常に計算効率がよいことも、その人気の秘密かもしれない。k-means 法は**プロトタイプベース**（prototype-based）クラスタリングというカテゴリに属している。クラスタリングには、この他に**階層的**（hierarchical）クラスタリングと**密度ベース**（density-based）クラスタリングという 2 つのカテゴリがある。これらについては、後ほど説明する。

プロトタイプベースクラスタリングは、各クラスタがプロトタイプによって表されることを意味する。プロトタイプは、**セントロイド**（centroid）か**メドイド**（medoid）のどちらかになる。セントロイドは、特徴量が連続値の場合に、類似する点の「中心」を表す。メドイドは、特徴量がカテゴリ値の場合に、最も「代表的」または最も頻度の高い点を表す。k-means 法が最も効果的なのは、球状（または円状）のクラスタの識別である。一方で、k-means 法の問題点の 1 つは、クラスタの個数 k を指定しなければならないことだ。k の値が不適切である場合は、クラスタリングの性能が悪くなる可能性がある。後ほど、クラスタリングの品質を評価するのに役立つ**エルボー法**（elbow method）と**シルエット図**（silhouette plot）について説明する。これらはクラスタの最適な個数 k を決定するのに役立つ。

k-means 法は高次元のデータに適用できるが、次の例では、単純な 2 次元のデータセットを使用する。これは、k-means 法がどのようなものであるかを具体的に確認するためである。

```
>>> from sklearn.datasets import make_blobs
>>> X, y = make_blobs(n_samples=150,      # サンプル点の総数
...                   n_features=2,       # 特徴量の個数
...                   centers=3,          # クラスタの個数
...                   cluster_std=0.5,    # クラスタ内の標準偏差
...                   shuffle=True,       # サンプルをシャッフル
...                   random_state=0)     # 乱数生成器の状態を指定
>>> import matplotlib.pyplot as plt
>>> plt.scatter(X[:,0], X[:,1], c='white', marker='o', edgecolor='black', s=50)
>>> plt.grid()
>>> plt.tight_layout()
>>> plt.show()
```

ここで作成したデータセットは、ランダムに生成された 150 個の点で構成されている。これらの点は、密度が高いものから順に、ほぼ 3 つのグループに分かれている。これを 2 次元の散布図にまとめると、次のようになる。

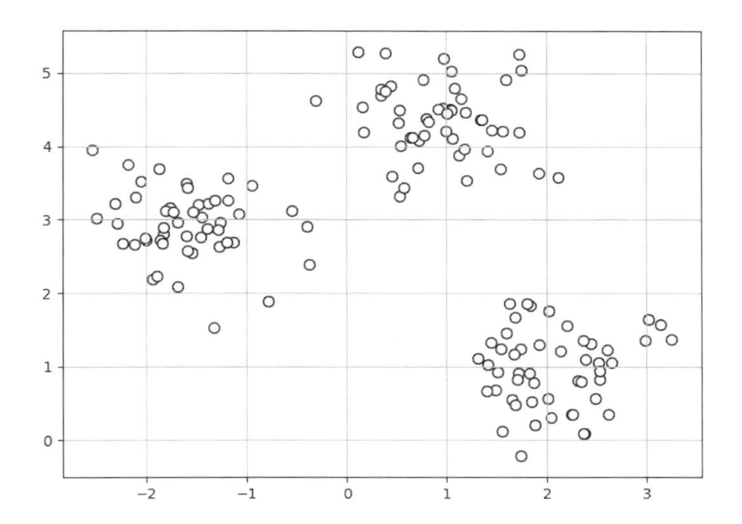

現実のクラスタリングアプリケーションでは、サンプルについての正しいカテゴリ情報（推論ではなく経験的に実証されている情報）は事前にわかっていない。正しいカテゴリ情報が事前にわかっているとすれば、それは教師あり学習の範疇である。したがって、特徴量の類似度に基づいてサンプルをグループ化することがここでの目標となる。これは k-means 法を使って実現できる。k-means 法の手続きは次の 4 つの手順にまとめることができる。

1. クラスタの中心の初期値として、サンプル点から k 個のセントロイドをランダムに選び出す。
2. 各サンプルを最も近いセントロイド $\mu^{(j)}$ に割り当てる。

$$\mu^{(j)},\ j \in \{1, \ldots, k\}$$

3. セントロイドに割り当てられたサンプルの中心に、セントロイドを移動する。
4. サンプル点へのクラスタの割り当てが変化しなくなるか、ユーザー定義の許容値またはイテレーションの最大回数に達するまで、手順 2 〜 3 を繰り返す。

次の質問は、「オブジェクトの類似度を測定するにはどうすればよいか」である。類似度は「距離が離れていないこと」として定義できる。連続値の特徴量を持つサンプルのクラスタリングにおいてよく使用される距離は、**ユークリッド距離の 2 乗**（squared Euclidean distance）である。m 次元空間にある 2 つの点 $\boldsymbol{x}$ と $\boldsymbol{y}$ のユークリッド距離の 2 乗は、次のように定義できる。

$$d(\boldsymbol{x}, \boldsymbol{y})^2 = \sum_{j=1}^{m} (x_j - y_j)^2 = \left\| \boldsymbol{x} - \boldsymbol{y} \right\|_2^2 \tag{11.1.1}$$

この式では、インデックス j はサンプル点 $\boldsymbol{x}$ と $\boldsymbol{y}$ の j 次元（特徴列）目を表す。これ以降、上付き文字 i はサンプルのインデックス、j はクラスタのインデックスを表すものとする。

オブジェクトの類似性を測る指標としてユークリッド距離を用いて、単純な最適化問題としての k-means 法を説明してみたい。ここでは、**クラスタ内誤差平方和（SSE）**を反復的に最小化するという単純な最適化問題を取り上げる。クラスタ内誤差平方和は、**クラスタの慣性**（cluster inertia）とも呼ばれる。

$$SSE = \sum_{i=1}^{n} \sum_{j=1}^{k} w^{(i,j)} \left\| \boldsymbol{x}^{(i)} - \boldsymbol{\mu}^{(j)} \right\|_2^2 \tag{11.1.2}$$

ここで、$\boldsymbol{\mu}^{(j)}$ はクラスタ j の中心点（セントロイド）であり、サンプル点 $\boldsymbol{x}^{(i)}$ がクラスタ内に存在する場合は $w^{(i,j)} = 1$、そうでない場合は $w^{(i,j)} = 0$ になる。

単純な k-means 法の仕組みがわかったところで、この方法をサンプルデータセットに適用してみよう。これには、scikit-learn の `cluster` モジュールの `KMeans` クラスを使用する。

```
>>> from sklearn.cluster import KMeans
>>> km = KMeans(n_clusters=3,       # クラスタの個数
...             init='random',      # セントロイドの初期値をランダムに選択
...             n_init=10,          # 異なるセントロイドの初期値を用いた k-means アルゴリズムの実行回数
...             max_iter=300,       # k-means アルゴリズム内部の最大イテレーション回数
...             tol=1e-04,          # 収束と判定するための相対的な許容誤差
...             random_state=0)     # セントロイドの初期化に用いる乱数生成器の状態
>>> y_km = km.fit_predict(X)        # クラスタ中心の計算と各サンプルのインデックスの予測
```

このコードでは、クラスタの個数を 3 に指定している —— クラスタの個数を指定することは、k-means 法の制約の 1 つである。また、`n_init=10` を指定することで、そのつど異なるランダムなセントロイドの初期値を使って k-means 法によるクラスタリングを 10 回実行し、SSE が最も小さいモデルを最終モデルとして選択している。`max_iter` の引数は、1 回の実行でのイテレーションの最大回数（この場合は `300`）を指定する。scikit-learn の k-means 法の実装では、イテレーションの最大回数に達する前に収束した場合は、そこで実行を終了することに注意しよう。ただし、k-means 法が実行のたびに収束するとは限らない。このため、`max_iter` の引数に比較的大きな値を指定している場合は問題がある（計算コストが高くつく）かもしれない。収束の問題に対処する方法の 1 つは、`tol` の引数として大きな値を選択することである。`tol` は、クラスタ内 SSE の変化に関する許容値を指定するパラメータであり、収束を判定するためのものである。このコードでは、許容値として `1e-04`（0.0001）を指定している。

k-means 法のもう 1 つの問題は、空になるクラスタが存在する可能性があることだ。この問題は、後ほど説明する Fuzzy C-means 法（k-medoids）では生じないことに注意しよう。ただし、scikit-learn の現在の k-means 実装は、この問題に対処している。クラスタが空である場合、このアルゴリズムは空のクラスタのセントロイドから最も離れているサンプルを探す。そして、この最も離れた点がセントロイドになるようにセントロイドの割り当てを変更する。

ユークリッド距離を用いて現実のデータに k-means 法を適用する際には、特徴量が同じ尺度で測定されるようにしたい。さらに、z スコアによる標準化か、min-max スケーリングが適用されるようにしたいところだ。

クラスタラベル y_km を予測し、k-means 法の課題について説明したところで、k-means がデータセットから識別したクラスタと、クラスタのセントロイドをプロットしてみよう。セントロイドの座標は学習済みの KMeans オブジェクトの cluster_centers_ 属性に格納されている。

```
>>> plt.scatter(X[y_km==0,0],        # グラフの x の値
...             X[y_km==0,1],        # グラフの y の値
...             s=50,                # プロットのサイズ
...             c='lightgreen',      # プロットの色
...             edgecolor='black',   # プロットの線の色
...             marker='s',          # マーカーの形
...             label='cluster 1')   # ラベル名
>>> plt.scatter(X[y_km==1,0],
...             X[y_km==1,1],
...             s=50,
...             c='orange',
...             edgecolor='black',
...             marker='o',
...             label='cluster 2')
>>> plt.scatter(X[y_km==2,0],
...             X[y_km==2,1],
...             s=50,
...             c='lightblue',
...             edgecolor='black',
...             marker='v',
...             label='cluster 3')
>>> plt.scatter(km.cluster_centers_[:,0],
...             km.cluster_centers_[:,1],
...             s=250,
...             marker='*',
...             c='red',
...             edgecolor='black',
...             label='centroids')
>>> plt.legend(scatterpoints=1)
>>> plt.grid()
>>> plt.tight_layout()
>>> plt.show()
```

次の散布図では、k-means 法によって各球状の中心にそれぞれセントロイドが 1 つ配置されていることがわかる。このデータセットでは、合理的なグループ化が行われたように思える。

>> xiv ページにカラーで掲載

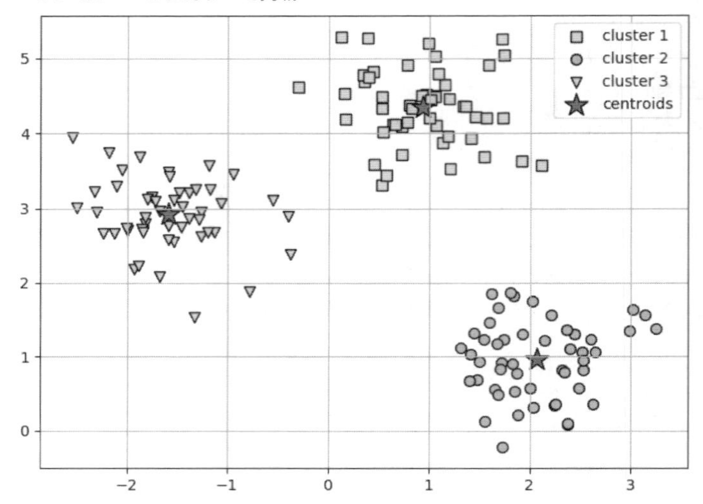

この単純なデータセットではうまくいったものの、k-means 法には注意しなければならない課題がいくつかある。k-means 法の問題点の 1 つは、クラスタの個数 k を指定しなければならないことである。現実のアプリケーションでは、この値は必ずしも明白ではない —— 可視化が不可能な高次元のデータセットを扱っている場合は、特にそうである。k-means 法には、クラスタがオーバーラップしない、階層的ではないという特性もある。また、各クラスタにアイテムが少なくとも 1 つ存在することが前提となる。本章では、異なる種類のクラスタリングアルゴリズムとして、階層的クラスタリングと密度ベースのクラスタリングを紹介する。どちらのアルゴリズムでも、事前にクラスタの個数を指定する必要はなく、データセットの構造が球状である必要はない。

次項では、従来の k-means 法の 1 つとしてよく知られている k-means++ 法を紹介する。このアルゴリズムは k-means 法の前提や欠点に対処しないが、クラスタの中心をよりスマートに初期化することで、クラスタリングの結果を大きく向上させることができる。

11.1.2 k-means++ 法を使ってセントロイドの初期値をよりスマートに設定する

ここまでは、乱数を使ってセントロイドの初期値を設定してきた。こうした従来の k-means 法では、セントロイドの初期値が不適切である場合に、クラスタリングがうまくいかなかったり、収束に時間がかかったりすることがある。この問題に対処する方法の 1 つは、k-means アルゴリズムを 1 つのデータセットで複数回実行し、誤差平方和（SSE）の観点から最も性能がよいモデルを選択することである。もう 1 つの戦略は、**k-means++ 法**（k-means++ algorithm）により、最初のセントロイドを互いに離れた位置に配置することである。それにより、従来の k-means 法よりも効果的な、より一貫性のある結果が得られる[※1]。

k-means++ 法での初期化をまとめると次のようになる。

1. 選択の対象となる k 個のセントロイドを格納するために、空のデータセット $\mathbf{M}$ を初期化する。
2. 入力サンプルから初期のセントロイド $\boldsymbol{\mu}^{(j)}$ をランダムに選択し、$\mathbf{M}$ に割り当てる。
3. $\mathbf{M}$ に含まれていないサンプル $\boldsymbol{x}^{(i)}$ ごとに、$\mathbf{M}$ のセントロイドに対して、距離の 2 乗 $d(x^{(i)}, \mathbf{M})^2$ が最小となるセントロイドを求める[※2]。
4. 次のセントロイド $\boldsymbol{\mu}^{(p)}$ をランダムに選択するために、各サンプルとの距離によって重み付けされた確率分布を使用する。この分布は次の式で表される[※3]。

$$\frac{d\left(\boldsymbol{\mu}^{(p)}, \mathbf{M}\right)^2}{\sum_i d\left(\boldsymbol{x}^{(i)}, \mathbf{M}\right)^2}$$

5. k 個のセントロイドが選択されるまで、手順 3 ～ 4 を繰り返す。
6. 従来の k-means 法を使って引き続き処理を行う。

scikit-learn の `KMeans` オブジェクトで k-means++ 法を使用するには、`init` パラメータの引数として `'k-means++'` を指定すればよい。実際には、`'k-means++'` は `init` パラメータのデフォルトの引数であり、実装にはこの引数を使用することが強く推奨される。先の例でこの引数を使用しなかったのは、単に、あまり多くの概念を一度に紹介したくなかったからである。これ以降の k-means 法の説明では k-means++ を使用するが、クラスタのセントロイドの初期化に対する 2 つのアプローチの違い（k-means 法の `init='random'` と k-means++ 法の `init='k-means++'`）について、少し実験してみることをお勧めする。

11.1.3 ハードクラスタリングとソフトクラスタリング

ハードクラスタリング（hard clustering）は、前項で説明した k-means 法と同様に、データセットのサンプルがそれぞれちょうど 1 つのクラスタに割り当てられるアルゴリズムを表す。対照的に、**ソフトクラスタリング**（soft clustering）は、サンプルを 1 つ以上のクラスタに割り当てるアルゴリズムであり、**ファジークラスタリング**（fuzzy clustering）とも呼ばれる。ソフトクラスタリングの代表的な例の 1 つは **Fuzzy C-means**（FCM）法であり、**Soft k-means** または **Fuzzy k-means** と

※1 D. Arthur and S. Vassilvitskii. *k-means++: The Advantages of Careful Seeding.* In Proceedings of the eighteenth annual ACM-SIAM symposium on Discrete algorithms, pages 1027-1035. Society for Industrial and Applied Mathematics, 2007, http://ilpubs.stanford.edu:8090/778/1/2006-13.pdf

※2 ［監注］以下、サンプル $\boldsymbol{x}^{(i)}$ とデータセット $\mathbf{M}$ のセントロイドの距離の最小値を $d(\boldsymbol{x}^{(i)}, \mathbf{M})$ と表している。

※3 ［監注］ここで示されている確率分布は、分母はデータセット $\mathbf{M}$ に含まれていないサンプルと $\mathbf{M}$ のセントロイドの距離を 2 乗したものの最小値を合計したものを表す。また、分子はサンプル $\mu^{(p)}$ と $\mathbf{M}$ のセントロイドの距離を 2 乗したものの最小値を表す。サンプル $\mu^{(p)}$ と $\mathbf{M}$ のセントロイドの距離が短いほど確率は低く、距離が長いほど確率は高くなる。こうした性質を持つ確率分布を採用することにより、k-means++ 法では初期のセントロイドを互いに離れた位置に配置することが可能になる。

も呼ばれる。このアルゴリズムが最初に考案されたのは 1970 年代であり、k-means 法を改善するファジークラスタリングの初期のバージョンが Joseph C. Dunn によって提案された※4。その 10 年ほど後に、FCM アルゴリズムと呼ばれるファジークラスタリングアルゴリズムの改良バージョンが James C. Bedzek によって発表されている※5。

FCM の手続きは k-means 法のものに非常によく似ている。ただし、ハードクラスタリングでの割り当ては、それぞれのサンプル点が各クラスタに属する確率に置き換えられる。k-means 法では、サンプル $\boldsymbol{x}$ の所属関係を二値の疎ベクトルで表現できる。

$$\begin{bmatrix} \boldsymbol{\mu}^{(1)} \to 0 \\ \boldsymbol{\mu}^{(2)} \to 1 \\ \boldsymbol{\mu}^{(3)} \to 0 \end{bmatrix} \tag{11.1.3}$$

クラスタ数が $k = 3$、各クラスタのインデックスが、$j \in \{1, 2, 3\}$ であるとすれば、値が 1 となるインデックス j は、サンプルが割り当てられるクラスタのセントロイド $\mu^{(j)}$ を表している。対照的に、FCM の所属関係を表すベクトルは次のように定義できる。

$$\begin{bmatrix} \boldsymbol{\mu}^{(1)} \to 0.10 \\ \boldsymbol{\mu}^{(2)} \to 0.85 \\ \boldsymbol{\mu}^{(3)} \to 0.05 \end{bmatrix} \tag{11.1.4}$$

これらは [0, 1] の範囲（0 以上 1 以下）の値であり、該当するクラスタのセントロイドのメンバーとなる確率（クラスタメンバーシップ確率）を表す。1 つのサンプルのクラスタメンバーシップ確率を合計すると 1 になる。k-means 法と同様に、FCM 法も 4 つの手順にまとめることができる。

1. セントロイドの個数 k を指定し、各サンプル点に対してクラスタメンバーシップ確率をランダムに割り当てる。
2. クラスタのセントロイドを計算する。

$$\mu^{(j)}, \ j \in \{1, \ldots, k\}$$

3. 各サンプル点のクラスタメンバーシップ確率を更新する。
4. クラスタメンバーシップ確率の係数が変化しなくなるか、ユーザー定義の許容値またはイテレーションの最大回数に達するまで、手順 2 ～ 3 を繰り返す。

※4 J. C. Dunn. *A Fuzzy Relative of the Isodata Process and its Use in Detecting Compact Well-separated Clusters.* 1973 https://www-m9.ma.tum.de/foswiki/pub/WS2010/CombOptSem/FCM.pdf

※5 J. C. Bezdek. *Pattern Recognition with Fuzzy Objective Function Algorithms.* Springer Science & Business Media, 2013 http://link.springer.com/book/10.1007%2F978-1-4757-0450-1

FCMの目的関数 J_m は、k-means法によって最小化される**クラスタ内誤差平方和（SSE）**と非常によく似ている。

$$J_m = \sum_{i=1}^{n} \sum_{j=1}^{k} w^{(i,j)^m} \left\| \boldsymbol{x}^{(i)} - \boldsymbol{\mu}^{(j)} \right\|_2^2, \ m \in [1, \infty) \tag{11.1.5}$$

ただし、メンバーシップ指標 $w^{(i,j)}$ は、k-means法とは違って二値（$w^{(i,j)} \in \{0, 1\}$）ではなく、クラスタメンバーシップ確率を示す実数値である（$w^{(i,j)} \in [0, 1]$）。また、$w^{(i,j)}$ に指数が追加されていることに気づいたかもしれない。指数 m（1以上の任意の数、通常は $m = 2$）は、**ファジー性**（fuzziness）の度合いを制御する**ファジー係数**（fuzziness coefficient）であり、単に**ファジー器**（fuzzifier）とも呼ばれる。m の値が大きいほど、クラスタメンバーシップ確率 $w^{(i,j)}$ は小さくなり、よりファジーなクラスタとなる。クラスタメンバーシップ確率自体は、次のように計算できる。

$$w^{(i,j)} = \left[\sum_{p=1}^{k} \left(\frac{\left\| \boldsymbol{x}^{(i)} - \boldsymbol{\mu}^{(j)} \right\|_2}{\left\| \boldsymbol{x}^{(i)} - \boldsymbol{\mu}^{(p)} \right\|_2} \right)^{\frac{2}{m-1}} \right]^{-1} \tag{11.1.6}$$

たとえば、先のk-means法の例においてクラスタの中心を3つ選択した場合、クラスタ $\mu^{(j)}$ に対するサンプル $\boldsymbol{x}^{(i)}$ のクラスタメンバーシップ確率は次のように計算できる。

$$w^{(i,j)} = \left[\left(\frac{\left\| \boldsymbol{x}^{(i)} - \boldsymbol{\mu}^{(j)} \right\|_2}{\left\| \boldsymbol{x}^{(i)} - \boldsymbol{\mu}^{(1)} \right\|_2} \right)^{\frac{2}{m-1}} + \left(\frac{\left\| \boldsymbol{x}^{(i)} - \boldsymbol{\mu}^{(j)} \right\|_2}{\left\| \boldsymbol{x}^{(i)} - \boldsymbol{\mu}^{(2)} \right\|_2} \right)^{\frac{2}{m-1}} + \left(\frac{\left\| \boldsymbol{x}^{(i)} - \boldsymbol{\mu}^{(j)} \right\|_2}{\left\| \boldsymbol{x}^{(i)} - \boldsymbol{\mu}^{(3)} \right\|_2} \right)^{\frac{2}{m-1}} \right]^{-1} \tag{11.1.7}$$

クラスタ自体の中心 $\mu^{(j)}$ は、そのクラスタのすべてのサンプルの平均として計算できる。サンプルは独自のクラスタに対するクラスタメンバーシップ確率の度合いで重み付けされる。

$$\boldsymbol{\mu}^{(j)} = \frac{\sum_{i=1}^{n} w^{(i,j)^m} \boldsymbol{x}^{(i)}}{\sum_{i=1}^{n} w^{(i,j)^m}} \tag{11.1.8}$$

クラスタメンバーシップ確率を計算する式を見ただけで、FCMの各イテレーションのコストがk-means法の各イテレーションのコストよりも高いことが直観的にわかる。ただし一般的には、収束するまでのイテレーションの回数はFCMのほうが少ない。残念ながら、FCM法は現在scikit-learnで実装されていない。だが実際には、S. GhoshとK. Dubeyの論文※6で解説されているように、k-means法とFCM法が生成するクラスタリング出力は非常に似ていることがわかっている。

※6 S. Ghosh and S. K. Dubey. *Comparative Analysis of k-means and Fuzzy c-means Algorithms.* IJACSA, 4:35-38, 2013

11.1.4 エルボー法を使ってクラスタの最適な個数を求める

教師なし学習の主な課題の 1 つは、明確な答えがわからないことである。教師あり学習モデルの性能を評価するために第 6 章で使用した手法は、データセットの正しいクラスラベルが事前にわかっていることが前提となっている。このため、クラスタリングの性能を数値化するには、本章で説明したクラスタ内誤差平方和（歪み）のような指標を用いて、さまざまな k-means クラスタリングの性能を比較する必要がある。都合のよいことに、クラスタ内誤差平方和を明示的に計算する必要はない。KMeans モデルを適合した後は、inertia_ 属性を通じてこの値にアクセスできる。

```
>>> print('Distortion: %.2f' % km.inertia_)
Distortion: 72.48
```

この歪みに基づき、**エルボー法**（elbow method）と呼ばれる図解により、タスクに最適なクラスタの個数 k を推定できる。直観的には、k の値が増えれば、歪みは減るはずである。というのも、サンプルがそれらの割り当て先であるセントロイドに近づくからだ。エルボー法の考え方は、歪みが最も急速に増え始める k の値を特定する、というものである。k にさまざまな値を割り当てながら歪みをプロットしてみれば、これがどういうことかわかるだろう。

```
>>> distortions = []
>>> for i in range(1, 11):
...     km = KMeans(n_clusters=i,
...                 init='k-means++',  # k-means++ 法によりクラスタ中心を選択
...                 n_init=10,
...                 max_iter=300,
...                 random_state=0)
...     km.fit(X)
...     distortions.append(km.inertia_)
...
>>> plt.plot(range(1,11), distortions, marker='o')
>>> plt.xlabel('Number of clusters')
>>> plt.ylabel('Distortion')
>>> plt.tight_layout()
>>> plt.show()
```

次のグラフから、「エルボー（ひじ）」が $k = 3$ にあることがわかる。これにより、このデータセットでは $k = 3$ がよい選択であるという根拠が得られる。

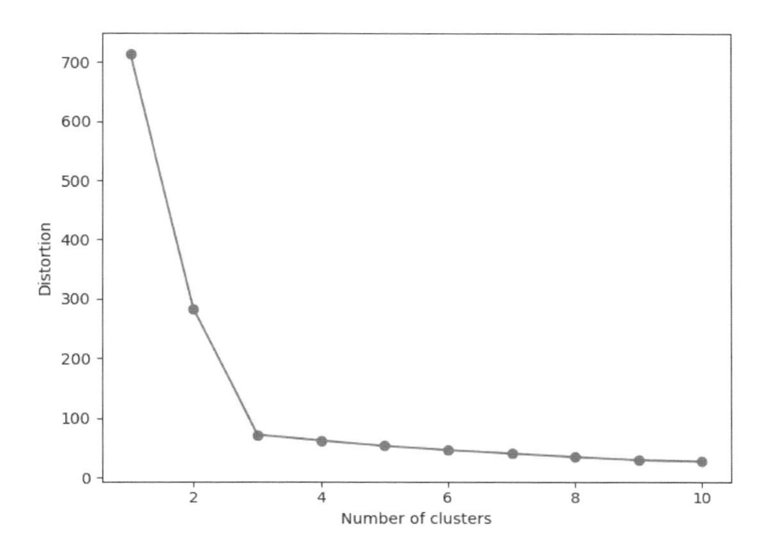

11.1.5 シルエット図を使ってクラスタリングの性能を数値化する

クラスタリングの性能を評価するためのもう 1 つの指標は**シルエット分析**(silhouette analysis)である。後ほど説明するように、シルエット分析は k-means 法以外のクラスタリングアルゴリズムにも適用できる。シルエット分析では、クラスタ内のサンプルがどの程度密にグループ化されているか(凝集度)の目安となるグラフをプロットできる。データセットに含まれている 1 つのサンプルについて**シルエット係数**(silhouette coefficient)を計算するには、次の 3 つの手順を適用すればよい。

1. クラスタの**凝集度** $a^{(i)}$ を計算する。この凝集度は、同一クラスタのサンプル $\boldsymbol{x}^{(i)}$ と他の全サンプルとの平均距離として計算する。
2. 最も近いクラスタからの**乖離度** $b^{(i)}$ を計算する。この乖離度は、サンプル $\boldsymbol{x}^{(i)}$ と最も近くにあるクラスタ内の全サンプルとの平均距離として計算する。
3. クラスタの凝集度と乖離度の差を、それらのうち大きいほうの値で割り、シルエット係数 $s^{(i)}$ を計算する。

$$s^{(i)} = \frac{b^{(i)} - a^{(i)}}{\max\{b^{(i)}, a^{(i)}\}} \tag{11.1.9}$$

シルエット係数の範囲は –1 から 1 である。式 11.1.9 により、クラスタの乖離度と凝集度が等しい($b^{(i)} = a^{(i)}$)場合、シルエット係数は 0 であることがわかる。さらに、$b^{(i)} >> a^{(i)}$ の場合は、理想的なシルエット係数である 1 に近づく。これは $b^{(i)}$ により、他のクラスタとのサンプルの非類似度が数値化され、$a^{(i)}$ により、同じクラスタ内の他のサンプルとの類似度が数値化されるためである[※7]。

シルエット係数は、scikit-learn の `metric` モジュールの `silhouette_samples` として提供される。必要に応じて、`silhouette_score` 関数をインポートすることもできる。この関数は、サンプル全体のシルエット係数の平均を求める。この値は `numpy.mean(silhouette_samples(...))` に等しくなる。ここで、$k = 3$ の場合の k-means クラスタリングのシルエット係数をプロットしてみよう。

```
>>> km = KMeans(n_clusters=3,
...             init='k-means++',
...             n_init=10,
...             max_iter=300,
...             tol=1e-04,
...             random_state=0)
>>> y_km = km.fit_predict(X)
>>>
>>> import numpy as np
>>> from matplotlib import cm
>>> from sklearn.metrics import silhouette_samples
>>> cluster_labels = np.unique(y_km)                # y_kmの要素の中で重複をなくす
>>> n_clusters = cluster_labels.shape[0]            # 配列の長さを返す
>>> # シルエット係数を計算
>>> silhouette_vals = silhouette_samples(X, y_km, metric='euclidean')
>>> y_ax_lower, y_ax_upper = 0, 0
>>> yticks = []
>>> for i, c in enumerate(cluster_labels):
...     c_silhouette_vals = silhouette_vals[y_km == c]
...     c_silhouette_vals.sort()
...     y_ax_upper += len(c_silhouette_vals)
...     color = cm.jet(float(i) / n_clusters)        # 色の値をセット
...     plt.barh(range(y_ax_lower, y_ax_upper),      # 水平の棒グラフを描画（底辺の範囲を指定）
...              c_silhouette_vals,                  # 棒の幅
...              height=1.0,                         # 棒の高さ
...              edgecolor='none',                   # 棒の端の色
...              color=color)                        # 棒の色
...     yticks.append((y_ax_lower + y_ax_upper) / 2.)  # クラスタラベルの表示位置を追加
...     y_ax_lower += len(c_silhouette_vals)         # 底辺の値に棒の幅を追加
...
>>> silhouette_avg = np.mean(silhouette_vals)                    # シルエット係数の平均値
>>> plt.axvline(silhouette_avg, color="red", linestyle="--")   # 係数の平均値に破線をひく
>>> plt.yticks(yticks, cluster_labels + 1)                     # クラスタラベルを表示
>>> plt.ylabel('Cluster')
>>> plt.xlabel('Silhouette coefficient')
>>> plt.tight_layout()
>>> plt.show()
```

※7 ［監注］$b^{(i)} >> a^{(i)}$ の場合は、サンプル $\boldsymbol{x}^{(i)}$ と最も近くにあるクラスタ内のすべてのサンプルとの平均距離が、$\boldsymbol{x}^{(i)}$ と同じクラスタ内のその他すべてのサンプルとの平均距離よりもはるかに大きくなる。したがって、この場合は $\boldsymbol{x}^{(i)}$ が所属するクラスタの点と平均的な意味で近いことを表している。逆に、$b^{(i)} << a^{(i)}$ の場合、式 11.1.9 によりシルエット $s^{(i)}$ は −1 に近づく。この場合は、サンプル $\boldsymbol{x}^{(i)}$ は所属するクラスタよりも、最も近くにあるクラスタのほうにより近いことを表している。

このシルエット図[※8]を用いて、さまざまなクラスタのサイズを細かく調べることで、「外れ値」を含んでいるクラスタを特定できる。

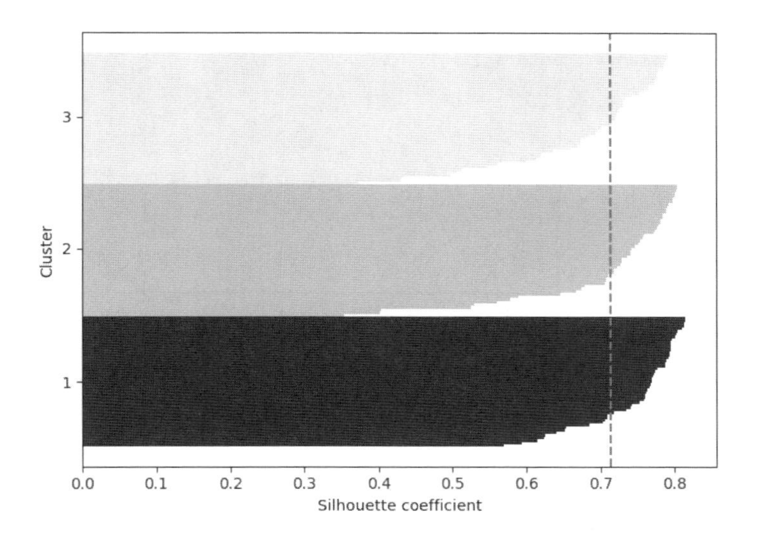

シルエット係数の値が 1 であれば「よいクラスタリング」を示すことになるが、この場合はシルエット図からわかるように 1 からはほど遠い。なお、クラスタリングの適合度を要約するために、シルエット係数の平均(破線)をグラフに追加している。

比較的「悪いクラスタリング」がシルエット図にどのように示されるのかを確認するために、k-means アルゴリズムにセントロイドを 2 つだけ指定してみよう。

```
>>> km = KMeans(n_clusters=2,
...             init='k-means++',
...             n_init=10,
...             max_iter=300,
...             tol=1e-04,
...             random_state=0)
>>> y_km = km.fit_predict(X)
>>> plt.scatter(X[y_km==0,0],
...             X[y_km==0,1],
...             s=50,
...             c='lightgreen',
...             edgecolor='black',
...             marker='s',
...             label='cluster 1')
>>> plt.scatter(X[y_km==1,0],
...             X[y_km==1,1],
...             s=50,
```

※8 [監注] 以上のコードからもわかるように、シルエット図はクラスタごとに各サンプルのシルエット係数をソートして棒グラフで表したものである。

```
...              c='orange',
...              edgecolor='black',
...              marker='o',
...              label='cluster 2')
>>> plt.scatter(km.cluster_centers_[:,0],
...              km.cluster_centers_[:,1],
...              s=250,
...              marker='*',
...              c='red',
...              label='centroids')
>>> plt.legend()
>>> plt.grid()
>>> plt.tight_layout()
>>> plt.show()
```

次の図に示されているように、球状のサンプル点のグループが3つあり、そのうち2つの間にセントロイドの1つがこぼれ落ちている。このクラスタリングはどうしようもないほどひどいわけではないが、最適とは言えない。

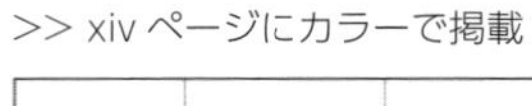
>> xiv ページにカラーで掲載

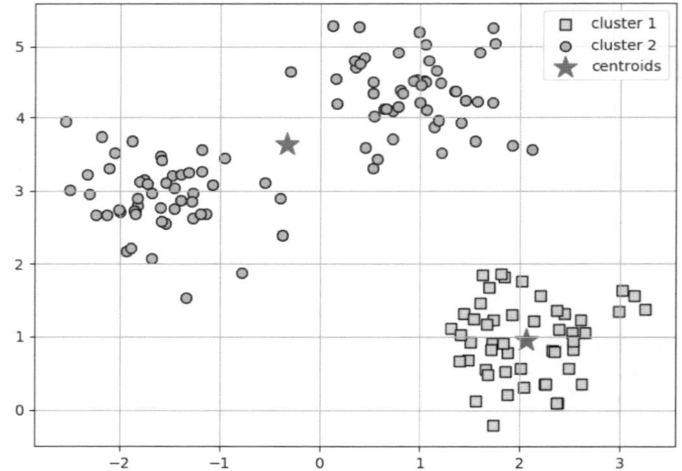

現実の問題では、データセットを2次元の散布図にプロットできるという恵まれた状況にはないことを覚えておこう。なぜなら、通常はより高次元のデータを扱うことになるからだ。次に、結果を評価するためのシルエット図を作成してみよう。

```
>>> cluster_labels = np.unique(y_km)
>>> n_clusters = cluster_labels.shape[0]
>>> silhouette_vals = silhouette_samples(X, y_km, metric='euclidean')
>>> y_ax_lower, y_ax_upper = 0, 0
>>> yticks = []
>>> for i, c in enumerate(cluster_labels):
```

```
...     c_silhouette_vals = silhouette_vals[y_km == c]
...     c_silhouette_vals.sort()
...     y_ax_upper += len(c_silhouette_vals)
...     color = cm.jet(float(i) / n_clusters)
...     plt.barh(range(y_ax_lower, y_ax_upper),
...              c_silhouette_vals,
...              height=1.0,
...              edgecolor='none',
...              color=color)
...     yticks.append((y_ax_lower + y_ax_upper) / 2.)
...     y_ax_lower += len(c_silhouette_vals)
...
>>> silhouette_avg = np.mean(silhouette_vals)
>>> plt.axvline(silhouette_avg, color="red", linestyle="--")
>>> plt.yticks(yticks, cluster_labels + 1)
>>> plt.ylabel('Cluster')
>>> plt.xlabel('Silhouette coefficient')
>>> plt.tight_layout()
>>> plt.show()
```

結果のグラフからわかるように、シルエット図の長さと幅が明らかに違っており、最適なクラスタリングではないことがさらに裏付けられている。

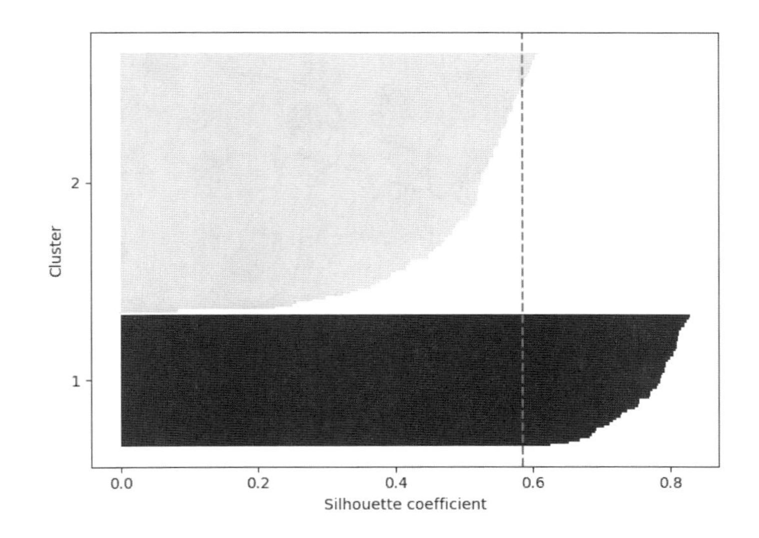

11.2　クラスタを階層木として構成する

ここでは、プロトタイプベースのクラスタリングに対するもう 1 つのアプローチとして、**階層的クラスタリング**（hierarchical clustering）を調べてみよう。階層的クラスタリングアルゴリズムの利点の 1 つは、**樹形図**（dendrogram）をプロットできることである。樹形図は二分木の階層的クラスタリングを可視化したものであり、意味のある分割を作成することにより、結果を解釈するのに役立つ。この階層型のアプローチには、クラスタの個数を事前に指定する必要がないという利点もある。

階層的クラスタリングには、**凝集型**（agglomerative）と**分割型**（divisive）の 2 つのアプローチがある。分割型階層的クラスタリングでは、まずすべてのサンプルを包含する 1 つのクラスタを定義し、すべてのクラスタにサンプルが 1 つだけ含まれた状態になるまで、クラスタをより小さなクラスタに分割していく。ここでは、それとは逆のアプローチをとる凝集型階層的クラスタリングに着目する。凝集型階層的クラスタリングでは、個々のサンプルを 1 つのクラスタとして扱い、クラスタが 1 つだけ残った状態になるまで、最も近くにある 2 つのクラスタをマージしていく。

11.2.1 ボトムアップ方式でのクラスタのグループ化

凝集型階層的クラスタリングには、標準アルゴリズムとして、**単連結法**（single linkage）と**完全連結法**（complete linkage）の 2 つがある。単連結法では、クラスタのペアごとに最も類似度の高いメンバーどうしの距離を計算し、最も類似度の高いメンバーどうしの距離が最小になるような方法で 2 つのクラスタをマージする。完全連結法は単連結法に似ているが、クラスタのペアごとに最も類似度の高いメンバーを比較するのではなく、最も類似度の低いメンバーを比較する。これを図解すると次のようになる。

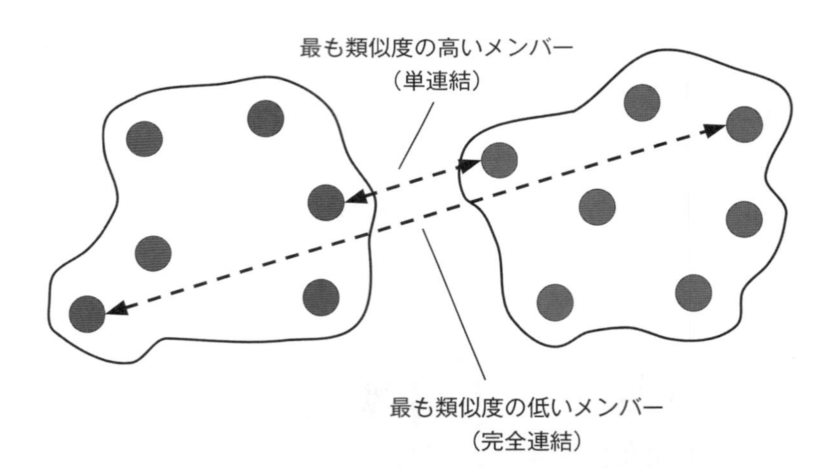

凝集型階層的クラスタリングによく使用されるアルゴリズムとしては、この他に**平均連結法**（average linkage）と**ウォード連結法**（Ward's linkage）がある。平均連結法では、2 つのクラスタに含まれているすべてのグループメンバーの最小距離の平均に基づいてクラスタのペアをマージする。ウォード連結法では、クラスタ内誤差平方和の合計の増加量が最小となるクラスタのペアをマージする。

ここでは、完全連結法に基づく凝集型階層的クラスタリングに焦点を合わせる。完全連結法に基づく凝集型階層的クラスタリングは反復的な手続きであり、次の手順にまとめることができる。

1. すべてのサンプルの距離行列を計算する。
2. 各データ点を単一のクラスタと見なして表現する。
3. 最も類似度の低い（最も離れた）メンバーの距離に基づき、2つの最も近いクラスタをマージする。
4. 距離行列を更新する。
5. クラスタが1つだけ残った状態になるまで、手順3～4を繰り返す。

手順1の距離行列の計算方法について説明する前に、本節で使用するランダムなサンプルデータを生成しておこう。行はさまざまな観測値（ID_0～ID_4）を表しており、列はそれらのサンプルの特徴量（X、Y、Z）を表している。

```
>>> import pandas as pd
>>> import numpy as np
>>> np.random.seed(123)
>>> variables = ['X', 'Y', 'Z']
>>> labels = ['ID_0','ID_1','ID_2','ID_3','ID_4']
>>> X = np.random.random_sample([5,3])*10  # 5行3列のサンプルデータを生成
>>> df = pd.DataFrame(X, columns=variables, index=labels)
>>> df
```

11

このコードを実行すると、ランダムに生成されたサンプルを含んだ DataFrame オブジェクトが表示されるはずだ。

	X	Y	Z
ID_0	6.964692	2.861393	2.268515
ID_1	5.513148	7.194690	4.231065
ID_2	9.807642	6.848297	4.809319
ID_3	3.921175	3.431780	7.290497
ID_4	4.385722	0.596779	3.980443

11.2.2 距離行列で階層的クラスタリングを実行する

階層的クラスタリングアルゴリズムの入力として距離行列を計算するには、SciPy の spatial.distance サブモジュールの pdist 関数を使用する。

```
>>> from scipy.spatial.distance import pdist, squareform
>>> # pdistで距離を計算、squareformで対称行列を作成
>>> row_dist = pd.DataFrame(squareform(pdist(df, metric='euclidean')),
...                         columns=labels, index=labels)
>>> row_dist
```

このコードを実行すると、データセットのサンプル点のペアごとに、特徴量X、Y、Zに基づいてユークリッド距離が求められる。ここでは、squareform関数への入力として（pdistから返された）圧縮済みの距離行列を渡している。それらのコードにより、ペアごとの距離からなる、次のような対称行列を作成する。

	ID_0	ID_1	ID_2	ID_3	ID_4
ID_0	0.000000	4.973534	5.516653	5.899885	3.835396
ID_1	4.973534	0.000000	4.347073	5.104311	6.698233
ID_2	5.516653	4.347073	0.000000	7.244262	8.316594
ID_3	5.899885	5.104311	7.244262	0.000000	4.382864
ID_4	3.835396	6.698233	8.316594	4.382864	0.000000

次に、完全連結法に基づく凝集型階層的クラスタリングを適用する。この作業には、SciPyのcluster.hierarchyサブモジュールのlinkage関数を使用する。この関数はいわゆる**連結行列**（linkage matrix）を返す。

ただし、linkage関数を呼び出す前に、この関数のドキュメントをよく読んでみよう。

```
>>> from scipy.cluster.hierarchy import linkage
>>> help(linkage)
[...]
    Parameters
    ----------
    y : ndarray
        A condensed or redundant distance matrix. A condensed distance matrix
        is a flat array containing the upper triangular of the distance matrix.
        This is the form that ``pdist`` returns. Alternatively, a collection of
        :math:`m` observation vectors in n dimensions may be passed as an
        :math:`m` by :math:`n` array.
    method : str, optional
        The linkage algorithm to use. See the ``Linkage Methods`` section below
        for full descriptions.
    metric : str, optional
        The distance metric to use. See the ``distance.pdist`` function for a
        list of valid distance metrics.

    Returns
    -------
```

```
    Z : ndarray
        The hierarchical clustering encoded as a linkage matrix.
```

[日本語版コラム]

linkage 関数のパラメータと戻り値について、上記コードではヘルプ(英語)を表示しているが、このコラムで簡単に説明する。

- y パラメータ：引数は n 次元配列
  圧縮済みまたは冗長な距離行列を指定。圧縮済みの距離行列は、距離行列(上三角行列)を含むフラットな配列。これは pdist 関数の戻り値の形式である。代わりに、m 個の n 次元観測ベクトルを $m \times n$ 配列で渡すことができる。
- method パラメータ：引数は文字列。このパラメータはオプション
  連結アルゴリズムを指定。引数として、single、complete(最遠点アルゴリズム)、average、weighted、centroid、median、ward を指定できる。
- metric パラメータ：引数は文字列。このパラメータはオプション
  距離の指標を指定。引数として、euclidean、minkowski、cityblock、seuclidean、sqeuclidean、cosine、correlation、hamming、jaccard、chebyshev、canberra、braycurtis、mahalanobis、yule などを指定できる。
- 戻り値 Z：引数は n 次元配列
  階層的クラスタリングの結果として連結行列が返される。

11

この関数の説明からすると、pdist 関数から返された圧縮済みの距離行列(上三角行列)を使用しても問題はなさそうである。あるいは、初期データ配列を提供し、linkage 関数の引数として 'euclidean' 指標を指定することもできる。ただし、先の squareform から返された対称距離行列は使用すべきではない —— そのようにすると、期待していたものとは異なる距離が生成されてしまうからだ[※9]。結論として、次の３つのシナリオが考えられる。

- **正しくないアプローチ**
  次のコードに示すように、squareform から返された距離行列を使用した場合、正しい結果は得られない。

```
>>> from scipy.cluster.hierarchy import linkage
>>> row_clusters = linkage(row_dist, method='complete', metric='euclidean')
```

※9 ［監注］linkage 関数の第１引数に squareform 関数から返される対称距離行列を指定すると、サンプル配列が与えられたと判断されてしまい、この配列の行間の距離が計算されてしまうことになる。

- **正しいアプローチ**
  次のコードに示すように、圧縮済みの距離行列を使用した場合は、ペアごとの正しい距離からなる対称行列が得られる。

```
>>> row_clusters = linkage(pdist(df, metric='euclidean'), method='complete')
```

- **正しいアプローチ**
  次のコードに示すように、入力として完全なサンプル行列を使用した場合も、先のアプローチと同様に、正しい距離行列が得られる。

```
>>> row_clusters = linkage(df.values, method='complete', metric='euclidean')
```

クラスタリングの結果を詳しく調べるために、それらの結果を pandas の DataFrame オブジェクトに変換してみよう（Jupyter Notebook が最も見やすい）。

```
>>> pd.DataFrame(row_clusters,
...              columns=['row label 1',
...                       'row label 2',
...                       'distance',
...                       'no. of items in clust.'],
...              index=['cluster %d' %(i+1) for i in range(row_clusters.shape[0])])
```

次の表に示されているように、この連結行列は複数の行で構成されており、行はそれぞれ 1 つのクラスタの情報を表している。1 列目と 2 列目は、各クラスタにおいて最も類似度が低いメンバーを示している。3 列目は、それらのメンバーの距離を示している。最後の 4 列目は、各クラスタのメンバーの個数を示している。

	row label 1	row label 2	distance	no. of items in clust.
cluster 1	0.0	4.0	3.835396	2.0
cluster 2	1.0	2.0	4.347073	2.0
cluster 3	3.0	5.0	5.899885	3.0
cluster 4	6.0	7.0	8.316594	5.0

連結行列を計算したところで、結果を樹形図として表示してみよう。

```
>>> from scipy.cluster.hierarchy import dendrogram
>>> # 樹形図を黒で表示する場合（パート 1/2）
>>> # from scipy.cluster.hierarchy import set_link_color_palette
>>> # set_link_color_palette(['black'])
```

```
>>> row_dendr = dendrogram(row_clusters,
...                        labels=labels,
...                        # 樹形図を黒で表示する場合（パート2/2）
...                        # color_threshold=np.inf
... )
>>> plt.ylabel('Euclidean distance')
>>> plt.tight_layout()
>>> plt.show()
```

このコードを実行した場合、樹形図の枝ごとに色が異なっていることに気づくだろう（冒頭xvページのカラーの図を参照）。この配色はmatplotlibのカラーリストから派生したもので、樹形図の距離のしきい値に応じて入れ替わる。たとえば、樹形図を黒で表示したい場合は、先のコードの該当するセクションのコメントを解除すればよい。

>> xvページにカラーで掲載

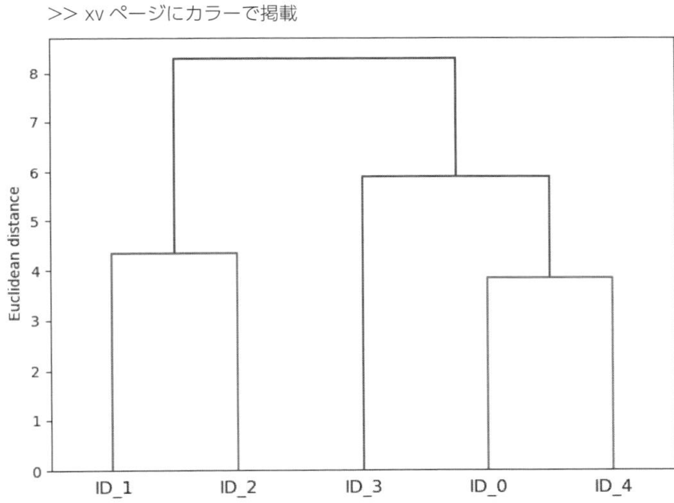

こうした樹形図は、凝集型階層的クラスタリングで形成されたさまざまなクラスタの要約を示す。たとえばユークリッド距離を指標とした場合、サンプルID=0とID_4、それに続くID_1とID_2は、最も類似度の高いサンプルである。

11.2.3　樹形図をヒートマップと組み合わせる

実際のアプリケーションでは、階層的クラスタリングの樹形図は**ヒートマップ**との組み合わせでよく使用される。それにより、サンプルとする行列の個々の値をカラーコードで表せるようになる。ここでは、樹形図をヒートマップと組み合わせ、その組み合わせに従ってヒートマップの行を並べ替える方法について説明する。

ただし、樹形図をヒートマップと組み合わせる方法は少し込み入っている。そこで、この手続きについては順番に見ていくことにしよう。

1. 新しい figure オブジェクトを作成し、add_axes 属性を使って樹形図の x 軸の位置、y 軸の位置、幅、高さを定義する。さらに、樹形図を反時計回りに 90 度回転させる。

```
>>> fig = plt.figure(figsize=(8,8), facecolor='white')
>>> axd = fig.add_axes([0.09, 0.1, 0.2, 0.6])  # x 軸の位置、y 軸の位置、幅、高さ
# 注意：matplotlib が v1.5.1 以下の場合は、orientation='right' を使用すること
>>> row_dendr = dendrogram(row_clusters, orientation='left')
```

2. 次に、クラスタリングのラベルに従って最初の DataFrame オブジェクトのデータを並べ替える。クラスタリングのラベルには、樹形図オブジェクト（dendrogram）からアクセスできる。樹形図オブジェクトは、基本的には Python のディクショナリである。クラスタリングのラベルにアクセスするには、キーとして leaves を使用する。

```
>>> df_rowclust = df.iloc[row_dendr['leaves'][::-1]]
```

3. 手順 2 でデータを並べ替えた DataFrame オブジェクトを使ってヒートマップを生成し、樹形図の右側に配置する。

```
>>> axm = fig.add_axes([0.23, 0.1, 0.6, 0.6])
>>> cax = axm.matshow(df_rowclust, interpolation='nearest', cmap='hot_r')
```

4. 最後に、樹形図の外観を整えるために、軸の目盛を取り除き、縦横の軸を非表示にする。また、カラーバーを追加し、x 軸の目盛ラベルとして特徴量、y 軸の目盛ラベルとしてサンプル名を割り当てる。

```
>>> axd.set_xticks([])
>>> axd.set_yticks([])
>>> for i in axd.spines.values():
...     i.set_visible(False)
...
>>> fig.colorbar(cax)
>>> axm.set_xticklabels([''] + list(df_rowclust.columns))
>>> axm.set_yticklabels([''] + list(df_rowclust.index))
>>> plt.show()
```

これらの手順に従うと、樹形図が組み合わされたヒートマップが表示されるはずだ。

>> xv ページにカラーで掲載

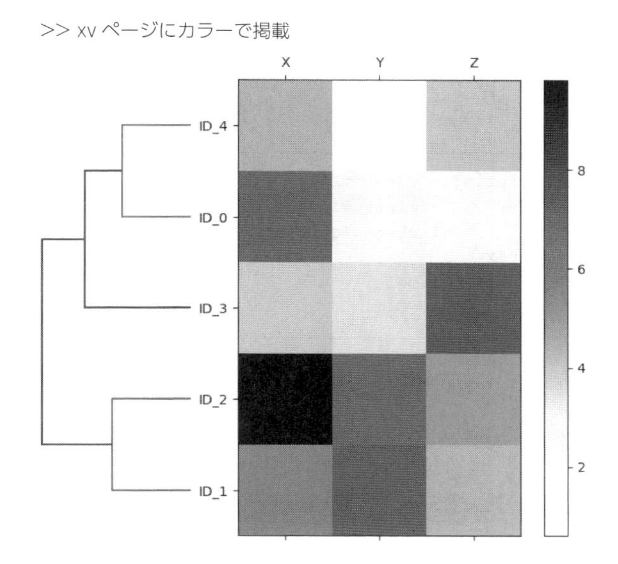

この図からわかるように、ヒートマップの行の順序は、樹形図のサンプルのクラスタリングを反映している。単純な樹形図に加えて、各サンプルと特徴量のカラーコード値をヒートマップで示すことで、データセットがうまく要約される。

11.2.4 scikit-learn を使って凝集型階層的クラスタリングを適用する

本節では SciPy を使って凝集型階層的クラスタリングを実行する方法を示したが、scikit-learn でも `AgglomerativeClustering` が実装されている。このクラスを利用すれば、取得したいクラスタの個数を選択できるようになる。これが役立つのは、階層クラスタ木を剪定したい場合である。`n_cluster` の引数に 3 を指定することで、以前と同じようにユークリッド距離を指標とする完全連結法を用いて、サンプルを 2 つのグループにクラスタリングしてみよう。

```
>>> from sklearn.cluster import AgglomerativeClustering
>>> ac = AgglomerativeClustering(n_clusters=3,          # クラスタの個数
...                              affinity='euclidean',  # 類似度の指標（ここではユークリッド距離）
...                              linkage='complete')    # 連結方法（ここでは完全連結法）
>>> labels = ac.fit_predict(X)
>>> print('Cluster labels: %s' % labels)
Cluster labels: [1 0 0 2 1]
```

予測されたクラスタラベルを見ると、1 つ目（`ID_0`）と 5 つ目（`ID_4`）のサンプルが 1 つ目のクラスタ（ラベル 1）に割り当てられていることがわかる。また、`ID_1` と `ID_2` の 2 つのサンプルは 2 つ目のクラスタ（ラベル 0）に割り当てられている。4 つ目（`ID_3`）のサンプルは独自のクラスタ（ラベル 2）に割り当てられている。全体的な結果は、樹形図で観測した結果と一致している。ただし、先の樹形図では、`ID_3` は `ID_1` と `ID_2` よりも `ID_4` と `ID_0` のほうに類似している。scikit-learn

のクラスタリングの結果からは、この点は明白ではない。そこで、AgglomerativeClusteringをn_cluster=2でもう一度実行してみよう。

```
>>> ac = AgglomerativeClustering(n_clusters=2,
...                              affinity='euclidean',
...                              linkage='complete')
>>> labels = ac.fit_predict(X)
>>> print('Cluster labels: %s' % labels)
Cluster labels: [0 1 1 0 0]
```

この**剪定**されたクラスタリング階層では、期待したとおり、ラベルID_3がID_0/ID_4と同じクラスタに割り当てられていることがわかる。

11.3 DBSCANを使って高密度の領域を特定する

本章で取り上げることができなかったクラスタリングアルゴリズムは山ほどあるが、ここでクラスタリングアルゴリズムをもう1つだけ紹介しておこう。それは**DBSCAN**(Density-based Spatial Clustering of Applications with Noise)である。DBSCANでは、k-means法のようにクラスタが球状であるという前提を設けず、カットオフ点(限界値条件)を明示的に指定しなければならないデータセットの階層化(分割)も行わない。名前が示唆するように、密度ベースのクラスタリングでは、サンプル点の局所的な密度に基づいてクラスタラベルを割り当てる。DBSCANの「density(密度)」の概念は、指定された半径ε以内に存在する点の個数として定義される。

DBSCANアルゴリズムでは、次の条件に基づいて、各サンプル(点)に特別なラベルが割り当てられる。

- 指定された半径ε以内に少なくとも指定された個数(MinPts)の隣接点があるような点は、**コア点**(core point)と見なされる。
- 半径ε以内の隣接点の個数がMinPtsに満たないものの、コア点の半径ε以内に位置するような点は、**ボーダー点**(border point)と見なされる。
- コア点でもボーダー点でもないその他の点はすべて**ノイズ点**(noise point)と見なされる。

DBSCANアルゴリズムでは、このように点を「コア」、「ボーダー」、または「ノイズ」としてラベル付けする。その後の処理は、2つの単純な手順にまとめることができる。

1. コア点ごとに、またはコア点の接続関係に基づいて、別々のクラスタを形成する。コア点どうしが接続関係を持つのは、それらがεよりも離れていない場合である。
2. 各ボーダー点を、それと対になっているコア点のクラスタに割り当てる。

実装に飛びつく前に、DBSCANの結果がどのようなものであるかをよく理解できるよう、コア点、ボーダー点、ノイズ点について学んだことを次の図にまとめておく。

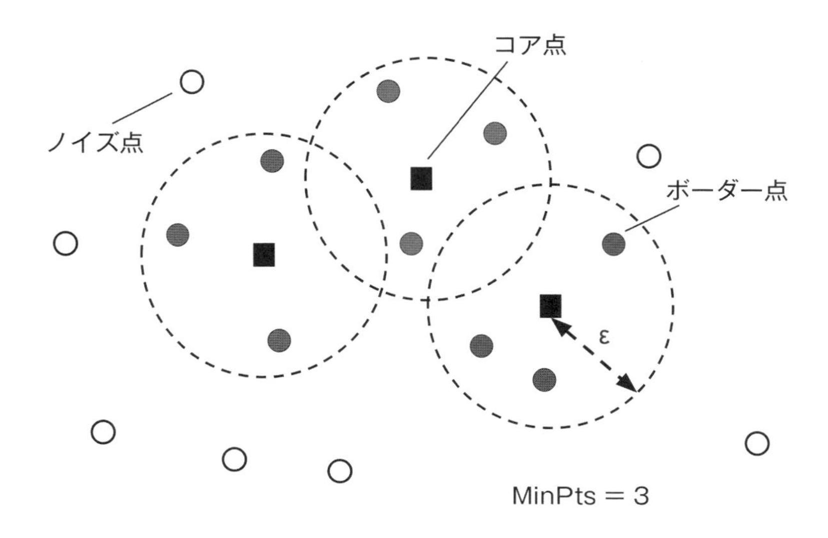

DBSCANの主な利点の1つは、k-means法のように「クラスタが球状である」という前提を設けないことである。さらに、点をそれぞれクラスタに割り当てる必要がなく、ノイズ点を除去する能力を持つという点でも、k-means法や階層的クラスタリングとは異なっている。

さらに具体的な例として、半月状の構造を持つ新しいデータセットを作成することで、k-means法、階層的クラスタリング、DBSCANを比較してみよう。

```
>>> from sklearn.datasets import make_moons
>>> X, y = make_moons(n_samples=200,    # 生成する点の総数
...                   noise=0.05,       # データに追加するガウスノイズの標準偏差
...                   random_state=0)
>>> plt.scatter(X[:,0], X[:,1])
>>> plt.tight_layout()
>>> plt.show()
```

このコードにより、100個のサンプル点からなる各グループが半月状に2つ表示されることがわかる。

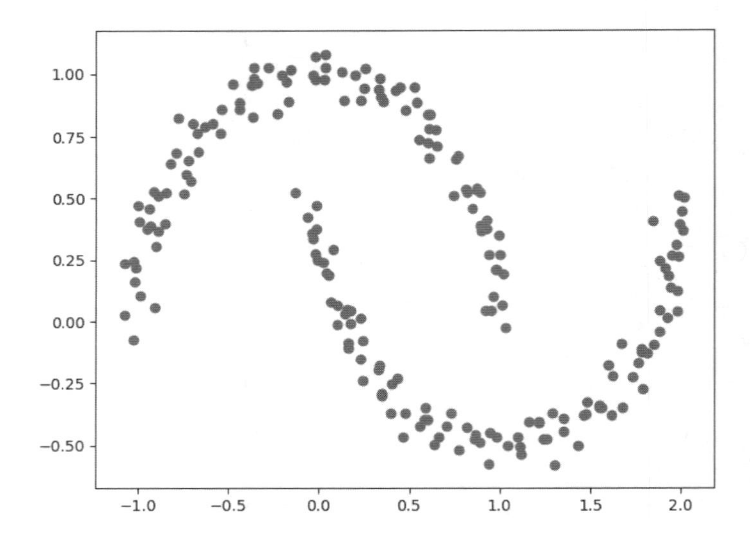

まず、k-means 法と完全連結法のどちらかのクラスタリングアルゴリズムが、2 つの半月状のデータセットを別々のクラスタとして識別できるかどうかを確認してみよう。

```
>>> f, (ax1, ax2) = plt.subplots(1, 2, figsize=(8,3))
>>> km = KMeans(n_clusters=2, random_state=0)
>>> y_km = km.fit_predict(X)
>>> ax1.scatter(X[y_km==0,0],
...             X[y_km==0,1],
...             c='lightblue',
...             edgecolor='black',
...             marker='o',
...             s=40,
...             label='cluster 1')
>>> ax1.scatter(X[y_km==1,0],
...             X[y_km==1,1],
...             c='red',
...             edgecolor='black',
...             marker='s',
...             s=40,
...             label='cluster 2')
>>> ax1.set_title('K-means clustering')
>>> ac = AgglomerativeClustering(n_clusters=2,
...                              affinity='euclidean',
...                              linkage='complete')
>>> y_ac = ac.fit_predict(X)
>>> ax2.scatter(X[y_ac==0,0],
...             X[y_ac==0,1],
...             c='lightblue',
...             edgecolor='black',
...             marker='o',
...             s=40,
```

```
...             label='cluster 1')
>>> ax2.scatter(X[y_ac==1,0],
...             X[y_ac==1,1],
...             c='red',
...             edgecolor='black',
...             marker='s',
...             s=40,
...             label='cluster 2')
>>> ax2.set_title('Agglomerative clustering')
>>> plt.legend()
>>> plt.tight_layout()
>>> plt.show()
```

クラスタリングの結果を表すグラフから、k-means法が2つのクラスタを識別できないことがわかる。そして階層的クラスタリングアルゴリズムのほうは、クラスタが複雑な形状になってしまっている。

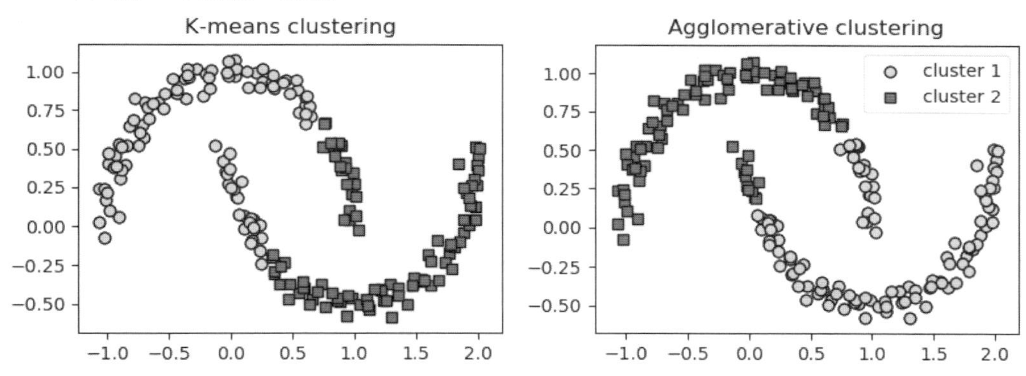

最後に、このデータセットにDBSCANアルゴリズムを適用し、密度ベースの手法を用いて2つの半月状のクラスタを識別できるかどうか確認してみよう。

```
>>> from sklearn.cluster import DBSCAN
>>> db = DBSCAN(eps=0.2,              # 隣接点と見なす2点間の最大距離
...             min_samples=5,        # ボーダー点の最小個数
...             metric='euclidean')   # 距離の計算法
>>> y_db = db.fit_predict(X)
>>> plt.scatter(X[y_db==0,0],
...             X[y_db==0,1],
...             c='lightblue',
...             edgecolor='black',
...             marker='o',
...             s=40,
...             label='cluster 1')
>>> plt.scatter(X[y_db==1,0],
```

```
...             X[y_db==1,1],
...             c='red',
...             edgecolor='black',
...             marker='s',
...             s=40,
...             label='cluster 2')
>>> plt.legend()
>>> plt.tight_layout()
>>> plt.show()
```

DBSCAN アルゴリズムは半月状のクラスタをうまく検出できる。これにより、DBSCAN の特長の1つ —— 任意の形状を持つデータのクラスタリングが可能 —— が浮き彫りとなっている。

>> xvi ページにカラーで掲載

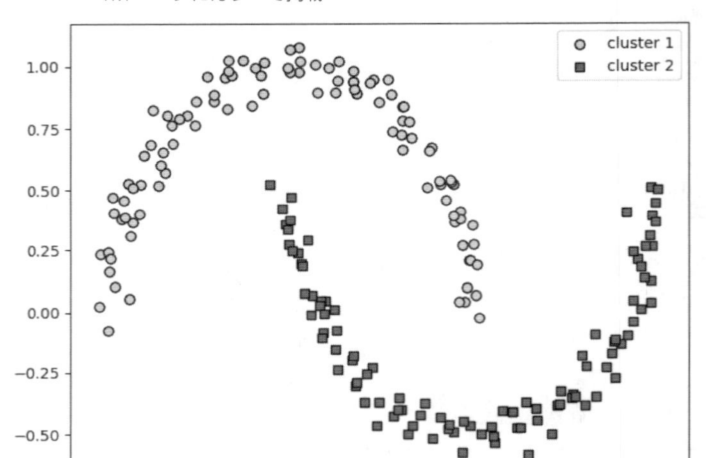

ただし、DBSCAN の問題点にも注意する必要がある。トレーニングデータセットのサイズが固定されているとすれば、データセットの特徴量の個数が増えるに従い、**次元の呪い**のネガティブな影響は強まっていく。これが特に問題となるのは、ユークリッド距離を指標として使用する場合である。ただし、「次元の呪い」の問題は DBSCAN に限ったものではない。k-means 法や階層的クラスタリングアルゴリズムなど、ユークリッド距離を指標として使用する他のクラスタリングアルゴリズムもその影響を受ける。さらに、DBSCAN でクラスタリングを効果的に行うには、2つのハイパーパラメータ（MinPts、ε）を最適化する必要もある。データセットの密度の違いが比較的大きい場合、MinPts と ε の効果的な組み合わせを見つけ出すのは難しいかもしれない。

実際には、ある特定のデータセットにおいて最も性能がよいクラスタリングアルゴリズムが常に明らかであるとは限らない。データが多次元で、可視化するのが難しい、あるいは不可能である場合は特にそうである。さらに強調しておきたいのは、クラスタリングがうまくいくかどうかは、アルゴリズムだけでなく、ハイパーパラメータにも左右されることである。それ以上に重要となるのは、距離の指標を適切に選択することと、専門知識を活かして実験環境の準備を整えることである。

本章では、クラスタリングアルゴリズムの最も基本的なカテゴリとして、k-means 法によるプロトタイプベースのクラスタリング、凝集型階層的クラスタリング、DBSCAN による密度ベースのクラスタリングの 3 つを取り上げた。だがここで、本章では取り上げなかった 4 つ目のより高度なカテゴリである、**グラフベースのクラスタリング** (graph-based clustering) に言及しておきたい。グラフベースのクラスタリングに分類されるアルゴリズムと言えば、**スペクトラルクラスタリングアルゴリズム** (spectral clustering algorithm) である。スペクトラルクラスタリングの実装はさまざまだが、どれもクラスタの導出に類似度 (距離) 行列の固有ベクトルを使用するという点では共通している。スペクトラルクラスタリングを詳しく知りたい場合は、Ulrike von Luxburg のすばらしいチュートリアルが参考になるだろう。

U. von Luxburg. *A Tutorial on Spectral Clustering*. Statistics and computing, 17(4):395-416, 2007
http://arxiv.org/pdf/0711.0189v1.pdf

「次元の呪い」に関しては、クラスタリングを実行する前に次元削減の手法を適用するのが一般的である。教師なし学習のデータセットに対する次元削減手法には、第 5 章で取り上げた主成分分析 (PCA) と動径基底関数カーネル PCA が含まれる。また、データセットを 2 次元の部分空間に圧縮するという手法もよく用いられている。それにより、2 次元の散布図を使ってクラスタと割り当てられたラベルを可視化できるようになるため、とりわけ結果を評価するのに役立つ。

まとめ

本章では、データから隠れた構造や情報を見つけ出すのに役立つ 3 種類のクラスタリングアルゴリズムについて説明した。本章ではまず、プロトタイプベースのアプローチである k-means 法を取り上げた。このアプローチでは、指定された個数のクラスタのセントロイドに基づいて、サンプルが球状にクラスタリングされる。クラスタリングは教師なし学習法であるため、モデルの性能を評価するための正しいラベルが事前にわかっているという恵まれた状況にはない。そこで、クラスタリングの性能を数値化するために、エルボー法やシルエット分析といった有益な性能指標を調べた。

次に、クラスタリングに対する別のアプローチである凝集型階層的クラスタリングを取り上げた。階層的クラスタリングでは、クラスタの個数を事前に指定する必要はない。また、結果は樹形図として表示される。この樹形図は結果を解釈するのに役立つ。本章で最後に取り上げたクラスタリングアルゴリズムは DBSCAN である。DBSCAN は、局所的な密度に基づいて点をグループ化するアルゴリズムであり、外れ値を処理できるほか、球状以外の形状を識別できる。

教師なし学習への小さな旅の後は、教師あり学習において最も刺激的な機械学習アルゴリズムである多層人工ニューラルネットワークを紹介する。最近になって再び注目を集めるようになったニューラルネットワークは、機械学習の研究において最もホットなテーマである。最近開発されたディープラーニングアルゴリズムのおかげで、画像分類や音声認識といった多くの複雑な問題解決では、ニューラルネットワークが最先端と見なされている。第 12 章では、多層人工ニューラルネットワークを一から構築する。第 13 章では、複雑なネットワークアーキテクチャをより効率よくトレーニングするのに役立つ強力なライブラリを紹介する。

Implementing a Multilayer Artificial Neural Network from Scratch

第12章 多層人工ニューラルネットワークを一から実装

マスコミに盛んに取り上げられている**ディープラーニング**(deep learning)は、疑いの余地なく、機械学習において話題の中心となっている。ディープラーニングについては、多層の**人工ニューラルネットワーク**(artificial neural network)を最も効率よくトレーニングするために開発された、一連のアルゴリズムとして考えることができる。本章では、人工ニューラルネットワークの基本的な概念を説明する。それにより、次章以降を読み進めるための態勢を整える。次章以降では、特に画像解析やテキスト解析に役立つPythonベースの高度なディープラーニングライブラリと**ディープニューラルネットワーク**のアーキテクチャを紹介する。

本章では、次の内容を取り上げる。

- 多層ニューラルネットワークの概念を理解する
- ニューラルネットワークをトレーニングするための基本的なバックプロパゲーションアルゴリズムを実装する
- 画像を分類するための基本的な多層ニューラルネットワークをトレーニングする

12.1 人工ニューラルネットワークによる複雑な関数のモデル化

本書では第2章から、人工ニューロンによる機械学習アルゴリズムの旅が始まった。人工ニューロンは、本章で説明する多層人工ニューラルネットワークの構成要素である。人工ニューラルネットワークの基本概念は、仮説とモデルの上に成り立っている。その仮説とモデルは、人間の脳が複雑な問題を解決する方法に関するものである。人工ニューラルネットワークは近年もてはやされているが、ニューラルネットワークの初期の研究は、Warren McCulloch と Walter Pitts によってニューロンの働きが初めて解明された1940年代にさかのぼる。

だが、1950年代に**McCulloch-Pittsニューロン**モデルの最初の実装であるRosenblattのパーセプトロンが発表された後は、多層のニューラルネットワークのトレーニングを行うよい方法が誰からも提案されないという数十年の空白があった。そのため、多くの研究者や機械学習の実務家はニューラルネットワークへの興味を徐々に失い始めた。1986年にD.E. Rumelhart、G.E. Hinton、R.J. Williamsが**バックプロパゲーション**(誤差逆伝播法、backpropagation)アルゴリズムを(再び)評価し、その普及に努めたことで、ニューラルネットワークへの関心がようやく再燃した[※1]。後ほど詳しく説明するように、バックプロパゲーションはニューラルネットワークをより効率よくトレーニングするためのアルゴリズムである。**人工知能**(AI)、機械学習、ニューラルネットワークの歴史に興味がある場合は、Wikipediaで「AI winter」(AIの冬)に関する記事[※2]を読んでみることをお勧めする。「AIの冬」は、研究コミュニティの大部分がニューラルネットワークへの関心を失っていた時期を表す。

とはいうものの、現在ほどニューラルネットワークがもてはやされた時代はない。この10年間に起きたさまざまなブレークスルーにより、私たちが現在「ディープラーニングアルゴリズム」や「ディープラーニングアーキテクチャ」と呼んでいるものが開発された。ディープニューラルネットワークとは、多くの層で構成されたニューラルネットワークのことである。ニューラルネットワークは、学術研究だけでなく、Facebook、Microsoft、Googleなど、人工ニューラルネットワークやディープラーニングの研究に多額の投資を行っている大手のテクノロジ企業にとってもホットな話題である。現時点において、ディープラーニングアルゴリズムを利用する複雑なニューラルネットワークは、画像分類や音声認識といった複雑な問題の解決に関しては最先端と見なされている。日常生活においてディープラーニングを利用しているプロダクトの例としては、Googleの画像検索やGoogle翻訳が挙げられる。とりわけ、画像中のテキストを自動認識して20か国語にリアルタイムに翻訳するスマートフォンアプリがよく知られている。

大手のテクノロジ企業や製薬業界では、さらに刺激的な応用法が積極的に開発されている。次に、その一部を紹介する。

- Facebookの画像タグ付け機能であるDeepFace[※3]
- 中国語での音声クエリに対応できるBaiduのDeepSpeech[※4]

※1 D. E. Rumelhart, G. E. Hinton, and R. J. Williams, *Learning Representations by Back-propagating Errors.* Nature, 323: 6088, 533-536, 1986, http://www.iro.umontreal.ca/~vincentp/ift3395/lectures/backprop_old.pdf

※2 https://en.wikipedia.org/wiki/AI_winter

※3 Y. Taigman, M. Yang, M. Ranzato, and L. Wolf. *DeepFace: Closing the gap to human-level performance in face verification.* In IEEE Conference on Computer Vision and Pattern Recognition (CVPR), pages 1701-1708, 2014, https://www.cs.toronto.edu/~ranzato/publications/taigman_cvpr14.pdf

※4 A. Hannun, C. Case, J. Casper, B. Catanzaro, G. Diamos, E. Elsen, R. Prenger, S. Satheesh, S. Sengupta, A. Coates, et al. *DeepSpeech: Scaling up end-to-end speech recognition.* arXiv preprint arXiv:1412.5567, 2014, http://arxiv.org/pdf/1412.5567v2.pdf

- Google の新しい翻訳サービス ※5
- 新薬の発見や毒性の予測を行うための新たな技術 ※6
- 専門医とほぼ同じ正解率で皮膚癌を検出できるモバイルアプリケーション ※7

12.1.1 単層ニューラルネットワークのまとめ

本章のテーマは、多層ニューラルネットワークとその仕組み、そして複雑な問題を解くためにそれらをトレーニングする方法である。だが、特定の多層ニューラルネットワークアーキテクチャを詳しく見ていく前に、第 2 章で紹介した単層ニューラルネットワークの概念を簡単に復習しておこう。まずは、**ADALINE**（ADAptive LInear NEuron）アルゴリズムからだ。

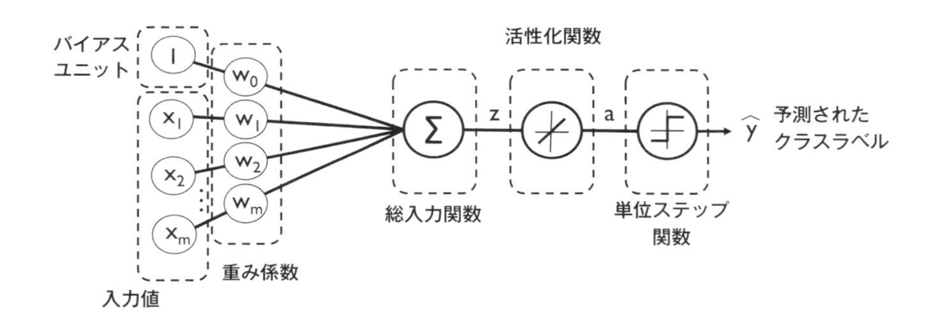

第 2 章では、二値分類を実行するために ADALINE アルゴリズムを実装し、勾配降下法を使ってモデルの重み係数を学習した。**エポック**（データセットのトレーニング回数）ごとに、重みベクトル $\boldsymbol{w}$ を更新した。

$$\boldsymbol{w} := \boldsymbol{w} + \Delta\boldsymbol{w},\ \Delta\boldsymbol{w} = -\eta\nabla J(\boldsymbol{w}) \tag{12.1.1}$$

つまり、トレーニングデータセットのすべてのサンプルに基づいて勾配を計算し、勾配 $\nabla J(\boldsymbol{w})$ を逆方向に進むことで、モデルの重みを更新した。そして、モデルの最適な重みを見つけ出すために、**誤差平方和**（SSE）コスト関数 $J(\boldsymbol{w})$ として定義した目的関数を最適化した。さらに、勾配に係数として**学習率** η を掛けた。その際には、学習の速度と、コスト関数の大局的最小値を超えてしま

※5 *Google's Neural Machine Translation System: Bridging the Gap between Human and Machine Translation*, arXiv preprint arXiv:1412.5567, 2016, https://arxiv.org/abs/1609.08144v2

※6 T. Unterthiner, A. Mayr, G. Klambauer, and S. Hochreiter, *Toxicity prediction using Deep Learning*, arXiv preprint arXiv:1503.01445, 2015, https://arxiv.org/abs/1503.01445

※7 A. Esteva, B.Kuprel, R. A. Novoa, J. Ko, S. M. Swetter, H. M. Blau, and S. Thrun, *Dermatologist-level classification of skin cancer with deep neural networks*, in Nature 542, no. 7639, 2017, pages 115-118, http://www.nature.com/articles/nature21056

うリスクとのバランスを保つために、この係数を慎重に選択した。

勾配降下法による最適化では、エポックごとにすべての重みを同時に更新した。そして、重みベクトル $\boldsymbol{w}$ の重み w_j ごとに偏微分係数を定義した。

$$\frac{\partial}{\partial w_j} J(\boldsymbol{w}) = -\sum_i \left(y^{(i)} - a^{(i)} \right) x_j^{(i)} \tag{12.1.2}$$

ここで、$y^{(i)}$ はサンプル $\boldsymbol{x}^{(i)}$ から予測したいクラスラベルである。$a^{(i)}$ はニューロンの**活性**（activation）であり、ADALINE の特殊なケースの線形関数である。さらに、「活性化関数」である $\phi(\cdot)$ を次のように定義した。

$$\phi(z) = z = a \tag{12.1.3}$$

ここで、総入力 z は入力と重みの線形結合で表される出力と定義される。

$$z = \sum_j w_j x_j = \boldsymbol{w}^T \boldsymbol{x} \tag{12.1.4}$$

活性化関数 $\phi(z)$ を使って勾配の更新を計算したときには、クラスラベルを予測するための**しきい値関数**（ヘビサイド関数）を実装することで、連続値の出力を二値のクラスラベルの予測に振り分けた。

$$\hat{y} = \begin{cases} 1 & g(z) \geq 0 \\ -1 & g(z) < 0 \end{cases} \tag{12.1.5}$$

ADALINE は 2 つの層 —— 1 つの入力層と 1 つの出力層 —— で構成されるが、入力層と出力層のリンクが 1 つだけであるため、「単層ネットワーク」と呼ばれる。

また、本書では、モデルの学習を加速させるための「最適化トリック」として、いわゆる**確率的勾配降下法**について説明した。確率的勾配降下法では、単一のトレーニングサンプルのコストを概算するか（オンライン学習）、トレーニングサンプルの小さなサブセットのコストを概算する（ミニバッチ学習）。本章では、多層パーセプロトンの実装とトレーニングを行うときに、この概念を利用する。確率的勾配降下法は、勾配降下法と比べて重みをより頻繁に更新することから、ノイズだらけである。より高速な学習の他に、そうしたノイジーな性質も利点と見なされる。それは、多層ニューラルネットワークのトレーニングに（凸コスト関数を持たない）非線形の活性化関数を使用するときである。ここでノイズを追加すれば、コストの極小値を回避するのに役立つが、この点については、後ほど改めて取り上げることにする。

12.1.2　多層ニューラルネットワークアーキテクチャ

ここでは、複数の単一ニューロンを**多層フィードフォワードニューラルネットワーク**（multilayer feedforward neural network）に結合させる方法について見ていく。この特殊なネットワークは**多層パーセプトロン**（MultiLayer Perceptron：MLP）とも呼ばれる。

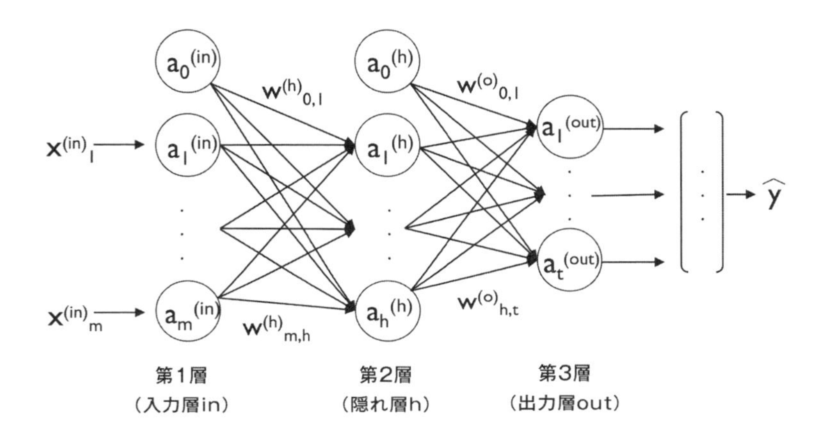

この図は、入力層、**隠れ層**（hidden layer）、出力層の3つの層からなる多層パーセプトロンの概念を示している。隠れ層のユニットは入力層と完全に結合しており、出力層は隠れ層と完全に結合している。このように隠れ層が1つ以上存在するネットワークは「ディープ人工ニューラルネットワーク」と呼ばれる。

12

多層パーセプトロンに任意の個数の隠れ層を追加することで、より深いネットワークアーキテクチャを作成することもできる。実際には、ニューラルネットワーク内の層とユニットの個数を、追加の「ハイパーパラメータ」として考えることができる。第6章で説明したように、これは問題に合わせて最適化したいハイパーパラメータである。
ただし、後ほどバックプロパゲーションを使って計算する誤差の勾配は、ネットワークに追加される層の個数が増えるに従い、徐々に小さくなってしまう。この「勾配消失」問題により、モデルの学習の難易度が高くなる。このため、そうしたディープニューラルネットワーク構造のトレーニングに役立つ特別なアルゴリズムが開発されている —— それが**ディープラーニング**である。

先の図に示されているように、l番目の層のi番目の活性化ユニットは$a_i^{(l)}$として表される。数式とコード実装をもう少しだけ理解しやすくするために、各層を表すのに数値のインデックスを使用するのではなく、入力層を上付き文字in、隠れ層をh、出力層をoutで表すことにする。たとえば、$a_i^{(in)}$は入力層のi番目の値を表し、$a_i^{(h)}$は隠れ層のi番目の値を表し、$a_i^{(out)}$は出力層のi番目の値を表す。ここで、活性化ユニット $a_0^{(in)}$ と $a_0^{(h)}$ は**バイアスユニット**（bias unit）であり、1 に設定される。入力層の活性化ユニットは、その入力に対してバイアスユニットを足したものとなる。

$$\boldsymbol{a}^{(in)} = \begin{bmatrix} a_0^{(in)} \\ a_1^{(in)} \\ \vdots \\ a_m^{(in)} \end{bmatrix} = \begin{bmatrix} 1 \\ x_1^{(in)} \\ \vdots \\ x_m^{(in)} \end{bmatrix} \tag{12.1.6}$$

> 本章では後ほど、バイアスユニットに別のベクトルを使って多層パーセプロトンを実装する。そうすると、コード実装がより効率的になり、読みやすくなる。この発想は、第 13 章で紹介するディープラーニングライブラリ TensorFlow でも利用されている。ただし、追加の変数を使ってバイアスを操作しなければならない場合、数式はより複雑になるか、畳み込まれてしまう。とはいえ、（先に示したように）入力ベクトルに 1 を追加し、バイアスとして重み変数を使用することによる計算は、別のバイアスベクトルを使用する演算とまったく同じであり、記法上の違いにすぎない。

l 番目の層のユニットはそれぞれ、重み係数に基づいて $l+1$ 番目の層のすべてのユニットに結合する。たとえば、l 番目の層の k 番目のユニットと $l+1$ 番目の層の j 番目のユニットの結合は、$w_{k,j}^{(l)}$ のように記述される。先の図では、入力層を隠れ層に結合する重み行列は $\boldsymbol{W}^{(h)}$ で表し、隠れ層を出力層に結合する重み行列は $\boldsymbol{W}^{(out)}$ で表している。

二値分類タスクでは、出力層は 1 つのユニットで十分である。だが、先の図に示したニューラルネットワークはより一般的な形式であるため、**一対全**（One-versus-All）の一般化手法を用いて多クラス分類を実行できる。この仕組みをよく理解できるよう、第 4 章で説明したカテゴリ変数の **one-hot** 表現を思い出してみよう。たとえば、おなじみの Iris データセットの 3 つのクラスラベル（`0=Setosa`、`1=Versicolor`、`2=Virginica`）は、次のようにベクトル化される。

$$0 = \begin{bmatrix} 1 \\ 0 \\ 0 \end{bmatrix}, 1 = \begin{bmatrix} 0 \\ 1 \\ 0 \end{bmatrix}, 2 = \begin{bmatrix} 0 \\ 0 \\ 1 \end{bmatrix} \tag{12.1.7}$$

この one-hot ベクトル表現により、トレーニングデータセットに含まれている任意の個数の一意なクラスラベルを用いて、分類タスクに取り組むことができる。

ニューラルネットワークの表現に慣れていない場合、インデックスの表記（下付き文字と上付き文字）が最初はややこしく思えることがある。最初は複雑すぎるように思えたとしても、後ほどニューラルネットワークの表現をベクトル化するときに、納得がいくようになるだろう。先に示したように、入力層と隠れ層を結合する重みは、次の行列として要約できる。

$$\boldsymbol{W}^{(h)} \in \mathbb{R}^{m \times d} \tag{12.1.8}$$

ここで、d は隠れユニットの個数を表し、m は入力ユニットにバイアスユニットを加えた個数を表す。本章でこれから登場する概念を理解するには、この表記をマスターしていることが重要となる。単純な 3-4-3 の多層パーセプトロンをわかりやすい図にまとめると、次のようになる。

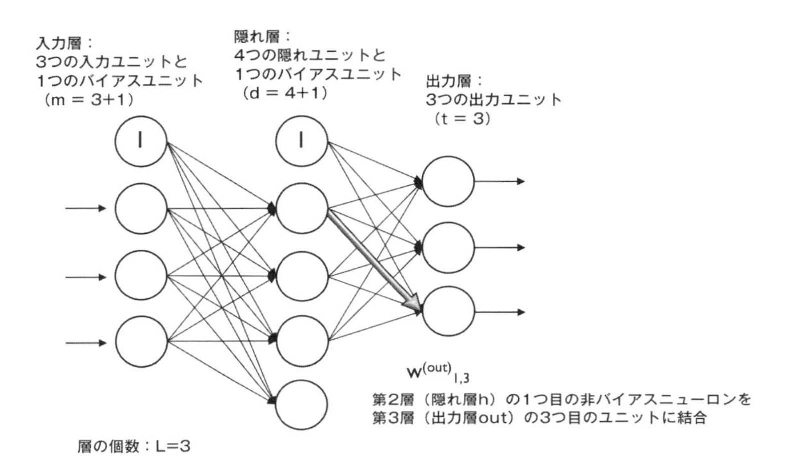

12.1.3　フォワードプロパゲーションによるニューラルネットワークの活性化

ここでは、多層パーセプトロンモデルの出力を計算する**フォワードプロパゲーション**（順伝播法、forward propagation）プロセスについて説明する。このプロセスが多層パーセプトロンモデルの学習にどのように当てはまるのかを理解するために、多層パーセプトロンの学習を 3 つの単純な手順にまとめてみた。

1. 入力層を出発点として、トレーニングデータのパターンをネットワーク経由で順方向に伝播させ、出力を生成する。
2. ネットワークの出力に基づき、後ほど説明するコスト関数を使って誤差を計算する。この誤差を最小化することが目的となる。
3. 誤差を逆方向に伝播させることで、ネットワーク内の各重みに対する偏導関数を求め、モデルを更新する。

最後に、複数のエポックでこれらの手順を繰り返し、多層パーセプトロンの重みを学習した後、フォワードプロパゲーションを使ってネットワークの出力を計算する。そして、12.1.2 項で説明したしきい値関数を適用することで、one-hot 表現によるクラスラベルを予測する。

では、トレーニングデータのパターンから出力を生成するためのフォワードプロパゲーションの手順をそれぞれ見ていこう。隠れ層のユニットはそれぞれ入力層のすべてのユニットに結合されるため、まず活性化ユニット $a_1^{(h)}$ を次のように計算する。

$$z_1^{(h)} = a_0^{(in)} w_{0,1}^{(h)} + a_1^{(in)} w_{1,1}^{(h)} + \cdots + a_m^{(in)} w_{m,1}^{(h)}$$
$$a_1^{(h)} = \phi\left(z_1^{(h)}\right) \tag{12.1.9}$$

ここで、$z_1^{(h)}$ は総入力であり、$\phi(\bullet)$ は活性化関数である。勾配ベースの手法を用いて、ニューロンを結合する際の重みを学習するには、活性化関数が微分可能でなければならない。この多層パーセプトロンモデルで画像分類といった複雑な問題を解くには、第 3 章の**ロジスティック回帰**で使用した**シグモイド**(ロジスティック)関数など、非線形の活性化関数が必要である。

$$\phi(z) = \frac{1}{1 + e^{-z}} \tag{12.1.10}$$

すでに説明したように、シグモイド関数のグラフの形状は、総入力 z を 0 〜 1 の範囲のロジスティック分布にマッピングする S 字形である。次のグラフに示すように、シグモイド関数は $z = 0$ で y 軸を分断する。

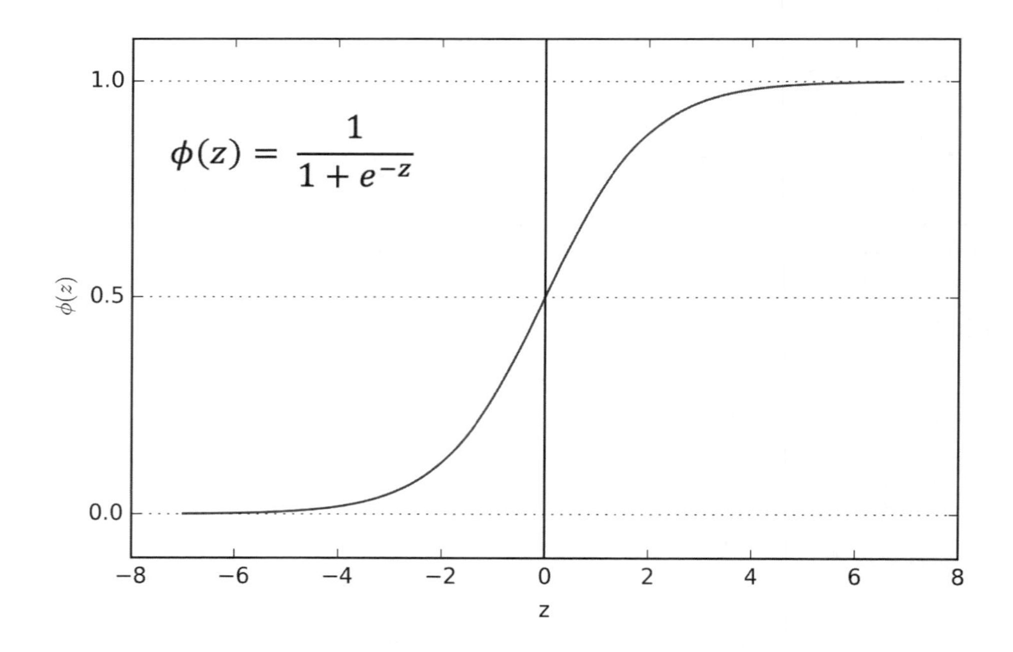

多層パーセプトロンはフィードフォワード人工ニューラルネットワークの代表的な例である。**フィードフォワード**(feedforward)は、各層がループせずに次の層への入力になることを意味する。これは本章および第 16 章で説明する**リカレントニューラルネットワーク**(recurrent neural network)アーキテクチャとは対照的である。フィードフォワードニューラルネットワークの人工

ニューロンが一般に「パーセプトロン」ではなく「シグモイドユニット」であることを考えると、「多層パーセプトロン」という用語は少し紛らわしい感じがするかもしれない。直観的には、多層パーセプトロンのニューロンを０～１の連続値を返すロジスティック回帰ユニットとして考えることができる。

コードの効率と読みやすさを改善するために、線形代数の概念を用いて、活性化関数をもう少し簡潔に記述してみよう。そうすれば、何重にも入れ子になった計算負荷の高い `for` ループを記述する代わりに、NumPy を使って実装を**ベクトル化**できるようになる。

$$\boldsymbol{z}^{(h)} = \boldsymbol{a}^{(in)}\boldsymbol{W}^{(h)}$$
$$\boldsymbol{a}^{(h)} = \phi\left(\boldsymbol{z}^{(h)}\right) \tag{12.1.11}$$

$\boldsymbol{a}^{(in)}$ は、サンプル $\boldsymbol{x}^{(in)}$ にバイアスユニットを足した $1 \times m$ 次元の特徴ベクトルである。$\boldsymbol{W}^{(h)}$ は $m \times d$ 次元の重み行列であり、d はニューラルネットワーク内の隠れユニットの個数である。行列ベクトルの乗算の後、活性化ユニット $\boldsymbol{a}^{(h)}(\boldsymbol{a}^{(h)} \in \mathbb{R}^{1 \times d})$ を計算するために、$1 \times d$ 次元の総入力ベクトル $\boldsymbol{z}^{(h)}$ を求める。さらに、この計算をトレーニングデータセットの n 個のサンプルすべてに対して一般化する。

$$\boldsymbol{Z}^{(h)} = \boldsymbol{A}^{(in)}\boldsymbol{W}^{(h)} \tag{12.1.12}$$

ここで、$\boldsymbol{A}^{(in)}$ は $n \times m$ 行列であり、行列どうしの乗算は $n \times d$ 次元の総入力行列 $\boldsymbol{Z}^{(h)}$ になる。最後に、活性化関数 $\phi(\bullet)$ を総入力行列の各値に適用することで、次の層（出力層）の $n \times d$ 活性化行列 $\boldsymbol{A}^{(h)}$ を求める。

$$\boldsymbol{A}^{(h)} = \phi\left(\boldsymbol{Z}^{(h)}\right) \tag{12.1.13}$$

同様に、出力層の活性化行列を複数のサンプルのベクトル化形式で書き換えることができる。

$$\boldsymbol{Z}^{(out)} = \boldsymbol{A}^{(h)}\boldsymbol{W}^{(out)} \tag{12.1.14}$$

ここで、$d \times t$ 次元の行列 $\boldsymbol{W}^{(out)}$ に $n \times d$ 次元の行列 $\boldsymbol{A}^{(in)}$ を掛け、$n \times t$ 次元の行列 $\boldsymbol{Z}^{(out)}$ を求める。t は出力ユニットの個数である。$\boldsymbol{Z}^{(out)}$ の列は各サンプルの出力を表す。

最後に、シグモイド関数を適用することで、ネットワークの連続値の出力を求める。

$$\boldsymbol{A}^{(out)} = \phi\left(\boldsymbol{Z}^{(out)}\right),\ \boldsymbol{A}^{(out)} \in \mathbb{R}^{n \times t} \tag{12.1.15}$$

12.2 手書きの数字を分類する

前節では、ニューラルネットワークを取り巻くさまざまな理論を取り上げた。このテーマが初めての読者は少し圧倒されてしまったかもしれない。多層パーセプトロンモデルの重みを学習するア

ルゴリズム —— バックプロパゲーション —— の説明を続ける前に、理論はひと休みして、ニューラルネットワークの実際の効果を確かめてみよう。

ニューラルネットワークの理論はかなり複雑になることがある。本章で説明する概念の一部を少し詳しく取り上げている文献を2つ紹介しておく。

- I. Goodfellow、Y. Bengio、A. Courville 共著、『Deep Learning』※8 の第6章「Deep Feedforward Networks」(MIT Press、2016年)、http://www.deeplearningbook.org
- C. M. Bishop 他著、『Pattern Recognition and Machine Learning Volume 1』※9 (Springer、2006年)

ここでは、**MNIST**(Mixed National Institute of Standards and Technology)データセットの手書き文字を分類するために、多層ニューラルネットワークの実装とトレーニングを行う。MNIST データセットは、Yann LeCun 他によって構築されたデータセットであり、機械学習のアルゴリズムのベンチマークデータセットとしてよく知られている※10。

12.2.1 MNIST データセットを取得する

MNIST データセットは、Y. LeCun の Web サイト※11 で公開されている。このデータセットは次の4つの部分で構成されている。

- **トレーニングデータセットの画像**
  `train-images-idx3-ubyte.gz`(9.9MB、解凍後47MB、60,000サンプル)
- **トレーニングデータセットのラベル**
  `train-labels-idx1-ubyte.gz`(29KB、解凍後60KB、60,000ラベル)
- **テストデータセットの画像**
  `t10k-images-idx3-ubyte.gz`(1.6MB、解凍後7.8MB、10,000サンプル)
- **テストデータセットのラベル**
  `t10k-labels-idx1-ubyte.gz`(5KB、解凍後10KB、10,000ラベル)

MNIST データセットは NIST(National Institute of Standards and Technology)※12 の2つのデータセットをもとに構築されている。トレーニングデータセットは250人の手書きの数字で構成され

※8 『深層学習』(アスキードワンゴ、2018年)

※9 『パターン認識と機械学習 上』(丸善出版、2014年)

※10 Y. LeCun, L. Bottou, Y. Bengio, and P. Haffner. *Gradient-based Learning Applied to Document Recognition.* Proceedings of the IEEE, 86(11):2278-2324, November 1998, http://yann.lecun.com/exdb/publis/pdf/lecun-01a.pdf

※11 http://yann.lecun.com/exdb/mnist/

※12 http://www.nist.gov/

ている（内訳は高校生と国税調査局の職員が半数ずつ）。テストデータセットには、同じ割合で別の人々の手書き文字が含まれていることに注意しよう。

これらのファイルをダウンロードした後は、Unix/Linux の gzip ツールを使ってファイルを解凍すればよいだろう。その際、ローカルのダウンロードディレクトリへ移動し、次のコマンドを実行する。

```
gzip *ubyte.gz -d
```

Microsoft Windows マシンでは、GZIP ファイル対応の解凍ツールを用意して使用する。解凍したファイルは `mnist` というディレクトリへ移動しておく必要がある。

画像はバイトフォーマットで格納されている。それらを NumPy の配列に読み込み、多層パーセプトロン実装のトレーニングとテストに使用する。そこで、そのためのヘルパー関数を定義する。

```
import os
import struct
import numpy as np

def load_mnist(path, kind='train'):
    """MNIST データを path からロード """
    # 引数に指定したパスを結合（ラベルや画像のパスを作成）
    labels_path = os.path.join(path, '%s-labels-idx1-ubyte' % kind)
    images_path = os.path.join(path, '%s-images-idx3-ubyte' % kind)

    # ファイルを読み込む：
    # 引数にファイル、モードを指定（rb は読み込みのバイナリモード）
    with open(labels_path, 'rb') as lbpath:
        # バイナリを文字列に変換：unpack 関数の引数にフォーマット、8 バイト分の
        # バイナリデータを指定してマジックナンバー、アイテムの個数を読み込む
        magic, n = struct.unpack('>II', lbpath.read(8))
        # ファイルからラベルを読み込み配列を構築：fromfile 関数の引数に
        # ファイル、配列のデータ形式を指定
        labels = np.fromfile(lbpath, dtype=np.uint8)

    with open(images_path, 'rb') as imgpath:
        magic, num, rows, cols = struct.unpack(">IIII", imgpath.read(16))
        # 画像ピクセル情報の配列のサイズを変更
        #（行数：ラベルのサイズ、列数：特徴量の個数）
        images = np.fromfile(imgpath, dtype=np.uint8).reshape(len(labels), 784)
        images = ((images / 255.) - .5) * 2
    return images, labels
```

`load_mnist` 関数は戻り値として配列を 2 つ返す。1 つ目は $n \times m$ 次元の NumPy 配列 `images` である。この場合の n はサンプルの個数、m は特徴量（ピクセル）の個数を表す。トレーニングデータセットには、60,000 個のサンプルが含まれており、テストデータセットには、10,000 個のサンプルが含まれている。MNIST データセットに含まれている画像は 28 × 28 ピクセルで構成されており、各ピクセルはグレースケールの輝度（明暗）を表す。この関数は、28 × 28 ピクセルを 1 次

元の行ベクトルとして展開している。それらのベクトルは画像配列の行(行または画像あたり784)を表す。この関数から返される2つ目の配列 `labels` には、対応する目的変数が含まれている。目的変数は手書きの数字のクラスラベル(0〜9の整数)を表す。

ラベルや画像を読み込む方法は、最初は少し奇妙に思えるかもしれない。

```
magic, n = struct.unpack('>II', lbpath.read(8))
labels = np.fromfile(lbpath, dtype=np.int8)
```

この2行のコードの意味を理解するために、MNISTのWebサイトにあるデータセットの説明を見てみよう[※13]。

[オフセット]	[型]	[値]	[説明]
0000	32ビット整数	0x00000801(2049)	マジックナンバー(MSBファースト)
0004	32ビット整数	60000	アイテムの個数
0008	符号なしバイト	??	ラベル
0009	符号なしバイト	??	ラベル
....			
xxxx	符号なしバイト	??	ラベル

上記コードの2行目では、`fromfile` 関数を使ってNumPy配列にバイトを読み込んでいく。コードの1行目では、「マジックナンバー(`magic`)」と「アイテムの個数(n)」をファイルバッファから読み込む。マジックナンバー(魔法数)は、ファイルのプロトコルを表している。また、`struct` モジュールの `unpack` 関数の第1引数として `fmt` パラメータに渡されている `'>II'` は、次の2つの部分で構成されている。

- >…ビッグエンディアンを表す。ビッグエンディアンはバイトシーケンスが格納される順序を定義したもの。「ビッグエンディアン」と「リトルエンディアン」という格納の順序がある。これらの用語になじみがない場合は、Wikipediaで「エンディアン」[※14]を調べてみよう。
- `I`…符号なし整数を表す[※15]。

さらに、次のコードを使用することで、MNISTのピクセル値(0〜255)を-1〜1の範囲で正規化している。

```
images = ((images / 255.) - .5) * 2
```

※13 [監注] ここでは、ラベルのデータセットの説明を掲載しているが、画像のデータセットの説明についてもMNISTのWebサイトで参照できる。

※14 https://ja.wikipedia.org/wiki/エンディアン

※15 [監注] 以上では、`struct` モジュールの `unpack` 関数の第1引数に `'I'` を2つ並べている。これは、`lbpath.read` により8バイト分を読み込んで、これら2つの変数(`magic`、n)がともに符号なし整数(4バイト)であることを指定するためである。

ピクセル値を正規化するのは、第2章で説明したように、これらの条件下では勾配に基づく最適化がかなり安定しているためである。画像のピクセルごとのスケーリングは、ここまでの章で行ってきた特徴量のスケーリングとは異なることに注意しよう。特徴量のスケーリングでは、トレーニングデータセットからスケーリングパラメータを抽出し、トレーニングデータセットとテストデータセットの各列のスケーリングに適用していた。これに対し、画像のピクセルごとのスケーリングでは、それらの中心を0に設定した上で、[−1, 1] の範囲で尺度を取り直す方法も一般的である。実際のところ、通常はそれでうまくいく。

最近になって、勾配に基づく最適化の収束について、入力のスケーリングを通じて改善する新しいトリックが考案されている。それは**バッチ正規化**(batch normalization)という手法である。ディープラーニングの応用と研究に興味がある場合は、Sergey Ioffe と Christian Szegedy のすばらしい研究論文を読んでみることをお勧めする。

Sergey Ioffe, Christian Szegedy, *Batch Normalization: Accelerating Deep Network Training by Reducing Internal Covariate Shift*, 2015, https://arxiv.org/abs/1502.03167

次に、解凍した MNIST データセットが格納されているローカルディレクトリから、60,000 個のトレーニングサンプルと 10,000 個のテストサンプルを読み込む。ここでは、ダウンロードされた MNIST ファイルと同じディレクトリで次のコードが実行されるものとする。

```
>>> X_train, y_train = load_mnist('', kind='train')
>>> print('Rows: %d, columns: %d' % (X_train.shape[0], X_train.shape[1]))
Rows: 60000, columns: 784

>>> X_test, y_test = load_mnist('', kind='t10k')
>>> print('Rows: %d, columns: %d' % (X_test.shape[0], X_test.shape[1]))
Rows: 10000, columns: 784
```

MNIST に含まれている画像がどのようなものであるかを確認するために、0 ～ 9 の数字の例を可視化してみよう。この例では、matplotlib の `imshow` 関数を使用して、特徴行列の 784 ピクセルのベクトルから元の 28 × 28 ピクセルの画像を再現する。

```
>>> import matplotlib.pyplot as plt
>>> # subplotsで描画を設定：引数で描画領域の行数 / 列数、x/y 軸の統一を指定
>>> fig, ax = plt.subplots(nrows=2, ncols=5, sharex=True, sharey=True)
>>> ax = ax.flatten()                                    # 配列を1次元に変形
>>> for i in range(10):
...     img = X_train[y_train == i][0].reshape(28, 28)   # 配列を28×28に変形
...     ax[i].imshow(img, cmap='Greys')                  # 色を指定
...
```

```
>>> ax[0].set_xticks([])
>>> ax[0].set_yticks([])
>>> plt.tight_layout()
>>> plt.show()
```

このコードを実行すると、各数字の代表的な画像を示す 2 × 5 個の画像が示されるはずだ。

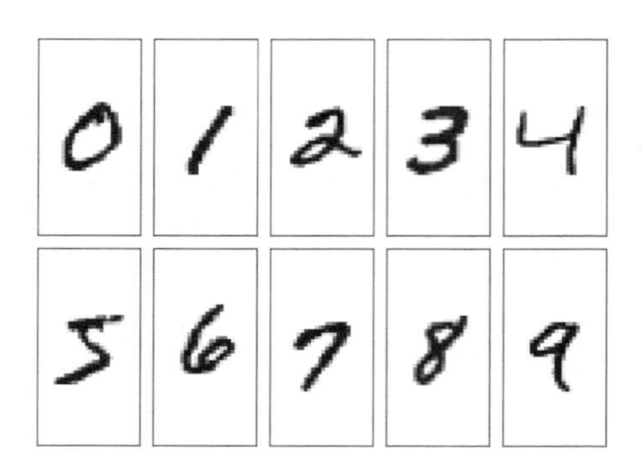

さらに、サンプルの数字の例をいくつか描画して、それらの筆跡の違いを実際に確かめてみよう。

```
>>> fig, ax = plt.subplots(nrows=5, ncols=5, sharex=True, sharey=True)
>>> ax = ax.flatten()
>>> for i in range(25):
...     img = X_train[y_train == 7][i].reshape(28, 28)
...     ax[i].imshow(img, cmap='Greys')
...
>>> ax[0].set_xticks([])
>>> ax[0].set_yticks([])
>>> plt.tight_layout()
>>> plt.show()
```

このコードを実行すると、数字の 7 のサンプルのうち最初の 25 個が表示されるはずだ。

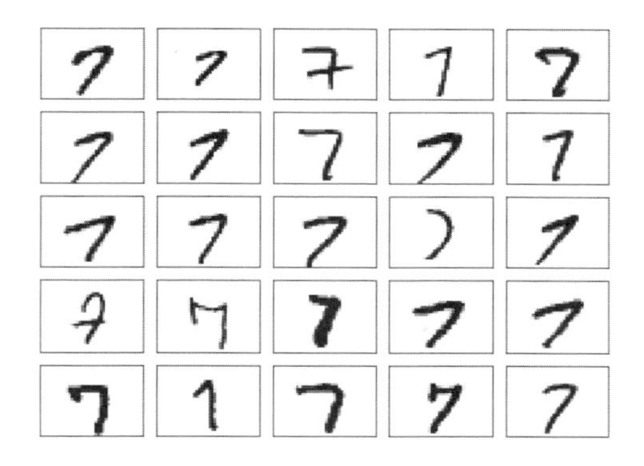

これらの手順が完了したら、スケーリング済みの画像は新しいPythonセッションにすばやく読み込めるフォーマットで保存しておくとよいだろう。そうすれば、そのつどデータを読み直して処理する必要がなくなる。NumPy配列を使用する場合、多次元配列をディスクに保存するための最も便利で効率のよい方法は、NumPyのsavez関数※16を使用することである。

簡単に説明すると、savez関数は、第9章で使用したPythonのpickleモジュールに似ているが、NumPy配列の格納に合わせて最適化されている。この関数は、データからZipアーカイブを生成し、データファイルが.npyフォーマットで格納された.npzファイルを生成する。このフォーマットの詳細が知りたい場合は、長所や短所を含め、NumPyのドキュメント※17に詳しい説明が含まれている。さらに、ここではsavez関数を使用する代わりに、savez_compressed関数を使用する。この関数は、構文はsavez関数と同じだが、出力ファイルをかなり小さなサイズに圧縮する。この場合は、約400MBのファイルが22MBに圧縮される。トレーニングデータセットとテストデータセットを'mnist_scaled.npz'というアーカイブファイルに保存するコードは、次のようになる。

```
>>> import numpy as np
>>> np.savez_compressed('mnist_scaled.npz',
...                     X_train=X_train,
...                     y_train=y_train,
...                     X_test=X_test,
...                     y_test=y_test)
```

.npzファイルを作成した後は、圧縮されたMNIST画像の配列を読み込むことができる。これには、NumPyのload関数を使用する。

```
>>> mnist = np.load('mnist_scaled.npz')
```

※16　https://docs.scipy.org/doc/numpy/reference/generated/numpy.savez.html

※17　https://docs.scipy.org/doc/numpy/neps/npy-format.html

mnist変数は、savez_compressed関数にキーワード引数として指定した4つのデータ配列にアクセスできるオブジェクトを参照している。これらのデータ配列を表示するには、mnistオブジェクトのfiles属性にアクセスする。

```
>>> mnist.files
['X_train', 'y_train', 'X_test', 'y_test']
```

たとえば、トレーニングデータを現在のPythonセッションに読み込むには、(Pythonのディクショナリと同様に)'X_train'配列に次のようにアクセスする。

```
>>> X_train = mnist['X_train']
```

4つのデータ配列をすべて取得するには、リスト内包表記を使用する。

```
>>> X_train, y_train, X_test, y_test = [mnist[f] for f in mnist.files]
```

なお、ここではnp.savez_compressedとnp.loadを使った例を示したが、これらは本章のコードを実行するにあたって不可欠なものではない。あくまでも、NumPy配列の保存と読み込みを簡単に効率よく行う方法を示したまでである。

12.2.2 多層パーセプトロンを実装する

ここでは、MNISTデータセットの画像を分類する多層パーセプトロンのコードを実装する。この分類では、入力層、隠れ層、出力層を1つずつ使用する。コードはできるだけシンプルになるように努めているが、最初は少し複雑に思えるかもしれない。本章のサンプルコードは本書のGitHub[※18]からダウンロードすることをお勧めする。GitHubサイトに掲載したコードでは、この多層パーセプトロン実装を読みやすくするために、コメントと構文の強調表示が追加されている。

本書のJupyter Notebookファイルのコードを実行しない場合、またはインターネット接続がない環境では、現在の作業ディレクトリのPythonスクリプトファイル(neuralnet.pyなど)にコピーするとよいだろう。その場合は、次のコマンドを使って現在のPythonセッションにインポートできる。

```
from neuralnet import NeuralNetMLP
```

このコードには、バックプロパゲーションアルゴリズムなど、まだ説明していない内容も含まれている。しかし、第2章のADALINE実装と先のフォワードプロパゲーションの説明を理解してい

※18 https://github.com/rasbt/python-machine-learning-book-2nd-edition

れば、ほとんどの部分に見覚えがあるはずだ。

また、後ほど特定の部分を詳しく見ていくので、ここですべてのコードを理解できなくても心配はいらない。とはいうものの、この段階でコードを見ておいたほうが、あとから理論を理解しやすくなる。

多層パーセプトロンの実装は次のようになる。

```
class NeuralNetMLP(object):
    """ フィードフォワードニューラルネットワーク / 多層パーセプトロン分類器

    パラメータ
    ------------
    n_hidden : int (デフォルト: 30)
        隠れユニットの個数
    l2 : float (デフォルト: 0.)
        L2 正則化の λ パラメータ
        l2=0 の場合は正則化なし (default)
    epochs : int (デフォルト: 100)
        トレーニングの回数
    eta : float (デフォルト: 0.001)
        学習率
    shuffle : bool (デフォルト: True)
        True の場合、循環を避けるためにエポックごとにトレーニングデータをシャッフル
    minibatch_size : int (デフォルト: 1)
        ミニバッチあたりのトレーニングサンプルの個数
    seed : int (デフォルト: None)
        重みとシャッフルを初期化するための乱数シード

    属性
    -----------
    eval_ : dict
      トレーニングのエポックごとに、コスト、トレーニングの正解率、検証の正解率を
      収集するディクショナリ

    """

    def __init__(self, n_hidden=30, l2=0., epochs=100, eta=0.001,
                 shuffle=True, minibatch_size=1, seed=None):
        """ NeuralNetMLP の初期化 """

        self.random = np.random.RandomState(seed)
        self.n_hidden = n_hidden
        self.l2 = l2
        self.epochs = epochs
        self.eta = eta
        self.shuffle = shuffle
        self.minibatch_size = minibatch_size

    def _onehot(self, y, n_classes):
        """ ラベルを one-hot 表現にエンコード

        パラメータ
        ------------
```

12

```
        y : 配列, shape = [n_samples]
            目的変数の値

        戻り値
        -----------
        onehot : 配列, shape = (n_samples, n_labels)

        """

        onehot = np.zeros((n_classes, y.shape[0]))
        for idx, val in enumerate(y.astype(int)):
            onehot[val, idx] = 1.

        return onehot.T

    def _sigmoid(self, z):
        """ ロジスティック関数（シグモイド）を計算 """
        return 1. / (1. + np.exp(-np.clip(z, -250, 250)))

    def _forward(self, X):
        """ フォワードプロパゲーションのステップを計算 """

        # ステップ 1：隠れ層の総入力
        # [n_samples, n_features] dot [n_features, n_hidden]
        # -> [n_samples, n_hidden]
        z_h = np.dot(X, self.w_h) + self.b_h

        # ステップ 2：隠れ層の活性化関数
        a_h = self._sigmoid(z_h)

        # ステップ 3：出力層の総入力
        # [n_samples, n_hidden] dot [n_hidden, n_classlabels]
        # -> [n_samples, n_classlabels]
        z_out = np.dot(a_h, self.w_out) + self.b_out

        # ステップ 4：出力層の活性化関数
        a_out = self._sigmoid(z_out)

        return z_h, a_h, z_out, a_out

    def _compute_cost(self, y_enc, output):
        """ コスト関数を計算

        パラメータ
        ----------
        y_enc : 配列, shape = (n_samples, n_labels)
            one-hot 表現にエンコードされたクラスラベル
        output : 配列, shape = [n_samples, n_output_units]
            出力層の活性化関数（フォワードプロパゲーション）

        戻り値
        ---------
        cost : float
            正則化されたコスト
```

```
        """

        L2_term = (self.l2 * (np.sum(self.w_h ** 2.) +
                              np.sum(self.w_out ** 2.)))

        term1 = -y_enc * (np.log(output))
        term2 = (1. - y_enc) * np.log(1. - output)
        cost = np.sum(term1 - term2) + L2_term

        # 活性化関数の値がより極端である（0 または 1 に近い）他のデータセットに対して
        # このコスト関数を適用する場合、現時点の実装では、Python と NumPy の値において
        # 数値的な不安定さが原因で、"ZeroDivisionError" が発生することがある。
        # つまり、このコードは（未定義である）log(0) の評価を試みる。
        # この問題に対処するには、log 関数に渡される活性化関数の値に
        # 小さな定数値を足すとよいかもしれない。
        #
        # たとえば：
        #
        # term1 = -y_enc * (np.log(output + 1e-5))
        # term2 = (1. - y_enc) * np.log(1. - output + 1e-5)

        return cost

    def predict(self, X):
        """ クラスラベルを予測

        パラメータ
        -----------
        X : 配列 , shape = [n_samples, n_features]
            元の特徴量が設定された入力層

        戻り値：
        ----------
        y_pred : 配列 , shape = [n_samples]
            予測されたクラスラベル

        """

        z_h, a_h, z_out, a_out = self._forward(X)
        y_pred = np.argmax(z_out, axis=1)

        return y_pred

    def fit(self, X_train, y_train, X_valid, y_valid):
        """ トレーニングデータから重みを学習

        パラメータ
        -----------
        X_train : 配列 , shape = [n_samples, n_features]
            元の特徴量が設定された入力層
        y_train : 配列 , shape = [n_samples]
            目的値のクラスラベル
        X_valid : 配列 , shape = [n_samples, n_features]
            トレーニング時の検証に使用するサンプル特徴量
```

```
         y_valid : 配列 , shape = [n_samples]
            トレーニング時の検証に使用するサンプルラベル

        戻り値 :
        ----------
        self

        """

        # クラスラベルの個数
        n_output = np.unique(y_train).shape[0]

        n_features = X_train.shape[1]

        ###############
        # 重みの初期化
        ###############

        # 入力層 -> 隠れ層の重み
        self.b_h = np.zeros(self.n_hidden)
        self.w_h = self.random.normal(loc=0.0, scale=0.1,
                                      size=(n_features, self.n_hidden))

        # 隠れ層 -> 出力層の重み
        self.b_out = np.zeros(n_output)
        self.w_out = self.random.normal(loc=0.0, scale=0.1,
                                        size=(self.n_hidden, n_output))

        # 書式設定
        epoch_strlen = len(str(self.epochs))
        self.eval_ = {'cost': [], 'train_acc': [], 'valid_acc': []}

        y_train_enc = self._onehot(y_train, n_output)

        # エポック数だけトレーニングを繰り返す
        for i in range(self.epochs):

            # ミニバッチの反復処理（イテレーション）
            indices = np.arange(X_train.shape[0])

            if self.shuffle:
                self.random.shuffle(indices)

            for start_idx in range(0,
                                   indices.shape[0] - self.minibatch_size + 1,
                                   self.minibatch_size):
                batch_idx = indices[start_idx:start_idx + self.minibatch_size]

                # フォワードプロパゲーション
                z_h, a_h, z_out, a_out = self._forward(X_train[batch_idx])

                ##########################
                # バックプロパゲーション
                ##########################
```

```
        # [n_samples, n_classlabels]
        sigma_out = a_out - y_train_enc[batch_idx]

        # [n_samples, n_hidden]
        sigmoid_derivative_h = a_h * (1. - a_h)

        # [n_samples, n_classlabels] dot [n_classlabels, n_hidden]
        # -> [n_samples, n_hidden]
        sigma_h = (np.dot(sigma_out, self.w_out.T) *
                   sigmoid_derivative_h)

        # [n_features, n_samples] dot [n_samples, n_hidden]
        # -> [n_features, n_hidden]
        grad_w_h = np.dot(X_train[batch_idx].T, sigma_h)
        grad_b_h = np.sum(sigma_h, axis=0)

        # [n_hidden, n_samples] dot [n_samples, n_classlabels]
        # -> [n_hidden, n_classlabels]
        grad_w_out = np.dot(a_h.T, sigma_out)
        grad_b_out = np.sum(sigma_out, axis=0)

        # 正則化と重みの更新
        delta_w_h = (grad_w_h + self.l2*self.w_h)
        delta_b_h = grad_b_h  # バイアスは正則化しない
        self.w_h -= self.eta * delta_w_h
        self.b_h -= self.eta * delta_b_h

        delta_w_out = (grad_w_out + self.l2*self.w_out)
        delta_b_out = grad_b_out  # バイアスは正則化しない
        self.w_out -= self.eta * delta_w_out
        self.b_out -= self.eta * delta_b_out

    ##########
    # 評価
    ##########

    # イテレーションごとに評価を行う
    z_h, a_h, z_out, a_out = self._forward(X_train)

    cost = self._compute_cost(y_enc=y_train_enc, output=a_out)

    y_train_pred = self.predict(X_train)
    y_valid_pred = self.predict(X_valid)

    train_acc = \
        ((np.sum(y_train == y_train_pred)).astype(np.float) /
         X_train.shape[0])
    valid_acc = \
        ((np.sum(y_valid == y_valid_pred)).astype(np.float) /
         X_valid.shape[0])

    sys.stderr.write('\r%0*d/%d | Cost: %.2f '
                     '| Train/Valid Acc.: %.2f%%/%.2f%% ' %
```

```
                          (epoch_strlen, i+1, self.epochs, cost,
                           train_acc*100, valid_acc*100))
            sys.stderr.flush()

            self.eval_['cost'].append(cost)
            self.eval_['train_acc'].append(train_acc)
            self.eval_['valid_acc'].append(valid_acc)

        return self
```

このコードを実行した後は、新しい多層パーセプトロンを初期化してみよう。この多層パーセプトロンは、784個の入力ユニット（n_features）、100個の隠れユニット（n_hidden）、そして10個の出力ユニット（n_output）からなるニューラルネットワークである。

```
>>> nn = NeuralNetMLP(n_hidden=100,
...                   l2=0.01,
...                   epochs=n_epochs,
...                   eta=0.0005,
...                   minibatch_size=100,
...                   shuffle=True,
...                   seed=1)
```

NeuralNetMLPのコードを読んだ場合は、以下のパラメータが何のためのものかもう気づいているかもしれない。次に、これらのパラメータの目的を簡単にまとめておく。

- l2…過学習の度合いを減らすための、L2正則化の λ パラメータ。
- epochs…トレーニングデータセットをトレーニングする回数。
- eta…学習率 η。
- shuffle … 各エポックの前にトレーニングデータセットをシャッフルすることで、アルゴリズムの循環を回避する。
- seed … シャッフルと重みの初期化に使用する乱数シード。
- minibatch_size … 確率的勾配降下法においてエポックごとにトレーニングデータを分割する場合の、ミニバッチごとのトレーニングサンプルの個数。学習を加速させるために、トレーニングデータ全体ではなくミニバッチごとに勾配が計算される。

次に、すでにシャッフルされているMNISTトレーニングデータセットの55,000個のサンプルを使って多層パーセプトロンのトレーニングを行い、残りの5,000個のサンプルを使ってトレーニング時の検証を行う。ニューラルネットワークのトレーニングには、標準的なデスクトップコンピュータで5分ほどかかることがある。

先のコード実装を見てもう気づいているかもしれないが、ここで実装しているfitメソッドは、トレーニング用の画像とラベル、検証用の画像とラベルの4つの入力引数を受け取る。ニューラルネットワークでは、トレーニングの際にトレーニングの正解率と検証の正解率を比較しておくと非常に有益である。そのようにすると、特定のアーキテクチャとハイパーパラメータでニューラルネットワークモデルがうまく動作するかどうかを判断するのに役立つ。

一般に、(ディープ) ニューラルネットワークのトレーニングは、ここまで説明してきた他のモデルと比べてかなり高くつく。このため、状況によっては、トレーニングを途中で打ち切り、ハイパーパラメータに別の値を設定した上で再びトレーニングを行うとよいだろう。あるいは、トレーニングセットと検証セットでの性能の差が見るからに拡大しているなど、トレーニングデータの過学習の度合いが高くなっていることに気づいた場合も、トレーニングを早めに打ち切るとよいかもしれない。

トレーニングを開始するには、次のコードを実行する。

```
>>> nn.fit(X_train=X_train[:55000],
...        y_train=y_train[:55000],
...        X_valid=X_train[55000:],
...        y_valid=y_train[55000:])
200/200 | Cost: 5065.78 | Train/Valid Acc.: 99.28%/97.98%
```

この NeuralNetMLP 実装では、eval_ 属性も定義している。この属性は、コスト、トレーニングの正解率、検証の正解率をエポックごとに収集することで、matplotlib を使って結果を可視化できるようにする。

```
>>> import matplotlib.pyplot as plt
>>> plt.plot(range(nn.epochs), nn.eval_['cost'])
>>> plt.ylabel('Cost')
>>> plt.xlabel('Epochs')
>>> plt.show()
```

このコードは、200 エポックにわたってコストをプロットする。

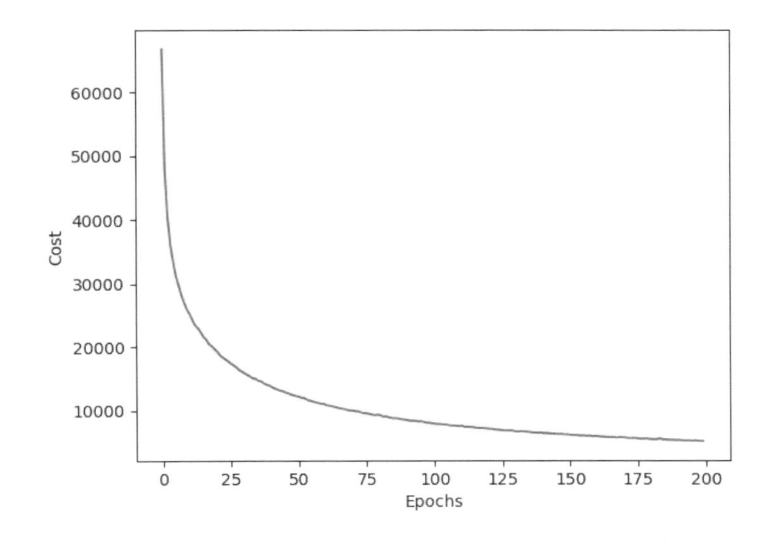

このグラフから、最初の 100 エポックでコストが大きく減少し、最後の 100 エポックでゆっくりと収束に向かっていることがわかる。ただし、エポック 175 とエポック 200 の間のなだらかな傾斜は、トレーニングのエポック数を増やせばコストがさらに減少することを示している。

次に、トレーニングの正解率と検証の正解率を調べてみよう。

```
>>> plt.plot(range(nn.epochs), nn.eval_['train_acc'], label='training')
>>> plt.plot(range(nn.epochs), nn.eval_['valid_acc'], label='validation',
...          linestyle='--')
>>> plt.ylabel('Accuracy')
>>> plt.xlabel('Epochs')
>>> plt.legend()
>>> plt.show()
```

このコードは、トレーニングの正解率と検証の正解率を 200 エポックにわたってプロットする。

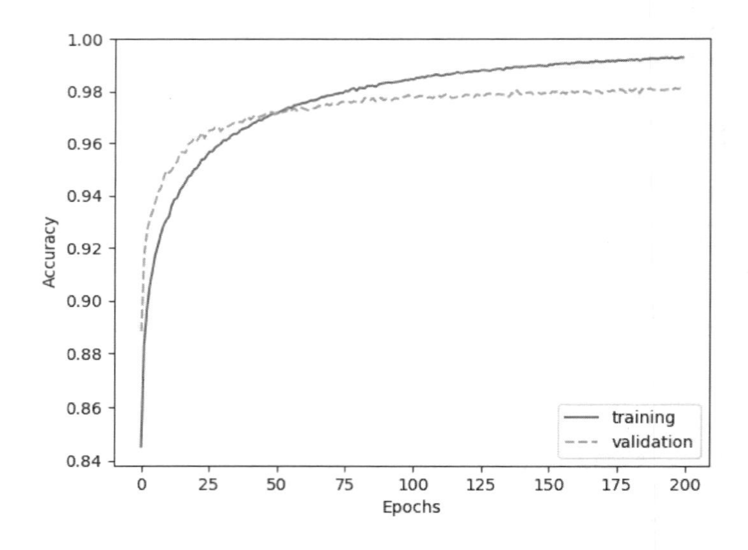

このグラフは、トレーニングの回数が増えるに従い、トレーニングと検証とで正解率の差が開いていくことを示している。トレーニングの正解率と検証の正解率は 50 エポックあたりで等しくなり、それを境に、このニューラルネットワークモデルはトレーニングデータの過学習に陥っている。

なお、この例は、過学習の影響を具体的に示すことと、トレーニングの正解率と検証の正解率をトレーニング中に比較することがなぜ有益なのかを実証することを目的として、意図的に選んだものである。過学習の影響を低下させる方法の 1 つは、 `l2=0.1` に設定するなどして正則化の強さを高めることである。ニューラルネットワークでの過学習に対処するためのもう 1 つの方法は、ドロップアウトである。ドロップアウトについては、第 15 章で取り上げる。

最後に、テストデータセットでの正解率を計算して、このモデルの汎化性能を評価してみよう。

```
>>> y_test_pred = nn.predict(X_test)
>>> acc = (np.sum(y_test == y_test_pred).astype(np.float) / X_test.shape[0])
>>> print('Training accuracy: %.2f%%' % (acc * 100))
Test accuracy: 97.54%
```

このモデルは隠れ層が1つの比較的単純なニューラルネットワークであるため、トレーニングデータを少し過学習しているにもかかわらず、テストデータセットでの性能はかなりよい。検証データセットでの正解率（97.98%）とほぼ同様の正解率が達成されている。

このモデルをさらに調整するには、隠れユニットの個数、正則化パラメータの値、学習率を変更することが考えられる。あるいは、本書では取り上げていないが、長年にわたって開発されてきた他の手法を取り入れてもよいだろう。第14章では、画像データセットで優れた性能を発揮することで知られている、別のニューラルネットワークアーキテクチャを取り上げる。

最後に、この多層パーセプトロンが奮闘する様子を示す画像をいくつか見てみよう。

```
>>> miscl_img = X_test[y_test != y_test_pred][:25]
>>> correct_lab = y_test[y_test != y_test_pred][:25]
>>> miscl_lab= y_test_pred[y_test != y_test_pred][:25]
>>> fig, ax = plt.subplots(nrows=5, ncols=5, sharex=True, sharey=True)
>>> ax = ax.flatten()
>>> for i in range(25):
...     img = miscl_img[i].reshape(28, 28)
...     ax[i].imshow(img, cmap='Greys', interpolation='nearest')
...     ax[i].set_title('%d) t: %d p: %d' % (i+1, correct_lab[i], miscl_lab[i]))
...
>>> ax[0].set_xticks([])
>>> ax[0].set_yticks([])
>>> plt.tight_layout()
>>> plt.show()
```

このコードを実行すると、5×5の行列としてサブプロット（描画区域）が表示されるはずだ。各数字の画像の上に表示されている1つ目の数字はプロットインデックス、2つ目の数字は正しいクラスラベル（t）のインデックス、3つ目の数字は予測されたクラスラベル（p）を表している。

12

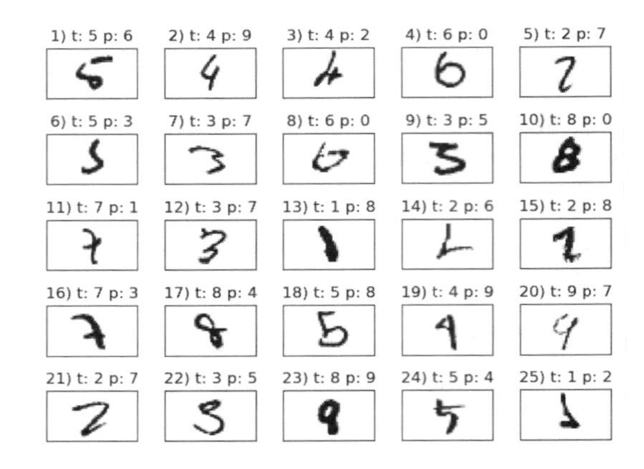

この図が示しているように、これらの画像の中には、人が見ても正しく分類するのが難しいものがある。たとえば、サブプロット8で数字の「6」が「0」として分類されていることと、サブプロット23で数字の「8」が「9」として分類されていることがわかる。後者は、「8」の下の部分が狭いことに線の太さが重なったせいである。

12.3 人工ニューラルネットワークのトレーニング

ニューラルネットワークを実際に試して、コードを見ながらその基本的な仕組みを理解したところで、ロジスティック関数や、重みを学習するために実装したバックプロパゲーションアルゴリズムなど、いくつかの概念をもう少し詳しく見てみることにしよう。

12.3.1 ロジスティック関数を計算する

`_compute_cost` メソッドとして実装したロジスティック関数は、第3章の「3.3 ロジスティック回帰を使ってクラスの確率を予測するモデルの構築」で説明したものと同じコスト関数であるため、実際にはかなり理解しやすいはずだ[※19]。

$$J(\boldsymbol{w}) = -\sum_{i=1}^{n} y^{[i]} \log\left(a^{[i]}\right) + \left(1 - y^{[i]}\right) \log\left(1 - a^{[i]}\right) \tag{12.3.1}$$

$a^{[i]}$ は、データセットの i 番目のサンプルのシグモイド関数である。フォワードプロパゲーションステップでは、次のように計算する。

$$a^{[i]} = \phi\left(z^{[i]}\right) \tag{12.3.2}$$

※19 ［監注］原書では本項において、3.3節と表記を合わせるために、式12.3.5を除いて a、y、z の上付き添え字はサンプルのインデックス、下付き添え字は層のユニットのインデックスを表している。また、3.3節と12.3.1項では、これらの上付き添え字に付いている括弧の種類が異なっているが、原著のままに表記している。

ここで、上付き文字 $[i]$ は(層ではなく)トレーニングサンプルのインデックスを表す。

次に、過学習の度合いを下げることができる**正則化**の項を追加してみよう。ここまでの章で見てきたように、L2 正則化の項は次のように定義される —— バイアスユニットは正則化しないことを思い出そう。

$$L2 = \lambda \|\boldsymbol{w}\|_2^2 = \lambda \sum_{j=1}^{m} w_j^2 \tag{12.3.3}$$

L2 正則化の項をロジスティック関数に追加すると、次の式が得られる。

$$J(\boldsymbol{w}) = -\left[\sum_{i=1}^{n} y^{[i]} \log\left(a^{[i]}\right) + \left(1 - y^{[i]}\right) \log\left(1 - a^{[i]}\right)\right] + \frac{\lambda}{2}\|\boldsymbol{w}\|_2^2 \tag{12.3.4}$$

ここでは多クラス分類の多層パーセプトロンを実装したため、t 個の要素からなる出力ベクトルが返される。この出力ベクトルを one-hot エンコーディング表現の $t \times 1$ 次元のターゲットベクトルと比較する必要がある。たとえば、特定のサンプルでの 3 つ目の層とターゲットクラス(ここではクラス 2)の活性化ユニットは次のようになる。

$$\boldsymbol{a}^{(out)} = \begin{bmatrix} 0.1 \\ 0.9 \\ \vdots \\ 0.3 \end{bmatrix}, \boldsymbol{y} = \begin{bmatrix} 0 \\ 1 \\ \vdots \\ 0 \end{bmatrix} \tag{12.3.5}$$

したがって、ネットワーク内のすべての活性化ユニット t に対して式 12.3.4 のロジスティック関数を一般化する必要がある。このため、コスト関数は次のようになる(正則化の項はあとで考慮する)。

$$J(\boldsymbol{W}) = -\sum_{i=1}^{n}\sum_{j=1}^{t} y_j^{[i]} \log\left(a_j^{[i]}\right) + \left(1 - y_j^{[i]}\right) \log\left(1 - a_j^{[i]}\right) \tag{12.3.6}$$

ここで、上付き文字 $[i]$ はトレーニングデータセット内のサンプルのインデックスを表す。

次に示す一般化された正則化項は、最初は複雑に思えるかもしれないが、1 つ目の列に追加した層 l のすべての重みの総和を計算しているだけである(バイアス項はない)[※20]。

※20 [監注] 式 12.3.7、式 12.3.8 に現れる u_l、u_{l+1} はそれぞれ層 l、層 $l+1$ のユニット数を表している。

$$J(\boldsymbol{W}) = -\left[\sum_{i=1}^{n}\sum_{j=1}^{t} y_j^{[i]} \log\left(a_j^{[i]}\right) + \left(1 - y_j^{[i]}\right)\log\left(1 - a_j^{[i]}\right)\right] + \frac{\lambda}{2}\sum_{l=1}^{L-1}\sum_{i=1}^{u_l}\sum_{j=1}^{u_{l+1}}\left(w_{j,i}^{(l)}\right)^2 \tag{12.3.7}$$

ここで、u_l は層 l のユニットの個数を表しており（L は層の数）、次の式はペナルティ項を表している※21。

$$\frac{\lambda}{2}\sum_{l=1}^{L-1}\sum_{i=1}^{u_l}\sum_{j=1}^{u_{l+1}}\left(w_{j,i}^{(l)}\right)^2 \tag{12.3.8}$$

コスト関数 $J(\boldsymbol{W})$ を最小化することが目的であることを思い出そう。このため、ネットワーク内のすべての層の重みごとに、行列 $\boldsymbol{W}$ の偏微分係数を計算する必要がある。

$$\frac{\partial}{\partial w_{j,i}^{(l)}} J(\boldsymbol{W}) \tag{12.3.9}$$

次項では、バックプロパゲーションアルゴリズムについて説明する。このアルゴリズムを利用すれば、コスト関数を最小化するために行列 $\boldsymbol{W}$ の偏微分係数を計算できる。

$\boldsymbol{W}$ が複数の行列で構成されていることに注意しよう。隠れ層を 1 つ持つ多層パーセプトロンには、入力を隠れ層に結合する重み行列 $\boldsymbol{W}^{(h)}$ と、隠れ層を出力層に結合する重み行列 $\boldsymbol{W}^{(out)}$ がある。3 次元テンソル $\boldsymbol{W}$ の直観的なイメージは次のようになる。

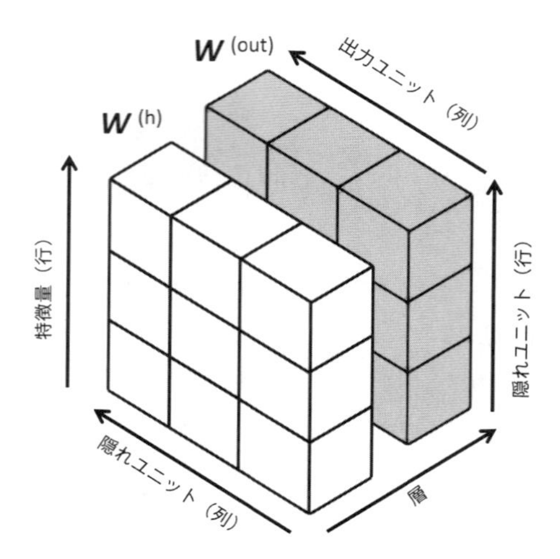

※21 ［監注］ペナルティ項の重み w では、上付き添え字が層のインデックス、下付き添え字が層のユニットのインデックスを表している。w の下付き添字の第 1 成分は層 $l+1$、第 2 成分は層 l のユニットのインデックスを表している。

この単純化された図では、$\boldsymbol{W}^{(h)}$ と $\boldsymbol{W}^{(out)}$ の行と列の個数が同じに見えるかもしれない。同じ個数の隠れユニット、出力ユニット、入力特徴量を使って多層パーセプトロンを初期化するのではない限り、通常はそのようにはならない。

この説明がよくわからなかったとしても、このまま読み進めてほしい。次項では、バックプロパゲーションアルゴリズムでの $\boldsymbol{W}^{(h)}$ と $\boldsymbol{W}^{(out)}$ の次元についてさらに詳しく説明する。また、本書のGitHub※22 に含まれている `NeuralNetMLP` クラスのコードには、行列とベクトルのさまざまな変換を対象とした次元についてのコメントが含まれている。そこで、このコードをもう一度読んでみることをお勧めする。

12.3.2 バックプロパゲーションに対する直観力を養う

バックプロパゲーション（誤差逆伝播法、backpropagation）は、30 年ほど前に再評価され、普及したアルゴリズムだが ※23、現在もなお、人工ニューラルネットワークのトレーニングを非常に効率よく行うアルゴリズムとして広く利用されている。バックプロパゲーションの歴史に興味がある場合は、Juergen Schmidhuber の調査記事 ※24 が参考になるだろう。

ここでは、数学的な詳細に踏み込む前に、この魅力的なアルゴリズムの仕組みを俯瞰的に捉え、より直観的に理解できるようにまとめてみたい。基本的には、多層ニューラルネットワークにおいて複雑なコスト関数の偏導関数を求める際に、その計算を非常に効率よく行う手法としてバックプロパゲーションを捉えることができる。ここでの目標は、そうした偏導関数を使用して、多層人工ニューラルネットワークをパラメータ化するための重み係数を学習することにある。一般に、ニューラルネットワークのパラメータ化において課題となるのは、高次元の特徴空間において非常に多くの重み係数を扱うことである。ここまでの章で見てきたADALINEやロジスティック回帰といった単層ニューラルネットワークのコスト関数とは対照的に、ニューラルネットワークのコスト関数の誤差曲面は凸状でも平らでもない。この高次元のコスト曲面は隆起（極小値）だらけであり、コスト関数の大局的最小値を見つけ出すには、これらの隆起を克服しなければならない。

初等微積分の授業で学んだ連鎖律の概念を覚えているだろうか。連鎖律とは、入れ子になった複雑な関数を微分する手法のことである。たとえば、$f(g(x)) = y$ は次の要素に分解される。

$$\frac{d}{dx}[f(g(x))] = \frac{df}{dg} \cdot \frac{dg}{dx} \tag{12.3.10}$$

同様に、任意の長さの関数を合成するための連鎖率も利用できる。たとえば、5 種類の関数 $f(x)$、$g(x)$、$h(x)$、$u(x)$、$v(x)$ があるとしよう。関数合成を F とすれば、$F(x) = f(g(h(u(v(x)))))$ である。連鎖率を適用することで、この関数の偏微分を次のように計算できる。

※22　https://github.com/rasbt/python-machine-learning-book-2nd-edition/blob/master/code/ch12/

※23　D. E. Rumelhart, G. E. Hinton, and R. J. Williams, *Learning Representations by Back-propagating Errors*, Nature, 323: 6088, 533-536, 1986, http://www.iro.umontreal.ca/~vincentp/ift3395/lectures/backprop_old.pdf

※24　Juergen Schmidhuber, *Who Invented Backpropagation?*
http://people.idsia.ch/~juergen/who-invented-backpropagation.html

$$\frac{dF}{dx} = \frac{d}{dx}F(x) = \frac{d}{dx}f(g(h(u(v(x))))) = \frac{df}{dg} \cdot \frac{dg}{dh} \cdot \frac{dh}{du} \cdot \frac{du}{dv} \cdot \frac{dv}{dx} \quad (12.3.11)$$

計算機代数では、そうした問題を非常に効率よく解くための一連の手法が開発されている。それらは**自動微分**(automatic differentiation)とも呼ばれる。機械学習アプリケーションでの自動微分に興味がある場合は、A. G. Baydin と B. A. Pearlmutter の論文[※25]が参考になるだろう。

自動微分には、フォワード(forward)とリバース(reverse)の2つのモードがある。バックプロパゲーションはリバースモードの自動微分の一種である。ここで重要となるのは、連鎖律をフォワードモードで適用すると、計算コストがかなり高くなる可能性があることだ。というのも、層ごとに大きな行列の乗算を行う必要があり(ヤコビ行列)、最終的にベクトルを掛けて出力を求める必要があるからだ。リバースモードではどうするかというと、右から左へ向かう —— 行列にベクトルを掛け、結果として得られた新しいベクトルに次の行列を掛ける —— という要領で処理を進めていく。行列とベクトルの乗算は行列どうしの乗算よりもはるかに計算コストが低い。バックプロパゲーションがニューラルネットワークのトレーニングにおいて最も人気の高いアルゴリズムの1つとなっているのは、そのためである。

バックプロパゲーションを完全に理解するには、微積分学の概念を理解している必要がある。そこで、バックプロパゲーションを理解するのに役立つよう、最も基本的な概念をドキュメントにまとめてみた。このドキュメントには、関数の微分、偏導関数、勾配、ヤコビ行列の説明が含まれている。微積分学に詳しくない、あるいは簡単に復習しておきたい場合は、このドキュメントを読んでから次項に進むとよいだろう。

https://sebastianraschka.com/pdf/books/dlb/appendix_d_calculus.pdf

12.3.3 バックプロパゲーションによるニューラルネットワークのトレーニング

「ニューラルネットワークでは重みを非常に効率よく学習できる」ことを理解するために、バックプロパゲーションの計算方法を見てみよう。数学的表現への習熟度合いによっては、この後の式が最初はかなり複雑に思えるかもしれない。

本章では、最後の層の活性化ユニットと目標とするクラスラベルの差としてコストを計算する方法を示した。12.2.2項に示した`NeuralNetMLP`のコードのうち、`fit`メソッドの「`#` バックプロパゲーション」セクションでは、多層パーセプトロンモデルの重みを更新するにあたって、バックプロパゲーションアルゴリズムを実装している。ここでは、バックプロパゲーションアルゴリズムがどの

※25　A. G. Baydin and B. A. Pearlmutter. *Automatic Differentiation of Algorithms for Machine Learning.* arXiv preprint arXiv:1404.7456, 2014, http://arxiv.org/pdf/1404.7456.pdf

ような仕組みで動作するのかを数学的な見地から確認する。本章の冒頭で述べたように、出力層の活性化ユニットを求めるには、まずフォワードプロパゲーションを適用する必要がある。これについては、12.1.3 項で次のように定義した。

$$
\begin{aligned}
\boldsymbol{Z}^{(h)} &= \boldsymbol{A}^{(in)}\boldsymbol{W}^{(h)} \text{（隠れ層の総入力）}\\
\boldsymbol{A}^{(h)} &= \phi\left(\boldsymbol{Z}^{(h)}\right) \text{（隠れ層の活性化関数）}\\
\boldsymbol{Z}^{(out)} &= \boldsymbol{A}^{(h)}\boldsymbol{W}^{(out)} \text{（出力層の総入力）}\\
\boldsymbol{A}^{(out)} &= \phi\left(\boldsymbol{Z}^{(out)}\right) \text{（出力層の活性化関数）}
\end{aligned}
\tag{12.3.12}
$$

簡単に言えば、次に示すように、ネットワーク内の結合を通じて入力特徴量を順方向に伝播させただけである。

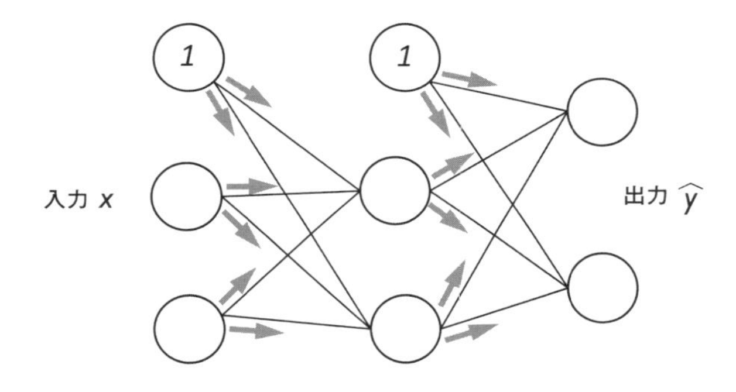

バックプロパゲーションでは、誤差を右から左へ伝播させる。まず、出力層の誤差ベクトルを計算する（式 12.3.13 の導出方法は、式 12.3.14 の直前の監注を参照）。

$$\boldsymbol{\delta}^{(out)} = \boldsymbol{a}^{(out)} - \boldsymbol{y} \tag{12.3.13}$$

ここで、y は正しいクラスラベルのベクトルである（`NeuralNetMLP` の変数 `sigma_out` に対応する）。

次に、隠れ層の誤差項を計算する[※26]。

$$\boldsymbol{\delta}^{(h)} = \boldsymbol{\delta}^{(out)}\left(\boldsymbol{W}^{(out)}\right)^T \odot \frac{\partial\phi\left(z^{(h)}\right)}{\partial z^{(h)}} \tag{12.3.14}$$

※26 ［監注］以降の日本語コラムの後で、式 12.3.14 の右辺に現れる $(W^{(out)})^T$、$\delta^{(out)}$ の次元について説明がある。この後の日本語版コラムで、式 12.3.14 自体の導出方法を説明しておく。

この式のうち、以下の部分は単に、NeuralNetMLPのfitメソッドでsigmoid_derivative_h = a_h * (1. - a_h)として計算したシグモイド活性化関数の偏微分係数である。

$$\frac{\partial \phi\left(z^{(h)}\right)}{\partial z^{(h)}}$$

この部分は次のように定義される。

$$\frac{\partial \phi(z)}{\partial z} = \left(\boldsymbol{a}^{(h)} \odot \left(1 - \boldsymbol{a}^{(h)}\right)\right) \tag{12.3.15}$$

$\odot$記号は、ここでは要素ごとの乗算を意味するので注意しよう。

以下の式を理解することは重要ではないが、筆者が活性化関数の偏微分係数をどのように求めたのかが気になっているかもしれない。そこで、この微分を段階的にまとめておく。

$$\begin{aligned}
\phi'(z) &= \frac{\partial}{\partial z}\left(\frac{1}{1+e^{-z}}\right) \\
&= \frac{e^{-z}}{(1+e^{-z})^2} \\
&= \frac{1+e^{-z}}{(1+e^{-z})^2} - \left(\frac{1}{1+e^{-z}}\right)^2 \\
&= \frac{1}{(1+e^{-z})} - \left(\frac{1}{1+e^{-z}}\right)^2 \\
&= \phi(z) - (\phi(z))^2 \\
&= \phi(z)(1-\phi(z)) \\
&= a(1-a)
\end{aligned}$$

[日本語版コラム]

式 12.3.7 で示されているように、コスト関数は次式で定義する。$\boldsymbol{W}$ は大文字で表記する。

$$J(\boldsymbol{W}) = -\left[\sum_{i=1}^{n}\sum_{j=1}^{t} y_j^{[i]} \log\left(a_j^{[i]}\right) + (1 - y_j^{[i]}) \log\left(1 - a_j^{[i]}\right)\right] + \frac{\lambda}{2}\sum_{\ell=1}^{L-1}\sum_{i=1}^{u_\ell}\sum_{j=1}^{u_{\ell+1}} (w_{j,i}^{(\ell)})^2$$

サンプル i を固定した上でコスト関数 $J(\boldsymbol{W})$ を出力層の総入力 $\boldsymbol{z}^{(out)}$ で偏微分して、その偏導関数を $\boldsymbol{\delta}^{(out)}$ とおくと、以下のようになる。ただし、$z_j^{[i](out)}$ は本コラムで導入したもので、サンプル i に対する出力層ユニット j の総入力を表す。

$$\begin{aligned}
\boldsymbol{\delta}^{(out)} &= \frac{\partial J(\boldsymbol{W})}{\partial \boldsymbol{z}^{(out)}} \\
&= \left(\frac{\partial J(\boldsymbol{W})}{\partial z_1^{[i](out)}} \quad \cdots \quad \frac{\partial J(\boldsymbol{W})}{\partial z_t^{[i](out)}} \right)
\end{aligned}$$

$\boldsymbol{\delta}^{(out)}$ の j 番目の成分（すなわち、i 番目のサンプルのコスト関数を出力層における j 番目のユニットの総入力で偏微分した係数）は、以下のようにして導出できる。

$$\begin{aligned}
\frac{\partial J(\boldsymbol{W})}{\partial z_j^{[i](out)}} &= -\frac{\partial}{\partial z_j^{[i](out)}} \left\{ y_j^{[i]} \log(a_j^{[i]}) + (1 - y_j^{[i]}) \log(1 - a_j^{[i]}) \right\} \\
&= -\left\{ y_j^{[i]} \frac{\partial \log(a_j^{[i]})}{\partial z_j^{[i](out)}} + (1 - y_j^{(out)}) \frac{\partial \log(1 - a_j^{[i]})}{\partial z_j^{[i](out)}} \right\} \\
&= -\left\{ y_j^{[i]} \frac{\partial a_j^{[i]} / \partial z_j^{[i](out)}}{a_j^{[i]}} + (1 - y_j^{[i]}) \frac{-\partial a_j^{[i]} / \partial z_j^{[i](out)}}{1 - a_j^{[i]}} \right\} \\
&= -\left\{ \frac{y_j^{[i]}\left(1 - a_j^{[i]}\right) - \left(1 - y_j^{[i]}\right) a_j^{[i]}}{a_j^{[i]}\left(1 - a_j^{[i]}\right)} \frac{\partial a_j^{[i]}}{\partial z_j^{[i](out)}} \right\} \\
&= -\frac{y_j^{[i]} - a_j^{[i]}}{a_j^{[i]}\left(1 - a_j^{[i]}\right)} \frac{\partial a_j^{[i]}}{\partial z_j^{[i](out)}} \\
&= -\frac{y_j^{[i]} - a_j^{[i]}}{e^{-z_j^{[i](out)}} / \left(1 + e^{-z_j^{[i](out)}}\right)^2} \frac{e^{-z_j^{[i](out)}}}{\left(1 + e^{-z_j^{[i](out)}}\right)^2} \\
&= \left(a_j^{[i]} - y_j^{[i]}\right)
\end{aligned}$$

出力層のユニット $j\,(j = 1, \ldots, t)$ について以上の計算を行ってベクトル（$1 \times t$ の行列）で表現すると、出力層の誤差ベクトルを表す式 12.3.13 を得る。

$$\boldsymbol{\delta}^{(out)} = \frac{\partial J(\boldsymbol{W})}{\partial \boldsymbol{z}^{(out)}} = \boldsymbol{a}^{(out)} - \boldsymbol{y}$$

続いて、コスト関数 $J(\boldsymbol{W})$ を隠れ層の総入力 $\boldsymbol{z}^{(h)}$ に関して偏微分する。この結果が、式 12.3.14 で説明されている隠れ層の誤差項 $\boldsymbol{\delta}^{(h)}$ である。

$$\begin{aligned}
\boldsymbol{\delta}^{(h)} = \frac{\partial J(\boldsymbol{W})}{\partial \boldsymbol{z}^{(h)}} &= \frac{\partial J(\boldsymbol{W})}{\partial \boldsymbol{z}^{(out)}} \left(\frac{\partial \boldsymbol{z}^{(out)}}{\partial \boldsymbol{z}^{(h)}} \right)^T \\
&= \frac{\partial J(\boldsymbol{W})}{\partial \boldsymbol{z}^{(out)}} \left(\frac{\partial (\boldsymbol{a}^{(h)} \boldsymbol{W}^{(out)})}{\partial \boldsymbol{z}^{(h)}} \right)^T \\
&= \frac{\partial J(\boldsymbol{W})}{\partial \boldsymbol{z}^{(out)}} \left(\frac{\partial \boldsymbol{a}^{(h)}}{\partial \boldsymbol{z}^{(h)}} \frac{\partial (\boldsymbol{a}^{(h)} \boldsymbol{W}^{(out)})}{\partial \boldsymbol{a}^{(h)}} \right)^T \\
&= \boldsymbol{\delta}^{(out)} (\boldsymbol{W}^{(out)})^T \frac{\partial \phi(\boldsymbol{z}^{(h)})}{\partial \boldsymbol{z}^{(h)}} \\
&= \boldsymbol{\delta}^{(out)} (\boldsymbol{W}^{(out)})^T \odot \frac{\partial \phi(\boldsymbol{z}^{(h)})}{\partial \boldsymbol{z}^{(h)}}
\end{aligned}$$

2 つ目の式から 3 つ目の式への変形には、連鎖律を用いている。また、記号 ⊙ は本文中と同様の意味で用いており、2 つのベクトルの要素ごとの積を表している。$\partial \phi(\boldsymbol{z}^{(h)}) / \partial(\boldsymbol{z}^{(h)})$ は $h \times h$ の行列であるが、対角成分以外は要素がゼロ（対角行列）のため、原著では $h \times 1$ のベクトルのように見なして表記している。上式の 4 つ目の式から 5 つ目の式への変形において、$\partial \phi(\boldsymbol{z}^{(h)}) / \partial \boldsymbol{z}^{(h)}$ は $h \times h$ の行列から $h \times 1$ のベクトルへと扱い方を変更していることに注意。

なお、3 つ目の式から 4 つ目の式への変形で $\boldsymbol{W}^{(out)}$ が転置されている。これは、2 つの行列 A, B の積を転置した行列は $(AB)^T = B^T A^T$ となることを用いている。$\partial(\boldsymbol{a}^{(h)} \boldsymbol{W}^{(out)}) / \partial \boldsymbol{a}^{(h)}$ の第 i 行は、$\boldsymbol{a}^{(h)} \boldsymbol{W}^{(h)}$ を $a_i^{(h)}$ で微分したものである。もしわかりづらかったら、以下のように具体的に成分を書き出して確かめるとよいだろう。

$$\begin{aligned}
\boldsymbol{a}^{(h)} \boldsymbol{W}^{(out)} &= \begin{pmatrix} a_1^{(h)} & \cdots & a_h^{(h)} \end{pmatrix} \begin{pmatrix} w_{1,1} & \cdots & w_{1,t} \\ \vdots & \ddots & \vdots \\ w_{h,1} & \cdots & w_{h,t} \end{pmatrix} \\
&= \begin{pmatrix} w_{1,1} a_1^{(h)} + \cdots + w_{h,1} a_h^{(h)} & \cdots & w_{1,t} a_1^{(h)} + \cdots + w_{h,t} a_h^{(h)} \end{pmatrix}
\end{aligned}$$

$$\frac{\partial \left(\boldsymbol{a}^{(h)} \boldsymbol{W}^{(out)} \right)}{\partial \boldsymbol{a}^{(h)}} = \begin{pmatrix} \dfrac{\partial \left(\boldsymbol{a}^{(h)} \boldsymbol{W}^{(out)} \right)}{\partial a_1^{(h)}} \\ \vdots \\ \dfrac{\partial \left(\boldsymbol{a}^{(h)} \boldsymbol{W}^{(out)} \right)}{\partial a_h^{(h)}} \end{pmatrix} = \begin{pmatrix} w_{1,1} & \cdots & w_{1,t} \\ \vdots & \ddots & \vdots \\ w_{h,1} & \cdots & w_{h,t} \end{pmatrix} = \boldsymbol{W}^{(out)}$$

式 12.3.14 の隠れ層の誤差行列 $\boldsymbol{\delta}^{(h)}$（`sigma_h`）は次のように計算する。

$$\boldsymbol{\delta}^{(h)} = \boldsymbol{\delta}^{(out)} \left(\boldsymbol{W}^{(out)}\right)^T \odot \left(\boldsymbol{a}^{(h)} \odot \left(1 - \boldsymbol{a}^{(h)}\right)\right) \quad (12.3.16)$$

$\boldsymbol{\delta}^{(h)}$ の項の計算方法をよく理解できるよう、もう少し詳しく見ていこう。式 12.3.14 では、$h \times t$ 次元の行列 $\boldsymbol{W}^{(out)}$ の転置行列 $(\boldsymbol{W}^{(out)})^T$ を掛けている。t は出力クラスラベルの個数、h は隠れユニットの個数を表す。$n \times h$ 次元の行列 $\boldsymbol{\delta}^{(h)}$ を求めるには、$n \times t$ 次元の行列 $\boldsymbol{\delta}^{(out)}$ と $t \times h$ 次元の行列 $(\boldsymbol{W}^{(out)})^T$ の行列乗算を行う。これにより、同じ次元のシグモイド関数の偏微分係数を要素ごとに掛けた $n \times h$ 次元の行列が得られる ※27。

ようやく $\boldsymbol{\delta}$ 項を求めたところで、コスト関数の偏微分係数を次のように記述できる ※28。

$$\frac{\partial}{\partial w_{i,j}^{(out)}} J(\boldsymbol{W}) = a_j^{(h)} \delta_i^{(out)}$$
$$\frac{\partial}{\partial w_{i,j}^{(h)}} J(\boldsymbol{W}) = a_j^{(in)} \delta_i^{(h)} \quad (12.3.17)$$

次に、各層の各ノードの偏微分係数と、次の層のノードの誤差とを累積する必要がある。ただし、トレーニングデータセットのサンプルごとに $\Delta_{i,j}^{(l)}$ を計算する必要があることに注意しよう。このため、`NeuralNetMLP` の実装と同様に、ベクトル化されたバージョンとして実装するほうが簡単である。

$$\Delta^{(h)} := \Delta^{(h)} + \left(\boldsymbol{A}^{(in)}\right)^T \delta^{(h)} \quad (12.3.18)$$

$$\Delta^{(out)} = \Delta^{(out)} + \left(\boldsymbol{A}^{(h)}\right)^T \delta^{(out)}$$

偏微分係数を累積した後は、正則化の項を次のように追加できる。

$$\Delta^{(l)} := \Delta^{(l)} + \lambda^{(l)} \text{（バイアス項を除く）} \quad (12.3.19)$$

式 12.3.18 と式 12.3.19 は、`NeuralNetMLP` の変数 `delta_w_h`、`delta_b_h`、`delta_w_out`、`delta_b_out` に対応している。

※27　［監注］原著の式 12.3.14 では、$\partial^{(out)}$ を誤差ベクトルと呼んでいるが、式 12.3.16 の直後の説明では $n \times t$ の行列としていることに注意。これは、式 12.3.16 ではサンプルが n 個あることを想定しているためである。したがって、式 12.3.16 の右辺に現れる $\boldsymbol{a}^{(h)}$ は式 12.1.13、12.3.12 に現れる行列 $\boldsymbol{A}^{(h)}$ と見なしたほうがよいだろう。

※28　［監注］式 12.3.17 では層 l のノードが i、層 l+1 のノードが j で表されている。これは、12.3.1 項の式 12.3.7 の後半、式 12.3.8 とは i、j が逆になっているので注意。また、式 12.3.17 の左辺は連鎖律を用いて、以下のように変形できる。

$$\frac{\partial}{\partial w_{i,j}} J(\mathbf{W}) = \frac{\partial z_i^{(\ell+1)}}{\partial w_{i,j}} \frac{\partial J(\mathbf{W})}{\partial z_i^{(\ell+1)}}$$
$$= a_j^{(\ell)} \delta_i^{(\ell+1)}$$

最後に、勾配を計算した後は、勾配に対して逆方向に進むことで、重みを更新できる。

$$\boldsymbol{W}^{(l)} := \boldsymbol{W}^{(l)} - \eta\Delta^{(l)} \tag{12.3.20}$$

この部分は次のように実装されている。

```
self.w_h -= self.eta * delta_w_h
self.b_h -= self.eta * delta_b_h
self.w_out -= self.eta * delta_w_out
self.b_out -= self.eta * delta_b_out
```

ここまでの内容をすべて組み合わせてバックプロパゲーションを図解すると、次のようになる。

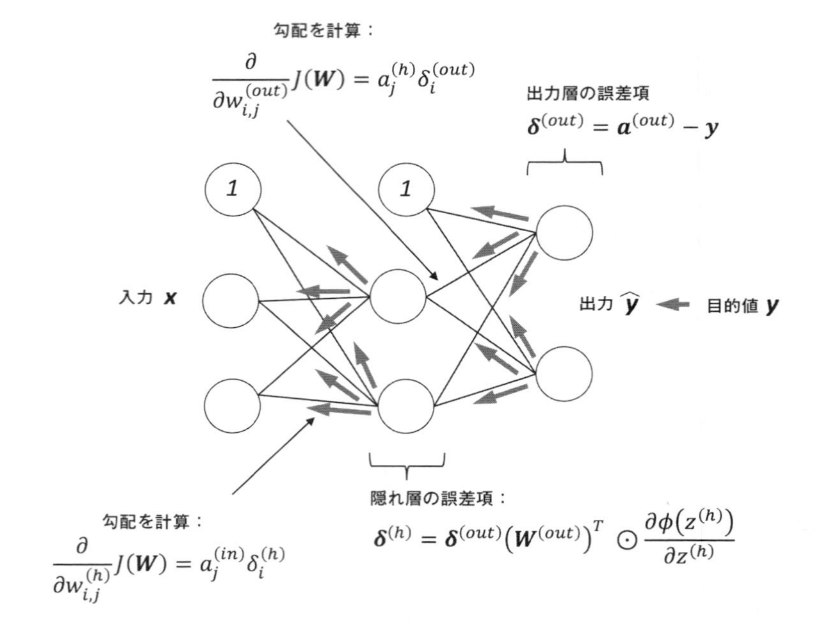

12.4 ニューラルネットワークでの収束

手書きの数字を分類するニューラルネットワークのトレーニングに標準的な勾配降下法を使用するのではなく、ミニバッチ学習を使用したことを疑問に思っているかもしれない。オンライン学習の実装に使用した確率的勾配降下法についての説明を覚えているだろうか。オンライン学習では、重みを更新するにあたって、一度に1つ（$k = 1$）のトレーニングサンプルに基づいて勾配を計算する。これは確率的な手法だが、通常の勾配降下法よりもはるかにすばやく収束する上に、非常に正確な解をもたらすことが多い。ミニバッチ学習は確率的勾配降下法の一種であり、n 個のトレーニングサンプルのうち k 個のサブセットに基づいて勾配を計算する（$1 < k < n$）。ミニバッチ学習には、

ベクトル化された実装を使って計算効率を改善できる、というオンライン学習にはない利点がある。一方で、通常の勾配降下法よりもはるかにすばやく重みを更新できる。ミニバッチ学習については、たとえば大統領選において、母集団ではなく、母集団の代表的なサブセットへの問い合わせに基づいて投票率を予測するようなものだと考えればよいだろう（これは実際に選挙を行うのに等しい）。

多層ニューラルネットワークは、ADALINE、ロジスティック回帰、サポートベクトルマシンといったより単純なアルゴリズムよりもトレーニングがはるかに難しい。一般に、多層ニューラルネットワークでは、数百、数千、さらには数十億もの重みを最適化する必要がある。残念ながら、次の図に示すように、出力関数の曲面は粗く、最適化アルゴリズムは極小値に陥りがちである。

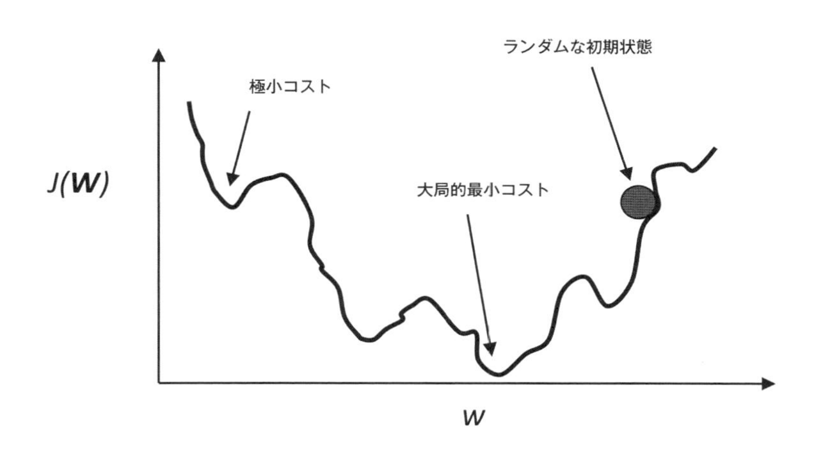

本章のニューラルネットワークは次元数が多いため、このグラフはかなり単純化されたものであることに注意しよう。実際のコスト曲面を人が見てわかるように表現することは不可能である。ここでは x 軸の 1 つの重みに対するコスト曲面だけを示している。しかし、ここで伝えたいのは「アルゴリズムを極小値に陥らせたくない」ということである。学習率を引き上げれば、そうした極小値をもっと簡単に回避できる。一方で、学習率が高すぎると、大局的最小値を超えてしまう可能性も高くなる。重みをランダムに初期化する最初の解は、概して、最適化問題にとってまったく的外れな解である。

12.5　ニューラルネットワークの実装についての補足

手書きの数字を分類できる単純な多層人工ニューラルネットワークを実装するためだけに、なぜ Python のオープンソースの機械学習ライブラリを使用するのではなく、こうした理論をすべて説明してきたのか疑問に思っているかもしれない。実際のところ、次章以降では、より複雑なニューラルネットワークモデルが登場する。それらのモデルのトレーニングには、TensorFlow※29 というオープンソースライブラリを使用する。本章での一からの実装は、最初は単調で手間のかかる作業

※29　https://www.tensorflow.org

に思えるかもしれないが、バックプロパゲーションやニューラルネットワークのトレーニングの基礎を理解するにあたってよい勉強になる。そして、機械学習の手法を適切かつ正しく実装するには、アルゴリズムを基本的に理解している必要がある。

フィードフォワードニューラルネットワークの仕組みを理解できれば、TensorFlowやKeras[※30]など、より高度なディープニューラルネットワークに取り組む準備はできている。第13章で説明するように、TensorFlowやKerasを利用すれば、ニューラルネットワークをより効率よく構築できる。2015年12月にリリースされて以来、TensorFlowは機械学習の研究者の間で不動の地位を獲得している。TensorFlowでは、多次元配列の計算に**GPU**(Graphical Processing Unit)を利用することで数式を最適化できることから、機械学習の研究者によってディープニューラルネットワークの構築に使用されている。TensorFlowについては、低レベルのディープラーニングライブラリと考えることができるが、一般的なディープラーニングモデルの構築をさらに便利なものにするために、単純化を目的としてKerasなどのAPIが開発されている。この点についても、第13章で説明する。

まとめ

本章では、機械学習の研究において現在話題の中心となっている、多層人工ニューラルネットワークの最も重要な概念を取り上げた。本書では第2章から、人工ニューロンによる機械学習アルゴリズムの旅が始まった。第2章では、単純な単層ニューラルネットワークを取り上げた。本章では、複数のニューロンを強力なニューラルネットワークアーキテクチャに結合させることで、手書きの数字の認識といった複雑な問題を解決した。ここでは、よく知られているバックプロパゲーションアルゴリズムをわかりやすく説明した。このアルゴリズムは、ディープラーニングで使用されている多くのニューラルネットワークモデルの構成要素の1つである。バックプロパゲーションアルゴリズムについて学んだところで、より複雑なディープニューラルネットワークに取り組む準備が整った。これ以降の章では、ディープラーニングのためのオープンソースライブラリであるTensorFlowを紹介する。TensorFlowを利用すれば、多層ニューラルネットワークの実装とトレーニングをより効率よく行うことができる。

※30 https://keras.io

第13章 ニューラルネットワークのトレーニングをTensorFlowで並列化

本章では、機械学習とディープラーニング（深層学習）の数学的な知識をもとに、TensorFlowに取り組む。TensorFlowは、本書の執筆時点において最も人気の高いディープラーニングツールの1つである。TensorFlowを利用すれば、本書で説明してきたNumPyを使用する方法よりもはるかに効率よくニューラルネットワークを実装できる。本章では、トレーニングの性能にTensorFlowが大きく貢献することを確認する※1。

ここからは、機械学習とディープラーニングのトレーニングをめぐる第2の旅の始まりである。ここでは、次の項目を取り上げる。

- TensorFlowがトレーニングの性能を向上させる仕組み
- TensorFlowを使って、最適化された機械学習コードを記述する方法
- TensorFlowの高レベルAPIを使って多層ニューラルネットワークを構築する方法
- 人工ニューラルネットワークでの活性化関数の選択
- Kerasの紹介：一般的なディープラーニングアーキテクチャを最も手軽に実装するためのTensorFlowの高レベルAPI

※1　［訳注］TensorFolwの基礎について確認が必要な場合は、第14章を先に読まれることを強く推奨する。

13.1 TensorFlowとトレーニングの性能

TensorFlowを利用すれば、機械学習のタスクを大幅に高速化できる。その仕組みを理解するために、まず、負荷の高い計算をハードウェアで実行するときの性能上の課題をいくつか説明しておこう。

もちろん、コンピュータプロセッサの性能は年々よくなっており、より強力で複雑な学習システムのトレーニングを行うことで、機械学習モデルの予測性能を改善することが可能となっている。最近販売されているデスクトップコンピュータのハードウェアは、最も廉価なものでも、複数のコアを持つ処理装置を搭載している。

また、ここまでの章で示したように、scikit-learnのさまざまな関数を利用すれば、計算を複数の処理装置に分散できる。ただし、デフォルトでは、**グローバルインタープリタロック**（GIL）のせいで、Pythonの実行は1つのコアに制限される。このため、計算を複数のコアに分散させるために、Pythonの`multiprocessing`ライブラリを利用することになる。しかし、ハイエンドなデスクトップコンピュータであっても、コアの数が8または16を超えることは滅多になく、その点を考慮に入れる必要がある。

前章では、100ユニットの隠れ層が1つだけ含まれた、非常に単純な多層パーセプトロンを実装した。その際には、非常に単純な画像分類を行うモデルを学習するにあたって、およそ80,000個（[784 * 100 + 100] + [100 * 10] + 10 = 79,510）もの重みを最適化する必要があった。MNISTの画像がかなり小さいことを考えると（28×28ピクセル）、隠れ層をさらに追加したり、よりピクセル密度の高い画像を操作したりすれば、パラメータの数は爆発的に増えるに違いない。

そのようなタスクは、1つの処理装置ではすぐに手に負えなくなる。ここで問題となるのは、そうした問題により効果的に取り組むにはどうすればよいかである。

この問題に対する明白な解決策は、GPUを使用することである。GPUはまさに即戦力である。グラフィックスカードについては、マシンに内蔵された小さなコンピュータクラスタと考えることができる。さらに都合のよいことに、最新型のCPUと比べて、最近のGPUは比較的安価である。

仕様	Intel Core i7-6900K Processor Extreme Edition※2	NVIDIA GeForce GTX 1080 Ti※3
ベースクロック周波数	3.2GHz	1.5GHz以下
コア数	8	3584
メモリ帯域幅	64GB/s	484GB/s
浮動小数点演算	409GFLOPS	11300GFLOPS
価格	～1,000ドル	～700ドル

本書執筆時点（2017年8月）の仕様

最新型のCPUの70%の価格で、約450倍以上のコアを搭載し、1秒あたり25倍以上の浮動小数点演算が可能なGPUを入手できる。では、機械学習のタスクにGPUを利用するのを思いとどまる理由は何だろうか。

※2 https://ark.intel.com/ja/products/94196/Intel-Core-i7-6900K-Processor-20M-Cache-up-to-3_70-GHz

※3 http://www.nvidia.co.jp/graphics-cards/geforce/pascal/jp/gtx-1080-ti

GPUを利用するときの課題は、GPUをターゲットとするコードの記述が、Pythonコードをインタープリタで実行することほど単純ではないことである。CUDAやOpenCLなど、GPUをターゲットとする特別なパッケージも提供されているが、CUDAやOpenCLでのコーディングは、おそらく機械学習のアルゴリズムの実装や実行にとってあまり便利な環境ではない。そのために開発されたのがTensorFlowである。

13.1.1 TensorFlowとは何か

TensorFlowは、機械学習のアルゴリズムを実装して実行するための、スケーラブルなマルチプラットフォームのプログラミングインターフェイスである。TensorFlowには、ディープラーニングのための便利なラッパーも含まれている。

TensorFlowは、Google Brainチームの研究者やエンジニアによって開発された。開発を主導したのはGoogleの研究者やソフトウェアエンジニアのチームだが、オープンソースコミュニティも大きく貢献している。当初は、Googleが内部で使用するためにビルドされていたが、オープンソースライセンス（Apache License 2.0）のもとで2015年11月にリリースされている。

TensorFlowでは、機械学習モデルのトレーニングの性能を改善するために、CPUとGPUの両方での実行が可能である。ただし、その性能が最大限に発揮されるのは、GPUを使用したときである。TensorFlowが公式にサポートしているのは、CUDA対応のGPUである。OpenCLベースのデバイスのサポートはまだ試験的だが、近い将来、正式にサポートされることになるだろう。

本書の執筆時点では、TensorFlowは複数のプログラミング言語に対してフロントエンドインターフェイスを提供している。Pythonユーザーにとってラッキーなことに、現時点において最も完全なAPIはPython APIであり、そのため機械学習やディープラーニングの実務に携わる多くのユーザーを魅了している。なお、TensorFlowはC++ APIも公式にサポートしている。

Java、Haskell、Node.js、Goといった他の言語のAPIはまだ安定していないが、オープンソースコミュニティとTensorFlowの開発者による改善作業が順調に進んでいる。TensorFlowの計算は、データフローを表す有向グラフの生成に依存している。有向グラフの生成は複雑に思えるかもしれないが、TensorFlowには有向グラフを非常に簡単に生成できる高レベルAPIが含まれている。

13.1.2 TensorFlowの学び方

まず、TensorFlowの低レベルAPIから見ていこう。このレベルのAPIを使ったモデルの実装は、最初は少しやっかいかもしれないが、基本的な演算を組み合わせることで、複雑な機械学習モデルの開発をより柔軟に行うことができる。TensorFlowの1.1.0以降のバージョンでは、低レベルAPIの上にLayers APIやEstimators APIといった高レベルAPIが追加されており、モデルの構築やプロトタイプの作成をはるかにすばやく行えるようになっている。

低レベルAPIを理解した後は、TensorFlowの高レベルAPIのうち、LayersとKerasの2つに取り組む。まずは、TensorFlowの低レベルAPIを使って最初の一歩を踏み出し、TensorFlowの環境に少しずつ慣れていこう。

13.1.3 TensorFlow：最初のステップ

ここでは、TensorFlow の低レベル API への第一歩を踏み出す。システムがどのようにセットアップされているかにもよるが、通常は、ターミナルウィンドウから次のコマンドを実行することで、PyPI から TensorFlow をインストールできる。

```
pip install tensorflow
```

GPU を使用したい場合は、NVIDIA の CUDA Toolkit と cuDNN（CUDA Deep Neural Network）ライブラリもインストールしておく必要がある。GPU サポート付きの TensorFlow は次のコマンドでインストールできる。

```
pip install tensorflow-gpu
```

TensorFlow の開発は現在も精力的に行われており、重大な変更が含まれた新しいバージョンが数か月おきにリリースされている。本章の執筆時点では、TensorFlow の最新バージョンは 1.3.0 である ※4。TensorFlow のバージョンを確認するには、次のコマンドを実行する。

```
python -c 'import tensorflow as tf; print(tf.__version__)'
```

TensorFlow のインストールで問題が発生した場合は、システムおよびプラットフォーム別のアドバイスを調べてみることをお勧めする。

https://www.tensorflow.org/install/

なお、本章のコードはすべて CPU で実行できる。GPU の使用は完全にオプションだが、TensorFlow の利点を完全に享受したい場合は、GPU を使用することが推奨される。コンピュータにグラフィックスカードが搭載されている場合は、インストール手順に従って適切にセットアップしておこう。さらに、次に示す TensorFlow-GPU セットアップガイドが役立つかもしれない。このドキュメントでは、NVIDIA のグラフィックスカードドライバー、CUDA、cuDNN を Ubuntu にインストールする方法が説明されている。TensorFlow を GPU で実行する場合は、これらをインストールすることが推奨される。

https://sebastianraschka.com/pdf/books/dlb/appendix_h_cloud-computing.pdf

TensorFlow は、一連のノードで構成された計算グラフに基づいている。各ノードは、0 個以上の入力または出力を持つ演算を表している。計算グラフのエッジを流れる値は**テンソル**（tensor）と

※4 ［訳注］2018 年 3 月時点の最新バージョンは 1.6.0。

呼ばれる。

テンソルについては、スカラー、ベクトル、行列などとして解釈できる。より具体的には、スカラーは階数0のテンソル、ベクトルは階数1のテンソル、行列は階数2のテンソルとして定義できる。そして、階数3のテンソルであれば、行列を積み重ねた3次元の行列と解釈できる。

計算グラフが作成されたら、計算グラフをTensorFlowのセッション（Session）で起動することで、計算グラフのさまざまなノードを実行できる。次章では、計算グラフを構築してセッションで起動する方法を詳しく取り上げる。

ウォーミングアップとして、TensorFlowの単純なスカラーを用いて、重みw、バイアスbの1次元のデータセットでサンプル点xの総入力zを計算してみよう。

$$z = w \times x + b$$

この方程式をTensorFlowの低レベルAPIで実装する方法は次のようになる。

```
import tensorflow as tf

## 計算グラフを作成
g = tf.Graph()
with g.as_default():
    x = tf.placeholder(dtype=tf.float32, shape=(None), name='x')
    w = tf.Variable(2.0, name='weight')
    b = tf.Variable(0.7, name='bias')
    z = w * x + b
    init = tf.global_variables_initializer()

## セッションを作成し、計算グラフgを渡す
with tf.Session(graph=g) as sess:
    ## wとbを初期化
    sess.run(init)
    ## zを評価
    for t in [1.0, 0.6, -1.8]:
        print('x=%4.1f --> z=%4.1f' % (t, sess.run(z, feed_dict={x:t})))
```

このコードを実行すると、次のような出力が表示されるはずだ。

```
x= 1.0 --> z= 2.7
x= 0.6 --> z= 1.9
x=-1.8 --> z=-2.9
```

非常に簡単だったのではないだろうか。一般に、TensorFlowの低レベルAPIでモデルを開発するときには、入力データ（x、y、その他の可変パラメータ）のプレースホルダを定義する必要がある。そして、重み行列を定義し、入力から出力へのモデルを構築する※5。最適化問題の場合は、損

※5 ［監注］tf.global_variables_initializer関数は、計算グラフに存在するすべての変数を初期化する演算子を返す。詳細については14.5.2項を参照。

失関数かコスト関数を定義し、最適化アルゴリズムとして使用するものを選択する必要がある。TensorFlowが作成する計算グラフには、ノードとして定義したシンボルがすべて含まれている。

ここでは、xのプレースホルダをshape=(None)で作成している。これにより、入力データを要素ごとに供給するか、一度にまとめて供給することが可能になる。

```
>>> with tf.Session(graph=g) as sess:
...     sess.run(init)
...     print(sess.run(z, feed_dict={x:[1., 2., 3.]}))
...
[ 2.70000005 4.69999981 6.69999981]
```

本章では、長いサンプルコードの折り返しをなくして読みやすくするために、Pythonのコマンドラインプロンプトを省略することがある。というのも、TensorFlowの関数名やメソッド名は非常に長いことがあるからだ。

また、TensorFlowの公式スタイルガイドは、コードのインデント(字下げ)を半角スペース2つにすることを推奨している。だが本書では、Pythonの公式スタイルガイドにならって、インデントに半角スペース4つを選択している。このようにすると、以下のURLにある本書サイトのように、本書のJupyter Notebookや多くのテキストエディタでコードの構文を強調表示にするのにも役立つ。

https://github.com/rasbt/python-machine-learning-book-2nd-edition

13.1.4 配列構造を操作する

ここでは、TensorFlowの配列構造を使用する方法について説明する。サイズが「バッチサイズ×2×3」の階数3の単純なテンソルを作成し、テンソルの形状を変更した後、TensorFlowの最適化された式を使って列の和を求める。バッチサイズは事前にわからないため、プレースホルダxのshapeパラメータにバッチサイズの引数としてNoneを指定する。

```
import tensorflow as tf
import numpy as np

g = tf.Graph()

with g.as_default():
    x = tf.placeholder(dtype=tf.float32, shape=(None, 2, 3), name='input_x')
    x2 = tf.reshape(x, shape=(-1, 6), name='x2')

    ## 各列の合計を求める
    xsum = tf.reduce_sum(x2, axis=0, name='col_sum')

    ## 各列の平均を求める
    xmean = tf.reduce_mean(x2, axis=0, name='col_mean')
```

```
with tf.Session(graph=g) as sess:
    x_array = np.arange(18).reshape(3, 2, 3)
    print('input shape: ', x_array.shape)
    print('Reshaped:\n', sess.run(x2, feed_dict={x:x_array}))
    print('Column Sums:\n', sess.run(xsum, feed_dict={x:x_array}))
    print('Column Means:\n', sess.run(xmean, feed_dict={x:x_array}))
```

このコードを実行すると、次のような出力が表示される。

```
input shape:  (3, 2, 3)
Reshaped:
 [[  0.   1.   2.   3.   4.   5.]
  [  6.   7.   8.   9.  10.  11.]
  [ 12.  13.  14.  15.  16.  17.]]
Column Sums:
 [ 18.  21.  24.  27.  30.  33.]
Column Means:
 [  6.   7.   8.   9.  10.  11.]
```

この例では、`tf.reshape`、`tf.reduce_sum`、`tf.reduce_mean`の3つの関数を使用している。テンソルを変形する際には、バッチサイズの値がわからないため、最初の次元に`-1`の値を指定している。テンソルを変形する際、特定の次元に`-1`を使用すると、テンソルの合計サイズと残りの次元に基づいてその次元のサイズが計算される。したがって、テンソルを1次元にしたい場合は、`tf.reshape(tensor, shape=(-1,))`を使用する。

TensorFlowの公式ドキュメント※6に載っている他の関数もぜひ試しておこう。

13.1.5 TensorFlowの低レベルAPIを使って単純なモデルを開発する

TensorFlowに慣れてきたところで、かなり実践的な例として、**最小二乗線形回帰**(Ordinary Least Squares linear regression)を実装してみよう。回帰分析を復習したい場合は、第10章を読み返しておこう。

まず、10個のトレーニングサンプルが含まれた、小さな1次元のデータセットを作成する。

```
>>> import tensorflow as tf
>>> import numpy as np
>>>
>>> X_train = np.arange(10).reshape((10, 1))
>>> y_train = np.array([1.0, 1.3, 3.1, 2.0, 5.0, 6.3, 6.6, 7.4, 8.0, 9.0])
```

このデータセットをもとに、入力xから出力yを予測する線形回帰モデルをトレーニングしたい。このモデルを`TfLinreg`というクラスとして実装する(次ページにコードを掲載)。まず、このデー

※6 https://www.TensorFlow.org/api_docs/python/tf

タをモデルに供給するためのプレースホルダが 2 つ必要である。1 つは入力 x のプレースホルダであり、もう 1 つは出力 y のプレースホルダである。次に、重み w とバイアス b をトレーニング可能な変数として定義する必要がある。

線形回帰モデルを $z = w \times x + b$ と定義した後、コスト関数として**平均二乗誤差**（MSE）を定義できる。重みパラメータの学習には、勾配降下法のオプティマイザを使用する。

```
class TfLinreg(object):

    def __init__(self, x_dim, learning_rate=0.01, random_seed=None):
        self.x_dim = x_dim
        self.learning_rate = learning_rate
        self.g = tf.Graph()

        ## モデルを構築
        with self.g.as_default():
            ## グラフレベルの乱数シードを設定
            tf.set_random_seed(random_seed)

            self.build()
            ## 変数のイニシャライザを作成
            self.init_op = tf.global_variables_initializer()

    def build(self):
        ## 入力用のプレースホルダを定義
        self.X = tf.placeholder(dtype=tf.float32,
                                shape=(None, self.x_dim),
                                name='x_input')
        self.y = tf.placeholder(dtype=tf.float32,
                                shape=(None),
                                name='y_input')
        print(self.X)
        print(self.y)

        ## 重み行列とバイアスベクトルを定義
        w = tf.Variable(tf.zeros(shape=(1)), name='weight')
        b = tf.Variable(tf.zeros(shape=(1)), name="bias")
        print(w)
        print(b)

        self.z_net = tf.squeeze(w * self.X + b, name='z_net')
        print(self.z_net)

        sqr_errors = tf.square(self.y - self.z_net, name='sqr_errors')
        print(sqr_errors)
        self.mean_cost = tf.reduce_mean(sqr_errors, name='mean_cost')

        ## オプティマイザを作成
        optimizer = tf.train.GradientDescentOptimizer(
                    learning_rate=self.learning_rate,
                    name='GradientDescent')
        self.optimizer = optimizer.minimize(self.mean_cost)
```

線形回帰モデルを構築するためのクラスの定義は以上である。次に、このクラスのインスタンスをlrmodelという名前で作成する。

```
>>> lrmodel = TfLinreg(x_dim=X_train.shape[1], learning_rate=0.01)
```

buildメソッドで記述したprint文により、計算グラフの6つのノード（X、y、w、b、z_net、sqr_errors）に関する情報が各ノードの名前と形状とともに表示される。

これらのprint文は実習のために定義したものだが、変数の形状を調べると、複雑なモデルのデバッグに非常に役立つことがある。このモデルのインスタンスを作成すると、次の行が出力される。

```
Tensor("x_input:0", shape=(?, 1), dtype=float32)
Tensor("y_input:0", dtype=float32)
<tf.Variable 'weight:0' shape=(1,) dtype=float32_ref>
<tf.Variable 'bias:0' shape=(1,) dtype=float32_ref>
Tensor("z_net:0", dtype=float32)
Tensor("sqr_errors:0", dtype=float32)
```

次の手順は、線形回帰モデルの重みを学習するためのトレーニング関数を実装することである。bはバイアスユニット（$x=0$でのy軸の切片）であることに注意しよう。

トレーニングは、次のように別の関数（train_linreg）として実装する。この関数は、TensorFlowセッション、モデルインスタンス、トレーニングデータ、エポック数を引数として要求する。まず、このモデルに定義されているinit_opを使用して、TensorFlowセッションで変数を初期化する。次に、トレーニングデータを供給しながら、このモデルに定義されているoptimizerを繰り返し呼び出す[※7]。この関数はトレーニングのコストからなるリストも返す。

```
def train_linreg(sess, model, X_train, y_train, num_epochs=10):
    ## すべての変数を初期化：W, b
    sess.run(model.init_op)

    training_costs = []
    for i in range(num_epochs):
        _, cost = sess.run([model.optimizer, model.mean_cost],
                           feed_dict={model.X:X_train, model.y:y_train})
        training_costs.append(cost)

    return training_costs
```

線形回帰モデルのトレーニングを行うには、新しいTensorFlowセッションを作成してlrmodel.gグラフを起動し、必要な引数をすべて渡せばよい。

※7 ［監注］TensorFlowセッションのrunメソッドの第1引数としてmodel.optimizer、model.mean_costをリストで与えている。これにより、それぞれのテンソルに対する演算と評価を行っている。

```
>>> sess = tf.Session(graph=lrmodel.g)
>>> training_costs = train_linreg(sess, lrmodel, X_train, y_train)
```

線形回帰モデルが収束したかどうかを確認するために、10 エポック後のトレーニングコストを可視化してみよう。

```
>>> import matplotlib.pyplot as plt
>>> plt.plot(range(1, len(training_costs) + 1), training_costs)
>>> plt.tight_layout()
>>> plt.xlabel('Epoch')
>>> plt.ylabel('Training Cost')
>>> plt.show()
```

次のグラフからわかるように、この単純なモデルは 5 エポックの後にすでに収束している。

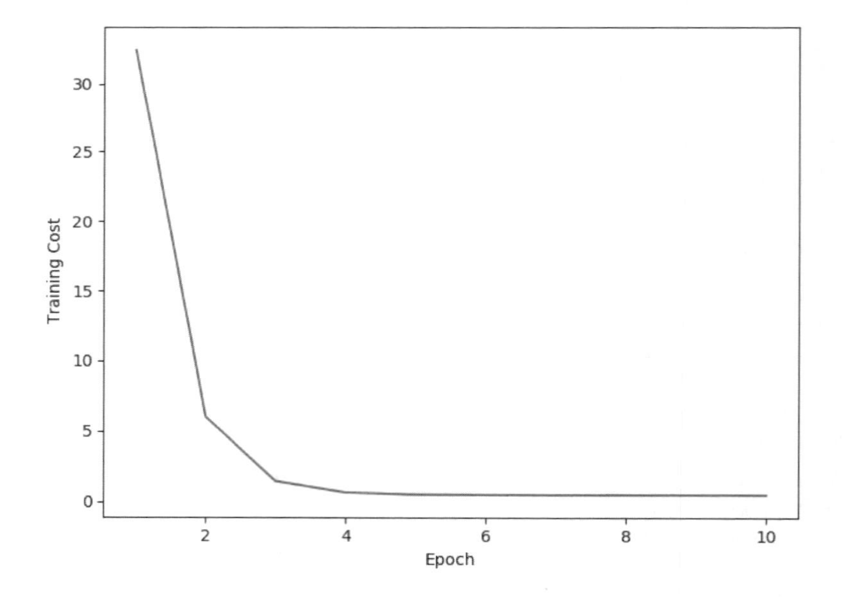

ここまではよいだろう。コスト関数を見る限り、どうやらこのデータセットから実際にうまく機能する回帰モデルを構築できたようである。次に、入力する特徴量に基づいて予測を行う新しい関数を定義してみよう。この関数では、入力として TensorFlow セッション、モデル、テストデータセットが必要である。

```
def predict_linreg(sess, model, X_test):
    y_pred = sess.run(model.z_net, feed_dict={model.X:X_test})
    return y_pred
```

予測関数の実装はかなり単純である。計算グラフで定義したz_netを実行するだけで、予測値を計算できる。次に、トレーニングデータを使って学習した線形回帰モデルをプロットしてみよう。

```
>>> plt.scatter(X_train, y_train, marker='s', s=50, label='Training Data')
>>> plt.plot(range(X_train.shape[0]),
...          predict_linreg(sess, lrmodel, X_train),
...          color='gray', marker='o',
...          markersize=6, linewidth=3,
...          label='LinReg Model')
>>> plt.xlabel('x')
>>> plt.ylabel('y')
>>> plt.legend()
>>> plt.tight_layout()
>>> plt.show()
```

結果のグラフからわかるように、このモデルはトレーニングデータセットのデータ点をうまく学習している。

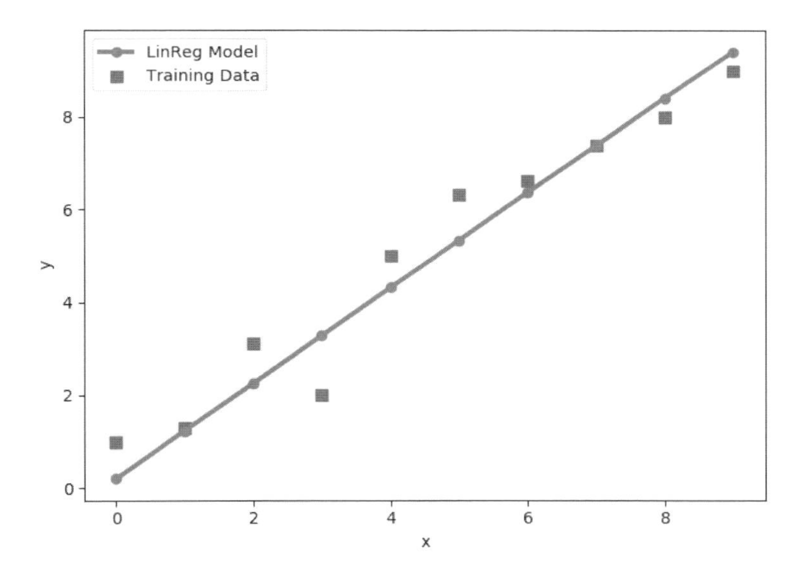

13.2 TensorFlowの高レベルAPI：ニューラルネットワークの効率的なトレーニング

ここでは、TensorFlowの高レベルAPIのうち、Layers API（tensorflow.layersまたはtf.layers）とKeras API（kerasまたはtf.keras）の2つを取り上げる。

Kerasは、別のパッケージとしてインストールでき、バックエンドとしてTensorFlow、Theano、またはCNTK（翻訳時点では「Microsoft Cognitive Toolkit」に改名）をサポートする。詳細については、

Keras の Web サイト[※8]を参照してほしい。

ただし、TensorFlow 1.1.0 以降のバージョンでは、Keras は TensorFlow の `contrib` サブモジュールに追加されている。Keras のサブパッケージが試験的な `contrib` サブモジュールから独立し、TensorFlow の主なサブモジュールの 1 つになる可能性は非常に高い[※9]。

13.2.1 TensorFlow の Layers API を使って多層ニューラルネットワークを構築する

`tensorflow.layers`（`tf.layers`）に基づくニューラルネットワークのトレーニングがどのようなものであるかを確認するために、多層パーセプトロンを実装してみよう。この多層パーセプトロンは、前章で紹介した MNIST データセット[※10]の手書きの数字を分類する。MNIST データセットは、次の 4 つの部分で構成されている。

- **トレーニングデータセットの画像**
  `train-images-idx3-ubyte.gz`（9.9MB、60,000 サンプル）
- **トレーニングデータセットのラベル**
  `train-labels-idx1-ubyte.gz`（29KB、60,000 ラベル）
- **テストデータセットの画像**
  `t10k-images-idx3-ubyte.gz`（1.6MB、10,000 サンプル）
- **テストデータセットのラベル**
  `t10k-labels-idx1-ubyte.gz`（5KB、10,000 ラベル）

TensorFlow でも同じデータセットを提供している。

```
import tensorflow as tf
from tensorflow.examples.tutorials.mnist import input_data
```

ただし、データの前処理を個別に行うための手順を理解できるように、ここでは外部からダウンロードしたデータセットを使用する。そうすれば、独自のデータセットを使用するにあたって何が必要であるかがわかるはずだ。

データセットのアーカイブをダウンロードして解凍した後は、展開されたファイルを現在の作業ディレクトリに配置する。そして、前章で定義した `load_mnist(path, kind)` 関数（371 ページ）

※8 https://keras.io/

※9 ［訳注］`tensorflow.contrib.keras` は、TensorFlow 1.4.0 で `tf.keras` モジュールへ移行している。また、TensorFlow 1.4.0 以降は、以下のように、Keras を別途インストールすることで、Keras API を直接使用できる。

```
pip install keras
```

※10 http://yann.lecun.com/exdb/mnist/

を使ってトレーニングデータセットとテストデータセットを読み込む。
　データセットを読み込む方法は次のようになる。

```
>>> ## データを読み込む
>>> X_train, y_train = load_mnist('.', kind='train')
>>> print('Rows: %d,  Columns: %d' %(X_train.shape[0], X_train.shape[1]))
Rows: 60000,  Columns: 784

>>> X_test, y_test = load_mnist('.', kind='t10k')
>>> print('Rows: %d,  Columns: %d' %(X_test.shape[0], X_test.shape[1]))
Rows: 10000,  Columns: 784

>>> ## 標準化と正規化
>>> mean_vals = np.mean(X_train, axis=0)
>>> std_val = np.std(X_train)
>>>
>>> X_train_centered = (X_train - mean_vals) / std_val
>>> X_test_centered = (X_test - mean_vals) / std_val
>>> del X_train, X_test
>>> print(X_train_centered.shape, y_train.shape)
(60000, 784) (60000,)
>>> print(X_test_centered.shape, y_test.shape)
(10000, 784) (10000,)
```

　これで、モデルの構築を開始する準備が整った。以下のコードでは、まず`tf_x`と`tf_y`の２つのプレースホルダを作成する。次に、前章で取り上げた多層パーセプトロンを構築するが、全結合層を３つ定義する。
　ただし、隠れ層ではロジスティックユニットを活性化関数の双曲線正接関数`tanh`に置き換え、出力層ではロジスティック関数をソフトマックス関数`softmax`に置き換え、さらに隠れ層を１つ追加する。

`tanh`関数と`softmax`関数は新しい活性化関数である。これらの活性化関数については、「13.3 多層ニューラルネットワークでの活性化関数の選択」で説明する。

```
import tensorflow as tf

n_features = X_train_centered.shape[1]
n_classes = 10
random_seed = 123
np.random.seed(random_seed)

g = tf.Graph()
with g.as_default():
```

```
    tf.set_random_seed(random_seed)
    tf_x = tf.placeholder(dtype=tf.float32,
                          shape=(None, n_features),
                          name='tf_x')
    tf_y = tf.placeholder(dtype=tf.int32,
                          shape=None,
                          name='tf_y')
    y_onehot = tf.one_hot(indices=tf_y, depth=n_classes)
    h1 = tf.layers.dense(inputs=tf_x,
                         units=50,
                         activation=tf.tanh,
                         name='layer1')
    h2 = tf.layers.dense(inputs=h1,
                         units=50,
                         activation=tf.tanh,
                         name='layer2')
    logits = tf.layers.dense(inputs=h2,
                             units=10,
                             activation=None,
                             name='layer3')
    predictions = {
        'classes' : tf.argmax(logits, axis=1, name='predicted_classes'),
        'probabilities' : tf.nn.softmax(logits, name='softmax_tensor')
    }
```

次に、コスト関数を定義し、モデルの変数とオプティマイザを初期化するための演算子を追加する。

```
## コスト関数とオプティマイザを定義
with g.as_default():
    cost = tf.losses.softmax_cross_entropy(onehot_labels=y_onehot,
                                           logits=logits)
    optimizer = tf.train.GradientDescentOptimizer(learning_rate=0.001)
    train_op = optimizer.minimize(loss=cost)
    init_op = tf.global_variables_initializer()
```

ネットワークのトレーニングを開始する前に、データバッチを生成する方法が必要である。そこで、データバッチ生成用のジェネレータを返す関数を実装する。

```
def create_batch_generator(X, y, batch_size=128, shuffle=False):
    X_copy = np.array(X)
    y_copy = np.array(y)

    if shuffle:
        data = np.column_stack((X_copy, y_copy))
        np.random.shuffle(data)
        X_copy = data[:, :-1]
        y_copy = data[:, -1].astype(int)

    for i in range(0, X.shape[0], batch_size):
```

```
        yield (X_copy[i:i+batch_size, :], y_copy[i:i+batch_size])
```

次に、新しいTensorFlowセッションを作成し、ニューラルネットワークのすべての変数を初期化し、トレーニングを開始する。また、エポックごとに学習プロセスを監視して、トレーニングの平均損失率も表示する。

```
## 計算グラフを起動するためのセッションを作成
sess = tf.Session(graph=g)
## 変数のイニシャライザを実行
sess.run(init_op)

## 50エポックのトレーニング
training_costs = []
for epoch in range(50):
    training_loss = []
    batch_generator = create_batch_generator(X_train_centered, y_train,
                                             batch_size=64)
    for batch_X, batch_y in batch_generator:
        ## ニューラルネットワークにデータを供給するためのディクショナリを準備
        feed = {tf_x:batch_X, tf_y:batch_y}
        _, batch_cost = sess.run([train_op, cost], feed_dict=feed)
        training_costs.append(batch_cost)
    print(' -- Epoch %2d  '
          'Avg. Training Loss: %.4f' % (epoch + 1, np.mean(training_costs)))
```

このコードを実行したときの出力は次のようになる。

```
 -- Epoch  1  Avg. Training Loss: 1.5573
 -- Epoch  2  Avg. Training Loss: 1.2532
 -- Epoch  3  Avg. Training Loss: 1.0854
 -- Epoch  4  Avg. Training Loss: 0.9738
 ...
 -- Epoch 49  Avg. Training Loss: 0.3527
 -- Epoch 50  Avg. Training Loss: 0.3498
```

このトレーニングプロセスに数分ほどかかる。この後は、最後の工程として、トレーニング済みのモデルを使用して、テストデータセットで予測を行うことができる。

```
>>> ## テストデータセットで予測を行う
>>> feed = {tf_x : X_test_centered}
>>> y_pred = sess.run(predictions['classes'], feed_dict=feed)
>>>
>>> print('Test Accuracy: %.2f%%' %
...       (100 * np.sum(y_pred == y_test) / y_test.shape[0]))

Test Accuracy: 93.89%
```

13

TensorFlowの高レベルAPIを利用することで、モデルをすばやく構築してテストできることがわかる。TensorFlowの高レベルAPIは、概念をプロトタイプ化しており、結果をすばやく調査するのに非常に役立つ。

次項では、Kerasを使用することで、MNISTに対して同じような分類モデルを開発することにしよう。KerasはTensorFlowの高レベルAPIの1つである。

13.2.2 Kerasを使って多層ニューラルネットワークを開発する

Kerasの開発が開始されたのは、2015年の初めである。TheanoとTensorFlowをベースとして構築されたKerasは、現時点において、最もよく知られていて、広く利用されているライブラリの1つに成長している。

TensorFlowと同様に、Kerasを利用すれば、GPUを使ってニューラルネットワークのトレーニングを高速化できる。Kerasの特徴は、何と言っても、ニューラルネットワークをほんの数行のコードで実装できる非常に直観的なAPIであることだ。

当初、KerasはバックエンドとしてTheanoを利用できるスタンドアロンAPIとしてリリースされ、TensorFlowのサポートはあとから追加された。また、TensorFlowの1.1.0以降のバージョンでは、KerasはTensorFlowに統合されている。このため、TensorFlowの1.1.0以降のバージョンを使用している場合は、Kerasを別途インストールする必要はない。Kerasについては、公式Webサイト※11に詳しい説明がある。

本書の執筆時点では、Kerasは`contrib`モジュールの一部となっている。このモジュールは、TensorFlowのコントリビューターによって開発されたパッケージを含んでおり、試験的なコードと見なされている。TensorFlowの将来のリリースでは、TensorFlowのメインモジュールの1つとして独立する可能性がある。詳細については、TensorFlowのWebサイトのドキュメントを参照してほしい。

TensorFlow 1.4.0以降を使用する場合は、本書のGitHubのコードを変更する必要がある。

- Kerasを別途インストールしている場合は、`import tensorflow.contrib.keras as keras`文を`import keras`に変更する。
- `tf.keras`モジュールを使用する場合は、`import tensorflow.contrib.keras as keras`文をコメントアウトし、コード中の`keras`を`tf.keras`に変更する必要がある。

※11 http://keras.io

ここでは、Kerasのサンプルコードを順番に見ていく。まず、前項で説明したものと同じ関数を使ってデータを読み込む必要がある[※12]。

```
>>> X_train, y_train = load_mnist('./', kind='train')
>>> print('Rows: %d, Columns: %d' % (X_train.shape[0], X_train.shape[1]))
Rows: 60000,  Columns: 784

>>> X_test, y_test = load_mnist('./', kind='t10k')
>>> print('Rows: %d, Columns: %d' % (X_test.shape[0], X_test.shape[1]))
Rows: 10000,  Columns: 784

>>> ## 標準化と正規化
>>> mean_vals = np.mean(X_train, axis=0)
>>> std_val = np.std(X_train)
>>>
>>> X_train_centered = (X_train - mean_vals) / std_val
>>> X_test_centered = (X_test - mean_vals) / std_val
>>>
>>> del X_train, X_test
>>>
>>> print(X_train_centered.shape, y_train.shape)
(60000, 784) (60000,)
>>> print(X_test_centered.shape, y_test.shape)
(10000, 784) (10000,)
```

まず、再現性のある結果が得られるようにするために、NumPyとTensorFlowの乱数シードを設定する。

```
>>> import tensorflow as tf
>>> # Kerasを直接使用する場合：
>>> import keras
>>> # TensorFlow 1.4.0よりも前のバージョンでkerasモジュールを使用する場合：
>>> # if tf.__version__ < "1.4.0":
>>> #     import tensorflow.contrib.keras as keras
>>> # または、TensorFlow 1.4.0以上のバージョンでtf.kerasモジュールを使用する場合：
>>> # import 文は必要ないが、これ以降のkeras をtf.keras に置き換える必要がある
>>>
>>> np.random.seed(123)
>>> tf.set_random_seed(123)
```

引き続きトレーニングデータを準備するには、クラスラベル（整数の0〜9）をone-hotフォーマット[※13]に変換する必要がある。幸い、Kerasには、そのための便利なツールが用意されている。

※12　［訳注］Kerasでは、MNISTデータセットが4つのNumPy配列としてあらかじめ含まれており、次のようにしてトレーニングセットとテストセットを読み込むこともできる。

```
from keras.datasets import mnist
(train_images, train_labels), (test_images, test_labels) = mnist.load_data()
```

※13　［監注］one-hotエンコーディングについては、4.2.4項を参照。

```
>>> y_train_onehot = keras.utils.to_categorical(y_train)
>>> print('First 3 labels: ', y_train[:3])
First 3 labels:  [5 0 4]

>>> print('\nFirst 3 labels (one-hot):\n', y_train_onehot[:3])
First 3 labels (one-hot):
 [[ 0.  0.  0.  0.  0.  1.  0.  0.  0.  0.]
  [ 1.  0.  0.  0.  0.  0.  0.  0.  0.  0.]
  [ 0.  0.  0.  0.  1.  0.  0.  0.  0.  0.]]
```

おもしろくなるのはここからである。ここでは、ニューラルネットワークを実装する。簡単に説明すると、このニューラルネットワークは3つの層で構成されている。最初の2つの層はそれぞれ50個の隠れユニットで構成されており、活性化関数として`tanh`を使用する。3つ目の層は、10個のクラスラベルに対応する10個の層で構成されており、各クラスの所属確率を`softmax`関数で計算する。次のコードで確認できるように、Kerasでは、これらのタスクを非常に簡単に行うことができる。

```
# モデルを初期化
model = keras.models.Sequential()

# 1つ目の隠れ層を追加
model.add(keras.layers.Dense(units=50,
                             input_dim=X_train_centered.shape[1],
                             kernel_initializer='glorot_uniform',
                             bias_initializer='zeros',
                             activation='tanh'))

# 2つ目の隠れ層を追加
model.add(keras.layers.Dense(units=50,
                             input_dim=50,
                             kernel_initializer='glorot_uniform',
                             bias_initializer='zeros',
                             activation='tanh'))

# 出力層を追加
model.add(keras.layers.Dense(units=y_train_onehot.shape[1],
                             input_dim=50,
                             kernel_initializer='glorot_uniform',
                             bias_initializer='zeros',
                             activation='softmax'))

# モデルコンパイル時のオプティマイザを設定
# 引数に学習率、荷重減衰定数、モーメンタム学習を設定
sgd_optimizer = keras.optimizers.SGD(lr=0.001, decay=1e-7, momentum=.9)

# オプティマイザとコスト関数を指定してモデルをコンパイル
model.compile(optimizer=sgd_optimizer, loss='categorical_crossentropy')
```

フィードフォワードニューラルネットワークを実装するには、まず、`Sequential`クラスを使って新しいモデルを初期化する。その後は、必要な個数だけ層を追加できる。ただし、最初に追加する層は入力層になるため、`input_dim`属性の値がトレーニングデータセットの特徴量（列）の個数（784またはニューラルネットワーク実装のピクセル数）と一致するようにしなければならない。

また、2つの連続する層の出力ユニット（`units`）と入力ユニット（`input_dim`）の個数を一致させる必要もある。この例では、それぞれ50個の隠れユニットと1個のバイアスユニットからなる2つの隠れ層を追加した。また、出力層のユニットの個数は、一意なクラスラベルの個数 —— one-hotエンコーディングのクラスラベル配列の列数 —— と等しくなければならない。

ここでは、`kernel_initializer='glorot_uniform'`を設定することで、重み行列に新しい初期化アルゴリズムを使用している。**Glorot初期化**（「Xavier初期化」とも呼ばれる）は、ディープニューラルネットワークで初期化を行うためのより頑健な手法である（下記はその論文）。

Xavier Glorot and Yoshua Bengio, *Understanding the difficulty of training deep feedforward neural networks*, in Artificial Intelligence and Statistics, volume 9, pages:249-256. 2010
http://proceedings.mlr.press/v9/glorot10a/glorot10a.pdf

バイアスは（より一般的な）0に初期化される。Kerasでは、これがデフォルトの設定である。重みを初期化するためのGlorot初期化については、第14章で詳しく説明する。

また、モデルをコンパイルする前に、オプティマイザを定義する必要もある。先の例では、最適化手法としてすっかりおなじみの確率的勾配降下法を選択した。さらに、エポックごとに学習率を調整するための荷重減衰定数とモーメンタム学習の値も設定できる[※14]。最後に、コスト（損失）関数として多クラス交差エントロピー（`categorical_crossentropy`）を設定している。

二値の交差エントロピーは、ロジスティック回帰においてコスト関数を表す専門用語である。多クラス交差エントロピーは、ソフトマックス関数によって多クラス分類でも交差エントロピーを使用できるように一般化したものである。ソフトマックス関数については、「13.3.2　ソフトマックス関数を使って多クラス分類の所属確率を推定する」で説明する。

※14　［監注］`keras.optimizer.SGD`クラスによる確率的勾配降下法において、エポックtにおけるパラメータの増加量$\Delta \boldsymbol{w}_t$は、デフォルトでは以下の式で表される。

$$\Delta \boldsymbol{w}_t = -\eta_t \nabla J(\boldsymbol{w}_t) + \alpha \Delta \boldsymbol{w}_{t-1}$$

右辺で1つ前のパラメータの増加量を用いて学習を加速させており、モーメンタム学習と呼ばれる。ここで、η_tはエポックtにおける学習率（`keras.optimizer.SGD`ではパラメータ`lr`）であり、減少定数d（パラメータ`decay`）を用いて以下の式で求めることができる。

$$\eta_t = \frac{\eta_{t-1}}{1 + td}$$

αはモーメンタム学習のパラメータ（パラメータ`momentum`）、$J(\boldsymbol{w})$はコスト関数である。

モデルをコンパイルした後は、fit メソッドを呼び出してモデルのトレーニングを行うことができる。ここでは、バッチ 1 つあたり 64 トレーニングサンプルというバッチサイズで、ミニバッチに対して確率的勾配降下法を使用する。そして、多層パーセプトロンのトレーニングを 50 エポックにわたって行う。verbose=1 を設定すると、コスト関数の最適化の実行状況を確認できる。

特に便利なのは、validation_split パラメータである。このパラメータに引数を指定すれば、エポック後の検証用にトレーニングデータを取り分けておき、トレーニング中に過学習に陥っているかどうかをチェックできる。この場合は、引数として 0.1 を指定することで、トレーニングデータの 10%（6,000 サンプル）を取っておく。

```
>>> history = model.fit(X_train_centered,      # トレーニングデータ
...                     y_train_onehot,        # 出力データ
...                     batch_size=64,         # バッチサイズ
...                     epochs=50,             # エポック数
...                     verbose=1,             # 実行時にメッセージを出力
...                     validation_split=0.1)  # 検証用データの割合

Train on 54000 samples, validate on 6000 samples
Epoch 1/50
54000/54000 [==============================] - 2s - loss: 0.7247 - val_loss: 0.3616
Epoch 2/50
54000/54000 [==============================] - 2s - loss: 0.3718 - val_loss: 0.2815
Epoch 3/50
54000/54000 [==============================] - 2s - loss: 0.3087 - val_loss: 0.2447
...
Epoch 50/50
54000/54000 [==============================] - 2s - loss: 0.0485 - val_loss: 0.1174
```

コスト関数の値を出力すると、トレーニング中にコストが減少しているかどうかがひと目でわかるようになり、トレーニングの際に大きく役立つ。コストが減少していない場合は、アルゴリズムの実行を中止してハイパーパラメータの値を調整すればよい。

クラスラベルを予測するには、predict_classes メソッドを呼び出し、クラスラベルを整数として直接返すようにする。

```
>>> y_train_pred = model.predict_classes(X_train_centered, verbose=0)
>>> print('First 3 predictions: ', y_train_pred[:3])
First 3 predictions:  [5 0 4]
```

最後に、トレーニングデータセットとテストデータセットでのモデルの正解率を出力してみよう。

```
>>> y_train_pred = model.predict_classes(X_train_centered, verbose=0)
>>> correct_preds = np.sum(y_train == y_train_pred, axis=0)
>>> train_acc = correct_preds / y_train.shape[0]
>>> print('First 3 predictions: ', y_train_pred[:3])
First 3 predictions: [5 0 4]
```

```
>>> print('Training accuracy: %.2f%%' % (train_acc * 100))
Training accuracy: 98.88%

>>> y_test_pred = model.predict_classes(X_test_centered, verbose=0)
>>> correct_preds = np.sum(y_test == y_test_pred, axis=0)
>>> test_acc = correct_preds / y_test.shape[0]
>>> print('Test accuracy: %.2f%%' % (test_acc * 100))
Test accuracy: 96.04%
```

これは非常に単純なニューラルネットワークであり、チューニングパラメータは最適化されていないことに注意しよう。Kerasをもう少し試してみたい場合は、学習率、モーメンタム、荷重減衰、隠れユニットの個数をさらに調整してみるとよいだろう。

13.3 多層ニューラルネットワークでの活性化関数の選択

ここまでは、話を単純にするために、シグモイド活性化関数の説明は多層フィードフォワードニューラルネットワークを想定したものになっていた。また、前章で実装した多層パーセプトロンでは、隠れ層と出力層で活性化関数を使用した。

本書では、この活性化関数を「シグモイド関数」と呼んでいる。文献でも一般にそう呼ばれているが、厳密な定義では、「ロジスティック関数」または「負の対数尤度関数」と呼ぶべきである。ここでは、多層ニューラルネットワークの実装に役立つシグモイド関数の選択肢を紹介する。

多層ニューラルネットワークでは、微分可能であれば、どのような関数でも活性化関数として使用できる。ADALINE（第2章）で用いた線形活性化関数を使用することさえ可能である。だが実際には、隠れ層と出力層の両方に線形活性化関数を使用しても、あまり役に立たないだろう。なぜなら、複雑な問題への取り組みを可能にするには、一般的な人工ニューラルネットワークに非線形性を持たせる必要があるからだ。線形関数の総和は、結局は線形関数になる。

前章で使用したロジスティック活性化関数は、脳のニューロンの概念をおそらく最も厳密に再現しており、ニューロンが発火するかどうかの確率として考えることができる。

しかし、入力の負の度合いが高い場合にシグモイド関数の出力が0に近づくことを考えると、ロジスティック関数には問題がある。シグモイド関数が0に近い出力を返す場合、ニューラルネットワークの学習に非常に時間がかかってしまい、トレーニングの際に極小値に陥る可能性が高くなる。隠れ層の活性化関数として**双曲線正接関数**（hyperbolic tangent function）がよく使用されるのは、そのためである。

双曲線正接関数がどのようなものであるかを示す前に、ロジスティック関数の基礎を簡単にまとめて、多クラス分類問題にとってより有益な一般化について調べてみよう。

13.3.1 ロジスティック関数のまとめ

本節の最初に述べたように、ロジスティック関数は単に「シグモイド関数」と呼ばれることが多いが、実際には特殊なシグモイド関数である。第 3 章で説明したように、ロジスティック関数を利用すれば、二値分類タスクにおいてサンプル x が陽性クラス（クラス 1）に分類される確率をモデル化できる。総入力 z が次のように定義されるとしよう。

$$z = w_0x_0 + w_1x_1 + \cdots + w_mx_m = \sum_{i=0}^{m} w_ix_i = \boldsymbol{w}^T\boldsymbol{x} \tag{13.2.1}$$

ロジスティック関数は次のように計算される。

$$\phi_{logistic}(z) = \frac{1}{1+e^{-z}} \tag{13.2.2}$$

ここで、w_0 はバイアスユニット（$x_0 = 1$ での y 軸の切片）である。より具体的な例として、2 次元のデータ点 x のモデルと、重み係数がベクトル w に代入されるモデルを思い浮かべてみよう。

```
>>> import numpy as np
>>> X = np.array([1, 1.4, 2.5])    # 1つ目の値は 1 でなければならない
>>> w = np.array([0.4, 0.3, 0.5])
>>> def net_input(X, w):
...     return np.dot(X, w)
...
>>> def logistic(z):
...     return 1.0 / (1.0 + np.exp(-z))
...
>>> def logistic_activation(X, w):
...     z = net_input(X, w)
...     return logistic(z)
...
>>> print('P(y=1|x) = %.3f' % logistic_activation(X, w))
P(y=1|x) = 0.888
```

上記のコードでは、総入力を計算し、そうした特徴量の値と重み係数でロジスティックニューロンを活性化すると、0.888 の値が返される。この値から、このサンプル x が陽性クラスに属する確率は 88.8% であると解釈できる。

前章では、one-hot エンコーディング手法を用いて、複数のロジスティック活性化ユニットからなる出力層の値を計算した。しかし、複数のロジスティック活性化ユニットからなる出力層は、解釈可能な確率値を出力しない。次のコードを使ってこのことを実際に確認してみよう。

```
>>> # W : array, shape = (n_output_units, n_hidden_units+1)
... #      この配列の最初の列 (W[:][0]) はバイアスユニット
...
```

```
>>> W = np.array([[1.1, 1.2, 0.8, 0.4],
...               [0.2, 0.4, 1.0, 0.2],
...               [0.6, 1.5, 1.2, 0.7]])
>>>
>>> # A : array, shape = (n_hidden_units + 1, n_samples)
... #     この配列の最初の列（A[0][0]）は1でなければならない
...
>>> A = np.array([[1, 0.1, 0.4, 0.6]])
>>>
>>> # Z : array, shape = [n_output_units, n_samples]
... #     出力層の総入力
...
>>> Z = np.dot(W, A[0])
>>> y_probas = logistic(Z)
>>> print('Net Input: \n', Z)
Net Input:
 [ 1.78  0.76  1.65]

>>> print('Output Units:\n', y_probas)
Output Units:
 [ 0.85569687  0.68135373  0.83889105]
```

この出力を見てわかるように、結果として得られた値を3クラス問題の所属確率として解釈することはできない。というのも、これらの値を合計しても1にならないからである。ただし、このモデルをクラスの所属確率に使用せず、クラスラベルの予測にのみ使用するとしたら、実際にはそれほど大きな問題ではない。ここで得られた出力ユニットからクラスラベルを予測する方法の1つは、最大値を与えるクラスラベルを予測値とすることである。

```
>>> y_class = np.argmax(Z, axis=0)
>>> print('Predicted class label: %d' % y_class)
Predicted class label: 0
```


状況によっては、多クラス分類の予測値として、各クラスの所属確率を計算すると有益かもしれない。次項では、ロジスティック関数の一般化であるソフトマックス関数を取り上げる。ソフトマックス関数は、このタスクに役立つ可能性がある。

13.3.2　ソフトマックス関数を使って多クラス分類の所属確率を推定する

前項では、argmax関数を使ってクラスラベルを取得する方法を示した。ソフトマックス（softmax）関数は、実際にはargmax関数のソフトバージョンである。この関数を使用すれば、（クラスのインデックスを1つだけ指定する代わりに）各クラスの所属確率が得られる。このため、多クラス分類問題（多項ロジスティック回帰）において意味のあるクラスの所属確率を計算できる。

ソフトマックス関数では、総入力zのサンプルがi番目のクラスに分類される確率を計算できる。この場合は、M個の線形関数の総和である正規化項を分母に使用することで、各クラスの所属確率の合計が1になるようにしている。

$$P(y=i|z)=\phi(z)=\frac{e^{z_i}}{\sum_{i=1}^{M}e^{z_j}} \tag{13.2.3}$$

ソフトマックス関数をPythonで実装し、その効果を実際に確かめてみよう。

```
>>> def softmax(z):
...     return np.exp(z) / np.sum(np.exp(z))
...
>>> y_probas = softmax(Z)
>>> print('Probabilities:\n', y_probas)
Probabilities:
[ 0.44668973  0.16107406  0.39223621]

>>> np.sum(y_probas)
1.0
```

このように、予測されたクラスの確率を合計すると、期待どおりに1になる。また、予測されたクラスラベルは、ロジスティック関数の出力に`argmax`関数を適用したときと同じである。ソフトマックス関数については、多クラス分類問題においてクラスの所属関係を効果的に予測するのに役立つものであり、「正規化された」出力として考えるとよいかもしれない。

13.3.3 双曲線正接関数を使って出力範囲を拡大する

人工ニューラルネットワークの隠れ層でよく使用されるもう1つのシグモイド関数は、**双曲線正接**(hyperbolic tangent：tanh)関数である。双曲線正接関数については、ロジスティック関数の尺度を取り直したバージョンとして解釈できる。

$$\phi_{logistic}(z)=\frac{1}{1+e^{-z}}$$
$$\phi_{tanh}(z)=2\times\phi_{logistic}(2z)-1=\frac{e^{z}-e^{-z}}{e^{z}+e^{-z}} \tag{13.2.4}$$

ロジスティック関数に対する双曲線正接関数の利点は、出力範囲が広く、開区間(–1, 1)におよぶことである。このため、バックプロパゲーションアルゴリズムの収束を改善することが可能である[※15]。

対照的に、ロジスティック関数は開区間(0, 1)の出力信号を返す。ロジスティック関数と双曲線正接関数を直観的に比較できるよう、2つのシグモイド関数をプロットしてみよう。

※15　C. M. Bishop著、『Neural Networks for Pattern Recognition』(Oxford University Press、1995年、pp.500-501)

```
>>> import matplotlib.pyplot as plt
>>>
>>> def tanh(z):
...     e_p = np.exp(z)
...     e_m = np.exp(-z)
...     return (e_p - e_m) / (e_p + e_m)
...
>>> z = np.arange(-5, 5, 0.005)
>>> log_act = logistic(z)
>>> tanh_act = tanh(z)
>>> plt.ylim([-1.5, 1.5])
>>> plt.xlabel('net input $z$')
>>> plt.ylabel('activation $¥phi(z)$')
>>> plt.axhline(1, color='black', linestyle=':')
>>> plt.axhline(0.5, color='black', linestyle=':')
>>> plt.axhline(0, color='black', linestyle=':')
>>> plt.axhline(-0.5, color='black', linestyle=':')
>>> plt.axhline(-1, color='black', linestyle=':')
>>> plt.plot(z, tanh_act, linewidth=3, linestyle='--', label='tanh')
>>> plt.plot(z, log_act, linewidth=3, label='logistic')
>>> plt.legend(loc='lower right')
>>> plt.tight_layout()
>>> plt.show()
```

次の出力結果からわかるように、2つのS字形曲線の形は非常によく似ている。ただし、`tanh`関数の出力空間の大きさは`logistic`関数の2倍である。

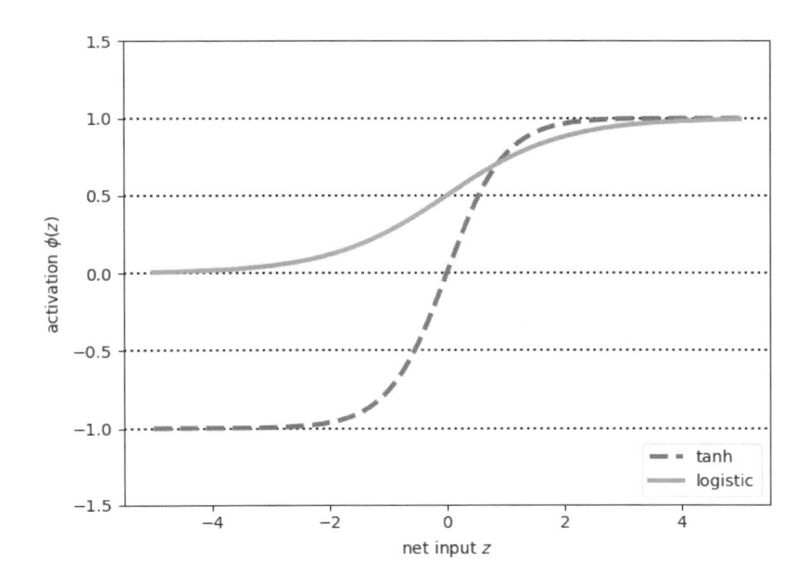

`logistic` 関数と `tanh` 関数の実装は冗長だが、これは説明を目的としているためである。実際には、NumPy の `tanh` 関数を使って同じ結果を得ることができる。

```
>>> tanh_act = np.tanh(z)
```

さらに、SciPy の `special` モジュールでもロジスティック関数が提供されている。

```
>>> from scipy.special import expit
>>> log_act = expit(z)
```

13.3.4 ReLU で勾配消失問題に対処する

ReLU（Rectified Linear Unit）は、ディープニューラルネットワークでよく使用される活性化関数の 1 つである。ReLU について見ていく前に、一歩下がって、双曲線正接関数とロジスティック関数の勾配消失問題について理解しておく必要がある。

この問題を理解するために、総入力が最初の $z_1 = 20$ から $z_2 = 25$ に変化するとしよう。双曲線正接関数を計算すると、$\phi(z_1) \approx 1.0$ と $\phi(z_2) \approx 1.0$ が得られ、出力は変化しないことがわかる。

つまり、総入力に関しては、活性化関数の微分（導関数）は z が大きくなると消失してしまう。結果として、トレーニング時の重みの学習は非常に遅くなってしまう。というのも、勾配項が 0 にかなり近づくことがあるからだ。ReLU の活性化関数は、この問題に対処する。数学的には、次のように定義される。

$$\phi(z) = \max(0, z) \qquad (13.2.5)$$

ReLU は、ニューラルネットワークで複雑な関数を学習するのに適した非線形関数である。それに加えて、入力に関しては、ReLU の導関数は正の入力値に対して常に 1 になる。そのようにして勾配消失問題を解決することから、ディープニューラルネットワークに適している。次章では、多層畳み込みニューラルネットワークの活性化関数として ReLU を使用する。

人工ニューラルネットワークで一般的に使用されているさまざまな活性化関数に少し詳しくなってきたところで、次に、本書に登場したさまざまな活性化関数をまとめておく。

活性化関数	方程式	例	1次元グラフ
単位ステップ（ヘビサイド）	$\phi(z)=\begin{cases}0, & z<0\\ 0.5, & z=0\\ 1, & z>0\end{cases}$	パーセプトロン	
符号	$\phi(z)=\begin{cases}-1, & z<0\\ 0, & z=0\\ 1, & z>0\end{cases}$	パーセプトロン	
線形	$\phi(z)=z$	ADALINE、線形回帰	
区分線形	$\phi(z)=\begin{cases}1, & z\geq\frac{1}{2}\\ z+\frac{1}{2}, & -\frac{1}{2}<z<\frac{1}{2}\\ 0, & z\leq-\frac{1}{2}\end{cases}$	サポートベクトルマシン	
ロジスティック（シグモイド）	$\phi(z)=\dfrac{1}{1+e^{-z}}$	ロジスティック回帰、多層ニューラルネットワーク	
双曲線正接	$\phi(z)=\dfrac{e^{z}-e^{-z}}{e^{z}+e^{-z}}$	多層ニューラルネットワーク	
ReLU	$\phi(z)=\begin{cases}0, & z\leq0\\ z, & z>0\end{cases}$	多層ニューラルネットワーク、畳み込みニューラルネットワーク	

13

まとめ

本章では、TensorFlowを使用する方法について説明した。TensorFlowは、ディープラーニング（深層学習）に主眼を置いて数値計算を行うためのオープンソースライブラリである。GPUをサポートするための複雑さのせいでNumPyよりも扱いにくいものの、TensorFlowを利用すれば、大規模な多層ニューラルネットワークの定義とトレーニングを非常に効率よく行うことができる。

ここでは、複雑な機械学習モデルやニューラルネットワークモデルの構築と実行を効率よく行うためのTensorFlow APIも紹介した。まず、TensorFlowの低レベルAPIのプログラミングを調べた。行列とベクトルの乗算をプログラムしたり、演算ごとに詳細を定義したりする必要があることを考えると、このレベルでモデルを実装するのは骨が折れる作業になることがある。とはいうものの、そうした基本的な演算を組み合わせて、より複雑なモデルを構築できるという利点がある。さらに、計算を高速化するために、大規模なニューラルネットワークのトレーニングとテストにGPUを利用する方法も紹介した。GPU を利用しないとしたら、ニューラルネットワークによっては、トレーニングに数か月かかることがある。

また、ニューラルネットワークモデルを低レベル API よりもずっと簡単に構築できる高レベル API を２つ紹介した。具体的には、TensorFlow の Layers API と Keras API を使って多層ニューラルネットワークを構築する方法を示した。

最後に、さまざまな活性化関数を取り上げ、それらの振る舞いと用途を理解した。本章では、双曲線正接関数、ソフトマックス関数、ReLU の３つを取り上げた。前章に続いて、MNIST データセットの手書きの数字を分類する単純な多層パーセプトロンを実装した。そうした一からの実装は、フォワードプロパゲーションやバックプロパゲーションなど、多層ニューラルネットワークの基本概念を具体的に理解するのに役立つ。NumPy を使ったニューラルネットワークのトレーニングは非常に効率が悪く、大規模なネットワークでは現実的ではない。

次章では、引き続き TensorFlow を取り上げ、その詳細に踏み込む。計算グラフやセッションオブジェクトを使いこなすようになるだろう。その過程で、TensorFlow のプレースホルダ、変数、モデルの保存と復元など、さまざまな新しい概念を取り上げる。

Going Deeper - The Mechanics of TensorFlow

第14章 TensorFlowのメカニズムと機能

前章では、TensorFlowのさまざまなPython APIを利用して、MNISTの手書きの数字を分類する多層パーセプトロンのトレーニングを行った。このようなトレーニングは、TensorFlowによるニューラルネットワークのトレーニングと機械学習を体験するのにもってこいの方法だった。

本章では、TensorFlowに正面から向き合い、TensorFlowが提供している魅力的なメカニズムや機能を詳しく見ていく。

- TensorFlowの主な機能と利点
- TensorFlowの階数とテンソル
- TensorFlowの計算グラフの概要と操作
- TensorFlowのプレースホルダ
- TensorFlowの変数の操作
- TensorFlowのさまざまなスコープの演算
- 一般的なテンソル変換：階数、形状、型の操作
- TensorFlowでのモデルの保存と復元
- テンソルの多次元配列としての変換
- TensorBoardによるニューラルネットワークのグラフの可視化

もちろん、本章でも実践を重視し、TensorFlowの主な特徴や概念を調べるために計算グラフを実装する。その過程で、回帰モデルを再び取り上げ、TensorBoardを使ってニューラルネットワークの計算グラフを可視化する。また、本章で作成するその他の計算グラフを可視化する方法も紹介する。

14.1 TensorFlowの主な特徴

TensorFlowは、機械学習のアルゴリズムを実装して実行するためのスケーラブルなマルチプラットフォームプログラミングインターフェイスを提供する。TensorFlowのAPIは、2017年にリリースされた1.0以降は比較的安定しており、成熟している。ディープラーニングのライブラリは他にも提供されているが、TensorFlowと比べると試験的な意味合いが強い。

前章でも述べたように、TensorFlowの主な特徴の1つは、1つまたは複数のGPUを操作できることである。GPUを利用すれば、大規模なシステムで機械学習モデルのトレーニングを非常に効率よく行うことができる。

TensorFlowの成長は強い原動力に支えられている。TensorFlowの開発はGoogleによってサポートされており、Googleの資金提供を受けている。このため、大勢のソフトウェアエンジニアが日夜改善に取り組んでいる。また、TensorFlowはオープンソースの開発者に強く支持されており、熱心な開発者からコントリビューションや利用時のフィードバックを得ている。このため、学術界の研究者や産業界の開発者にとってさらに有益なライブラリとなっている。それだけでなく、TensorFlowを初めて使用するユーザーにとって助けとなる包括的なドキュメントとチュートリアルも揃っている。

大事なことを言い忘れていたが、TensorFlowはモバイルへの展開・利用をサポートしており、実際の稼働環境としてもうってつけのツールとなっている。

14.2 TensorFlowの階数とテンソル

TensorFlowでは、**テンソル**(tensor)に対する演算や関数を**計算グラフ**(computation graph)として定義できる。テンソルは、データ値を含んでいる多次元配列への一般化が可能な数学的表記である。テンソルの次元は一般に**階数**(rank)と呼ばれる。

ここまで扱ってきたテンソルのほとんどは、階数が1か2のものだった。たとえば、整数や浮動小数点数といった単一の数字(スカラー)は、階数0のテンソルである。ベクトルは階数1のテンソルであり、行列は階数2のテンソルである。だが、そこで終わりではない。テンソルの表記は、より高い次元に対して一般化できる。次章では、複数のカラーチャネルを持つ画像をサポートするために、階数3の入力と階数4の重みテンソルを使用する。

テンソルの概念をより具体的に理解するために、次の図について考えてみよう。左上の図は階数0のテンソル、右上の図は階数1のテンソル、左下の図は階数2のテンソル、右下の図は階数3のテンソルを表している。

階数0：（スカラー）
階数1：（ベクトル）
階数2：（行列）
階数3：

14.2.1 テンソルの階数と形状を取得する方法

テンソルの階数を取得するには、`tf.rank`関数を使用する。この関数の出力はテンソルであることに注意しよう。実際の値を取得するには、返されたテンソルを評価する必要がある。

テンソルの階数に加えて、テンソルの形状も取得できる。テンソルの形状は、NumPy配列の形状と同様である。たとえば、`X`がテンソルである場合、`X`の形状を取得するには`X.get_shape()`を使用する。この関数は、`TensorShape`というクラスのオブジェクトを返す。

テンソルの形状を出力し、他のテンソルを作成するときに形状引数として直接使用することもできる。ただし、`TensorShape`オブジェクトをインデックスで参照したり、分解したりすることはできない。このオブジェクトの要素を参照したり、要素ごとに分解したりしたい場合は、`TensorShape`クラスの`as_list`メソッドを使ってPythonのリストに変換すればよい。

`tf.rank`関数とテンソルの`get_shape`メソッドを使用する方法は次のようになる。このコードは、TensorFlowセッションにおいてテンソルオブジェクトの階数と形状を取得する方法を示している。

```
>>> import tensorflow as tf
>>> import numpy as np
>>>
>>> g = tf.Graph()
>>>
>>> ## 計算グラフを定義
>>> with g.as_default():
...     ## テンソルt1、t2、t3を定義
...     t1 = tf.constant(np.pi)
...     t2 = tf.constant([1, 2, 3, 4])
...     t3 = tf.constant([[1, 2], [3, 4]])
...
...     ## テンソルt1、t2、t3の階数を取得
...     r1 = tf.rank(t1)
...     r2 = tf.rank(t2)
...     r3 = tf.rank(t3)
...
...     ## テンソルt1、t2、t3の形状を取得
...     s1 = t1.get_shape()
```

```
...     s2 = t2.get_shape()
...     s3 = t3.get_shape()
...     print('Shapes:', s1, s2, s3)
Shapes: () (4,) (2, 2)

>>> with tf.Session(graph=g) as sess:
...     print('Ranks:',
...           r1.eval(),
...           r2.eval(),
...           r3.eval())
Ranks: 0 1 2
```

テンソル t1 はスカラーであるため、階数は 0、形状は () である。テンソル t2 はベクトルであるため、階数は 1 であり、4 つの要素で構成されているため、形状は 1 要素のタプル (4,) である。テンソル t3 は行列であるため、階数は 2 であり、2×2 の行列であるため、形状はタプル (2, 2) で表される。

14.3 TensorFlow の計算グラフ

TensorFlow は、根本的に計算グラフの構築に依存しており、計算グラフを使って入力から出力に至るまでのテンソル間の関係を抽出する。階数 0(スカラー)のテンソル a、b、c があり、$z = 2 \times (a - b) + c$ を評価したいとしよう。この評価を計算グラフとして表すと、次のようになる。

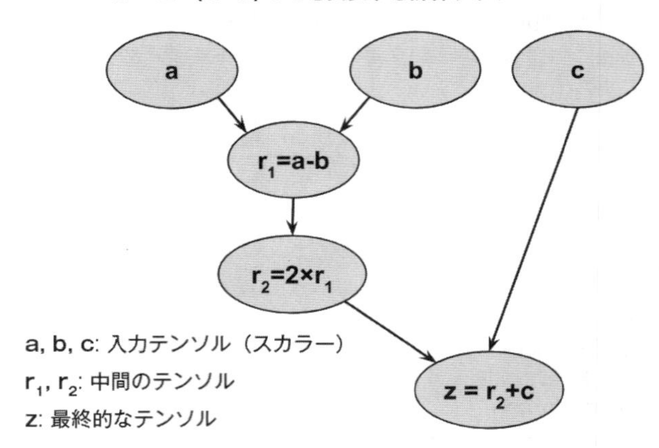

見てのとおり、計算グラフは単に複数のノードからなるネットワークである。これらのノードはそれぞれ 1 つの演算を表しており、1 つ以上の入力テンソルに関数を適用し、出力として 0 個以上のテンソルを返す。

TensorFlow は、この計算グラフを構築し、構築した計算グラフを使って勾配を計算する。TensorFlow での計算グラフの構築とコンパイルの手順は次のようになる。

1. 新しい空の計算グラフをインスタンス化(生成)する。
2. 計算グラフにノード(テンソルと演算)を追加する。
3. 計算グラフを実行する。
   a. 新しいセッションを開始する。
   b. 計算グラフの変数を初期化する。
   c. このセッションで計算グラフを実行する。

先の図に示した$z = 2 \times (a - b) + c$を評価するための計算グラフを作成してみよう。a、b、cはスカラー(単一の数値)であり、ここではTensorFlowの定数として定義する。計算グラフを作成するには、`tf.Graph()`を呼び出し、続いてノードを追加する。

```
>>> g = tf.Graph()
>>>
>>> ## 計算グラフにノードを追加
>>> with g.as_default():
...     a = tf.constant(1, name='a')
...     b = tf.constant(2, name='b')
...     c = tf.constant(3, name='c')
...     z = 2 * (a - b) + c
...
```

このコードでは、`g.as_default()`を使って計算グラフにノードを追加している。計算グラフを明示的に作成しない場合はどうなるのだろうか。TensorFlowでは、常にデフォルトの計算グラフが存在するため、その場合、ノードはすべてデフォルトの計算グラフに追加される。本書では、説明を明確に保つために、デフォルトの計算グラフは使用しないようにしている。そうすれば、誤って必要のないノードがデフォルトの計算グラフにどんどん追加されていく、ということがないため、特にJupyter Notebookでコードを開発するときに効果的である。

TensorFlowセッションは、計算グラフの演算やテンソルを実行できる環境である。セッションオブジェクトを作成するには、`tf.Session`クラスを呼び出す。このクラスには、`tf.Session(graph=g)`のように、既存の計算グラフを引数として渡すことができる。引数として計算グラフが指定されない場合、このクラスはデフォルトの計算グラフを起動するが、このグラフは空の場合がある。

TensorFlowセッションで計算グラフを起動した後は、計算グラフのノードを実行できる。つまり、計算グラフのテンソルを評価するか、演算子を実行できる。個々のテンソルを評価する際には、現在のセッションの中でテンソルの`eval`メソッドが呼び出される。計算グラフで特定のテンソルを評価する際、TensorFlowは計算グラフの途中にあるノードをすべて実行しなければならない。次節で説明するように、プレースホルダが1つ以上存在する場合は、それらの値を供給する必要がある。

同様に、演算を実行するには、セッションオブジェクトの`run`メソッドを使用する。前章の例で言うと、`train_op`はテンソルを返さない演算子である。この演算子は`train_op.run()`として実行できる。さらに、テンソルと演算子の両方を実行する tf.Session().run() という総合的な方法もある。後ほど見ていくように、この方法では、複数のテンソルと演算子を 1 つのリストまたはタプルに配置できる。結果として、tf.Session().run() は同じサイズのリストまたはタプルを返す。

TensorFlow セッションで先ほどの計算グラフを起動し、テンソル z を評価してみよう。

```
>>> # 計算グラフを起動
>>> with tf.Session(graph=g) as sess:
...     print('2*(a-b)+c => ', sess.run(z))
...
2*(a-b)+c => 1
```

TensorFlow では、計算グラフのコンテキストの中でテンソルと演算を定義することを覚えておこう。そして、計算グラフの演算の実行と、結果の取得と評価には、TensorFlow セッションを使用する。

ここでは、計算グラフを定義する方法、計算グラフにノードを追加する方法、そして計算グラフのテンソルを TensorFlow セッションで評価する方法を確認した。ここからは、プレースホルダや変数を含め、計算グラフで定義可能なさまざまな種類のノードを詳しく見ていく。その過程で、テンソルを出力として返さない他の演算子も紹介する。

14.4 TensorFlow のプレースホルダ

TensorFlow には、データを供給するための特別なメカニズムがある。そうしたメカニズムの 1 つは、**プレースホルダ**（placeholder）である。プレースホルダは、特定の型と形状に基づいて事前に定義されたテンソルである。

プレースホルダを計算グラフに追加するには、tf.placeholder 関数を使用する。プレースホルダには、データはまったく含まれていない。ただし、計算グラフで特定のノードを実行するときには、それらのプレースホルダにデータ配列を供給する必要がある。

ここでは、次の項目について説明する。

- 計算グラフでプレースホルダを定義する方法
- 実行時にプレースホルダにデータを供給する方法
- 形状が不明なプレースホルダを定義する方法

14.4.1 プレースホルダを定義する

先に述べたように、プレースホルダを定義するには、tf.placeholder 関数を使用する。プレースホルダを定義するときには、実行時にプレースホルダに供給するデータの形状と型に基づいて、プレースホルダの形状と型を決める必要がある。

まず、単純な例を見てみよう。次のコードは、$z = 2 \times (a - b) + c$ を評価するために定義したものと同じ計算グラフを定義する。ただし、今回はスカラー a、b、c にプレースホルダを使用する。また、r_1 と r_2 で表されていた中間のテンソルを格納する。

```
>>> import tensorflow as tf
>>>
>>> g = tf.Graph()
>>>
>>> with g.as_default():
...     tf_a = tf.placeholder(tf.int32, shape=[], name='tf_a')
...     tf_b = tf.placeholder(tf.int32, shape=[], name='tf_b')
...     tf_c = tf.placeholder(tf.int32, shape=[], name='tf_c')
...     # 中間のテンソルを格納
...     r1 = tf_a - tf_b
...     r2 = 2 * r1
...     z = r2 + tf_c
...
```

このコードでは、`tf_a`、`tf_b`、`tf_c` の 3 つのプレースホルダを `tf.int32` 型（32 ビット整数）で定義している。また、これらのプレースホルダはスカラー（階数 0 のテンソル）であるため、形状を `shape=[]` で設定している。本書では、プレースホルダであることを明確にし、他のテンソルと区別できるようにするために、プレースホルダオブジェクトの名前は常に `tf_` で始めている。

上述したように、スカラーを扱うプレースホルダの形状は `shape=[]` で指定されている。ただし、より高次元のプレースホルダを定義するのは非常に簡単である。たとえば、階数が 3、形状が 3×4×5 のプレースホルダを `float` 型で定義する方法は、次のようになる。

```
tf.placeholder(dtype=tf.float32, shape=[2, 3, 4])
```

14.4.2 プレースホルダにデータを供給する

計算グラフのノードを実行するときには、プレースホルダの値としてデータ配列を供給するために、Python の**ディクショナリ**を作成する必要がある。このディクショナリは、プレースホルダの型と形状に従って作成され、TensorFlow セッションの `run` メソッドの入力パラメータ `feed_dict` に引数として渡される。

先の計算グラフでは、`z` を計算するためのスカラー値を供給するために、`tf.int32` 型のプレースホルダを 3 つ追加した。さて、結果として得られた `z` を評価するために、これらのプレースホルダに任意の整数値（ここでは 1、2、3）を供給してみよう。

```
>>> # 先の計算グラフを起動
>>> with tf.Session(graph=g) as sess:
...     feed = {tf_a: 1, tf_b: 2, tf_c: 3}
...     print('z:', sess.run(z, feed_dict=feed))
```

```
...
z: 1

>>> with tf.Session(graph=g) as sess:
...     # tf_c にデータを供給せずに実行
...     feed = {tf_a: 1, tf_b: 2}
...     print('r1:', sess.run(r1, feed_dict=feed))
...     print('r2:', sess.run(r2, feed_dict=feed))
...     # tf_c にデータを供給した上で実行
...     feed = {tf_a: 1, tf_b: 2, tf_c: 3}
...     print('r1:', sess.run(r1, feed_dict=feed))
...     print('r2:', sess.run(r2, feed_dict=feed))
...
r1: -1
r2: -2
r1: -1
r2: -2
```

つまり、プレースホルダに余分な配列を渡してもエラーにはならない。単に余分なだけである。ただし、特定のノードを実行するにはプレースホルダが必要で、feed_dict パラメータに引数が指定されない場合は、ランタイムエラーになる。

14.4.3 さまざまなバッチサイズに合わせてプレースホルダを定義する

ニューラルネットワークモデルを開発するときには、さまざまなサイズのミニバッチデータを扱わなければならないことがある。たとえば、「ニューラルネットワークのトレーニングには特定のサイズのミニバッチを使用するが、このニューラルネットワークを 1 つ以上のデータ入力に基づく予測に使用したい」というケースが考えられる。

プレースホルダの便利な特徴の 1 つは、次元の大きさが可変である場合に None を指定できることである。たとえば、1 つ目の次元が不明な（または可変の）階数 2 のプレースホルダを作成する方法は、次のようになる。

```
>>> import tensorflow as tf
>>>
>>> g = tf.Graph()
>>>
>>> with g.as_default():
...     tf_x = tf.placeholder(tf.float32, shape=[None, 2], name='tf_x')
...     x_mean = tf.reduce_mean(tf_x, axis=0, name='mean')
...
```

次に、x_mean を 2 種類の入力 x1 と x2 で評価してみよう。x1 と x2 はそれぞれ形状が (5, 2) と (10, 2) の NumPy 配列である。

```
>>> import numpy as np
```

```
>>> np.random.seed(123)
>>> np.set_printoptions(precision=2)
>>>
>>> with tf.Session(graph=g) as sess:
...     x1 = np.random.uniform(low=0, high=1, size=(5, 2))
...     print('Feeding data with shape ', x1.shape)
...     print('Result:', sess.run(x_mean, feed_dict={tf_x: x1}))
...     x2 = np.random.uniform(low=0, high=1, size=(10, 2))
...     print('Feeding data with shape', x2.shape)
...     print('Result:', sess.run(x_mean, feed_dict={tf_x: x2}))
...
Feeding data with shape (5, 2)
Result: [ 0.62  0.47]
Feeding data with shape (10, 2)
Result: [ 0.46  0.49]
```

上記のコードの後、`print(tf_x)`でオブジェクト`tf_x`の内容を出力すると、`Tensor("tf_x:0", shape=(?, 2), dtype=float32)`という出力が得られる。この出力から、このテンソルの形状が`(?, 2)`であることがわかる。

14.5 TensorFlowの変数

TensorFlowの変数は、トレーニング中にモデルのパラメータの格納や更新を可能にする特殊なテンソルオブジェクトである。ここでは、次の項目について説明する。

- 計算グラフで変数を定義する方法
- セッションで変数を初期化する方法
- いわゆる「変数スコープ」を使って変数をまとめる方法
- 既存の変数を再利用する方法

14.5.1 変数を定義する

TensorFlowの変数は、ニューラルネットワークの入力層、隠れ層、出力層の重みなど、トレーニング中に更新することが可能なモデルのパラメータを格納する。変数を定義するときには、テンソルの値で初期化する必要がある。TensorFlowの変数については、TensorFlowのドキュメント[※1]に詳しい説明がある。

TensorFlowで変数を定義する方法は2つある。

- `tf.Variable(<初期値>, name="<変数名>")`
- `tf.get_variable("<変数名>", ...)`

※1 https://www.tensorflow.org/programmers_guide/variables

1つ目の `tf.Variable` は、新しい変数を表すオブジェクトを作成して計算グラフに追加するクラスである。`tf.Variable` には、形状（`shape`）と型（`dtype`）を明示的に設定する方法はないことに注意しよう。形状と型は初期値のものと同じに設定される。

2つ目の `tf.get_variable` は、既存の変数を特定の名前で**再利用**するために使用できる関数である。その名前が計算グラフに存在しない場合は、新しい変数が作成される。このため、名前は非常に重要である。変数の名前が第1引数になっているのは、おそらくそのためだろう。さらに、`tf.get_variable` では、`shape` と `dtype` を明示的に設定できる。なお、これらのパラメータに引数を指定する必要があるのは、（既存の変数を再利用するのではなく）新しい変数を作成するときだけである。

`tf.get_variable` には、`tf.Variable` よりも有利な点が2つある。まず、`tf.get_variable` を利用すれば、既存の変数を再利用できる。この関数は、よく知られている Xavier/Glorot 初期化をデフォルトで使用する。デフォルトでは，以下のコラムに説明のある一様分布の乱数により初期化を行う。

次に、`tf.get_variable` には、イニシャライザの他にも、テンソルを制御するためのパラメータが定義されている。たとえば、変数に対して正則化を追加できる。それらのパラメータに興味がある場合は、`tf.get_variable` のドキュメント[※2]の詳しい説明が参考になるだろう。

Xavier/Glorot 初期化

ディープラーニングの初期の開発では、一様分布や正規分布の乱数で重みを初期化すると、モデルのトレーニング時に十分な性能が得られない結果になることが多かった。

2010 年、初期化の効果を調査していた Xavier Glorot と Yoshua Bengio は、ディープニューラルネットワークのトレーニングを容易にする、これまでよりも頑健な、まったく新しい初期化方式を提案した。

Xavier 初期化は、さまざまな層にわたって勾配の分散を釣り合わせる、という考え方に基づいている。そうしないと、トレーニングの際に特定の層に注目が集まってしまい、他の層が置き去りにされる可能性がある。

Glorot と Bengio の論文によれば、一様分布の乱数で重みを初期化したい場合、この一様分布の区間を次のように選択する必要がある。

$$W \sim Uniform\left(-\frac{\sqrt{6}}{\sqrt{n_{in} + n_{out}}}, \frac{\sqrt{6}}{\sqrt{n_{in} + n_{out}}}\right)$$

ここで、n_{in} は重みと掛け合わせる入力ニューロンの個数であり、n_{out} は次の層に供給する出力ニューロンの個数である。ガウス（正規）分布の乱数で重みを初期化する場合、Glorot と Bengio はガウス分布の標準偏差を次のように選択することを推奨している。

※2　https://www.tensorflow.org/api_docs/python/tf/get_variable

$$\sigma = \frac{\sqrt{2}}{\sqrt{n_{in} + n_{out}}}$$

TensorFlowは、一様分布と正規分布の重みによるXavier初期化をサポートしている。TensorFlowでXavier初期化を使用する方法については、TensorFlowのドキュメントに詳しい説明がある。

https://www.tensorflow.org/api_docs/python/tf/contrib/layers/xavier_initializer

GlorotとBengioの初期化手法については、数式の導出と証明を含め、GlorotとBengioの論文で詳しく説明されている。

Xavier Glorot and Yoshua Bengio, *Understanding the difficulty of training deep feedforward neural networks*, in Artificial Intelligence and Statistics, volume 9, pages:249-256. 2010
http://proceedings.mlr.press/v9/glorot10a/glorot10a.pdf

どちらの初期化手法でも、`tf.Session`で計算グラフを起動し、そのセッションでイニシャライザを明示的に実行しない限り、初期値が設定されないことに注意しなければならない。実際のところ、計算グラフに必要なメモリは、TensorFlowセッションで変数を初期化するまで確保されない。

変数オブジェクトを作成する方法は次のようになる。変数の初期値はNumPy配列から作成される。このテンソルのデータ型（`dtype`）は`tf.int64`（64ビット整数）であり、入力であるNumPy配列から自動的に**推論**される。

```
>>> import tensorflow as tf
>>> import numpy as np
>>>
>>> g1 = tf.Graph()
>>>
>>> with g1.as_default():
...     w = tf.Variable(np.array([[1, 2, 3, 4], [5, 6, 7, 8]]), name='w')
...     print(w)
...
<tf.Variable 'w:0' shape=(2, 4) dtype=int64_ref>
```

14.5.2 変数を初期化する

ここで重要となるのは、変数として定義されたテンソルのメモリが確保されるのが変数の初期化時であること、そしてそれまでは変数に値が含まれていないことである。このため、計算グラフのノードを実行する前に、そのノードへのパス上にある変数を初期化しなければならない。

この変数の初期化プロセスでは、関連するテンソルのメモリを確保し、それらのテンソルに初期化処理を割り当てる。TensorFlowには、`tf.global_variables_initializer`という関数がある。この関数は、計算グラフに存在する変数をすべて初期化するための演算子を返す。この演算子を実行すると、変数が次のように初期化される。

```
>>> with tf.Session(graph=g1) as sess:
...     sess.run(tf.global_variables_initializer())
...     print(sess.run(w))
...
[[1 2 3 4]
 [5 6 7 8]]
```

また、init_op = tf.global_variables_initializer() を使用するなどして、この演算子をオブジェクトに格納しておき、あとから sess.run(init_op) または init_op.run() を使って実行することもできる。ただし、この演算子が作成されるタイミングが、すべての変数が定義された後になるようにする必要がある。

たとえば、次のコードでは、変数 w1、演算子 init_op、変数 w2 をこの順序で定義している。

```
>>> import tensorflow as tf
>>>
>>> g2 = tf.Graph()
>>>
>>> with g2.as_default():
...     w1 = tf.Variable(1, name='w1')
...     init_op = tf.global_variables_initializer()
...     w2 = tf.Variable(2, name='w2')
...
```

まず、w1 を評価してみよう。

```
>>> with tf.Session(graph=g2) as sess:
...     sess.run(init_op)
...     print('w1:', sess.run(w1))
...
w1: 1
```

これはうまくいく。次に、w2 を評価してみよう。

```
>>> with tf.Session(graph=g2) as sess:
...     sess.run(init_op)
...     print('w2:', sess.run(w2))
...
FailedPreconditionError
Attempting to use uninitialized value w2
         [[Node: _retval_w2_0_0 = _Retval[T=DT_INT32, index=0, _device=
"/job:localhost/replica:0/task:0/cpu:0"](w2)]]
```

w2はsess.run(init_op)によって初期化されていないため、この計算グラフを実行するとエラーになり、w2を評価することはできない。演算子init_opはw2が計算グラフに追加される前に定義されているため、init_opはw2を初期化しない。

14.5.3 変数スコープ

ここでは、**スコープ**(scope)について説明する。スコープはTensorFlowにおいて重要な概念である。大規模なニューラルネットワークの計算グラフを作成する場合は、特に有益な概念である。

変数スコープを利用すれば、変数を別々のグループにまとめることができる。変数スコープを作成すると、そのスコープ内で作成された演算子や変数の名前の先頭にスコープ名が付けられる。また、それらのスコープは入れ子にすることができる。たとえば、2つのサブネットワークがあり、サブネットワークがそれぞれ複数の層で構成されているとしよう。この場合は、'net_A'と'net_B'という名前の2つのスコープを定義できる。そして、各層はいずれか1つのスコープで定義されることになる。

変数の名前が実際にどうなるのか見てみよう。

```
>>> import tensorflow as tf
>>>
>>> g = tf.Graph()
>>>
>>> with g.as_default():
...     with tf.variable_scope('net_A'):
...         with tf.variable_scope('layer-1'):
...             w1 = tf.Variable(tf.random_normal(shape=(10,4)), name='weights')
...         with tf.variable_scope('layer-2'):
...             w2 = tf.Variable(tf.random_normal(shape=(20,10)), name='weights')
...     with tf.variable_scope('net_B'):
...         with tf.variable_scope('layer-1'):
...             w3 = tf.Variable(tf.random_normal(shape=(10,4)), name='weights')
...     print(w1)
...     print(w2)
...     print(w3)
...
<tf.Variable 'net_A/layer-1/weights:0' shape=(10, 4) dtype=float32_ref>
<tf.Variable 'net_A/layer-2/weights:0' shape=(20, 10) dtype=float32_ref>
<tf.Variable 'net_B/layer-1/weights:0' shape=(10, 4) dtype=float32_ref>
```

変数の名前が入れ子になっているスコープの名前で始まっていることと、スコープと変数の名前がそれぞれスラッシュ(/)で区切られていることがわかる。

変数スコープについては、TensorFlowのドキュメントに詳しい説明がある。

https://www.tensorflow.org/programmers_guide/variable_scope
https://www.tensorflow.org/api_docs/python/tf/variable_scope

14.5.4 変数を再利用する

少し複雑なニューラルネットワークモデルを開発している場面を思い浮かべてみよう。このモデルには、入力データが複数のソースから提供される分類器が含まれている。たとえば、ソース A から (X_A, y_A) というデータが提供され、ソース B から (X_B, y_B) というデータが提供されるとしよう。この例では、1 つのソースからのデータだけを、ネットワークを構築するための入力テンソルとして使用するような方法で、計算グラフを設計する。そして、もう 1 つのソースからのデータは、同じ分類器に供給することができる。

次の例では、ソース A からのデータがプレースホルダを通じて供給され、ソース B からのデータがジェネレータネットワークの出力であると仮定する。ジェネレータネットワークを構築するには、`generator` スコープで `build_generator` 関数を呼び出す。続いて、`classifier` スコープで `build_classifier` 関数を呼び出すことで、分類器を追加する。

```
import tensorflow as tf

# 分類器を構築するヘルパー関数
def build_classifier(data, labels, n_classes=2):
    data_shape = data.get_shape().as_list()
    weights = tf.get_variable(name='weights',
                              shape=(data_shape[1], n_classes),
                              dtype=tf.float32)
    bias = tf.get_variable(name='bias',
                           initializer=tf.zeros(shape=n_classes))
    logits = tf.add(tf.matmul(data, weights),
                    bias,
                    name='logits')
    return logits, tf.nn.softmax(logits)

# ジェネレータを構築するヘルパー関数
def build_generator(data, n_hidden):
    data_shape = data.get_shape().as_list()
    w1 = tf.Variable(tf.random_normal(shape=(data_shape[1], n_hidden)),
                     name='w1')
    b1 = tf.Variable(tf.zeros(shape=n_hidden),
                     name='b1')
    hidden = tf.add(tf.matmul(data, w1), b1, name='hidden_pre-activation')
    hidden = tf.nn.relu(hidden, 'hidden_activation')
    w2 = tf.Variable(tf.random_normal(shape=(n_hidden, data_shape[1])),
                     name='w2')
    b2 = tf.Variable(tf.zeros(shape=data_shape[1]),
                     name='b2')
    output = tf.add(tf.matmul(hidden, w2), b2, name = 'output')
    return output, tf.nn.sigmoid(output)

# 計算グラフの構築
batch_size=64
g = tf.Graph()

with g.as_default():
    tf_X = tf.placeholder(shape=(batch_size, 100),
```

```
                          dtype=tf.float32,
                          name='tf_X')

    # ジェネレータを構築
    with tf.variable_scope('generator'):
        gen_out1 = build_generator(data=tf_X,
                                   n_hidden=50)

    # 分類器を構築
    with tf.variable_scope('classifier') as scope:
        # 元のデータに対する分類器
        cls_out1 = build_classifier(data=tf_X,
                                    labels=tf.ones(shape=batch_size))
        # 生成されたデータに対して分類器を再利用
        scope.reuse_variables()
        cls_out2 = build_classifier(data=gen_out1[1],
                                    labels=tf.zeros(shape=batch_size))
        init_op = tf.global_variables_initializer()
```

上記のコードでは、`build_classifier`関数を2回呼び出していることがわかる。1回目の呼び出しでは、ネットワークが構築される。続いて、`scope.reuse_variables()`と`build_classifier`関数を呼び出している。結果として、2回目の呼び出しでは、新しい変数が作成されるのではなく、同じ変数が再利用される。あるいは、次に示すように、`tf.variable_scope()`の`reuse`パラメータに`True`を指定するという方法でも、変数を再利用できる。

```
g = tf.Graph()

with g.as_default():
    tf_X = tf.placeholder(shape=(batch_size, 100),
                          dtype=tf.float32,
                          name='tf_X')

    # ジェネレータを構築
    with tf.variable_scope('generator'):
        gen_out1 = build_generator(data=tf_X, n_hidden=50)

    # 分類器を構築
    with tf.variable_scope('classifier'):
        # 元のデータに対する分類器
        cls_out1 = build_classifier(data=tf_X,
                                    labels=tf.ones(shape=batch_size))

    with tf.variable_scope('classifier', reuse=True):
        # 生成されたデータに対して分類器を再利用
        cls_out2 = build_classifier(data=gen_out1[1],
                                    labels=tf.zeros(shape=batch_size))
        init_op = tf.global_variables_initializer()
```

14

ここでは、TensorFlow で計算グラフと変数を定義する方法について説明してきたが、計算グラフで勾配をどのように計算すればよいかについて説明するのはまたの機会にする。この計算には、バックプロパゲーションを自動的に実行する TensorFlow の便利なオプティマイザクラスを使用する。計算グラフでの勾配の計算と、TensorFlow で勾配を計算するさまざまな方法に興味がある場合は、Sebastian Raschka の PyData での講演が参考になるだろう。

https://github.com/rasbt/pydata-annarbor2017-dl-tutorial

14.6 回帰モデルの構築

プレースホルダと変数を調べたところで、前章で作成したものと同様の回帰分析用のモデルを構築してみよう。前章では、線形回帰モデル $\hat{y} = w \times x + b$ を実装した。

w と b はこの単純な回帰モデルの 2 つのパラメータである。これらのパラメータは変数として定義する必要がある。x はモデルへの入力であり、プレースホルダとして定義できる。さらに、このモデルのトレーニングを行うには、コスト関数を定義する必要があることを思い出そう。ここでは、コスト関数として第 10 章で定義した平均二乗誤差（MSE）を使用する。

$$MSE = \frac{1}{n} \sum_{i=1}^{n} \left(y^{(i)} - \hat{y}^{(i)} \right)^2 \tag{14.6.1}$$

ここで、y は真の値であり、このモデルのトレーニングを行うための入力として与えられる。このため、y もプレースホルダとして定義する必要がある。また、$\hat{y}$ は予測値の出力であり、TensorFlow の演算 `tf.matmul` と `tf.add` を使って計算される。TensorFlow の演算が 0 個以上のテンソルを返すことを思い出そう。この場合、`tf.matmul` と `tf.add` はテンソルを 1 つ返す。

また、2 つのテンソルの加算には、多重定義された演算子 + も使用できる。ただし、`tf.add` の使用には、結果として得られるテンソルの名前を `name` パラメータに指定できる、という利点がある。

次に、テンソルの数学的表記とコーディング時の名前をまとめておく。

- 入力 x … プレースホルダ `tf_x`
- 入力 y … プレースホルダ `tf_y`
- モデルのパラメータ w … 変数 `weight`
- モデルのパラメータ b … 変数 `bias`
- モデルの出力 $\hat{y}$ … 回帰モデルを使って予測値を計算するために TensorFlow の演算によって返される `y_hat`

この単純な回帰モデルを実装するためのコードは次のようになる。

```
import tensorflow as tf
import numpy as np

g = tf.Graph()

with g.as_default():
    tf.set_random_seed(123)

    # プレースホルダを定義
    tf_x = tf.placeholder(shape=(None), dtype=tf.float32, name='tf_x')
    tf_y = tf.placeholder(shape=(None), dtype=tf.float32, name='tf_y')

    # 変数（モデルのパラメータ）を定義
    weight = tf.Variable(tf.random_normal(shape=(1, 1), stddev=0.25)),
                         name='weight')
    bias = tf.Variable(0.0, name='bias')

    # モデルを構築
    y_hat = tf.add(weight * tf_x, bias, name='y_hat')

    # コストを計算
    cost = tf.reduce_mean(tf.square(tf_y - y_hat), name='cost')

    # モデルをトレーニング
    optim = tf.train.GradientDescentOptimizer(learning_rate=0.001)
    train_op = optim.minimize(cost, name='train_op')
```

計算グラフを構築した後は、計算グラフを起動するためのセッションを作成し、モデルのトレーニングを行う。だが、先へ進む前に、テンソルを評価する方法と演算を実行する方法を見ておこう。ここでは、make_random_data 関数を使って特徴量が 1 つのランダムな回帰データを作成し、このデータを可視化する。

```
>>> # 回帰用の単純なランダムデータセットを作成
>>>
>>> import numpy as np
>>> import matplotlib.pyplot as plt
>>> np.random.seed(0)
>>>
>>> def make_random_data():
...     x = np.random.uniform(low=-2, high=4, size=200)
...     y = []
...     for t in x:
...         r = np.random.normal(loc=0.0, scale=(0.5 + t * t / 3), size=None)
...         y.append(r)
...     return x, 1.726 * x -0.84 + np.array(y)
...
>>> x, y = make_random_data()
>>>
>>> plt.plot(x, y, 'o')
>>> plt.show()
```

次のグラフは、生成されたランダムな回帰データを示している。

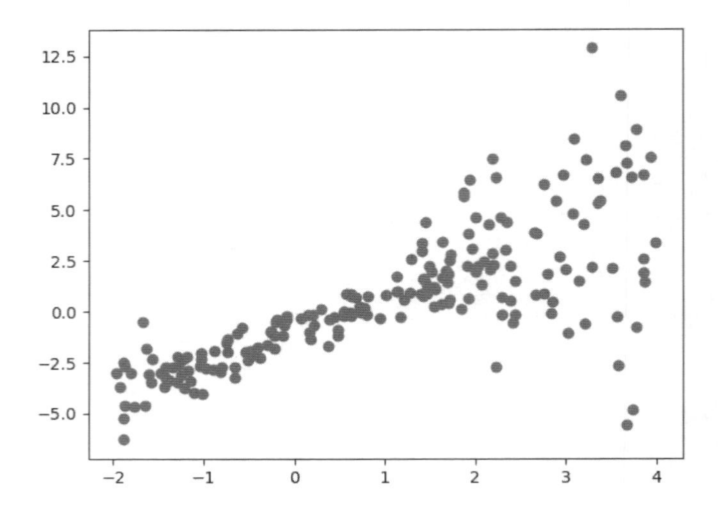

準備ができたところで、さっそくモデルのトレーニングを開始しよう。まず、sessというTensorFlowセッションオブジェクトを作成する。次に、変数を初期化する必要がある。すでに説明したように、変数の初期化はsess.run(tf.global_variables_initializer())を使って行うことができる。その後、train_opを実行しながらトレーニングコストを計算するforループを作成すればよい。

そこで、テンソルに対する演算と評価の2つのタスクを1つのsess.runメソッド呼び出しにまとめてみよう。まず、train_opを実行してテンソルに対して演算を行い、次に、テンソルを評価してトレーニングコストの値を求める。そのためのコードは次のようになる。

```
>>> # トレーニングデータとテストデータに分割
>>> x_train, y_train = x[:100], y[:100]
>>> x_test, y_test = x[100:], y[100:]
>>>
>>> n_epochs = 500
>>> training_costs = []
>>>
>>> with tf.Session(graph=g) as sess:
...     # 変数を初期化
...     sess.run(tf.global_variables_initializer())
...
...     # 500エポックでモデルをトレーニング
...     for e in range(n_epochs):
...         c, _ = sess.run([cost, train_op],
...                         feed_dict={tf_x: x_train, tf_y: y_train})
...         training_costs.append(c)
...         if not e % 50:
...             print('Epoch %4d: %.4f' % (e, c))
```

```
...
Epoch    0: 12.2230
Epoch   50: 8.3876
Epoch  100: 6.5721
Epoch  150: 5.6844
Epoch  200: 5.2269
Epoch  250: 4.9725
Epoch  300: 4.8169
Epoch  350: 4.7119
Epoch  400: 4.6347
Epoch  450: 4.5742

>>> plt.plot(training_costs)
>>> plt.show()
```

このコードを実行すると、各エポックのトレーニングコストを示すグラフが表示される。

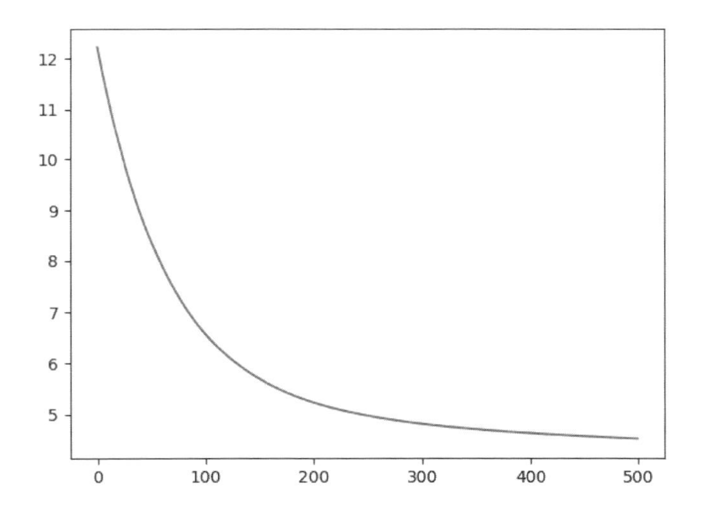

14.7 計算グラフのオブジェクトを名前で実行する

変数や演算子の名前による実行は、さまざまな状況で非常に役立つ。たとえば、別のモジュールでモデルを開発しているとしよう。Python のスコープルールでは、そのモジュールの変数を別の Python スコープで利用することはできない。ただし、計算グラフを作成している場合は、計算グラフのノード名を使用することで、それらのノードを実行できる。

変数を名前で実行するには、前節のサンプルコードで示した `sess.run` メソッドを変更するだけである。この場合は、Python の変数名 `cost` ではなく、計算グラフにおいて「コスト」を表す変数名を使用する。このため、`sess.run([cost, train_op], ...)` を `sess.run(['cost:0', 'train_op'], ...)` に変更する。

```
n_epochs = 500
training_costs = []

with tf.Session(graph=g) as sess:
    # 変数を初期化
    sess.run(tf.global_variables_initializer())

    # 500 エポックでモデルをトレーニング
    for e in range(n_epochs):
        c, _ = sess.run(['cost:0', 'train_op'],
                        feed_dict={'tf_x:0': x_train,
                                   'tf_y:0': y_train})
        training_costs.append(c)
        if not e % 50:
            print('Epoch %4d: %.4f' % (e, c))
```

コストをその名前（`'cost:0'`）で評価していることと、トレーニング演算子をその名前（`'train_op'`）で実行していることがわかる。また、`feed_dict` では、`tf_x: x_train` を使用する代わりに、`'tf_x:0': x_train` を使用している。

テンソルの名前をよく見てみると、TensorFlow によってテンソルの名前にサフィックス（接尾辞）`':0'` が追加されていることがわかる。

ただし、演算子の名前には、そのようなサフィックスは追加されていない。TensorFlow が名前に `':0'` を追加するのは、`name='my_tensor'` のようにテンソルが特定の名前で作成されたときである。この場合、そのテンソルの名前は `'my_tensor:0'` になる。

次に、同じ計算グラフで同じ名前のテンソルをもう 1 つ作成すると、TensorFlow が `'_1:0'` を追加する。このため、新しいテンソルの名前は、`'my_tensor_1:0'`、`my_tensor_2:0'`、… のようになる。この命名規則では、すでに作成されているテンソルの再利用を試みないことが前提となる。

14.8 TensorFlow でのモデルの保存と復元

前節では、計算グラフの構築とトレーニングを行った。取り分けておいたテストデータセットで実際に予測を行う方法はどうなるのだろうか。問題は、モデルのパラメータが保存されていないことである。このため、コードの実行が終了し、`tf.Session` 環境から抜け出した後、変数とそれらの変数に確保されていたメモリはすべて解放される。

解決策の 1 つは、モデルのトレーニングを行い、トレーニングが終了したらすぐにモデルをテストデータセットに適用することである。だが、これはよいアプローチではない。というのも、ディープニューラルネットワークモデルのトレーニングには、数時間、数日、さらには数週間かかるのが一般的だからだ。

最善のアプローチは、トレーニング済みのモデルをあとで使用できるように保存しておくことである。そのためには、計算グラフに新しいノードを追加する必要がある。このノードはtf.train.Saverクラスのインスタンスであり、ここではsaverと呼ぶことにする。

計算グラフにノードを追加するコードは次のようになる。この場合は、計算グラフgにsaverを追加する。

```
# 計算グラフにsaverを追加
with g.as_default():
    saver = tf.train.Saver()
```

次に、再びモデルのトレーニングを行い、モデルを保存するためにsaver.save()呼び出しを追加する。

```
n_epochs = 500
training_costs = []

with tf.Session(graph=g) as sess:
    # 変数を初期化
    sess.run(tf.global_variables_initializer())

    # 500エポックでモデルをトレーニング
    for e in range(n_epochs):
        c, _ = sess.run([cost, train_op],
                        feed_dict={tf_x: x_train,
                        tf_y: y_train})
        training_costs.append(c)
        if not e % 50:
            print('Epoch %4d: %.4f' % (e, c))

    saver.save(sess, './trained-model')
```

この新しい設定により、3つのファイルが作成される。これらのファイルにはそれぞれ.data、.index、.metaという拡張子が付いている。TensorFlowは、構造化データのシリアライズにProtocol Buffers※3を使用する。Protocol Buffersは言語に依存しないシリアライズフォーマットである。

トレーニング済みのモデルを復元する手順は次の2つである。

1. モデルを保存したときと同じノードと名前で構成された計算グラフを再構築する。
2. 保存された変数を新しいtf.Session環境で復元する。

手順1では、モデルを保存したときと同じように、コードを実行して計算グラフgを構築すればよい。だが、もっと簡単な方法がある。計算グラフに関する情報はすべて.metaファイルにメタデータとして保存されている。次のコードを使用すれば、.metaファイルからメタデータをインポートすることで、計算グラフを再構築できる。

※3　https://developers.google.com/protocol-buffers/

```
with tf.Session() as sess:
    new_saver = tf.train.import_meta_graph('./trained-model.meta')
```

tf.train.import_meta_graph 関数は、'./trained-model.meta' ファイルに保存されている計算グラフを再構築する。計算グラフが再構築された後は、new_saver オブジェクトを使ってモデルのパラメータをそのセッションで復元した上で実行すればよい。このモデルをテストデータセットで実行するコード全体は次のようになる。

```
import tensorflow as tf
import numpy as np

g2 = tf.Graph()

with tf.Session(graph=g2) as sess:
    new_saver = tf.train.import_meta_graph('./trained-model.meta')
    new_saver.restore(sess, './trained-model')
    y_pred = sess.run('y_hat:0', feed_dict={'tf_x:0': x_test})
```

テンソル $\hat{y}$ を先ほど指定した名前 'y_hat:0' で評価していることに注意しよう。また、プレースホルダ tf_x にデータを供給する必要もあったが、やはり名前（'tf_x:0'）を使って実行されている。この場合、真の値 y のデータを供給する必要はない。というのも、この計算グラフでは、ノード y_hat の実行は tf_y に依存しないからである。

さっそく予測値を可視化してみよう。

```
>>> import matplotlib.pyplot as plt
>>>
>>> x_arr = np.arange(-2, 4, 0.1)
>>>
>>> g2 = tf.Graph()
>>>
>>> with tf.Session(graph=g2) as sess:
...     new_saver = tf.train.import_meta_graph('./trained-model.meta')
...     new_saver.restore(sess, './trained-model')
...     y_arr = sess.run('y_hat:0', feed_dict={'tf_x:0': x_arr})
...
>>> plt.figure()
>>> plt.plot(x_train, y_train, 'bo')
>>> plt.plot(x_test, y_test, 'bo', alpha=0.3)
>>> plt.plot(x_arr, y_arr.T[:, 0], '-r', lw=3)
>>> plt.show()
```

このコードを実行すると、次のグラフが表示される。このグラフは、トレーニングデータとテストデータでの結果を示している。

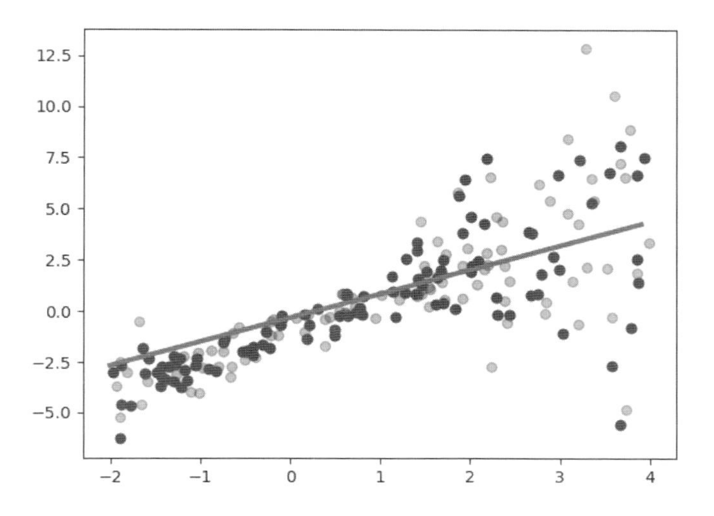

モデルの保存と復元は、大規模なモデルのトレーニングでも非常によく使用される。大規模なモデルのトレーニングには数時間から数日かかることがあるため、トレーニングフェーズを小さなタスクに分割するとよいかもしれない。たとえば、エポック数として 100 を想定している場合は、トレーニングフェーズを 25 のタスクに分割し、各タスクを 4 エポックで順番に実行するのである。この場合は、トレーニング済みのモデルを保存し、次のタスクで復元すればよい。

14.9　テンソルを多次元配列として変換する

ここでは、テンソルの変換に使用できる演算子を取り上げる。これらの演算子の中には、NumPy 配列の変換と同じような働きをするものがあることに注意しよう。ただし、階数が 3 以上のテンソルを扱うときには、テンソルの転置などの変換に注意を払う必要がある。

まず、NumPy では、`arr.shape` 属性を使って NumPy 配列の形状を取得できる。TensorFlow では、代わりに `tf.get_shape` 関数を使用する。


```
>>> import tensorflow as tf
>>> import numpy as np
>>>
>>> g = tf.Graph()
>>>
>>> with g.as_default():
...     arr = np.array([[1., 2., 3., 3.5],
...                     [4., 5., 6., 6.5],
...                     [7., 8., 9., 9.5]])
...     T1 = tf.constant(arr, name='T1')
...     print(T1)
...     s = T1.get_shape()
...     print('Shape of T1 is', s)
```

```
...     T2 = tf.Variable(tf.random_normal(shape=s))
...     print(T2)
...     T3 = tf.Variable(tf.random_normal(shape=(s.as_list()[0],)))
...     print(T3)
...
Tensor("T1:0", shape=(3, 4), dtype=float64)
Shape of T1 is (3, 4)
<tf.Variable 'Variable:0' shape=(3, 4) dtype=float32_ref>
<tf.Variable 'Variable_1:0' shape=(3,) dtype=float32_ref>
```

T2 の作成では s を使用しているが、T3 を作成するために s を分解したり、インデックスで参照したりするわけにはいかない。そこで、s.as_list() を呼び出して s を Python の通常のリストに変換した上で、通常のインデックス参照を使用している。

次に、テンソルの形状を変更する方法を見てみよう。NumPy では、np.reshape や arr.reshape を使用できることを思い出そう。TensorFlow でテンソルの形状を変更（変形）するには、tf.reshape 関数を使用する。NumPy の場合と同様に、1 つの次元を -1 に設定すると、新しい次元の大きさは配列全体の大きさと残りの（指定された）次元に基づいて推定される。

次のコードでは、テンソル T1 の形状を T4 と T5 に変更する。T4 と T5 はどちらも階数 3 のテンソルである。

```
>>> with g.as_default():
...     T4 = tf.reshape(T1, shape=[1, 1, -1], name='T4')
...     print(T4)
...     T5 = tf.reshape(T1, shape=[1, 3, -1], name='T5')
...     print(T5)
...
Tensor("T4:0", shape=(1, 1, 12), dtype=float64)
Tensor("T5:0", shape=(1, 3, 4), dtype=float64)
```

次に、T4 と T5 の要素を出力してみよう。

```
>>> with tf.Session(graph = g) as sess:
...     print(sess.run(T4))
...     print()
...     print(sess.run(T5))
...
[[[ 1.   2.   3.   3.5  4.   5.   6.   6.5  7.   8.   9.   9.5]]]

[[[ 1.   2.   3.   3.5]
  [ 4.   5.   6.   6.5]
  [ 7.   8.   9.   9.5]]]
```

NumPy で配列を転置する場合は、arr.T、arr.transpose()、np.transpose(arr) の 3 つの方法がある。TensorFlow では、代わりに tf.transpose 関数を使用する。tf.transpose 関数では、通常の転置演算に加えて、次元の順番を任意に入れ替えることもできる。その場合は、順番を

perm=[...] で指定する。

```
>>> with g.as_default():
...     T6 = tf.transpose(T5, perm=[2, 1, 0], name='T6')
...     print(T6)
...     T7 = tf.transpose(T5, perm=[0, 2, 1], name='T7')
...     print(T7)
...
Tensor("T6:0", shape=(4, 3, 1), dtype=float64)
Tensor("T7:0", shape=(1, 4, 3), dtype=float64)
```

次に、テンソルをサブテンソルのリストに分割することもできる。これには、tf.split 関数を使用する。

```
>>> with g.as_default():
...     t5_splt = tf.split(T5, num_or_size_splits=2, axis=2, name='T8')
...     print(t5_splt)
...
[<tf.Tensor 'T8:0' shape=(1, 3, 2) dtype=float64>,
 <tf.Tensor 'T8:1' shape=(1, 3, 2) dtype=float64>]
```

出力がもはやテンソルオブジェクトではなく、テンソルのリストであることに注意しよう。これらのサブテンソルの名前は 'T8:0' と 'T8:1' である。

最後に、複数のテンソルの連結も有益な変換の 1 つである。それぞれ同じ形状と型を持つテンソルのリストがある場合は、それらのテンソルを 1 つの大きなテンソルにまとめることができる。次に示すように、これには tf.concat 関数を使用する。

```
>>> g = tf.Graph()
>>>
>>> with g.as_default():
...     t1 = tf.ones(shape=(5, 1), dtype=tf.float32, name='t1')
...     t2 = tf.zeros(shape=(5, 1), dtype=tf.float32, name='t2')
...     print(t1)
...     print(t2)
...
Tensor("t1:0", shape=(5, 1), dtype=float32)
Tensor("t2:0", shape=(5, 1), dtype=float32)

>>> with g.as_default():
...    t3 = tf.concat([t1, t2], axis=0, name='t3')
...    print(t3)
...    t4 = tf.concat([t1, t2], axis=1, name='t4')
...    print(t4)
...
Tensor("t3:0", shape=(10, 1), dtype=float32)
Tensor("t4:0", shape=(5, 2), dtype=float32)
```

結合されたテンソルの値を出力してみよう。

```
>>> with tf.Session(graph=g) as sess:
...     print(t3.eval())
...     print()
...     print(t4.eval())
...
[[ 1.]
 [ 1.]
 [ 1.]
 [ 1.]
 [ 1.]
 [ 0.]
 [ 0.]
 [ 0.]
 [ 0.]
 [ 0.]]

[[ 1.  0.]
 [ 1.  0.]
 [ 1.  0.]
 [ 1.  0.]
 [ 1.  0.]]
```

14.10 計算グラフの構築に制御フローを使用する

ここでは、TensorFlow の興味深いメカニズムを紹介する。TensorFlow には、計算グラフの構築時に意思決定を行うためのメカニズムがある。ただし、計算グラフの構築に Python の制御フロー文を使用する場合と比較して、TensorFlow の制御フロー関数には微妙な違いがいくつかある。

単純なサンプルコードを使ってそれらの違いを具体的に示すために、TensorFlow で次の式を実装することについて考えてみよう。

$$res = \begin{cases} x + y & (x < y) \\ x - y & (x \geq y) \end{cases} \tag{14.10.1}$$

単に Python の `if` 文を使って式 14.10.1 に相当する計算グラフを構築する方法は、次のようになる。

```
>>> import tensorflow as tf
>>>
>>> x, y = 1.0, 2.0
>>> g = tf.Graph()
>>>
>>> with g.as_default():
...     tf_x = tf.placeholder(dtype=tf.float32, shape=None, name='tf_x')
```

```
...     tf_y = tf.placeholder(dtype=tf.float32, shape=None, name='tf_y')
...     if x < y:
...         res = tf.add(tf_x, tf_y, name='result_add')
...     else:
...         res = tf.subtract(tf_x, tf_y, name='result_sub')
...     print('Object:', res)
...
Object:  Tensor("result_add:0", dtype=float32)

>>> with tf.Session(graph=g) as sess:
...     print('x < y: %s -> Result:' %
...           (x < y), res.eval(feed_dict={'tf_x:0': x, 'tf_y:0': y}))
...     x, y = 2.0, 1.0
...     print('x < y: %s -> Result:' %
...           (x < y), res.eval(feed_dict={'tf_x:0': x, 'tf_y:0': y}))
...
x < y: True -> Result: 3.0
x < y: False -> Result: 3.0
```

コードの出力に示されているように、res オブジェクトは "result_add:0" という名前のテンソルである。ここで理解しておかなければならないのは、計算グラフが実行したのは加算演算子が含まれている分岐だけであり、減算演算子が含まれている分岐は呼び出されていないことである。

TensorFlow の計算グラフは静的である。つまり、計算グラフが構築された後は、実行プロセスが終了するまで変化しないままとなる。このため、x と y の値を変更し、新しい値を計算グラフに供給したとしても、それらの新しいテンソルは計算グラフの同じパスを通過することになる。どちらの出力でも結果が 3.0（x=1.0、y=2.0）になるのは、そのためである。

次に、TensorFlow の制御フローメカニズムを実際に試してみよう。次のコードでは、Python の if 文の代わりに tf.cond 関数を使用することで、式 14.10.1 を実装する。

```
>>> import tensorflow as tf
>>>
>>> x, y = 1.0, 2.0
>>> g = tf.Graph()
>>>
>>> with g.as_default():
...     tf_x = tf.placeholder(dtype=tf.float32, shape=None, name='tf_x')
...     tf_y = tf.placeholder(dtype=tf.float32, shape=None, name='tf_y')
...     res = tf.cond(tf_x < tf_y,
...                   lambda: tf.add(tf_x, tf_y, name='result_add'),
...                   lambda: tf.subtract(tf_x, tf_y, name='result_sub'))
...     print('Object:', res)
...
Object: Tensor("cond/Merge:0", dtype=float32)

>>> with tf.Session(graph=g) as sess:
...     print('x < y: %s -> Result:' %
...           (x < y), res.eval(feed_dict={'tf_x:0': x, 'tf_y:0': y}))
...     x, y = 2.0, 1.0
...     print('x < y: %s -> Result:' %
```

```
...            (x < y), res.eval(feed_dict={'tf_x:0': x, 'tf_y:0': y}))
...
x < y: True -> Result: 3.0
x < y: False -> Result: 1.0
```

コードの出力に示されているように、res オブジェクトは "cond/Merge:0" という名前のテンソルである。この場合の計算グラフは、2 つの分岐と、実行時にどちらの分岐に進むのかを判断するメカニズムで構成されている。したがって、x=1.0、y=2.0 の場合は加算を行う分岐に進むため、出力は 3.0 になる。これに対し、x=2.0、y=1.0 の場合は減算を行う分岐に進むため、出力は 1.0 になる。

次の図は、Python の if 文を使った実装の計算グラフと、TensorFlow の tf.cond 関数を使った実装の計算グラフの違いを浮き彫りにしている。

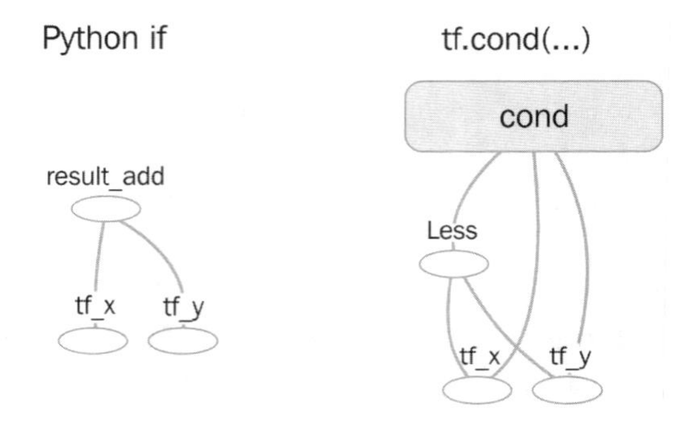

TensorFlow は、tf.cond 関数の他にも、tf.case や tf.while_loop といった制御フロー関数を提供している。たとえば tf.case は、TensorFlow において Python の if...else 文に相当する制御フロー関数である。次に示す Python の式について考えてみよう。

```
if (x < y):
    result = 1
else:
    result = 0
```

このコードに相当する条件分岐を、TensorFlow の計算グラフで実装する場合、次のように tf.case を使用する。

```
f1 = lambda: tf.constant(1)
f2 = lambda: tf.constant(0)
result = tf.case([(tf.less(x, y), f1)], default=f2)
```

また、TensorFlow の計算グラフで、変数 `i` の値を 1 からしきい値（`threshold`）までインクリメントするループ処理では、次のように `tf.while_loop` を使用する（`tf.while_loop` では、`cond=c` の値が `true` の間、`body=b` の処理が行われる）。

```
i = tf.constant(0)
threshold = 100
c = lambda i: tf.less(i, 100)
b = lambda i: tf.add(i, 1)
r = tf.while_loop(cond=c, body=b, loop_vars=[i])
```

TensorFlow のさまざまな制御フロー演算子については、もちろん、TensorFlow の公式ドキュメント[※4]に詳しい説明が含まれている。

ところで、これらの計算グラフが TensorBoard によって生成されたものであることに気づいているかもしれない。せっかくなので、次節では、計算グラフを可視化する TensorBoard を詳しく見てみよう。

14.11　計算グラフを TensorBoard で可視化する

TensorFlow のすばらしい機能の 1 つは、TensorBoard である。TensorBoard は、計算グラフとモデルの学習を可視化するためのモジュールである。計算グラフを可視化すれば、ノード間の結合を確認し、ノードの依存関係を調べて、必要であればモデルをデバッグすることもできる。

さっそく、本章で構築したニューラルネットワークを可視化してみよう。このニューラルネットワークはジェネレータと分類器で構成されている。ここでは、2 つのヘルパー関数 `build_generator` と `build_classifier` を再び使用する。これらの関数の定義は、「14.5.4　変数を再利用する」で説明したとおりである。これらのヘルパー関数を使用して、計算グラフを次のように構築する。

```
batch_size=64
g = tf.Graph()

with g.as_default():
    tf_X = tf.placeholder(shape=(batch_size, 100),
                          dtype=tf.float32,
                          name='tf_X')

    # ジェネレータを構築
    with tf.variable_scope('generator'):
        gen_out1 = build_generator(data=tf_X, n_hidden=50)

    # 分類器を構築
    with tf.variable_scope('classifier') as scope:
        # 元のデータに対する分類器
        cls_out1 = build_classifier(data=tf_X,
```

※4　https://www.tensorflow.org/api_guides/python/control_flow_ops

```
                                      labels=tf.ones(shape=batch_size))

        # 生成されたデータに対して分類器を再利用
        scope.reuse_variables()
        cls_out2 = build_classifier(data=gen_out1[1],
                                      labels=tf.zeros(shape=batch_size))
```

計算グラフを構築するためのここまでの部分では、変更はまったく必要ない。計算グラフさえ構築してしまえば、可視化は簡単である。計算グラフを可視化するためにエクスポートするコードは次のようになる。

```
with tf.Session(graph=g) as sess:
    sess.run(tf.global_variables_initializer())
    file_writer = tf.summary.FileWriter(logdir='./logs/', graph=g)
```

これにより、`logs/` という新しいディレクトリが作成される。あとは、Linux または macOS のターミナルで次のコマンドを実行すればよい。

```
tensorboard --logdir logs/
```

このコマンドを実行すると、URL アドレスがメッセージとして表示される。TensorBoard を起動するには、この URL（`http://localhost:6006/#graphs` など）をコピーし、ブラウザのアドレスバーに貼り付ける。そうすると、このモデルに対応する計算グラフが表示されるはずだ。

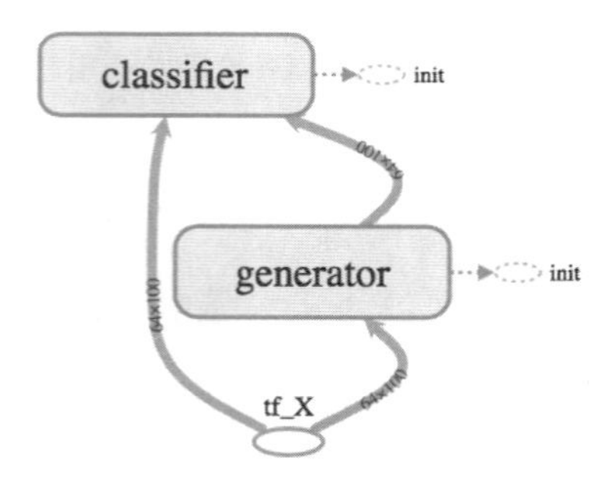

大きな角丸四角形（ボックス）は、ここで構築している 2 つのサブネットワーク（ジェネレータと分類器）を表している。この計算グラフの構築には `tf.variable_scope` 関数を使用したため、これらのサブネットワークのコンポーネントはすべてこれら 2 つのボックスにまとめられる。

これらのボックスを展開すると、詳細が表示される。これらのボックスを展開するには、ボックスの右上にあるプラス記号(+)をクリックするか、ボックスをダブルクリックする。そうすると、ジェネレータサブネットワークの詳細が表示される。

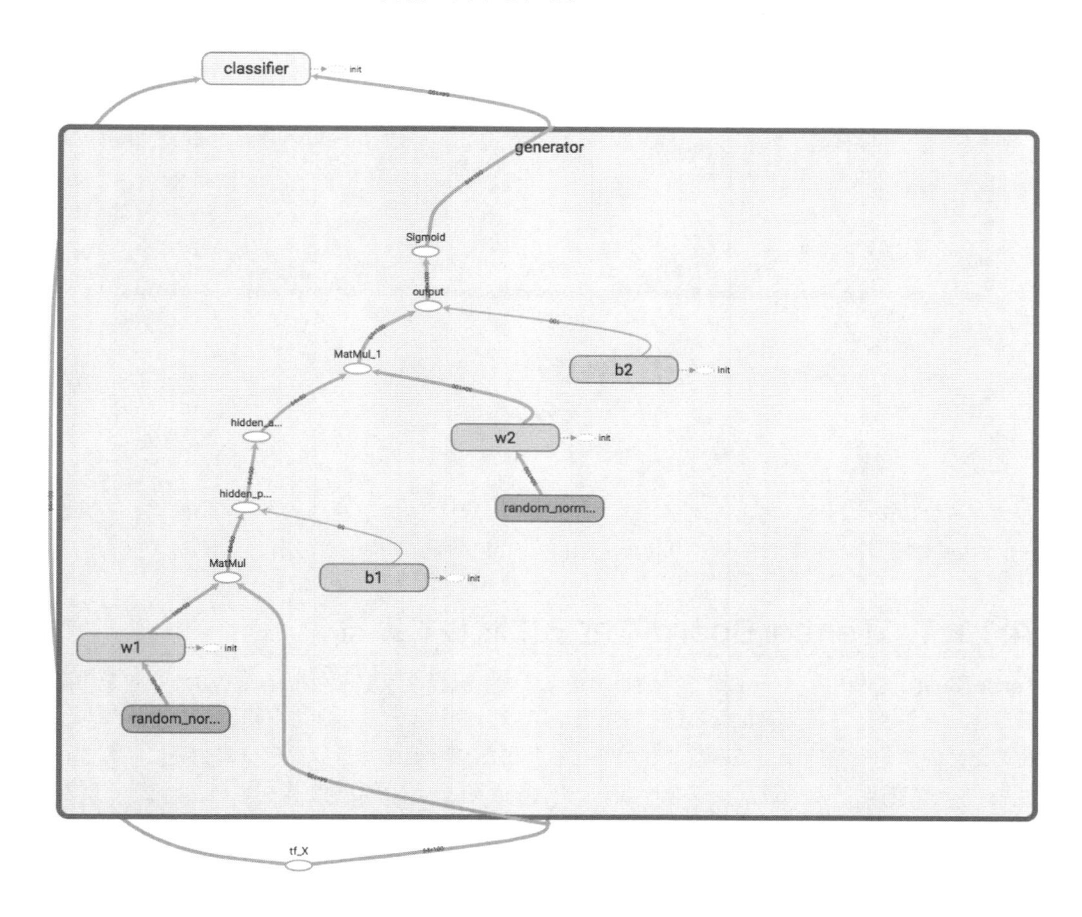

このグラフを調べてみると、このジェネレータには w1 と w2 の２つの重みテンソルが含まれていることがわかる。次に、分類器サブネットワークを展開してみよう。

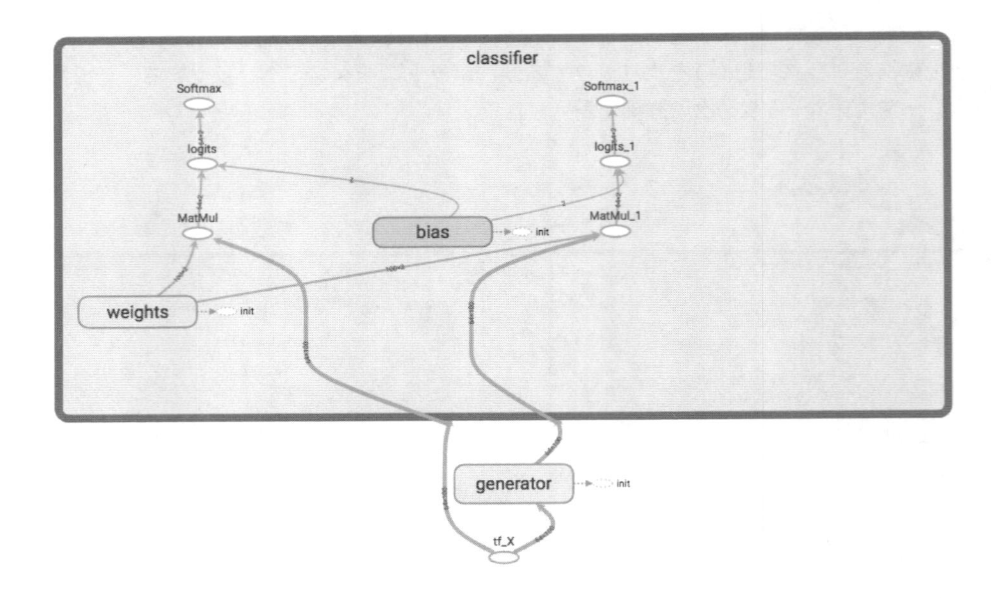

このグラフに示されているように、この分類器には入力ソースが 2 つある。1 つはプレースホルダ `tf_X` からの入力であり、もう 1 つはジェネレータサブネットワークの出力である。

14.11.1 TensorBoard をさらに試してみる

TensorBoard を利用して、本章で実装したさまざまな計算グラフを可視化してみることをお勧めする。きっとおもしろい実習になるはずだ。たとえば、同じような手順で計算グラフを構築し、可視化のためのコードを追加してみることができる。また、「14.10 計算グラフの構築に制御フローを使用する」で説明した計算グラフを作成し、Python の `if` 文によって作成される計算グラフと、TensorFlow の `tf.cond` 関数によって作成される計算グラフの違いを確認してみるのもよいだろう。

計算グラフの可視化に関する情報やサンプルが必要な場合は、TensorFlow の公式ドキュメント※5 を調べてみよう。

まとめ

本章では、TensorFlow の主な機能と概念を詳しく取り上げた。まず、TensorFlow の主な特徴と利点を紹介し、階数やテンソルといった TensorFlow の主な概念について説明した。次に、TensorFlow の計算グラフを調べて、TensorFlow セッションで計算グラフを起動する方法や、プレースホルダと変数について説明した。さらに、計算グラフで Python の変数を使用するか、テンソルや演算子を名前で参照することで、テンソルを評価したり演算子を実行したりするためのさまざまな方法を確認した。

※5 https://www.tensorflow.org/get_started/graph_viz

続いて、`tf.transpose`、`tf.reshape`、`tf.split`、`tf.concat` を含め、テンソルを変換するための TensorFlow の基本的な演算子と関数をいくつか紹介した。最後に、TensorFlow の計算グラフを TensorBoard で可視化する方法を確認した。複雑なモデルをデバッグしているときは特にそうだが、TensorBoard を使った計算グラフの可視化は非常に役立つことがある。

次章では、TensorFlow を利用して、**畳み込みニューラルネットワーク**（CNN）という高度な画像分類器を実装する。CNN は、画像分類やコンピュータビジョンにおいて優れた性能を発揮する強力なモデルである。次章では、CNN の基本的な演算を取り上げ、TensorFlow を使って画像分類のためのディープ畳み込みニューラルネットワークを実装する。

Classifying Images with Deep Convolutional Neural Networks

第15章

画像の分類
— ディープ畳み込みニューラルネットワーク

前章では、TensorFlow APIをさまざまな角度から詳しく調べることで、テンソル、名前付きの変数、演算子を理解し、変数スコープの操作方法を確認した。本章では、**畳み込みニューラルネットワーク**（Convolutional Neural Network：CNN）を取り上げ、CNNをTensorFlowでどのように実装すればよいのかを理解する。また、この種のディープニューラルネットワークを画像分類に適用するという興味深い実習を行う。

ここでは、まず、CNNの基本的な構成要素をボトムアップ方式で説明する。次に、CNNのアーキテクチャの詳細に踏み込み、ディープ畳み込みニューラルネットワーク（Deep Convolutional Neural Network:DCNN）のTensorFlowでの実装方法を確認する。本章では、次の項目を取り上げる。

- 1次元と2次元の畳み込み演算
- CNNアーキテクチャの構成要素
- TensorFlowでのDCNNの実装

15.1 畳み込みニューラルネットワークの構成要素

畳み込みニューラルネットワーク（CNN）は、人の脳が物体を認識するときに視覚野がどのような働きをするのかにヒントを得たモデルの総称である。

CNNの開発は、Yann LeCunと彼の同僚が手書きの数字の画像を分類するための新しいニューラルネットワークアーキテクチャを提案した1990年代にさかのぼる※1。

画像分類タスクでのCNNの性能が傑出していたことから、LeCunらは大きな注目を集めた。このことがきっかけとなり、機械学習やコンピュータビジョンのアプリケーションは大きく改善されることになった。

ここでは、CNNを特徴抽出エンジンとして使用する方法を調べた後、畳み込みの理論的な定義と、1次元および2次元での畳み込みの計算方法を詳しく見ていこう。

15.1.1 畳み込みニューラルネットワークと特徴階層

機械学習アルゴリズムの性能は、当然ながら、**顕著な特徴量**(salient feature)をうまく抽出できるかどうかにかかっている。従来の機械学習モデルは、その分野の専門家などから提供される入力特徴量に依存しているか、特徴抽出の手法に基づいている。ニューラルネットワークは、生のデータから(主に特定のタスクにとって有益な)特徴量を自動的に学習できる。このため、ニューラルネットワークは一般に特徴抽出エンジンと見なされており、(入力層に近く入力層の右側にある)最初のほうの層によって**低レベルの特徴量**が抽出される。

多層ニューラルネットワークと(特に)ディープ畳み込みニューラルネットワーク(DCNN)は、低レベルの特徴量を層ごとに組み合わせて高レベルの特徴量を形成することで、いわゆる**特徴階層**(feature hierarchy)を構築する。たとえば、画像を扱っている場合は、エッジやブロブ※2といった低レベルの特徴量を最初のほうの層から抽出する。そして、それらを組み合わせることで、高レベルの特徴量(建物、車、イヌなどの物体)を形成する。

次の図に示すように、CNNは入力画像から**特徴マップ**(feature map)を計算する。特徴マップの各要素は、入力画像のピクセルからなる局所パッチから抽出される。

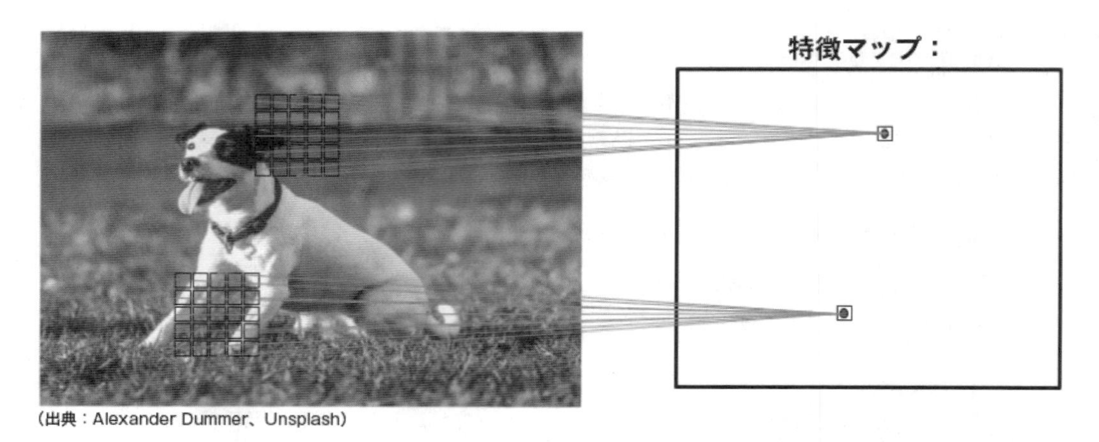

(出典:Alexander Dummer、Unsplash)

※1 Y LeCun, and others, *Handwritten Digit Recognition with a Back-Propagation Network*, published at Neural Information Processing Systems (NIPS) conference, 1989, http://yann.lecun.com/exdb/publis/pdf/lecun-90c.pdf

※2 [監注] ブロブとは小さな塊を表す。画像に対してしきい値を決めて2値化処理を行った後に、同じ値を持つ領域をブロブと見なしてその中心座標や面積などを求める解析を「ブロブ解析」と呼ぶ。

この局所パッチは**局所受容野**（local receptive field）と呼ばれる。通常、CNN は画像関連のタスクで優れた性能を発揮するが、これは次の 2 つの重要な考え方によるところが大きい。

- **疎結合**
  特徴マップの 1 つ 1 つの要素は小さなピクセルパッチにのみ結合される。この点において、パーセプトロンでの入力画像全体への結合とは大きく異なっている。第 12 章を読み返し、画像全体に結合される全結合ネットワークの実装方法と比較してみるとよいだろう。
- **パラメータの共有**
  入力画像のさまざまなパッチに同じ重みが使用される。

これら 2 つの考え方は、ネットワークでの重み（パラメータ）の個数の劇的な減少に直結する。それにより、**顕著な特徴量**を捕捉する能力が改善されることがわかる。直観的に理解できるのは、互いに近くにあるピクセルのほうが、互いに離れているピクセルよりもおそらく関連性が高いことである。

一般に、CNN は複数の**畳み込み層**（convolutional layer）と**サブサンプリング層**（subsampling layer）で構成される。それに続いて、最後に**全結合層**（fully connected layer）が 1 つ以上存在する。サブサンプリング層は**プーリング層**（pooling layer）とも呼ばれる。全結合層は、基本的には多層パーセプトロンであり、各入力ユニット i は各出力ユニット j に重み w_{ij} で結合される。これについては、第 12 章で説明したとおりである。

プーリング（サブサンプリング）層には、学習可能なパラメータはまったく存在しないことに注意しよう。たとえば、プーリング層には、重みやバイアスユニットは存在しない。ただし、畳み込み層と全結合層には、重みやバイアスユニットが存在する。

ここでは、畳み込み層とプーリング層の詳細に踏み込み、それらがどのような仕組みになっているのかを確認する。畳み込み演算の仕組みを理解するために、1 次元の畳み込みを調べた後、2 次元画像のアプリケーションを例に、一般的な 2 次元の畳み込みの仕組みを順番に見ていこう。

15.1.2　離散畳み込みを実行する

離散畳み込み（discrete convolution）、あるいは単に**畳み込み**は、CNN において基礎的な演算である。したがって、この演算の仕組みを理解することは重要である。ここでは、数学的な定義を理解した後、2 つの 1 次元ベクトルまたは 2 つの 2 次元行列の畳み込みを計算する**ナイーブ**（単純）なアルゴリズムを紹介する。

ここでの説明の目的はあくまでも畳み込みの仕組みを理解することにある。実際には、後ほど登場する TensorFlow などのパッケージに畳み込み演算のはるかに効率的な実装がすでに存在している。

数学的表記

本章では、多次元配列の大きさを表すために下付き文字を使用する。たとえば、$\boldsymbol{A}_{n1 \times n2}$ は、サイズが $n_1 \times n_2$ の 2 次元配列である。多次元配列のインデックス参照には、角かっこ [•] を使用する。たとえば、$\boldsymbol{A}[i, j]$ は行列 $\boldsymbol{A}$ のインデックス i, j の位置にある要素を意味する。さらに、Python の乗算演算子 * と混同しないようにするために、2 つのベクトルまたは行列の畳み込み演算を記号 $*$ で表す。

1 次元での離散畳み込み演算の実行

まず、これから使用する基本的な定義と表記を確認しておきたい。2 つの 1 次元ベクトル $\boldsymbol{x}$ と $\boldsymbol{w}$ の離散畳み込みは $\boldsymbol{y} = \boldsymbol{x} * \boldsymbol{w}$ で表される。この場合、ベクトル $\boldsymbol{x}$ は入力であり、ベクトル $\boldsymbol{w}$ は**フィルタ**である。入力は**シグナル**、フィルタは**カーネル**とも呼ばれる。離散畳み込みを数学的に定義すると、次のようになる。

$$\boldsymbol{y} = \boldsymbol{x} * \boldsymbol{w} \rightarrow \boldsymbol{y}[i] = \sum_{k=-\infty}^{+\infty} \boldsymbol{x}[i-k]\boldsymbol{w}[k] \qquad (15.1.1)$$

ここで、角かっこ [] はベクトルの要素のインデックス参照を表すために使用されている。インデックス i は、出力ベクトル $\boldsymbol{y}$ の要素ごとに適用される。式 15.1.1 には、明確にしておかなければならない点が2つある。それは、$-\infty$ から $+\infty$ のインデックスと、$\boldsymbol{x}$ の負のインデックス参照である。

相互相関

入力ベクトルとフィルタの間の相互相関（または単に相関）は、$\boldsymbol{y} = \boldsymbol{x} \star \boldsymbol{w}$ によって表される。この相互相関は、差異が小さい畳み込みに非常によく似ている。相互相関での違いは、乗算が実行される方向が同じであることだ。このため、フィルタ行列 $\boldsymbol{w}$ を次元ごとに回転させる必要はない。数学的には、相互相関は次のように定義される。

$$\boldsymbol{y} = \boldsymbol{x} * \boldsymbol{w} \rightarrow \boldsymbol{y}[i] = \sum_{k=-\infty}^{+\infty} \boldsymbol{x}[i+k]\boldsymbol{w}[k] \qquad (15.1.2)$$

パディングやストライドと同じルールが、相互相関にも適用されることがある。

まず奇妙に思えるのは、総和が $-\infty$ から $+\infty$ までのインデックスで実行されることである。というのも、機械学習のアプリケーションでは、常に有限の特徴ベクトルを扱うことになるからだ。たとえば、$\boldsymbol{x}$ が 10 個の特徴量（インデックス 0,1,2,…,8,9）で構成されている場合、インデックス $-\infty$:-1 とインデックス 10:$+\infty$ は $\boldsymbol{x}$ の範囲外となる。そこで、先の式に示されている総和を正しく計算するために、$\boldsymbol{x}$ と $\boldsymbol{w}$ が 0 で満たされていると想定する。そうすると、出力ベクトル $\boldsymbol{y}$ のサイズも無限大となり、やはり大量の 0 で満たされた状態となる。これは現実的な状況では無意味なので、$\boldsymbol{x}$ は有限数の 0 でのみパディングされる。

このプロセスは、**ゼロパディング**（zero-padding）、または単に**パディング**と呼ばれる。この場合、両側にパディングされる 0 の個数は p で表される。次の図は、1 次元ベクトル $\boldsymbol{x}$ のパディングの例を示している。

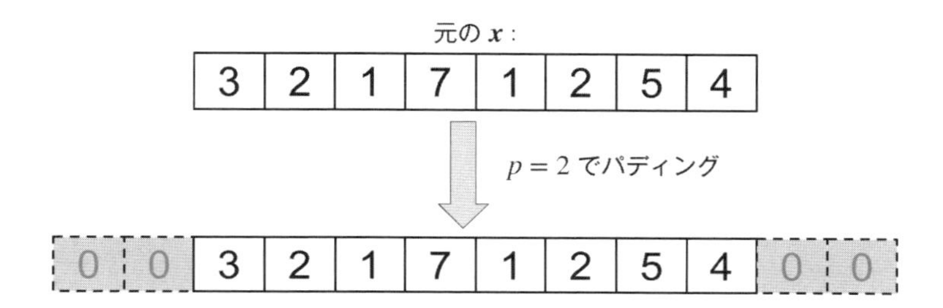

元の入力ベクトル $\boldsymbol{x}$ とフィルタ $\boldsymbol{w}$ の要素の個数がそれぞれ n と m（$m \leq n$）であるとしよう。したがって、パディングされたベクトル $\boldsymbol{x}^p$ のサイズは $n + 2p$ となる。よって、離散畳み込みを計算するための実際の式は、次のように変化する。

$$\boldsymbol{y} = \boldsymbol{x} * \boldsymbol{w} \rightarrow \boldsymbol{y}[i] = \sum_{k=0}^{k=m-1} \boldsymbol{x}^p[i+m-k]\boldsymbol{w}[k] \tag{15.1.3}$$

これで、無限大のインデックスの問題は解決された。次の問題は、$i + m - k$ による $\boldsymbol{x}$ のインデックス参照である。ここで重要となるのは、この総和では、$\boldsymbol{x}$ と $\boldsymbol{w}$ のインデックス参照の方向が異なることである。この問題については、2 つのベクトル $\boldsymbol{x}$ と $\boldsymbol{w}$ をパディングした後、どちらかを反転させればよい。あとは、これらのベクトルの内積を計算するだけである。

フィルタ $\boldsymbol{w}$ を反転させ、回転したフィルタ $\boldsymbol{w}^r$ を取得するとしよう。次に、内積 $\boldsymbol{x}[i:i+m] \bullet \boldsymbol{w}^r$ を計算し、1 つの要素 $\boldsymbol{y}[i]$ を取得する。ここで、$\boldsymbol{x}[i:i+m]$ はサイズ m の $\boldsymbol{x}$ のパッチである。

この演算をスライディングウィンドウのように繰り返し行うことで、すべての出力要素を取得する。次の図は、$\boldsymbol{x} = (3,2,1,7,1,2,5,4)$ と $\boldsymbol{w} = \left(\frac{1}{2}, \frac{3}{4}, 1, \frac{1}{4}\right)$ の例を示しており、最初の 3 つの出力要素が計算される。

15

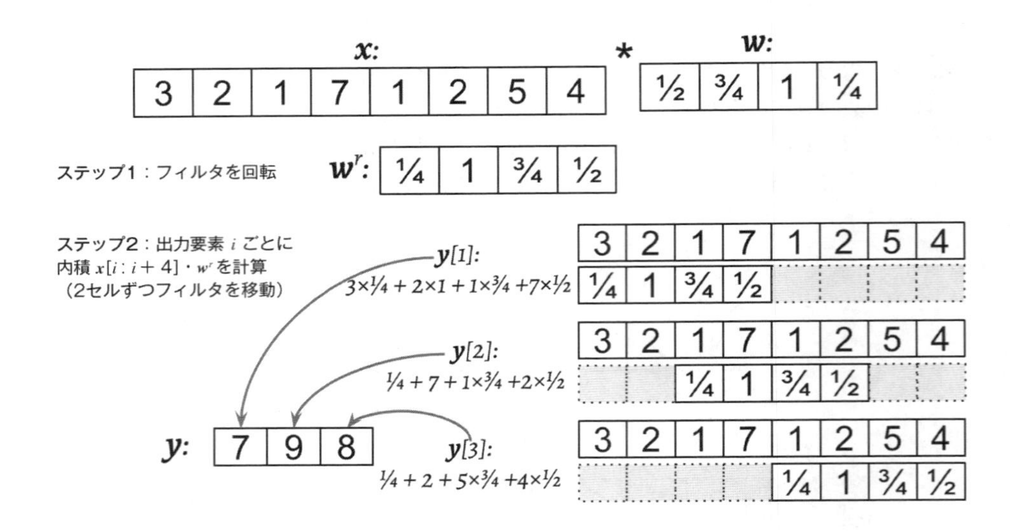

この例では、パディングサイズが0（$p = 0$）であることがわかる。回転したフィルタ $\boldsymbol{w}^r$ が2セルずつシフトすることに注目しよう。この**シフト**（shift）は、畳み込みのハイパーパラメータの1つである**ストライド**（s）である。この例では、ストライドは2（$s = 2$）である。ここで注意しなければならないのは、ストライドが入力ベクトルのサイズよりも小さい正の値でなければならないことである。次項では、パディングとストライドを詳しく見ていこう。

畳み込みでのゼロパディングの効果

ここまでは、畳み込みでゼロパディングを使用することで、有限サイズの出力ベクトルを計算した。厳密に言えば、パディングを適用できるのは $p \geq 0$ の場合である。p の選択によっては、$\boldsymbol{x}$ の境界にあるセルと真ん中にあるセルの扱いが異なることが考えられる。

ここで、$n = 5$、$m = 3$ であるとしよう。$p = 0$ の場合、$\boldsymbol{x}[0]$ は1つの出力要素（たとえば $\boldsymbol{y}[0]$）の計算にのみ使用されるが、$\boldsymbol{x}[1]$ は2つの出力要素（たとえば $\boldsymbol{y}[0]$ と $\boldsymbol{y}[1]$）の計算に使用される。$\boldsymbol{x}$ の要素の扱いがこのように異なっていると、真ん中の要素 $\boldsymbol{x}[2]$ が不自然に強調されることがある。というのも、この要素は大部分（3つのうち2つ）の計算に出現しているからである。$p = 2$ を選択すれば、この問題を回避できる。そうすると、$\boldsymbol{x}$ の各要素が $\boldsymbol{y}$ の3つの要素の計算に使用されるようになるからだ。

さらに、出力 $\boldsymbol{y}$ のサイズも、パディングに使用する手法の選択に依存する。実際に使用されるパディングには、主なモードとして full、same、valid の3つがある。

- **full モード**
  パディングパラメータ p は $p = m - 1$ に設定される。full パディングでは、出力の次元数が増えるため、CNN アーキテクチャでは滅多に使用されない。
- **same モード**
  通常は出力ベクトルのサイズを入力ベクトル $\boldsymbol{x}$ と同じにしたい場合に使用される。この場合、パディングパラメータ p はフィルタのサイズに基づいて計算される。ただし、入力のサイズと出力のサイズが同じであることが前提となる。

- **valid モード**
  畳み込みの計算が $p = 0$（パディングなし）で実行されることを意味する。

次の図は、単純な 5×5 ピクセルの入力に対する 3 つのパディングモードを示している。この例では、カーネルサイズは 3×3、ストライドは 1 である。

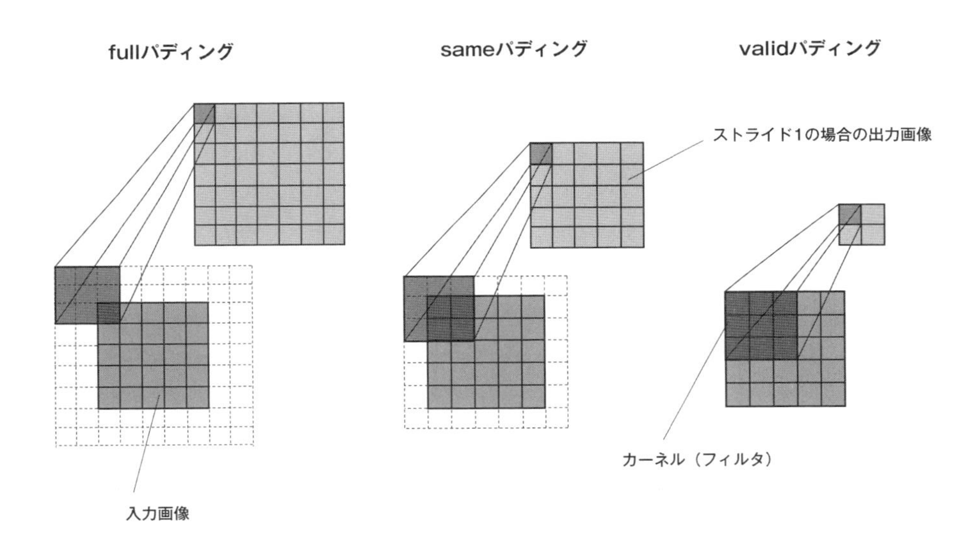

CNN で最もよく使用されるパディングモードは、same モードである。他のパディングモードに対する same モードの利点の 1 つは、入力画像またはテンソルの幅と高さが維持されるため、ネットワークアーキテクチャの設計が容易になることである。

たとえば、valid モードの大きな欠点の 1 つは、ニューラルネットワークが多くの層で構成されている場合に、テンソルの量が大幅に少なくなり、ネットワークの性能を低下させる可能性があることだ。full モードや same モードには、このような欠点はない。

実際には、same モードを使用することで、畳み込み層の空間サイズを維持し、代わりにプーリング層の空間サイズを減らすことが推奨される。full モードの場合と同様、結果として入力のサイズよりも出力のサイズが大きくなる。通常、full モードは境界の影響を最小限に抑えることが重要となる信号処理アプリケーションで使用される。しかし、ディープラーニングでは、境界の影響はたいてい問題にならないため、full モードが使用されることはほとんどない。

畳み込みの出力のサイズを特定する

畳み込みの出力のサイズは、入力ベクトルに沿ってフィルタ $\boldsymbol{w}$ をシフトする回数によって決定される。入力ベクトルのサイズが n、フィルタのサイズが m であるとしよう。パディングを p、

ストライドを s とすれば、$\boldsymbol{x} * \boldsymbol{w}$ の結果として得られる出力のサイズは次のように決定される。

$$o = \left\lfloor \frac{n + 2p - m}{s} \right\rfloor + 1 \tag{15.1.4}$$

ここで、$\lfloor \cdot \rfloor$ は床関数を表している。

床関数は、入力と同じかそれよりも小さい整数のうち、最も大きな数を返す。

$$floor(1.77) = \lfloor 1.77 \rfloor = 1$$

次の2つのケースについて考えてみよう。

- 入力ベクトルのサイズが10の場合に出力のサイズを計算する。畳み込みカーネルのサイズは5、パディングは2、ストライドは1とする。

$$n = 10, m = 5, p = 2, s = 1 \rightarrow o = \left\lfloor \frac{10 + 2 \times 2 - 5}{1} \right\rfloor + 1 = 10$$

  （この場合は、出力のサイズが入力のサイズと同じであることがわかる。結論として、モードは same である）

- 入力ベクトルが同じである場合、出力のサイズはどうすれば変化するか。ただし、畳み込みカーネルのサイズは3、パディングは2、ストライドは2とする。

$$n = 10, m = 3, p = 2, s = 2 \rightarrow o = \left\lfloor \frac{10 + 2 \times 2 - 3}{2} \right\rfloor + 1 = 6$$

畳み込みの出力のサイズをもう少し詳しく調べてみたい場合は、Vincent Dumoulin と Francesco Visin の論文※3を読んでみることをお勧めする。

最後に、1次元の畳み込みの計算方法を理解するために、単純な畳み込み演算を実装する。その結果を NumPy の `convolve` 関数のものと比較してみよう。

```
>>> import numpy as np
>>>
>>> def conv1d(x, w, p=0, s=1):
...     w_rot = np.array(w[::-1])
...     x_padded = np.array(x)
...     if p > 0:
```

※3 Vincent Dumoulin and Francesco Visin, *A guide to convolution arithmetic for deep learning*, 2016
https://arxiv.org/abs/1603.07285

```
...         zero_pad = np.zeros(shape=p)
...         x_padded = np.concatenate([zero_pad, x_padded, zero_pad])
...     res = []
...     for i in range(0, int(len(x)/s),s):
...         res.append(np.sum(x_padded[i:i + w_rot.shape[0]] * w_rot))
...     return np.array(res)
...
>>> # テスト
>>> x = [1, 3, 2, 4, 5, 6, 1, 3]
>>> w = [1, 0, 3, 1, 2]
>>> print('Conv1d Implementation:', conv1d(x, w, p=2, s=1))
Conv1d Implementation:  [  5.  14.  16.  26.  24.  34.  19.  22.]

>>> print('Numpy Results:', np.convolve(x, w, mode='same'))
Numpy Results:          [ 5 14 16 26 24 34 19 22]
```

1 次元の畳み込みについては以上である。1 次元の畳み込みから始めたのは、これらの概念を理解しやすくするためである。次項では、これを 2 次元の畳み込みに拡張してみよう。

2 次元での離散畳み込みの実行

ここまで説明してきた概念を 2 次元に拡張するのは簡単である。入力行列 $\boldsymbol{X}_{n_1 \times n_2}$ やフィルタ行列 $\boldsymbol{W}_{m_1 \times m_2}$（$m_1 \leq n_1$、$m_2 \leq n_2$）といった 2 次元の入力を扱う場合、$\boldsymbol{X}$ と $\boldsymbol{W}$ の 2 次元の畳み込み演算の結果は行列 $\boldsymbol{Y} = \boldsymbol{X} * \boldsymbol{W}$ である。これを数学的に定義すると、次のようになる。

$$\boldsymbol{Y} = \boldsymbol{X} * \boldsymbol{W} \rightarrow \boldsymbol{Y}[i, j] = \sum_{k_1=-\infty}^{+\infty} \sum_{k_2=-\infty}^{+\infty} \boldsymbol{X}[i - k_1, j - k_2]\boldsymbol{W}[k_1, k_2] \qquad (15.1.5)$$

次元の 1 つを省略した場合、残りの式は 1 次元の畳み込みの計算に使用した式とまったく同じになることがわかる。実際には、ゼロパディング、フィルタ行列の回転、ストライドの使用など、1 次元の畳み込みで言及した手法はすべて、2 次元の畳み込みにも適用できる。ただし、それぞれが両方の次元に拡張されていることが前提となる。次に、入力行列 $\boldsymbol{X}_{3 \times 3}$、カーネル行列 $\boldsymbol{W}_{3 \times 3}$、パディング $p = (1, 1)$、ストライド $s = (2, 2)$ の間で 2 次元の畳み込みを計算してみよう。パディングの指定により、入力行列の上下左右に 0 の層が 1 つパディングされ、結果としてパディング行列 $\boldsymbol{X}_{5 \times 5}^{padded}$ が得られる。

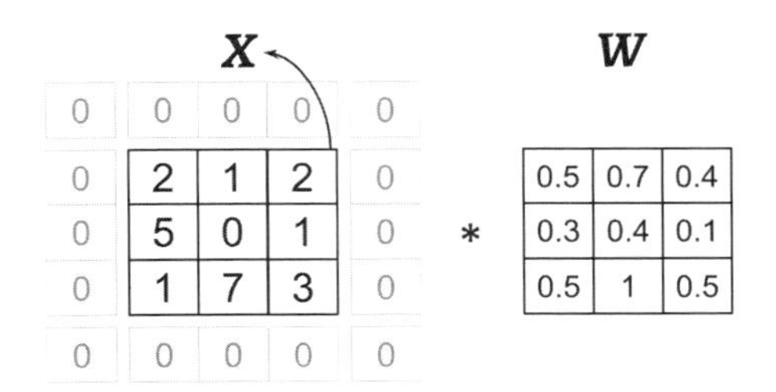

先のフィルタを回転させた結果は次のようになる[※4]。

$$
\boldsymbol{W}^{r} = \begin{bmatrix} 0.5 & 1 & 0.5 \\ 0.1 & 0.4 & 0.3 \\ 0.4 & 0.7 & 0.5 \end{bmatrix}
$$

この回転行列が転置行列と同じではないことに注意しよう。回転したフィルタを NumPy で取得するには、`W_rot=W[::-1,::-1]` と記述すればよい。次に、パディングした入力行列 $\boldsymbol{X}^{padded}$ に沿って、回転したフィルタ行列をスライディングウィンドウのように移動させ、要素ごとの積の総和を計算することができる。次の図では、要素ごとの積は ⊙ 演算子で示されている。

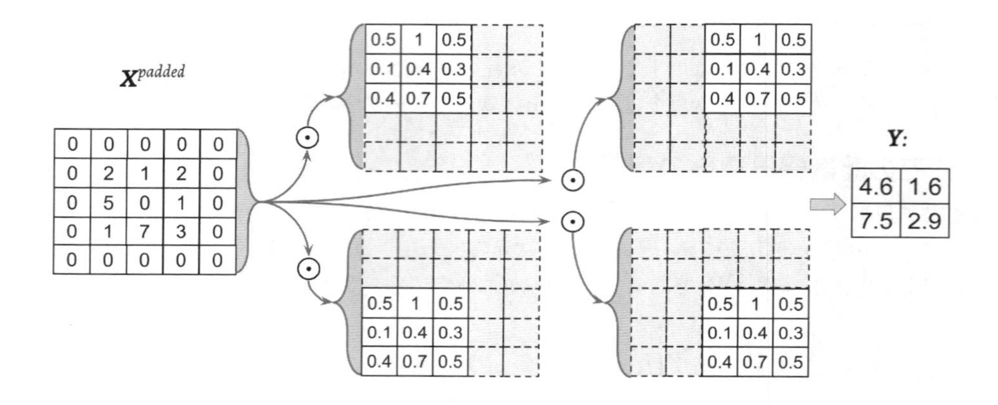

結果は 2×2 行列 $\boldsymbol{Y}$ になる。

前項の単純なアルゴリズムに基づいて 2 次元の畳み込みを実装してみよう。`scipy.signal` パッケージでは、2 次元の畳み込みを計算する方法が `scipy.signal.convolve2d` 関数として提供されている。

```
>>> import numpy as np
>>> import scipy.signal
>>>
>>> def conv2d(X, W, p=(0, 0), s=(1, 1)):
...     W_rot = np.array(W)[::-1,::-1]
...     X_orig = np.array(X)
...     n1 = X_orig.shape[0] + 2 * p[0]
...     n2 = X_orig.shape[1] + 2 * p[1]
...     X_padded = np.zeros(shape=(n1, n2))
...     X_padded[p[0]:p[0]+X_orig.shape[0],
...              p[1]:p[1]+X_orig.shape[1]] = X_orig
...
...     res = []
```

※4 ［監注］カーネル行列 $\boldsymbol{W}$ の 1 行目と 3 行目を入れ替え、次に 1 列目と 3 列目を入れ替えると $\boldsymbol{W}^{r}$ を得る。

```
...     for i in range(0, int((X_padded.shape[0] - \
...                           W_rot.shape[0]) / s[0]) + 1, s[0]):
...         res.append([])
...         for j in range(0, int((X_padded.shape[1] - \
...                               W_rot.shape[1]) / s[1]) + 1, s[1]):
...             X_sub = X_padded[i:i+W_rot.shape[0], j:j+W_rot.shape[1]]
...             res[-1].append(np.sum(X_sub * W_rot))
...     return(np.array(res))
...
>>> X = [[1, 3, 2, 4], [5, 6, 1, 3], [1, 2, 0, 2], [3, 4, 3, 2]]
>>> W = [[1, 0, 3], [1, 2, 1], [0, 1, 1]]
>>> print('Conv2d Implementation: \n', conv2d(X, W, p=(1,1), s=(1,1)))
Conv2d Implementation:
 [[ 11.  25.  32.  13.]
 [ 19.  25.  24.  13.]
 [ 13.  28.  25.  17.]
 [ 11.  17.  14.   9.]]

>>> print('Scipy Results:         \n', scipy.signal.convolve2d(X, W, mode='same'))
SciPy Results:
 [[11 25 32 13]
 [19 25 24 13]
 [13 28 25 17]
 [11 17 14  9]]
```

2 次元の畳み込みを計算する単純な実装を示したのは、畳み込みの概念を理解するためである。ただし、メモリの要件や計算の複雑さという点で、この実装は非常に効率が悪い。このため、現実のニューラルネットワークアプリケーションでは使用すべきではない。

最近では、畳み込みの計算にフーリエ変換を使用する、はるかに効率のよいアルゴリズムが開発されている。また、ニューラルネットワークに関しては、畳み込みカーネルのサイズが通常は入力画像のサイズよりもずっと小さいことに注意しなければならない。たとえば最近の CNN は、**Winograd's Minimal Filtering** アルゴリズムなど、畳み込み演算をはるかに効率よく実行できるように設計されたアルゴリズムに合わせて、通常は 1×1、3×3、5×5 などのカーネルサイズを使用する。そうしたアルゴリズムに興味がある場合は、Andrew Lavin と Scott Gray の論文を読んでみることをお勧めする。

Andrew Lavin and Scott Gray, *Fast Algorithms for Convolutional Neural Networks*, 2015
https://arxiv.org/abs/1509.09308

次項では、サブサンプリングを取り上げる。サブサンプリングは、CNN でよく使用される重要な演算の 1 つである。

15.1.3　サブサンプリング

サブサンプリングは、一般に、CNN の 2 種類のプーリング演算を通じて適用される。これらのプーリング演算は、**最大値プーリング**（max-pooling）と**平均値プーリング**（mean-pooling または average-pooling）である。通常、プーリング層は $\boldsymbol{P}_{n_1 \times n_2}$ で表される。この場合、下付き文字は最大値演算または平均値演算が実行される近傍のサイズ（各次元の隣接ピクセルの個数）を決定する。ここでは、そうした近傍を**プーリングサイズ**（pooling size）と呼ぶ。

この演算を図解すると、次のようになる。最大値プーリングでは、近傍のピクセルから最大値を取得する。平均値プーリングでは、近傍のピクセルの平均値を計算する。

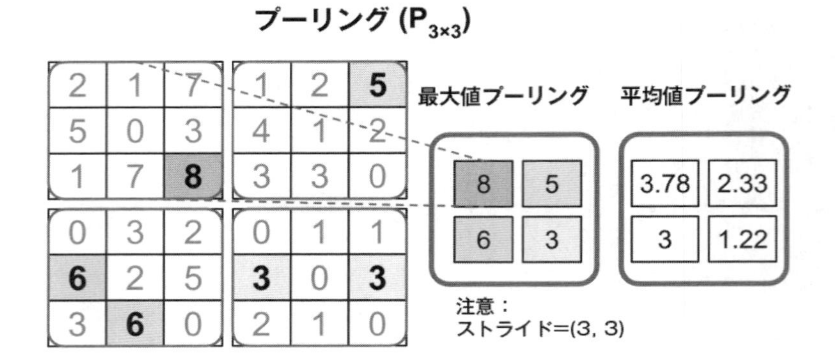

プーリングには、次の 2 つの利点がある。

- プーリング（最大値プーリング）は、一種の局所不変性をもたらす。つまり、近傍が局所的に少し変化したとしても、最大値プーリングの結果は変化しない。このため、プーリングは入力データのノイズに対してより頑健な特徴量を生成するのに役立つ。次の例は、2 つの入力行列 $\boldsymbol{X}_1$ と $\boldsymbol{X}_2$ の最大値プーリングの結果が同じであることを示している。

$$\left.\begin{array}{l} \boldsymbol{X}_1 = \begin{bmatrix} 10 & 255 & 125 & 0 & 170 & 100 \\ 70 & 255 & 105 & 25 & 25 & 70 \\ 255 & 0 & 150 & 0 & 10 & 10 \\ 0 & 255 & 10 & 10 & 150 & 20 \\ 70 & 15 & 200 & 100 & 95 & 0 \\ 35 & 25 & 100 & 20 & 0 & 60 \end{bmatrix} \\ \boldsymbol{X}_2 = \begin{bmatrix} 100 & 100 & 100 & 50 & 100 & 50 \\ 95 & 255 & 100 & 125 & 125 & 170 \\ 80 & 40 & 10 & 10 & 125 & 150 \\ 255 & 30 & 150 & 20 & 120 & 125 \\ 30 & 30 & 150 & 100 & 70 & 70 \\ 70 & 30 & 100 & 200 & 70 & 95 \end{bmatrix} \end{array}\right\} \xrightarrow{\text{max-pooling} P_{2\times 2}} \begin{bmatrix} 255 & 125 & 170 \\ 255 & 150 & 150 \\ 70 & 200 & 95 \end{bmatrix}$$

- プーリングにより、特徴量のサイズは小さくなる。結果として、計算効率が向上する。さらに、特徴量の個数を減らすと、過学習の抑制につながることもある。

従来、プーリングは「オーバーラップ（重複）なし」と見なされている。通常、プーリングはオーバーラップしていない近傍で実行される。オーバーラップなしのプーリングは、ストライドパラメータをプーリングサイズと同じ値に設定することによって可能となる。たとえば、オーバーラップなしのプーリング層$\boldsymbol{p}_{n_1 \times n_2}$では、ストライドパラメータ$S = (n1, n2)$が要求される。
一方で、「オーバーラップあり」のプーリングが発生するのは、ストライドがプーリングサイズよりも小さい場合である。CNNでオーバーラップありのプーリングが使用される例については、次の論文が参考になるだろう。

A. Krizhevsky, I. Sutskever, and G. Hinton, *ImageNet Classification with Deep Convolutional Neural Networks*, 2012, https://papers.nips.cc/paper/4824-imagenet-classification-with-deep-convolutional-neuralnetworks

15.2 畳み込みニューラルネットワークの構築

ここまでは、畳み込みニューラルネットワーク（CNN）の基本的な構成要素について説明してきた。率直に言って、本章で取り上げている概念は、従来の多層ニューラルネットワークよりも難しいわけではない。直観的には、従来のニューラルネットワークにおいて最も重要な演算は、行列とベクトルの乗算であると言えるだろう。

たとえば、事前活性化（総入力）には、$\boldsymbol{a} = \boldsymbol{Wx} + \boldsymbol{b}$のような行列とベクトルの乗算を使用する。ここで、$\boldsymbol{x}$はピクセルを表す列ベクトルであり、$\boldsymbol{W}$はピクセル入力を各隠れユニットに結合する重み行列である。CNNでは、この演算は$\boldsymbol{A} = \boldsymbol{W} * \boldsymbol{X} + \boldsymbol{b}$のような畳み込み演算に置き換えられる。ここで、$\boldsymbol{X}$は幅×高さでピクセルを表す行列である。どちらの場合も、事前活性化が活性化関数に渡され、隠れユニットの活性化$\boldsymbol{H} = \phi(\boldsymbol{A})$が得られる。ここで、$\phi$は活性化関数を表す。さらに、サブサンプリングがCNNの構成要素の1つであることを思い出そう。前節で説明したように、サブサンプリングはプーリングという形で出現することがある。

15.2.1 複数の入力チャネルを操作する

畳み込み層に対する入力サンプルには、（たとえば画像の幅と高さをピクセル単位で表す）$N_1 \times N_2$次元の配列や行列が1つ以上含まれていることがある。そうした$N_1 \times N_2$行列は**チャネル**（channel）と呼ばれる。したがって、畳み込み層への入力として複数のチャネルを使用する場合は、階数3のテンソルを使用するか、3次元配列$\boldsymbol{X}_{N_1 \times N_2 \times C_{in}}$を使用する必要がある。ここで、$C_{in}$は入力チャネルの個数を表す。

たとえば、CNNの最初の層に対する入力が画像であるとしよう。この画像がRGBモードのカラー画像である場合は、$C_{in} = 3$（RGBの赤、緑、青の3つのチャネル）となる。これに対し、グレースケール画像の場合は、$C_{in} = 1$である。というのも、明度の値が含まれた1つのチャネルしか存在しないからだ。

画像を操作するときには、'uint8' 型（符号なし 8 ビット整数）の NumPy 配列に画像を読み込むことで、たとえば 16 ビット、32 ビット、64 ビットの整数型を使用する場合よりもメモリ消費を減らすことができる。符号なし 8 ビット整数は [0, 255] の範囲の値をとる。これらの値は、やはり同じ範囲の値をとる RGB 画像のピクセル情報を格納するのに十分である。

次に、SciPy を使って Python セッションに画像を読み込む方法を見てみよう。ただし、SciPy を使って画像を読み込むには、**PIL**（Python Imaging Library）パッケージがインストールされている必要がある。この要件を満たすために、よりユーザーフレンドな PIL である Pillow[※5] をインストールすることもできる。

```
pip install pillow
```

Pillow がインストールされたら、scipy.misc モジュールの imread 関数を使って RGB 画像を読み込むことができる。ここで使用しているサンプル画像は、本書の GitHub[※6] に含まれている。

```
>>> import scipy.misc
>>> img = scipy.misc.imread('./example-image.png', mode='RGB')
>>> print('Image shape:', img.shape)
Image shape: (252, 221, 3)

>>> print('Number of channels:', img.shape[2])
Number of channels: 3

>>> print('Image data type:', img.dtype)
Image data type: uint8

>>> print(img[100:102, 100:102, :])
[[[179 134 110]
  [182 136 112]]

 [[180 135 111]
  [182 137 113]]]
```

入力データの構造がわかったところで、次の課題に移ろう —— 前節で説明した畳み込み演算に複数の入力チャネルを組み込むには、どうすればよいのだろうか。

答えはとても単純だ。チャネルごとに畳み込み演算を実行し、その後、行列の総和を用いて結果を足し合わせるのである。各チャネル（c）に適用される畳み込み演算はそれぞれ独自のカーネル行列 $\boldsymbol{W}[:, :, c]$ を使用する。事前活性化の全体的な結果は、次の式によって計算される。

※5 https://pillow.readthedocs.io/

※6 https://github.com/rasbt/python-machine-learning-book-2nd-edition/tree/master/code/ch15

$$\begin{array}{rl}\text{サンプル} & \boldsymbol{X}_{n_1\times n_2\times c'_{in}}\\ \text{カーネル行列} & \boldsymbol{W}_{m_1\times m_2\times c'_{in}}\\ \text{バイアス値} & b\end{array} \Rightarrow \begin{cases}\boldsymbol{Y}^{Conv} = \sum_{c=1}^{C_{in}} \boldsymbol{W}[:,:,c] * \boldsymbol{X}[:,:,c]\\ \quad\text{事前活性化：}\ \boldsymbol{A} = \boldsymbol{Y}^{Conv} + b\\ \quad\text{特徴マップ：}\ \boldsymbol{H} = \phi(\boldsymbol{A})\end{cases}$$

最終的な結果 $\boldsymbol{H}$ は**特徴マップ**（feature map）と呼ばれる。通常、CNN の畳み込み層は複数の特徴マップで構成される。複数の特徴マップを使用する場合、カーネルテンソルは 4 次元（$width \times height \times C_{in} \times C_{out}$）になる。ここで、$width \times height$（幅 × 高さ）はカーネルサイズ、$C_{in}$ は入力チャネルの個数、C_{out} は出力である特徴マップの個数を表す。したがって、先の式に出力特徴マップの個数を追加すると、次のようになる。

$$\begin{array}{rl}\text{サンプル} & \boldsymbol{X}_{n_1\times n_2\times C_{in}}\\ \text{カーネル行列} & \boldsymbol{W}_{m_1\times m_2\times C_{in}\times C_{out}}\\ \text{バイアス値} & \boldsymbol{b}_{C_{out}}\end{array} \Rightarrow \begin{cases}\boldsymbol{Y}^{Conv}[:,:,k] = \sum_{c=1}^{C_{in}} \boldsymbol{W}[:,:,c,k] * \boldsymbol{X}[:,:,c]\\ \boldsymbol{A}[:,:,k] = \boldsymbol{Y}^{Conv}[:,:,k] + \boldsymbol{b}[k]\\ \boldsymbol{H}[:,:,k] = \phi(\boldsymbol{A}[:,:,k])\end{cases}$$

ニューラルネットワークでの畳み込みの計算について説明してきたが、最後に、次の図に示されている例を調べてみよう。この図は、畳み込み層とそれに続くプーリング層を示している。

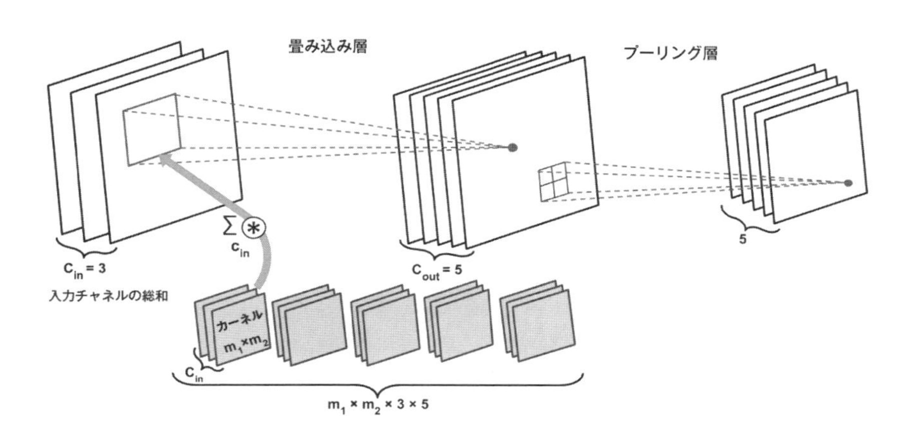

この例では、入力チャネルが 3 つ存在する。カーネルテンソルは 4 次元である。各カーネル行列は $m_1 \times m_2$ で表されており、合計で 3 つ存在する（入力チャネルごとに 1 つ）。さらに、出力特徴マップは 5 つであるため、そうしたカーネルが 5 つ存在する。最後に、特徴マップのサブサンプリングを行うプーリング層が 1 つ存在する。

この例には、トレーニング可能なパラメータがいくつ存在するだろうか。

畳み込みの**パラメータ共有**と**疎結合**の利点を具体的に示すために、ここで例を見てみよう。先の図に示されている畳み込み層は、4 次元のテンソルである。したがって、このカーネルには $m_1 \times m_2 \times 3 \times 5$ 個のパラメータが関連付けられている。さらに、畳み込み層の出力特徴マップごとにバイアスベクトルが存在する。したがって、バイアスベクトルのサイズは 5 である。プーリング層には（トレーニング可能な）パラメータは存在しない。よって、次のように記述できる。

$$m_1 \times m_2 \times 3 \times 5 + 5$$

畳み込みが `mode='same'` で実行されるという前提で、入力テンソルのサイズが $n_1 \times n_2 \times 3$ であるとすれば、出力特徴マップのサイズは $n_1 \times n_2 \times 5$ になる。
畳み込み層ではなく全結合層を使用していたとすれば、この値がずっと小さくなることに注意しよう。全結合層を使用する場合、出力ユニットを同じ個数にするための重み行列のパラメータの個数は次のようになっただろう。

$$(n_1 \times n_2 \times 3) \times (n_1 \times n_2 \times 5) = (n_1 \times n_2)^2 \times 3 \times 5$$

$m_1 < n_1$ かつ $m_2 < n_2$ と仮定した場合、トレーニング可能なパラメータの個数が大きく異なることがわかる。

次項では、ニューラルネットワークの正則化の方法について説明する。

15.2.2 ドロップアウトによるニューラルネットワークの正則化

従来の（全結合の）ニューラルネットワークを扱っているのか、畳み込みニューラルネットワーク（CNN）を扱っているのかにかかわらず、ネットワークのサイズの選択は常に大きな課題となっている。たとえば、妥当な性能を達成するには、重み行列のサイズと層の個数を調整する必要がある。

ネットワークの**キャパシティ**（capacity）は、ネットワークが学習できる関数の複雑さの度合いを表す ※7。パラメータの個数が比較的少ない小規模なネットワークは、キャパシティが少ないため、**学習不足**に陥りやすい。そのようなネットワークでは、複雑なデータセットの構造を学習できないため、結果としてよい性能が得られない。

一方で、非常に大規模なネットワークは**過学習**に陥りやすい傾向にある。そのようなネットワークは、トレーニングデータを記憶してしまう。このため、トレーニングデータセットでの性能は非常によいものの、テストデータセットでの性能はあまりよくない。機械学習の問題に実際に取り組むにあたって、ネットワークの大きさをどれくらいにすればよいかは事前にはわからない。

※7 ［訳注］具体的には、ネットワーク（モデル）の学習可能なパラメータの個数を表す。

この問題に対処する方法の1つは、トレーニングデータセットでの性能がよい、キャパシティが比較的多いネットワークを構築することである。実際には、必要なキャパシティよりもひと回り大きなキャパシティを選択したいところである。次に、過学習を回避し、テストデータセットといった新しいデータでの汎化性能を向上させるために、正則化の手法を1つ以上適用する。正則化の手法としてよく選択されるのは、L2正則化である[※8]。

最近では、**ドロップアウト**(dropout)[※9]と呼ばれる正則化手法が登場している。ドロップアウトを適用すると、(ディープ)ニューラルネットワークの正則化が驚くほどうまくいく。

ドロップアウトについては、モデルのアンサンブルのコンセンサス(平均化)として考えることができる。アンサンブル学習では、複数のモデルのトレーニングを個別に行う。そして予測の際には、学習済みの全モデルのコンセンサスを使用する。しかし、複数のモデルのトレーニングも、複数のモデルの出力を収集して平均化するのも、計算負荷の高いタスクである。ここで次善策を提供するのがドロップアウトである。ドロップアウトは、多くのモデルのトレーニングを一度に行い、それらのモデルの平均予測をテスト時または予測時に計算するための効率的な手段となる。

通常、ドロップアウトは出力側の隠れユニットで適用される。そして、ニューラルネットワークのトレーニングの過程で、イテレーションのたびにドロップアウト確率P_{drop}(キープ率$P_{keep} = 1 - P_{drop}$)で隠れユニットの一部をランダムに取り除く。

このドロップアウト確率を決定するのはユーザーである。先のドロップアウトに関する論文[※9]で説明されているように、通常は$p = 0.5$が選択される。入力ニューロンの一部をドロップアウトするときには、失われた(ドロップした)ニューロンの分を考慮に入れるために、残りのニューロンに関連付けられている重みの尺度が取り直される。

このランダムなドロップアウトにより、ネットワークはデータの冗長な表現を学習せざるを得ない。このため、隠れユニットの活性化に依存するわけにはいかなくなる。というのも、それらはトレーニングの際に無効化されている可能性があるからだ。このため、ネットワークがデータから学習するパターンは、必然的に、より汎用的で頑健なものとなる。

このランダムなドロップアウトにより、過学習が実質的に回避されることがある。次の図は、トレーニングを行うときに、ドロップアウト確率$p = 0.5$でドロップアウトを適用する例を示している。これにより、ニューロンの半分がランダムに無効化される。ただし、予測を行うときには、次層の事前活性化の計算にすべてのニューロンが使用される。

15

※8 [訳注] L2正則化については、3.3.5項と4.5.2項を参照。

※9 Nitish Srivastava and others, *Dropout: A Simple Way to Prevent Neural Networks from Overfitting,* Journal of Machine Learning Research 15.1, pages 1929-1958, 2014, http://www.jmlr.org/papers/volume15/srivastava14a/srivastava14a.pdf

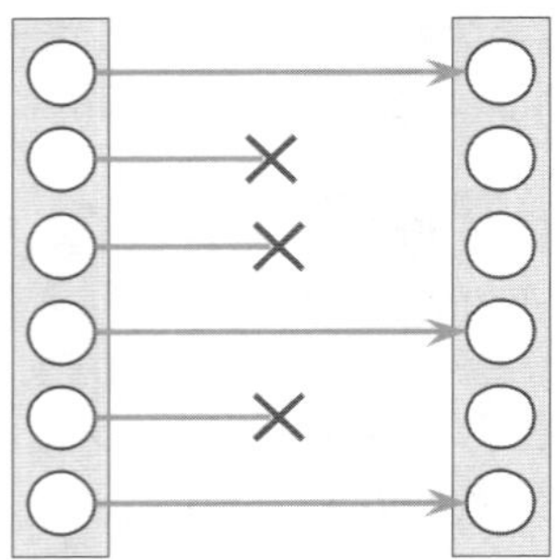

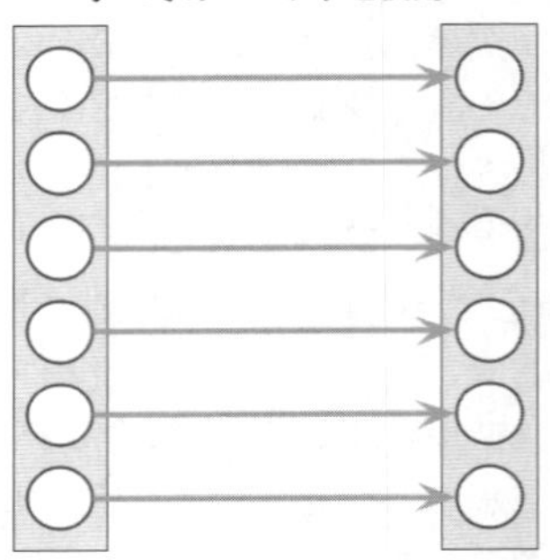

ここで覚えておかなければならない重要な点の 1 つは、隠れユニットをランダムにドロップアウトするのはトレーニングのときだけであり、評価を行うときにはすべての隠れユニットが有効な状態（$p_{drop} = 0$ または $p_{keep} = 1$）でなければならないことである。トレーニング段階と予測段階とで全体的な活性化の尺度を揃えるには、有効なニューロンの活性化を適切な尺度にする必要がある。たとえば、ドロップアウト確率が $p = 0.5$ に設定されている場合は、活性化を半分にすることが考えられる。

しかし、実際に予測を行うときにいちいち活性化の尺度を取り直すのは面倒であるため、TensorFlow などのツールは、トレーニングの際に活性化の尺度を調整するようになっている。たとえば、ドロップアウト確率が $p = 0.5$ に設定されている場合は、活性化を倍にする。

では、ドロップアウトとアンサンブル学習との間にどのような関係があるのだろうか。ドロップアウトの対象となる隠れユニット（ニューロン）はイテレーションごとに異なるため、実質的には、複数の異なるモデルをトレーニングすることになる。それらのモデルのトレーニングがすべて完了したら、キープ率を 1 に設定し、隠れユニットをすべて使用する。つまり、すべての隠れユニットを活性化した場合の平均を求めることになる。

15.3 TensorFlow を使ってディープ畳み込みニューラルネットワークを実装する

第 13 章では、TensorFlow の低レベル API と高レベル API を用いて、手書きの数字を認識する多層ニューラルネットワークを実装した。その際には、96% の正解率を達成した。

ここでは、同じ問題を解くために畳み込みニューラルネットワーク（CNN）を実装し、手書きの数字の分類における予測性能を確認する。第 13 章で実装した全結合層では、この問題をうまく解くことができた。しかし、手書きの数字から銀行の口座番号を読み取るといったアプリケーションでは、ほんの小さな間違いが非常に高くつくことがある。このため、そうしたエラーをできる限り減らすことが重要となる。

15.3.1 多層 CNN アーキテクチャ

次の図は、ここで実装するネットワークのアーキテクチャを示している。入力は28×28のグレースケール画像である。チャネルの個数（グレースケール画像では1）と入力画像のバッチから、入力テンソルの次元が「バッチサイズ×28×28×1」であることがわかる。

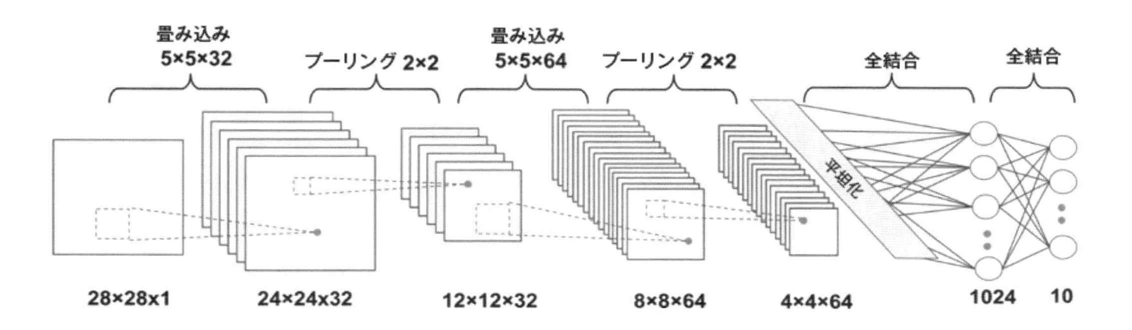

入力データは2つの畳み込み層を通過する。これらの畳み込み層のカーネルサイズは5×5である。1つ目の畳み込み層が出力する特徴マップは32個であり、2つ目の畳み込み層が出力する特徴マップは64個である。それぞれの畳み込み層に続いて、最大値プーリング演算を行うサブサンプリング（プーリング）層がある。

続いて、1つ目の全結合層の出力が2つ目の全結合層に渡される。2つ目の全結合層は、最終的な**ソフトマックス**出力層として機能する。

各層のテンソルの次元は次のようになる。

- **入力層** … バッチサイズ×28×28×1
- **畳み込み層 1** … バッチサイズ×24×24×32
- **プーリング層 1** … バッチサイズ×12×12×32
- **畳み込み層 2** … バッチサイズ×8×8×64
- **プーリング層 2** … バッチサイズ×4×4×64
- **全結合層 1** … バッチサイズ×1024
- **全結合層 2 とソフトマックス層** … バッチサイズ×10

このネットワークの実装には、TensorFlowの低レベルAPIとLayers APIを使用する。次項では、まずヘルパー関数をいくつか定義してみよう。

15.3.2 データの読み込みと前処理

第13章では、MNISTの手書きの数字からなるデータセットを読み込むために、`load_mnist`という関数を使用した。ここでも同じ手順を繰り返す必要がある。また、ここではデータをトレーニングセット、検証セット、テストセットの 3 つに分割する。

```
>>> # データの読み込み
>>> X_data, y_data = load_mnist('./', kind='train')
>>> print('Rows: %d,  Columns: %d' % (X_data.shape[0], X_data.shape[1]))
>>> X_test, y_test = load_mnist('./', kind='t10k')
>>> print('Rows: %d,  Columns: %d' % (X_test.shape[0], X_test.shape[1]))
>>> X_train, y_train = X_data[:50000,:], y_data[:50000]
>>> X_valid, y_valid = X_data[50000:,:], y_data[50000:]
>>> print('Training:   ', X_train.shape, y_train.shape)
>>> print('Validation: ', X_valid.shape, y_valid.shape)
>>> print('Test Set:   ', X_test.shape, y_test.shape)
Rows: 60000,  Columns: 784
Rows: 10000,  Columns: 784
Training:    (50000, 784) (50000,)
Validation:  (10000, 784) (10000,)
Test Set:    (10000, 784) (10000,)
```

データを読み込んだ後は、データをミニバッチごとに処理する関数が必要である。

```
def batch_generator(X, y, batch_size=64, shuffle=False, random_seed=None):

    idx = np.arange(y.shape[0])

    if shuffle:
        rng = np.random.RandomState(random_seed)
        rng.shuffle(idx)
        X = X[idx]
        y = y[idx]

    for i in range(0, X.shape[0], batch_size):
        yield(X[i:i+batch_size, :], y[i:i+batch_size])
```

この関数はジェネレータを返す。このジェネレータは、データ X とラベル y など、対応するサンプルからなるタプルを生成する。トレーニングの性能を向上させ、収束を改善するには、このデータを正規化する必要がある。つまり、平均による減算（標準化）と標準偏差による除算を行う。

トレーニングデータ（`X_train`）を使って各特徴量の平均を求め、すべての特徴量に対する標準偏差を計算する。標準偏差を特徴量ごとに計算しないのは、MNIST などの画像データセットでは、特徴量（ピクセル位置）によってはすべての画像にわたって定数値 255（グレースケール画像の白のピクセルに対応）を持つためである。

すべてのサンプルにわたって値が一定であるということは、ばらつきがないということである。したがって、そうした特徴量の標準偏差は 0 になり、結果として 0 による除算エラーが発生する。`axis` パラメータを設定するのではなく、`np.std` を使って `X_train` 配列から標準偏差を計算するのは、そのためである。

```
>>> mean_vals = np.mean(X_train, axis=0)
>>> std_val = np.std(X_train)
>>> X_train_centered = (X_train - mean_vals) / std_val
>>> X_valid_centered = X_valid - mean_vals
>>> X_test_centered = (X_test - mean_vals) / std_val
```

CNNを実装する準備が整ったところで、さっそくCNNモデルをTensorFlowで実装してみよう。

15.3.3 TensorFlowの低レベルAPIを使ってCNNを実装する

CNNをTensorFlowで実装するにあたって、まず、CNNの構築を容易にするラッパー関数を2つ定義する。1つは畳み込み層を構築するためのラッパー関数であり、もう1つは全結合層を構築するためのラッパー関数である。

畳み込み層を構築するためのラッパー関数は次のようになる。

```
import tensorflow as tf
import numpy as np

def conv_layer(input_tensor, name, kernel_size, n_output_channels,
               padding_mode='SAME', strides=(1, 1, 1, 1)):
    with tf.variable_scope(name):
        # 入力チャネルの個数(n_input_channels)を取得:
        #   input_tensorの形状:[バッチ×幅×高さ×チャネル数]
        input_shape = input_tensor.get_shape().as_list()
        n_input_channels = input_shape[-1]

        weights_shape = (list(kernel_size) + \
                         [n_input_channels, n_output_channels])

        weights = tf.get_variable(name='_weights', shape=weights_shape)
        print(weights)
        biases = tf.get_variable(
            name='_biases', initializer=tf.zeros(shape=[n_output_channels]))
        print(biases)
        conv = tf.nn.conv2d(input=input_tensor,
                            filter=weights,
                            strides=strides,
                            padding=padding_mode)
        print(conv)
        conv = tf.nn.bias_add(conv, biases, name='net_pre-activation')
        print(conv)
        conv = tf.nn.relu(conv, name='activation')
        print(conv)

        return conv
```


このラッパー関数は、畳み込み層を構築するために必要な作業をすべて実行する。これには、重みとバイアスの定義と初期化に加えて、`tf.nn.conv2d`関数を使った畳み込み演算が含まれる。

conv_layer関数には、次の4つのパラメータを指定する必要がある。

- input_tensor … 畳み込み層に入力として渡されるテンソル
- name … 層の名前（スコープ名として使用）
- kernel_size … タプルまたはリストとして提供されるカーネルテンソルの大きさ
- n_output_channels … 出力特徴マップの個数

前章で説明したように、tf.get_variableを使用する場合、重みの初期化にはデフォルトでXavier（Glorot）初期化が使用される。これに対し、バイアスはtf.zeros関数を使って0に初期化されている。総入力（事前活性化）はReLU活性化関数に渡されている。テンソルの形状と型を確認するには、演算とTensorFlowの計算グラフを出力すればよい。次に示すように、プレースホルダを定義することで、この関数を単純な入力で試してみよう。

```
>>> g = tf.Graph()
>>> with g.as_default():
...     x = tf.placeholder(tf.float32, shape=[None, 28, 28, 1])
...     conv_layer(x, name='convtest', kernel_size=(3, 3), n_output_channels=32)
...
>>> del g, x
<tf.Variable 'convtest/_weights:0' shape=(3, 3, 1, 32) dtype=float32_ref>
<tf.Variable 'convtest/_biases:0' shape=(32,) dtype=float32_ref>
Tensor("convtest/Conv2D:0", shape=(?, 28, 28, 32), dtype=float32)
Tensor("convtest/net_pre-activaiton:0", shape=(?, 28, 28, 32), dtype=float32)
Tensor("convtest/activation:0", shape=(?, 28, 28, 32), dtype=float32)
```

全結合層を定義するためのラッパー関数は次のようになる。

```
def fc_layer(input_tensor, name, n_output_units, activation_fn=None):
    with tf.variable_scope(name):
        input_shape = input_tensor.get_shape().as_list()[1:]
        n_input_units = np.prod(input_shape)
        if len(input_shape) > 1:
            input_tensor = tf.reshape(input_tensor, shape=(-1, n_input_units))

        weights_shape = [n_input_units, n_output_units]
        weights = tf.get_variable(name='_weights', shape=weights_shape)
        print(weights)
        biases = tf.get_variable(name='_biases',
                                 initializer=tf.zeros(shape=[n_output_units]))
        print(biases)
        layer = tf.matmul(input_tensor, weights)
        print(layer)
        layer = tf.nn.bias_add(layer, biases, name='net_pre-activation')
        print(layer)
        if activation_fn is None:
            return layer
```

```
        layer = activation_fn(layer, name='activation')
        print(layer)
        return layer
```

この fc_layer 関数でも、conv_layer 関数と同様に、重みとバイアスを定義して初期化した後、tf.matmul 関数を使って行列の乗算を実行している。この関数の必須パラメータは次の3つである。

- input_tensor … 全結合層に入力として渡されるテンソル
- name … 層の名前(スコープ名として使用)
- n_output_units … 出力ユニットの個数

この関数を単純な入力テンソルで試してみよう。

```
>>> g = tf.Graph()
>>> with g.as_default():
...     x = tf.placeholder(tf.float32, shape=[None, 28, 28, 1])
...     fc_layer(x, name='fctest', n_output_units=32, activation_fn=tf.nn.relu)
...
>>> del g, x
<tf.Variable 'fctest/_weights:0' shape=(784, 32) dtype=float32_ref>
<tf.Variable 'fctest/_biases:0' shape=(32,) dtype=float32_ref>
Tensor("fctest/MatMul:0", shape=(?, 32), dtype=float32)
Tensor("fctest/net_pre-activaiton:0", shape=(?, 32), dtype=float32)
Tensor("fctest/activation:0", shape=(?, 32), dtype=float32)
```

この関数の振る舞いは、このモデルに含まれている2つの全結合層ごとに少し異なる。1つ目の全結合層は、入力を畳み込み層から直接取得する。このため、入力は4次元テンソルのままである。2つ目の全結合層では、tf.reshape 関数を使って入力テンソルを平坦化する必要がある。さらに、1つ目の全結合層からの事前活性化(総入力)は ReLU 活性化関数に渡されるが、2つ目の全結合層は logits に対応するため、線形活性化関数を使用しなければならない。

さっそく、ここまでに作成したラッパー関数を利用して、CNN 全体を構築してみよう。次に示すように、CNN モデルを構築するための build_cnn という関数を定義する。


```
def build_cnn():
    # Xとyのプレースホルダを作成
    tf_x = tf.placeholder(tf.float32, shape=[None, 784], name='tf_x')
    tf_y = tf.placeholder(tf.int32, shape=[None], name='tf_y')

    # xを4次元テンソルに変換：
    #   [バッチサイズ, 幅, 高さ, 1]
    tf_x_image = tf.reshape(tf_x, shape=[-1, 28, 28, 1], name='tf_x_reshaped')

    # one-hot エンコーディング
    tf_y_onehot = tf.one_hot(indices=tf_y, depth=10, dtype=tf.float32,
                             name='tf_y_onehot')
```

```
# 第 1 層：畳み込み層 1
print('\nBuilding 1st layer: ')
h1 = conv_layer(tf_x_image, name='conv_1',
                kernel_size=(5, 5),
                padding_mode='VALID',
                n_output_channels=32)

# 最大値プーリング
h1_pool = tf.nn.max_pool(h1,
                         ksize=[1, 2, 2, 1],
                         strides=[1, 2, 2, 1],
                         padding='SAME')
# 第 2 層：畳み込み層 2
print('\nBuilding 2nd layer: ')
h2 = conv_layer(h1_pool, name='conv_2',
                kernel_size=(5,5),
                padding_mode='VALID',
                n_output_channels=64)

# 最大値プーリング
h2_pool = tf.nn.max_pool(h2,
                         ksize=[1, 2, 2, 1],
                         strides=[1, 2, 2, 1],
                         padding='SAME')

# 第 3 層：全結合層 1
print('\nBuilding 3rd layer:')
h3 = fc_layer(h2_pool,
              name='fc_3',
              n_output_units=1024,
              activation_fn=tf.nn.relu)

# ドロップアウト
keep_prob = tf.placeholder(tf.float32, name='fc_keep_prob')
h3_drop = tf.nn.dropout(h3, keep_prob=keep_prob, name='dropout_layer')

# 第 4 層：全結合層 2（線形活性化）
print('\nBuilding 4th layer:')
h4 = fc_layer(h3_drop,
              name='fc_4',
              n_output_units=10,
              activation_fn=None)

# 予測
predictions = {
    'probabilities' : tf.nn.softmax(h4, name='probabilities'),
    'labels' : tf.cast(tf.argmax(h4, axis=1), tf.int32, name='labels')
}

# TensorBoard で計算グラフを可視化

# 損失関数と最適化
cross_entropy_loss = tf.reduce_mean(
    tf.nn.softmax_cross_entropy_with_logits(
```

```
            logits=h4, labels=tf_y_onehot),
        name='cross_entropy_loss')

    # オプティマイザ
    optimizer = tf.train.AdamOptimizer(learning_rate)
    optimizer = optimizer.minimize(cross_entropy_loss, name='train_op')

    # 予測正解率を特定
    correct_predictions = tf.equal(predictions['labels'], tf_y,
                                   name='correct_preds')

    accuracy = tf.reduce_mean(tf.cast(correct_predictions, tf.float32),
                              name='accuracy')
```

再現性のある結果を得るには、NumPy と TensorFlow で乱数シードを使用する必要がある。TensorFlow の乱数シードの設定をグラフレベルで行うには、後ほど示すように、`tf.set_random_seed` 関数をグラフスコープに配置する。この多層 CNN の計算グラフを TensorBoard で可視化すると、次のようになる。

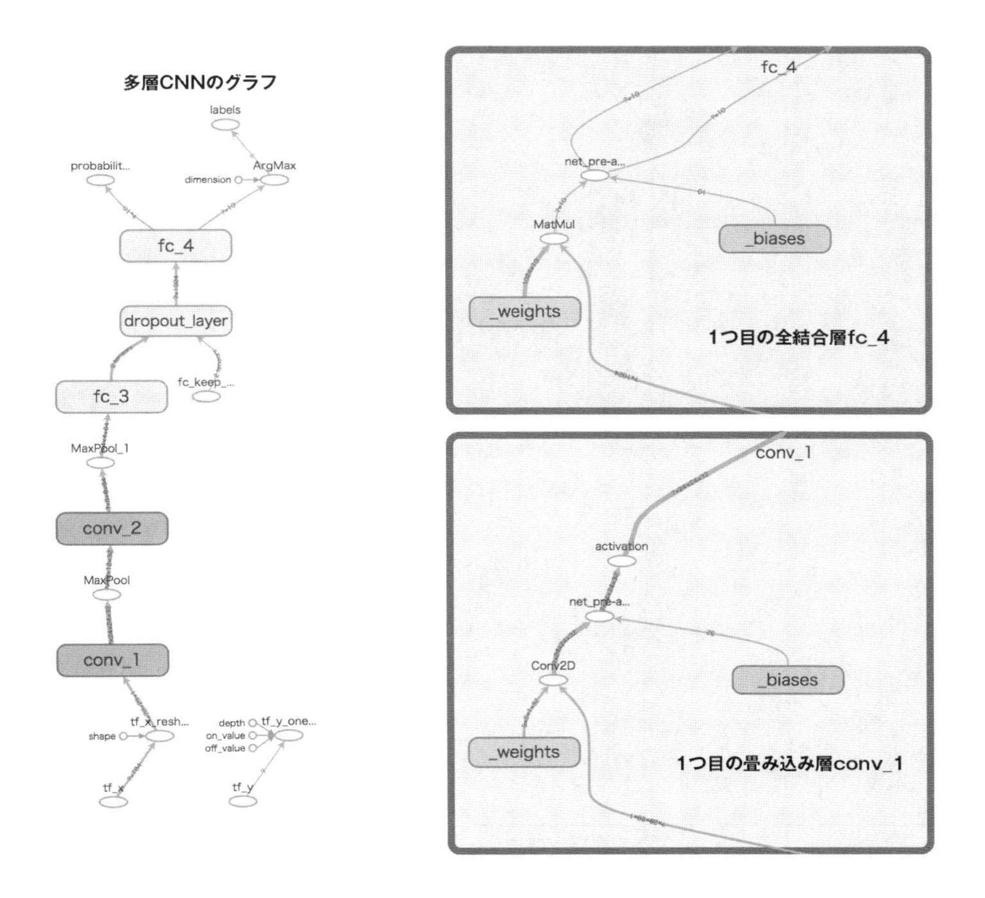

この実装では、CNNモデルのトレーニングに`tf.train.AdamOptimizer`関数を使用した。Adam (Adaptive moment estimation) は、勾配ベースの頑健な最適化手法であり、非凸最適化や機械学習の問題に適している。RMSPropとAdaGradは、Adamにヒントを得た最適化手法としてよく知られている。

Adamの主な利点は、勾配モーメントの移動平均から算出された更新ステップサイズの選択にある。より詳しく知りたい場合は、Adamについての論文を読んでみることをお勧めする[※10]。

Diederik P. Kingma and Jimmy Lei Ba, *Adam: A Method for Stochastic Optimization*, 2014
https://arxiv.org/abs/1412.6980

さらに、`save`、`load`、`train`、`predict`の4つの関数を定義する。`save`と`load`は、トレーニングされたモデルのチェックポイントの保存と読み込みを行う関数である。`train`関数は、トレーニングセット(`training_set`)を使ってモデルのトレーニングを行う。`predict`関数は、テストデータで予測されたラベルとそれらの確率を取得する。

```
def save(saver, sess, epoch, path='./model/'):
    if not os.path.isdir(path):
        os.makedirs(path)

    print('Saving model in %s' % path)
    saver.save(sess, os.path.join(path,'cnn-model.ckpt'), global_step=epoch)


def load(saver, sess, path, epoch):
    print('Loading model from %s' % path)
    saver.restore(sess, os.path.join(path, 'cnn-model.ckpt-%d' % epoch))


def train(sess, training_set, validation_set=None, initialize=True,
          epochs=20, shuffle=True, dropout=0.5, random_seed=None):
    X_data = np.array(training_set[0])
    y_data = np.array(training_set[1])
    training_loss = []

    # 変数を初期化
    if initialize:
        sess.run(tf.global_variables_initializer())

    # batch_generatorでシャッフルするため
    np.random.seed(random_seed)

    for epoch in range(1, epochs+1):
        batch_gen = batch_generator(X_data, y_data, shuffle=shuffle)
```

※10 ［監注］日本語での説明は、以下の書籍等が参考になる。
『これならわかる深層学習入門』（講談社、2017年、「4.2.7　Adam」）

```
        avg_loss = 0.0
        for i, (batch_x, batch_y) in enumerate(batch_gen):
            feed = {'tf_x:0': batch_x,
                    'tf_y:0': batch_y,
                    'fc_keep_prob:0': dropout}
            loss, _ = sess.run(['cross_entropy_loss:0', 'train_op'],
                               feed_dict=feed)
            avg_loss += loss

        training_loss.append(avg_loss / (i+1))
        print('Epoch %02d Training Avg. Loss: %7.3f' %
              (epoch, avg_loss), end=' ')
        if validation_set is not None:
            feed = {'tf_x:0': validation_set[0],
                    'tf_y:0': validation_set[1],
                    'fc_keep_prob:0': 1.0}
            valid_acc = sess.run('accuracy:0', feed_dict=feed)
            print(' Validation Acc: %7.3f' % valid_acc)
        else:
            print()


def predict(sess, X_test, return_proba=False):
    feed = {'tf_x:0': X_test, 'fc_keep_prob:0': 1.0}
    if return_proba:
        return sess.run('probabilities:0', feed_dict=feed)
    else:
        return sess.run('labels:0', feed_dict=feed)
```

次に、TensorFlow の計算グラフオブジェクトを作成し、グラフレベルで乱数シードを設定し、その計算グラフで CNN モデルを構築する。

```
>>> # ハイパーパラメータを定義
>>> learning_rate = 1e-4          # 学習率
>>> random_seed = 123             # 乱数シード
>>>
>>> # 計算グラフを作成
>>> g = tf.Graph()
>>> with g.as_default():
...     tf.set_random_seed(random_seed)
...     # モデルを構築
...     build_cnn()
...     # モデルを保存
...     saver = tf.train.Saver()
...
```

上記のコードでは、`build_cnn` 関数を呼び出してモデルを構築した後、前章で説明したように、学習済みのモデルの保存と復元を行うために、`tf.train.Saver` クラスから `saver` オブジェクトを作成していることがわかる。

次の手順は、CNN モデルのトレーニングである。モデルをトレーニングするには、計算グラフを起動するためのTensorFlowセッションを作成する必要がある。続いて、train関数を呼び出す。なお、モデルのトレーニングを最初に行うときには、CNNの変数をすべて初期化しなければならない。

train関数には、初期化のためのinitializeというパラメータが定義されている。このパラメータに引数としてinitialize=Trueを指定すると、session.runを通じてtf.global_variables_initializerが実行される。追加で数エポックのトレーニングを行う場合は、この初期化の手順を省略しなければならない。たとえば、学習済みのモデルを復元し、さらに10エポックのトレーニングを行うこともあるだろう。最初のトレーニングを行うコードは次のようになる。

```
>>> # TensorFlowセッションの作成とCNNモデルのトレーニング
>>>
>>> with tf.Session(graph=g) as sess:
...     train(sess,
...           training_set=(X_train_centered, y_train),
...           validation_set=(X_valid_centered, y_valid),
...           initialize=True,
...           random_seed=123)
...     save(saver, sess, epoch=20)
...
Epoch 01 Training Avg. Loss: 272.772 Validation Acc:   0.973
Epoch 02 Training Avg. Loss:  76.053 Validation Acc:   0.981
Epoch 03 Training Avg. Loss:  51.309 Validation Acc:   0.984
Epoch 04 Training Avg. Loss:  39.740 Validation Acc:   0.986
Epoch 05 Training Avg. Loss:  31.508 Validation Acc:   0.987
...
Epoch 19 Training Avg. Loss:   5.386 Validation Acc:   0.991
Epoch 20 Training Avg. Loss:   3.965 Validation Acc:   0.992
Saving model in ./model/
```

20エポックのトレーニングが完了した後、学習済みのモデルをあとから使用できるように保存する。それにより、モデルをそのつど再トレーニングする必要がなくなるため、計算時間が節約される。保存したモデルを復元する方法は次のようになる。計算グラフgを削除して新しい計算グラフg2を作成し、テストセットで予測を行うために学習済みのモデルを読み込む。

```
>>> # テストセットで予測正解率を計算
>>> # 保存したモデルを復元
>>>
>>> # 計算グラフを削除
>>> del g
>>>
>>> # 新しい計算グラフを作成し、モデルを構築
>>> g2 = tf.Graph()
>>> with g2.as_default():
...     tf.set_random_seed(random_seed)
...     build_cnn()
...     saver = tf.train.Saver()
...
```

```
>>> # 新しいセッションを作成し、モデルを復元
>>> with tf.Session(graph=g2) as sess:
...     load(saver, sess, epoch=20, path='./model/')
...     # 予測正解率を計算
...     preds = predict(sess, X_test_centered, return_proba=False)
...     print('Test Accuracy: %.3f%%' % (100 * np.sum(preds == y_test) / len(y_test)))
...
Building 1st layer:
    ...
Building 2nd layer:
    ...
Building 3rd layer:
    ...
Building 4th layer:
    ...
Test Accuracy: 99.310%
```

このコードを実行したときの出力には、build_cnn 関数の print 文の出力が含まれているが、それらは省略してある。この出力に示されているように、テストセットでの予測正解率はすでに第13章の多層パーセプトロンよりもよいことがわかる。

なお、テストデータセットの前処理バージョンである X_test_centered を必ず使用するようにしよう。代わりに X_test を使用すると、予測正解率は低くなってしまう。

次に、最初の 10 個のテストサンプルについて、予測されたラベルとそれらの確率を調べてみよう。予測値はすでに preds に格納されているが、このセッションで計算グラフを起動してさらに実習を行うには、それらの手順を繰り返す必要がある。

```
>>> # テストサンプルで予測を実行
>>> np.set_printoptions(precision=2, suppress=True)
>>>
>>> with tf.Session(graph=g2) as sess:
...     load(saver, sess, epoch=20, path='./model/')
...     print(predict(sess, X_test_centered[:10], return_proba=False))
...     print(predict(sess, X_test_centered[:10], return_proba=True))
...
Loading model from ./model/
[7 2 1 0 4 1 4 9 5 9]
[[ 0.    0.    0.    0.    0.    0.    0.    1.    0.    0.  ]
 [ 0.    0.    1.    0.    0.    0.    0.    0.    0.    0.  ]
 [ 0.    1.    0.    0.    0.    0.    0.    0.    0.    0.  ]
 [ 1.    0.    0.    0.    0.    0.    0.    0.    0.    0.  ]
 [ 0.    0.    0.    0.    1.    0.    0.    0.    0.    0.  ]
 [ 0.    1.    0.    0.    0.    0.    0.    0.    0.    0.  ]
 [ 0.    0.    0.    0.    1.    0.    0.    0.    0.    0.  ]
 [ 0.    0.    0.    0.    0.    0.    0.    0.    0.    1.  ]
 [ 0.    0.    0.    0.    0.    0.99  0.01  0.    0.    0.  ]
 [ 0.    0.    0.    0.    0.    0.    0.    0.    0.    1.  ]]
```

最後に、合計で 40 エポックになるまでモデルをさらにトレーニングする方法を見てみよう。

すでに初期化された重みとバイアスを使って 20 エポックのトレーニングを行っているため、学習済みのモデルを復元してさらに 20 エポックのトレーニングを行えば、時間を節約することができる。この場合は、とても簡単である。train 関数を再び呼び出す必要があるが、今回は initialize=False を設定することで、初期化ステップを省略する。

```
>>> # さらに 20 エポックのトレーニングを行う
>>> # 初期化は再び行わない：initialize=False
>>> # 新しいセッションを作成し、モデルを復元する
>>> with tf.Session(graph=g2) as sess:
...     load(saver, sess, epoch=20, path='./model/')
...
...     train(sess,
...           training_set=(X_train_centered, y_train),
...           validation_set=(X_valid_centered, y_valid),
...           initialize=False,
...           epochs=20,
...           random_seed=123)
...
...     save(saver, sess, epoch=40, path='./model/')
...     preds = predict(sess, X_test_centered, return_proba=False)
...     print('Test Accuracy: %.3f%%' % (100 * np.sum(preds == y_test)/len(y_test)))
...

Test Accuracy: 99.370%
```

さらに 20 エポックのトレーニングを行った結果、予測性能が少し改善され、テストセットの予測正解率として 99.37% が得られたことがわかる。

ここでは、TensorFlow の低レベル API で多層 CNN を実装する方法を確認した。次項では、TensorFlow の Layers API を使って同じ CNN を実装してみよう。

15.3.4 TensorFlow の Layers API を使って CNN を実装する

TensorFlow の Layers API を使った実装でも、X_train_centered、X_valid_centered、X_test_centered を取得するためのデータの読み込みと前処理という手順を繰り返す必要がある。その後、このモデルを新しいクラスで次のように実装できる。

```
import tensorflow as tf
import numpy as np

class ConvNN(object):
    def __init__(self, batchsize=64, epochs=20, learning_rate=1e-4,
                 dropout_rate=0.5, shuffle=True, random_seed=None):
        np.random.seed(random_seed)
        self.batchsize = batchsize
        self.epochs = epochs
        self.learning_rate = learning_rate
        self.dropout_rate = dropout_rate
```

```
        self.shuffle = shuffle

        g = tf.Graph()
        with g.as_default():
            # 乱数シード（random-seed）を設定
            tf.set_random_seed(random_seed)
            # モデルを構築
            self.build()
            # 変数を初期化
            self.init_op = tf.global_variables_initializer()
            # saver
            self.saver = tf.train.Saver()

        # セッションを作成
        self.sess = tf.Session(graph=g)


    def build(self):
        # X と y のプレースホルダを作成
        tf_x = tf.placeholder(tf.float32, shape=[None, 784], name='tf_x')
        tf_y = tf.placeholder(tf.int32, shape=[None], name='tf_y')
        is_train = tf.placeholder(tf.bool, shape=(), name='is_train')

        # x を 4 次元テンソルに変換：[バッチサイズ, 幅, 高さ, 1]
        tf_x_image = tf.reshape(tf_x, shape=[-1, 28, 28, 1],
                                name='input_x_2dimages')

        # one-hot エンコーディング
        tf_y_onehot = tf.one_hot(indices=tf_y, depth=10, dtype=tf.float32,
                                 name='input_y_onehot')

        # 第 1 層：畳み込み層 1
        h1 = tf.layers.conv2d(tf_x_image,
                              kernel_size=(5, 5),
                              filters=32,
                              activation=tf.nn.relu)

        # 最大値プーリング
        h1_pool = tf.layers.max_pooling2d(h1,
                                          pool_size=(2, 2),
                                          strides=(2, 2))

        # 第 2 層：畳み込み層 2
        h2 = tf.layers.conv2d(h1_pool,
                              kernel_size=(5,5),
                              filters=64,
                              activation=tf.nn.relu)

        # 最大値プーリング
        h2_pool = tf.layers.max_pooling2d(h2,
                                          pool_size=(2, 2),
                                          strides=(2, 2))

        # 第 3 層：全結合層 1
```

15

```
        input_shape = h2_pool.get_shape().as_list()
        n_input_units = np.prod(input_shape[1:])
        h2_pool_flat = tf.reshape(h2_pool, shape=[-1, n_input_units])
        h3 = tf.layers.dense(h2_pool_flat, 1024, activation=tf.nn.relu)

        # ドロップアウト
        h3_drop = tf.layers.dropout(h3,
                                    rate=self.dropout_rate,
                                    training=is_train)

        # 第 4 層：全結合層 2（線形活性化）
        h4 = tf.layers.dense(h3_drop,
                             10,
                             activation=None)

        # 予測
        predictions = {
            'probabilities': tf.nn.softmax(h4, name='probabilities'),
            'labels': tf.cast(tf.argmax(h4, axis=1), tf.int32, name='labels')
        }

        # 損失関数と最適化
        cross_entropy_loss = tf.reduce_mean(
            tf.nn.softmax_cross_entropy_with_logits(
                logits=h4, labels=tf_y_onehot),
            name='cross_entropy_loss')

        # オプティマイザ
        optimizer = tf.train.AdamOptimizer(self.learning_rate)
        optimizer = optimizer.minimize(cross_entropy_loss, name='train_op')

        # 予測正解率を特定
        correct_predictions = tf.equal(predictions['labels'], tf_y,
                                       name='correct_preds')

        accuracy = tf.reduce_mean(tf.cast(correct_predictions, tf.float32),
                                  name='accuracy')


    def save(self, epoch, path='./tflayers-model/'):
        if not os.path.isdir(path):
            os.makedirs(path)

        print('Saving model in %s' % path)
        self.saver.save(self.sess,
                        os.path.join(path, 'model.ckpt'),
                        global_step=epoch)


    def load(self, epoch, path):
        print('Loading model from %s' % path)
        self.saver.restore(self.sess,
                           os.path.join(path, 'model.ckpt-%d' % epoch))
```

```
    def train(self, training_set, validation_set=None, initialize=True):
        # 変数を初期化
        if initialize:
            self.sess.run(self.init_op)

        self.train_cost_ = []
        X_data = np.array(training_set[0])
        y_data = np.array(training_set[1])

        for epoch in range(1, self.epochs + 1):
            batch_gen = batch_generator(X_data, y_data, shuffle=self.shuffle)
            avg_loss = 0.0
            for i, (batch_x,batch_y) in enumerate(batch_gen):
                feed = {'tf_x:0': batch_x,
                        'tf_y:0': batch_y,
                        'is_train:0': True}  # ドロップアウト
                loss, _ = self.sess.run(['cross_entropy_loss:0', 'train_op'],
                                        feed_dict=feed)
                avg_loss += loss

            print('Epoch %02d: Training Avg. Loss: %7.3f' %
                  (epoch, avg_loss), end=' ')
            if validation_set is not None:
                feed = {'tf_x:0': batch_x,
                        'tf_y:0': batch_y,
                        'is_train:0': False}  # ドロップアウト
                valid_acc = self.sess.run('accuracy:0', feed_dict=feed)
                print('Validation Acc: %7.3f' % valid_acc)
            else:
                print()


    def predict(self, X_test, return_proba=False):
        feed = {'tf_x:0': X_test,
                'is_train:0': False}  # ドロップアウト
        if return_proba:
            return self.sess.run('probabilities:0', feed_dict=feed)
        else:
            return self.sess.run('labels:0', feed_dict=feed)
```


このクラスの構造は、前項でTensorFlowの低レベルAPIを使用したときの構造と非常によく似ている。このクラスのコンストラクタでは、トレーニングパラメータを設定し、計算グラフgを作成し、モデルを構築している。コンストラクタの他に、主なメソッドとして次の5つが定義されている。

- `build` … モデルを構築
- `save` … トレーニングしたモデルを保存
- `load` … 保存したモデルを復元
- `train` … モデルをトレーニング

- predict … テストセットで予測を実行

前項の実装と同様に、最初の全結合層の後にドロップアウト層を使用している。TensorFlowの低レベルAPIに基づく前項の実装ではtf.nn.dropout関数を使用したが、ここではtf.layers.dropout関数を使用している。この関数はtf.nn.dropout関数のラッパーである。これら2つの関数の間には、注意しなければならない主な違いが2つある。

- tf.nn.dropout関数には、ユニットをキープする割合を表すkeep_probというパラメータがあるが、tf.layers.dropout関数には、ユニットがドロップアウトする割合を表すrateというパラメータがある。したがって、rate = 1 - keep_probである。
- tf.nn.dropout関数では、keep_probパラメータに対する引数にプレースホルダを使用する。このため、トレーニングの際には、keep_prob=0.5を使用することになる。そして予測の際には、keep_prob=1を使用する。これに対し、tf.layers.dropout関数では、rateパラメータへの引数は計算グラフでドロップアウト層を作成したときに提供され、トレーニングや予測を行うときにrateの値を変更することはできない。代わりに、trainingというtf.bool型の引数を指定することで、ドロップアウトを適用する必要があるかどうかを指定する必要がある。この作業には、tf.bool型のプレースホルダを使用できる。それにより、トレーニングの際にはTrueの値を提供し、予測の際にはFalseの値を提供することになる。

ConvNNクラスのインスタンスを作成し、20エポックでトレーニングを行い、学習済みのモデルを保存してみよう。

```
>>> cnn = ConvNN(random_seed=123)
>>>
>>> ## モデルのトレーニング
>>> cnn.train(training_set=(X_train_centered, y_train),
...           validation_set=(X_valid_centered, y_valid))
>>> cnn.save(epoch=20)
```

トレーニングが完了したら、このモデルを使ってテストデータセットで予測を行うことができる。

```
>>> del cnn
>>>
>>> cnn2 = ConvNN(random_seed=123)
>>> cnn2.load(epoch=20, path='./tflayers-model/')
>>> print(cnn2.predict(X_test_centered[:10,:]))
Loading model from ./tflayers-model/
[7 2 1 0 4 1 4 9 5 9]
```

最後に、テストデータセットでの正解率を測定する。

```
>>> preds = cnn2.predict(X_test_centered)
>>>
>>> print('Test Accuracy: %.2f%%' % (100 * np.sum(y_test == preds) / len(y_test)))
Test Accuracy: 99.32%
```

測定された予測正解率は99.32%であり、誤分類されたテストサンプルはたった68個である！

TensorFlowの低レベルAPIとLayers APIを使ったCNNの実装については以上である。TensorFlowの低レベルAPIを使った最初の実装では、ラッパー関数をいくつか定義した。TensorFlowのLayers APIを使った2つ目の実装は、もう少し簡単だった。というのも、`tf.layers.conv2d`関数と`tf.layers.dense`関数を使って畳み込み層と全結合層を構築できたからだ。

まとめ

本章では、畳み込みニューラルネットワーク（CNN）を取り上げ、さまざまなCNNアーキテクチャの構成要素を調べた。まず、畳み込み演算を定義した。次に、1次元と2次元の実装について説明することで、畳み込みの基礎を理解した。

また、サブサンプリングを取り上げ、最大値プーリングと平均値プーリングという2種類のプーリング演算を紹介した。次に、これらの構成要素をすべて組み合わせることで、ディープ畳み込みニューラルネットワークを構築し、TensorFlowの低レベルAPIとLayers APIを使って画像分類に適用した。

次章では、**リカレントニューラルネットワーク**（Recurrent Neural Network:RNN）を取り上げる。RNNは系列データの構造を学習するために使用される。RNNには、言語の翻訳や画像キャプショニングなど、魅力的な応用例がある。

15

MEMO

Modeling Sequential Data Using Recurrent Neural Networks

第16章 系列データのモデル化 — リカレントニューラルネットワーク

前章では、画像分類のための**畳み込みニューラルネットワーク**（CNN）を重点的に取り上げた。本章では、**リカレントニューラルネットワーク**（Recurrent Neural Network：RNN）に焦点を合わせ、系列データのモデル化への応用と、系列データの一種である時系列データを取り上げる。本章では、次の項目を取り上げる。

- 系列データの概要
- RNN：シーケンスモデルの構築
- **長短期記憶**（LSTM）
- **T-BPTT**（Truncated Backpropagation Through Time）
- シーケンスモデルを構築するための TensorFlow での多層 RNN の実装
- プロジェクト 1：RNN による IMDb 映画レビューデータセットの感情分析
- プロジェクト 2：シェイクスピアの『ハムレット』を使って文字レベルの言語モデルを RNN モデルとして構築
- 勾配の発散を回避するための勾配刈り込みの使用

Python による機械学習の旅は本章をもって完結となる。そこで、RNN について本章で学んだことと、機械学習とディープラーニングについてここまで学んできたことを最後にまとめたいと考えている。そして、機械学習とディープラーニングの旅をさらに続けるために、このすばらしい分野で活躍している人々や取り組みへのリンクを用意している。

16.1 系列データ

リカレントニューラルネットワーク(RNN)を説明するにあたって、まず系列データの性質から見ていくことにする。より一般的には、系列データは**シーケンス**(sequence)と呼ばれる。ここでは、系列データのユニークな特性を調べることで、他の種類のデータとどのように異なるのかを明らかにする。次に、系列データをどのようにして表現できるのかを確認し、系列データのモデルのさまざまなカテゴリを調べる。それらのカテゴリは、モデルの入力と出力に基づいている。この知識があれば、後ほど RNN とシーケンスとの関係を調べるときに役立つだろう。

16.1.1 系列データのモデル化:順序は大切

系列データ(シーケンス)と他の種類のデータとの違いは、シーケンスでは要素が特定の順序で並んでいて、互いに無関係ではないことにある。

第 6 章で説明したように、教師あり機械学習の典型的な機械学習アルゴリズムでは、入力データが**独立同分布**(Independent and Identically Distributed:IID)であることが前提となる。たとえば、n 個のデータサンプル $x^{(1)}, x^{(2)}, \ldots, x^{(n)}$ がある場合、このデータを機械学習アルゴリズムのトレーニングに使用するときの順序は問題ではない。

しかし、シーケンスを扱うときには、この前提は成り立たなくなる。当然ながら、順序は重要だからである。

16.1.2 系列データを表現する

入力データでは、シーケンスの要素が互いに依存する順序で並んでいることが裏付けられたとする。次に必要なのは、この貴重な情報を機械学習モデルに利用する方法を見つけ出すことである。

本章では、シーケンスを $\left(x^{(1)}, x^{(2)}, \ldots, x^{(T)}\right)$ で表すことにする。上付き文字はインスタンスの順序を表しており、シーケンスの長さは T である。さて、シーケンスと言えば、時系列データである。時系列データでは、各サンプル点 $\boldsymbol{x}^{(t)}$ が特定の時間 t に属している。

次の図は、時系列データの例を示している。この図では、x' と y' が時間軸に沿って自然な順序で並んでいる。したがって、x' と y' はシーケンスである。

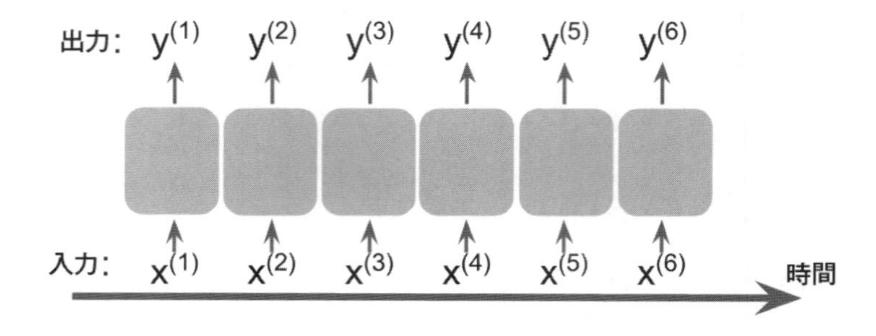

本書で取り上げてきた多層パーセプトロン（MLP）や畳み込みニューラルネットワーク（CNN）といった標準のニューラルネットワークモデルは、入力サンプルの**順序**を処理できない。直観的に言えるのは、そうしたモデルが過去に検出したサンプルの**記憶**を持たないことである。たとえば、それらのサンプルはフィードフォワードステップとバックプロパゲーションステップを通過していく。そして、それらの重みはサンプルが処理される順序とは無関係に更新される。

対照的に、リカレントニューラルネットワーク（RNN）の目的は、シーケンスを設計し、モデル化することにある。RNN は、過去の情報を記憶しておき、その情報に従って新しい事象を処理できる。

16.1.3 シーケンスモデルのさまざまなカテゴリ

シーケンスモデルには、魅力的な応用例がいくつもある。たとえば、英語からドイツ語などへの言語の翻訳、画像キャプショニング、テキスト生成などが挙げられる。

ただし、適切なモデルを開発するには、シーケンスモデルを構築するためのさまざまな種類のタスクを理解する必要がある。次の図は、入力データと出力データの何種類かの関係をまとめたものである。この図は Andrej Karpathy のブログに投稿されたすばらしい記事の内容[※1]に基づいている。

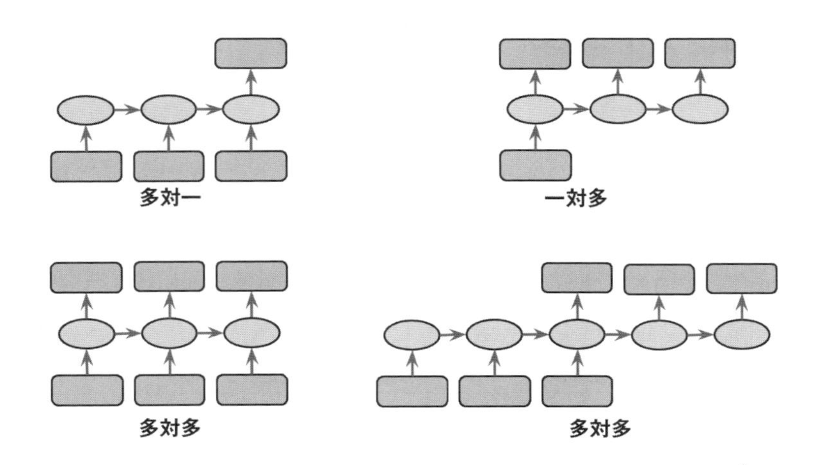

この図に示されている入力データと出力データについて考えてみよう。入力データと出力データがどちらもシーケンスを表さないとしたら、標準のデータを扱っていることになる。このため、そうしたデータをモデル化するための手法をどれでも利用できる。しかし、入力データと出力データのどちらかがシーケンスであるとしたら、そのデータは次の 3 種類のカテゴリのいずれかに分類される。

※1 Andrej Karpathy, *The Unreasonable Effectiveness of Recurrent Neural Networks*, http://karpathy.github.io/2015/05/21/rnn-effectiveness/

- **多対一**
  入力データはシーケンスだが、出力は（シーケンスではなく）固定サイズのベクトルである。たとえば感情分析では、入力はテキストベースであり、出力はクラスラベルである。
- **一対多**
  入力データは標準フォーマットであり、シーケンスではないが、出力はシーケンスである。このカテゴリの一例は、画像キャプショニングである。画像キャプショニングでは、入力は画像であり、出力は英語のフレーズである。
- **多対多**
  入力データと出力データはどちらもシーケンスである。このカテゴリは、入力と出力が同期するかどうかに基づいてさらに分割できる。多対多の**同期**モデルの一例は動画分類である。動画分類では、動画の各フレームがラベル付けされる。多対多の**遅延**モデルの一例は言語の翻訳である。たとえば、英語をドイツ語に翻訳するときには、英語の文章全体を読み込んで処理した上でドイツ語に翻訳しなければならない。

シーケンスモデルのカテゴリを理解したところで、RNNの構造について説明することにしよう。

16.2 リカレントニューラルネットワーク：シーケンスモデルの構築

シーケンス（系列データ）について理解したところで、リカレントニューラルネットワーク（RNN）の基礎を調べてみよう。まず、RNNの一般的な構造を紹介し、1つ以上の隠れ層を持つRNNをデータがどのように流れていくのかを確認する。次に、一般的なRNNにおいて、ニューロンの活性化がどのように計算されるのかを調べる。その知識をもとに、RNNのトレーニングを行うときの主な課題を明らかにし、そうした課題に対する現代の解決策である長短期記憶（LSTM）を調べる。

16.2.1 RNNの構造とデータの流れを理解する

まず、RNNのアーキテクチャから見ていこう。次の図は、標準的なフィードフォワードニューラルネットワーク（左）とRNN（右）を示している。

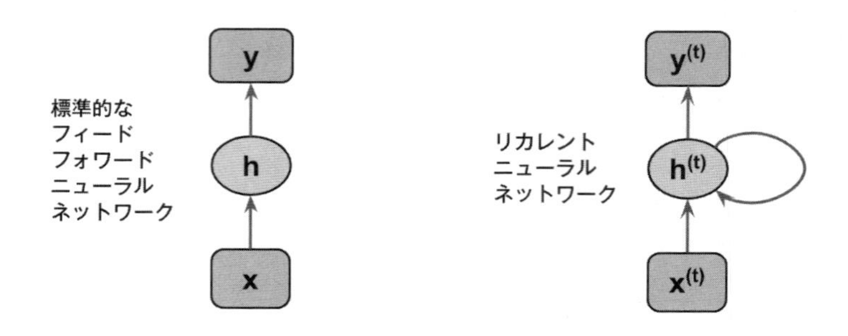

どちらのネットワークにも隠れ層が1つだけ含まれている。この図にはユニットは表示されていないが、入力層（**x**）、隠れ層（**h**）、出力層（**y**）は複数のユニットを含んだベクトルであると想定する。

この一般的なRNNアーキテクチャは、入力がシーケンスである2つのシーケンスモデルカテゴリに分類することが可能である。たとえば、$\boldsymbol{y}^{(t)}$ を最終出力と見なす場合は、多対多に分類できる。あるいは、$\boldsymbol{y}^{(t)}$ の最後の要素だけを最終出力として使用する場合は、多対一に分類できる。後ほど、出力シーケンス $\boldsymbol{y}^{(t)}$ をシーケンスではない標準の出力に変換する方法を紹介する。

標準のフィードフォワードニューラルネットワークでは、情報は入力層から隠れ層へ流れ、隠れ層から出力層へ流れる。これに対し、RNNでは、隠れ層の入力は入力層から得られるだけでなく、1つ前の時間刻みの隠れ層からも得られる。

隠れ層の連続する時間刻みの間を情報が流れることにより、ネットワークが過去の事象に関する記憶を持つことが可能になる。こうした情報の流れは、通常はループ（循環）として表示される。グラフ表記では、このループは**リカレントエッジ**（recurrent edge）とも呼ばれる。このアーキテクチャ全体を「リカレントニューラルネットワーク」と呼ぶのは、そのためである。

次の図では、隠れ層が1つのRNN（上）と隠れ層が複数のRNN（下）のアーキテクチャを比較することができる。

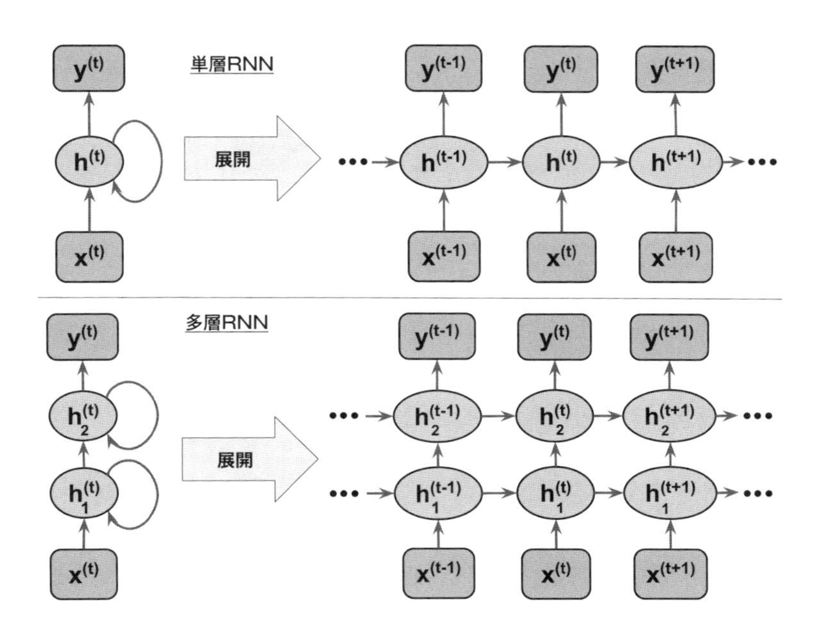

この図に示されているように、RNNのアーキテクチャと情報の流れを調べるには、リカレントエッジを含んだコンパクトな表現を展開してみればよい。

知ってのとおり、標準的なニューラルネットワークの隠れユニットが受け取る入力はそれぞれ1つだけである。隠れユニットの入力は、入力層に関連付けられた事前活性化（総入力）である。対照的に、RNNの隠れユニットはそれぞれ、入力層からの事前活性化と、1つ前の時間刻み $t-1$ の同じ隠れ層からの活性化という2つの入力を受け取る。

最初の時間刻み $t=0$ では、隠れユニットはそれぞれ0または小さな乱数で初期化される。次に、$t>0$ の時間刻みでは、隠れユニットは2つの場所から入力を受け取る。それらは、現在の時間のデータ点 $\boldsymbol{x}^{(t)}$ と、1つ前の時間刻み $t-1$ の隠れユニットの値 $\boldsymbol{h}^{(t-1)}$ である。

同様に、多層RNNの場合は、情報の流れを次のようにまとめることができる。

- layer =1
  この場合、隠れ層は $\boldsymbol{h}_1^{(t)}$ で表される。隠れ層の入力は、データ点 $\boldsymbol{x}^{(t)}$ と、同じ層の1つ前の時間刻みの隠れユニットの値 $\boldsymbol{h}_1^{(t-1)}$ である。
- layer =2
  2つ目の隠れ層 $\boldsymbol{h}_2^{(t)}$ は、現在の時間刻みの下にある層の隠れユニット $\boldsymbol{h}_1^{(t)}$ と、同じ層の1つ前の時間刻みの隠れユニット $\boldsymbol{h}_2^{(t-1)}$ から入力を受け取る。

16.2.2 RNNで活性化を計算する

RNNの構造と全体的な情報の流れを理解したところで、少し具体的な内容に踏み込み、隠れ層と出力層の実際の活性化を計算してみよう。話を単純にするために、隠れ層は1つだけであると仮定する。ただし、ここで説明する概念は多層RNNにも当てはまる。

先ほどのRNN表現の有向エッジ（ボックス間の結合）にはそれぞれ重み行列が関連付けられている。それらの重みは時間 t に依存しないため、時間軸をまたいで共有される。単層RNNの重み行列は次の3つである。

- $\boldsymbol{W}_{xh}$ … 入力 $\boldsymbol{x}^{(t)}$ と隠れ層 $\boldsymbol{h}$ の間の重み行列
- $\boldsymbol{W}_{hh}$ … リカレントエッジに関連付けられた重み行列
- $\boldsymbol{W}_{hy}$ … 隠れ層と出力層の間の重み行列

これらの重み行列を図解すると、次のようになる。

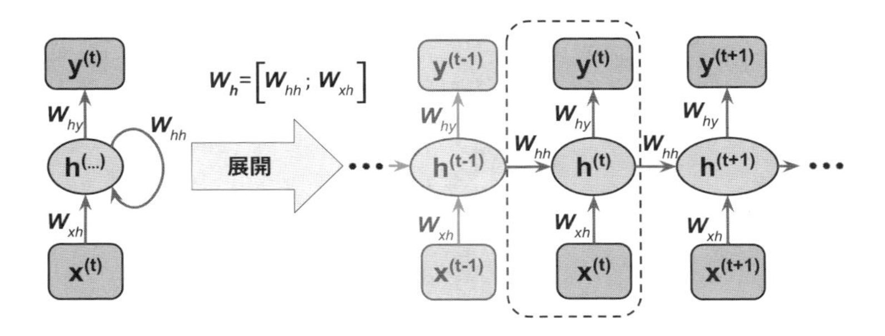

特定の実装では、重み行列 $\boldsymbol{W}_{xh}$ と $\boldsymbol{W}_{hh}$ は行列 $\boldsymbol{W}_h = [\boldsymbol{W}_{xh};\boldsymbol{W}_{\rm hh}]$ として結合される。後ほど、この表記も利用する。

活性化の計算は、標準の多層パーセプトロンや他の種類のフィードフォワードニューラルネットワークでの計算と非常によく似ている。隠れ層の総入力（事前活性化）$\boldsymbol{z}_h$ は、線形結合を通じて計算される。具体的には、重み行列と対応するベクトルの乗算の和を求め、バイアスユニットを足す。

$$\boldsymbol{z}_h^{(t)} = \boldsymbol{W}_{xh}\boldsymbol{x}^{(t)} + \boldsymbol{W}_{hh}\boldsymbol{h}^{(t-1)} + \boldsymbol{b}_h \tag{16.2.1}$$

そして、時間刻み t での隠れユニットの活性化を次のように計算する。

$$\boldsymbol{h}^{(t)} = \phi_h\left(\boldsymbol{z}_h^{(t)}\right) = \phi_h\left(\boldsymbol{W}_{xh}\boldsymbol{x}^{(t)} + \boldsymbol{W}_{hh}\boldsymbol{h}^{(t-1)} + \boldsymbol{b}_h\right) \tag{16.2.2}$$

ここで、$\boldsymbol{b}_h$ は隠れユニットのバイアスベクトルであり、$\phi_h(\cdot)$ は隠れ層の活性化関数である。

連結後の重み行列 $\boldsymbol{W}_h = [\boldsymbol{W}_{xh};\boldsymbol{W}_{hh}]$ を使用したい場合は、隠れユニットの計算式を次のように変更する。

$$\boldsymbol{h}^{(t)} = \phi_h\left([\boldsymbol{W}_{xh};\boldsymbol{W}_{hh}]\begin{bmatrix}\boldsymbol{x}^{(t)} \\ \boldsymbol{h}^{(t-1)}\end{bmatrix} + \boldsymbol{b}_h\right) \tag{16.2.3}$$

現在の時間刻みで隠れユニットの活性化を計算した後は、出力ユニットの計算式を次のように変更する。

$$\boldsymbol{y}^{(t)} = \phi_y\left(\boldsymbol{W}_{hy}\boldsymbol{h}^{(t)} + \boldsymbol{b}_y\right) \tag{16.2.4}$$

この点をより明確にするために、次の図を見てみよう。この図は、式 16.2.2 と式 16.2.3 を使って活性化を計算するプロセスを示している。

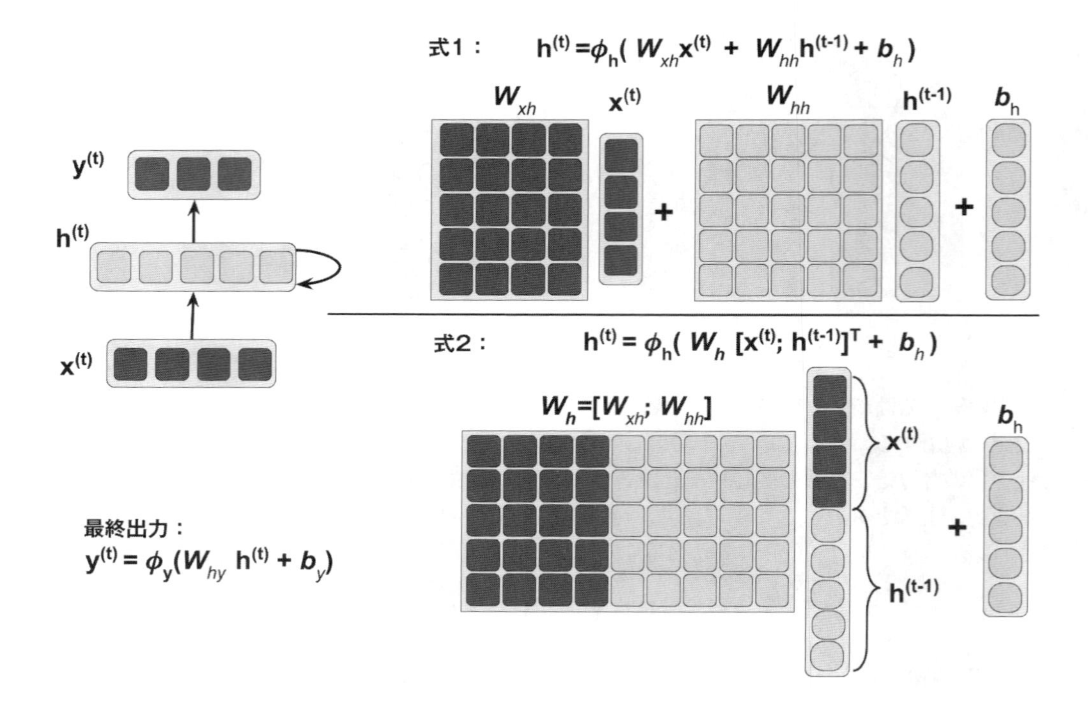

BPTT を使った RNN のトレーニング

RNN の学習アルゴリズムである BPTT が紹介されたのは、1990 年代のことである。

Backpropagation Through Time: What It Does and How to Do It, Paul Werbos, Proceedings of IEEE, 78(10):1550-1560, 1990

勾配の導出は少し複雑かもしれないが、基本的には、全損失 L を時間 $t = 1$ から $t = T$ までのすべての損失関数の総和であると考える。

$$L = \sum_{t=1}^{T} L^{(t)}$$

時間 $1{:}t$ の損失は、それ以前のすべての時間刻み $1{:}t$ の隠れユニットに依存するため、勾配は次のように計算される。

$$\frac{\partial L^{(t)}}{\partial \mathbf{W}_{hh}} = \frac{\partial L^{(t)}}{\partial \boldsymbol{y}^{(t)}} \times \frac{\partial \boldsymbol{y}^{(t)}}{\partial \boldsymbol{h}^{(t)}} \times \left(\sum_{k=1}^{t} \frac{\partial \boldsymbol{h}^{(t)}}{\partial \boldsymbol{h}^{(k)}} \times \frac{\partial \boldsymbol{h}^{(k)}}{\partial \mathbf{W}_{hh}} \right)$$

ここで、$\frac{\partial \boldsymbol{h}^{(t)}}{\partial \boldsymbol{h}^{(k)}}$ は連続する時間刻みの総乗として計算される。

$$\frac{\partial \boldsymbol{h}^{(t)}}{\partial \boldsymbol{h}^{(k)}} = \prod_{i=k+1}^{t} \frac{\partial \boldsymbol{h}^{(i)}}{\partial \boldsymbol{h}^{(i-1)}}$$

16.2.3 長期的な相互作用の学習

前項のコラムで簡単に触れた **BPTT**（Backpropagation Through Time）は、新たな課題をいくつかもたらしている。

損失関数の勾配を計算するときの乗法係数 $\frac{\partial \boldsymbol{h}^{(t)}}{\partial \boldsymbol{h}^{(k)}}$ により、いわゆる**勾配消失**（vanishing gradient）問題と**勾配発散**（exploding gradient）問題が発生する。次の図は、この問題がどのようなものであるかを示している。話を単純にするために、RNN の隠れユニットは 1 つに限定している。

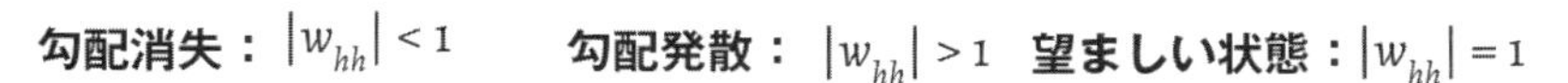

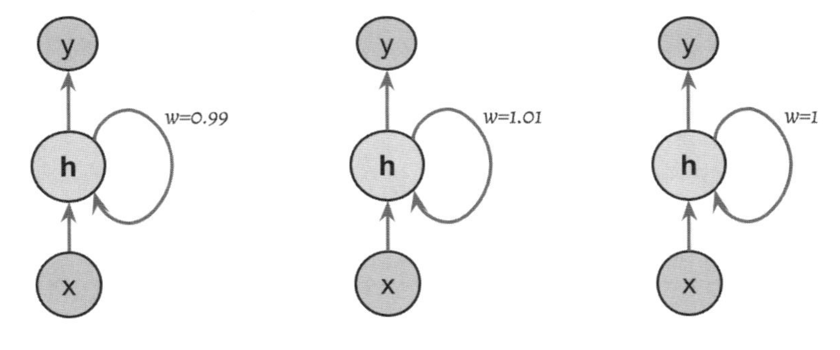

基本的には、$\frac{\partial \boldsymbol{h}^{(t)}}{\partial \boldsymbol{h}^{(k)}}$ は $t-k$ の総乗である。したがって、重み w を $t-k$ 回掛けると、係数 W^{t-k} が得られる。結果として、$|w| < 1$ であるとすれば、$t-k$ が大きい場合、この係数は非常に小さくなる。一方で、リカレントエッジの重みが $|w| > 1$ であるとすれば、$t-k$ が大きい場合、W^{t-k} は非常に大きくなる。大きな $t-k$ は長期的な依存関係を表すことに注意しよう。

直観的にわかるのは、勾配消失問題や勾配発散問題を回避するための単純な解決策が、$|w| = 1$ を保証することによって実現できることである。この問題に興味があり、詳しく調べてみたい場合は、R. Pascanu、T. Mikolov、Y. Bengio の論文[※2]を読んでみることをお勧めする。

実際には、この問題に対する解決策が 2 つある。

- T-BPTT（Truncated Backpropagation Through Time）
- 長短期記憶（Long Short-Term Memory：LSTM）

※2 *On the difficulty of training Recurrent Neural Networks*, 2012, https://arxiv.org/pdf/1211.5063.pdf

T-BPTTは、指定されたしきい値の上で勾配を刈り込む。T-BPTTは勾配発散問題を解決できるが、この刈り込みにより、勾配とは逆方向に進んで重みを正しく更新できる時間刻みの数が制限される。

一方で、1997年にHochreiterとSchmidhuberによって設計された長短期記憶（LSTM）は、勾配消失問題を克服することにより、シーケンスでの長期的な依存関係のモデル化において成功を収めている。LSTMを少し詳しく見てみよう。

16.2.4 LSTMのユニット

長短期記憶（LSTM）は、勾配消失問題を解決する方法として1997年に提唱された[※3]。LSTMの構成要素は**メモリセル**（memory cell）である。メモリセルは、基本的には、隠れ層を表す。

各メモリセルには、勾配消失問題と勾配発散問題を克服するためのリカレントエッジが存在する。先に述べたように、リカレントエッジの望ましい重みは$w = 1$である。このリカレントエッジに関連付けられる値は**セル状態**（cell state）と呼ばれる。次の図は、現代のLSTMセルの構造を展開したものである。

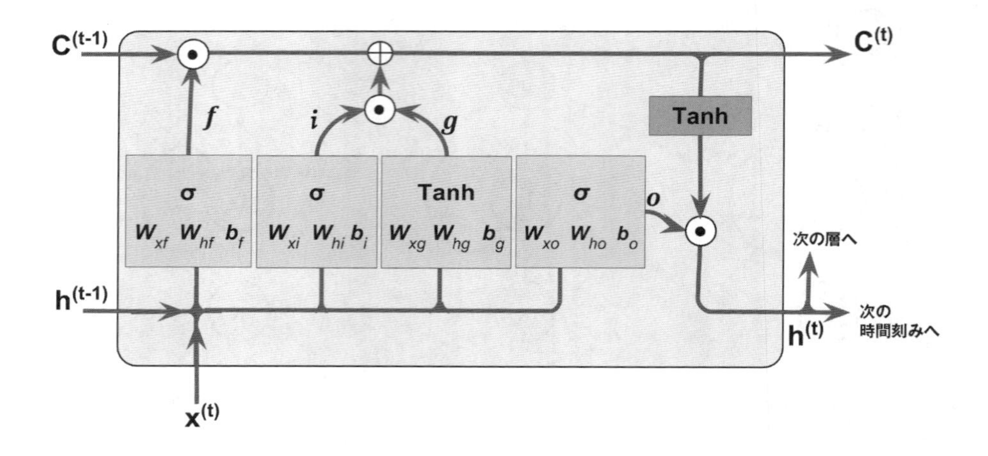

この図からわかるように、1つ前の時間刻みのセル状態$\boldsymbol{C}^{(t-1)}$が、現在の時間刻みのセル状態$\boldsymbol{C}^{(t)}$を取得するために（重み係数を直接掛けることなく）変更される。

このメモリセルでの情報の流れは、次に説明する計算ユニットによって制御される。先の図の⊙は**要素ごとの積**（要素ごとの乗算）を表しており、⊕は**要素ごとの和**（要素ごとの加算）を表している。さらに、$\boldsymbol{x}^{(t)}$は時間tでの入力データを表しており、$\boldsymbol{h}^{(t-1)}$は時間$t-1$での隠れユニットを表している。

4つのボックスには、活性化関数と一連の重みが含まれている。活性化関数は、シグモイド関数（σ）か双曲線正接関数（tanh）である。これらのボックスでは、入力で行列とベクトルの乗算を行う

※3　S. Hochreiter and J. Schmidhuber, *Long Short-Term Memory*, Neural Computation, 9(8): 1735-1780, 1997, http://web.eecs.utk.edu/~itamar/courses/ECE-692/Bobby_paper1.pdf

ことで、線形結合を適用する。これらの計算ユニットとシグモイド活性化関数は**ゲート**（gate）と呼ばれる。ゲートの出力ユニットは ⊙ を通じて渡される。

LSTM セルには、忘却ゲート、入力ゲート、出力ゲートの 3 種類のゲートが存在する。

- **忘却ゲート**（$\boldsymbol{f}_t$）では、メモリセルを無限に成長させるのではなく、セル状態をリセットできる。実際には、忘却ゲートは通過させる情報と通過させない情報を決定する。$\boldsymbol{f}_t$ は次のように計算される。

$$\boldsymbol{f}_t = \sigma\left(\boldsymbol{W}_{xf}\boldsymbol{x}^{(t)} + \boldsymbol{W}_{hf}\boldsymbol{h}^{(t-1)} + \boldsymbol{b}_f\right) \tag{16.2.5}$$

なお、忘却ゲートは最初から LSTM セルの一部だったわけではなく、最初のモデルを改善するために数年後に追加されたものである※4。

- **入力ゲート**（$\boldsymbol{i}_t$）と入力ノード（$\boldsymbol{g}_t$）は、セル状態を更新する役割を果たす。入力ゲートと入力ノードは次のように計算される。

$$\begin{aligned}\boldsymbol{i}_t &= \sigma\left(\boldsymbol{W}_{xi}\boldsymbol{x}^{(t)} + \boldsymbol{W}_{hi}\boldsymbol{h}^{(t-1)} + \boldsymbol{b}_i\right)\\ \boldsymbol{g}_t &= \tanh\left(\boldsymbol{W}_{xg}\boldsymbol{x}^{(t)} + \boldsymbol{W}_{hg}\boldsymbol{h}^{(t-1)} + \boldsymbol{b}_g\right)\end{aligned} \tag{16.2.6}$$

時間 t でのセル状態は次のように計算される※5。

$$\boldsymbol{C}^{(t)} = \left(\boldsymbol{C}^{(t-1)} \odot \boldsymbol{f}_t\right) \oplus \left(\boldsymbol{i}_t \odot \boldsymbol{g}_t\right) \tag{16.2.7}$$

- **出力ゲート**（$\boldsymbol{o}_t$）は、隠れユニットの値の更新方法を決定する。

$$\boldsymbol{o}_t = \sigma\left(\boldsymbol{W}_{xo}\boldsymbol{x}^{(t)} + \boldsymbol{W}_{ho}\boldsymbol{h}^{(t-1)} + \boldsymbol{b}_o\right) \tag{16.2.8}$$

したがって、現在の時間刻みでの隠れユニットは次のように計算される。

$$\boldsymbol{h}^{(t)} = \boldsymbol{o}_t \odot \tanh\left(\boldsymbol{C}^{(t)}\right) \tag{16.2.9}$$

LSTM セルの構造とそのベースとなる計算は、かなり複雑に思えるかもしれない。だが、諦めるのはまだ早い。LSTM セルを簡単に定義できるラッパー関数は TensorFlow にひととおり実装されている。後ほど TensorFlow を使用するときに、LSTM を実際に応用してみよう。

16

※4 F. Gers, J. Schmidhuber, and F. Cummins, *Learning to Forget: Continual Prediction with LSTM*, Neural Computation 12, 2451-2471, 2000

※5 ［監注］時刻 t でのセル状態が、以下の 2 つの和で計算されることを表している。

- 時刻 $t-1$ でのセル状態 × 時刻 t での忘却ゲート
- 時刻 t での入力ゲート × 入力ノード

本項で紹介した LSTM は、シーケンスでの長期的な依存関係をモデル化するための基本的なアプローチを提供する。だが文献では、さまざまな種類の LSTM の存在が示されていることに注意しなければならない。

Rafal Jozefowicz, Wojciech Zaremba, and Ilya Sutskever, *An Empirical Exploration of Recurrent Network Architectures*, Proceedings of ICML, 2342-2350, 2015

また、最近になって **GRU**(Gated Recurrent Unit)というアプローチが提唱されていることも注目に値する。GRU は LSTM よりも単純なアーキテクチャである。このため、GRU のほうが計算効率が高い一方、音楽のモデル化をはじめ、タスクによっては LSTM に匹敵する性能が得られる。こうした新しい RNN アーキテクチャに興味がある場合は、GRU の論文を読んでみることをお勧めする[※6]。

Junyoung Chung and others, *Empirical Evaluation of Gated Recurrent Neural Networks on Sequence Modeling*, 2014, https://arxiv.org/pdf/1412.3555v1.pdf

16.3 多層 RNN の実装：TensorFlow でのシーケンスモデルの構築

リカレントニューラルネットワーク(RNN)の根底にある理論を紹介したところで、RNN を TensorFlow で実装するためのより実践的な部分に取り組む準備が整った。本章の残りの部分では、2 つの一般的な問題に RNN を適用する。

1. 感情分析
2. 言語モデルの構築

ここからは、これらのプロジェクトを一緒に構築していく。どちらも魅力的なプロジェクトだが、かなり複雑でもある。このため、すべてのコードを一度に示すのではなく、実装を複数の手順に分割し、コードを詳しく見ていくことにする。説明を読む前に全体像を把握し、コードをひととおり確認しておきたい場合は、本書の GitHub[※7] で実装コードを先に見ておくことをお勧めする。

コーディングに進む前に、本章では、TensorFlow のかなり新しいリリースを使用していることをお断りしておく。具体的には、TensorFlow 1.3.0 の Python API の `contrib` サブモジュールのコードを使用している。本章で使用している `contrib` の関数やクラスとそれらのドキュメントリファレンスは、TensorFlow の将来のバージョンで変更されるか、`tf.nn` サブモジュールに統合される

※6 ［監注］日本語では、以下の書籍等が参考になる。
『詳解ディープラーニング』(マイナビ、2017 年、「5.3 GRU」)

※7 https://github.com/rasbt/python-machine-learning-book-2nd-edition/blob/master/code/ch16/ch16.ipynb

可能性がある。このため、TensorFlow API ドキュメント※8 に目を光らせておくことをお勧めする。本章の tf.contrib のコードを使用していて問題にぶつかった場合は、このドキュメントで最新バージョンの情報を調べてほしい。

16.4　プロジェクト１：多層 RNN を使った IMDb 映画レビューの感情分析

第８章で説明したように、感情分析では、文章またはテキスト文書に表明されている意見を分析する。ここでは、多対一のアーキテクチャに基づいて感情分析のための多層 RNN を実装する。

次節では、言語のモデルを構築するために多対多の RNN を実装する。ここでは、RNN の主な概念を紹介するためにあえて単純な例を選択したが、言語モデルにはチャットボットの構築といった興味深い応用例がいろいろある。チャットボットは、コンピュータが人と直接会話ややり取りを行うためのプログラムである。

16.4.1　データの準備

第８章の前処理ステップでは、movie_data.csv という名前のクリーンなデータセットを作成した。ここでは、このデータセットを再利用する。まず、必要なモジュールをインポートし、データを pandas の DataFrame に読み込む。

```
>>> import pyprind
>>> import pandas as pd
>>> from string import punctuation
>>> import re
>>> import numpy as np
>>>
>>> df = pd.read_csv('movie_data.csv', encoding='utf-8')
```

この df データフレームに 'review' と 'sentiment' の２つの列が含まれていることを思い出そう。'review' 列には、映画レビューのテキストが含まれており、'sentiment' 列には、0 または 1 のラベルが含まれている。これらの映画レビューのテキストコンポーネントは、単語のシーケンスである。このため、各シーケンスの単語を処理する RNN モデルを構築し、最終的には、文章全体を 0 または 1 のクラスに分類したい。

ニューラルネットワークへの入力データを準備するには、このデータを数値としてエンコードする必要がある。そのためには、まず、データセット全体から一意な単語を見つけ出す。これには、Python の set（集合）を使用できる。だが、こうした大きなデータセットから一意な単語を見つけ出すにあたって、set の使用は効率的ではないことがわかった。それよりも効率的なのは、

※8　https://www.tensorflow.org/api_docs/python/

collections パッケージの Counter[※9] を使用する方法である。

次のコードでは、Counter クラスから counts オブジェクトを作成する。このクラスは、テキストに含まれている一意な単語ごとに出現回数をカウントする。BoW (Bag-of-Words) モデルとは対照的に、このアプリケーションの関心は一意な単語の集まりだけであることに注意しよう。一意な単語を見つけ出す過程で作成される単語の出現回数は、このアプリケーションでは必要ない。

次に、マッピングを作成する。このマッピングは、このデータセットの一意な単語をそれぞれ一意な整数にマッピングするディクショナリとして作成される。このディクショナリの名前は word_to_int であり、映画レビューのテキスト全体を数値のリストに変換するために使用できる。検出された一意な単語は出現回数に基づいてソートされるが、任意の順序を使用したとしても最終的な結果への影響はない。この「テキストを一連の整数に変換する」プロセスのコードは次のようになる。

```
>>> # データの前処理：
>>> # 単語を分割し、各単語の出現回数をカウント
>>>
>>> from collections import Counter
>>>
>>> counts = Counter()
>>> pbar = pyprind.ProgBar(len(df['review']), title='Counting words occurrences')
>>> for i,review in enumerate(df['review']):
...     text = ''.join([c if c not in punctuation else ' '+c+' '
...                     for c in review]).lower()
...     df.loc[i,'review'] = text
...     pbar.update()
...     counts.update(text.split())
...
Counting words occurrences
0% [##############################] 100% | ETA: 00:00:00
Total time elapsed: 00:03:19

>>> # マッピングを作成：
>>> # 一意な単語をそれぞれ整数にマッピング
>>>
>>> word_counts = sorted(counts, key=counts.get, reverse=True)
>>> print(word_counts[:5])
>>> word_to_int = {word: ii for ii, word in enumerate(word_counts, 1)}
>>>
>>> mapped_reviews = []
>>> pbar = pyprind.ProgBar(len(df['review']), title='Map reviews to ints')
>>> for review in df['review']:
...     mapped_reviews.append([word_to_int[word] for word in review.split()])
...     pbar.update()
...
Map reviews to ints
['the', '.', ',', 'and', 'a']
0% [##############################] 100% | ETA: 00:00:00
Total time elapsed: 00:00:03
```

※9 https://docs.python.org/3/library/collections.html#collections.Counter

これで、単語のシーケンスが整数のシーケンスに変換された。ただし、解決しなければならない問題が 1 つ残っている —— 現時点では、シーケンスの長さはまちまちである。この RNN アーキテクチャと互換性がある入力データを生成するには、すべてのシーケンスを同じ長さにする必要がある。

そこで、`sequence_length` というパラメータを定義し、`200` に設定する。シーケンスの長さが 200 語未満の場合は、シーケンスの左側を 0 でパディングする。逆に、シーケンスの長さが 200 語を超える場合は、最後の 200 語だけが使用されるように切り取る。この前処理ステップは、次の 2 つの手順で実装できる。

1. 要素が 0 の行列を作成する。この行列の各行は、サイズが 200 のシーケンスに対応する。
2. 各シーケンスの単語のインデックスを行列の右側から埋めていく。したがって、シーケンスのサイズが 150 の場合は、対応する行の先頭から 50 個の要素は 0 のままとなる。

これら 2 つの手順を図解すると、次のようになる。ここでは、サイズが 4、12、8、11、7、3、10、13 の 8 つのシーケンスからなる小さな例を示している。

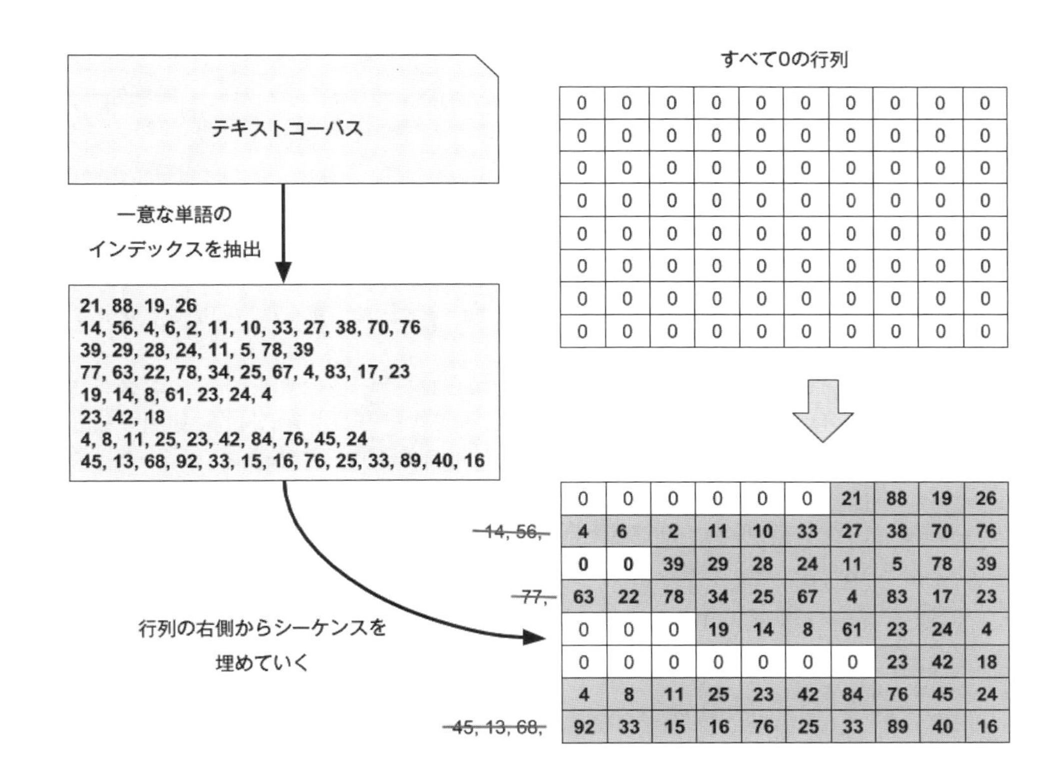

`sequence_length` は、実際にはハイパーパラメータであり、パフォーマンスを最適化するためにチューニングを行うことができる。ページの都合上、このハイパーパラメータのチューニングは

省略するが、sequence_lengthの値を50、100、200、250、300などに変更した上で、パフォーマンスが最適化されるかどうかぜひ試してみてほしい。

これらの手順を実装して同じ長さのシーケンスを作成するコードは次のようになる。

```
>>> # 同じ長さのシーケンスを定義：
>>> # シーケンスの長さが200未満の場合は、左側を0でパディング
>>> # シーケンスの長さが200を超える場合は、最後の200個の要素を使用
>>>
>>> sequence_length = 200     # シーケンスの長さ（RNNの式のT）
>>> sequences = np.zeros((len(mapped_reviews), sequence_length), dtype=int)
>>>
>>> for i, row in enumerate(mapped_reviews):
...     review_arr = np.array(row)
...     sequences[i, -len(row):] = review_arr[-sequence_length:]
...
```

データセットの前処理を行った後は、トレーニングセットとテストセットへの分割に進むことができる。このデータセットはすでにシャッフル済みであるため、データセットの前半分をトレーニングに使用し、後半分をテストに使用すればよい。

```
>>> X_train = sequences[:25000, :]
>>> y_train = df.loc[:25000, 'sentiment'].values
>>> X_test = sequences[25000:, :]
>>> y_test = df.loc[25000:, 'sentiment'].values
```

データセットを交差検証のために分割したい場合は、データセットの後半分をさらに分割することで、ひと回り小さなテストセットと、ハイパーパラメータを最適化するための検証セットを作成することができる。

最後に、ヘルパー関数を定義する。この関数は、与えられたデータセット（トレーニングセットかテストセットの場合がある）をチャンクに分割し、これらのチャンクを反復的に処理するためのジェネレータを返す。こうしたチャンクは**ミニバッチ**（mini-batch）とも呼ばれる。

```
np.random.seed(123)  # 乱数を再現可能にするため

# ミニバッチを生成する関数を定義
def create_batch_generator(x, y=None, batch_size=64):
    n_batches = len(x)//batch_size
    x = x[:n_batches*batch_size]
    if y is not None:
        y = y[:n_batches*batch_size]
    for ii in range(0, len(x), batch_size):
        if y is not None:
            yield x[ii:ii+batch_size], y[ii:ii+batch_size]
        else:
            yield x[ii:ii+batch_size]
```

こうしたジェネレータを使用する方法は、メモリの制限に対処するのに非常に効果的である。ニューラルネットワークのトレーニングでは、すべてのデータを事前に分割してトレーニングが完了するまでメモリ内で保持するのではなく、データセットをミニバッチに分割する方法が推奨される。

16.4.2 埋め込み

前項では、データの前処理で同じ長さのシーケンスを生成した。これらのシーケンスの要素は、一意な単語の**インデックス**に対応する整数だった。

こうした単語のインデックスを入力特徴量に変換する方法は何種類かある。単純な方法の1つは、one-hotエンコーディングを適用することで、インデックスを0と1のベクトルに変換することである。そうすると、データセット全体の一意な単語の個数と同じ大きさのベクトルに各単語がマッピングされることになる。一意な単語の個数が約20,000であるとしよう。これは語彙のサイズであり、ひいては入力特徴量の個数となる。そうした特徴量でトレーニングされたモデルは**次元の呪い**に陥るかもしれない。さらに、これらの特徴量は1つを除いてすべて0であるため、かなり疎な特徴量である。

より洗練された方法は、実数値の（整数であるとは限らない）要素を持つ固定サイズのベクトルに各単語をマッピングすることである。one-hotエンコーディングのベクトルとは対照的に、有限サイズのベクトルを使って無数の実数を表すことができる。理論的には、[−1, 1]などの区間から実数を無限に抽出できる。

これがいわゆる**埋め込み**（embedding）の考え方である。埋め込みは表現学習[※10]の手法の1つであり、ここでは、データセットの単語を表す顕著な特徴量を自動的に学習するために利用できる。一意な単語の個数が`unique_words`、埋め込みベクトルのサイズが`embedding_size`であるとしよう。語彙全体を入力特徴量として表すには、`embedding_size`の値を`unique_words`よりもかなり小さくすればよい（`embedding_size << unique_words`）。

埋め込みには、one-hotエンコーディングよりも有利な点が2つある。

- 次元の呪いの影響を抑制する特徴空間の次元削減
- ニューラルネットワークの埋め込み層がトレーニング可能であることによる顕著な特徴量の抽出

埋め込みの仕組みを図解すると、次のようになる。語彙のインデックスはトレーニング可能な埋め込み行列にマッピングされる。

16

※10 ［監注］表現学習とは、目的に適した特徴量（のベクトル）を学習を通して得る方法である。得られる特徴量のベクトルは、分散表現と呼ばれる。

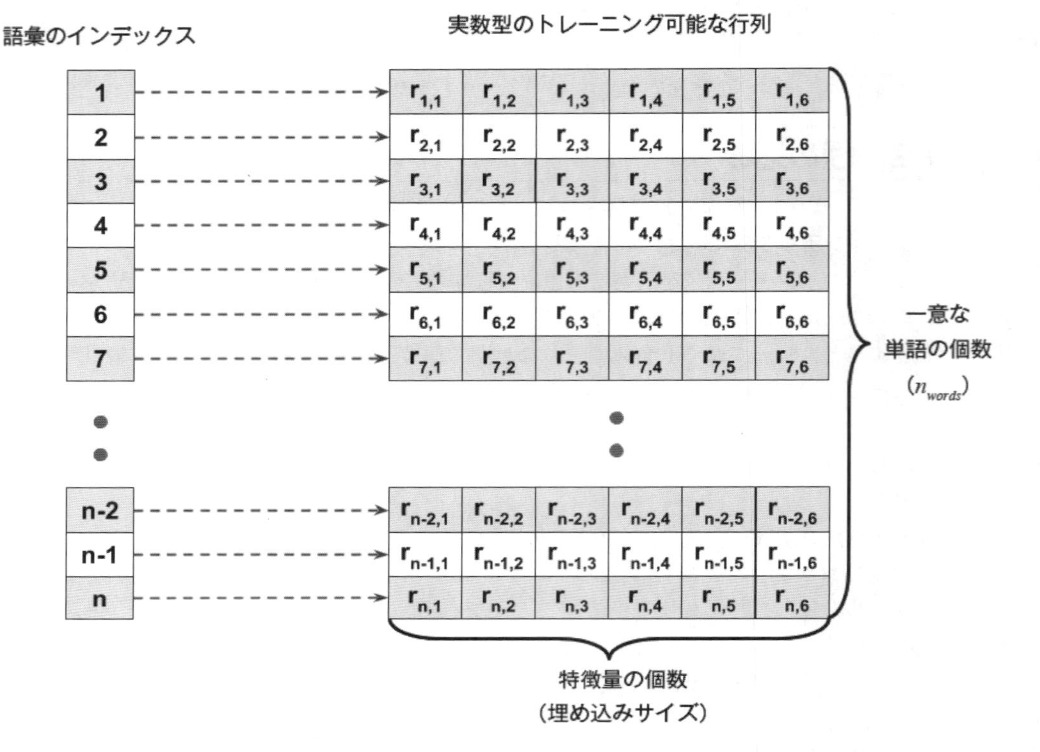

TensorFlow には、`tf.nn.embedding_lookup` という効率的な関数が実装されている。この関数は、一意な単語に対応する各整数を、このトレーニング可能な行列の行にマッピングする。たとえば、整数 1 は 1 つ目の行にマッピングされ、整数 2 は 2 つ目の行にマッピングされる、といった具合になる。そして、<0, 5, 3, 4, 19, 2...> のような整数のシーケンスでは、このシーケンスの要素ごとに対応する行を特定する必要がある。

次に、埋め込み層を実際に作成する方法を見てみよう。入力層が `tf_x` で、対応する語彙のインデックスが `tf.int32` 型で供給されるとすれば、次の 2 つの手順に従って埋め込み層を作成することができる。

1. まず、サイズが `n_words`×`embedding_size` の行列を `embedding` というテンソル変数として作成する。そして、この行列の要素を [–1, 1] の浮動小数点数型の乱数で初期化する。

```
embedding = tf.Variable(
    tf.random_uniform(shape=(n_words, embedding_size),
                      minval=-1, maxval=1)
)
```

2. 次に、tf.nn.embedding_lookup関数を呼び出し、tf_xの各要素に関連する埋め込み行列の行を特定する。

```
embed_x = tf.nn.embedding_lookup(embedding, tf_x)
```

これらの手順を見てわかるように、埋め込み層を作成するには、tf.nn.embedding_lookup関数に埋め込みテンソルと検索IDの2つの引数を渡さなければならない。

tf.nn.embedding_lookup関数には、L2正則化を適用するなど、埋め込み層の振る舞いを調整するのに役立つオプション引数がいくつか定義されている。この関数については、公式ドキュメントに詳しい説明がある。

https://www.tensorflow.org/api_docs/python/tf/nn/embedding_lookup

16.4.3 RNNモデルの構築

RNNモデルを構築する準備が整ったところで、SentimentRNNクラスを実装してみよう。このクラスには、次の4つのメソッドがある。

- **コンストラクタ**
  モデルのパラメータをすべて設定した後、計算グラフを作成し、self.buildメソッドを呼び出して多層RNNモデルを構築する。
- **buildメソッド**
  入力データ、入力ラベル、そして隠れ層のドロップアウト設定のキープ率に対応する3つのプレースホルダを宣言する。これらのプレースホルダを宣言した後、埋め込み層を作成し、埋め込み表現を入力として多層RNNを構築する。
- **trainメソッド**
  計算グラフを起動するためのTensorFlowセッションを作成し、計算グラフで定義されたコスト関数を最小化するために、ミニバッチを順番に処理しながら、指定された数のエポックでトレーニングを行う。また、チェックポイントとして10エポック後のモデルを保存する。
- **predictメソッド**
  新しいセッションを作成し、トレーニングプロセスで保存しておいた最後のチェックポイントを復元し、テストデータで予測値を生成する。

このクラスとそのメソッドの実装をいくつかのコードセクションに分けて見ていこう。

16.4.4 SentimentRNN クラスのコンストラクタ

まず、SentimentRNN クラスのコンストラクタのコードから見てみよう。

```
import tensorflow as tf

class SentimentRNN(object):
    def __init__(self, n_words, seq_len=200,
                 lstm_size=256, num_layers=1, batch_size=64,
                 learning_rate=0.0001, embed_size=200):
        self.n_words = n_words
        self.seq_len = seq_len
        self.lstm_size = lstm_size  # 隠れユニットの個数
        self.num_layers = num_layers
        self.batch_size = batch_size
        self.learning_rate = learning_rate
        self.embed_size = embed_size

        self.g = tf.Graph()
        with self.g.as_default():
            tf.set_random_seed(123)
            self.build()
            self.saver = tf.train.Saver()
            self.init_op = tf.global_variables_initializer()
```

n_words パラメータの値は一意な単語の個数に等しくなければならない（トレーニングの際に 1 を足すのは、長さが 200 未満のシーケンスを 0 でパディングするためである）。n_words は、埋め込み層の作成時に embed_size ハイパーパラメータとともに使用される。これに対し、seq_len 変数は、先の前処理ステップで作成されたシーケンスの長さに従って設定されなければならない。lstm_size は、ここで使用しているハイパーパラメータの 1 つであり、RNN の各層の隠れユニットの個数を決定する。

16.4.5 build メソッド

次に、SentimentRNN クラスの build メソッドを見てみよう。build メソッドは、このクラスにおいて最も長く最も重要なメソッドであるため、少し詳しく見ていくことにする。まず、コード全体を確認した後、主な部分を 1 つずつ分析していこう。

```
def build(self):
    # プレースホルダを定義
    tf_x = tf.placeholder(tf.int32,
                          shape=(self.batch_size, self.seq_len),
                          name='tf_x')
    tf_y = tf.placeholder(tf.float32,
                          shape=(self.batch_size),
                          name='tf_y')
    tf_keepprob = tf.placeholder(tf.float32,
                                 name='tf_keepprob')
```

```
# 埋め込み層を作成
embedding = tf.Variable(tf.random_uniform((self.n_words, self.embed_size),
                                          minval=-1, maxval=1),
                        name='embedding')
embed_x = tf.nn.embedding_lookup(embedding, tf_x,
                                 name='embeded_x')

# LSTMセルを定義し、積み上げる
cells = tf.contrib.rnn.MultiRNNCell(
    [tf.contrib.rnn.DropoutWrapper(
        tf.contrib.rnn.BasicLSTMCell(self.lstm_size),
        output_keep_prob=tf_keepprob)
     for i in range(self.num_layers)])

# 初期状態を定義
self.initial_state = cells.zero_state(self.batch_size, tf.float32)
print('  << initial state >> ', self.initial_state)

lstm_outputs, self.final_state = \
    tf.nn.dynamic_rnn(cells, embed_x, initial_state=self.initial_state)

# 注意：lstm_outputsの形状：[batch_size, max_time, cells.output_size]
print('\n  << lstm_output   >> ', lstm_outputs)
print('\n  << final state   >> ', self.final_state)

# RNNの出力の後に全結合層を適用
logits = tf.layers.dense(inputs=lstm_outputs[:, -1],
                         units=1, activation=None,
                         name='logits')

logits = tf.squeeze(logits, name='logits_squeezed')
print ('\n  << logits        >> ', logits)

y_proba = tf.nn.sigmoid(logits, name='probabilities')
predictions = {
    'probabilities': y_proba,
    'labels' : tf.cast(tf.round(y_proba), tf.int32, name='labels')
}
print('\n  << predictions   >> ', predictions)

# コスト関数を定義
cost = tf.reduce_mean(
    tf.nn.sigmoid_cross_entropy_with_logits(labels=tf_y,
                                            logits=logits),
                                            name='cost')

# オプティマイザを定義
optimizer = tf.train.AdamOptimizer(self.learning_rate)
train_op = optimizer.minimize(cost, name='train_op')
```

buildメソッドでは、まず、tf_x、tf_y、tf_keepprobの３つのプレースホルダを作成している。これらのプレースホルダは入力データを供給するために必要となる。次に、埋め込み層を追加している。先ほど説明したように、埋め込み層により、埋め込み表現 embed_x が作成される。
次に、RNN モデルと LSTM セルを構築している。この部分は次の 3 つの手順に分かれている。

1. 多層 RNN モデルのセルを定義する。
2. それらのセルの初期状態を定義する。
3. セルとそれらの初期状態に基づいて RNN モデルを作成する。

これら 3 つの手順を 3 つの項に分けて詳しく見ていこう。そうすれば、build メソッドで RNN モデルがどのように構築されるのかを詳しく調べることができる。

手順 1：多層 RNN モデルのセルを定義する

RNN モデルを構築する build メソッドがどのように実装されているのかを詳しく見ていこう。RNN モデルを構築するための最初の手順は、多層 RNN のセルを定義することである。
TensorFlow には、LSTM セルを効率よく定義できるラッパークラス BasicLSTMCell が定義されている。このクラスを利用すれば、LSTM セルを積み上げて多層 RNN を組み立てることができる。ドロップアウトを使ってセルを積み上げるプロセスは、入れ子になった 3 つの手順で構成されている。これらの手順を内側から外側に向かって展開すると、次のようになる。

1. tf.contrib.rnn.BasicLSTMCell を使って RNN のセルを作成する。
2. tf.contrib.rnn.DropoutWrapper を使って RNN のセルにドロップアウトを適用する。
3. 層の望ましい個数に従ってセルのリストを作成し、このリストを tf.contrib.rnn.MultiRNNCell に渡す。

build メソッドのコードでは、セルのリストを作成するために Python のリスト内包表記を使用している。単層 RNN の場合は、このリストにセルが 1 つだけ含まれることに注意しよう。

上記の関数については、公式ドキュメントに詳しい説明が含まれている。

- **tf.contrib.rnn.BasicLSTMCell**：https://www.tensorflow.org/api_docs/python/tf/contrib/rnn/BasicLSTMCell
- **tf.contrib.rnn.DropoutWrapper**：https://www.tensorflow.org/api_docs/python/tf/contrib/rnn/DropoutWrapper
- **tf.contrib.rnn.MultiRNNCell**：https://www.tensorflow.org/api_docs/python/tf/contrib/rnn/MultiRNNCell

手順 2：セルの初期状態を定義する

RNN モデルを構築するための build メソッドの 2 つ目の手順は、RNN のセルの初期状態を定義することである。

LSTM セルのアーキテクチャでは、LSTM セルに 3 種類の入力が存在することを思い出そう。具体的には、入力データ $\boldsymbol{x}^{(t)}$、1 つ前の時間刻みの隠れユニットの活性化 $\boldsymbol{h}^{(t-1)}$、そして 1 つ前の時間刻みのセル状態 $\boldsymbol{C}^{(t-1)}$ である。

したがって、この build メソッドの実装では、$\boldsymbol{x}^{(t)}$ は埋め込みデータテンソル embed_x である。ただし、cells を評価するときには、セルの以前の状態も指定する必要がある。このため、新しい入力シーケンスの処理を開始するときに、セル状態を 0 に初期化する。そして時間刻みごとに、次の時間刻みで使用するためにセルの更新された状態を格納しておく必要がある。

build メソッドでは、多層 RNN オブジェクト（この実装の cells）を定義した後、cells.zero_state メソッドを使ってその初期状態を定義している。

手順 3：セルとそれらの初期状態に基づいて RNN モデルを作成する

build メソッドで RNN を作成するための 3 つ目の手順は、tf.nn.dynamic_rnn 関数を呼び出すことで、すべてのコンポーネントを 1 つにまとめることである。

tf.nn.dynamic_rnn 関数は、埋め込みデータ、RNN のセル、それらのセルの初期状態を受け取り、LSTM セルの展開されたアーキテクチャに従ってパイプラインを作成する。

tf.nn.dynamic_rnn 関数の戻り値は、RNN のセルの活性化が含まれたタプル（lstm_outputs）と、それらの最終状態（final_state）である。lstm_outputs は、形状が (batch_size, num_steps, lstm_size) の 3 次元テンソルである。lstm_outputs を全結合層に渡して logits を取得し、最終状態 final_state は次のミニバッチの初期状態として使用するために格納しておく。

tf.nn.dynamic_rnn 関数については、公式ドキュメントに詳しい説明が含まれている。
https://www.tensorflow.org/api_docs/python/tf/nn/dynamic_rnn

build メソッドでは、RNN モデルのコンポーネントを設定した後、他のニューラルネットワークと同じように、最後にコスト関数と最適化手法を定義できる。

16

16.4.6 train メソッド

SentimentRNN クラスの次のメソッドは train である。このメソッドの呼び出しは、RNN に供給する state というテンソルが追加されていることを除けば、第 14 章と第 15 章で定義した train メソッドと非常によく似ている。

train メソッドは次のように実装されている。

```
def train(self, X_train, y_train, num_epochs):
    with tf.Session(graph=self.g) as sess:
        sess.run(self.init_op)
        iteration = 1
        for epoch in range(num_epochs):
            state = sess.run(self.initial_state)

            for batch_x, batch_y in create_batch_generator(
                    X_train, y_train, self.batch_size):
                feed = {'tf_x:0': batch_x,
                        'tf_y:0': batch_y,
                        'tf_keepprob:0': 0.5,
                        self.initial_state: state}
                loss, _, state = sess.run(
                    ['cost:0', 'train_op', self.final_state],
                    feed_dict=feed)

                if iteration % 20 == 0:
                    print("Epoch: %d/%d Iteration: %d | Train loss: %.5f"
                        % (epoch + 1, num_epochs, iteration, loss))
                iteration +=1

            if (epoch+1)%10 == 0:
                self.saver.save(sess, "model/sentiment-%d.ckpt" % epoch)
```

この train メソッドの実装では、各エポックの最初に、セルの現在の状態を初期状態にリセットしている。各ミニバッチの実行では、現在の状態に加えて、データ batch_x とそれらのラベル batch_y を供給している。そして、ミニバッチの実行の最後に、state を最終状態に更新している。最終状態は tf.nn.dynamic_rnn 関数から返される。この更新された状態は、次のミニバッチの実行に使用される。このプロセスが繰り返され、エポックを通じて現在の状態が更新される。

16.4.7 predict メソッド

SentimentRNN クラスの最後のメソッドは predict である。train メソッドと同様に、このメソッドは現在の状態を繰り返し更新する。

```
def predict(self, X_data, return_proba=False):
    preds = []
    with tf.Session(graph = self.g) as sess:
        self.saver.restore(sess, tf.train.latest_checkpoint('./model/'))
    test_state = sess.run(self.initial_state)
    for ii, batch_x in enumerate(create_batch_generator(
            X_data, None, batch_size=self.batch_size), 1):
        feed = {'tf_x:0': batch_x, 'tf_keepprob:0': 1.0,
                self.initial_state: test_state}

        if return_proba:
            pred, test_state = sess.run(
                ['probabilities:0', self.final_state],
```

```
                    feed_dict=feed)
        else:
            pred, test_state = sess.run(
                ['labels:0', self.final_state],
                feed_dict=feed)

        preds.append(pred)

    return np.concatenate(preds)
```

16.4.8 SentimentRNN クラスのインスタンス化

SentimentRNN クラスを実装し、4 つのメソッド（コンストラクタ、build メソッド、train メソッド、predict メソッド）をすべて調べたところで、このクラスのオブジェクトを作成する準備が整った。SentimentRNN クラスをインスタンス化するには、パラメータを次のように設定する。

```
>>> n_words = max(list(word_to_int.values())) + 1
>>>
>>> rnn = SentimentRNN(n_words=n_words,
...                     seq_len=sequence_length,
...                     embed_size=256,
...                     lstm_size=128,
...                     num_layers=1,
...                     batch_size=100,
...                     learning_rate=0.001)
```

ここでは、単層 RNN を使用するために num_layers=1 を指定していることがわかる。ただし、この実装では、num_layers パラメータに 1 よりも大きい値を設定すれば、多層 RNN の作成が可能である。ここで検討するデータセットは小さいため、トレーニングデータを過学習する可能性が低い単層 RNN のほうが、未知のデータにうまく汎化することが考えられる。

16.4.9 感情分析 RNN モデルのトレーニングと最適化

次に、rnn.train メソッドを呼び出すことで、この RNN モデルのトレーニングを行うことができる。この RNN モデルで 40 エポックのトレーニングを行うコードは次のようになる。このトレーニングでは、X_train に格納された入力データと、y_train に格納された対応するクラスラベルを使用する。

```
>>> rnn.train(X_train, y_train, num_epochs=40)
Epoch: 1/40 Iteration: 20 | Train loss: 0.70637
Epoch: 1/40 Iteration: 40 | Train loss: 0.60539
Epoch: 1/40 Iteration: 60 | Train loss: 0.66977
Epoch: 1/40 Iteration: 80 | Train loss: 0.51997
...
```

トレーニング済みのモデルは、第14章で説明したTensorFlowのチェックポイントシステムを使って保存される。次に、トレーニング済みのモデルを使ってテストセットでクラスラベルを予測してみよう。

```
>>> preds = rnn.predict(X_test)
>>> y_true = y_test[:len(preds)]
>>> print('Test Acc.: %.3f' % (np.sum(preds == y_true) / len(y_true)))
Test Acc.: 0.860
```

この結果から、正解率が86%であることがわかる。このデータセットのサイズが小さいことを考えると、この結果は第8章で得られたテストデータでの正解率に匹敵する。

このモデルの汎化性能をさらに向上させるには、`lstm_size`、`seq_len`、`embed_size`といったハイパーパラメータを変更しながら、このモデルをさらに最適化すればよい。ただし、ハイパーパラメータのチューニングに関しては、テストデータが漏れ出してバイアスが高くなるのを防ぐために、評価に使用する検証セットを別に作成し、テストセットを繰り返し使用しないことが推奨される。この点については、第6章で説明している。

また、クラスラベルではなくテストセットでの予測確率に興味がある場合は、次に示すように、`return_proba=True`を設定すればよい。

```
>>> proba = rnn.predict(X_test, return_proba=True)
```

感情分析を行う最初のRNNモデルは以上である。次は、さらに一歩踏み込み、文字レベルの言語モデルとしてRNNをTensorFlowで作成する。これもよく知られているシーケンスモデルの応用の1つである。

16.5 プロジェクト2：文字レベルの言語モデルとしてRNNをTensorFlowで実装

言語モデルは、英語の文章の生成など、自然言語に関連するタスクをコンピュータで実行できるようになる魅力的な応用例である。この分野での興味深い取り組みの1つとして、Sutskever、Martens、Hintonによる研究[※11]が知られている。

ここで構築するモデルの入力はテキスト文書である。ここでの目標は、入力文書に含まれているものと同様の新しいテキストを生成できるモデルの開発である。そうした入力の例としては、特定のプログラミング言語で書かれたコンピュータプログラムや、書籍が挙げられる。

文字レベルの言語モデルでは、入力は文字のシーケンスに分割され、RNNに1文字ずつ供給さ

※11 Ilya Sutskever, James Martens, and Geoffrey E. Hinton, *Generating Text with Recurrent Neural Networks*, Proceedings of the 28th International Conference on Machine Learning (ICML-11), 2011, https://pdfs.semanticscholar.org/93c2/0e38c85b69fc2d2eb314b3c1217913f7db11.pdf

れる。RNN は、以前に検出した文字の記憶をもとに新しい文字をそれぞれ処理することで、次の文字を予測する。次の図は、文字レベルの言語モデルの例を示している。

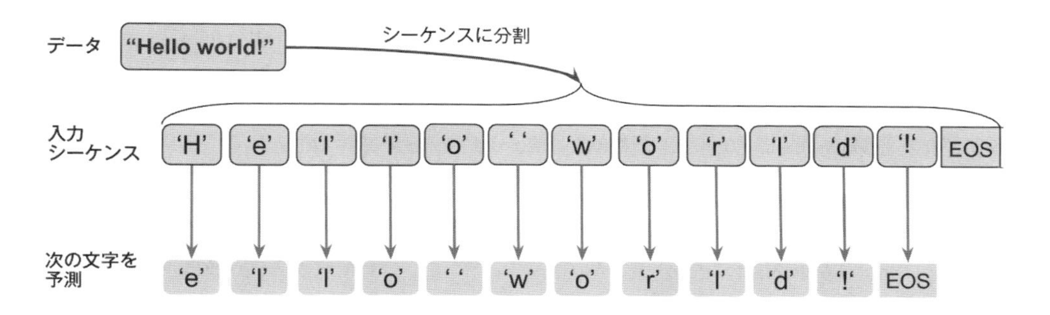

ここでは、この RNN モデルの実装を次の 3 つに分けて説明していく。

- データの準備
- RNN モデルの構築
- 次の文字の予測と新しいテキストを生成するためのサンプリング

本章では、先に勾配発散問題を取り上げた。このアプリケーションでも、勾配発散問題を回避するために、勾配刈り込みの手法を試してみよう。

16.5.1　データの準備

ここでは、文字レベルの言語モデルのデータを準備する。

入力データは Project Gutenberg の Web サイト ※12 から取得する。Project Gutenberg では、無償の電子書籍を 56,000 冊以上提供している。この例では、シェイクスピアの『ハムレット』（The Tragedie of Hamlet）をテキストフォーマットで取得する。

http://www.gutenberg.org/cache/epub/2265/pg2265.txt

この URL のリンク先はダウンロードページである。macOS や Linux OS を使用している場合は、次のコマンドを使ってターミナルでファイルをダウンロードできる。

```
curl http://www.gutenberg.org/cache/epub/2265/pg2265.txt > pg2265.txt
```

なお、このファイルにアクセスできない状態になっている場合は、このファイルのコピーが本書

※12　https://www.gutenberg.org/

の GitHub の code ディレクトリ[※13]に含まれている。

データが準備できたら、Python セッションにテキストとして読み込むことができる。以下のコードに含まれている Python の変数 chars は、このテキストで観測された「一意な」文字の集まりを表す。次に、各文字から整数へのマッピングを定義するディクショナリ char2int と、整数から一意な文字への逆方向のマッピングを定義するディクショナリ int2char を作成する。char2int ディクショナリは、テキストを整数の NumPy 配列に変換するために使用される。次の図は、"Hello" の各文字から整数への変換（左）と、整数から "world" の各文字への逆方向の変換（右）の例を示している。

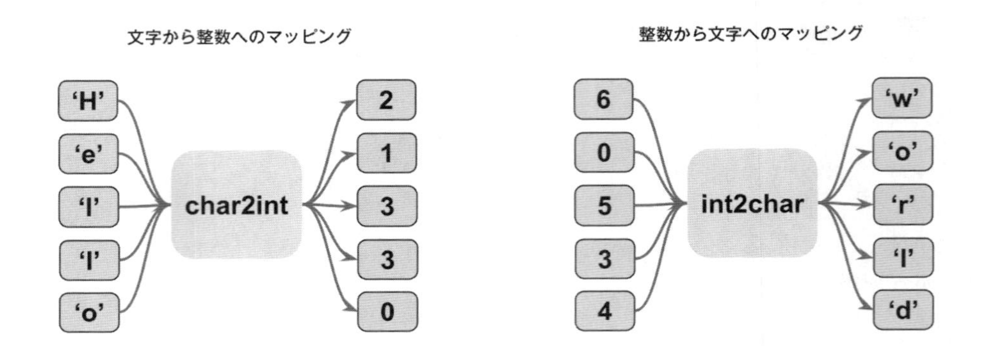

次のコードは、先のサイトから入手したテキストを読み込み、テキストから Project Gutenberg の法定表示が含まれている最初の部分を削除し、残りのテキストに基づいて 2 つのディクショナリを作成する。

```
>>> import numpy as np
>>>
>>> # テキストを読み込んで処理
>>> with open('pg2265.txt', 'r', encoding='utf-8') as f:
...     text = f.read()
...
>>> text = text[15858:]
>>> chars = set(text)
>>> char2int = {ch:i for i,ch in enumerate(chars)}
>>> int2char = dict(enumerate(chars))
>>> text_ints = np.array([char2int[ch] for ch in text], dtype=np.int32)
```

次に、このデータの形状をシーケンスのバッチに変更する必要がある。この手順はデータの準備において最も重要である。ここでの目標は、観測されている文字のシーケンスに基づいて次の文字を予測することである。16.5 節の最初の図に示したように、ニューラルネットワークの入力（x）と

※13　https://github.com/rasbt/python-machine-learning-book-2nd-edition/tree/master/code/ch16

出力（y）が１文字ずれているのは、そのためである。テキストコーパスからxとyのデータ配列の生成までの前処理プロセスは、次のようになる。

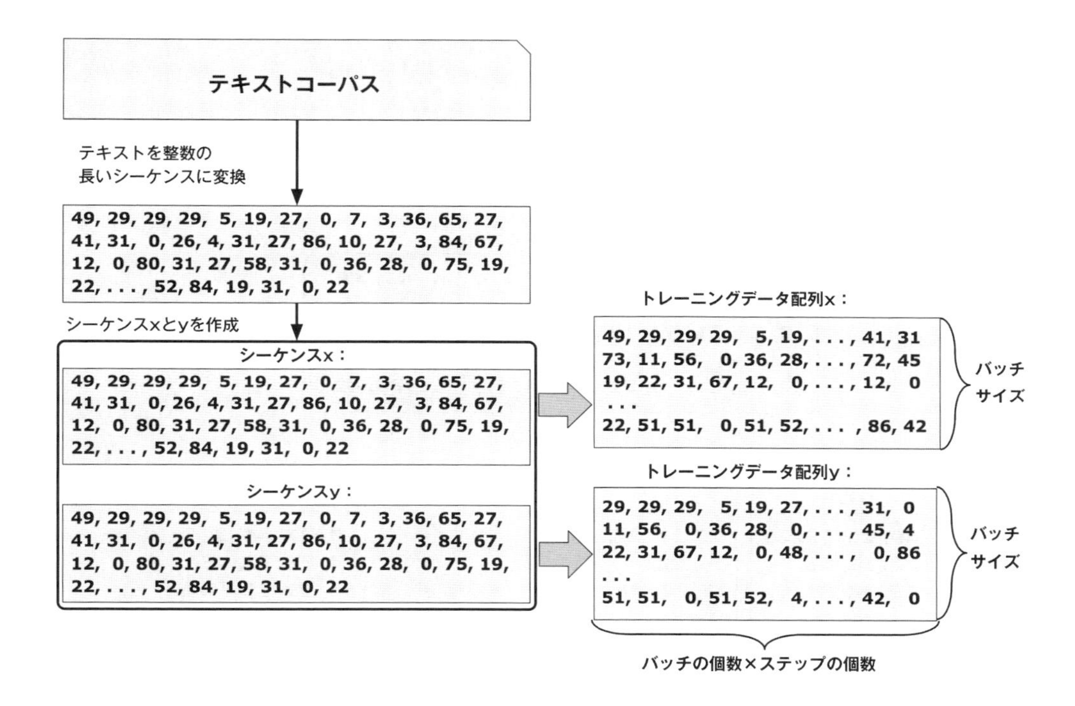

この図を見てわかるように、トレーニングデータ配列xとyの形状（次元）は同じである —— 行の個数は「バッチサイズ」に等しく、列の個数は「バッチの個数 × ステップの個数」に等しい。

このテキストコーパスの文字に対応する整数が入力配列dataに含まれているとすれば、上記の図と同じ構造を持つxとyを生成する関数は次のようになる。

```
def reshape_data(sequence, batch_size, num_steps):
    tot_batch_length = batch_size * num_steps
    num_batches = int(len(sequence) / tot_batch_length)

    if num_batches*tot_batch_length + 1 > len(sequence):
        num_batches = num_batches - 1

    # シーケンスの最後の部分から完全なバッチにならない半端な文字を削除
    x = sequence[0: num_batches*tot_batch_length]
    y = sequence[1: num_batches*tot_batch_length + 1]

    # xとyをシーケンスのバッチのリストに分割
    x_batch_splits = np.split(x, batch_size)
    y_batch_splits = np.split(y, batch_size)
```

16

```
    # それらのバッチを結合
    # batch_size×tot_batch_length
    x = np.stack(x_batch_splits)
    y = np.stack(y_batch_splits)

    return x, y
```

次の手順は、配列 x と y をミニバッチに分割することである。ミニバッチの各行は長さが「ステップの個数」に等しいシーケンスである。データ配列 x を分割するプロセスは次のようになる。

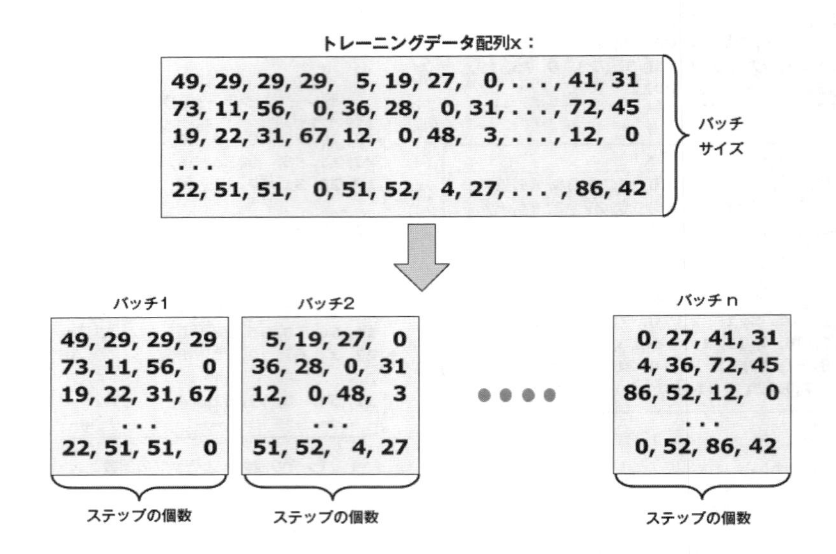

次のコードでは、`create_batch_generator` という関数を定義する。この関数は、上記の図に示されていたデータ配列 x と y を分割し、バッチジェネレータを出力する。後ほど、RNN のトレーニングを行うときに、このジェネレータを使ってミニバッチを順番に処理する。

```
def create_batch_generator(data_x, data_y, num_steps):
    batch_size, tot_batch_length = data_x.shape
    num_batches = int(tot_batch_length/num_steps)
    for b in range(num_batches):
        yield (data_x[:, b*num_steps:(b+1)*num_steps],
               data_y[:, b*num_steps:(b+1)*num_steps])
```

データの前処理はこれで完了であり、データは正しいフォーマットに変換されている。次項では、文字レベルの言語モデルを RNN モデルとして実装する。

16.5.2　文字レベルのRNNモデルの構築

ここでは、文字レベルのRNNモデルを構築するために、CharRNNというクラスを実装する。このクラスは、特定の文字シーケンスを観測した後、次の文字を予測するためにRNNの計算グラフを作成する。分類の観点からすると、クラス（ラベル）の個数はテキストコーパスに存在する一意な文字の総数である。CharRNNクラスには、次の4つのメソッドがある。

- **コンストラクタ**
  学習パラメータを設定し、計算グラフを作成する。さらに、トレーニングモードとサンプリングモードに基づいて計算グラフを作成するためにbuildメソッドを呼び出す。
- **buildメソッド**
  データを供給するためのプレースホルダを定義し、LSTMセルを使ってRNNを作成する。さらに、RNNの出力、コスト関数、オプティマイザを定義する。
- **trainメソッド**
  ミニバッチを順番に処理しながら、指定された数のエポックでRNNのトレーニングを行う。
- **sampleメソッド**
  与えられた文字列をもとに、次の文字の確率を計算し、それらの確率に基づいて文字をランダムに選択する（サンプリング）。このプロセスを繰り返すことで、選択された文字をつなぎ合わせて文字列を作成する。この文字列のサイズが指定された長さに達したら、その文字列を返す。

これら4つのメソッドについては、いくつかのコードセクションに分けて説明する。このモデルのRNN部分の実装は、「16.4　プロジェクト1：多層RNNを使ったIMDb映画レビューの感情分析」とほぼ同じである。このため、RNNモデルのコンポーネントを構築する部分の説明は省略する。

16.5.3　CharRNNクラスのコンストラクタ

感情分析の実装では、トレーニングモードと予測モードに同じ計算グラフを使用した。それとは対照的に、この実装では、トレーニングモードとサンプリングモードに別々の計算グラフを使用する。

このため、コンストラクタにtf.bool型のパラメータ（sampling）を新たに追加する必要がある。CharRNNクラスのコンストラクタの実装は次のようになる。

```
import tensorflow as tf
import os

class CharRNN(object):
    def __init__(self, num_classes, batch_size=64, num_steps=100,
                 lstm_size=128, num_layers=1, learning_rate=0.001,
                 keep_prob=0.5, grad_clip=5, sampling=False):

        self.num_classes = num_classes
        self.batch_size = batch_size
```

```
        self.num_steps = num_steps
        self.lstm_size = lstm_size
        self.num_layers = num_layers
        self.learning_rate = learning_rate
        self.keep_prob = keep_prob
        self.grad_clip = grad_clip

        self.g = tf.Graph()
        with self.g.as_default():
            tf.set_random_seed(123)

            self.build(sampling=sampling)
            self.saver = tf.train.Saver()
            self.init_op = tf.global_variables_initializer()
```

先ほど計画したように、この`CharRNN`クラスのインスタンスがトレーニングモードの計算グラフを作成するのか(`sampling=False`)、それともサンプリングモードの計算グラフを作成するのか(`sampling=True`)を、`sampling`パラメータへの引数に基づいて判断している。

`sampling`パラメータに加えて、`grad_clip`というパラメータも追加されている。このパラメータは、先ほど述べた勾配発散問題を回避するための勾配刈り込みに使用される。

その後は、プロジェクト1での実装と同様に、計算グラフを作成し、一貫した出力を得るために計算グラフレベルの乱数シードを設定し、`build`メソッドを呼び出して計算グラフを構築する。

16.5.4 build メソッド

`CharRNN`クラスの次のメソッドは`build`である。このメソッドの実装はプロジェクト1のものとほぼ同様だが、小さな違いがいくつかある。この`build`メソッドは、まず、トレーニングモードなのかサンプリングモードなのかに基づいて、2つのローカル変数`batch_size`と`num_steps`を定義する。

$$\text{サンプリングモード：}\begin{cases} batch\_size = 1 \\ num\_steps = 1 \end{cases}$$

$$\text{トレーニングモード：}\begin{cases} batch\_size = self.batch\_size \\ num\_steps = self.num\_steps \end{cases}$$

プロジェクト1の感情分析の実装では、データセットの一意な単語から顕著な表現を作成するために埋め込み層を使用したことを思い出そう。ここでは対照的に、`x`と`y`の両方に`depth=num_classes`でone-hotエンコーディングを適用する。ここで、`num_classes`はテキストコーパスの文字の総数である。

このモデルの多層RNN部分の構築は、`tf.nn.dynamic_rnn`関数を用いた感情分析での実装とまったく同じである。ただし、`tf.nn.dynamic_rnn`関数の出力(`outputs`)は、形状が`(batch_size, num_steps, lstm_size)`の3次元テンソルである。そこで、このテンソルを形状が

(batch_size * num_steps, lstm_size) の 2 次元テンソルに変形する。この 2 次元テンソルを tf.layers.dense 関数に渡して全結合層を作成し、logits（総入力）を取得する。最後に、次の文字バッチの確率を計算し、コスト関数を定義する。それに加えて、勾配発散問題を回避するために、tf.clip_by_global_norm 関数を用いて、勾配刈り込みを適用する。

この新しい build メソッドの実装は次のようになる。

```
def build(self, sampling):
    if sampling == True:
        batch_size, num_steps = 1, 1
    else:
        batch_size = self.batch_size
        num_steps = self.num_steps

    tf_x = tf.placeholder(tf.int32,
                          shape=[batch_size, num_steps],
                          name='tf_x')
    tf_y = tf.placeholder(tf.int32,
                          shape=[batch_size, num_steps],
                          name='tf_y')
    tf_keepprob = tf.placeholder(tf.float32,
                                 name='tf_keepprob')

    # one-hot エンコーディングを適用
    x_onehot = tf.one_hot(tf_x, depth=self.num_classes)
    y_onehot = tf.one_hot(tf_y, depth=self.num_classes)

    # 多層 RNN のセルを構築
    cells = tf.contrib.rnn.MultiRNNCell([tf.contrib.rnn.DropoutWrapper(
            tf.contrib.rnn.BasicLSTMCell(self.lstm_size),
            output_keep_prob=tf_keepprob) for _ in range(self.num_layers)])

    # 初期状態を定義
    self.initial_state = cells.zero_state(batch_size, tf.float32)

    # RNN で各シーケンスステップを実行
    lstm_outputs, self.final_state = \
        tf.nn.dynamic_rnn(cells, x_onehot, initial_state=self.initial_state)

    print(' << lstm_outputs >>', lstm_outputs)

    # 2 次元テンソルに変形
    seq_output_reshaped = tf.reshape(lstm_outputs,
                                     shape=[-1, self.lstm_size],
                                     name='seq_output_reshaped')

    # 総入力を取得
    logits = tf.layers.dense(inputs=seq_output_reshaped,
                             units=self.num_classes,
                             activation=None,
                             name='logits')

    # 次の文字バッチの確率を計算
```

16

```
    proba = tf.nn.softmax(logits, name='probabilities')

    # コスト関数を定義
    y_reshaped = tf.reshape(y_onehot,
                            shape=[-1, self.num_classes],
                            name='y_reshaped')
    cost = tf.reduce_mean(
        tf.nn.softmax_cross_entropy_with_logits(logits=logits,
                                                labels=y_reshaped),
        name='cost')

    # 勾配発散問題を回避するための勾配刈り込み
    tvars = tf.trainable_variables()
    grads, _ = tf.clip_by_global_norm(tf.gradients(cost, tvars),
                                      self.grad_clip)

    # オプティマイザを定義
    optimizer = tf.train.AdamOptimizer(self.learning_rate)
    train_op = optimizer.apply_gradients(zip(grads, tvars),
                                         name='train_op')
```

16.5.5 train メソッド

CharRNN クラスのもう 1 つのメソッドは、train である。次に示す train メソッドのコードは、プロジェクト 1 の感情分析の実装と非常によく似ている。

```
def train(self, train_x, train_y, num_epochs, ckpt_dir='./model/'):

    # チェックポイントディレクトリがまだ存在しない場合は作成
    if not os.path.exists(ckpt_dir):
        os.mkdir(ckpt_dir)

    with tf.Session(graph=self.g) as sess:
        sess.run(self.init_op)

        n_batches = int(train_x.shape[1]/self.num_steps)
        iterations = n_batches * num_epochs
        for epoch in range(num_epochs):

            # ネットワークをトレーニング
            new_state = sess.run(self.initial_state)
            loss = 0

            # ミニバッチジェネレータ
            bgen = create_batch_generator(train_x, train_y, self.num_steps)
            for b, (batch_x, batch_y) in enumerate(bgen, 1):
                iteration = epoch*n_batches + b

                feed = {'tf_x:0': batch_x, 'tf_y:0': batch_y,
                        'tf_keepprob:0' : self.keep_prob,
                        self.initial_state : new_state}
```

```
            batch_cost, _, new_state = sess.run(
                ['cost:0', 'train_op', self.final_state],
                feed_dict=feed)

            if iteration % 10 == 0:
                print('Epoch %d/%d Iteration %d| Training loss: %.4f' %
                      (epoch + 1, num_epochs, iteration, batch_cost))

        # トレーニング済みのモデルを保存
        self.saver.save(sess,
                        os.path.join(ckpt_dir,
                                     'language_modeling.ckpt'))
```

16.5.6 sample メソッド

CharRNN クラスの最後のメソッドは、sample である。このメソッドの振る舞いは、プロジェクト 1 で実装した predict メソッドのものとよく似ている。ただし、sample メソッドの違いは、観測したシーケンス（observed_seq）に基づいて次の文字の確率を計算することである。続いて、それらの確率値を get_top_char という関数に渡すと、それらの確率に基づいて次の文字がランダムに選択される。

observed_seq の初期値は starter_seq であり、sample メソッドに引数として渡される。予測された確率値に従って新しい文字が選択されると、それらの文字は observed_seq に追加される。そして、この更新された observed_seq が次の文字の予測に使用される。

```
def sample(self, output_length, ckpt_dir, starter_seq="The "):
    observed_seq = [ch for ch in starter_seq]
    with tf.Session(graph=self.g) as sess:
        self.saver.restore(sess,
                           tf.train.latest_checkpoint(ckpt_dir))

        # 1: starter_seq を使ってモデルを実行
        new_state = sess.run(self.initial_state)
        for ch in starter_seq:
            x = np.zeros((1, 1))
            x[0, 0] = char2int[ch]
            feed = {'tf_x:0': x,'tf_keepprob:0': 1.0,
                    self.initial_state: new_state}
            proba, new_state = sess.run(
                ['probabilities:0', self.final_state],
                feed_dict=feed)

            ch_id = get_top_char(proba, len(chars))
            observed_seq.append(int2char[ch_id])

        # 2: 更新された observed_seq を使ってモデルを実行
        for i in range(output_length):
            x[0,0] = ch_id
```

16

```
            feed = {'tf_x:0': x, 'tf_keepprob:0': 1.0,
                    self.initial_state: new_state}
            proba, new_state = sess.run(
                ['probabilities:0', self.final_state],
                feed_dict=feed)

            ch_id = get_top_char(proba, len(chars))
            observed_seq.append(int2char[ch_id])

    return ''.join(observed_seq)
```

sample メソッドのこの実装では、計算した確率値に従って文字のID(ch_id)をランダムに選択するために get_top_char 関数を呼び出している。

次に示す get_top_char 関数では、引数として渡された確率値をソートした後、上位 n 個(top_n)の確率値を np.random.choice 関数に渡すことで、それらの確率値の1つをランダムに選択する。get_top_char 関数の実装は次のようになる。

```
def get_top_char(probas, char_size, top_n=5):
    p = np.squeeze(probas)
    p[np.argsort(p)[:-top_n]] = 0.0
    p = p / np.sum(p)
    ch_id = np.random.choice(char_size, 1, p=p)[0]
    return ch_id
```

当然ながら、この関数は CharRNN クラスの定義よりも先に定義すべきである。この順序で説明してきたのは、概念を順番に説明できるからだ。関数が定義される順番を確認しておきたい場合は、本書の GitHub サイトにあるコード[※14]にアクセスしてみるとよいだろう。

16.5.7 CharRNN モデルの作成とトレーニング

これで、CharRNN クラスをインスタンス化する準備が整った。ここでは、RNN モデルを構築し、次の設定でトレーニングを行うために、CharRNN クラスをインスタンス化する。

```
>>> batch_size = 64
>>> num_steps = 100
>>> train_x, train_y = reshape_data(text_ints, batch_size, num_steps)
>>>
>>> rnn = CharRNN(num_classes=len(chars), batch_size=batch_size)
>>> rnn.train(train_x, train_y, num_epochs=100, ckpt_dir='./model-100/')
...
Tensor("probabilities:0", shape=(6400, 65), dtype=float32)
Epoch 1/100 Iteration 10| Training loss: 3.7960
Epoch 1/100 Iteration 20| Training loss: 3.3718
Epoch 2/100 Iteration 30| Training loss: 3.2945
```

※14 https://github.com/rasbt/python-machine-learning-book-2nd-edition/tree/master/code/ch16

```
Epoch 2/100 Iteration 40| Training loss: 3.2526
...
```

トレーニング済みのモデルは ./model-100/ というフォルダに保存されるため、あとから予測を行うために、あるいはさらにトレーニングを行うために読み戻すことができる。

16.5.8 サンプリングモードの CharRNN モデル

次に、CharRNN クラスのインスタンスをサンプリングモードで作成してみよう。このクラスのインスタンスをサンプリングモードで作成するには、コンストラクタに引数として sampling=True を指定する。sample メソッドを呼び出して ./model-100/ フォルダに保存しておいたモデルを読み込み、500 文字のシーケンスを生成する。

```
>>> del rnn
>>>
>>> np.random.seed(123)
>>> rnn = CharRNN(len(chars), sampling=True)
>>> print(rnn.sample(ckpt_dir='./model-100/', output_length=500))
...
The wanderse

   Ham. I woll thenke the Solde and as ither thes will, at a dis tantend
To maness of he and mering and the bus and,
The hiss a fit of ant ort time, and her wind of
A beart of his mine it a faulouthensers

   Hal. Whe that so my Larger,
Thin we selfe to mat tean the hims but
With was sore to beene tiue to ser is betit,
Was thin so a mangers and hill or and asthie

   Hor. This mest the senges of hation thee to hos the herr,
The sacke a my Lort worke. That his she lete,
And whise howers
```

生成された出力から、いくつかの英単語がほとんどそのまま残っていることがわかる。また、これが古い英語の文章であることにも注意が必要だ。このため、元の英文には見慣れない単語が含まれていることがある。もっとよい結果を得るには、より大きなエポック数でモデルのトレーニングを行う必要がある。ぜひ、このモデルをもっと大きな文書で試して、さらに大きなエポック数でトレーニングしてみよう。

本章と本書のまとめ

機械学習とディープラーニングの刺激的な旅の最終章を楽しんでいただけただろうか。本章では、この分野の基本的なテーマをすべて取り上げた。それらの手法を実際に手に取り、現実の問題を解決するための準備はもう十分に整っているはずだ。

最初の章では、教師あり学習、強化学習、教師なし学習という 3 種類の学習法を簡単にまとめた。第 2 章では、単純な単層ニューラルネットワークを皮切りに、分類に使用できるさまざまな学習アルゴリズムを取り上げた。

第 3 章では、高度な分類アルゴリズムを取り上げた。第 4 章と第 5 章では、機械学習のパイプラインの最も重要な側面について説明した。

非常に高度なアルゴリズムであっても、学習に使用するトレーニングデータの情報によって性能が制約されることを思い出そう。そこで第 6 章では、予測モデルを構築して評価するためのベストプラクティスについて説明した。予測モデルは機械学習の応用において重要な側面の 1 つである。

ある学習アルゴリズムで望みどおりの性能が達成されない場合は、モデルのアンサンブルを作成して予測を行うとよいかもしれない。これについては、第 7 章で説明した。

第 8 章では、テキスト文書を解析するために機械学習を応用した。インターネット上のソーシャルメディアプラットフォームに支配されている現代において、テキスト文書はおそらく最も興味深いデータ形式である。

だが、機械学習の手法はオフラインのデータ解析に限定されるわけではない。第 9 章では、機械学習モデルを Web アプリケーションに埋め込み、外の世界と共有する方法を示した。

ほとんどの部分では、分類のアルゴリズムに焦点を合わせた。分類はおそらく最もよく使用されている機械学習の応用である。だが、この旅はそれで終わりではない。第 10 章では、連続値の出力を予測する回帰分析のさまざまなアルゴリズムを取り上げた。

クラスタ分析もまた機械学習の刺激的な分野の 1 つである。クラスタ分析は、トレーニングデータに学習用の正しい答えが含まれていない場合であっても、データから隠れた構造を見つけ出すのに役立つ。これについては、第 11 章で説明した。

続いて、機械学習分野全体で最も刺激的なアルゴリズムの 1 つである人工ニューラルネットワークに焦点を移した。第 12 章では、まず NumPy を使って多層パーセプトロンを一から実装した。

TensorFlow の威力は第 13 章で明らかとなった。第 13 章では、TensorFlow を使ってニューラルネットワークモデルの構築プロセスを容易にし、多層ニューラルネットワークのトレーニングをより効率よく行うために GPU を利用した。

第 14 章では、TensorFlow のメカニズムにさらに踏み込み、計算グラフを構成する変数と演算子、変数スコープ、計算グラフの起動、そしてノードを実行するためのさまざまな方法を含め、TensorFlow をさまざまな角度から取り上げた。

第 15 章では、畳み込みニューラルネットワーク(CNN)を取り上げた。CNN は、画像分類タスクでの性能が非常によいことから、現在コンピュータビジョンで広く利用されている。

最後の第 16 章では、リカレントニューラルネットワーク(RNN)に基づくシーケンスモデルについて説明した。ディープラーニングの包括的な調査は本書のテーマではないが[※15]、この分野での最新技術への興味を呼び起こすことができれば、と願っている。

機械学習の研究者としてのキャリアを検討している場合、あるいはこの分野での技術の進歩に後れないようにしたいだけであっても、この分野の第一人者の取り組みに目を光らせておくことが推奨される。

- Geoffry Hinton (http://www.cs.toronto.edu/~hinton/)
- Andrew Ng (http://www.andrewng.org/)
- Yann LeCun (http://yann.lecun.com)
- Juergen Schmidhuber (http://people.idsia.ch/~juergen/)
- Yoshua Bengio (http://www.iro.umontreal.ca/~bengioy/yoshua_en/)

そしてもちろん、scikit-learn、TensorFlow、Kerasのメーリングリスト[※16]に登録し、これらのライブラリや機械学習全般に関する興味深い議論にぜひ参加してほしい。最後に、本書に関して質問がある場合や、機械学習に関する一般的なアドバイスが必要な場合は、以下のWebサイトでいつでも気軽に問い合わせてほしい。

http://sebastianraschka.com
http://vahidmirjalili.com

※15 ［監注］ディープラーニングの理論的な説明は、以下の書籍等が参考になる。

『深層学習』(講談社、2015年)
『深層学習』(近代科学社、2015年)
『これならわかる深層学習入門』(講談社、2017年)

Tensorflow や Keras を用いたディープラーニングの実行・実装については、以下の書籍等が参考になる。

『TensorFlow ではじめる DeepLearning 実装入門』(インプレス、2018年)
『TensorFlow 機械学習クックブック』(インプレス、2017年)
『詳解ディープラーニング』(マイナビ、2017年)

※16 scikit-learn: https://mail.python.org/mailman/listinfo/scikit-learn
TensorFlow: https://groups.google.com/a/tensorflow.org/forum/#!forum/discuss
Keras: https://groups.google.com/forum/#!forum/keras-users

MEMO

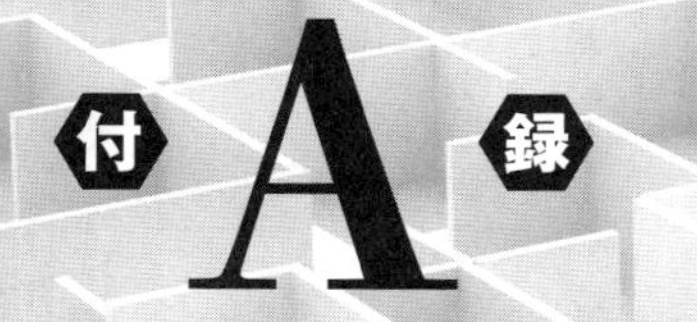

Jupyter Notebookの基本的な使用方法

福島 真太朗

Jupyter Notebookは、Jupyterプロジェクト※1によって開発されており、さまざまなプログラミング言語をサポートするインタラクティブなシェル環境である。Jupyter Notebookを用いることにより、ブラウザ上で試行錯誤を行いながらソースコードを記述し、その実行結果を確認し、ドキュメント、数式、画像なども含めて1つの「ノートブック」にまとめることができる。

本書では、クラス定義など比較的長いソースコードも多い。そのため、本書を読み進めながらサンプルコードを実行する上でもJupyter Notebookは非常に役立つだろう。また、Jupyter Notebookは数式の入力も可能なため、本書を読みながらメモをまとめたりするのにも役立つかもしれない。

なお、以下では、Jupyter Notebook 5.1時点の情報を記載している。

A.1 インストールと起動

Jupyter Notebookは、Python開発環境のAnacondaを使ってインストールすることが強く推奨されている※2。Anacondaを使用しない場合は、コマンドラインからpipコマンドでインストールできる。

```
pip install jupyter
```

※1 http://jupyter.org/

※2 https://www.anaconda.com/download/

Jupyter Notebookを起動するには、Anaconda Promptなどのコマンドラインから以下のいずれかのコマンドを実行する。

```
jupyter notebook
jupyter-notebook
```

A.2 ノートブックの作成と保存

Jupyter Notebookのダッシュボードが起動したら、ノートブックを作成する。画面右上にある[New]ボタンをクリックし、[Python 3]を選択する（ここでは本章と同様にPython 3を使用する）。

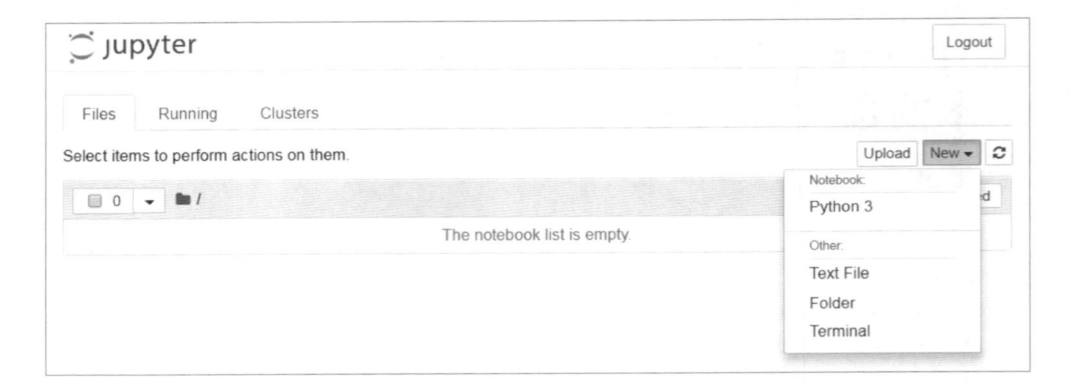

以下のようにノートブックが起動する。

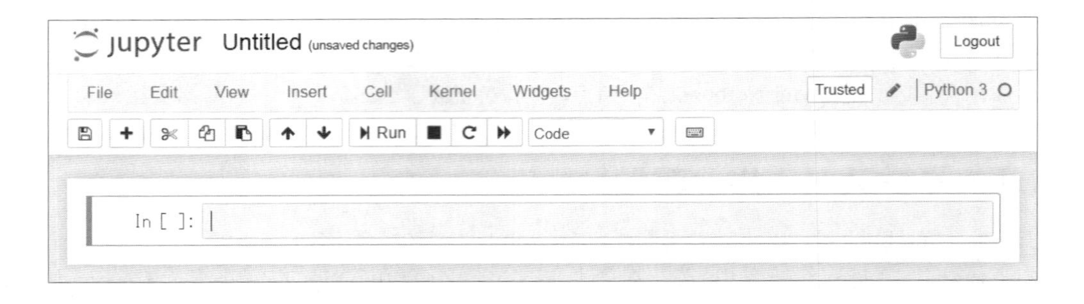

ノートブックのファイル名は初期設定では`Untitled.ipynb`となっている。ノートブックは名前を付けて保存できる。拡張子は通常`.ipynb`とする。なお、ノートブックを閉じるときは必ずメニューから[File]→[Close and Halt]を選択する。この操作を行わずにブラウザを閉じると、ゾンビプロセスが残ることになってしまう。

保存したノートブックは次回以降、以下のコマンドを実行することにより開くことができる。

```
jupyter notebook <ノートブック名>
```

原書のソースコードや図を収録したノートブックが著者のGitHubで提供されている。これらを利用するには、リポジトリをローカル環境にクローンすればよい。

```
git clone https://github.com/rasbt/python-machine-learning-book-2nd-edition.git
```

例として、第2章のソースコードが掲載されたノートブックを開く場合、以下のコマンドを実行する。

```
jupyter notebook https://github.com/rasbt/python-machine-learning-book-2nd-edition/blob/
master/code/ch02/ch02.ipynb
```

A.3　セルの入力と実行

ノートブックでは、「セル」と呼ばれる領域にコードや文章などを記述する。他にも主要なボタンなどの説明を以下の図にまとめる。

① ノートブックの保存　② セルを下側に挿入　③ セルを削除　④ 上のセルに移動
⑤ 下のセルに移動　⑥ セルを実行　⑦ セルの実行を停止　⑧ カーネルを再起動

「セルモード」には、セルへの入力の種別を指定する。詳しくは後ほど説明する。

ソースコードを記述し実行する簡単な例を見ていこう。セルモードが[Code]になっていることを確認して以下のコードを入力してみよう。matplotlibライブラリを用いて作成する図をノートブック内に表示するには、`%matplotlib inline`と指定する。以下のソースコードをセルに入力したら、Shift+Enterキーを押して実行すると図が表示される。

```
%matplotlib inline
import numpy as np
import matplotlib.pyplot as plt
```

```
np.random.seed(71)
x = np.random.randn(1000)
plt.hist(x, bins=20)
plt.show()
（出力される図は省略）
```

なお、以上のようにShift+Enterキーを押すと次のセル（ない場合は新規に作成）に移動する。セルの実行のみで次のセルへ移動したくない場合は、Ctrl+Enterキーを押せばよい。

テキストはマークダウン記法により入力できる。セルモードが[Markdown]になっていることを確認してテキストを入力し、同様にShift+Enterキーを押す。

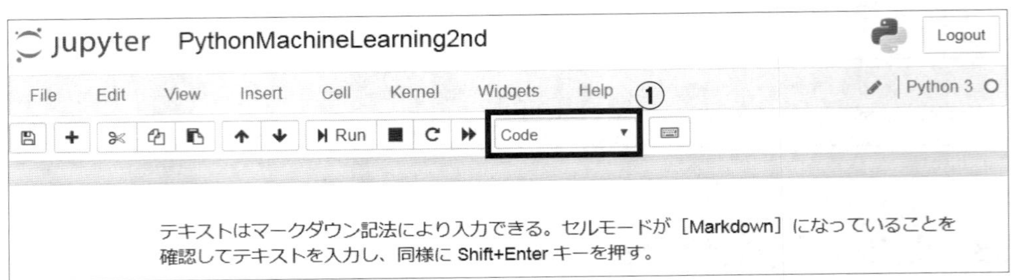

① セルモードを[Markdown]に変更

また、MathJaxによりLaTeXと同様の数式を記述できる。セルモードを[Code]から[Markdown]に変更して数式を入力してみよう。テキスト内では `$...$` で囲んで入力する。また、数式のブロックは `$$...$$` で囲んで入力する。たとえば、第3章の式3.3.11は以下のように入力する。

```
$$
J \left( \phi(z), y; \boldsymbol{w} \right) =
-y \log{\left( \phi(z) \right)} - (1-y) \log{\left( 1 - \phi(z) \right)}
$$
```

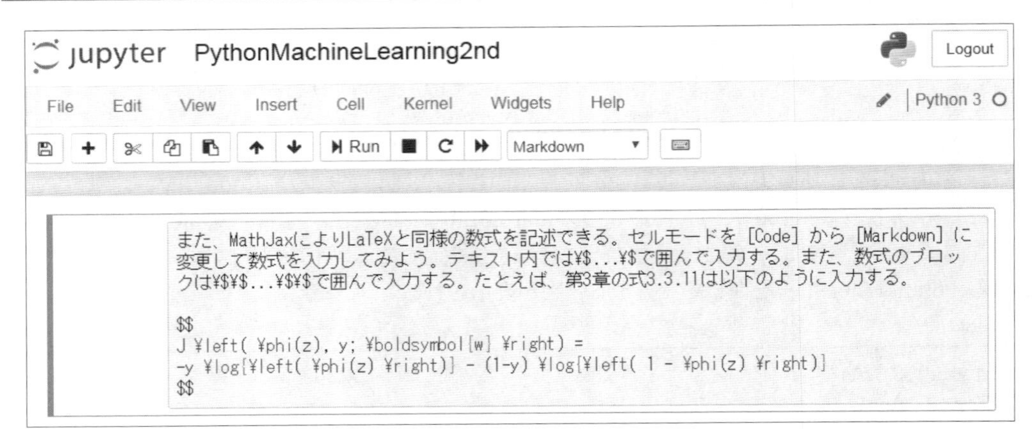

これで、以下のように数式が表示される。`$$...$$`の代わりに、`\begin{equation}...\end{equation}`、`\begin{eqnarray}...\end{eqnarray}` `\begin{align}...\end{align}`なども使用可能である。

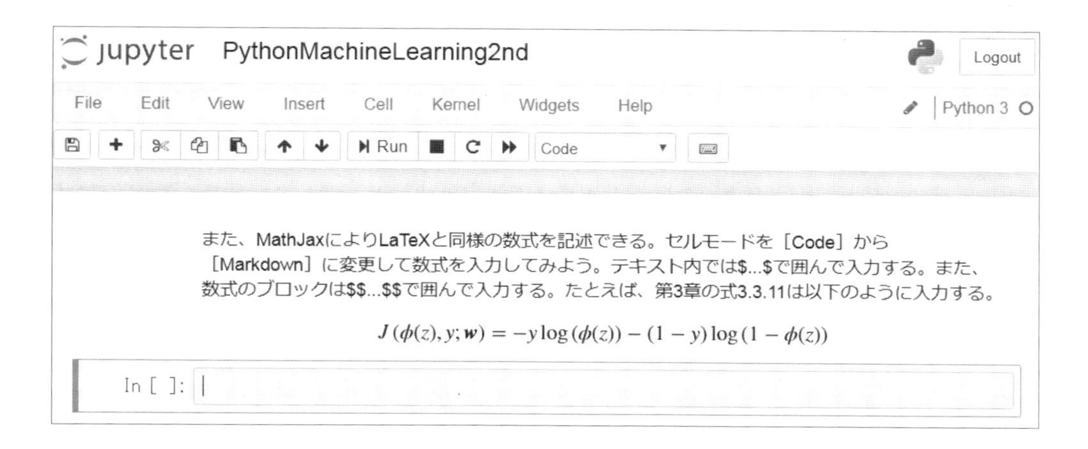

ところで、テキストを入力するたびにセルモードを[Markdown]に変更するのは面倒ではないだろうか。Jupyter Notebookには「コマンドモード」と呼ばれるモードが用意されており、各種の便利なショートカットを使用できる。コマンドモードへは、Escキーを押すことにより切り替えられる。コマンドモードに変更した後に[Markdown]への変更はMキーを押す。他にも、Dキーを2回押すとセルの削除、Cキーでセルのコピー、Vキーでコピーしたセルの貼り付けなど、便利なショートカットが提供されている。詳細は、メニューバーで「Help」→「Keyboard Shortcuts」で参照できる。

また、Jupyter Notebookには「マジックコマンド」と呼ばれる便利なコマンド群が提供されている。マジックコマンドにはセル全体に対して適用するセルマジックコマンドと、行単位で適用する行マジックコマンドの2種類がある。

セルマジックコマンドの例として、`%%writefile`（テキストファイルの作成）、`%%bash`（bashの実行）などがある。行マジックコマンドの例として、`%run`（ファイルのスクリプトの実行）、`%load`（コードの読み込み）、`%load_ext`（IPythonの拡張モジュールの読み込み）、`%cd`（ディレクトリの変更）などがある。

マジックコマンドの一覧は、行マジックコマンドである`%lsmagic`で確認できる。

A.4　他のフォーマットへの変換

作成したノートブックは、`nbconvert`を用いて他のフォーマット（PDF、HTML、Markdown、TeXなど）に変換できる。たとえば、HTMLに変換する場合は、[File]メニューの[Download as]→[HTML(.html)]を選択することで、HTMLファイルが生成されてダウンロードされる。または、Anaconda promptで以下のように実行してもよい。

```
jupyter nbconvert --to html <ノートブックファイル名>
```

LaTeX のファイルに変換するコマンドも利用できるが、その前に以下のコマンドでドキュメント変換ツール pandoc をインストールしておく必要がある。

```
conda install --channel https://conda.anaconda.org/conda-forge pandoc
```

pandoc がインストールされていればこの作業は不要であり、以下のコマンドで LaTeX のファイルに変換できる。

```
jupyter nbconvert --to latex --template <テンプレートファイル名> <ノートブックファイル名>
```

テンプレートファイルは指定しなくてもよいが、デフォルトで使用されるテンプレートファイルは日本語に対応していない。そのため、拡張子を `.tplx` にして以下のようなテンプレートファイルを作成するとよい（たとえば `jsarticle.tplx` というファイル名で保存する）。

```
((* if not cell_style is defined *))
    ((* set cell_style = 'style_ipython.tplx' *))
((* endif *))

((* extends cell_style *))

((* block docclass *))
\documentclass[a4j, dvipdfmx]{jsarticle}
((* endblock docclass *))
((* block predoc *))
((* block maketitle *))\maketitle((* endblock maketitle *))
((* block tableofcontents *))\tableofcontents\newpage((* endblock tableofcontents *))
((* endblock predoc *))
```

また、スライドを作成することも可能である。ここでは RISE というアドオンを導入して、スライドを作成してみよう。RISE は `reveal.js` を用いたスライドショーを作成する。スライド内のセルを変更し実行することも可能なので、発表やデモにも向いている。

RISE は、Anaconda Prompt などから、RISE の GitHub[※3] で最も推奨されている `conda` コマンドを用いた方法でインストールする。

```
conda install -c damianavila82 rise
```

※3　https://github.com/damianavila/RISE

以上を実行して Jupyter Notebook を起動すると、RISE のボタンが追加されたことを確認できる。このボタンを押すことにより、ノートブックとスライドショーを行き来できるようになる。また、Alt+R キーによるショートカットによっても同様の操作を行える。

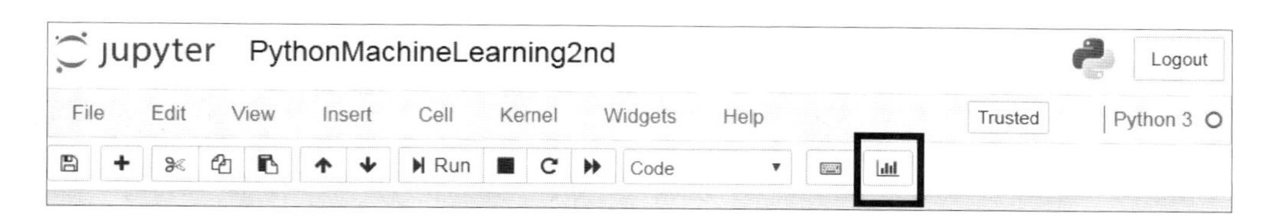

スライドショーを作成するには、まずメニューバーで [View] → [Cell Toolbar] → [Slideshow] の順に選択する。

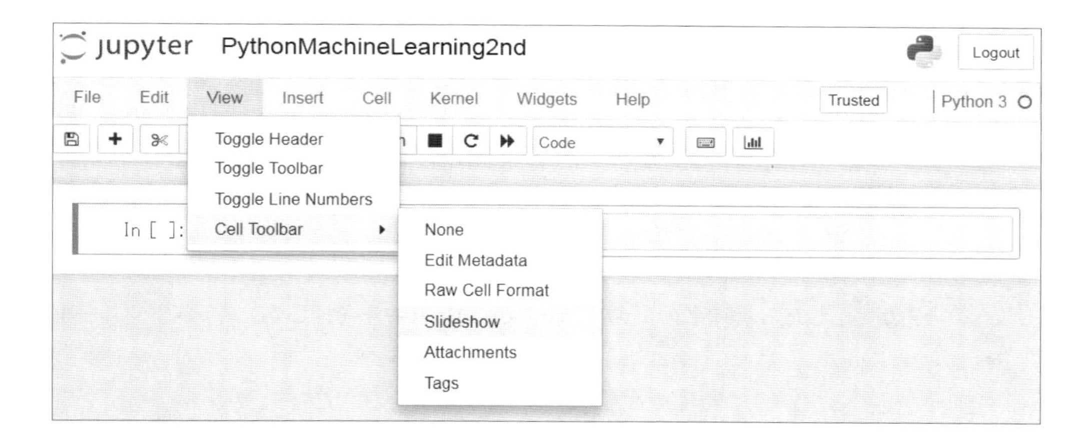

次に、セルの右上にある [Slide Type] を [Slide] に設定し、セルにコードや文章、数式などを入力する。

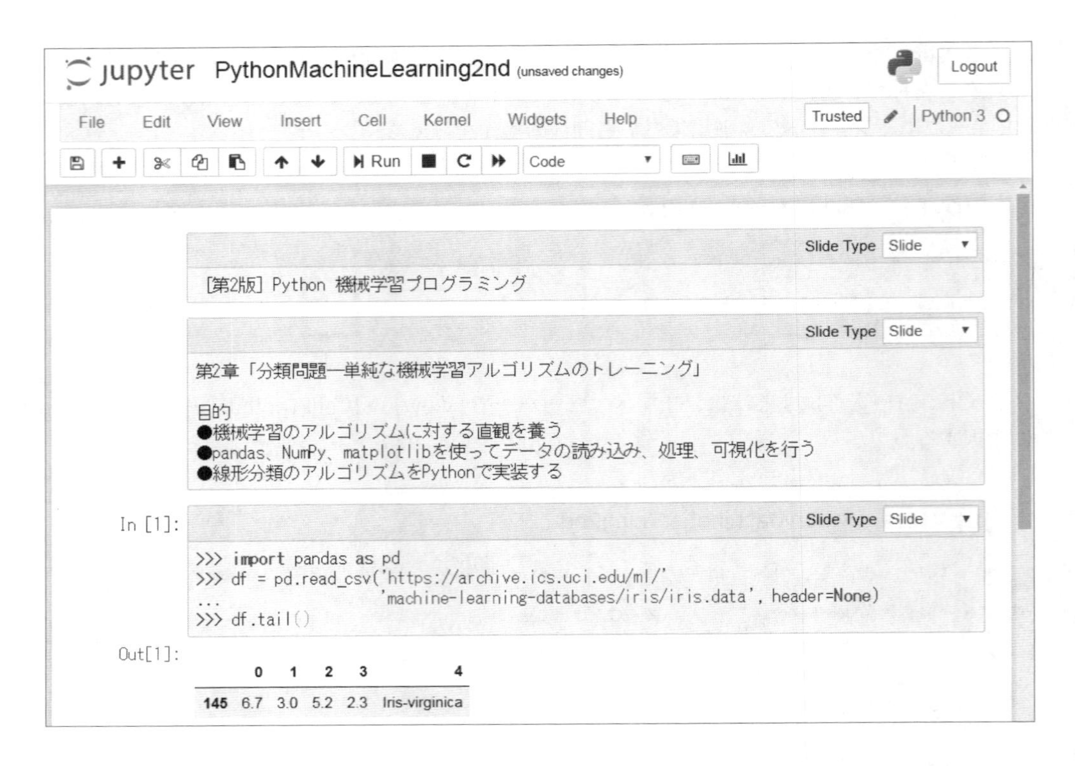

セルへの入力が完了したら、RISEのボタンを押すか、Alt+Rキーを押して、スライドショーを開始する。

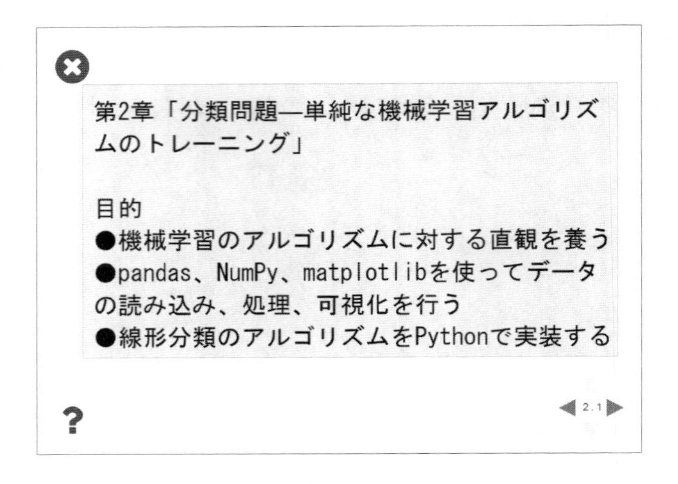

スライドショーの実行中にセルを変更して実行することもできる。デモなどに使用できるかもしれない。

A.5 拡張機能

Jupyter Notebookを拡張する機能を集めたリポジトリがGitHub上に公開されている[※4]。この拡張機能は、以下のようにAnaconda Promptなどからインストールできる。

```
conda install -c conda-forge jupyter_contrib_nbextensions
```

また、以降でJupyter Notebookの起動中に拡張機能の構成画面を開くには、以下のコマンドによりインストールしておく必要がある。

```
conda install -c conda-forge jupyter_nbextensions_configurator
```

以上のようにして拡張機能を導入したら、Jupyter Notebookを起動する。`http://localhost:8888`で起動している場合、`http://localhost:8888/nbextensions`にアクセスすると、以下の構成画面が開く。

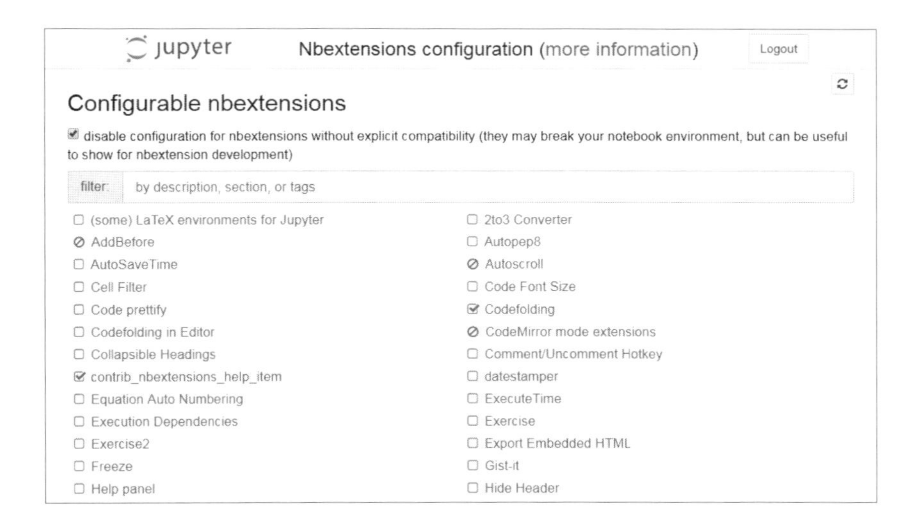

使用したい拡張機能にチェックをしてJupyter Notebookを再起動すると、ボタンが追加されていることを確認できる。拡張機能の中から有用性が高いと思われる数点を選び、概要を次の表にまとめる。

※4　https://github.com/ipython-contrib/jupyter_contrib_nbextensions

拡張機能	説明
NbExtensions menu item	ノートブックから上記の拡張機能のコンフィグレーション画面を開くボタンを追加する
Collapsible Headings	見出しを単位として、複数のセルを閉じることができる
Codefolding	インデントの階層単位で、コードを折りたたむことが可能になる
Equation Auto Numbering	数式に自動的に番号を付与する
Hide input	指定したセルを隠す
(some) LaTeX environments for Jupyter	ノートブックで使用できる LaTeX の機能を強化する。`\textit`(斜体)、`\textbf`(太字)、`\underline`(下線)、定理環境、リスト環境(enumerate、itemize)、figure 環境(まだ限定的な対応の模様)、参考文献(`\cite` による引用)などを使用できるようになる。ノートブック全体にわたり数式番号を付与し、`\label` によるラベリングや `\ref` による参照が可能になる
Table of Contents (2)	目次のテーブルを表示する

たとえば、[Table of Contents] のボタンを押すと目次が表示される。見出しをクリックするとその場所に移動する。

A.6 参考文献

以下の書籍は、IPython Notebook (Jupyter Notebook) の応用的な使用方法も含めて、非常に広範な内容をクックブック形式でわかりやすくまとめている。

- 『IPython データサイエンスクックブック』(オライリー・ジャパン、2015 年)

また、以下の書籍は、Jupyter Notebook の操作、Jupyter Notebook で pandas や matplotlib、Bokeh などのライブラリを実行してデータ加工、集計、可視化を行う方法などをわかりやすく説明している。

- 『Python ユーザのための Jupyter[実践] 入門』(技術評論社、2017 年)

付録B

matplotlibによる可視化の基礎

本書では、データとその解析結果を理解するために頻繁に可視化（visualization）が行われている。本書で使用されている可視化ライブラリは、主に matplotlib と seaborn である。ここでは本書を読み進めるにあたり必要な matplotlib の基礎についてまとめる。

B.1 pyplot を用いた可視化

matplotlib はオブジェクト指向の可視化ライブラリであり、きめ細やかな図形の調整が可能である。本書では、主に pyplot モジュールによる簡便なインターフェイスを用いて可視化が行われている。

次の例は、横軸に 0 以上 1 以下の一様乱数、縦軸に横軸の値を 2 倍し正規乱数（平均 0、標準偏差 1 の正規分布に従う乱数）を加えて散布図をプロットしている。なお、matplotlib により可視化を行って得られた図を Jupyter Notebook に埋め込む場合は、`%matplotlib inline` と指定する必要がある。以降では、Jupyter Notebook での使用を前提として説明する。

```
%matplotlib inline
import matplotlib.pyplot as plt
plt.rcParams['font.size']=14        # フォントサイズ
import numpy as np
np.random.seed(123)                 # 乱数種を指定
N = 100                             # 100 点のデータを生成
x = np.random.rand(N)
y = 2 * x + np.random.randn(N)
```

```
plt.scatter(x, y)                  # 散布図をプロット
plt.title('sample plot')           # 図のタイトル
plt.xlabel('x')                    # 軸のラベル
plt.ylabel('y')
plt.grid()                         # グリッド線を引く
plt.show()                         # 図の表示
```

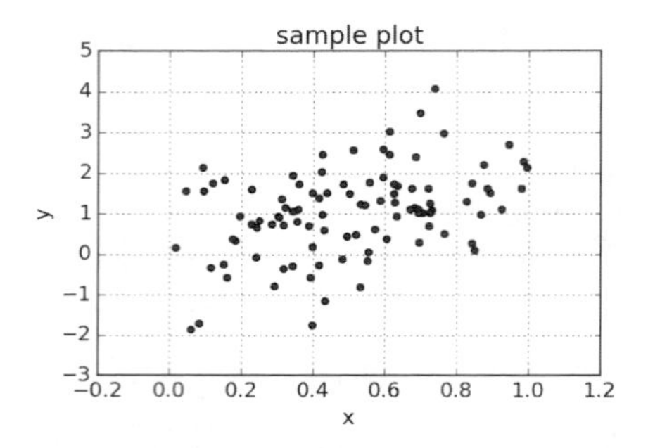

続いて、折れ線グラフをプロットしてみよう。ここでは、3本の線をプロットする。それぞれの線の色は赤（`'red'`）、青（`'blue'`）、緑（`'green'`）、点のマーカーは円（`'o'`）、クロス（`'x'`）、四角形（`'s'`）、線の種類は実線（`'-'`）、破線（`'--'`）、点線（`':'`）とする。pyplotの`plot`関数の`c`引数には色を、`marker`引数にはマーカーを、`linestyle`引数には線の種類を指定している。また、凡例を表示するために`label`引数も指定している。

```
np.random.seed(123)
N = 50
plt.plot(0 + 0.3 * np.random.rand(N), c='r', marker='o', linestyle='-', label='1')
plt.plot(0.5 + 0.3 * np.random.rand(N), c='b', marker='x', linestyle='--', label='2')
plt.plot(1 + 0.3 * np.random.rand(N), c='g', marker='s', linestyle=':', label='3')
# 色、マーカー、線の種類は以下のようにまとめて指定することも可能
# plt.plot(0 + 0.3 * np.random.rand(N), 'ro-', label='1')
plt.xlim(-1, 51)
plt.ylim(0, 2.0)
plt.legend(loc='upper right', prop={'size':10})
plt.grid()
plt.show()
```

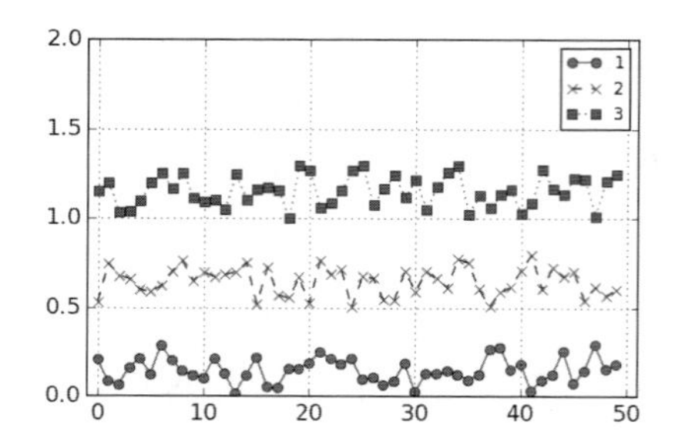

点のマーカーは`plot`関数や`scatter`関数などの`marker`引数に指定する。上記以外では、点（`'.'`）、ピクセル（`','`）、上向きの三角形（`'^'`）、下向きの三角形（`'v'`）などがある。マーカーの形と類似した文字列の対応関係があり、覚えやすいであろう。指定できるマーカーは、"`help(plt.plot)`"を実行したり、matplotlibのページ※1で参照することにより調べられる。

線の種類は、`plot`関数などの`linestyle`引数に指定する。上記以外では、一点単破線（`'-.'`）がある。実際の線と類似した文字列の対応関係があり、覚えやすいと思われる。

色は、文字列で指定できるだけでなく、RGBやRGBAの値によっても指定が可能である。文字列で指定できる色には上記以外にも、シアン（`'c'`）、マゼンタ（`'m'`）、黄（`'y'`）、黒（`'k'`）、白（`'w'`）がある。色の詳細については、matplotlibのページ※2を参照してほしい。

凡例は、点や線を識別するためにグラフに付与する。上記の例で見たように、pyplotの`legend`関数により表示できる。pyplotの`plot`関数や`scatter`関数などで`label`引数に文字列を指定すると、点の形、線の種類、色等を表した凡例が表示される。`legend`関数の`loc`引数には凡例を配置する位置を文字列で指定する。上側（`'upper'`）、中央（`'center'`）、下側（`'lower'`）、左側（`'left'`）、右側（`'right'`）だけでなく、これらを組み合わせて上側の左（`'upper left'`）なども指定できる。また、`'best'`を指定すると凡例を配置するのに最適な場所が自動的に判断される。

以上では用いていないが、カラーマップは連続的な値の変化に対応した色のパレットである。matplotlibは多数のカラーマップを提供している。カラーマップの一覧はmatplotlibのサイト※3で参照できる。次の例では、散布図の各点に付与した値の大きさに応じて色をつけている。カラーマップは`scatter`関数の`cmap`引数に指定する。

```
N = 100                 # データの生成
np.random.seed(71)
x = np.random.rand(N)
y = 2 * x + np.random.randn(N)
c = np.random.rand(N)  # 点の値
fig = plt.figure(figsize=(10, 8))
plt.subplot(221)
plt.scatter(x, y, c=c, cmap=plt.cm.Accent)
plt.title('Accent')
plt.colorbar()
plt.subplot(222)
plt.scatter(x, y, c=c, cmap=plt.cm.Greens)
plt.title('Greens')
plt.colorbar()
plt.subplot(223)
plt.scatter(x, y, c=c, cmap=plt.cm.jet)
plt.title('jet')
plt.colorbar()
plt.subplot(224)
plt.scatter(x, y, c=c, cmap=plt.cm.RdBu)
plt.title('RdBu')
```

※1 http://matplotlib.org/api/markers_api.html

※2 http://matplotlib.org/api/colors_api.html

※3 http://matplotlib.org/examples/color/colormaps_reference.html

```
plt.colorbar()
plt.subplots_adjust(hspace=0.35)
plt.show()
```

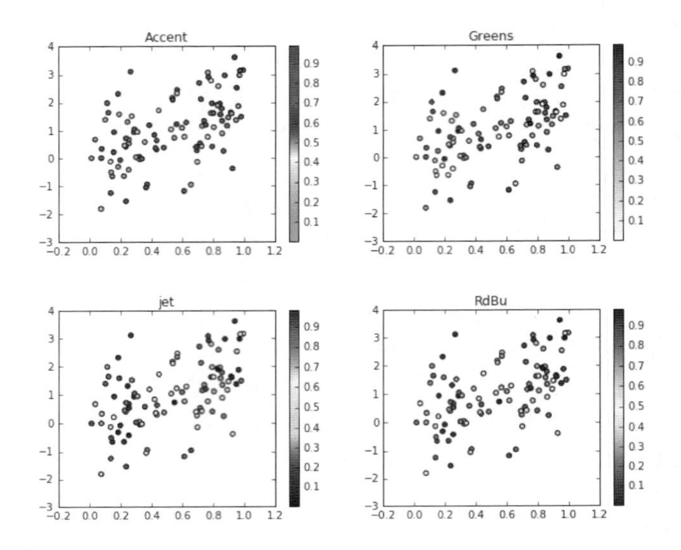

以上では、散布図(scatter)、折れ線グラフ(plot)を例に pyplot の基本的な使用方法について説明した。本書では他にもヒストグラム(hist)、棒グラフ(bar、barh)、等高線図(contourf)、階段状グラフ(step)などが使用されている。

B.2 描画対象の Figure の明示

以上で見てきたように、pyplot は簡便なインターフェイスを提供している。pyplot の関数は 1 枚の図を描画する際は非常に便利である。

pyplot の関数を利用して描画を行う際、裏側では Figure クラスと Axes クラスがインスタンス化されている。大雑把に言うと、Figure クラスはすべての描画部品を保持している。そして Axes クラスは描画に関連する大半の図形を保持、管理する。

次の例は、pyplot の figure 関数で Figure クラスを明示的にインスタンス化した後に、Figure クラスの gca メソッドにより Axes クラス(正確には AxesSubplot クラス)をインスタンス化している。そして、AxesSubplot クラスの plot メソッドにより 100 個の一様乱数を折れ線グラフでプロットしている。

```
np.random.seed(123)
fig = plt.figure()  # Figure クラスをインスタンス化
ax = fig.gca()      # Axes クラスをインスタンス化
ax.plot(np.random.rand(100))
```

AxesSubplot クラスの plot メソッドは、先の説明に用いた pyplot の plot 関数から呼び出されている。pyplot の描画用の関数は基本的に AxesSubplot クラスのメソッドを呼び出して、描画部品を追加したり調整したりする。

pyplot の関数は基本的に、「現在の」Figure オブジェクトのみに対して処理を行う。一方で、pyplot の figure 関数により Figure クラスのインスタンスを明示的に生成すると、操作を行う対象の Figure が明確になり、複数の図を対象とする場合に見通しがよくなる。次の例では Figure クラスの 2 つのインスタンスを生成した後に、1 つ目には 100 個の一様乱数の折れ線グラフを、2 つ目には散布図を描画している。Figure の選択は、pyplot の figure 関数の引数に番号を指定することにより行う。

```
np.random.seed(123)
fig1, fig2 = plt.figure(1), plt.figure(2)  # Figure クラスの 2 つのインスタンスを生成
plt.figure(1)                              # Figure1 を選択
plt.plot(np.random.rand(100))
plt.figure(2)                              # Figure2 を選択
plt.scatter(np.random.rand(100), np.random.rand(100))
plt.show()
```

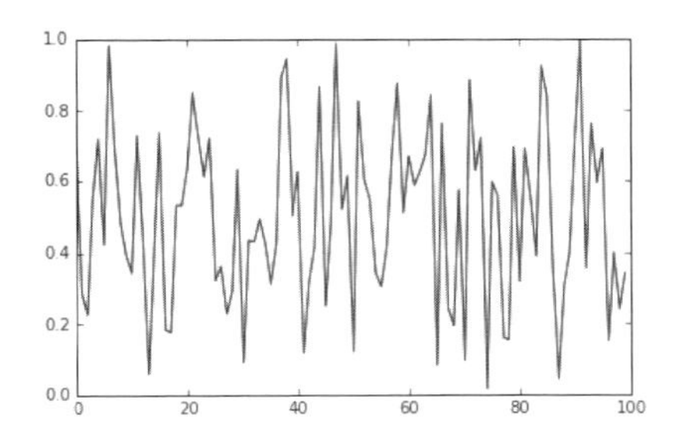

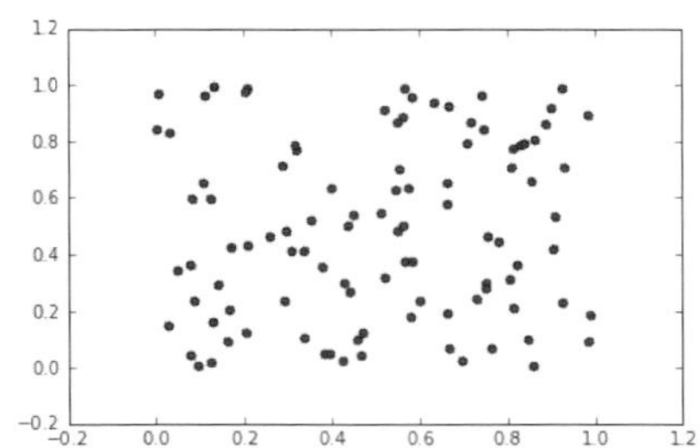

B.3　複数の図のプロット

本書では複数の図のプロットは頻繁に行われている。次の例は、図を 2 行 2 列に分割して描画している。

```
fig, ax = plt.subplots(2, 2, figsize=(10, 8))  # 図を 2 行 2 列に分割
N=100
np.random.seed(123)
nrow, ncol = ax.shape
# 分割した各領域で乱数の散布図をプロット
for i in range(nrow):
    for j in range(ncol):
        x = np.random.rand(N)
        y = 2 * x + np.random.randn(N)
        ax[i, j].scatter(x, y)
        ax[i, j].set_title('[' + str(i) + ',' + str(j) + ']')
```

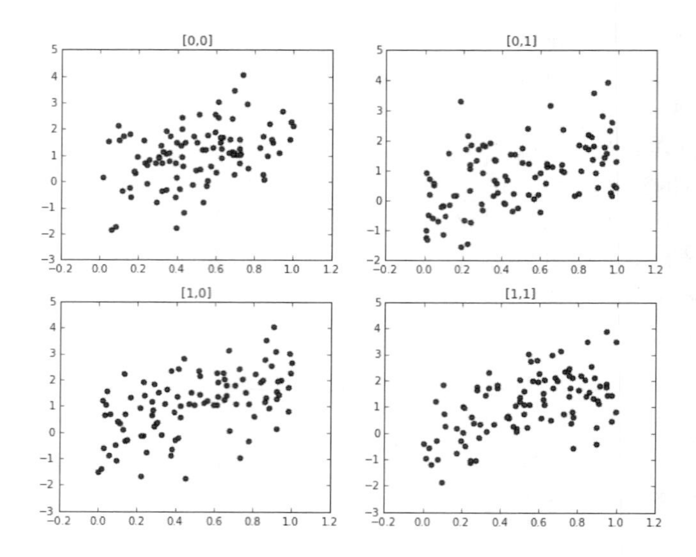

まず、図を分割するためにsubplots関数に行数、列数を指定している。subplots関数の戻り値は、Figureクラスのインスタンスと4つのAxesSubplotクラスのインスタンスである。その後、行方向と列方向のループを回しながら、それぞれの描画領域にプロットしている。

得られた図では、縦軸の範囲がすべての図で同じになっていることを確認できる。範囲が揃っていない場合、すべての図で縦軸の範囲を揃えるためには、subplots関数に引数sharey=Trueを指定すればよい。同様に横軸の範囲を揃えるためにはsharex=Trueと指定する。

また、pyplotのsubplot関数を用いても図を分割できる。この方法は、subplot関数の引数に、行数、列数、プロットの番号を順に指定する。たとえば、2行2列のプロットを行うときは、2番目の図はsubplot(222)と指定してから描画の指定を行う。

```
np.random.seed(123)
N = 100
x = np.random.rand(N)
y = np.random.rand(N)
plt.figure(figsize=(10, 8))
plt.subplot(221)                # 2*2分割の1枚目
plt.scatter(x, y, marker='o')
plt.subplot(222)                # 2枚目
plt.scatter(x, y, marker='x')
plt.subplot(223)                # 3枚目
plt.scatter(x, y, marker='s')
plt.subplot(224)                # 4枚目
plt.scatter(x, y, marker='^')
plt.subplots_adjust(wspace=0.3, hspace=0.3)
plt.show()
```

なお参考までに、Figureクラスのadd_subplotメソッドを用いてAxesSubplotクラスのインスタンスを順次追加することによっても複数の図をプロットできる。

```
fig = plt.figure(figsize=(10, 8))
ax1 = fig.add_subplot(2, 2, 1)
ax1.scatter(x, y)
ax2 = fig.add_subplot(2, 2, 2)
ax2.scatter(x, y)
ax3 = fig.add_subplot(2, 2, 3)
ax3.scatter(x, y)
ax4 = fig.add_subplot(2, 2, 4)
ax4.scatter(x, y)
```

B.4 アニメーションの作成

matplotlibでは、アニメーションを作成することも可能である。アニメーションによりパラメータなどを連続的に変化させながら解析結果を確認し、データの特性や機械学習のアルゴリズムの挙動などについて理解を深めることができる。本書を読み進めるにあたってアニメーションは必ずしも必要ではないが、身につけておくと非常に有益であるため簡単に説明する。

アニメーションは、matplotlib.animationモジュールのFuncAnimationクラスやArtistAnimationクラスを用いて作成できる。FuncAnimationクラスは、グラフをプロットする関数を定義して動的にグラフを生成しながらアニメーションを実行する。一方で、ArtistAnimationクラスは、あらかじめ生成したグラフをリストで保持した上でアニメーションを実行する。ここでは、紙面の都合上、前者のFuncAnimationクラスを用いたアニメーションの作成方法について説明する。

次の例は、標準正規分布(平均=0、標準偏差=1)に従う乱数を1,000個生成し、点の個数を変化させながらヒストグラムをプロットするアニメーションを作成している。アニメーションは、FuncAnimationクラスを用いて作成する。1フレームをプロットするanimate関数を定義している。また、Jupyter Notebook内でアニメーションを表示するために、%matplotlib nbaggと指定する。さらに、ここではアニメーションをgifファイルに保存している。その際、ImageMagick※4というアプリケーションが必要になるので、使用している環境に合わせてインストールと設定

※4 http://www.imagemagick.org/script/download.php

を行っておく必要がある[※5]。ここでは実行しないが、保存するファイルの拡張子を `.mpeg` にして ffmpeg などを用いて mpeg ファイルにアニメーションを保存することも可能である。

```
%matplotlib nbagg
import numpy as np
import matplotlib.pyplot as plt
import matplotlib.animation as animation

N = 1000                                # フレーム数
np.random.seed(123)
x = np.random.randn(N)                  # データの生成

absmax_x = np.ceil(np.max(np.abs(x)))   # ヒストグラムの軸の範囲
xmin, xmax = -absmax_x, absmax_x
# 描画関数
def animate(nframe):
    plt.cla()                           # Axes オブジェクトのクリア
    plt.hist(x[:nframe], bins=20)       # ヒストグラムの描画
    plt.xlim(xmin, xmax)                # 軸の範囲の設定
    plt.ylim(0, 100)
    plt.title('N=%s' % nframe)          # タイトルを設定

fig = plt.figure()                      # Figure クラスをインスタンス化
# アニメーションのインスタンス化
# (Figure オブジェクト、描画する関数、フレーム番号を指定)
anim = animation.FuncAnimation(fig, animate, np.arange(1, N+1))
# gif ファイルに保存
anim.save('hist.gif', writer='imagemagick', fps=20)
# アニメーションの表示
plt.show()
```

以上を実行すると、Jupyter Notebook でアニメーションが描画されることを確認できる。

※5　環境によっては、matplotlib の設定ファイルに ffmpeg をインストールしたディレクトリのパスを指定する必要がある。その場合、まず次のコマンドにより設定ファイルのパスを確認する。

```
>>> import matplotlib
>>> matplotlib.matplotlib_fname()
```

次に、その設定ファイルを開き、次の部分を探す。

```
#animation.convert_path: 'convert'
```

この部分を次のように変更する。

```
animation.ffmpeg_path: <ffmpeg をインストールしたディレクトリのパス>
```

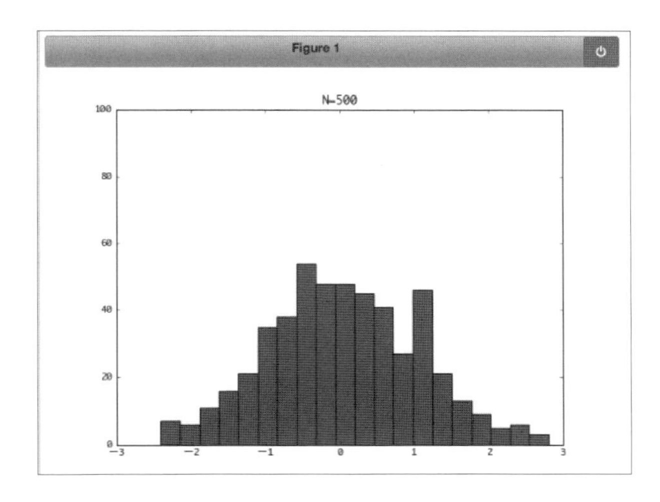

B.5　日本語フォントの設定

本書の説明や以上の例では、matplotlib を用いた描画に日本語は使用していなかった。日本語を使用すると文字化けしてしまうことがある。

文字化けが起きてしまうのは、日本語のフォントが設定されていない場合である。使用されているフォントを確認すると、この場合は 'sans-serif' が使用されていることを確認できる。

```
import matplotlib
# フォントの確認
matplotlib.rcParams.get('font.family')
['sans-serif']
```

matplotlib で使用するフォントを変更するためには、設定ファイル (rc ファイル) を修正する必要がある。matplotlib の設定ファイルのパスは、以下のようにして確認できる。

```
import matplotlib
matplotlib.matplotlib_fname()
'/Users/fukushima/.pyenv/versions/anaconda3-4.0.0/lib/python3.5/site-packages/matplotlib
/mpl-data/matplotlibrc'
```

この設定ファイルを matplotlib の設定ディレクトリにコピーする。設定ディレクトリは以下のようにして調べられる。

```
matplotlib.get_configdir()
'/Users/fukushima/.matplotlib'
```

このディレクトリに matplotlibrc ファイルをコピーして以下のように書き換える。

```
#font-family: sans-serif
font-family: Osaka
```

なお、利用可能なフォントは以下のコマンドで調べることができる。matplotlib は拡張子が ttc の TrueType フォントを使用できないため、拡張子が `ttf` のフォントファイルから選択する必要がある。

```
# 利用可能なフォントの一覧を表示
import matplotlib.font_manager as fm
fm.findSystemFonts()
```

以上の日本語フォント設定の説明にあたっては、『IPython データサイエンスクックブック』(オライリー・ジャパン、2015 年)の付録を参照した。

付録 C

行列の固有分解の基礎

本書の第 5 章では、主成分分析、判別分析、カーネル主成分分析などにおいて行列の固有分解の知識が多少必要になる。ここでは数学的な厳密性を犠牲にした上で、直観的に固有分解を理解することを目標として、2 次元のデータを例にとって説明する。

C.1　行列によるベクトルの回転

次の行列 A をベクトルに掛けて、ベクトルを回転・拡大させることを考えよう。

$$A = \begin{pmatrix} 1 & 1 \\ -2 & 4 \end{pmatrix}$$

ここでは、行列 A を掛けるベクトルは以下の 2 つのベクトルとする。

$$\boldsymbol{x}_1 = \begin{pmatrix} 1 \\ 0 \end{pmatrix}, \boldsymbol{x}_2 = \begin{pmatrix} 0 \\ 1 \end{pmatrix}$$

まずは、2 次元上にこれらのベクトル $\boldsymbol{x}_1$、$\boldsymbol{x}_2$ をプロットしてみよう。

```
>>> %matplotlib inline
>>> import matplotlib.pyplot as plt
>>> # LaTeXのフォント
>>> plt.rc('text', usetex=True)
>>> plt.rc('font', family='serif')
>>> plt.rcParams['text.latex.preamble']=[r"\usepackage{amsmath}"]
>>> # フォントサイズ
>>> plt.rcParams['font.size']=18

>>> import numpy as np
>>> x1 = np.array([[1], [0]])
>>> x2 = np.array([[0], [1]])
>>> # ベクトルを描画
>>> plt.quiver(0, 0, np.hstack((x1, x2))[0, :], np.hstack((x1, x2))[1, :],
...            color=['red', 'blue'], angles='xy', scale_units='xy', scale=1)
>>> plt.text(0.5, -0.5, '$\\boldsymbol{x}_{1}$')
>>> plt.text(-0.7, 0.5, '$\\boldsymbol{x}_{2}$')
>>> # 軸の範囲
>>> plt.xlim(-3, 3)
>>> plt.ylim(-3, 4.5)
>>> # 軸の目盛を設定
>>> plt.xticks(np.arange(-3,3.1,1))
>>> plt.yticks(np.arange(-3,4.1,1))
>>> plt.grid()
>>> ax = plt.gca()
>>> # 横軸と縦軸の目盛の大きさを合わせせる
>>> ax.set(adjustable='box-forced', aspect='equal')
>>> plt.show()
```

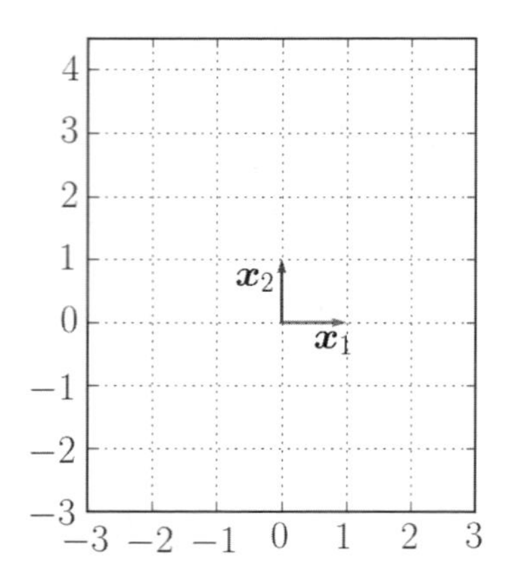

これらの2つのベクトルは、行列Aを掛けることによりどのように変換されるかについて確認してみよう。数式では以下のようになるはずである。

$$\boldsymbol{y}_1 = A\boldsymbol{x}_1 = \begin{pmatrix} 1 & 1 \\ -2 & 4 \end{pmatrix}\begin{pmatrix} 1 \\ 0 \end{pmatrix} = \begin{pmatrix} 1 \times 1 + 1 \times 0 \\ -2 \times 1 + 4 \times 0 \end{pmatrix} = \begin{pmatrix} 1 \\ -2 \end{pmatrix}$$

$$\boldsymbol{y}_2 = A\boldsymbol{x}_2 = \begin{pmatrix} 1 & 1 \\ -2 & 4 \end{pmatrix}\begin{pmatrix} 0 \\ 1 \end{pmatrix} = \begin{pmatrix} 1 \times 0 + 1 \times 1 \\ -2 \times 0 + 4 \times 1 \end{pmatrix} = \begin{pmatrix} 1 \\ 4 \end{pmatrix}$$

NumPy 配列の演算では以下のようになる。

```
>>> A = np.array([[1, 1], [-2, 4]])
>>> y1, y2 = A.dot(x1), A.dot(x2)
>>> print(y1)
>>> print(y2)
[[ 1]
 [-2]]
[[1]
 [4]]
```

または、以下のようにベクトル $\boldsymbol{x}_1$、$\boldsymbol{x}_2$ を列方向に結合した上で行列 A を掛けることにより、各列が変換されたベクトルになることを確かめることもできる。

```
>>> y = A.dot(np.hstack((x1, x2)))
>>> print(y)
[[ 1 1]
 [-2 4]]
```

行列 A を掛けることにより得られたベクトルを 2 次元平面上に図示すると以下のようになる。

```
>>> fig = plt.figure()
>>> plt.quiver(0, 0, np.hstack((y1, y2))[0, :], np.hstack((y1, y2))[1, :],
...            color=['red', 'blue'], angles='xy', scale_units='xy', scale=1)
>>> plt.text(0.8, -1.5, '$A \\boldsymbol{x}_{1}$')
>>> plt.text(-0.3, 3.0, '$A \\boldsymbol{x}_{2}$')
>>> plt.xlim(-3, 3)
>>> plt.ylim(-3, 4.5)
>>> plt.xticks(np.arange(-3,3.1,1))
>>> plt.yticks(np.arange(-3,4.1,1))
>>> plt.grid()
>>> ax = fig.gca()
>>> ax.set(adjustable='box-forced', aspect='equal')
>>> plt.show()
```

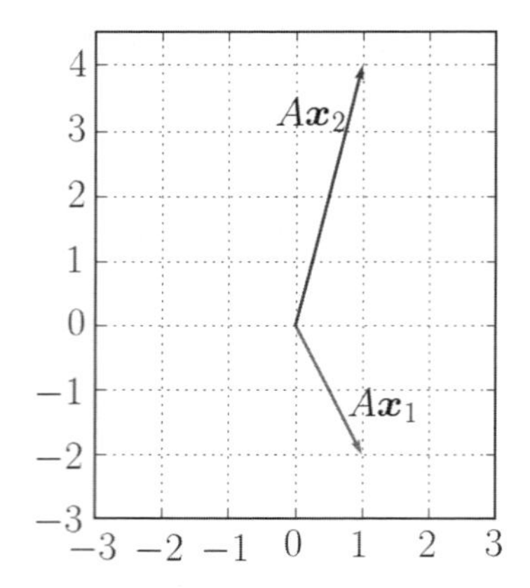

以上の結果、行列 A を掛けると 2 つのベクトルの向き、そして大きさが変化したことを確認できる。

C.2 固有ベクトル：行列を掛けても向きが変化しないベクトル

それでは、行列 A を掛けると、すべてのベクトルは向きや大きさが変化するのだろうか。結論から言えば答えは「No」である。始点が原点、終点が -1 以上 1 以下の範囲にある 2 次元平面上のベクトルの向きがどのように変化するかに着目して、ベクトルのなす角度を求めると以下のようになる。

```
>>> # -1から1まで0.005刻みでグリッドポイントを生成
>>> x, y = np.meshgrid(np.arange(-1, 1.01, 0.005), np.arange(-1, 1.01, 0.005))
>>> # x、yともに1次元配列に直して行方向に結合した後に行列Aを掛ける（写像）
>>> xx, yy = A.dot(np.vstack((x.ravel(), y.ravel())))
>>> # 元のベクトルの長さ（配列）
>>> norm_orig = np.sqrt(x.ravel()**2 + y.ravel()**2)
>>> # 像（ベクトル）の長さ（配列）
>>> norm_mapped = np.sqrt(xx**2 + yy**2)
>>> # ベクトルの内積（配列）
>>> inner_prod = xx * x.ravel() + yy * y.ravel()
>>> # ベクトルの間の角度（配列）
>>> theta = np.arccos(inner_prod / (norm_orig * norm_mapped))
>>> # 0.01刻みで表示する色を変化させる
>>> interval = np.arange(0,max(theta) + 0.05,0.01)
>>> # 等高線図をプロット
>>> plt.contourf(x, y, theta.reshape(x.shape), interval)
>>> # カラーバーを表示
>>> plt.colorbar()
>>> plt.grid()
>>> plt.show()
```

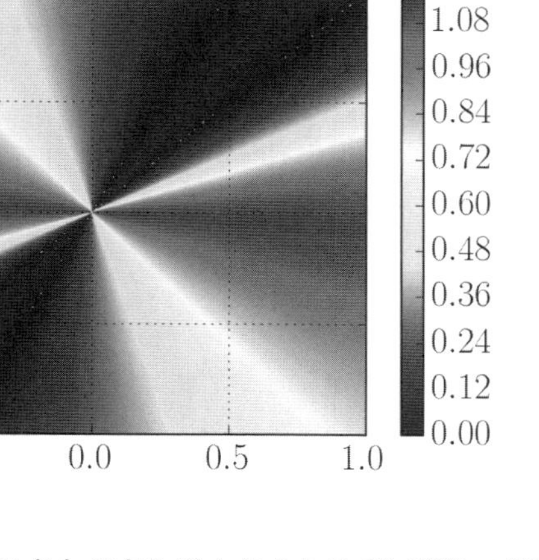

以上で得られた図を見ると、ベクトルの方向の変化が小さくなる（色が濃い青となる）2つの領域がおぼろげながら見える。1つは、点(0.5, 0.5)付近から点(–0.5, –0.5)付近にかけて、もう1つは点(0.5, 1.0)付近から点(–0.5, –1.0)付近にかけて見える。こうした領域の中に、方向が変わらないベクトル$\boldsymbol{p}$が存在するとしたら、このベクトル$\boldsymbol{p}$の性質を以下のように書き表せるだろう。

$$A\boldsymbol{p} = \lambda\boldsymbol{p}$$

念のため補足すると、上式の左辺は「ベクトル$\boldsymbol{p}$に行列Aを掛けて得られるベクトル」、右辺は「ベクトル$\boldsymbol{p}$をλ倍して得られるベクトル」を表している。両辺のベクトルが等しいことは、ベクトル$\boldsymbol{p}$は行列Aを掛けてもベクトルの方向が変わらないことを意味している。上式を満たすベクトル$\boldsymbol{p}$、λをそれぞれ行列Aの固有ベクトル（eigen vector）、固有値（eigen value）と呼ぶ。

行列Aの固有ベクトルと固有値を求めてみよう。そのために、numpy.linalg.eig関数を用いる。

```
>>> eigval_A, eigvec_A = np.linalg.eig(A)
>>> print(eigval_A)
>>> print(eigvec_A)
[ 2. 3.]
[[-0.70710678 -0.4472136 ]
 [-0.70710678 -0.89442719]]
```

以上の結果、固有値はλ_1=2、λ_2=3、固有ベクトルは以下と求められたことを確認できる。

$$\boldsymbol{p}_1 = \begin{pmatrix} -0.70710678 \\ -0.70710678 \end{pmatrix}, \boldsymbol{p}_2 = \begin{pmatrix} -0.4472136 \\ -0.89442719 \end{pmatrix}$$

これらの固有ベクトルと固有値は以下の式を満たす。

$$A\,\boldsymbol{p}_1 = \lambda_1\boldsymbol{p}_1,\ \ A\,\boldsymbol{p}_2 = \lambda_2\boldsymbol{p}_2$$

C

固有値や固有ベクトルは以下の固有方程式から求めることができる。なお、I は単位行列を表しており、この場合は $I = \begin{pmatrix} 1 & 0 \\ 0 & 1 \end{pmatrix}$ である。また、行列 M に対して、$|M|$ は M の行列式を表している。

$$
\begin{aligned}
|A - \lambda I| &= \left| \begin{pmatrix} 1 & 1 \\ -2 & 4 \end{pmatrix} - \lambda \begin{pmatrix} 1 & 0 \\ 0 & 1 \end{pmatrix} \right| = \left| \begin{pmatrix} 1-\lambda & 1 \\ -2 & 4-\lambda \end{pmatrix} \right| \\
&= (1-\lambda)(4-\lambda) + 2 = \lambda^2 - 5\lambda + 6 = (\lambda - 2)(\lambda - 3) = 0
\end{aligned}
$$

これより、解析的に固有値は $\lambda_1 = 2$、$\lambda_2 = 3$ であることがわかる。なお、この固有値に対応する固有ベクトルを以下のようにとると、数値計算上の誤差や表示桁数が有限であることを除けば、NumPy の `linalg.eig` 関数の結果と一致することを確認できる。

$$
\boldsymbol{p}_1 = \frac{1}{\sqrt{2}} \begin{pmatrix} -1 \\ -1 \end{pmatrix}, \ \boldsymbol{p}_2 = \frac{1}{\sqrt{5}} \begin{pmatrix} -1 \\ -2 \end{pmatrix}
$$

念のため、これらの固有ベクトル、固有値の意味を確認してみよう。

```
>>> fig, ax = plt.subplots(1, 2, sharex=True, sharey=True, figsize=(8, 8))
>>> ax[0].quiver(0, 0, eigvec_A[0, :], eigvec_A[1, :], color=['red', 'blue'],
...              angles='xy', scale_units='xy', scale=1)
>>> ax[0].text(-0.7, -0.4, '$\\boldsymbol{p}_{1}$')
>>> ax[0].text(-0.2, -0.8, '$\\boldsymbol{p}_{2}$')
>>> ax[0].set_xlim(-2, 1.5)
>>> ax[0].set_ylim(-3, 0.5)
>>> ax[0].set_xticks(np.arange(-2, 1.1,1))
>>> ax[0].set_yticks(np.arange(-3, 0.1,1))
>>> ax[0].set_title('original')
>>> ax[0].set(adjustable='box-forced', aspect='equal')
>>> ax[0].grid()
>>> ax[1].quiver(0, 0, eigval_A * eigvec_A[0, :], eigval_A * eigvec_A[1, :],
...              color=['red', 'blue'], angles='xy', scale_units='xy', scale=1)
>>> ax[1].text(-1.5, -1.0, '$A \\boldsymbol{p}_{1}$')
>>> ax[1].text(-1.1, -2.5, '$A \\boldsymbol{p}_{2}$')
>>> ax[1].set_title('after mapping')
>>> ax[1].set(adjustable='box-forced', aspect='equal')
>>> ax[1].grid()
>>> plt.show()
```

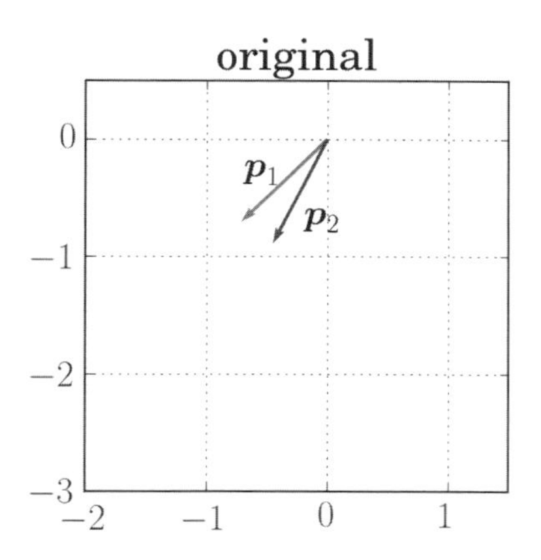

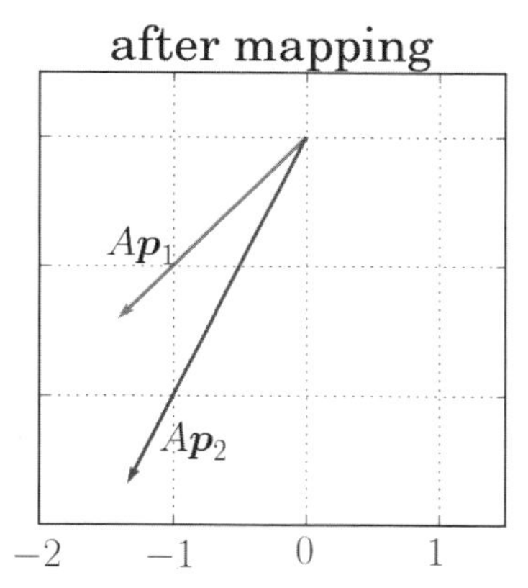

以上を見ると、行列 A を作用させることにより、ベクトル $\boldsymbol{p}_1$ は方向をまったく変えることなく長さが2倍に、ベクトル $\boldsymbol{p}_2$ も同様に長さが3倍になっていることを視覚的に確認できる。

さて、行列 A の固有ベクトル $\boldsymbol{p}_1$、$\boldsymbol{p}_2$ とそれに対応する固有値が求められたが、これらは何を意味しているのだろうか。以降では、直観的に理解することを重視しながら説明していく。まず、以上のようにして求めた固有ベクトル $\boldsymbol{p}_1$、$\boldsymbol{p}_2$ を用いて、ベクトル $\boldsymbol{x}_1$ と $\boldsymbol{x}_2$ は以下のように一意に表せることに注意しよう。

$$\boldsymbol{x}_1 = \begin{pmatrix} 1 \\ 0 \end{pmatrix} = -2\sqrt{2}\,\boldsymbol{p}_1 + \sqrt{5}\,\boldsymbol{p}_2,\ \ \boldsymbol{x}_2 = \begin{pmatrix} 0 \\ 1 \end{pmatrix} = \sqrt{2}\,\boldsymbol{p}_1 - \sqrt{5}\,\boldsymbol{p}_2$$

以上の式の意味を図に表してみよう。

```
>>> x1 = np.array([[1], [0]])
>>> x2 = np.array([[0], [1]])
>>> fig, ax = plt.subplots(1, 2, sharex=True, sharey=True, figsize=(8, 8))
>>> coeff1 = np.array([-2*np.sqrt(2), np.sqrt(5)])  # 固有ベクトルの係数
>>> ax[0].quiver(x1[0, 0], x1[1, 0], color='red', angles='xy',
...              scale_units='xy', scale=1)
>>> ax[0].quiver(0, 0, coeff1 * eigvec_A[0, :], coeff1 * eigvec_A[1, :],
...              color='red', angles='xy', scale_units='xy', scale=1)
>>> ax[0].text(1.0, -0.7, '$\\boldsymbol{x}_{1}$', fontsize=18)
>>> ax[0].text(2.0, 1.6, '$-2\sqrt{2} \, \\boldsymbol{p}_{1}$', fontsize=18)
>>> ax[0].text(-3.5, -2.5, '$\sqrt{5} \, \\boldsymbol{p}_{2}$', fontsize=18)
>>> ax[0].set_xlim(-6, 6)
>>> ax[0].set_ylim(-6, 6)
>>> ax[0].set_xticks(np.arange(-6, 6.1, 2))
>>> ax[0].set_yticks(np.arange(-6, 6.1, 2))
>>> ax[0].grid()
>>> ax[0].set(adjustable='box-forced', aspect='equal')
>>> coeff2 = np.array([np.sqrt(2), -np.sqrt(5)])    # 固有ベクトルの係数
>>> ax[1].quiver(x2[0, 0], x2[1, 0], color='blue', angles='xy',
...              scale_units='xy', scale=1)
```

```
>>> ax[1].quiver(0, 0, coeff2 * eigvec_A[0, :], coeff2 * eigvec_A[1, :],
...              color='blue', angles='xy', scale_units='xy', scale=1)
>>> ax[1].text(-1.2, 0.5, '$\\boldsymbol{x}_{2}$', fontsize=18)
>>> ax[1].text(-3.0, -2.0, '$\sqrt{2} \, \\boldsymbol{p}_{1}$', fontsize=18)
>>> ax[1].text(1.2, 1.5, '$-\sqrt{5} \, \\boldsymbol{p}_{2}$', fontsize=18)
>>> ax[1].set(adjustable='box-forced', aspect='equal')
>>> ax[1].grid()
>>> plt.show()
```

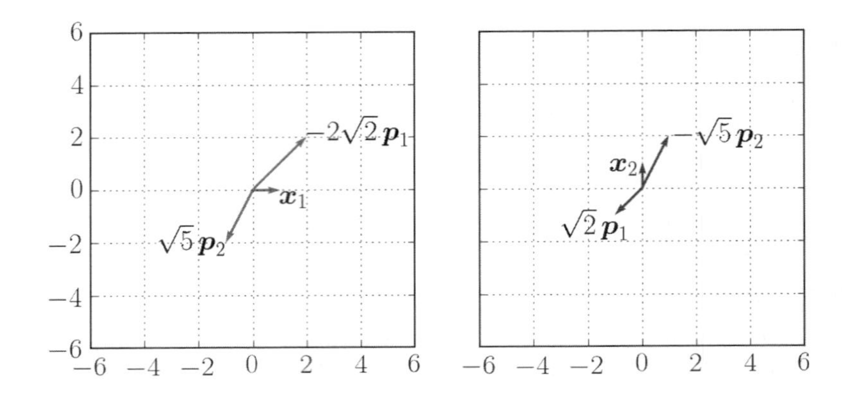

当然のことではあるが、2つのベクトルを合成するとそれぞれ$\boldsymbol{x}_1$、$\boldsymbol{x}_2$になることを視覚的に確認できる。続いて、行列Aを写像と考えると、$\boldsymbol{x}_1$、$\boldsymbol{x}_2$の像は以下のようになる。

$$A\boldsymbol{x}_1 = -2\sqrt{2}A\boldsymbol{p}_1 + \sqrt{5}A\boldsymbol{p}_2 = -2\sqrt{2}\,2\,\boldsymbol{p}_1 + \sqrt{5}\,3\,\boldsymbol{p}_2 = -4\sqrt{2}\,\boldsymbol{p}_1 + 3\sqrt{5}\,\boldsymbol{p}_2$$

$$A\boldsymbol{x}_2 = \sqrt{2}A\boldsymbol{p}_1 - \sqrt{5}A\boldsymbol{p}_2 = \sqrt{2}\,2\,\boldsymbol{p}_1 - \sqrt{5}\,3\,\boldsymbol{p}_2 = 2\sqrt{2}\,\boldsymbol{p}_1 - 3\sqrt{5}\,\boldsymbol{p}_2$$

以上の式は、$\boldsymbol{p}_1$の方向には2倍、$\boldsymbol{p}_2$の方向には3倍拡大されるという事実を用いた。この2倍や3倍といった値が固有値に対応する。これらの関係を図で表してみよう。

```
>>> fig, ax = plt.subplots(1, 2, sharex=True, sharey=True, figsize=(8, 8))
>>> # ベクトルx1 の各成分の行列A による像
>>> x1_comp_mapped = A.dot(coeff1 * eigvec_A)
>>> ax[0].quiver(y1[0, :], y1[1, :], color='red', angles='xy',
...              scale_units='xy', scale=1)
>>> ax[0].quiver(0, 0, x1_comp_mapped[0, :], x1_comp_mapped[1, :],
...              color='red', angles='xy', scale_units='xy', scale=1)
>>> ax[0].text(0.5, -0.8, '$A \, \\boldsymbol{x}_{1}$', fontsize=15)
>>> ax[0].text(-0.2, 3.5, '$-4\sqrt{2} \, \\boldsymbol{p}_{1}$')
>>> ax[0].text(-5.3, -4.5, '$3\sqrt{5} \, \\boldsymbol{p}_{2}$')
>>> ax[0].set_xlim(-6, 6)
>>> ax[0].set_ylim(-6, 6)
>>> ax[0].set_xticks(np.arange(-6,6.1,2))
>>> ax[0].set_yticks(np.arange(-6,6.1,2))
```

```
>>> ax[0].set(adjustable='box-forced', aspect='equal')
>>> ax[0].grid()
>>> # ベクトル x2 の各成分の行列 A による像
>>> x2_comp_mapped = A.dot(coeff2 * eigvec_A)
>>> ax[1].quiver(y2[0, :], y2[1, :], color='blue', angles='xy',
...               scale_units='xy', scale=1)
>>> ax[1].quiver(0, 0, x2_comp_mapped[0, :], x2_comp_mapped[1, :],
...               color='blue', angles='xy', scale_units='xy', scale=1)
>>> ax[1].text(-1.5, 2.5, '$A \, \\boldsymbol{x}_{2}$')
>>> ax[1].text(-3.5, -0.8, '$2\sqrt{2} \, \\boldsymbol{p}_{1}$')
>>> ax[1].text(-1.8, 4.5, '$-3\sqrt{5} \, \\boldsymbol{p}_{2}$')
>>> ax[1].set(adjustable='box-forced', aspect='equal')
>>> ax[1].grid()
>>> plt.show()
```

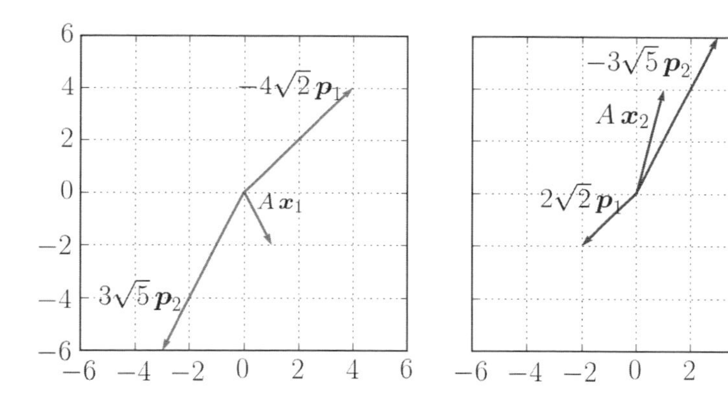

以上を見ると、行列Aによりベクトル$\boldsymbol{p}_1$、$\boldsymbol{p}_2$の方向は変化せず、固有値の分だけ長さが変わることがわかる。

C.3　行列の階数（ランク）

これまでに扱っていた行列Aにより2次元平面上のベクトルを回転、および拡大縮小させた。このとき、2つの固有ベクトルが存在し、行列Aを掛けた後も異なる方向を向いていた。これはどのような行列に対しても成り立つのだろうか。ここでは、次の行列Bを考えて、具体的な例でこの問題を考えていこう。

$$B = \begin{pmatrix} 1 & 2 \\ 2 & 4 \end{pmatrix}$$

数式上は、以下のようになる。

$$B\boldsymbol{x}_1 = \begin{pmatrix} 1 & 2 \\ 2 & 4 \end{pmatrix}\begin{pmatrix} 1 \\ 0 \end{pmatrix} = \begin{pmatrix} 1 \\ 2 \end{pmatrix},\quad B\boldsymbol{x}_2 = \begin{pmatrix} 1 & 2 \\ 2 & 4 \end{pmatrix}\begin{pmatrix} 0 \\ 1 \end{pmatrix} = \begin{pmatrix} 2 \\ 4 \end{pmatrix}$$

```
>>> x1 = np.array([[1], [0]])
>>> x2 = np.array([[0], [1]])
>>> fig, ax = plt.subplots(1, 2, sharex=True, sharey=True, figsize=(8, 8))
>>> ax[0].quiver(0, 0, np.hstack((x1, x2))[0, :], np.hstack((x1, x2))[1, :],
...             color=['red', 'blue'], angles='xy', scale_units='xy', scale=1)
>>> ax[0].text(0.7, -0.4, '$\\boldsymbol{x}_{1}$')
>>> ax[0].text(-0.5, 0.5, '$\\boldsymbol{x}_{2}$')
>>> ax[0].grid()
>>> ax[0].set_title('original')
>>> ax[0].set_xlim(-1, 4.5)
>>> ax[0].set_ylim(-1, 4.5)
>>> ax[0].set_xticks(np.arange(-1,4.1,1))
>>> ax[0].set_yticks(np.arange(-1,4.1,1))
>>> ax[0].set(adjustable='box-forced', aspect='equal')
>>> ax[1].quiver(0, 0, [1, 2], [2, 4],
...             color=['red', 'blue'], angles='xy', scale_units='xy', scale=1)
>>> ax[1].text(0.8, 1.2, '$B \\boldsymbol{x}_{1}$')
>>> ax[1].text(1.8, 3.2, '$B \\boldsymbol{x}_{2}$')
>>> ax[1].grid()
>>> ax[1].set(adjustable='box-forced', aspect='equal')
>>> ax[1].set_title('after mapping')
>>> plt.show()
```

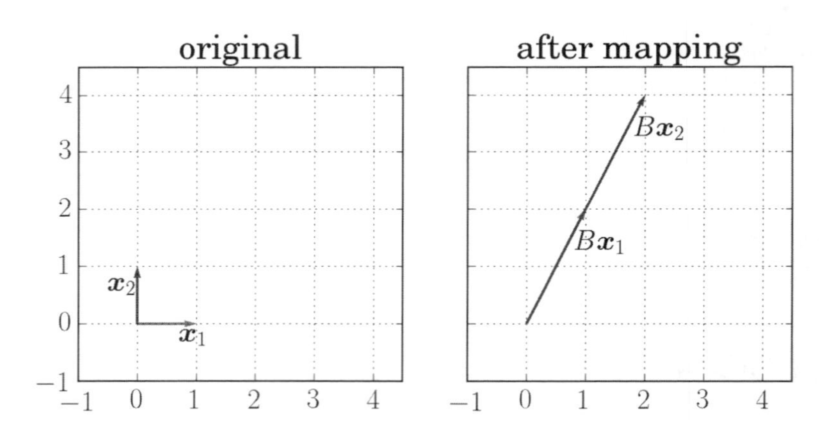

この場合は、行列Bを写像と考えるとそれぞれのベクトルの像(ベクトル)は、同じ方向を向くことが確認できる。次に、行列Bの固有ベクトル、固有値を求めてみよう。

$$|B-\lambda I| = \left|\begin{pmatrix} 1 & 2 \\ 2 & 4 \end{pmatrix} - \lambda\begin{pmatrix} 1 & 0 \\ 0 & 1 \end{pmatrix}\right| = \begin{vmatrix} 1-\lambda & 2 \\ 2 & 4-\lambda \end{vmatrix}$$

$$= (1-\lambda)(4-\lambda) - 4 = \lambda^2 - 5\lambda = \lambda(\lambda-5) = 0$$

以上により、固有値は$\lambda_1 = 0$、$\lambda_2 = 5$と求められる。それぞれの固有値に対応する固有ベクトル

$\boldsymbol{q}_1$、$\boldsymbol{q}_2$ は以下の式を解くことにより求められる。

$$B\,\boldsymbol{q}_1 = \lambda_1\,\boldsymbol{q}_1,\ B\,\boldsymbol{q}_2 = \lambda_2\,\boldsymbol{q}_2$$

詳細は省略するが、たとえば以下のように求めることができる。

$$\boldsymbol{q}_1 = \begin{pmatrix} -2 \\ 1 \end{pmatrix}, \boldsymbol{q}_2 = \begin{pmatrix} 1 \\ 2 \end{pmatrix}$$

数値計算でも固有ベクトルと固有値を求めてみよう。numpy.linalg.eig 関数を用いると以下のように計算できる。

```
>>> B = np.array([[1, 2], [2, 4]])
>>> eigval_B, eigvec_B = np.linalg.eig(B)
>>> print(eigval_B)
>>> print(eigvec_B)
[ 0. 5.]
[[-0.89442719 -0.4472136 ]
 [ 0.4472136 -0.89442719]]
```

よって以下のようになる。

$$B\,\boldsymbol{q}_1 = 0\,\boldsymbol{q}_2,\ B\,\boldsymbol{q}_2 = 5\,\boldsymbol{q}_2$$

ここで、固有ベクトル $\boldsymbol{q}_1$、$\boldsymbol{q}_2$ は以下のようになる。

$$\boldsymbol{q}_1 = \begin{pmatrix} -0.89442719 \\ 0.4472136 \end{pmatrix}, \boldsymbol{q}_2 = \begin{pmatrix} 0.4472136 \\ 0.89442719 \end{pmatrix}$$

なお、数値計算上の誤差や表示桁数が有限であることを除けば、以下のように表すことができる。

$$\boldsymbol{q}_1 = \frac{1}{\sqrt{5}}\begin{pmatrix} -2 \\ 1 \end{pmatrix}, \boldsymbol{q}_2 = \frac{1}{\sqrt{5}}\begin{pmatrix} 1 \\ 2 \end{pmatrix}$$

行列 B はエルミート行列（Hermitian matrix）と呼ばれる。エルミート行列とは、行列の行と列を入れ替えて（転置して）、さらに各成分の複素共役をとって（複素数の虚部の符号を反転させて）できる行列が元の行列になるものを指す。numpy.linalg.eigh 関数を用いて固有ベクトルと固有値を求めると以下のようになる。

```
>>> eigval_B, eigvec_B = np.linalg.eigh(B)
>>> print(eigval_B)
>>> print(eigvec_B)
[ 0. 5.]
[[-0.89442719 0.4472136 ]
```

```
 [ 0.4472136 0.89442719]]
```

ベクトル $\boldsymbol{x}_1$ と $\boldsymbol{x}_2$ を固有ベクトル $\boldsymbol{q}_1$、$\boldsymbol{q}_2$ を用いて表すと以下のようになる。

$$\boldsymbol{x}_1 = \begin{pmatrix} 1 \\ 0 \end{pmatrix} = -\frac{2}{\sqrt{5}}\boldsymbol{q}_1 + \frac{1}{\sqrt{5}}\boldsymbol{q}_2, \quad \boldsymbol{x}_2 = \begin{pmatrix} 0 \\ 1 \end{pmatrix} = \frac{1}{\sqrt{5}}\boldsymbol{q}_1 + \frac{2}{\sqrt{5}}\boldsymbol{q}_2$$

以上のベクトル間の関係を図示してみよう。

```
>>> fig, ax = plt.subplots(1, 2, sharex=True, sharey=True, figsize=(8, 8))
>>> coeff1 = np.array([-2/np.sqrt(5), 1/np.sqrt(5)])
>>> ax[0].quiver(1, 0, color='red', angles='xy', scale_units='xy', scale=1)
>>> ax[0].quiver(0, 0, coeff1 * eigvec_B[0, :], coeff1 * eigvec_B[1, :],
...              color='red', angles='xy', scale_units='xy', scale=1)
>>> ax[0].text(1.0, -0.25, '$\\boldsymbol{x}_{1}$')
>>> ax[0].text(0.0, -0.8, '$-2/\sqrt{5} \\boldsymbol{q}_{1}$')
>>> ax[0].text(-0.7, 0.4, '$1/\sqrt{5} \\boldsymbol{q}_{2}$')
>>> ax[0].set_xlim(-1.5, 1.5)
>>> ax[0].set_ylim(-1.5, 1.5)
>>> ax[0].grid()
>>> ax[0].set(adjustable='box-forced', aspect='equal')
>>> coeff2 = np.array([1/np.sqrt(5), 2/np.sqrt(5)])
>>> eigvec_B_mapped = A.dot(eigvec_B)
>>> ax[1].quiver(0, 1, color='blue', angles='xy', scale_units='xy', scale=1)
>>> ax[1].quiver(0, 0, coeff2 * eigvec_B[0, :], coeff2 * eigvec_B[1, :],
...              color='blue', angles='xy', scale_units='xy', scale=1)
>>> ax[1].text(-0.3, 0.8, '$\\boldsymbol{x}_{2}$')
>>> ax[1].text(-1.2, 0.3, '$1/\sqrt{5} \\boldsymbol{q}_{1}$')
>>> ax[1].text(0.4, 0.8, '$2/\sqrt{5} \\boldsymbol{q}_{2}$')
>>> ax[1].grid()
>>> ax[1].set(adjustable='box-forced', aspect='equal')
>>> plt.show()
```

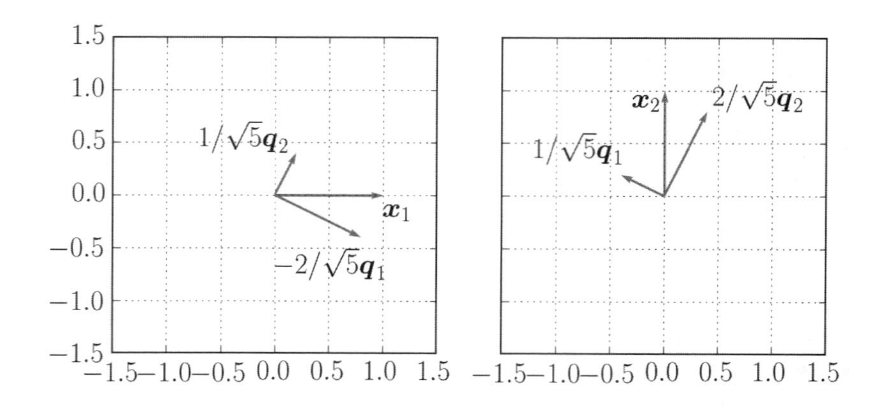

ここでも当然のことながら、$\boldsymbol{x}_1$、$\boldsymbol{x}_2$ はそれぞれ 2 つのベクトルの合成で表されることが視覚的に確認できる。

それぞれのベクトルの行列 B による像（ベクトル）は以下のようになる。

$$B\boldsymbol{x}_1 = -\frac{2}{\sqrt{5}}B\boldsymbol{q}_1 + \frac{1}{\sqrt{5}}B\boldsymbol{q}_2 = -\frac{2}{\sqrt{5}}0\boldsymbol{q}_1 + \frac{1}{\sqrt{5}}5\boldsymbol{q}_2 = \sqrt{5}\boldsymbol{q}_2$$

$$B\boldsymbol{x}_2 = \frac{1}{\sqrt{5}}B\boldsymbol{q}_1 + \frac{2}{\sqrt{5}}B\boldsymbol{q}_2 = \frac{1}{\sqrt{5}}0\boldsymbol{q}_1 + \frac{2}{\sqrt{5}}5\boldsymbol{q}_2 = 2\sqrt{5}\boldsymbol{q}_2$$

以上の結果、行列 B には 2 つの固有ベクトルが存在するものの、固有値 0 に対応する固有ベクトル $\boldsymbol{q}_1$ は「つぶれて」しまっていることを確認できる。このようなことが生じたのは、行列 B の 2 つの列ベクトルが独立ではなく、以下の関係が成り立つためである。

$$(2\text{ 番目の列ベクトル}) = \begin{pmatrix} 2 \\ 4 \end{pmatrix} = 2 \times (1\text{ 番目の列ベクトル})$$

このとき、行列の階数（ランク、rank）は独立な（正確には線形独立な）列ベクトルの個数と定義し、行列 B の場合 1 である。階数は、たとえば線形独立な行ベクトルの個数など、同値な定義が複数存在する。

C.4 参考文献

線形代数の良書は多数出版されている。第 2 章の監注でいくつか参考文献を挙げたが、以下の 3 冊については直観的にわかりやすく理解するために有益な書籍であるため再掲する。特に 1 番目の『プログラミングのための線形代数』は、以上の説明でも参考にしている。

- 『プログラミングのための線形代数』（オーム社、2004 年）
- 『ベクトル・行列がビジュアルにわかる線形代数と幾何』（共立出版、2004 年）
- 『意味がわかる線形代数』（ペレ出版、2011 年）

C

MEMO

索引

◆ G

◆ H

◆ I

◆ J

◆ K

◆ L

◆ M

◆ T

◆ け

◆ こ

◆ さ

◆ し

◆ す

◆ せ

◆ と

◆ な

◆ に

◆ の

◆ は

◆ ひ

著者

Sebastian Raschka（セバスチャン・ラシュカ）

ベストセラーとなった『Python Machine Learning』の著者。Pythonでの科学的なコンピューティングをリードしているSciPy Conferenceでの機械学習チュートリアルを含め、データサイエンス、機械学習、ディープラーニングの実用化に関するさまざまなセミナーを主催している。最近の業績や貢献には目覚ましいものがあり、2016～2017年度の学部別のOutstanding Graduate Student Award、そしてACM Computing ReviewsのBest of 2016に選ばれている。空いた時間は、オープンソースのプロジェクトや手法に積極的に貢献しており、それらの手法はKaggleなどの機械学習のコンテストでも利用されている。

Vahid Mirjalili（ヴァヒド・ミルジャリリ）

分子構造の大規模計算シミュレーションの手法に関する研究で機械工学の博士号を取得している。ミシガン州立大学コンピュータサイエンス工学科に在籍し、さまざまなコンピュータビジョンプロジェクトで機械学習の応用研究に携わる。Pythonを第一のプログラミング言語としており、学術研究を通じてPythonでのコーディングに明け暮れてきた。ミシガン州立大学の工学クラスでPythonプログラミングを教えている。自動運転車に取り組んでいるエンジニアチームにも協力しており、歩行者を検知するために多重スペクトル画像を融合するためのニューラルネットワークモデルを設計している。

翻訳者

株式会社クイープ

1995年、米国サンフランシスコに設立。コンピュータシステムの開発、ローカライズ、コンサルティングを手がけている。2001年に日本法人を設立。主な訳書に、『Machine Learning実践の極意 機械学習システム構築の勘所をつかむ！』『TensorFlow機械学習クックブック Pythonベースの活用レシピ60+』『Scala関数型デザイン＆プログラミング―Scalazコントリビューターによる関数型徹底ガイド』などがある（いずれもインプレス発行）。http://www.quipu.co.jp

監訳者

福島真太朗（ふくしま しんたろう）

1981年生まれ。株式会社トヨタIT開発センターのシニアリサーチャー。2004年東京大学理学部物理学科卒業。2006年東京大学大学院新領域創成科学研究科複雑理工学専攻修士課程修了。現在、東京大学大学院情報理工学系研究科数理情報学専攻博士課程に在学中。専攻は機械学習・データマイニング・非線形力学系。

STAFF LIST

カバーデザイン	岡田章志
本文デザイン	オガワヒロシ (VAriant Design)
翻訳・編集・DTP	株式会社クイープ
編集	石橋克隆

■商品に関する問い合わせ先
インプレスブックスのお問い合わせフォームより入力してください。
https://book.impress.co.jp/info/
上記フォームがご利用頂けない場合のメールでの問い合わせ先
info@impress.co.jp

●本書の内容に関するご質問は、お問い合わせフォーム、メールまたは封書にて書名・ISBN・お名前・電話番号と該当するページや具体的な質問内容、お使いの動作環境などを明記のうえ、お問い合わせください。
●電話やFAX等でのご質問には対応しておりません。なお、本書の範囲を超える質問に関しましてはお答えできませんのでご了承ください。
●インプレスブックス（https://book.impress.co.jp/）では、本書を含めインプレスの出版物に関するサポート情報などを提供しておりますのでそちらもご覧ください。

■落丁・乱丁本などの問い合わせ先
TEL　03-6837-5016　FAX　03-6837-5023
service@impress.co.jp
（受付時間／ 10:00-12:00、13:00-17:30 土日、祝祭日を除く）
●古書店で購入されたものについてはお取り替えできません。

■書店／販売店の窓口
株式会社インプレス 受注センター
TEL　048-449-8040
FAX　048-449-8041
株式会社インプレス 出版営業部
TEL　03-6837-4635

[第2版] Python機械学習プログラミング
達人データサイエンティストによる理論と実践

2018年3月21日　初版第1刷発行

著　者　Sebastian Raschka、Vahid Mirjalili
訳　者　株式会社クイープ
監訳者　福島真太朗
発行人　土田米一
編集人　高橋隆志
発行所　株式会社インプレス
〒101-0051　東京都千代田区神田神保町一丁目 105 番地
ホームページ　https://book.impress.co.jp/

印刷所　株式会社廣済堂

ISBN978-4-295-00337-3　　C3055
Printed in Japan